新编高等教育电子信息类系列教材

单片微机原理与接口技术

——基于 STC15 系列单片机（第 2 版）

丁向荣　主　编

姚永平　主　审

電子工業出版社

Publishing House of Electronics Industry

北京 · BEIJING

内 容 简 介

STC15 系列增强型 8051 单片机集成了上电复位电路与高精准 R/C 振荡器，给单片机芯片加上电源就可跑程序；集成了大容量的程序存储器、数据存储器以及 EEPROM，集成了 A/D、PWM、SPI 等高功能接口部件，可大大地简化单片机应用系统的外围电路，使单片机应用系统的设计更加便捷，系统性能更加高效、可靠。本教材以 STC15F2K60S2 单片机为主线，强化单片机的应用性与实践性，系统地介绍了 STC15F2K60S2 单片机的硬件结构、指令系统与应用编程，单片机应用系统的开发流程与接口设计，同时提出多种实践模式：Keil C 集成开发环境、Proteus 仿真软件以及实物运行开发环境，使得单片机的学习与应用变得更简单、更清晰。

本书可作为普通高校计算机类、电子信息类、电气自动化与机电一体化等专业的教学用书，基础较好的高职高专也可选用本书。本书还可作为电子设计竞赛、电子设计工程师考证的培训教材。本书也是传统 8051 单片机应用工程师升级转型的重要参考书籍。

图书在版编目（CIP）数据

单片微机原理与接口技术：基于 STC15 系列单片机 / 丁向荣主编. —2 版. —北京：电子工业出版社，2018.1（2024 年 12 月重印）

ISBN 978-7-121-32925-8

Ⅰ. ①单… Ⅱ. ①丁… Ⅲ. ①单片微型计算机—基础理论—高等学校—教材②单片微型计算机—接口—高等学校—教材 Ⅳ. ①TP368.1

中国版本图书馆 CIP 数据核字（2017）第 257832 号

责任编辑：裴　杰
印　　刷：北京七彩京通数码快印有限公司
装　　订：北京七彩京通数码快印有限公司
出版发行：电子工业出版社
　　　　　北京市海淀区万寿路 173 信箱　邮编　100036
开　　本：787×1 092　1/16　印张：26.75　字数：681.6 千字
版　　次：2012 年 8 月第 1 版
　　　　　2018 年 1 月第 2 版
印　　次：2024 年 12 月第 16 次印刷
定　　价：58.00 元

凡所购买电子工业出版社图书有缺损问题，请向购买书店调换。若书店售缺，请与本社发行部联系，联系及邮购电话：（010）88254888，88258888。

质量投诉请发邮件至 zlts@phei.com.cn，盗版侵权举报请发邮件至 dbqq@phei.com.cn。

本书咨询联系方式：（010）88254561，guonm@phei.com.cn。

前　　言

本书第1版于2012年8月出版，现已第10次重印。出版以来深受广大兄弟院校同行的认可，并提出了许多宝贵意见。根据STC单片机发展状况与当前教学改革的实际需求，以及广泛征求了相关院校师生的意见与建议，对本书进行了修订。在保留教材的应用性、实践性以及“汇编＋C”有机融合的基础上，对教材内容进行了完善、升级与拓展，具体情况如下。

（1）为了便于读者更好地理解教学内容以及教学的需要，采用了多样化的习题类型：填空、选择、判断、问答与程序设计。

（2）全面更新与升级了“第3章 单片机应用的开发工具”教材内容。一是采用了Keil μvision4版本的C语言集成开发环境；二是采用最新的STC－ISP在线编程软件，优化了在线仿真操作，以及包含了更多便捷的实用编程工具（如给Keil C集成开发环境添加STC器件库、STC头文件以及仿真驱动等）。

（3）为了进一步理解微型计算机的基本原理与总线技术，新增了“第14章 微型计算机总线技术”作为选讲或拓展内容。

（4）紧密联系市场，与时俱进，增加了“第15章 STC新型单片机简介”，及时了解最新STC单片机技术。

（5）为了更好地强化教材的应用性、实践性以及可操作性，理论与实践有机融合，新增了“第16章 STC15F2K60S2单片机的实验指导”，精选了19个教学例程撰写了19个实验指导。

（6）调整了附录内容，编辑了STC15F2K60S2单片机特殊功能寄存器查询表，以及整理了keil C错误信息一览表，便于在学习或工作中进行查询使用。

本书的改版得到电子工业出版社的大力支持，以及STC创始人姚永平先生的积极指导，教材相关咨询也会适时在STC官网（www.stcmcu.com）网站上发布。

为了配合教学，为读者提供本书电子教案，可在华信教育资源网网站下载，同时向任课教师免费提供电子版实验指导与实验工程等文件。读者有什么建议或其他事宜，请电邮：dingxiangrong65@163.com。

由于编者水平有限，书中定有疏漏和不周之处，敬请读者不吝指正。

编　者

序

21 世纪全球全面进入了计算机智能控制/计算时代，而其中的一个重要方向就是以单片机为代表的嵌入式计算机控制/计算。由于最适合中国工程师/学生入门的 8051 单片机有 30 多年的应用历史，绝大部分工科院校均有此必修课，有几十万名对该单片机十分熟悉的工程师可以相互交流开发/学习心得，有大量的经典程序和电路可以直接套用，从而大幅降低了开发风险，极大地提高了开发效率，这也是宏晶科技基于 STC8051 系列单片机产品的巨大优势。

Intel 8051 技术诞生于 20 世纪 70 年代，不可避免地面临着落伍的危险，如果不对其进行大规模创新，我国的单片机教学与应用就会陷入被动局面。为此，宏晶科技对 STC8051 单片机进行了全面的技术升级与创新：全部采用 Flash 技术（可反复编程 10 万次以上）和 ISP/IAP（在系统可编程/在应用可编程）技术；针对抗干扰进行了专门设计，超强抗干扰；进行了特别加密设计，如宏晶 STC15 系列现无法解密；对传统 8051 单片机进行了全面提速，指令速度最快提高了 24 倍；大幅提高了集成度，如集成了 A/D、CCP/PCA/PWM（PWM 还可当 D/A 使用）、高速同步串行通信端口 SPI、高速异步串行通信端口 UART（如宏晶 STC15F2K60S2 系列集成了两个串行口，分时复用可当 5 组串口使用）、定时器（STC15F2K60S2 系列最多可实现 6 个定时器）、看门狗、内部高精准时钟（±1%温漂，－40℃～＋85℃之间，可彻底省掉外部昂贵的晶振）、内部高可靠复位电路（可彻底省掉外部复位电路）、大容量 SRAM（如 STC15F2K60S2 系列集成了 2KB 的 SRAM）、大容量 EEPROM、大容量 Flash 程序存储器等。

在中国民间草根企业掌握了 Intel 8051 单片机技术，以“初生牛犊不怕虎”的精神，击溃了欧美竞争对手之后，正在向 32 位前进的途中，此时欣闻官方国家队也已掌握了 Intel 80386 通用 CPU 技术，不由想起“老骥伏枥，志在千里”这句话，相信经过数代人艰苦奋斗，我们一定会赶上和超过世界先进水平！

明知山有虎，偏向虎山行。

感谢 Intel 公司发明了经久不衰的 8051 体系结构，感谢丁向荣老师的新书，保证了中国 30 年来的单片机教学与世界同步。

STC 宏晶科技：姚永平

www.STCMCU.com

2012-01-15

目　录

第 1 章　微型计算机基础

1.1　数制与编码

数制与编码是微型计算机的基本数字逻辑基础，是学习微型计算机的必备知识。数制与编码的知识一般会在数字逻辑或计算机文化基础中学习，但往往由于数制与编码的知识，与当前课程的关系并非“不可或缺”，又比较枯燥。在微型计算机原理或单片机的教学中，教师普遍感觉到，学生在这方面的知识基础不扎实。在此，提纲挈领再理一理。

1.1.1　数制及转换方法

所谓数制就是计数的方法，通常采用进位计数制。在微型机算机的学习与应用中，主要有十进制、二进制和十六进制三种计数方法。日常生活中采用的是十进制；微型计算机只能识别和处理数字信息，微型计算机硬件电路采用的是二进制，但为了更好地记忆与描述微型计算机的地址和程序代码、运算数字，一般采用十六进制。

1．各种进位计数制及其表示方法

如表 1.1 所示。

表 1.1　二进制、十进制与十六进制的计数规则与表示方法

进位制	计数规则	基数	各位的权	数码	权值展开式	表示法	
						后缀字符	下标
二进制	逢二进一	2	2^i	0，1	$(b_{n-1}\cdots b_1b_0.b_{-1}\cdots b_{-m})_2=\sum_{i=-m}^{n-1} b_i\times 2^i$	B	$()_2$
十进制	逢十进一	10	10^i	0，1，2，3，4，5，6，7，8，9	$(d_{n-1}\cdots d_1d_0.d_{-1}\cdots b_{-m})_{10}=\sum_{i=-m}^{n-1} d_i\times 10^i$	D 通常采用默认方式表示	$()_{10}$
十六进制	逢十六进一	16	16^i	0，1，…，9，A，B，C，D，E，F	$(h_{n-1}\cdots h_1h_0.h_{-1}\cdots h_{-m})_{16}=\sum_{i=-m}^{n-1} h_i\times 16^i$	H	$()_{16}$

注：i 代表数码在数据中的位置，以小数点为界，往左依次为 0、1、2、…、n-1，往右依次为-1、-2、…、-m。

2．数制之间的转换

任意进制之间相互转换，整数部分和小数部分必须分别进行。各进制的相互转换关系如图 1.1 所示。

1）二进制、十六进制转换为十进制。将二进制、十六进制数按权值展开式展开相加所得数，即为十进制数。

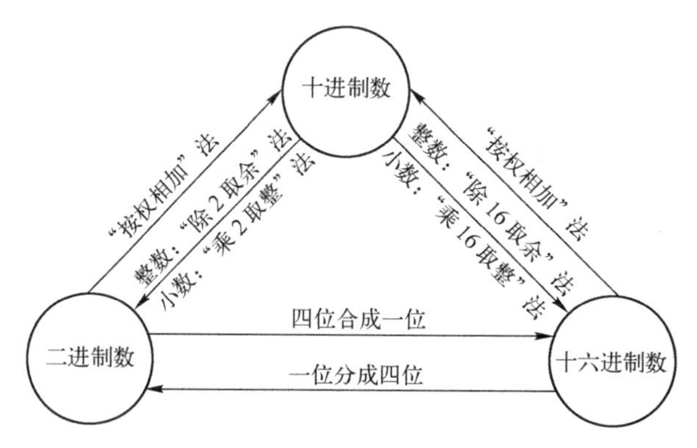

图 1.1　各进制的相互转换关系图

2）十进制转换为二进制。十进制转换为二进制要分成整数部分与小数部分，而且其转换方法完全不同。

① 整数部分——除 2 取余法，倒序排列，如下所示：

∴ $(84)_{10}=(1010100)_2$

② 小数部分——乘 2 取整法，顺序排列，如下所示：

0.6875
×2
b_{-1}　1 ← …… 1.3750
×2
b_{-2}　0 ← …… 0.7500
×2
b_{-3}　1 ← …… 1.5000
×2
b_{-4}　1 ← …… 1.0000

∴ $(0.6875)_{10}=(0.1011)_2$

将上述两部分合起来，则有：

$$(84.6875)_{10}=(1010100.1011)_2$$

3）二进制与十六进制互转。

① 二进制转换为十六进制。以小数点为界，往左、往右 4 位二进制数为一组，每 4 位二进制数用 1 位十六进制表示，往左高位不够用 0 补齐，往右低位不够用 0 补齐，例如：

$$(111101.011101)_2=(\underline{0011}\ \underline{1101}.\underline{0111}\ \underline{0100})_2=(3D.74)_{16}$$

② 十六进制转换为二进制。每位十六进制数用 4 位二进制数表示，再将整数部分最高位的 0 去掉，小数部分最低位的 0 去掉，例如：

$$(3C20.84)_{16}=(\underline{0011}\ \underline{1100}\ \underline{0010}\ \underline{0000}.\underline{1000}\ \underline{0100})_2=(11110000100000.100001)_2$$

数制转换工具：利用 PC 附件中的计算器（科学型）可实现各数制间的相互转换。单击任务栏"开始"按钮，选择"所有程序"→"附件"→"计算器"，即可打开计算器工具，在计算器工具界面"查看"菜单栏中选择"科学型"，如图 1.2 所示。

转换方法：先选择被转换数制的类型，输入转换数字，再选择目标转换数制类型，此时看到的就是转换后的数字。如 96 转换为十六进制、二进制，先选择数制类型为十进制，如图 1.2 上部所示，在输入框中输入数字 96，然后再选择数制类型为十六进制，此时显示框中看到的数字即为转换后的十六进制数字 60，如图 1.2 中部所示；再选择数制类型为二进制，此时显示框中看到的数字即为转换后的二进制数字 1100000，如图 1.2 下部所示。

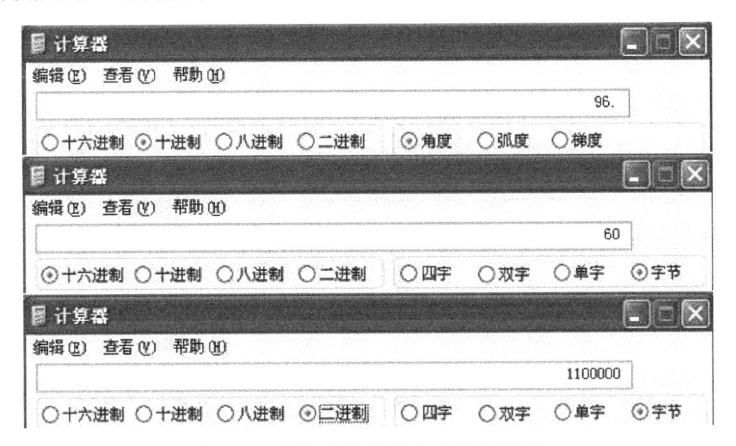

图 1.2 科学型计算器与各进制转换

3. 二进制数的运算规则

1）加法运算规则。

$$0+0=0，0+1=1，1+1=0（有进位）$$

2）减法运算规则。

$$0-0=0，1-0=1，1-1=0，0-1=1（有借位）$$

3）乘法法运算规则。

$$0\times0=0，1\times0=1，1\times1=1$$

1.1.2 微型计算机中数的表示方法

1. 机器数与真值

数学中的正、负用符号“＋”和“－”表示，计算机中如何表示数的正、负呢？在计算机中数据存放在存储单元内，而每个存储单元则由若干二进制位组成，其中每一数位或是 0 或是 1，刚好可以对应数的“＋”号和“－”号，这样就可用一个数位来表示数的符号。在计算机中规定用“0”表示“＋”，用“1”表示“－”。用来表示数的符号的数位被称为“符号位”(通常为最高数位)，于是数的符号在计算机中已数码化了，但从表示形式上看符号位与数值位毫无区别。

设有两个数 x_1，x_2：

$$x_1=+1011011\ \mathrm{B}，x_2=-1011011\mathrm{B}$$

它们在计算机中分别表示为（带下画线部分为符号位，字长为 8 位）：

$$x_1=\underline{0}1011011\ \mathrm{B}，x_2=\underline{1}1011011\mathrm{B}$$

为了区分这两种形式的数，我们把机器中以编码形式表示的数称为机器数（上例中 $x_1=\underline{0}1011011\ \mathrm{B}$ 及 $x_2=\underline{1}1011011\mathrm{B}$），而把原来一般书写形式表示的数称为真值（$x_1=+1011011\ \mathrm{B}$ 及 $x_2=-1011011\mathrm{B}$）。

若一个数的所有数位均为数值位，则该数为无符号数；若一个数的最高数位为符号位而其他数位为数值位，则该数为有符号数。由此可见，对于同一存储单元，它存放的无符号数和有符号数所能表示的数值范围是不同的（如存储单元为 8 位，当它存放无符号数时，因有效的数值位为

8 位，故该数的范围为 0～255；当它存放有符号数时，因有效的数值位为 7 位，故该数的范围（补码）为－128～＋127。

2. 原码

对于一个 n 位二进制数，如用最高数位表示该数的符号（“0” 表示 “＋” 号，“1” 表示 “－” 号），其余各数位表示其数值本身，则称为原码表示法。

若 $x=\pm x_{n-2}\cdots x_1x_0$，则$[x]_{原码}=x_{n-1}x_{n-2}\cdots x_1x_0$

其中 x_{n-1} 为原机器数的符号位，它满足：

$$x_{n}-=\begin{cases}0 & (x\geqslant 0时)\\ 1 & (x<0时)\end{cases}$$

3. 反码

$$[x]_{原}=0x_{n-2}\cdots x_1x_0，则[x]_{反}=[x]_{原}$$

$$[x]_{原}=1x_{n-2}\cdots x_1x_0，则[x]_{反}\ =1\,\overline{x_{n-2}}\cdots\overline{x_1}\,\overline{x_0}$$

也就是说，正数的反码与其原码相同（反码＝原码），而负数的反码为符号位保持不变，数值位按位取反。

4. 补码

1）补码的引进。首先以日常生活中经常遇到的钟表“对时”为例来说明补码的概念。假定现在是北京标准时间八时整，而一只表却指向十时整，为了校正此表，可以采用倒拨和顺拨两种方法：倒拨就是反时针减少 2 小时（把倒拨视为减法，相当于 10－2＝8），时针指向 8；还可将时针顺拨 10 小时，时针同样也指向 8，把顺拨视为加法，相当于 10＋10＝12（自动丢失）＋8＝8，这自动丢失的数（12）就称为模（mod），上述的加法称为“按模 12 的加法”，用数学式可表示为：

$$10+10=12+8=8(\mathrm{mod}\ 12)$$

因时针转一圈会自动丢失一个数 12，故 10－2 与 10＋10 是等价的。称 10 和－2 对模 12 互补，10 是－2 对模 12 的补码。引进补码概念后，就可将原来的减法 10－2＝8 转化为加法 10＋10（－2 的补码）＝12（自动丢失）＋8＝8（mod 12）。

2）补码的定义。通过上面的例子不难理解计算机中负数的补码表示法。设寄存器（或存储单元）的位数为 n 位，则它能表示的无符号数最大值为 2^n-1，逢 2^n 进 1（即 2^n 自动丢失）。换句话说，在字长为 n 的计算机中，数 2^n 和 0 的表示形式一样。若机器中的数以补码表示，则数的补码以 2^n 为模，即

$$[x]_{补}=2^n+x(\mathrm{mod}\ 2^n)$$

若 x 为正数，则$[x]_{补}=x$；若 x 为负数，则$[x]_{补}=2^n+x=2^n-|x|$。即负数 x 的补码等于模 2^n 加上其真值或减去其真值的绝对值。

在补码表示法中，零只有唯一的表示形式：0000…0。

3）求补码的方法。根据上述介绍可知，正数的补码等于原码。下面介绍负数求补码的三种方法。

① 根据真值求补码。根据真值求补码就是根据定义求补码，即有

$$[x]_{补}=2^n+x=2^n-|x|$$

即负数的补码等于 2^n(模)加上其真值，或者等于 2^n(模)减去其真值的绝对值。

② 根据反码求补码（推荐使用方法）。

$$[x]_{补}=[x]_{反}+1$$

③ 根据原码求补码。负数的补码等于其反码加 1，这也可理解为负数的补码等于其原码各位（除符号位外）取反并在最低位加 1。如果反码的最低位是 1，它加 1 后就变成 0，并产生向次最低位的进位；如次最低位也为 1，它同样变成 0，并产生向其高位的进位（这相当于在传递进位），这进位一直传递到第 1 个为 0 的位为止。于是可得到这样的转换规律：从反码的最低位起直到第一个为 0 的位以前（包括第一个为 0 的位），一定是 1 变 0，第一个为 0 的位以后的位都保持不变，由于反码是由原码求得，因此可得从原码求补码的规律为：**从原码的最低位开始到第 1 个为 1 的位之间（包括此位）的各位均不变，此后各位取反，但符号位保持不变。**

特别要指出，在计算机中凡是带符号的数一律用补码表示且符号位参加运算，其运算结果也是用补码表示，若结果的符号位为“0”，则表示结果为正数，此时可以认为它是以原码形式表示的（正数的补码即为原码）；若结果的符号位为“1”，则表示结果为负数，它是以补码形式表示的，若是要用原码来表示该结果，还需要对结果求补（即除符号位外按位取反加 1），即

$$[[x]_{补}]_{补}=[x]_{原}$$

1.1.3 微型计算机中常用编码

微型机算机不但要处理数值计算问题，而且还要处理大量非数值计算问题，因此除了直接给出二进制数外，不论是十进制数还是英文字母、汉字以及某些专用符号都必须编成二进制代码，这样它们才能被计算机识别、接收、存储、传送及处理。

1. 十进制数的编码

在微型计算机中，十进制数除了转换成二进制数外，还可用二进制数对其进行编码：用 4 位二进制数表示 1 位十进制数，使它既具有二进制数的形式又具有十进制数的特点。二—十进制码又称为 BCD 码（Binary-Coded Decimal），它有 8421 码、5421 码、2421 码以及余 3 码等几种编码形式，其中最常用的是 8421 码。8421 码与十进制数的对应关系见表 1.2 所示，每位二进制数位都有固定的“权”，各数位的权从左到右分别为 2^3、2^2、2^1、2^0，即 8、4、2、1，这与自然二进制数的权完全相同，故 8421BCD 码又称为自然权 BCD 码。其中 1010～1111 这 6 个代码是不允许出现的，属非法 8421BCD 码。

表 1.2 8421BCD 码编码表

十进制数	8421BCD 码	十进制数	8421BCD 码
0	0000	5	0101
1	0001	6	0110
2	0010	7	0111
3	0011	8	1000
4	0100	9	1001

BCD 码低位与高位之间是“逢十进一”，而 4 位二进制数（即十六进制数）是“逢十六进一”，用二进制加法器进行 BCD 码运算时，如果 BCD 码运算的低、高位的和都在 0～9 之间，则其加法运算规则与二进制加法完全一样；如果相加后某位（BCD 码位，低 4 位或高 4 位）的和大于 9 或产生了进位，则此位应进行“加 6 调整”。通常在微型计算机中，都设置有 BCD 码的调整电路，

机器执行一条十进制调整指令，机器就会自动根据刚才的二进制加法结果进行修正。BCD 码向高位借位是“借一当十”，而 4 位二进制数（1 位十六进制数）是“借一当十六”，因此在进行 BCD 码减法运算时，如果某位（BCD 码位）有借位时，必须在该位进行“减 6 调整”。

2. 字符编码

微型机算机需要进行非数值处理（如指令、数据的输入、文字的输入及处理等），必须对字母、文字以及某些专用符号进行编码。微型机算机系统的字符编码多采用美国信息交换标准代码——ASCII 码（American Standand Code for Information Interchange，见附录 A），ASCII 码是 7 位代码，共有 128 个字符，其中 94 个是图形字符，可在字符印刷或显示设备上打印出来，包括数字符号 10 个、英文大小写字母共 52 个以及其他字符 32 个，另外 34 个是控制字符，包括传输字符、格式控制字符、设备控制字符、信息分隔符和其他控制字符，这类字符不打印、不显示，但其编码可进行存储，在信息交换中起控制作用。其中，数字 0～9 对应的 ASCII 码为 30H～39H，英文大写字母 A～Z 对应的 ASCII 码为 41H～5AH，小写字母 a～z 对应的 ASCII 码为 61H～7AH，这些规律性对今后的码制转换的编程非常有用。

我国于 1980 年制定了国家标准 GB1988-80，即“信息处理交换用的 7 位编码字符集”，其中除了用人民币符号“￥”代替美元符号“$”外，其余与 ASCII 码相同。

1.2 微型计算机的基本组成

随着集成电路技术的飞速发展，1971 年 1 月，Intel 公司的德·霍夫将运算器、控制器以及一些寄存器集成在一块芯片上，称为微处理器或中央处理单元（简称 CPU），形成了以微处理器为核心的总线结构框架。

如图 1.3 所示为微型计算机的组成框图，由微处理器、存储器（ROM、RAM）和输入/输出接口（I/O 接口）及连接它们的总线组成。微型计算机配上相应的输入/输出设备（如键盘、显示器）就构成了微型计算机系统。

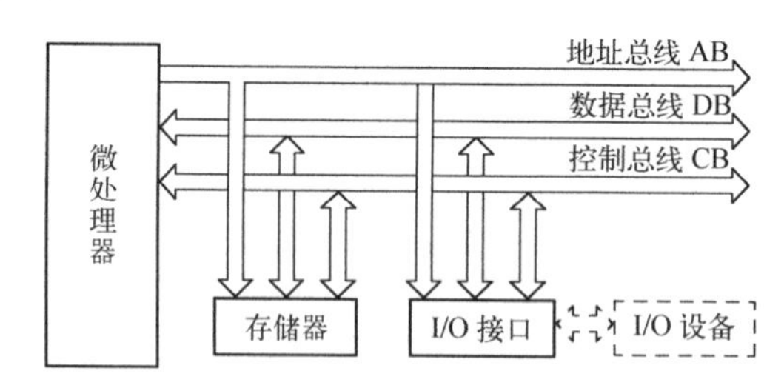

图 1.3 微型计算机组成框图

1. 微处理器

微处理器由运算器和控制器两部分组成，是计算机的控制核心。

1）运算器。运算器由算术逻辑单元（ALU）、累加器和寄存器等几部分组成，主要负责数据的算术运算和逻辑运算。

2）控制器。控制器是发布命令的“决策机构”，即协调和指挥整个计算机系统操作。控制器由指令部件、时序部件和微操作控制部件等三部分组成。

指令部件是一种能对指令进行分析、处理和产生控制信号的逻辑部件，是控制器的核心。通常指令部件由程序计数器 PC（Program Counter）、指令寄存器 IR（Instruction Register）和指令译码器 ID（Instruction Decode）等三部分组成。

时序部件由时钟系统和脉冲发生器组成，用于产生微操作控制部件所需的定时脉冲信号。

微操作控制部件根据指令译码器判断出的指令功能后，形成相应的伪操作控制信号，用以完成该指令所规定的功能。

2．存储器(RAM、ROM)

通俗来讲，存储器是微型计算机的仓库，包括程序存储器和数据存储器两部分。程序存储器用于存储程序和一些固定不变的常数和表格数据，一般由只读存储器（ROM）组成；数据存储器用于存储运算中输入、输出数据或中间变量数据，一般由随机存取存储器（RAM）组成。

3．输入/输出接口（I/O 接口）

微型计算机的输入/输出设备（简称外设，如键盘、显示器等），有高速的也有低速的，有机电结构的，也有全电子式的，由于种类繁多且速度各异，因而它们不能直接地同高速工作的 CPU 相连。I/O 接口是 CPU 与输入/输出设备的连接桥梁，I/O 接口的作用相当于一个转换器，保证 CPU 与外设间协调地工作。不同的外设需要不同的 I/O 接口。

4．总线

CPU 与存储器和 I/O 接口是通过总线相连的，包括地址总线、数据总线与控制总线。

1）地址总线（AB）。地址总线作为 CPU 寻址，地址总线的多少标志着 CPU 的最大寻址能力。若地址总线的根数为 16，即 CPU 的最大寻址能力为 2^{16}＝64K。

2）数据总线（DB）。数据总线用于 CPU 与外围器件（存储器、I/O 接口）交换数据，数据总线的多少标志着 CPU 一次交换数据的能力，决定 CPU 的运算速度。通常所说 CPU 的位数就是指数据总线的宽度，如 8 位机，就是指计算机的数据总线为 8 位。

3）控制总线（CB）。控制总线用于确定 CPU 与外围器件交换数据的类型，主要为读和写两种类型。

1.3 指令、程序与编程语言

一个完整的计算机是由硬件和软件两部分组成的，缺一不可。上面所述为计算机的硬件部分，是看得到、摸得着的实体部分，但计算机硬件只有在软件的指挥下，才能发挥其效能。计算机采取“存储程序”的工作方式，即事先把程序加载到计算机的存储器中，当启动运行后，计算机便自动地按照程序进行工作。

指令是规定计算机完成特定任务的命令，微处理器就是根据指令指挥与控制计算机各部分协调地工作。

程序是指令的集合，是解决某个具体任务的一组指令。在用计算机完成某个工作任务之前，人们必须事先将计算方法和步骤编制成由逐条指令组成的程序，并预先将它以二进制代码（机器代码）的形式存放在程序存储器中。

编程语言分为机器语言、汇编语言和高级语言。

- 机器语言是用二进制代码表示的，是机器能直接识别的语言，因此机器语言程序又称为目标程序。

- 汇编语言是用英文助记符来描述指令的，但不能独立于机器。
- 高级语言则采用独立于机器的、人们日常习惯使用的语言形式。

1.4 微型计算机的工作过程

微型计算机的工作过程就是执行程序的过程，计算机执行程序是一条指令一条指令执行的，执行一条指令的过程分为三个阶段：取指令、指令译码、执行指令。每执行完一条指令，自动转向下一条指令的执行。

1. 取指令

根据程序计数器 PC 中的地址，到程序存储器中取出指令代码，并送到指令寄存器 IR 中。然后 PC 自动加 1，指向下一条指令（或指令字节）地址。

2. 指令译码

指令译码器对指令寄存器中的指令代码进行译码，判断出当前指令代码的工作任务。

3. 执行指令

判断出当前指令代码任务后，控制器自动发出一系列微指令，指挥计算机协调的动作，完成当前指令指定的工作任务。

如图 1.4 所示为微型计算机工作过程的示意图，程序存储器从 0000H 起存放了如下所示的指令代码。

```
；汇编源程序                              对应的机器代码
ORG   0000H；伪指令，指定下列程序代码从 0000H 地址开始存放
MOV   A，   #0FH                          ；740FH
ADD   A，   20H                           ；2520H
MOV P1，A                                 ；F590H
SJMP $                                    ；80FEH
```

下面分析如图 1.4 所示微型计算机的工作过程：

1）将 PC 内容 0000H 送地址寄存器 MAR。

2）PC 值自动加 1，为取下一个字节的机器代码做准备。

3）MAR 中的地址经地址译码器找到程序存储器 0000H 单元。

4）CPU 发出读出命令。

5）将 0000H 单元内容 74H 读出，送至数据寄存器 MDR 中。

6）将 74H 送指令寄存器 IR 中。

7)经指令译码器 ID 译码，判断出指令代码所代表的功能(将当前指令字节内容送累加器 A)，由操作控制器（OC）发出相应的微操作控制信号，完成指令操作。

8）根据指令功能要求，PC 内容 0001H 送地址寄存器 MAR。

9）PC 值自动加 1，为取下一个字节的机器代码做准备。

10）MAR 中的地址经地址译码器找到程序存储器 0001H 单元。

11）CPU 发出读出命令。

12）将 0001H 单元内容 0FH 读出，送至数据寄存器 MDR 中。

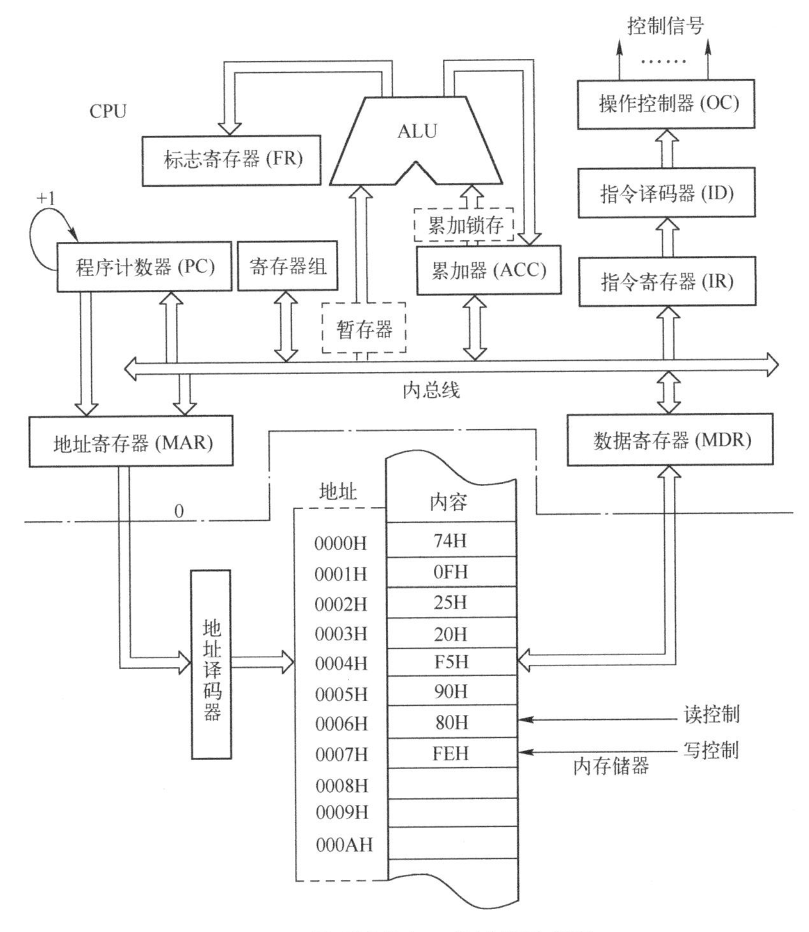

图 1.4　微型计算机工作过程示意图

13）因此次读取的是数据，读出后根据指令功能直接送累加器 A，至此，完成该指令操作。

14）接着，又重复上述过程，逐条地读取指令、指令译码、执行指令。

1.5　微型计算机的应用形态

从应用形态上，微型计算机主要可分为两种：系统机与单片机。

1. 系统机

系统机将微处理器、存储器、I/O 接口电路和总线接口组装在一块主机板（即微机主板）上，通过系统总线和其他多块外设适配卡连接键盘、显示器、打印机、硬盘驱动器及光驱等输入/输出设备。

目前人们广泛使用的个人计算机（PC）就是典型的系统微型计算机。系统机的人机界面好，功能强，软件资源丰富，通常作为办公或家庭的事务处理及科学计算，属于通用计算机，现在已成为社会各领域中最为通用的工具。

系统机的发展，追求的是高速度、高性能。

2. 单片机

将微处理器、存储器、I/O 接口电路和总线接口集成在一块芯片上，即构成单片微型计算机，简称单片机。

单片机的应用是嵌入到控制系统（或设备）中，属于专用计算机，也称为嵌入式计算机。单片机应用讲究的是高性能价格比，针对控制系统任务的规模、复杂性选择合适的单片机，高、中、低档单片机是并行发展的。

本章小结

数制与编码是微型机算机的基本数字逻辑基础，是学习微型机算计的必备知识。在计算机的学习与应用中，主要涉及二进制、十进制与十六进制；在计算机中，同样存在数据的正、负问题，用数据位的最高位来表示数据的正、负，“0”表示正，“1”表示负，用补码形式来表示有符号数。

在计算机中，编码与译码是常见的数据处理工作，最常见的计算机编码有两种，一是 BCD 编码，二是 ASCⅡ码。

将运算器、控制器以及各种寄存器集成在一片集成电路芯片上，组成中央处理器（CPU）或微处理器。微处理器配上存储器、输入/输出接口便构成了微型计算机。再配以输入/输出设备，即构成微型计算机系统。

一个完整的计算机包括硬件与软件两部分，硬件是指“看得见、摸得着”的实体部分；软件是计算机的指令代码的集合。简单来说，计算机的工作过程很简单，就是机械地按照“取指令、指令译码、执行指令”逐条执行指令而已。

单片机与系统机分属微型计算机的两个发展方向，从诞生至今，仅仅几十年，发展迅速，分别在嵌入式系统、科学计算与数据处理等领域中起着至关重要的作用。

习　题　1

一、填空题

1．125=__________B=____________H=(__________)8421BCD码=（_________）ASCII码。

2．微型计算机由_____、______________、I/O 接口以及连接它们的总线组成。

3．微型计算机的 CPU 是通过地址总线、数据总线、控制总线与外围电路进行连接与访问的，其中，地址总线用于________，地址总线的数据量决定________；数据总线用于________，数据总线的数量决定_______；控制总线用于____。

4．I/O 接口的作用是_________________。

5．按存储性质分，微型计算机存储器分为_________和数据存储器两种类型。

6．16 位 CPU 是指____总线的位数为 16 位。

7．若 CPU 地址总线的位数为 16，那么 CPU 的最大寻址能力为______________。

8．微型计算机执行指令的顺序是按照在程序存储中的存放顺序执行的。在执行指令时包含取指、___________、执行指令三个工作过程。

9．微型计算机系统由微型计算机和__________组成。

10．微型计算机软件的编程语言包括高级语言、__________和__________三种类型。

二、选择题

1．当 CPU 的数据总线位数为 8 位时，标志着 CPU 一次交换数据能力为_______。

A．1 位　　B．4 位　　C．16 位　　D．8 位

2．当 CPU 地址总线为 8 位时，标志着 CPU 的最大寻址能力为_______。

A．8 个空间　　B．16 个空间　　C．256 个空间　　D．64K 个空间

3．微型计算机程序存储器空间一般由_______构成。

A．只读存储器　　B．随机存取存储器

4．微型计算机数据存储器空间一般由______构成。

A．只读存储器　　B．随机存取存储器

三、判断题

1．键盘是微型计算机的基本组成部分。（　　）

2．I/O 接口是微型计算机的核心部分。（　　）

3．I/O 接口是 CPU 与 I/O 设备间的连接桥梁。（　　）

4．CPU 是通过寻址的方式访问存储器或 I/O 设备的。（　　）

5．单片机是微型计算机中一个重要的发展分支。（　　）

6．不论是 8 位单片机，还是 32 位的 ARM，都属于嵌入式微控制器。（　　）

7．随机存取存储器（RAM）的存储信息，断电后不会消失。（　　）

8．只读存储器（ROM）的存储信息，断电后不会丢失。（　　）

四、问答题

1．简述微型计算机中数的表示方法。

2．8 位二进制数，当看成无符号数时，其表示范围为多少？当看成有符号数时，其表示范围又是多少？

3．已知数的原码如下，写出各数的反码和补码。

（1）10100110　（2）11111111　（3）10000000　（4）01111111

4．将下列字符转换为 ASCII 码。

（1）STC　（2）Compute　（3）MCU　（4）STC15F2K60S2

5．已知一个数的补码，请问如何求解它的原码？

6．微型计算机的结构相比冯·诺依曼提出的计算机经典结构，有哪些改进？

7．简述微型计算机的工作过程。

第 2 章　STC15F2K60S2 单片机增强型 8051 内核

2.1　单片机概述

2.1.1　单片机的概念

将微型计算机的基本组成部分（CPU、存储器、I/O 接口以及连接它们的总线）集成在一块芯片中而构成的计算机，称为单片微型计算机，简称单片机（Single-chip Microcomputer）。考虑到它的实质是作为控制，现已普遍改用微控制器（Micro Controller）一词，缩写为 MCU（Micro Controller Unit）。

由于单片机是完全做嵌入式应用，故又称为嵌入式微控制器。根据单片机数据总线的宽度不同，单片机主要可分为 4 位机、8 位机、16 位机和 32 位机。在高端应用（图形图像处理与通信等）中，32 位机应用已越来越普及；但在中、低端控制应用中，而且在将来较长一段时间内，8 位单片机仍是单片机的主流机种，近期推出的增强型单片机产品内部普遍集成有丰富 I/O 接口，而且集成有 ADC、DAC、PWM、WDT（看门狗）等接口或功能部件，并在低电压、低功耗、串行扩展总线、程序存储器类型、存储器容量和开发方式（在线系统编程 ISP）等方面都有较大的发展。

由于单片机具有较高的性能价格比、良好的控制性能和灵活的嵌入特性，单片机在各个领域里都获得了极为广泛的应用。

2.1.2　常见单片机

1. 8051 内核单片机

8051 内核单片机应用比较广泛，常见的 8051 内核单片机有以下几种：

1）Intel 公司的 MCS-51 系列单片机。MCS-51 系列单片机是美国 Intel 公司研发的，该系列有 8031、8032、8051、8052、8751、8752 等多种产品。MCS-51 系列单片机的典型产品是 8051，其构成了 8051 单片机的标准。MCS-51 系列单片机的资源配置见表 2.1。

表 2.1　MCS-51 系列单片机的内部资源

型　号	程序存储器	数据存储器	定时器/计数器	并行 I/O 口	串行口	中断源
8031	无	128B	2	32	1	5
8032	无	256B	3	32	1	6
8051	4KB ROM	128B	2	32	1	5
8052	8KB ROM	256B	3	32	1	6

续表

型　号	程序存储器	数据存储器	定时器/计数器	并行 I/O 口	串行口	中断源
8751	4KB EPROM	128B	2	32	1	5
8752	8KB EPROM	256B	3	32	1	6

目前，Intel 公司本身已不生产 MCS-51 系列单片机，现在应用的 8051 单片机已不再是传统的 MCS-51 系列单片机。获得 8051 内核的厂商，在该内核基础上进行了功能扩展与性能改进。以下所列是比较典型的 8051 内核单片机。

2）深圳市宏晶科技公司的 STC 系列单片机。公司网址：http://www.STCMCU.com。

3）荷兰 PHILIPS 公司的 8051 内核单片机。公司网址：http://www.philips.com。

4）美国 Atmel 公司的 89 系列单片机。公司网址：http://www.atmel.com。

2．其他单片机

除了 8051 内核单片机以外，比较有代表性的单片机还有以下几种：

1）Freescale 公司的 MC68 系列单片机、MC9S08 系列单片机（8 位）、MC9S12 系列单片机（16 位）以及 32 位单片机。公司网址：http://www.freescale.com.cn。

2）美国 Microchip 公司的 PIC 系列单片机。公司网址：http://www.microchip.com。

3）美国 TI 公司的 MSP430 系列 16 位单片机。公司网址：http://www.ti.com.cn。

4）日本 National 公司的 COP8 系列单片机。公司网址：http://www.national.com.cn。

5）美国 Atmel 公司的 AVR 系列单片机。公司网址：http://www.atmel.com。

单片机技术的发展，可以说是产品多样化和系列化，用户可以根据自己的实际需求进行选择。单片机技术虽然缺乏统一的标准，但单片机的基本工作原理都是一样的，主要区别在于包含的资源不同、编程语言的格式不同。当使用 C 语言进行编程时，编程语言的差别就很小了。因此，只要学好了一种单片机，使用其他单片机时，只要仔细阅读相应的技术文档就可以进行项目或产品的开发。

2.1.3　STC 系列单片机

STC 系列单片机是深圳宏晶科技公司研发的增强型 8051 内核单片机，相对于传统的 8051 内核单片机，在片内资源、性能以及工作速度上都有很大的改进，尤其是采用了基于 Flash 的在线系统编程（ISP）技术，使得单片机应用系统的开发变得简单了，无需仿真器或专用编程器就可进行单片机应用系统的开发，同样也方便了单片机的学习。

STC 单片机产品系列化、种类多，现有超过百种的单片机产品，能满足不同单片机应用系统的控制需求。按照工作速度与片内资源配置的不同，STC 系列单片机有若干个系列产品。按照工作速度可分为 12T/6T 和 1T 系列产品：12T/6T 产品是指一个机器周期可设置为 12 个时钟或 6 个时钟，包括 STC89 和 STC90 两个系列；1T 产品是指一个机器周期仅为 1 个系统时钟，包括 STC11/10 和 STC12/15 等系列。STC89、STC90 和 STC11/10 系列属基本配置，而 STC12/15 系列产品则相应地增加了 PWM、A/D 和 SPI 等接口模块。在每个系列中包含若干个子系列产品，其差异主要是片内资源数量上的差异。在应用选型时，应根据控制系统的实际需求，选择合适的单片机，即单片机内部资源要尽可能地满足控制系统要求，而减少外部接口电路，同时，选择片内资源时遵循“够用”原则，极大地保证单片机应用系统的高性能价格比和高可靠性。

STC15 系列单片机采用 STC-Y5 超高速 CPU 内核，在相同频率下，速度比早期 1T 系列单片机（如 STC12、STC11、STC10 系列）的速度快 20%。本书以 STC15 系列中的 STC15F2K60S2 单片机为教学机型，全面学习 STC 单片机技术以及培养 STC 单片机的应用设计能力。

2.2 STC15F2K60S2 系列单片机资源概述与引脚功能

2.2.1 资源与功能概述

STC15F2K60S2 单片机是 STC15 系列单片机的典型产品，集成以下资源：

- 增强型 8051 CPU，1T 型，即每个机器周期只有 1 个系统时钟。
- ISP/IAP 功能，即在系统可编程/在应用可编程。
- 内部高可靠复位，8 级可选复位门槛电压，可彻底省掉外围复位电路。
- 内部高精度 R/C 时钟，±1%温漂（−40℃～85℃），常温下温漂可达 0.5%，内部时钟从 5～35MHz 可选。
- 低功耗设计：低速模式、空闲模式、掉电模式（停机模式）。
- 具有支持掉电唤醒的引脚。
- 8～62KB Flash 程序存储器。
- 大容量 2048 字节 SRAM。
- 大容量的数据 Flash（EEPROM），擦写次数十万次以上。
- 6 个定时器：两个 16 位可重装载初始值（兼容传统 8051）的定时器 T0/T1，T2 定时器，3 路 CCP 可再实现 3 个定时器。
- 2 个全双工异步串行口（UART）。
- 8 通道高速 10 位 ADC，速度可达 30 万次/秒。
- 3 通道捕获/比较单元（PWM/PCA/CCP）。
- 高速 SPI 串行通信接口。
- 多路可编程时钟输出。
- 最多 42 个 I/O 口线。
- 硬件“看门狗”。

2.2.2 引脚功能

STC15F2K60S2 单片机有 LQFP-44、LQFP-32、PDIP-40、SOP-28、SOP-32、DIP-28 等封装形式，其中图 2.1、图 2.2 为 LQFP-44、PDIP-40 封装引脚图。

下面以 STC15F2K60S2 单片机的 PDIP-40 封装为例介绍 STC15F2K60S2 单片机的引脚功能，从引脚图中可看出，除引脚 18、20 为电源、地以外，其他引脚都可作为 I/O 口，也就是说 STC15F2K60S2 单片机不需外围电路，只须接上电源就是一个单片机最小系统了，这里以 STC15F2K60S2 单片机的 I/O 口引脚为主线，介绍 STC15F2K60S2 单片机的各引脚功能。

1）P0 口。P0 口引脚排列与功能说明见表 2.2。

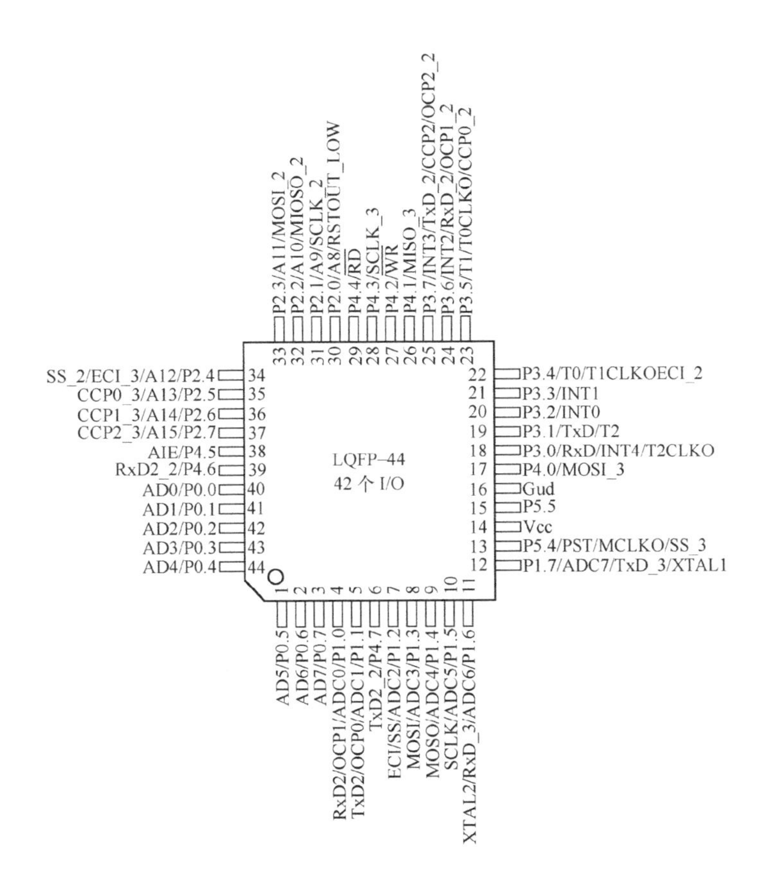

图 2.1　STC15F2K60S2 单片机 LQFP-44 封装的引脚图

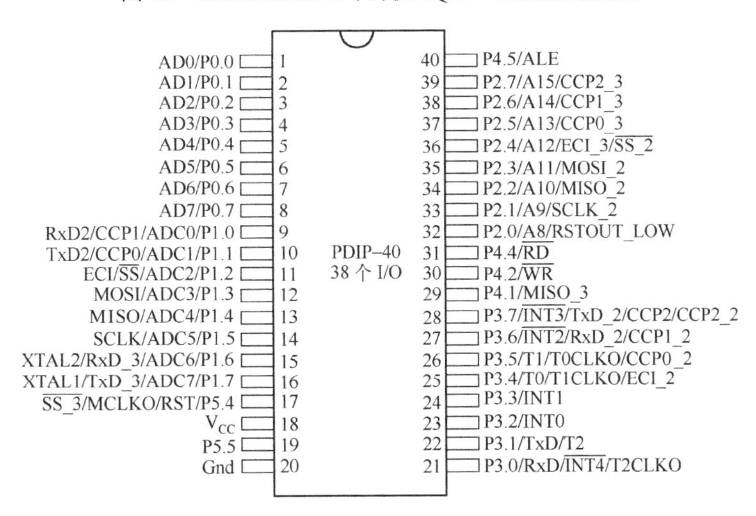

图 2.2　STC15F2K60S2 单片机 PDIP-40 封装的引脚图

表 2.2　P0 口引脚排列与功能说明

引脚号	1	2	3	4	5	6	7	8
I/O 名称	P0.0	P0.1	P0.2	P0.3	P0.4	P0.5	P0.6	P0.7
第二功能	访问外部存储器时，分时复用作为低 8 位地址总线和 8 位数据总线							

2）P1 口。P1 口引脚排列与功能说明见表 2.3。

表 2.3　P1 口引脚排列与功能说明

引脚号	I/O 名称	第二功能名称	第三功能名称	第四功能名称
9	P1.0	ADC0	CCP1	RxD2
		ADC 模拟输入通道 0	CCP 输出通道 1	串行口 2 串行数据接收端
10	P1.1	ADC1	CCP0	TxD2
		ADC 模拟输入通道 1	CCP 输出通道 0	串行口 2 串行数据发送端
11	P1.2	ADC2	$\overline{SS}$	ECI
		ADC 模拟输入通道 2	SPI 接口的从机选择信号	PCA 模块计数器外部计数脉冲输入端
12	P1.3	ADC3	MOSI	
		ADC 模拟输入通道 3	SPI 接口主出从入数据端	
13	P1.4	ADC4	MISO	
		ADC 模拟输入通道 4	SPI 接口主入从出数据端	
14	P1.5	ADC5	SCLK	
		ADC 模拟输入通道 5	SPI 接口同步时钟端	
15	P1.6	ADC6	RxD_3	XTAL2
		ADC 模拟输入通道 6	串行口 1 串行数据接收端（切换 2）	内部时钟放大器反相放大器的输出端
16	P1.7	ADC7	TxD_3	XTAL1
		ADC 模拟输入通道 7	串行口 1 串行数据发送端（切换 2）	内部时钟放大器反相放大器的输入端

3）P2 口。P2 口引脚排列与功能说明见表 2.4。

4）P3 口。P3 口引脚排列与功能说明见表 2.5。

5）P4 口。P4 口引脚排列与功能说明见表 2.6。

6）P5 口。P5 口引脚排列与功能说明见表 2.7。

表 2.4　P2 口引脚排列与功能说明

引脚号	I/O 名称	第二功能名称		第三功能名称	第四功能名称
32	P2.0	A8	访问外部存储器时，作为高 8 位地址总线	RSTOUT_LOW	
				上电后输出低电平	
33	P2.1	A9		SCLK_2	
				SPI 接口同步时钟端（切换 1）	
34	P2.2	A10		MISO_2	
				SPI 接口主入从出数据端（切换 1）	
35	P2.3	A11		MOSI_2	
				SPI 接口主出从入数据端（切换 1）	
36	P2.4	A12		ECI_3	$\overline{SS}$_2
				PCA 模块计数器外部计数脉冲输入端（切换 2）	SPI 接口的从机选择信号（切换 1）
37	P2.5	A13		CCP0_3	
				CCP 输出通道 0（切换 2）	
38	P2.6	A14		CCP1_3	
				CCP 输出通道 1（切换 2）	
39	P27	A15		CCP2_3	
				CCP 输出通道 2（切换 2）	

表 2.5　P3 口引脚排列与功能说明

引脚号	I/O 名称	第二功能名称	第三功能名称	第四功能名称
21	P3.0	RxD	$\overline{\text{INT4}}$	T2CLKO
		串行口 1 串行数据接收端	外部中断 4 中断请求输入端	T2 定时器的时钟输出端
22	P3.1	TxD	T2	
		串行口 1 串行数据发送端	T2 定时器的外部计数脉冲输入端	
23	P3.2	INT0		
		外部中断 0 中断请求输入端		
24	P3.3	INT1		
		外部中断 1 中断请求输入端		
25	P3.4	T0	T0CLKO	ECI_2
		T0 定时器的外部计数脉冲输入端	T0 定时器的时钟输出端	PCA 模块计数器外部计数脉冲输入端（切换 1）
26	P3.5	T1	T1CLKO	CCP0_2
		T1 定时器的外部计数脉冲输入端	T1 定时器的时钟输出端	CCP 输出通道 0（切换 1）
27	P3.6	$\overline{\text{INT2}}$	RxD_2	CCP1_2
		外部中断 2 中断请求输入端	串行口 1 串数据接收端（切换 1）	CCP 输出通道 1（切换 1）
28	P3.7	$\overline{\text{INT3}}$	TxD_3	CCP2/CCP2_2
		外部中断 3 中断请求输入端	串行口 1 串数据发送端（切换 1）	CCP 输出通道 2（含切换 1）

表 2.6　P4 口引脚排列与功能说明

引脚号	29		30		31		40	
I/O 名称	P4.1		P4.2		P4.4		P4.5	
第二功能	MOSI_3	SPI 接口主出从入数据端（切换 2）	$\overline{\text{WR}}$	扩展外部数据存储器写控制端	$\overline{\text{RD}}$	扩展外部数据存储器读控制端	ALE	扩展外部数据存储器地址锁存信号输出端

表 2.7　P5 口引脚排列与功能说明

引脚号	I/O 名称	第二功能名称	第三功能名称	第四功能名称
17	P5.4	RST	MCLKO	$\overline{\text{SS-3}}$
		复位脉冲输入端	主时钟输出，可输出不分频、二分频或四分频信号	SPI 接口的从机选择信号（切换 2）
19	P5.5	无第二功能		

注：STC15F2K60S2 单片机内部接口的外部输入、输出引脚可通过编程进行切换，上电或复位后，默认功能引脚的名称以原功能状态名称表示，切换后引脚状态的名称在原功能名称基础上加一下画线和序号组成，如 RxD 和 RxD_2，RxD 为串行口 1 默认的数据接收端，RxD_2 为串行口 1 切换后（第 1 组切换）的数据接收端名称，其功能同串行口 1 的串行数据接收端。

2.3 STC15F2K60S2 单片机的内部结构

2.3.1 内部结构框图

STC15F2K60S2 单片机的内部结构框图如图 2.3 所示。

STC15F2K60S2 单片机包含 CPU、程序存储器（程序 Flash）、数据存储器（基本 RAM、扩展 RAM、特殊功能寄存器）、EEPROM（数据 Flash）、定时器/计数器、串行口、中断系统、ADC 模块、PCA/PWM 模块（可当 DAC 使用）、SPI 接口以及硬件看门狗、电源监控、专用复位电路、内部 RC 振荡器等模块。

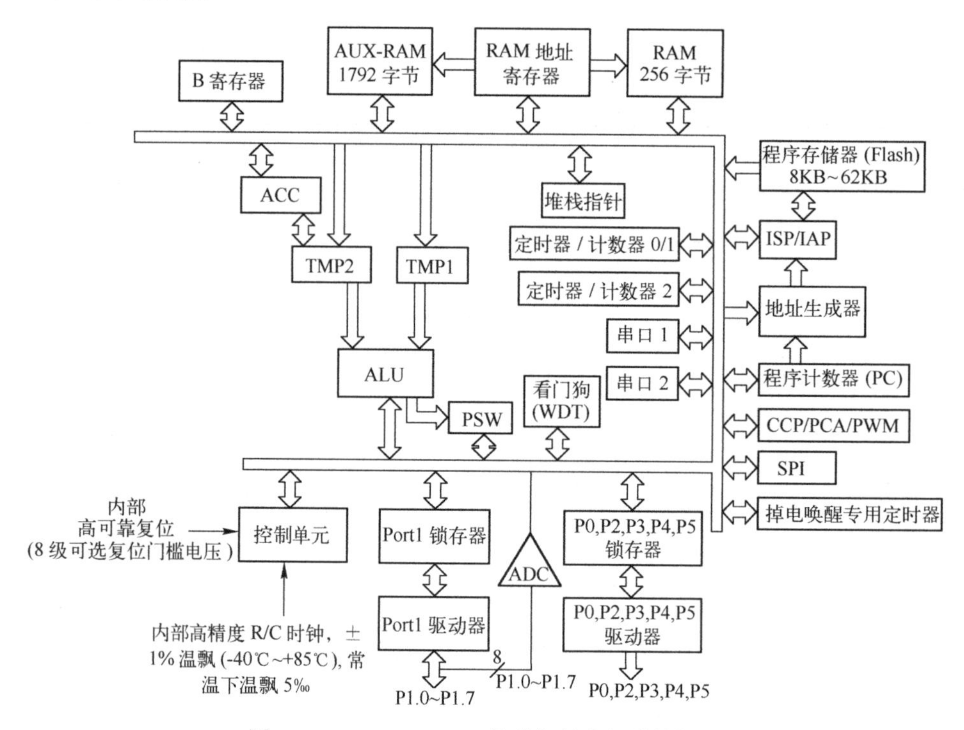

图 2.3 STC15F2K60S2 单片机的内部结构框图

2.3.2 CPU 结构

单片机的中央处理器 CPU 由运算器和控制器组成。它的作用是读入并分析每条指令，根据各指令功能控制单片机的各功能部件执行指定的运算或操作。

1. 运算器

运算器由算术/逻辑运算部件 ALU、累加器 ACC、寄存器 B、暂存器（TMP1，TMP2）和程序状态标志寄存器 PSW 组成。它所完成的任务是实现算术与逻辑运算、位变量处理与传送等操作。

ALU 功能极强，既可实现 8 位二进制数据的加、减、乘、除算术运算和与、或、非、异或、循环等逻辑运算，同时还具有一般微处理器所不具备的位处理功能。

累加器 ACC，又记为 A，用于向 ALU 提供操作数和存放运算结果，它是 CPU 中工作最频繁的寄存器，大多数指令的执行都要通过累加器 ACC 进行。

寄存器 B 是专门为乘法和除法运算设置的寄存器，用于存放乘法和除法运算的操作数和运算结果。对于其他指令，可作为普通寄存器使用。

程序状态标志寄存器 PSW，简称程序状态字，它用来保存 ALU 运算结果的特征和处理状态，这些特征和状态可以作为控制程序转移的条件，供程序判别和查询。PSW 的各位定义如下所示：

	地址	B7	B6	B5	B4	B3	B2	B1	B0	复位值
PSW	D0H	CY	AC	F0	RS1	RS0	OV	F1	P	0000 0000

CY：进位标志位。执行加/减法指令时，如果操作结果的最高位 B7 出现进/借位，则 CY 置“1”，否则清零。执行乘法运算后，CY 清零。

AC：辅助进位标志位。当执行加/减法指令时，如果低 4 位数向高 4 位数产生进/借位，则 AC 置“1”，否则清零。

F0：用户标志 0。该位是由用户定义的一个状态标志。

RS1、RS0：工作寄存器组选择控制位，详见表 2.8。

OV：溢出标志位。指示有符号数运算过程中是否发生了溢出。当最高位与次高位进/借位不一致时，表示有溢出，（OV）＝1；当最高位与次高位进/借位情况一致时，表示无溢出，（OV）＝0。

F1：用户标志 1。该位也是由用户定义的一个状态标志。

P：奇偶标志位。如果累加器 ACC 中 1 的个数为偶数，（P）＝0；否则（P）＝1。在具有奇偶校验的串行数据通信中，可以根据 P 设置奇偶校验位。

2. 控制器

控制器是 CPU 的指挥中心，由指令寄存器 IR、指令译码器 ID、定时及控制逻辑电路以及程序计数器 PC 等组成。

程序计数器 PC 是一个 16 位的计数器（注意：PC 不属于特殊功能寄存器），它总是存放着下一个要取指令字节的 16 位程序存储器存储单元的地址。并且每取完一个字节后，PC 的内容自动加 1，为取下一个字节做准备。因此一般情况下，CPU 是按指令顺序执行程序的，只有在执行转移、子程序调用指令和中断响应时例外，而是由指令或中断响应过程自动给 PC 置入新的地址。PC 指到哪里，CPU 就从哪里开始执行程序。

指令寄存器 IR 保存当前正在执行的指令。执行一条指令，先要把它从程序存储器取到指令寄存器 IR 中。指令内容包含操作码和地址码两部分，操作码送指令译码器 ID，并形成相应指令的微操作信号；地址码送操作数形成电路以便形成实际的操作数地址。

定时与控制是微处理器的核心部件，它的任务是控制取指令、执行指令、存取操作数或运算结果等操作，向其他部件发出各种微操作信号，协调各部件工作，完成指令指定的工作任务。

2.4 STC15F2K60S2 单片机的存储结构

STC15F2K60S2 单片机存储结构的主要特点是程序存储器与数据存储器是分开编址的，STC15F2K60S2 单片机内部在物理上有 4 个相互独立的存储器空间：程序存储器（程序 Flash）、片内基本 RAM、片内扩展 RAM 与 EEPROM（数据 Flash），如图 2.4 所示。

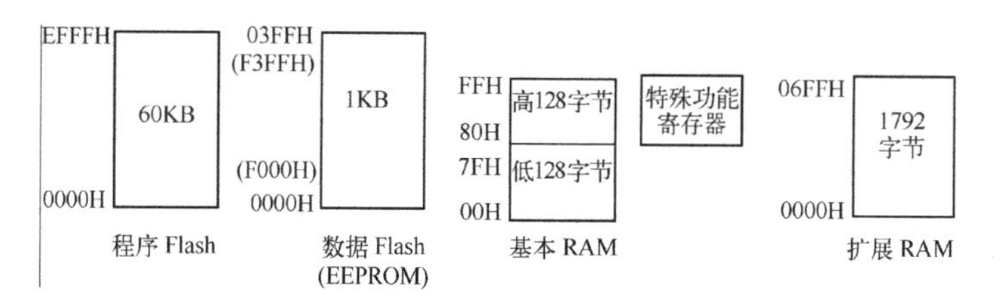

图 2.4　STC15F2K60S2 单片机的存储器结构

1. 程序存储器（程序 Flash）

程序存储器用于存放用户程序、数据和表格等信息。STC15F2K60S2 单片机片内集成了 60KB 的程序 Flash 存储器，其地址为 0000H～EFFFH。

在程序存储器中有些特殊的单元，在应用中应加以注意。

1）0000H 单元。系统复位后，PC 值为 0000H，单片机从 0000H 单元开始执行程序。一般在 0000H 开始的三个单元中存放一条无条件转移指令，让 CPU 去执行用户指定位置的主程序。

2）0003H～0083H，这些单元作为 21 个中断的中断服务程序的入口地址（或称为中断向量地址）。

0003H：外部中断 0 中断服务程序的入口地址。

000BH：定时/计数器 0（T0）中断服务程序的入口地址。

0013H：外部中断 1 中断服务程序的入口地址。

001BH：定时/计数器 1（T1）中断服务程序的入口地址。

0023H：串行口 1 中断服务程序的入口地址。

以上为 5 个基本中断的中断向量地址，其他中断对应的中断向量地址详见中断系统章节内容。

每个中断向量间相隔 8 个存储单元，编程时，通常在这些入口地址开始处放入一条转移指令，指向真正存放中断服务程序的入口地址。只有在中断服务程序较短时，才可以将中断服务程序直接存放在相应入口地址开始的几个单元中。

注：其中还预留一些中断向量地址未开发、未使用。

2. 基本 RAM

片内基本 RAM 分为低 128 字节 RAM、高 128 字节 RAM 和特殊功能寄存器（SFR）。

1）低 128 字节。低 128 字节 RAM，又分为工作寄存器区、位寻址区和通用 RAM 区，如图 2.5 所示。

① 工作寄存器区（00H～1FH）。8051 单片机片内基本 RAM 低端的 32 个字节分成 4 个工作寄存器组，每组占用 8 个单元。但程序运行时，只能有一个工作寄存器组为当前工作寄存器组，当前工作寄存器组的存储单元可作为寄存器，即用寄存器符号（R0、R1、…、R7）来表示。当前工作寄存器组的选择是通过程序状态字 PSW 中的 RS1、RS0 实现的。RS1、RS0 的状态与当前工作寄存器组的关系如表 2.8 所示。

当前工作寄存器组从某一工作寄存器组切换到另一个工作寄存器组，原来工作寄存器组的各寄存器的内容将被屏蔽保护起来。利用这一特性可以方便地完成快速现场保护任务。

② 位寻址区（20H～2FH）。片内基本 RAM 的 20H～2FH 共 16 个字节是位寻址区，每个字节 8 个位，共 128 个位。该区域不仅可按字节寻址，也可按位进行寻址。从 20H 的 B0 位到 2FH 的 B7 位，其对应的位地址依次为 00H～7FH，位地址还可用字节地址加位号表示，如 20H 单元的 B5 位，其位地址可用 05H 表示，也可用 20H.5 表示。

③ 通用 RAM 区（30H～7FH）。30H～7FH 共 80 个字节为通用 RAM 区，即为一般 RAM 区域，无特殊功能特性。一般做数据缓冲区用，如显示缓冲区。通常将堆栈也设置在该区域。

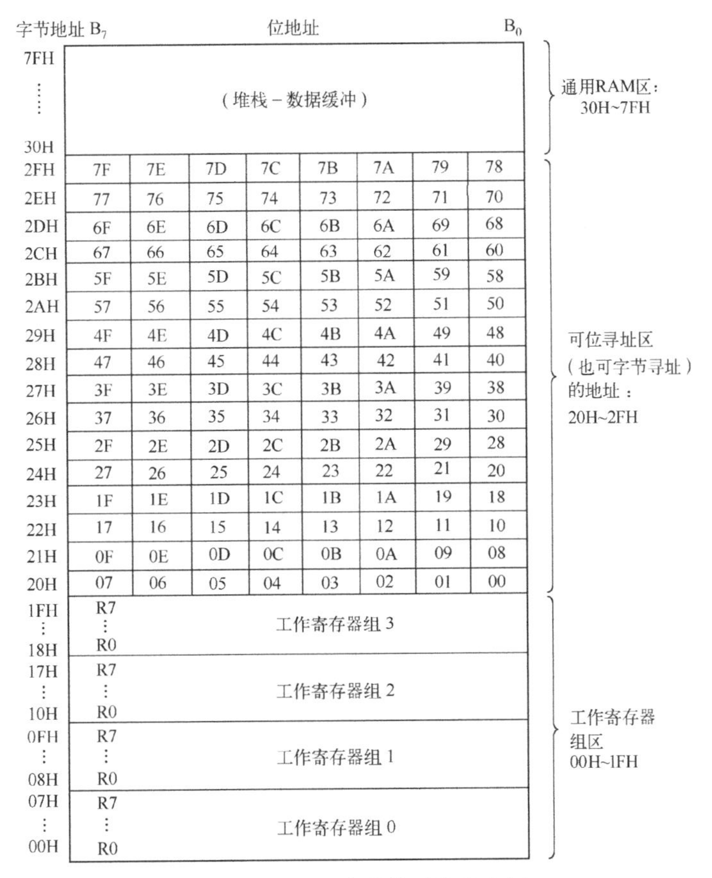

图 2.5　低 128 字节的功能分布图

表 2.8　8051 单片机工作寄存器地址表

组号	RS1	RS0	R0	R1	R2	R3	R4	R5	R6	R7
0	0	0	00H	01H	02H	03H	04H	05H	06H	07H
1	0	1	08H	09H	0AH	0BH	0CH	0DH	0EH	0FH
2	1	0	10H	11H	12H	13H	14H	15H	16H	17H
3	1	1	18H	19H	1AH	1BH	1CH	1DH	1EH	1FH

特别提示：编程时，一般用字节地址加位号的方法表示。

2）高 128 字节。高 128 字节 RAM 的地址为 80H～FFH，属普通存储区域，但高 128 字节 RAM 地址与特殊功能寄存器区的地址是相同的。为了区分这两个不同的存储区域，访问时，规定了不同的寻址方式，高 128 字节 RAM 只能采用寄存器间接寻址方式访问；特殊功能寄存器只能采用直接寻址方式。此外，高 128 字节 RAM 也可作为堆栈区。

3）特殊功能寄存器 SFR（80H～FFH）。特殊功能寄存器的地址也为 80H～FFH，但 STC15F2K60S2 单片机中只有 79 个地址有实际意义，也就是说 STC15F2K60S2 单片机实际上只有 79 个特殊功能寄存器。所谓特殊功能寄存器是指该 RAM 单元的状态与某一具体的硬件接口电路相关，要么反映了某个硬件接口电路的工作状态，要么决定着某个硬件电路的工作运行。单片机内部 I/O 接口电路的管理与控制就是通过对其相应特殊功能寄存器进行操作与管理的。特殊功能寄存器根据其存储特性的不同又分为两类：可位寻址特殊功能寄存器与不可位寻址特殊功能寄存器。凡字节地址能够被 8 整除的单元是可位寻址的，对应可寻址位都有一个位地址，其位地址等于其字节地址加上位号，实际编程时大多是采用其位功能符号表示，如 PSW 中的 CY、ACC

等。特殊功能寄存器与其可寻址位都是按直接地址进行寻址的。特殊功能寄存器的映像如表 2.9 所示，表中给出了各特殊功能寄存器的符号、地址与复位状态值。

特别提示：实际汇编语言或 C 语言编程时，用特殊功能寄存器的符号或位地址的符号来表示特殊功能寄存器的地址或位地址。

表 2.9　STC15F2K60S2 单片机特殊功能寄存器字节地址与位地址表

	可位寻址	不可位寻址						
	+0	+1	+2	+3	+4	+5	+6	+7
80H	P0 11111111	SP 00000111	DPL 00000000	DPH 00000000				PCON 00110000
88H	TCON 00000000	TMOD 00000000	TL0 （RL_TL0） 00000000	TL1 （RL_TL1） 00000000	TH0 （RL_TH0） 00000000	TH1 （RL_TH1） 00000000	AUXR 00000000	INT_CLKO 00000000
90H	P1 11111111	P1M1 00000000	P1M0 00000000	P0M1 00000000	P0M0 00000000	P2M1 00000000	P2M0 00000000	CLK_DIV
98H	SCON 00000000	SBUF XXXXXXX	S2CON 00000000	S2BUF XXXXXXXX		P1ASF 00000000		
A0H	P2 11111110	BUS_SPEED XXXXXX10	P_SW1 00000000					
A8H	IE 00000000		WKTCL WKTCL_CNT 11111111	WKTCH WKTCH_CNT 01111111				IE2 XXXXX000
B0H	P3 11111111	P3M1 00000000	P3M0 00000000	P4M1 00000000	P4M0 00000000	IP2 XXXXXX00		
B8H	IP 00000000		P_SW2 XXXXXXX		ADC_CONTR 00000000	ADC_RES 00000000	ADC_RESL 00000000	
C0H	P4 11111111	WDT_CONTR 0X000000	IAP_DATA 11111111	IAP_ADDRH 00000000	IAP_ADDRL 00000000	IAP_CMD XXXXXX00	IAP_TRIG XXXXXXXX	IAP_CONTR 0000x000
C8H	P5 XX11XXXX	P5M1 XX00XXXX	P5M0 XX00XXXX			SPSTAT 00XXXXXX	SPCTL 00000000	SPDAT 00000000
D0H	PSW 000000X0						T2H （RL_TH2） 00000000	T2L （RL_TL2） 00000000
D8H	CCON 00XXX000	CMOD 0XXX0000	CCAPM0 X0000000	CCAPM1 X0000000	CCAPM2 X0000000			
E0H	ACC 00000000							
E8H		CL 00000000	CCAP0L 00000000	CCAP1L 00000000	CCAP2L 00000000			
F0H	B 00000000		PCA_PWM0 00XXXX00	PCA_PWM1 00XXXX00	PCA_PWM2 00XXXX00			
F8H		CH 00000000	CCAP0H 00000000	CCAP1H 00000000	CCAP2H 00000000			

- 各特殊功能寄存器地址等于行地址加列偏移量。
- 带阴影的特殊功能寄存器为在传统 8051 单片机基础上新增的，在使用时需对各特殊寄存器的地址进行声明，例如，AUXR 是新增的特殊功能寄存器，声明如下：

汇编语言：AUXR　EQU　8EH　或　AUXR　DATA　8EH

C51：sfr AUXR＝0x8e;

- 特殊寄存器具体的位符号（或位地址）详见附录 C。

① 与运算器相关的寄存器（3 个）。

ACC：累加器，它是 8051 单片机中最繁忙的寄存器，用于向算逻部件 ALU 提供操作数，同时许多运算结果也存放在累加器中。实际编程时，ACC 通常用 A 表示，表示寄存器寻址；若用 ACC 表示，则表示直接寻址（仅在 PUSH、POP 指令中使用）。

B：寄存器 B，主要用于乘、除法运算。也可作为一般 RAM 单元使用。

PSW：程序状态字。

② 指针类寄存器（3 个）。

SP：堆栈指针，它始终指向栈顶。堆栈是一种遵循“先进后出，后进先出”原则存储的存储区域。入栈时，SP 先加 1，数据再压入（存入）SP 指向的存储单元；出栈操作时，先将 SP 指向单元的数据弹出到指定的存储单元中，SP 再减 1。8051 单片机复位时，SP 为 07H，即默认栈底是 08H 单元，实际应用中，为了避免堆栈区域与工作寄存器组、位寻址区域发生冲突，堆栈区域设置在通用 RAM 区域或高 128 字节区域。堆栈区域主要用于存放中断或调用子程序时的断点地址和现场参数数据。

DPTR（16 位）：数据指针，由 DPL 和 DPH 组成，用于存放 16 位地址，进而对 16 位地址的程序存储器和扩展 RAM 进行访问。

其余特殊功能寄存器将在相关 I/O 接口章节中讲述。

3．扩展 RAM（XRAM）

STC15F2K60S2 单片机的扩展 RAM 空间为 1792B，地址范围为：0000H～06FFH。扩展 RAM 类似于传统的片外数据存储器，采用访问片外数据存储器的访问指令（助记符为 MOVX）访问扩展 RAM 区域。STC15F2K60S2 单片机保留了传统 8051 单片机片外数据存储器的扩展功能，但使用时，扩展 RAM 与片外数据存储器不能并存，可通过 AUXR 中的 EXTRAM 进行选择，默认设置时是使用片内扩展 RAM。扩展片外数据存储器时，要占用 P0 口、P2 口以及 ALE、$\overline{RD}$ 与 $\overline{WR}$ 引脚，而使用片内扩展 RAM 时与它们无关。实际应用中尽量使用片内扩展 RAM，不推荐扩展片外数据存储器。

4．数据 Flash 存储器（EEPROM）

STC15F2K60S2 单片机的数据 Flash 存储器空间为 1KB，地址范围为：0000H～03FFH。数据 Flash 存储器被作为 EEPROM，用来存放一些应用时需要经常修改，掉电后又能保持不变的参数。

STC15F2K60S2 单片机的数据 Flash 存储器空间分为 2 个扇区，每个扇区 512 字节。数据 Flash 存储器的擦除操作按扇区进行，在使用时建议同一次修改的数据放在同一个扇区，不是同一次修改的数据放在不同的扇区。在程序中，用户可以对数据 Flash 存储器实现字节读、字节写与扇区擦除等操作，具体操作方法见第 6 章。

STC15F2K60S2 单片机的数据 EEPROM 还可以采用 MOVC 指令访问，当采用 MOVC 指令访问时 EEPROM 的起始扇区地址为 F000H，结束扇区尾地址为 F3FFH。

2.5 STC15F2K60S2 单片机的并行 I/O 口

2.5.1 并行 I/O 口的工作模式

1. I/O 口功能

STC15F2K60S2 系列单片机最多有 42 个 I/O 口（P0.0～P0.7、P1.0～P1.7、P2.0～P2.7、P3.0～P3.7、P4.0～P4.7、P5.4、P5.5），STC15F2K60S2（PDIP-40 封装）单片机共有 38 个 I/O 端口线，分别为 P0.0～P0.7、P1.0～P1.7、P2.0～P2.7、P3.0～P3.7、P4.1、P4.2、P4.4、P4.5、P5.4、P5.5，皆可作为准双向 I/O；其中大多数 I/O 口线具有 2 个以上功能，各 I/O 口线的引脚功能名称见表 2.2～表 2.7。

2. I/O 口的工作模式

STC15F2K60S2 单片机的所有 I/O 口均有 4 种工作模式：准双向口（传统 8051 单片机 I/O 模式）、推挽输出、仅为输入（高阻状态）与开漏模式。每个 I/O 口的驱动能力均可达到 20mA，但 40Pin 及以上单片机整个芯片最大工作电流不要超过 120mA；20Pin 以上 32Pin 以下单片机整个芯片最大工作电流不要超过 90mA。每个口的工作模式由 PnM1 和 PnM0（n=0，1，2，3，4，5）两个寄存器的相应位来控制。例如，P0M1 和 P0M0 用于设定 P0 口的工作模式，其中 P0M1.0 和 P0M0.0 用于设置 P0.0 的工作模式，P0M1.7 和 P0M0.7 用于设置 P0.7 的工作模式，以此类推。设置关系如表 2.10 所示，STC15F2K60S2 单片机上电复位后所有的 I/O 口均为准双向口模式。

表 2.10　I/O 口工作模式的设置

控制信号		I/O 口工作模式
PnM1[7：0]	PnM0[7：0]	
0	0	准双向口（传统 8051 单片机 I/O 模式）：灌电流可达 20mA，拉电流为 150～230μA
0	1	推挽输出：强上拉输出，可达 20mA，使用时要外接限流电阻
1	0	仅为输入（高阻）
1	1	开漏：内部上拉电阻断开，要外接上拉电阻才可以拉高。此模式可用于 5V 器件与 3V 器件电平切换

2.5.2 并行 I/O 口的结构

前已提及，STC15F2K60S2 单片机的所有 I/O 口均有 4 种工作模式：准双向口（传统 8051 单片机 I/O 模式）、推挽输出、仅为输入（高阻状态）与开漏模式，由 PnM1 和 PnM0（n=0，1，2，3，4，5）两个寄存器的相应位来控制 P0～P5 端口的工作模式，下面介绍 STC15F2K60S2 单片机并行 I/O 口不同模式的结构与工作原理。

1. 准双向口工作模式

准双向口工作模式下，I/O 口的电路结构如图 2.6 所示。准双向口工作模式下，I/O 口可用直接输出而不需重新配置口线输出状态。这是因为当口线输出为“1”时驱动能力很弱，允许外部装置将其拉低电平。当引脚输出为低电平时，它的驱动能力很强，可吸收相当大的电流。

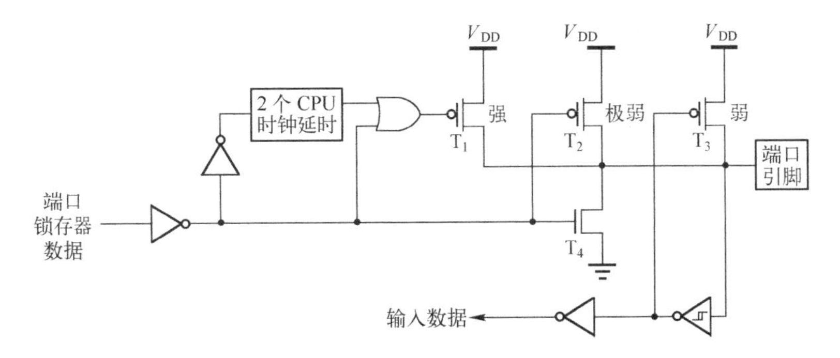

图 2.6　准双向口工作模式 I/O 口的电路结构

每个端口都包含一个 8 位锁存器，即特殊功能寄存器 P0～P5。这种结构在数据输出时具有锁存功能，即在重新输出新的数据之前，口线上的数据一直保持不变。但对输入信号是不锁存的，所以外设输入的数据必须保持到取数指令执行为止。

准双向口有三个上拉场效应管 T_1、T_2、T_3，以适应不同的需要。其中，T_1 称为“强上拉”，上拉电流可达 20mA；T_2 称为“极弱上拉”，上拉电流一般为 30μA；T_3 称为“弱上拉”，一般上拉电流为 150～270μA，典型值为 200μA。输出低电平时，灌电流最大可达 20mA。

当口线寄存器为“1”且引脚本身也为“1”时，T_3 导通，T_3 提供基本驱动电流使准双向口输出为“1”。如果一个引脚输出为“1”而由外部装置下拉到低电平时，T_3 断开，而 T_2 维持导通状态，为了把这个引脚强拉为低电平，外部装置必须有足够的灌电流使引脚上的电压降到门槛电压以下。

当口线锁存为“1”时，T_2 导通。当引脚悬空时，这个极弱的上拉源产生很弱的上拉电流，将引脚上拉为高电平。

当口线锁存器由“0”到“1”跳变时，T_1 用来加快准双向口由逻辑“0”到逻辑“1”的转换。当发生这种情况时，T_1 导通约两个时钟以使引脚能够迅速地上拉到高电平。

准双向口带有一个施密特触发输入以及一个干扰抑制电路。

当从端口引脚上输入数据时，T_4 应一直处于截止状态。假定在输入之前曾输出锁存过数据“0”，则 T_4 是导通的，这样引脚上的电位就始终被钳位在低电平，使输入高电平无法读入。因此若要从端口引脚读入数据，必须先向端口锁存器置“1”，使 T_4 截止。

2. 推挽输出工作模式

推挽输出工作模式下，I/O 口的电路结构如图 2.7 所示。推挽输出工作模式下，I/O 口输出的下拉结构、输入电路结构与准双向口模式是一致的，不同的是推挽输出工作模式下 I/O 口的上拉是持续的“强上拉”，若输出高电平，输出拉电流最大可达 20mA；若输出低电平，输出灌电流最大可达 20mA。

当从端口引脚上输入数据时，也必须先向端口锁存器置“1”，使 T_2 截止。

3. 仅为输入（高阻）工作模式

仅为输入（高阻）工作模式下，I/O 口的电路结构如图 2.8 所示。仅为输入（高阻）工作模式下，可直接从端口引脚读入数据，而不需要先对端口锁存器置“1”。

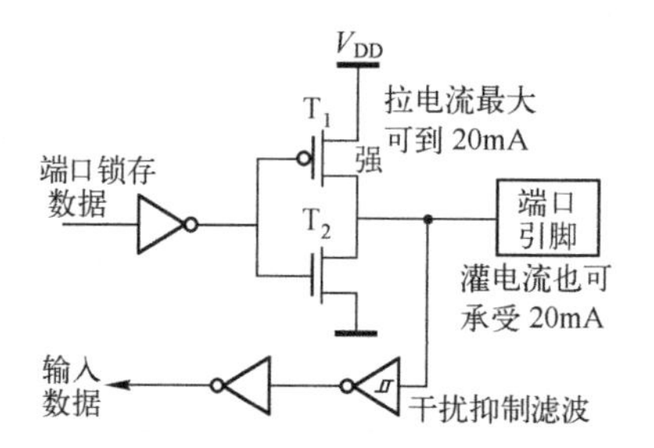

图 2.7　推挽输入输出工作模式下 I/O 口的电路结构

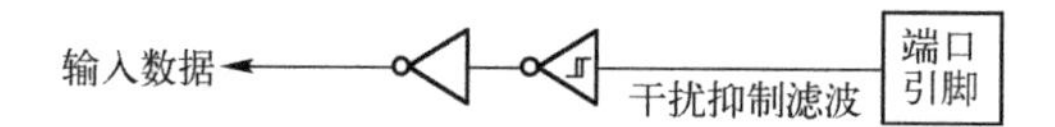

图 2.8　仅为输入（高阻）工作模式下 I/O 口的电路结构

4．开漏工作模式

开漏工作模式下，I/O 口的电路结构如图 2.9 所示。开漏输出工作模式下，I/O 口输出的下拉结构与准双向口/推挽输出的一致，输入电路与推挽输出一致，但输出驱动无任何负载，因此开漏状态输出应用时，必须外接上拉电阻。

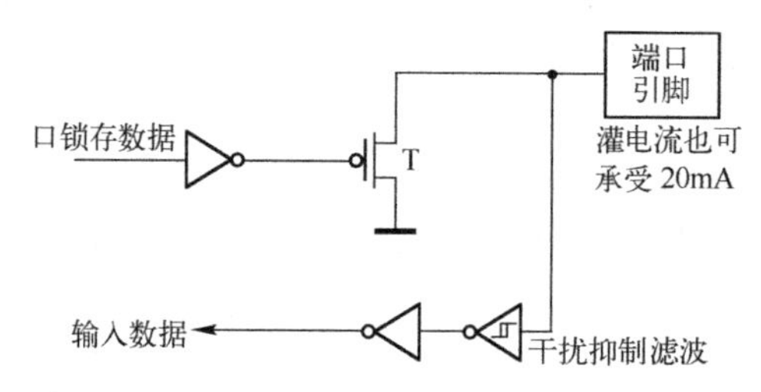

图 2.9　开漏输出工作模式下 I/O 口的电路结构

2.5.3　并行 I/O 口的使用注意事项

1．典型三极管控制电路

单片机 I/O 引脚本身的驱动能力有限，如果需要驱动较大功率的器件，可以采用单片机 I/O 引脚控制晶体管进行输出的方法，如图 2.10 所示，如果用弱上拉控制，建议串入上拉电阻 R_1，阻值为 3.3～10kΩ；如果不串上拉电阻 R_1，建议 R_2 的取值在 15kΩ 以上，或用强推挽输出。

2．典型发光二极管驱动电路

弱上拉驱动时，采用灌电流方式驱动发光二极管，如图 2.11（a）所示；推挽输出（强上拉）驱动时，采用拉电流方式驱动发光二极管，如图 2.11（b）所示。

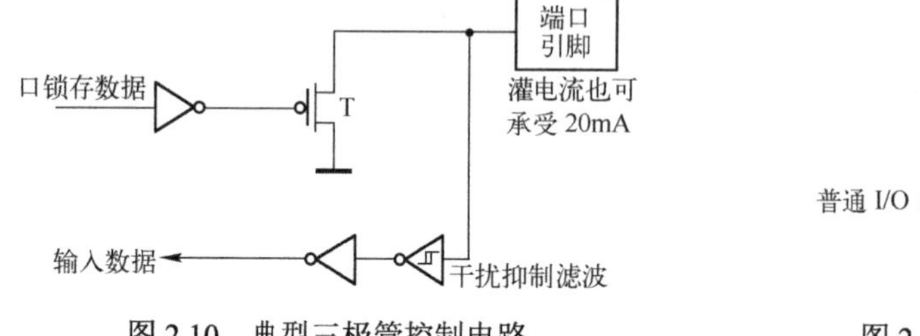

图 2.10　典型三极管控制电路

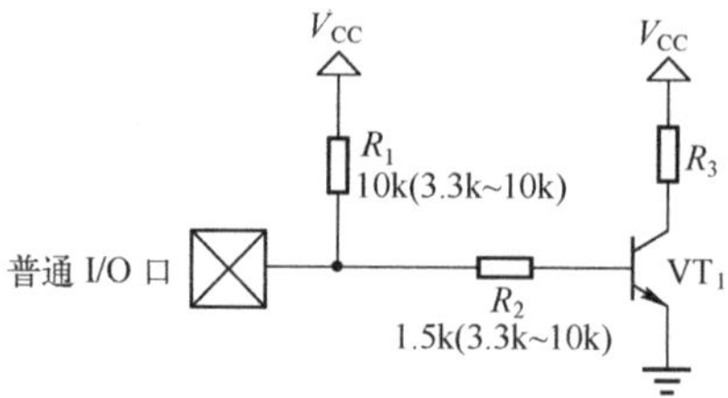

图 2.11　典型发光二极管驱动电路

实际使用时，应尽量采用灌电流驱动方式，而不要采用拉电流驱动，这样可以提高系统的负载能力和可靠性。有特别需要时，可以采取拉电流方式，如供电线路要求比较简单时。

作为行列矩阵按键扫描电路时，也需要加限流电阻。因为实际工作时可能出现两个 I/O 口均输出低电平的情况，并且在按键按下时短接在一起，而 CMOS 电路的两个输出脚不能直接短接在一起，在按键扫描电路中，一个口为了读另外一个口的状态，必须先置高才能读另外一个口的状态，而单片机的弱上拉口在由“0”变为“1”时，会有两个时钟的强推挽输出电流，输出到另外一个输出低电平的 I/O 口，这样就有可能造成 I/O 口损坏。因此建议在按键扫描电路中的两侧各串联一个 300Ω 的限流电阻，或者在软件处理上，不要出现按键两端的 I/O 口同时为低电平的情况。

3. 混合电压供电系统 3V/5V 器件 I/O 口的互连

STC15F2K60S2 单片机的典型工作电压为 5V，当它与 3V 器件连接时，为了防止 3V 器件承受不了 5V 电压，可将 5V 器件的 I/O 口设置成开漏配置，断开内部上拉电阻，并串一个 330Ω 的限流电阻与 3V 器件的 I/O 口相接；3V 器件的 I/O 口外部加 10kΩ 上拉电阻到 3V 器件的 V_{CC}，这样高电平是 3V，低电平是 0V，可以保证正常的输入输出，如图 2.12 所示。

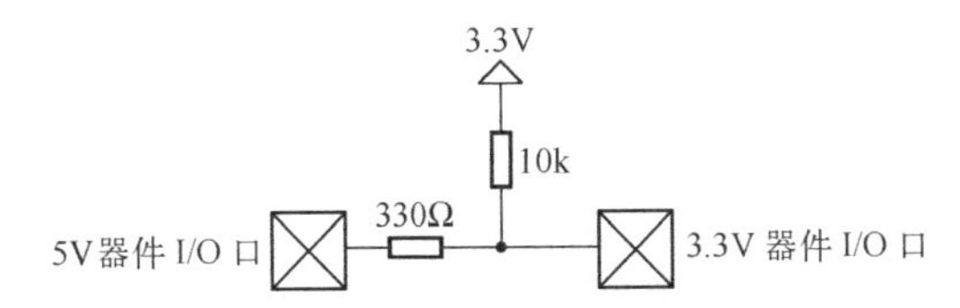

图 2.12　5V 器件 I/O 口与 3V 器件 I/O 口互连电路

4. 如何让 I/O 口上电复位时控制输出为低电平

STC15F2K60S2 单片机上电复位时，普通 I/O 口为弱上拉高电平输出，而很多实际应用要求上电时某些 I/O 口控制输出为低电平，否则所控制的系统（如电动机）就会误动作。为了解决这个问题，有两种解决方法：

1）通过硬件实现高、低电平的逻辑取反功能。例如，在图 2.10 中，单片机上电复位后晶体管 VT_1 的集电极输出就是低电平。

2）由于 STC15F2K60S2 单片机既有弱上拉输出模式又有强推挽输出模式，可在单片机 I/O 口上串一个下拉电阻（1kΩ、2kΩ 或 3kΩ），这样上电复位时，虽然单片机内部 I/O 口是弱上拉/高电平输出，但由于内部上拉能力有限，而外部下拉电阻又较小，无法将其拉为高电平，所以该 I/O 口上电复位时外部输出为低电平。如果要将此 I/O 口驱动为高电平，可将此 I/O 口设置为强推挽输出，此时 I/O 口驱动电流可达 20mA，故可以将该口驱动为高电平输出。实际应用时，先串一个大于 470Ω 的限流电阻，再接下拉电阻到地，如图 2.13 所示。

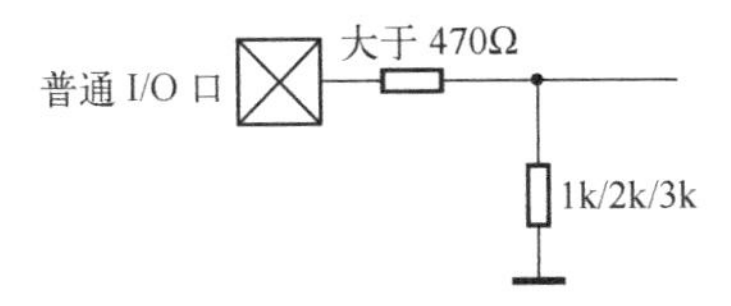

图 2.13　让 I/O 口上电复位时控制输出为低电平的驱动电路

特别提示：STC15F2K60S2 单片机的 P2.0（RSTOUT_LOW）引脚可在 STC-ISP 下载程序的硬件设置时选择上电复位后为低电平输出，而其他引脚为高电平输出。

5. PWM 输出时 I/O 口的状态

当某个 I/O 口作为 PWM 输出时，该 I/O 口的状态变化如表 2.11 所示。

表 2.11　PWM 应用时 I/O 口状态的变化

PWM 前 I/O 口的状态	PWM 时 I/O 口的状态
弱上拉/准双向口	强推挽/强上拉输出，要串输出限流电阻 1～10kΩ
强推挽输出	强推挽/强上拉输出，要串输出限流电阻 1～10kΩ
仅为输入/高阻	PWM 无效
开漏	开漏

2.6　STC15F2K60S2 单片机的时钟与复位

2.6.1　STC15F2K60S2 单片机的时钟

1. 时钟源的选择

STC15F2K60S2 单片机的主时钟有 2 种时钟源：内部 RC 振荡器时钟和外部时钟（由 $XTAL_1$ 和 $XTAL_2$ 外接晶振产生时钟，或直接输入时钟）。

1）内部 RC 振荡器时钟。如果使用 STC15F2K60S2 单片机的内部 RC 振荡器，$XTAL_1$ 和 $XTAL_2$ 可作为 I/O 口，或其他引脚功能。STC15F2K60S2 单片机常温下时钟频率为 5～35MHz，在－40℃～＋85° 温度环境下，温漂为±1%，在常温下，温漂为±0.5%。

在对 STC15F2K60S2 单片机进行 ISP 下载用户程序时，可以在用户程序内部 RC 时钟频率选项中选择内部 RC 振荡器时钟的频率，如图 2.14 所示。

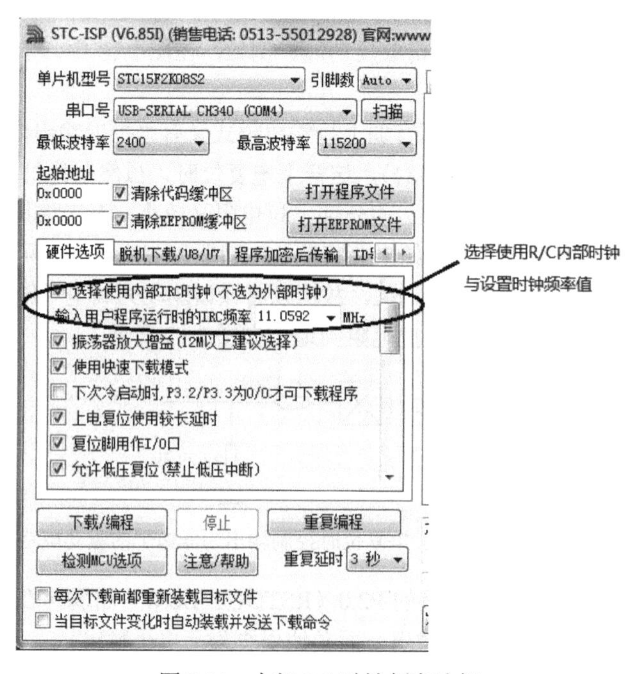

图 2.14　内部 RC 时钟频率选择

2）外部时钟。$XTAL_1$和$XTAL_2$是芯片内部一个反相放大器的输入端和输出端。

STC15F2K60S2单片机的出厂标准配置是使用内部RC振荡器时钟，如选用外部时钟，在对STC15F2K60S2单片机进行ISP下载用户程序时，可以在硬件选项中选择。

使用外部振荡器产生时钟时，单片机时钟信号由 $XTAL_1$、$XTAL_2$ 引脚外接晶振产生时钟信号，或直接从$XTAL_1$输入外部时钟信号源。

采用外接晶振来产生时钟信号，如图 2.15（a）所示，时钟信号的频率取决于晶振的频率，电容器C_1和C_2的作用是稳定频率和快速起振，一般取值为5～47pF，典型值为47pF或30pF。STC15F2K60S2单片机的时钟频率最大可达35MHz。

当从$XTAL_1$端直接输入外部时钟信号源时，$XTAL_2$端悬空，如图2.15（b）所示。内部RC振荡时钟或外部时钟称为单片机的主时钟源，信号的频率记为f_{OSC}。

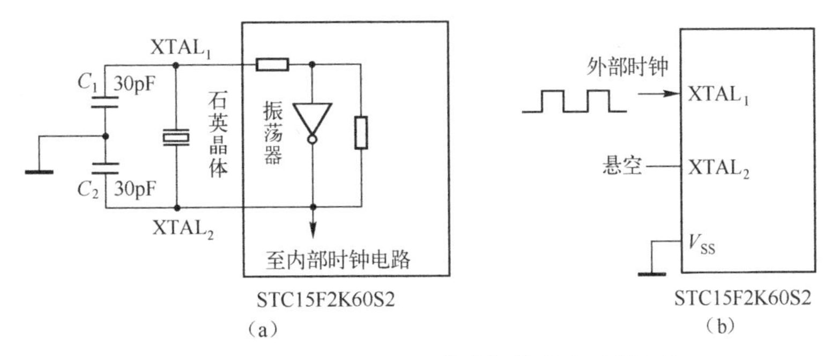

图2.15　STC15F2K60S2单片机的外部时钟电路

2．系统时钟与时钟分频寄存器

时钟源（主时钟）输出信号不是直接与单片机 CPU、内部接口的时钟信号相连的，而是经过一个可编程时钟分频器再提供给单片机CPU和内部接口的，为了区分时钟源时钟信号与CPU内部接口的时钟，时钟源（振荡器时钟）信号的频率记为f_{OSC}，CPU、内部接口的时钟称为系统时钟，记为f_{SYS}。$f_{SYS}=f_{OSC}/N$，其中N为时钟分频器的分频系数，利用时钟分频器（CLK_DIV），可进行时钟分频，从而使STC15F2K60S2单片机在较低频率工作。

时钟分频寄存器CLK_DIV（PCON2）各位的定义如下：

	地址	B7	B6	B5	B4	B3	B2	B1	B0	复位值
CLK_DIV	97H	MCKO_S1	MCKO_S0	ADRJ	Tx_Rx	—	CLKS2	CLKS1	CLKS0	0000 x000

系统时钟的分频情况见表2.12所示。

表2.12　CPU系统时钟与分频系数

CLKS2	CLKS1	CLKS0	分频系数（N）	CPU的系统时钟
0	0	0	1	f_{osc}
0	0	1	2	$f_{osc/2}$
0	1	0	4	$f_{osc/4}$
0	1	1	8	$f_{osc/8}$
1	0	0	16	$f_{osc/16}$
1	0	1	32	$f_{osc/32}$
1	1	0	64	$f_{osc/64}$
1	1	1	128	$f_{osc/128}$

3. 主时钟输出与主时钟控制

主时钟从 P5.4 引脚输出，但是否输出，输出分频为多少是由 CLK_DIV 中的 MKCO_S1、MKCO_S0 控制的，详见表 2.13。

表 2.13 主时钟输出功能

MCKO_S1	MCKO_S0	主时钟输出功能
0	0	禁止输出
0	1	输出时钟频率＝主时钟频率
1	0	输出时钟频率＝主时钟频率/2
1	1	输出时钟频率＝主时钟频率/4

2.6.2 STC15F2K60S2 单片机的复位

复位是单片机的初始化工作，复位后中央处理器 CPU 及单片机内的其他功能部件都处在一确定的初始状态，并从这个状态开始工作。复位分为热启动复位和冷启动复位两大类，它们的区别如表 2.14 所示。

表 2.14 热启动复位和冷启动复位对照表

复位种类	复位源	上电复位标志（POF）	复位后程序启动区域
冷启动复位	系统停电后再上电引起的硬复位	1	从系统 ISP 监控程序区开始执行程序，如果检测到合法的 ISP 下载命令流，则进入用户程序下载过程，完成后自动转到用户程序区执行用户程序；如果检测不到合法的 ISP 下载命令流，将软复位到用户程序区执行用户程序
热启动复位	通过控制 RST 引脚产生的硬复位	不变	从系统 ISP 监控程序区开始执行程序，如果检测到合法的 ISP 下载命令流，则进入用户程序下载过程，完成后自动转到用户程序区执行用户程序；如果检测不到合法的 ISP 下载命令流，将软复位到用户程序区执行用户程序
	内部看门狗复位	不变	若（SWBS）＝1，复位到系统 ISP 监控程序区；若（SWBS）＝0，复位到用户程序区 0000H 处
	通过对 IAP_CONTR 寄存器操作软复位	不变	若（SWBS）＝1，软复位到系统 ISP 监控程序区；若（SWBS）＝0，软复位到用户程序区 0000H 处

PCON 寄存器的 B4 位是单片机的上电复位标志位 POF，冷启动后复位标志 POF 为 1，热启动复位后 POF 不变。在实际应用中，该位用来判断单片机复位是上电复位（冷启动复位），还是 RST 外部复位，或看门狗复位，或软复位，但应在判断出上电复位后及时将 POF 清零。用户可以在初始化程序中判断 POF 是否为 1，并对不同情况做出不同的处理，如图 2.16 所示。

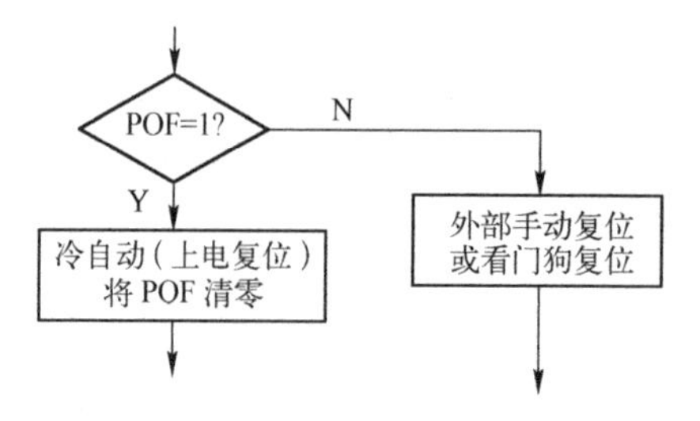

图 2.16 用户软件判断复位种类流程图

1. 复位的实现

STC15F2K60S2 单片机有多种复位模式：内部上电复位（掉电复位与上电复位）、外部 RST 引脚复位、MAX810 专用电路复位、内部低压检测复位、看门狗复位与软件复位。

1）内部上电复位与 MAX810 专用复位。当电源电压低于掉电/上电复位检测门槛电压时，所有的逻辑电路都会复位。当内部 V_{CC} 上升到复位门槛电压以上后，延迟 8192 个时钟，掉电复位/上电复位结束。

若 MAX810 专用复位电路在 ISP 编程时被允许，则以后掉电复位/上电复位结束后产生约 180ms 复位延迟，复位才能被解除。

2）外部 RST 引脚复位。外部 RST 引脚复位就是从外部向 RST 引脚施加一定宽度的高电平复位脉冲，从而实现单片机的复位。P5.4（RST）引脚出厂时被设置为 I/O 口，要将其配置为复位引脚，要在 ISP 编程时设置。将 RST 引脚拉高并维持至少 24 个时钟加 20μs 后，单片机进入复位状态，将 RST 引脚拉回低电平，单片机结束复位状态并从系统 ISP 监控程序区开始执行程序，如果检测不到合法的 ISP 下载命令流，将软复位到用户程序区执行用户程序。

复位原理以及复位电路，与传统的 8051 单片机的复位是一样的，如图 2.17 所示。

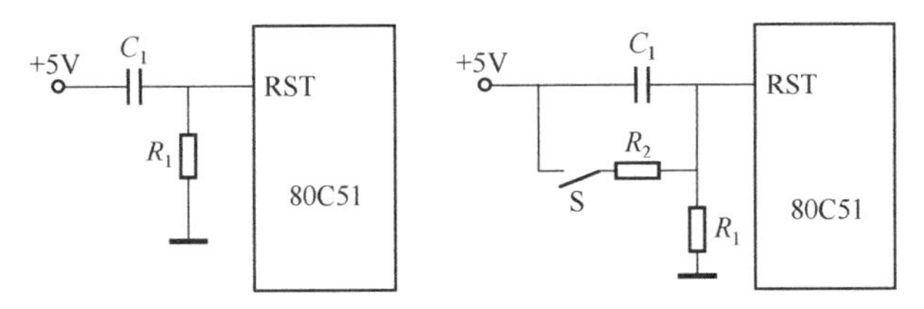

图 2.17　单片机复位电路

3）内部低压检测复位。除了上电复位检测门槛电压外，STC15F2K60S2 单片机还有一组更可靠的内部低压检测门槛电压。若在 ISP 编程时允许低压检测复位，当电源电压 V_{CC} 低于内部低压检测（LVD）门槛电压时，可产生复位。相当于将低压检测门槛电压设置为复位门槛电压。STC15F2K60S2 单片机内置了 8 级低压检测门槛电压。

4）看门狗复位。看门狗的基本作用就是监视 CPU 的工作。如果 CPU 在规定的时间内没有按要求访问看门狗，就认为 CPU 处于异常状态，看门狗就会强迫 CPU 复位，使系统重新从用户程序区 0000H 处开始执行用户程序，这是一种提高系统可靠性的措施。详细内容见本书 13 章之 13.6 节。

5）软件复位。在系统运行过程中，有时会根据特殊需求，需要实现单片机系统软复位（热启动之一），传统的 8051 单片机由于硬件上未支持此功能，用户必须用软件模拟实现，实现起来较麻烦。STC15F2K6052 单片机利用 ISP/IAP 控制寄存器 IAP_CONTR 实现了此功能。用户只需简单的控制 ISP_CONTR 的其中两位 SWBS/SWRST 就可以系统复位了。IAP_CONTR 的格式如下：

	地址	B7	B6	B5	B4	B3	B2	B1	B0	复位值
IAP_CONTR	C7H	IAPEN	SWBS	SWRST	CMD_FAIL	—	WT2	WT1	WT0	0000 x000

SWBS：软件复位程序启动区的选择控制位。（SWBS）＝0，从用户程序区启动；（SWBS＝1），从 ISP 监控程序区启动。

SWRST：软件复位控制位。（SWRST）＝0，不操作；（SWRST）＝1，产生软件复位。

- 若要切换到用户程序区起始处开始执行程序，执行“MOV　IAP_CONTR，#20H”指令。
- 若要切换到 ISP 监控程序区起始处开始执行程序，执行“MOV　IAP_CONTR，#60H”指令。

2. 复位状态

冷启动复位和热启动复位时，除程序的启动区域不同外，复位后 PC 值与各特殊功能寄存器的初始状态是一样的，具体见表 2.2。其中，（PC）＝0000H，（SP）＝07H，（P0）＝（P1）＝（P2）＝（P3）＝（P4）＝（P5）＝FFH（其中，P2.0 可在 STC-ISP 下载程序硬件设置时选择复位后输出低电平）。复位不影响片内 RAM 的状态。

本章小结

以典型 STC 单片机——STC15F2K60S2 为例，介绍 STC 增强型 8051 单片机的内部资源：增强型 8051 CPU、存储器和 I/O 接口。重点介绍了 STC15F2K60S2 单片机的片内存储结构和并行 I/O 口，STC15F2K60S2 单片机存储器包括程序 Flash、数据 Flash、基本 RAM 以及扩展 RAM 四个部分，程序 Flash ROM 作为程序存储器，用于存放程序代码和常数；数据 Flash 作为 EEPROM，用于存放一些既能编程改变、停机时又不会被破坏的工作参数；基本 RAM 包括低 128 字节 RAM、高 128 字节 RAM 和特殊功能寄存器三个部分，其中低 128 字节 RAM 又分为工作寄存器组、位寻址区与通用 RAM 区三个部分，高 128 字节 RAM 也是一般数据存储器，而特殊功能寄存器具有特殊的含义，总是与单片机的内部接口电路有关；扩展 RAM 是数据存储器的延伸，用于存储一般的数据，类似于传统 8051 单片机的片外扩展数据存储器。STC15F2K60S2 单片机保留了片外扩展数据总线，但片内扩展 RAM 与片外扩展 RAM 在使用时，只能选中其中之一。

STC15F2K60S2 系列单片机有 P0、P1、P2、P3、P4、P5.4/P5.5 等 I/O 口，但封装不同，引出的 I/O 端口的引脚数是不同的。通过设置，P0、P1、P2、P3、P4、P5 口可工作在准双向口工作模式，或推挽输出工作模式，或仅为输入（高阻）工作模式，或开漏工作模式。I/O 口的最大驱动能力为 20mA，但单片机的总驱动能力不能超过 120mA。

STC15F2K60S2 单片机的主时钟有内部高精准 R/C 时钟和外部时钟两种时钟模式，通过设置时钟分频寄存器，可动态调整单片机的系统时钟的速度。STC15F2K60S2 单片机的主时钟可以通过 P5.4 输出，其输出功能由 CLK_DIV 中的 MCKO_S1、MCKO_S0 控制。

STC15F2K60S2 单片机集成有内部专用复位电路，无须外部复位电路就能正常工作。STC15F2K60S2 单片机主要有 5 种复位模式：内部上电复位（掉电复位/上电复位）、外部引脚复位、LVD 复位、看门狗复位与软件复位。

习 题 2

一、填空题

1. STC 系列单片机是我国______研发的。
2. STC15F2K60S2 系列单片机是 1T 单片机，1T 的含义是指________________。
3. STC 系列单片机传承于 Intel 公司的_____单片机架构，其指令系统是完全兼容的。
4. STC15F2K60S2 单片机型号中的“STC”代表的含义是______。
5. STC15F2K60S2 单片机型号中“F”代表的含义是_______。

6. STC15F2K60S2 单片机型号中“2K”代表的含义是________________。
7. STC15F2K60S2 单片机型号中“60”代表的含义是________________。
8. STC15F2K60S2 单片机型号中“S2”代表的含义是________________。
9. STC15F2K60S2 单片机 CPU 数据总线的位数是________________。
10. STC15F2K60S2 单片机 CPU 地址总线的位数是________________。
11. STC15F2K60S2 单片机 I/O 口的驱动能力是________________。
12. STC15F2K60S2 单片机 CPU 中程序计数器 PC 的作用是__________，其工作特性是________________。
13. STC15F2K60S2 单片机 CPU 中的 PSW，称作______，其中，CY 是______，AC 是_____，OV 是_______，P 是__________。
14. STC15F2K60S2 单片机的并行 I/O 口有准双向口、____、高阻与_______等 4 种工作模式。
15. STC15F2K60S2 单片机 P2.0（RSTOUT_LOW）引脚可通过______________设置为上电复位后输出低电平。

二、选择题

1. STC15F2K60S2 单片机的 I/O 的位数视封装不同而不同，I/O 口位数最多时为______。
   A. 38　　B. 42　　C. 60　　D. 62
2. 当 CPU 执行 25H 与 86H 加法运算后，ACC 中的运算结果为______。
   A. ABH　　B. 11H　　C. 0BH　　D. A7H
3. 当 CPU 执行 A0H 与 65H 加法运算后，PSW 中 CY、AC 的值分别为_____。
   A. 0、1　　B. 1、0　　C. 0、0　　D. 1、1
4. 当 CPU 执行 58H 与 38H 加法运算后，PSW 中 OV、P 的值分别为_____。
   A. 0、0　　B. 0、1　　C. 1、0　　D. 1、1
5. 当 P1M1=10H、P1M0=56H 时，P1.7 处于______工作模式。
   A. 准双向口　　B. 高阻　　C. 强推挽　　D. 开漏
6. 当 P0M1=33H、P0M0=55H 时，P0.6 处于______________工作模式。
   A. 准双向口　　B. 高阻　　C. 强推挽　　D. 开漏
7. 当 SWBS=1 时，看门狗复位后，CPU 从__________开始执行程序。
   A. ISP 监控程序区　　B. 用户程序区
8. 当 f_{osc}=12MHz 时，CLK_DIV= 01000010B，请问主时钟输出频率与系统运行频率各为______。
   A. 12MMHz、6MHz　　B. 6MHz、3MHz
   C. 3MHz、3MHz　　D. 12MHz、3MHz

三、判断题

1. CPU 中程序计数器 PC 是特殊功能寄存器。（　　）
2. CPU 中 PSW 是特殊功能寄存器。（　　）
3. CPU 中程序计数器 PC 是 8 位计数器。（　　）
4. STC15F2K60S2 单片机芯片的最大负载能力等于 I/O 数乘以 I/O 口位的驱动能力。（　　）
5. 当 STC15F2K60S2 单片机复位后，P2.0 引脚输出低电平。（　　）

6．当 STC15F2K60S2 单片机复位后，所有 I/O 引脚都处于准双向口工作模式。（　　）

7．在准双向口工作模式下，I/O 口的灌电流能力与拉电流能力都是 20mA。（　　）

8．在强推挽工作模式下，I/O 口的灌电流能力与拉电流能力都是 20mA。（　　）

9．在开漏工作模式，I/O 口在应用时一定外接上拉电阻。（　　）

10．冷复位时，上电复位标志 POF 为 1，热复位时上电复位标志 POF 为 0。（　　）

11．上电复位时，CPU 从 ISP 监控程序区执行程序，其他复位时，CPU 从用户程序开始执行程序。（　　）

12．STC15F2K60S2 单片机，除电源、地引脚外，其余各引脚都可用作 I/O 口。（　　）

四、问答题

1．STC 系列单片机型号中，“STC”与“IAP”的区别是什么？

2．CPU 从“ISP 监控程序区开始执行程序”与从“用户程序区开始执行程序”有什么区别？

3．当 I/O 口处于准双向口、强推挽、开漏工作模式时，若要从 I/O 口引脚输入数据，首先应对 I/O 口端口做什么？

4．STC15F2K60S2 单片机 I/O 口电路结构中，包含锁存器、输入缓冲器、输出驱动等 3 部分，请说明锁存器、输入缓冲器、输出驱动在输入/输出端口中的作用。

5．STC15F2K60S2 单片机的 I/O 端口能否直接驱动 LED 灯？一般情况下，驱动 LED 灯应加限流电阻，请问如何计算限流电阻？

6．STC15F2K60S2 单片机的时钟源有哪两种类型？如何设置内部时钟源？

7．如何实现软件复位后，并从用户程序区开始执行程序？

8．P2.0 I/O 引脚与其他 I/O 引脚有什么不同点？

9．STC15F2K60S2 单片机复位后，PC 与 SP 的值分别为多少？

10．STC15F2K60S2 单片机的主时钟是从哪个引脚输出，是如何控制的？

11．STC15F2K60S2 单片机集成了内部扩展 RAM，同时也保留外部扩展 RAM 的功能？请问内部扩展 RAM 与外部扩展 RAM 能否同时使用？如何选择？

第3章　单片机应用的开发工具

3.1　Keil µVision4 集成开发环境

3.1.1　概述

1. 工作界面

Keil C 集成开发环境是专为 8051 单片机设计的 C 语言程序开发工具，Keil C 集成开发环境就是一个融汇编语言和 C 语言编辑、编译与调试于一体的开发工具，目前流行的 Keil C 集成开发环境版本主要有：Keil µVision2、Keil µVision3 和 Keil µVision4，在本节中以 Keil µVision4 版本为例学习，一是学会应用 Keil C 集成开发环境编辑、编译 C 语言程序，并生成机器代码；二是应用 Keil C 集成开发环境调试 C 语言程序或汇编语言源程序。

Keil µVision4 集成开发环境可分为 2 个工作界面，即编辑、编译界面与调试界面。Keil C 集成开发环境的启动界面，即为编辑、编译界面，如图 3.1 所示，在此用户环境下可完成汇编程序或 C51 程序的输入、编辑与编译工作。

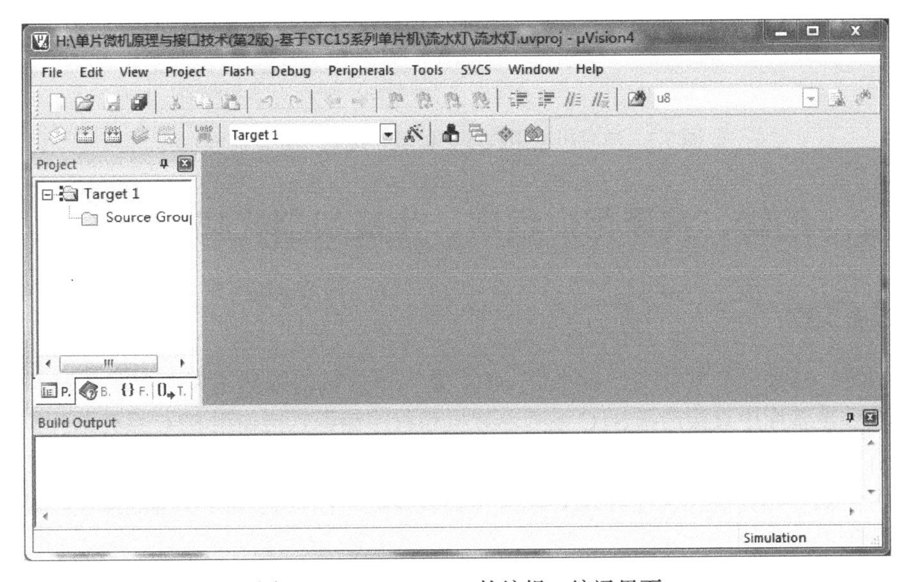

图 3.1　Keil µVision4 的编辑、编译界面

单击“ ”按钮，Keil µVision4 从编辑、编译界面切换到调试界面，反之，可从调试界面切换到编辑、编译界面，Keil µVision4 的调试界面如图 3.2 所示，在此环境下可实现单步、跟踪、断点与连续运行等方式调试，并可打开寄存器窗口、存储器窗口、定时/计数器窗口、中断窗口、串行窗口以及自定义变量窗口进行参数设置与监控。

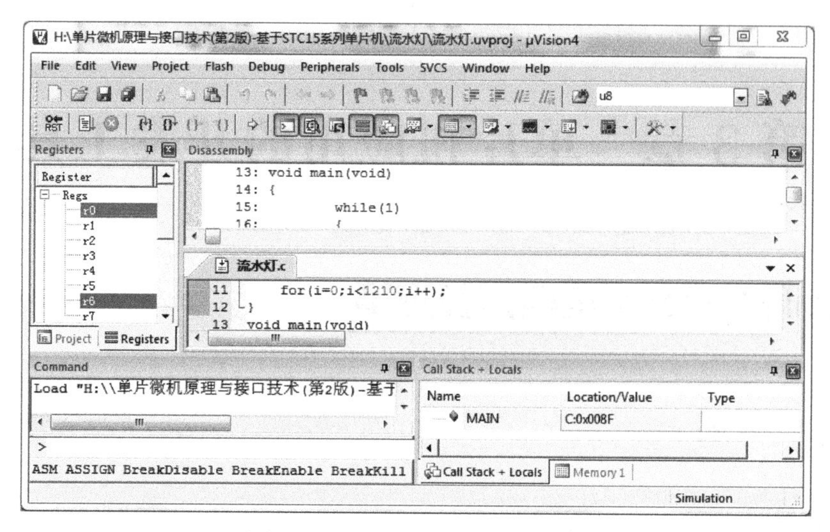

图 3.2　Keil μVision4 的调试界面

2. 单片机应用程序的编辑、编译与调试流程

单片机应用程序的编辑、编译一般都采用 Keil C 集成开发环境实现，但程序的调试有多种方法，如 Keil C 集成开发环境的软件仿真调试与硬件在线仿真调试、硬件的在线调试与专用仿真软件 Proteus 的仿真调试，如图 3.3 所示。

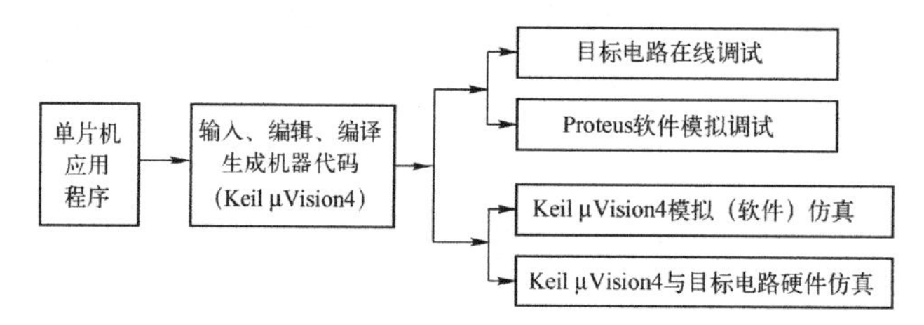

图 3.3　单片机应用程序的编辑、编译与调试流程

3.1.2　编辑、编译用户程序，生成机器代码

1. 准备工作

因为 Keil μVision4 软件中自身不带 STC 系列单片机的数据库和头文件，为了能在 Keil μVision4 软件设备库中直接选择 STC 系列单片机和程序编程直接使用 STC 系列单片机新增的特殊功能寄存器，需要用 STC-ISP 在线编程软件中的工具将 STC 系列单片机的数据库（包括 STC 单片机型号、STC 单片机头文件与 STC 单片机仿真驱动）添加到 Keil μVision4 软件设备库中，操作方法如下：

（1）运行 STC-ISP 在线编程软件，选择“Keil 仿真设置”选项，如图 3.4 所示。

图 3.4　STC-ISP 在线编程软件“Keil 仿真设置”选项

（2）单击“添加型号和头文件到 Keil 中添加 STC 仿真器驱动到 Keil 中”按钮，弹出“浏览文件夹”对话框，如图 3.5 所示，在浏览文件夹中选择 Keil 的安装目录（如 C:\Keil），如图 3.6 所示，单击“确定”按钮即完成添加工作。

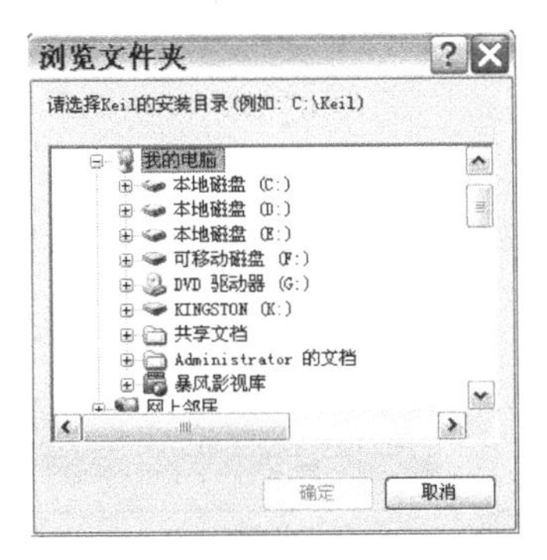

图 3.5　“浏览文件夹”对话框

图 3.6　选择 keil 的安装目录

（3）查看 STC 的头文件

添加的头文件在 Keil 的安装目录的子目录下，如 C:\Keil\C51\INC，打开 STC 文件夹，即可查看添加的 STC 单片机的头文件，如图 3.7 所示。其中，STC15F2K60S2.H 头文件就是 STC15F2K60S2 系列单片机的头文件。

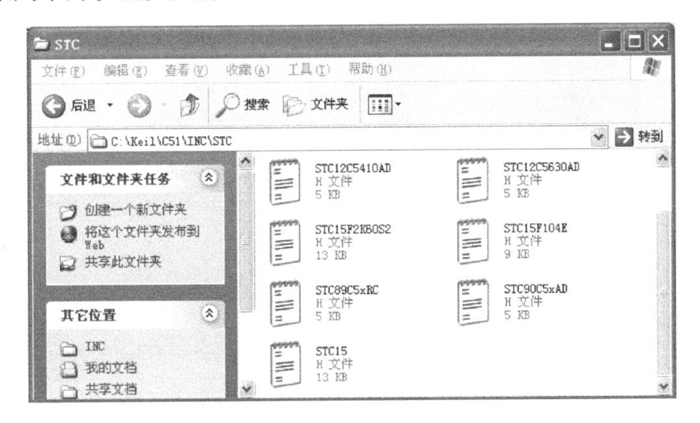

图 3.7　生成的 STC 单片机头文件

2．编辑、编译用户程序，生成机器代码

（1）创建项目

在 Keil μVision4 中的项目是一个特殊结构的文件，它包含应用系统相关所有文件的相互关系。在 Keil μVision4 中，主要是使用项目来进行单片机应用系统的开发。

1）创建项目文件夹

根据自己的存储规划，创建一个存储该项目的文件夹，如 E:\流水灯。

2）启动 Kiel μVision4，选择菜单命令 Project→New μVision Project，屏幕弹出“Create New Project（创建新项目）”对话框，在对话框中选择新项目要保存的路径和输入文件名，如图 3.9 所示。Keil μVision4 项目文件的扩展名为. uvproj。

3）单击【保存】按钮，屏幕弹出“Select a CPU Data Bas…（选择 CPU 数据库）”对话框，有“Generic CPU Data Base”和“STC MCU Data Base”2 个选项，如图 3.10 所示；选择“STC MCU Data Base”选项并单击“OK”按钮，则弹出“Select Device for Target”（STC

数据库）单片机型号对话框，移动垂直条查找并找到目标芯片（如 STC15F2K60S2 系列），如图 3.11 所示。

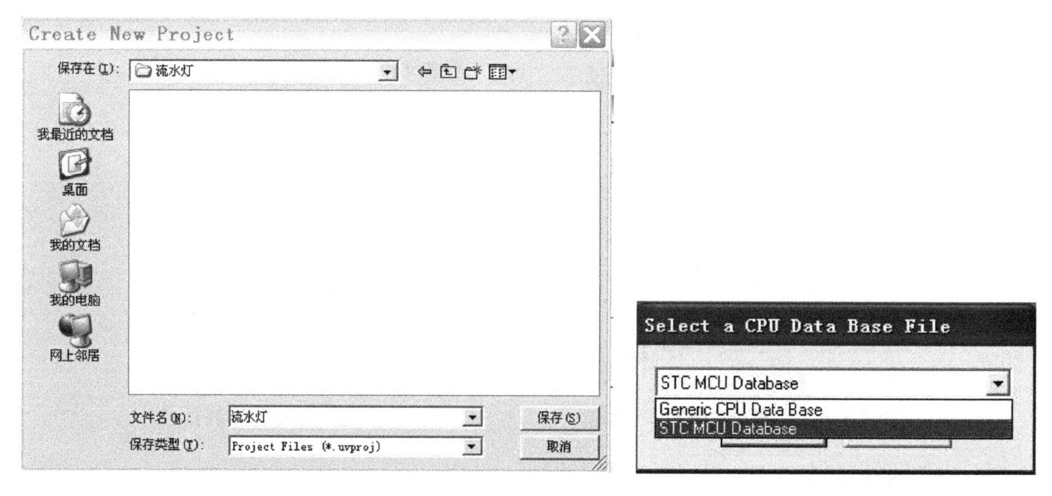

图 3.9　Create New Project 对话框　　　　图 3.10　CPU 数据库选择对话框

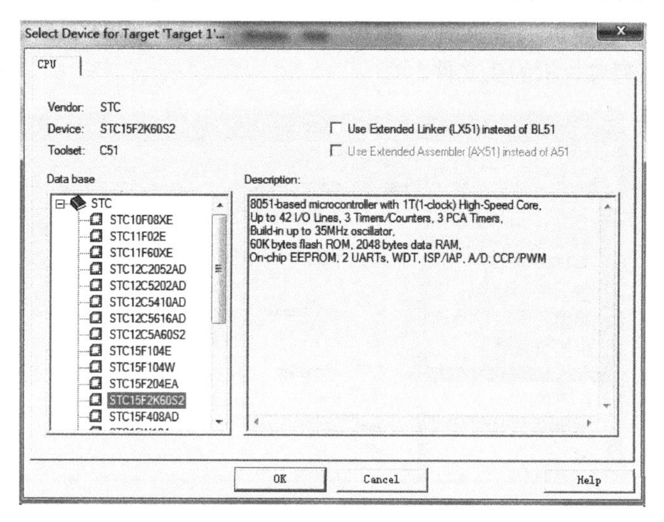

图 3.11　STC 目标芯片的选择

4）单击“Select Device for Target”对话框中的确定“OK”按钮，程序会询问是否将标准 8051 初始化程序（STARTUP.A51）加入到项目中，如图 3.12 所示。选择【是】按钮，程序会自动复制标准 8051 初始化程序到项目所在目录并将其加入项目中。一般情况下，选择【否】按钮。

图 3.12　添加标准 51 初始化程序确认框

（2）编辑程序

选择菜单命令 File→New，弹出程序编辑工作区，如图 3.13 所示。在编辑区中，按如下所示源程序清单输入与编辑程序，并以“流水灯.C”文件名保存，如图 3.14 所示。流水灯程序的功能是：当 P3.2 输入低电平时，P1 控制的流水灯右移；当 P3.2 输入高电平时，P1 控制的流水灯左移。移位间隔时间为 1s。

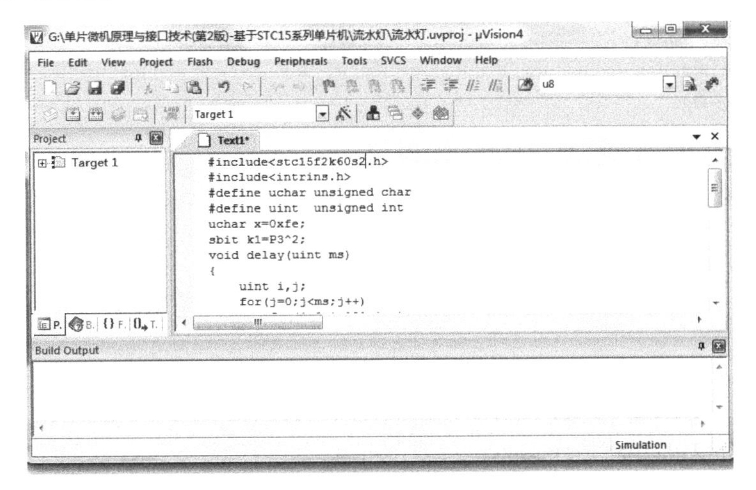

图 3.13　在编辑框中输入程序

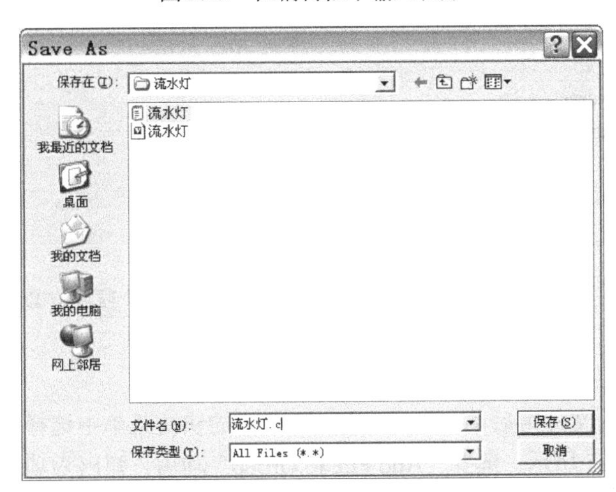

图 3.14　以 C 为扩展名保存文件

流水灯源程序（流水灯.C）清单如下：

```
#include<stc15f2k60s2.h>          //STC15F2K60S2 系列单片机头文件
#include<intrins.h>
#define uchar unsigned char
#define uint   unsigned int
uchar x=0xfe;
sbit k1=P3^2;
/*----------------1s 延时函数，从 STC-ISP 在线编程工具中获得------*/
void Delay1000ms()              //@12.000MHz
{
  unsigned char i, j, k;

  _nop_();
  i = 8;
  j = 154;
  k = 122;
  do
```

```
  {
        do
        {
              while (--k);
        } while (--j);
  } while (--i);
}
/*--------------主函数---------------*/
void main(void)
{
  while(1)
  {
        if(k1==0)
        {
              P1=x;
              x=_crol_(x,1);
              Delay1000ms();
        }
        else
        {
              P1=x;
              x=_cror_(x,1);
              Delay1000ms( );
        }
  }
}
```

注：保存时应注意选择文件类型，若编辑的是汇编语言源程序，以.ASM 为扩展名存盘；若编辑的是 C51 程序，以.C 为扩展名存盘。

（3）将应用程序添加到项目中

选中项目窗口中的文件组后单击鼠标右键，在弹出的快捷菜单中选择“Add File to Group（添加文件）”项，如图 3.15 所示。选择“Add File to Group”项后，弹出为项目添加文件（源程序文件）的对话框，如图 3.16 所示，选择中“流水灯.C”文件，单击【ADD】按钮添加文件，单击【Close】按钮关闭添加文件对话框。

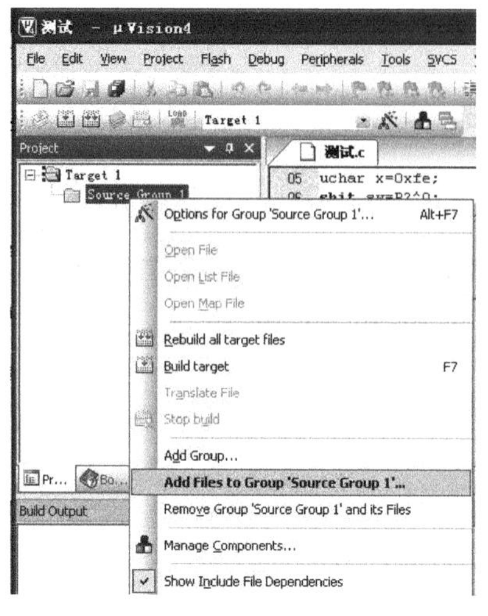

图 3.15　选择为项目添加文件的快捷菜单

展开项目窗口中的文件组，可查看添加的文件，如图 3.17 所示。

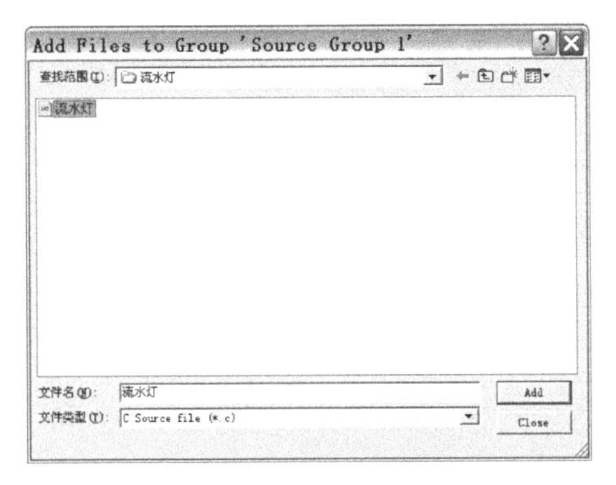

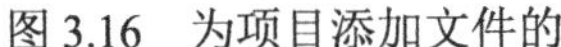
图 3.16　为项目添加文件的

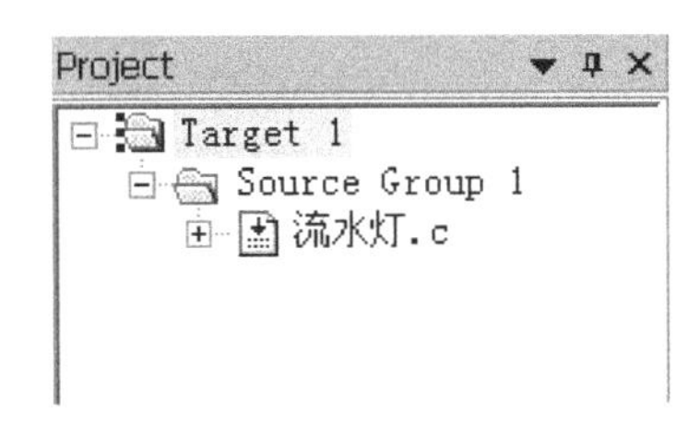

图 3.17　查看添加文件

可连续添加多个文件，添加所有必要的文件后，就可以在程序组目录下看到并进行管理，双击选中的文件可以在编辑窗口中打开该文件。

（4）编译与连接、生成机器代码文件

项目文件创建完成后，就可以对项目文件进行编译、创建目标文件（机器代码文件：.HEX），但在编译、连接前需要根据样机的硬件环境先在 Keil μVision4 中进行目标配置。

1）环境设置

选择菜单命令 Project→Options for Target，或单击工具栏中“ ”按钮，弹出“Options for Target（目标环境设置）”对话框，如图 3.18 所示。使用该对话框设定目标样机的硬件环境。Options for Target 对话框有多个选项页，用于设备选择、目标属性、输出属性、C51 编译器属性、A51 编译器属性、BL51 连接器属性、调试属性等信息的设置。一般情况下按默认设置应用，但有一项是必须设置的，即设置在编译、连接程序时自动生成机器代码文件，即“HEX”文件。

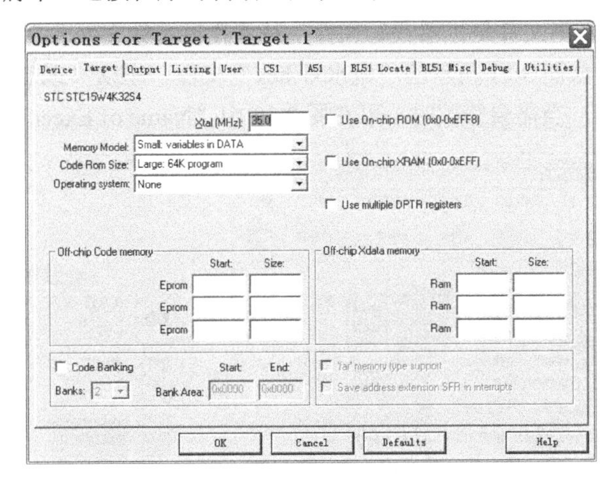

图 3.18　目标设置对话框（Target 选项）

单击 Output 选项，弹出 Output 选项设置对话框，如图 3.19 所示，勾选“Create HEX Fi”选项，单击【确定】按钮结束设置。

2）编译与连接

选择菜单命令 Project→Build target(Rebuild target files)或单击编译工具栏相应的编译按钮“ ”，启动编译、连接程序，在输出窗口中将输出编译、连接信息，如图 3.20 所示。如提示 0 error，则表示编译成功；否则提示错误类型和错误语句位置。双击错误信息光标将出现程序错误行，可进行程序修改，程序修改后，必须重新编译，直至提示 0 error 为止。

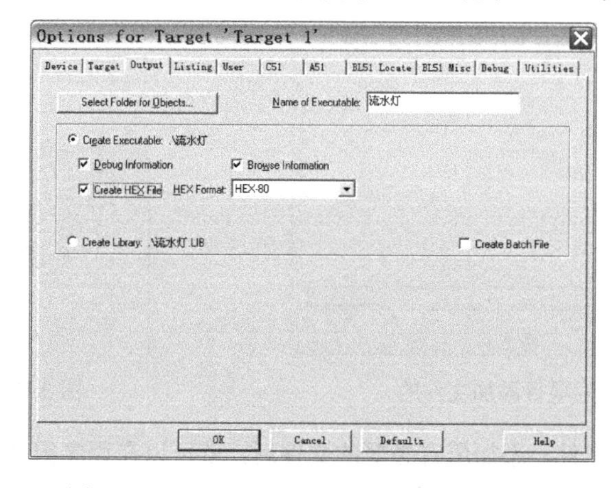

图 3.19　Output 选项（设置创建 HEX 文件）

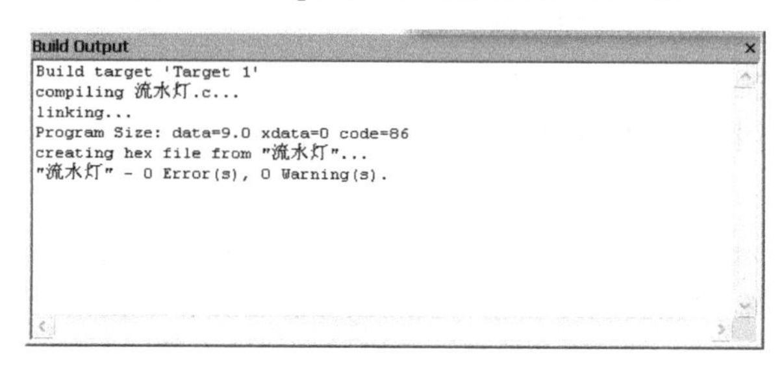

图 3.20　编译与链接信息

3）查看 HEX 机器代码文件

HEX（或 hex）类型文件是机器代码文件，是单片机运行文件。打开项目文件夹，查看是否存在机器代码文件，如图 3.21 所示的"流水灯.hex"文件。HEX（或 hex）类型文件的默认文件名与项目文件名相同，当需要修改时，可在图 3.19 中"Name of Executable"对话框中修改。

图 3.21　查看 hex 文件

3.1.3 调试用户程序

Keil μVision4 集成开发环境除可以编辑 C 语言源程序和汇编语言源程序以外，还可以软件模拟调试和硬件在线仿真调试用户程序，以验证用户程序的正确性。Keil μVision4 集成开发环境的模拟调试有软件模拟调试和硬件仿真调试，在仿真调试中主要学习两个方面的内容，一是程序的运行方式，二是如何查看与设置单片机内部资源的状态。

1. 程序的运行方式

如图 3.22 所示为 Keil μVision4 的运行工具，从左至右依次为 Reset（程序复位）、Run（程序连续运行）、Stop（程序停止运行）、Step（跟踪运行）、Step Over（单步运行）、Step Out（执行跟踪并跳出当前函数）、Run to Cursor Line（执行至光标处）等工具图标。单击工具图标，执行图标对应的功能。

图 3.22 程序运行工具栏

（程序复位）：使单片机的状态恢复到初始状态。

（程序连续运行）：从 0000H 开始运行程序，若无断点，则无障碍运行程序；若遇到断点，在断点处停止，再按“连续运行”，从断点处继续运行。

注：断点的设置与取消。在程序行双击，即设置断点，在程序行的左边会出现一个红色方框，反之，则取消断点。断点调试主要用于分块调试程序，便于缩小程序故障范围。

（停止运行）：从程序运行状态中退出。

（跟踪运行）：每单击该按钮一次，系统执行一条指令，包括子程序（或子函数）的每一条指令，运用该工具，可逐条进行指令调试。

（单步运行）：每单击该按钮一次，系统执行一条指令，但系统把调用子程序指令当作一条指令执行。

（跳出跟踪）：当执行跟踪操作进入了某个子程序，单击该按钮，可从子程序中跳出，回到调用该子程序指令的下一条指令处。

（运行到光标处）：单击该按钮，程序从当前位置运行到光标处停下，其作用与断点类似。

2. 查看与设置单片机的内部资源

单片机的内部资源，包括存储器、寄存器、内部接口特殊功能寄存器各自的状态，通过打开窗口，就可以查看与设置单片机内部资源的状态。

（1）寄存器窗口

在默认状态下，单片机寄存器窗口位于 Keil μVision4 调试界面的左边，包括 R0～R7 寄存器、累加器 A、寄存器 B、程序状态字 PSW、数据指针 DPTR 以及程序计数器，如图 3.23 所示。用鼠标左键选中要设置的寄存器，双击后即可输入数据。

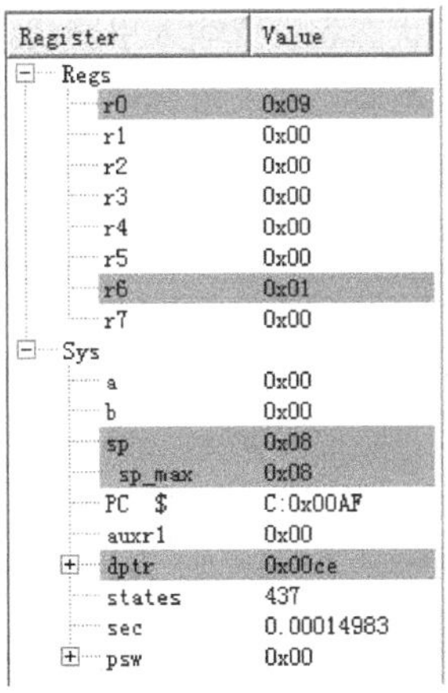

Register	Value
Regs	
r0	0x09
r1	0x00
r2	0x00
r3	0x00
r4	0x00
r5	0x00
r6	0x01
r7	0x00
Sys	
a	0x00
b	0x00
sp	0x08
sp_max	0x08
PC $	C:0x00AF
auxr1	0x00
dptr	0x00ce
states	437
sec	0.00014983
psw	0x00

图 3.23 寄存器窗口

（2）存储器窗口

选择菜单命令 View → Memory Window → Memory1(或 Memory2，或 Memory3，或 Memory4)，可以显示与隐藏存储器窗口（Memory Window），如图 3.24 所示。存储器窗口用于显示当前程序内部数据存储器、外部数据存储器与程序存储器的内容。

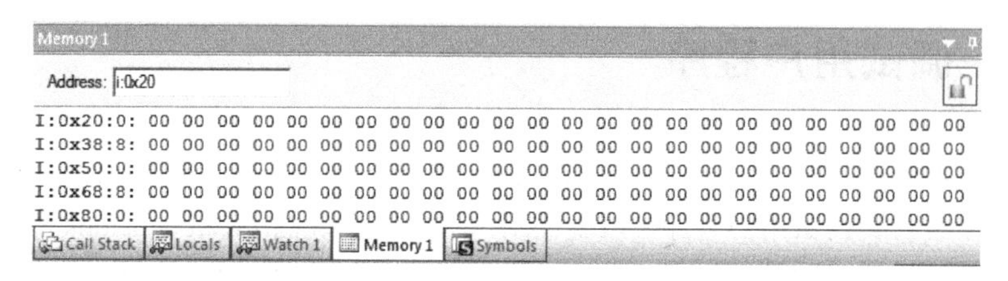

图 3.24　存储器窗口

在 Address 地址框中输入存储器类型与地址，存储器窗口中可显示相应类型和相应地址为起始地址的存储单元的内容。通过移动垂直滑动条可查看其他地址单元的内容，或修改存储单元的内容。

① 输入“C：存储器地址”，显示程序存储区相应地址的内容。

② 输入“I：存储器地址”，显示片内数据存储区相应地址的内容，图 3.24 显示的为片内数据存储器 20H 单元为起始地址的存储内容。

③ 输入“X：存储器地址”，显示片外数据存储区相应地址的内容。

在窗口数据处单击鼠标右键，可以在快捷菜单中选择修改存储器内容的显示格式或修改指定存储单元的内容，比如修改 20H 单元内容为 55H，如图 3.25 和图 3.26 所示。

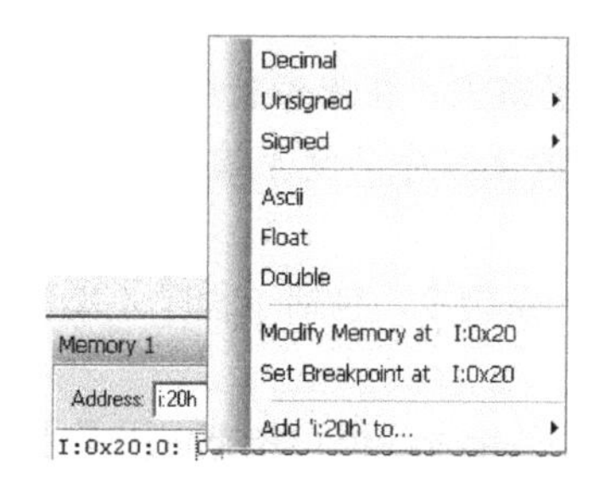

图 3.25　修改数据的快捷菜单

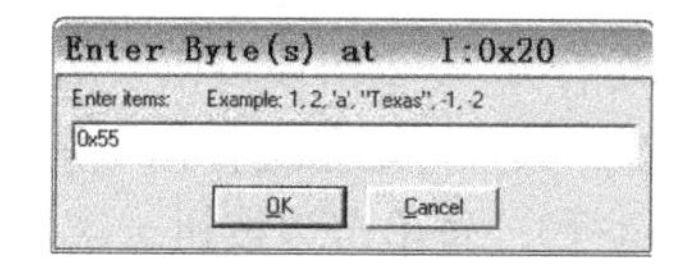

图 3.26　输入数据 55H

（3）I/O 口控制窗口

进入调试模式后，选择菜单命令 Peripherals→I/O-Port，再在下级子菜单中选择显示与隐藏指定的 I/O 口（P0、P1、P2、P3 口）的控制窗口，如图 3.27 所示。使用该窗口可以查看各 I/O 口的状态和设置输入引脚状态。在相应的 I/O 端口中，上为 I/O 端口输出锁存器值，下为输入引脚状态值，通过鼠标单击相应位，方框中的“√”与空白框进行切换，“√”表示为 1，空白框表示为 0。

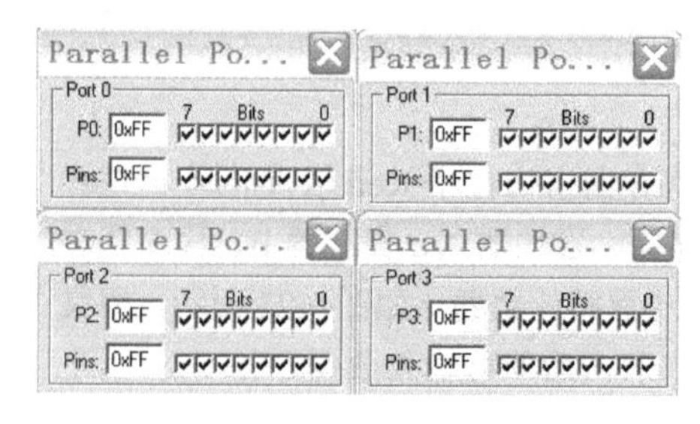

图 3.27　I/O 口控制窗口

（4）定时器控制窗口

进入调试模式后，选择菜单命令 Peripherals→Timer，再在下级子菜单中选择显示与隐藏指定的定时/计数器控制窗口，如图 3.28 所示。使用该窗口可以设置对应定时/计数器的工作方式，观察和修改定时/计数器相关控制寄存器的各个位，以及定时/计数器的当前状态。

（5）中断控制窗口

进入调试模式后，选择菜单命令 Peripherals→Interrupt，可以显示与隐藏中断控制窗口，如图 3.29 所示。中断控制窗口用于显示和设置 8051 单片机的中断系统。根据单片机型号的不同，中断控制窗口会有所区别。

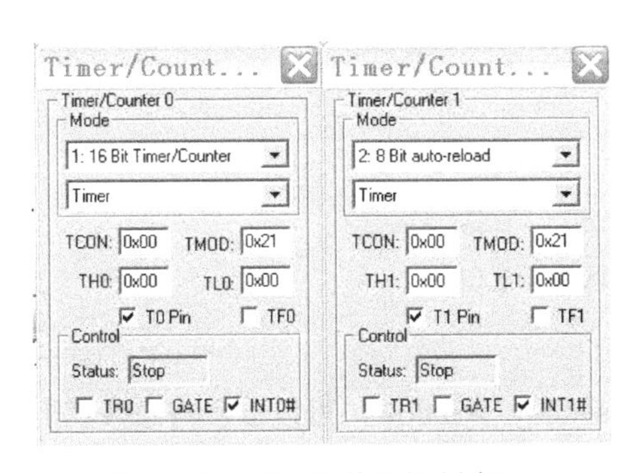

图 3.28　定时/计数器控制窗口

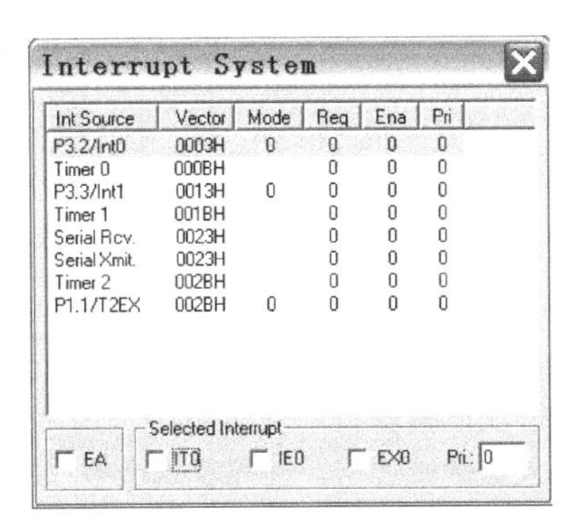

图 3.29　中断控制窗口

（6）串行口控制窗口

进入调试模式后，选择菜单命令 Peripherals→Serial，可以显示与隐藏串行口的控制窗口，如图 3.30 所示。使用该窗口可以设置串行口的工作方式，观察和修改串行口相关控制寄存器的各个位，以及发送、接收缓冲器的内容。

（7）监视窗口

进入调试模式后，在菜单命令 View→Watch Window 中，共有 Locals、Watch #1、Watch #2 等选项，每个选项对应一个窗口，单击相应选项，可以显示与隐藏对应的监视输出窗口（Watch Window），如图 3.31 所示。使用该窗口可以观察程序运行中特定变量或寄存器的状态以及函数调用时的堆栈信息。

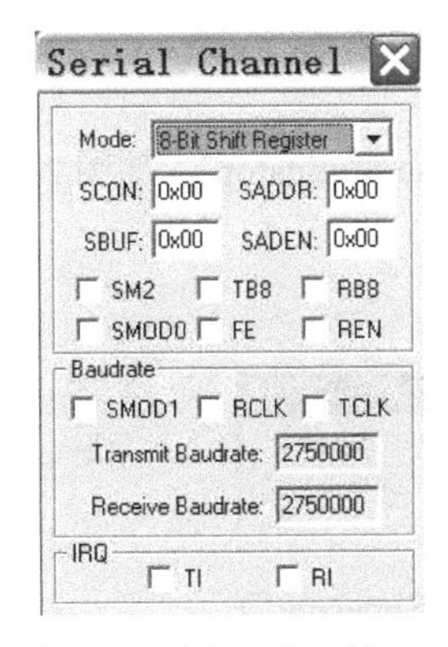

图 3.30　串行口控制窗口

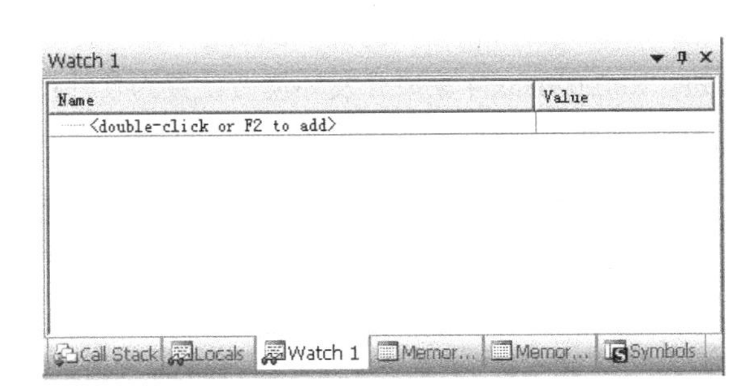

图 3.31　监视窗口

Locals：该选项用于显示当前运行状态下的变量信息。

Watch #1：监视窗口 1，可以单击 F2 添加要监视的名称，Keil μVision4 会在程序运行中全程监视该变量的值，如果该变量为局部变量，则运行变量有效范围外的程序时，该变量的值以????形式表示。

Watch #2：监视窗口 2，操作与使用方法同监视窗口 1。

（8）堆栈信息窗口

进入调试模式后，选择菜单命令 View→Call Stack Window，可以显示与隐藏堆栈信息输出窗口，如图 3.32 所示。使用该窗口可以观察程序运行中函数调用时的堆栈信息。

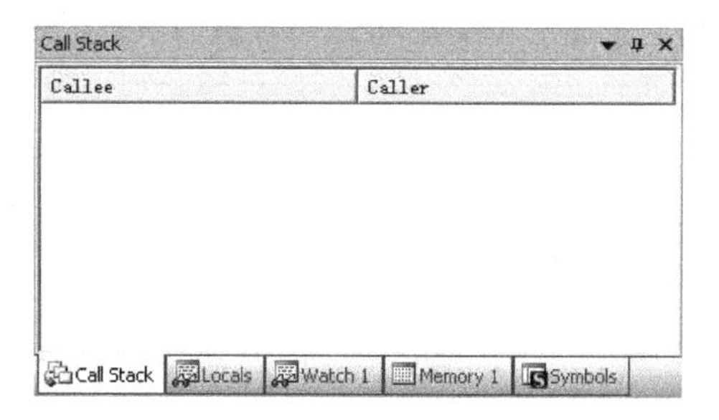

图 3.32　堆栈信息输出窗口

（9）反汇编窗口

进入调试模式后，选择菜单命令 View→Disassembly Window，可以显示与隐藏反汇编窗口（Disassembly Window）。反汇编窗口同时显示机器代码程序与汇编语言源程序（或 C51 的源程序和相应的汇编语言源程序），如图 3.33 所示。

```
Disassembly
C:0x0000    020003    LJMP    C:0003
C:0x0003    787F      MOV     R0,#0x7F
C:0x0005    E4        CLR     A
C:0x0006    F6        MOV     @R0,A
C:0x0007    D8FD      DJNZ    R0,C:0006
C:0x0009    758108    MOV     SP(0x81),#x(0x08)
C:0x000C    02004A    LJMP    C:004A
C:0x000F    0200AF    LJMP    main(C:00AF)
C:0x0012    E4        CLR     A
```

图 3.33　反汇编窗口

3. Keil μVision4 的软件模拟仿真

（1）设置软件模拟仿真方式

打开编译环境设置对话框，打开“Debug”选项页，选中“Use Simulator”，如图 3.34 所示，按确定按钮，Keil μVision4 集成开发环境被设置为软件模拟仿真。

注：默认状态下是软件模拟仿真。

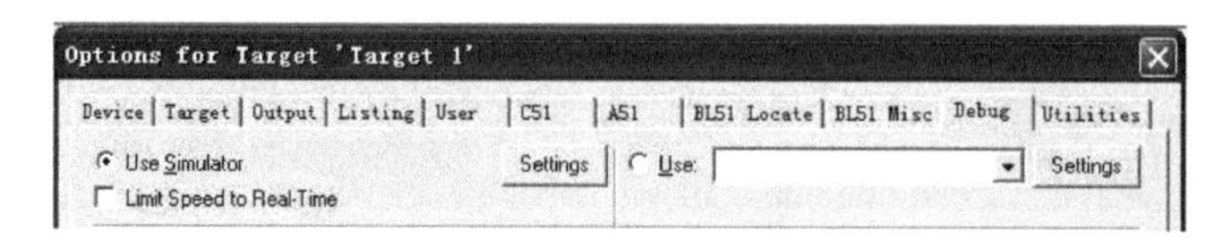

图 3.34　目标设置对话框（Debug 选项，选中“Use Simulator”）

（2）仿真调试

选择菜单命令 Debug→Start/Stop Debug Session 或单击工具栏中的调试按钮，系统进入调试界面，若复选调试按钮，则退出调试界面。在调试界面可采用单步、跟踪、断点、运行到光标处、连续运行等方式进行调试。

使用调试界面上的监视窗口可以设定程序中要观察的变量，随时监视其变化，也可以使用存储器窗口观察各个存储区指定地址的内容。

使用 Peripherals 菜单，可以调用 8051 单片机的片内接口电路的控制窗口，使用这些窗口可以实现对单片机硬件资源的完全控制。

使用 Peripherals 菜单，调出 P1 和 P3 并行 I/O 口。单击连续运行“”按钮，能观察到如下现象：

① 当 P3.2 输入低电平时，一个空白框在 P1 口循环左移；

② 当 P3.2 输入高电平时，一个空白框在 P1 口循环右移。

3.2 STC15F2K60S2 单片机的在线编程与在线仿真

3.2.1 在线编程

STC 系列单片机用户程序的下载是通过 PC 机的 RS232 串口与单片机的串口进行通信的，但目前大多数 PC 机已没有 RS232 接口，在此不再介绍 RS232 接口的在线编程电路，直接介绍采用 USB 接口进行转换的在线编程电路。

1. STC 系列单片机 USB 接口的在线编程电路

如图 3.35 所示为采用 CH340G 转换芯片进行 USB 与串口进行转换的通信电路，其中，P3.0 是 STC 系列单片机的串行接收端，P3.1 是 STC 系列单片机的串行发送端，D+、D-是 PC 机 USB 接口的数据端。

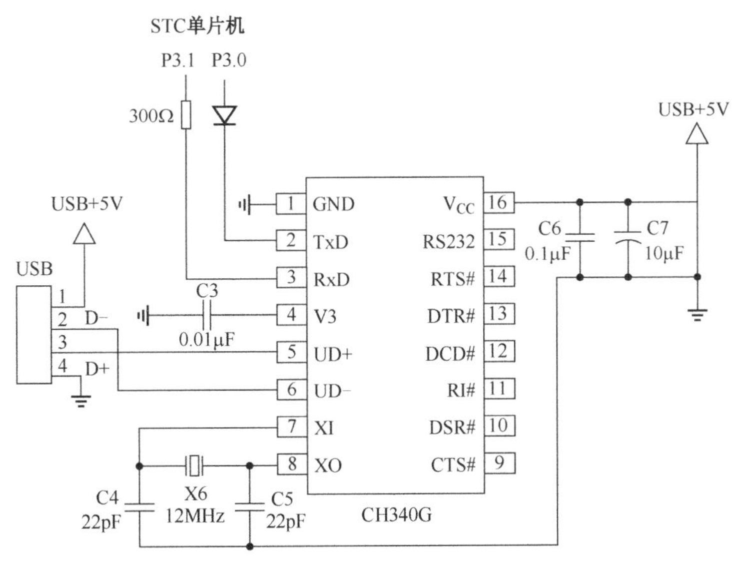

图 3.35 STC 单片机在线可编程（ISP）电路

2. 安装 USB 转串口的驱动程序

如图3.35 所示电路还需安装USB 转串口驱动程序才可以建立起PC 机与单片机之间的通信。USB 转串口驱动程序可在 STC 单片机的官方网站（WWW.STCMCU.COM 或 WWW.GXWMCU.COM）下载，文件名为 USB 转 RS-232 板驱动程序（CH341SER），下载后文件图标如图 3.36 所示。

图 3.36　USB 转串口驱动程序图标

启动 USB 转 RS-232 板驱动程序，弹出安装界面，如图 3.37 所示。单击安装，系统进入安装流程，安装完成后提示安装成功信息，如图 3.38 所示。此时，打开计算机设备管理器的端口选项，就能查看到 USB 转串口的模拟串口号，如图 3.39 所示，USB 的模拟串口号是 COM3。在进行程序下载时，必须按 USB 的模拟串口号设置在线编程（下载程序）的串口号。STC-ISP 在线编程软件具备自动侦测 USB 模拟串口的功能，可直接在串口号选择项中选择即可，如图 3.40 所示。

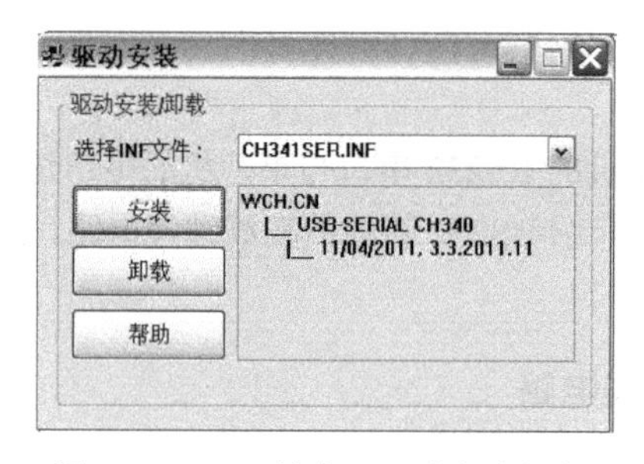

图 3.37　USB 转串口驱动程序图标

图 3.38　USB 转串口驱动安装界面

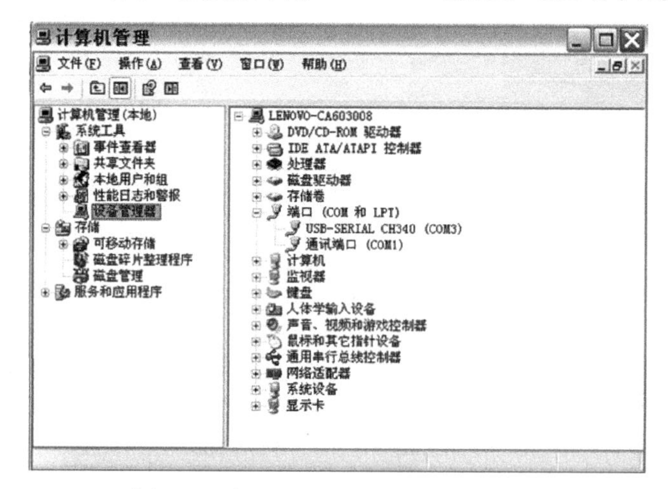

图 3.39　查看 USB 转串口的模拟串口号

3. 单片机应用程序的下载与运行

1）单片机应用程序的下载

（1）用 USB 线将 PC 机与 STC15 系列单片机学习板的 USB 接口相连。

（2）利用 STC-ISP 在线编程软件可将单片机应用系统的用户程序（HEX 文件）下载到单片机中。STC-ISP 在线编程软件可在 STC 单片机的官方网站（WWW.STCMCU.COM）下载，运行下载程序（如 STC_ISP_V6.85I），即弹出如图 3.40 所示的程序界面，按左边标注顺序操作即可完成程序的下载任务。

图 3.40　STC-ISP 在线编程软件工作界面

注：STC-ISP 在线编程软件界面的右侧为单片机开发过程中的常用的实用工具。

步骤 1： 选择单片机型号，必须与所使用单片机的型号一致。单击“单片机型号”的下拉菜单，找到 STC15F2K60S2 系列并展开，选择 STC15F2K60S2 单片机。

步骤 2： 打开文件。打开要烧录到单片机中的程序，是经过编译而生成的机器代码文件，扩展名为“.HEX”，如流水灯.hex。

步骤 3： 选择串行口。根据本机 USB 模拟的串口号选择，即 USB-SERIAL CH340（COM3）。

步骤 4： 设置硬件选项，一般情况下，按默认设置。

（1）选择“使用内部 IRC 时钟（不选为外部时钟）”；

输入用户程序运行的 IRC 频率，从下拉菜单中选择时钟频率；

（2）选择“振荡器放大增益（12M 以上建议选择）”；

（3）选择“使用快速下载模式”；

（4）不选择“下次冷启动时 P3.2/P3.3 为 0/0 时才可下载程序”；

（5）选择“上电复位使用较长延时”；

（6）选择“复位脚用作 I/O 口”；

（7）选择“允许低压复位（禁止低压中断）”，低压检测电压默认值为 3.82V；

（8）选择“低压时禁止 EEPROM 操作”；

（9）不选择“上电复位时由硬件自动启动看门狗”，看门狗定时器分频系数默认值为 256；

（10）选择“空闲状态时停止看门狗计数”；

（11）不选择“下次下载用户程序时擦除 EEPROM 区”；

（12）不选择“本次将 EEPROM 区域全部填充为 FF”

（13）不选择选择“P2.0 上电复位后为低电平”；

（14）不选择“串口 1 数据线[RxD，TxD]从[P3.0，P3.1]切换到[P3.6，P3.7]，P3.7 输出 P3.6 的输入电平”；

（15）不选择“P3.7 是否为强推挽输出”；

（16）不选择“程序区结束处添加重要参数（包括 BandGap 电压，32K 掉电唤醒定时器频率，24M 和 11.0592M 内部 IRC 设定参数）”；

（17）输入 ISP 等待 RS485 下载命令时间；

（18）输入 Flash 空白处填充值。

步骤 5：下载，单击下载“Download/下载”按钮后，重新给单片机上电，启动用户程序下载流程。当用户程序下载完毕后，单片机自动运行用户程序。

（1）若勾选“每次下载都重新装载目标文件”，当用户程序发生修改，不需要进行步骤 2，直接进入步骤 5 即可。

（2）若勾选“当目标文件变化时自动装载并发送下载命令”，当用户程序发生修改后，系统会自动侦测到，启动用户程序装载并发送下载命令流程，用户只需重新给单片机上电即可，完成用户程序的下载。

2）单片机应用程序在线调试

当用户程序下载完毕后，单片机自动转到用户程序区，执行用户程序。

P1 连接 8 只低电平驱动的 LED 灯，P3.2 接一只开关，观察当 K1 合上（低电平输入）时与 K1 断开（高电平输入）时，P1 控制的 LED 灯的工作状态。

3.2.2 在线仿真

在 STC15F2K60S2 系列单片机中，只有 IAP15F2K61S2（5.0V 芯片）和 IAP15L2K61S2（3.3V 芯片）才可实现在线仿真。IAP15F2K61S2（5.0V 芯片）和 IAP15L2K61S2（3.3V 芯片）既可用作目标芯片，又可用作仿真芯片。

1. Keil μVision4 的硬件仿真电路

Keil μVision4 的硬件仿真电路实际上就是用户程序的在线编程（下载）电路，如图 3.35 所示，在 STC15 系列单片机开发板中是必备的，直接使用即可。

2. 创建仿真芯片

STC 单片机由于有了基于 Flash 存储器的在线编程（ISP）技术，可以无仿真器、编程器就可进行单片机应用系统的开发。但为了进一步提高单片机应用系统的开发效率，STC 也开发了 STC 硬件仿真器，而且是一大创新，单片机芯片既是仿真芯片，又是应用芯片，下面简单介绍 STC 仿真器的设置与使用。

运行 STC-ISP 在线编程软件，选择“Keil 仿真设置”选项，如图 3.41 所示。

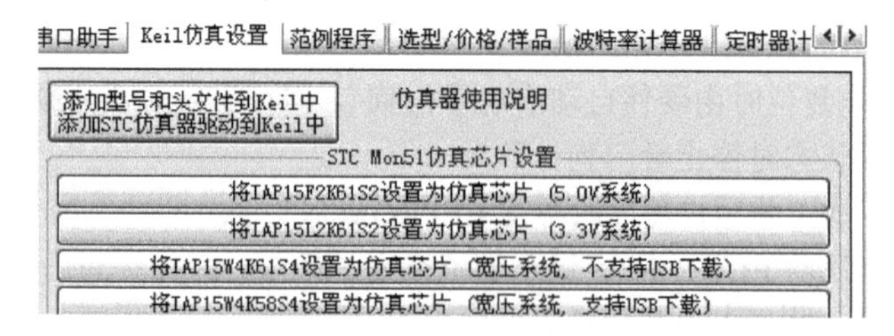

图 3.41　创建仿真芯片

根据选用芯片，单击“将 IAP15F2K61S2 设置为仿真芯片（5.0 系统）”，即启动“下载/编程”功能，重新给单片机上电，启动用户程序下载流程。完成后该芯片即为仿真芯片，即可与 Keil μVision4 集成开发环境联合进行在线仿真。

3. 设置 Keil μVision4 硬件仿真调试模式

（1）打开编译环境设置对话框，打开编译环境设置对话框，打开“Debug”选项页，选中“STC

Monitor-51 Driver”，勾选“Load Application at Startup”选项和“Run to main()”选项，如图 3.42 所示。

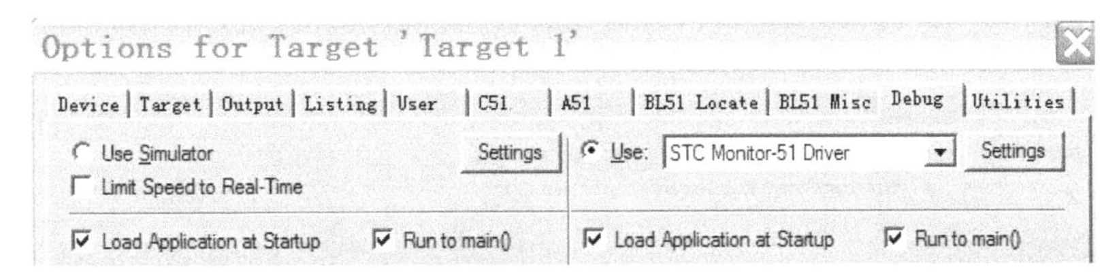

图 3.42　目标设置对话框（Debug 选项，选中“Use　STC Monitor-51 Driver”）

注意：之用利用 STC-ISP 在线编程软件中“keil 仿真设置”工具向 Keil μVision4 集成开发环境添加 STC 仿真器驱动，才能在硬件仿真器的下拉菜单中看到“STC Monitor51 Driver”选项。具体操作方法详见 3.1.2.1。

（2）设置 Keil μVision4 **硬件仿真参数**。单击图 3.42 右上角的“settings”按钮，弹出硬件仿真参数设置对话框，如图 3.43 所示。根据在线仿真电路所使用的串口号（或 USB 驱动的模拟串口号）选择串行端口。

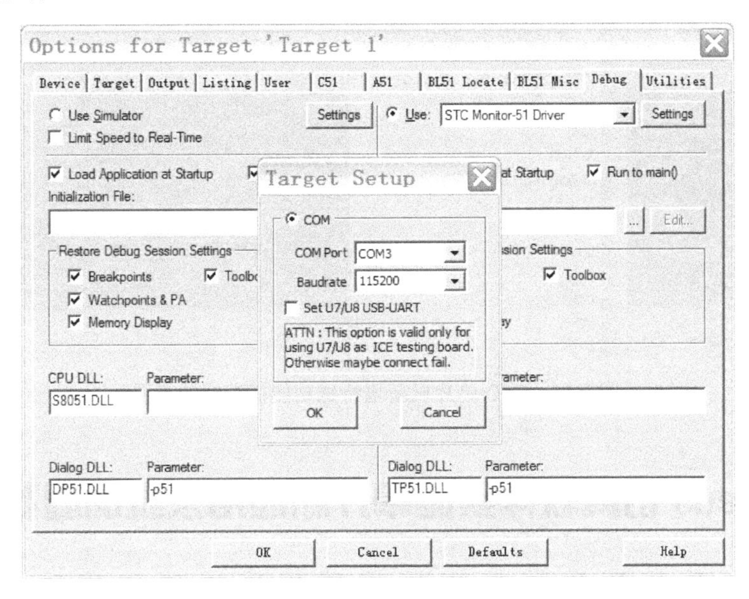

图 3.43　Keil μVision4 硬件仿真参数

● 选择串口：根据硬件仿真时，选择实际使用的串口号（或 USB 驱动时的模拟串口号），如本例的“COM3”；

● 设置串口的波特率：单击下拉，选择一合适的波特率，如本例的“115200”；

设置完毕，单击确定“OK”按钮，再单击“Options for Target' Targe'”对话框的确定“OK”按钮，即完成硬件仿真的设置。

4．在线仿真调试

同软件模拟调试一样，选择菜单命令 Debug→Start/Stop Debug Session 或单击工具栏中的调试按钮，系统进入调试界面；若复选调试按钮，则退出调试界面。在线调试除可以在 Keil μVision4 集成开发环境调试界面观察程序运行信息外，还可以直接从目标电路上观察程序的运行结果。

Keil μVision4 集成开发环境在在线仿真状态下，能查看 STC 单片机新增内部接口的特殊功能寄存器状态，打开“Debug”下拉菜单就可查看 ADC、CCP、SPI 等接口状态，如图 3.44 所示。

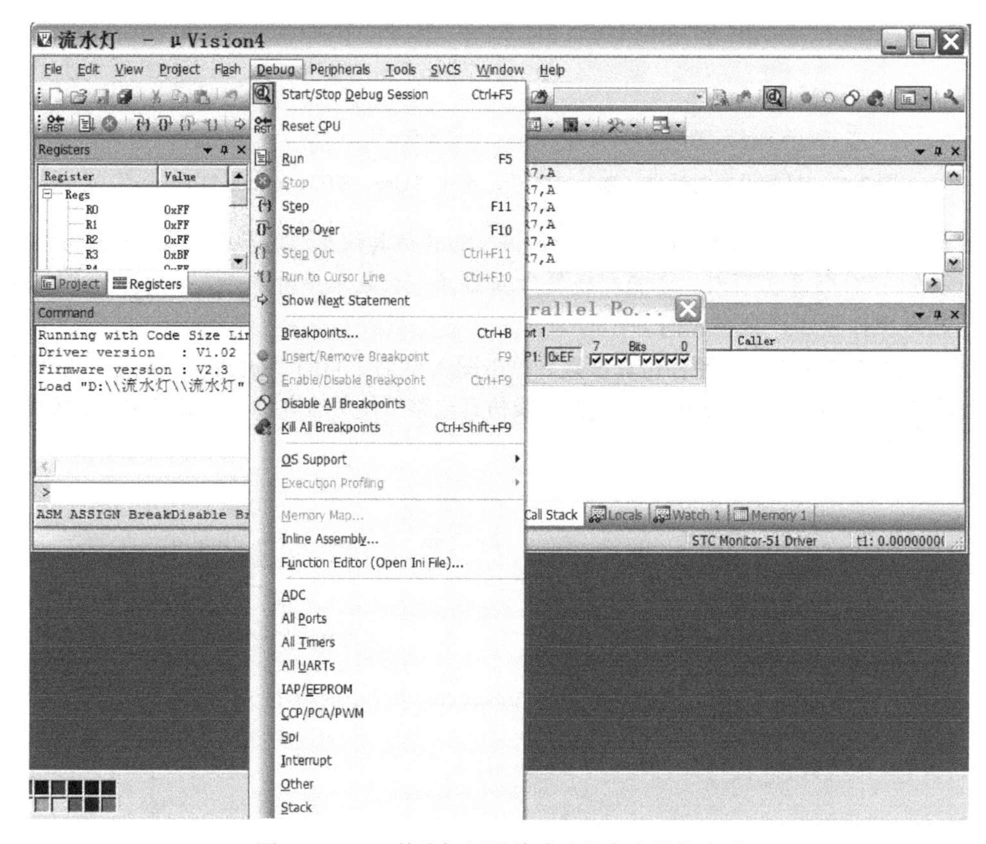

图 3.44　STC 单片机新增特殊功能寄存器的查看

3.3　Proteus 仿真软件实施单片机应用系统的虚拟仿真

Proteus ISIS 是英国 Labcenter 公司开发的电路分析与实物仿真软件。它运行于 Windows 操作系统上，可以仿真、分析（SPICE）各种模拟器件和集成电路，该软件的特点是：

（1）实现了单片机仿真和 SPICE 电路仿真相结合

具有模拟电路仿真、数字电路仿真、单片机及其外围电路组成的系统的仿真、RS232 动态仿真、I^2C 调试器、SPI 调试器、键盘和 LCD 系统仿真的功能；有各种虚拟仪器，如示波器、逻辑分析仪、信号发生器等。

（2）支持主流单片机系统的仿真

目前支持的单片机类型有：68000 系列、8051 系列、AVR 系列、PIC12 系列、PIC16 系列、PIC18 系列、Z80 系列、HC11 系列、ARM7 以及各种外围芯片。

注意：由于 STC 系列单片机是新发展的芯片，在设备库中没有 STC 系列单片机，在利用 Proteus ISIS 绘制 STC 单片机电路图时，可选任何厂家的 51 或 52 系列单片机（如 AT89C51，或 AT89C52），但 STC 系列单片的新增特性不能得到有效的仿真。

（3）提供软件调试功能

在硬件仿真系统中具有全速、单步、设置断点等调试功能，同时可以观察各个变量、寄存器等的当前状态，因此在该软件仿真系统中，也必须具有这些功能。

简单来说，Proteus ISIS 软件可以仿真一个完整的单片机应用系统。具体步骤是：

1）利用 Proteus ISIS 软件绘制单片机应用系统的电原理图；

2）将用 Keil C 集成开发环境编译生成的机器代码文件加载到单片机中；

3）运行程序，进入调试。

下面以实例介绍单片机应用系统的 Proteus 仿真软件的操作使用方法。

3.3.1 单片机应用系统与程序功能

如图 3.45 所示为 LED 流水灯控制电路，电路功能同 3.2 节中的“流水灯.c”程序功能，即当 K1 断开，流水灯右移；当 K1 合上，流水灯左移。

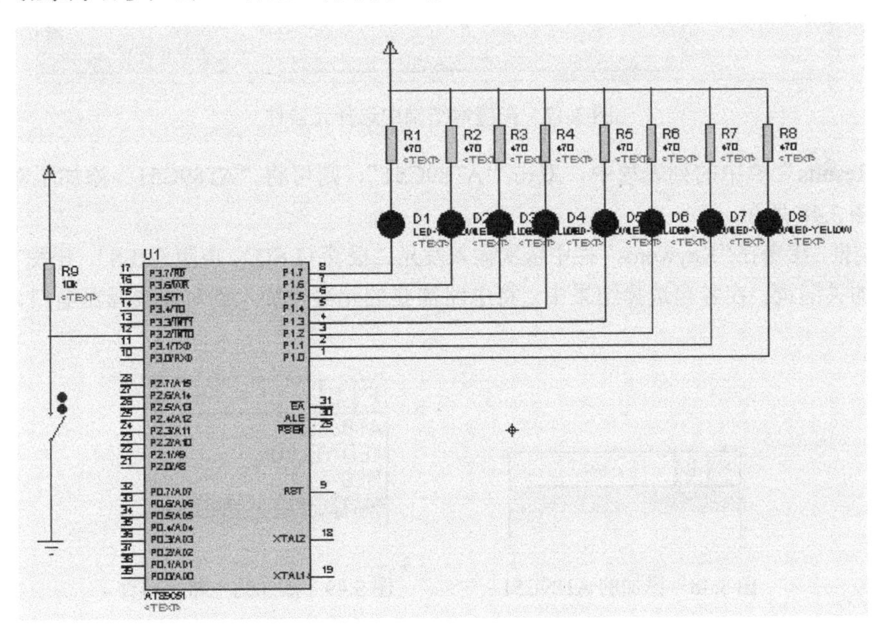

图 3.45 流水灯控制电路

3.3.2 Proteus 绘制电原理图

1．将电路所需元器件加入到对象选择器窗口（Picking Components into the Schematic）

单击对象选择器按钮 P ，如图 3.46 所示，弹出“Pick Devices”页面，在“Keywords”输入 AT89C51，系统在对象库中进行搜索查找，并将搜索结果显示在“Results”中，如图 3.47 所示。

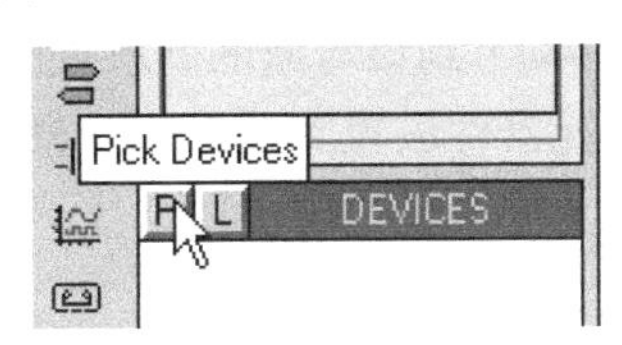

图 3.46 打开元器件搜索窗口

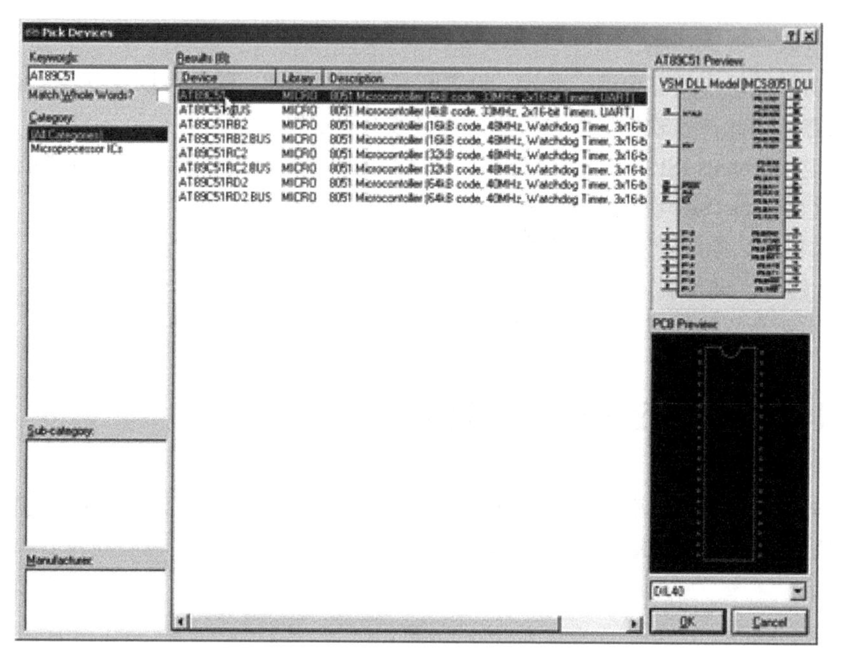

图 3.47　在搜索结果中选择元器件

在“Results”栏中的列表项中，双击“AT89C51”，则可将“AT89C51”添加至对象选择器窗口，如图 3.48 所示。

以此类推，接着在“Keywords”栏中依次输入发光二极管（LED）、电阻（RES）、开关（SWITCH）等元器件的关键词，在各自选择结果中，将电路需要的元器件加入到对象选择器窗口，如图 3.49 所示。

图 3.48　添加的 AT89C51

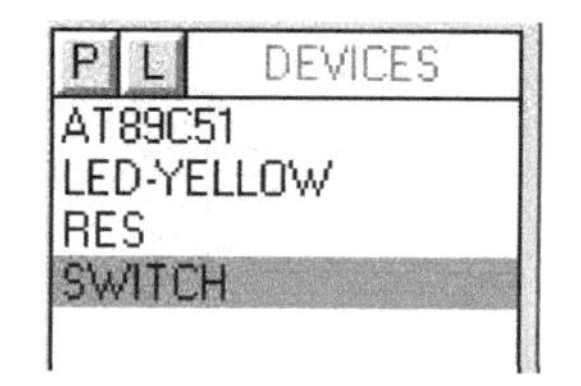

图 3.49　添加的电路元器件

特别提示：若电路仅用于仿真，可不绘制单片机复位、时钟电路。

2. 放置元器件至图形编辑窗口（Placing Components onto the Schematic）

在对象选择器窗口中，选中 AT89C51，预览窗口中将显示该元器件的图形，如图 3.50 所示。单击左侧工具栏中的电路元器件方向按钮，可改变元器件的方向，如图 3.51 所示，从上到下，依次为顺时针旋转 90°、逆时针旋转 90°、自由角度旋转（在方框输入角度数，回车）、左右对称翻转、上下对称翻转。也可在画布中调整元器件的方向。

将鼠标置于图形编辑窗口任意位置，单击鼠标左键，在鼠标位置即会出现该元器件对象，将鼠标移动（元器件对象会跟随鼠标移动）到该对象的欲放置位置，再单击鼠标左键，该对象完成放置。同理，将 LED、RES 和其它元器件放置到图形编辑窗口中。如图 3.52 所示。

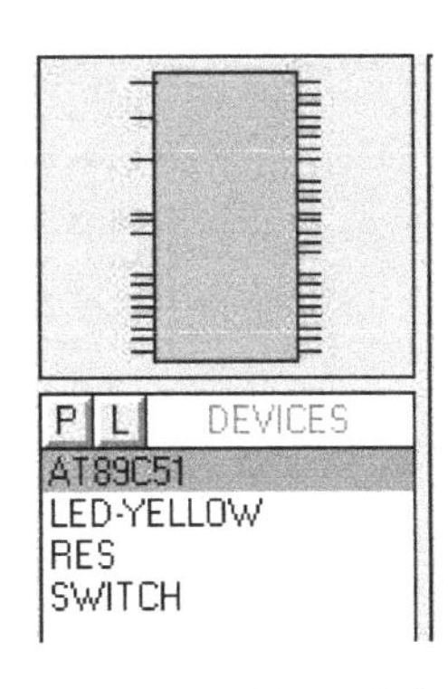

图 3.50　元器件的浏览窗口

图 3.51　元器件方向的调整

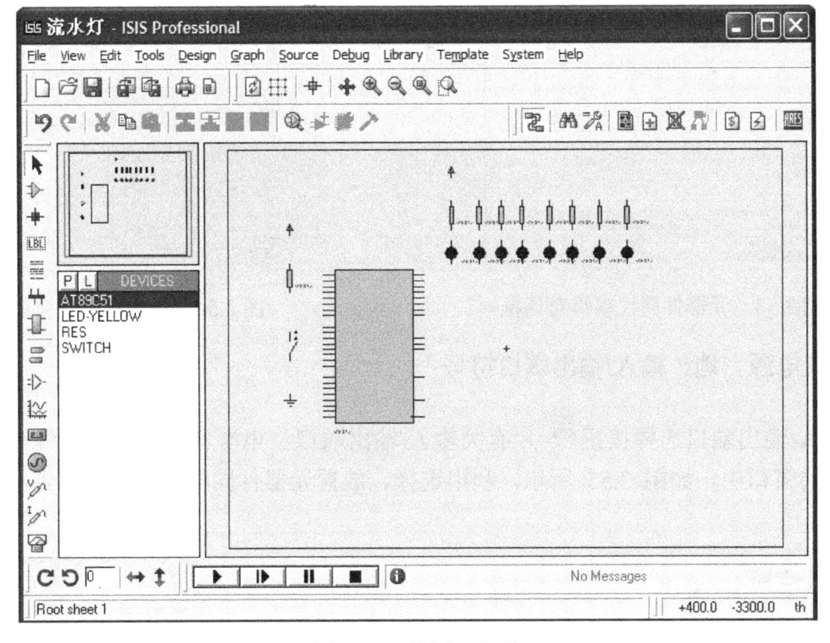

图 3.52　放置元器件

3. 编辑图形

（1）移动元器件对象

若元器件对象位置需要移动，将鼠标移到该对象上，单击鼠标左键选择对象，该对象的颜色将变至红色，表明该对象已被选中，按下鼠标左键，拖动鼠标，将对象移至新位置后，松开鼠标，完成移动操作。

（2）编辑元器件属性

若要修改元器件属性，将鼠标移到该对象上，双击鼠标左键选择对象，即弹出元件属性编辑对话框，如图 3.53 所示为 AT89C51 单片机的元器件属性编辑对话框，根据元件属性要求修改后确定即可。或鼠标右键单击需编辑的元器件，在弹出的快捷菜单中选择“Edit Properties”，同样会弹出元件属性编辑对话框。

（3）删除对象

若删除对象，将鼠标移到该对象上，单击鼠标右键，即弹出快捷菜单，如图 3.54 所示，鼠标单击“Delete object”选项，即删除所选对象。

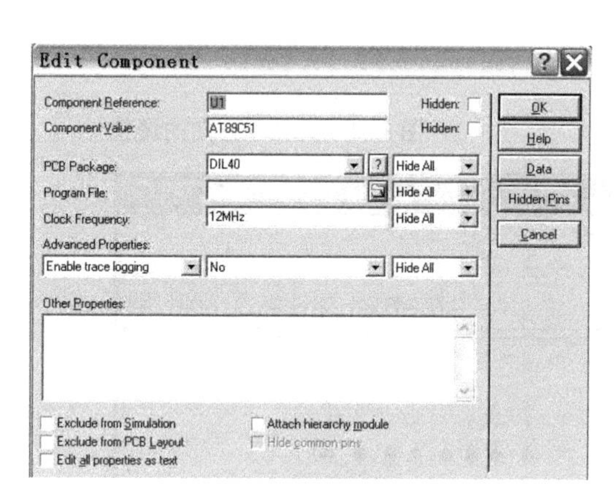

图 3.53　元器件属性编辑对话框

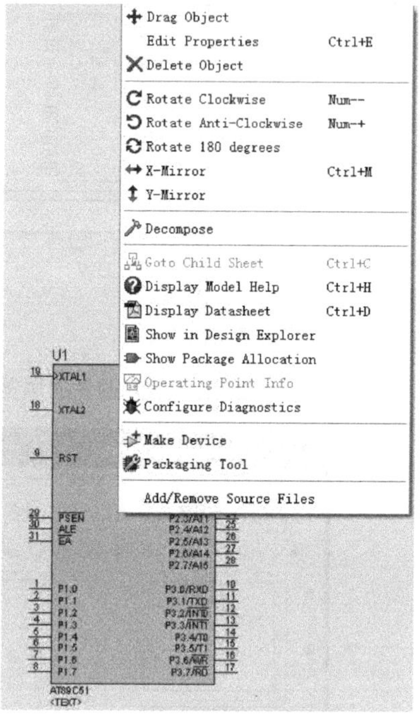

图 3.54　鼠标右键快捷菜单

4．放置电源、地、输入/输出端口符号

单击输入/输出端口选择按钮，有关输入/输出端口、电源、公共地等电气符号将出现在对象选择器的窗口中，如图 3.55 所示，利用选择、放置元器件同样的方法，放置电源、公共地符号。

5．电气连接

（1）直接连接

Proteus 软件具有自动布线功能，当“ ”按钮选中时，Proteus 软件处于自动布线状态，否则为手工布线状态。

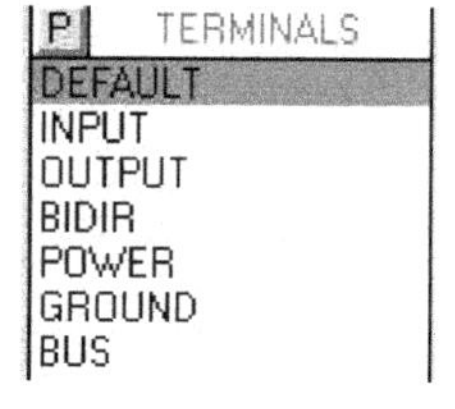

图 3.55　电源、地、输入/输出端口符号

当需要两个电气连接点时，将鼠标移至其中的一个电气连接点，到位时会自动显示 1 个红色方块，单击鼠标左键；再将鼠标移至另一个电气连接点，同样，到位时会自动显示 1 个红色方块，单击鼠标左键即完成该两个电气连接点的电气连接。

（2）通过网络标号连接

当 2 个电气连接点相隔较远，且中间夹有其它元器件，不便直接连接时，建议采用通过网络标号的方法实现电气连接。

1）放置电气连接点

选中工具栏中“ ”按钮，在元器件的电气连接点的同方向一定距离处单击鼠标左键，即会出现一活动的圆点，移到位后单击鼠标即可放置电气连接点，如图 3.56 所示。

2）元器件引脚延伸

采用直接连线的方法将放置的电气连接点与元器件自身的电气连接点相连，如图 3.57 所示。

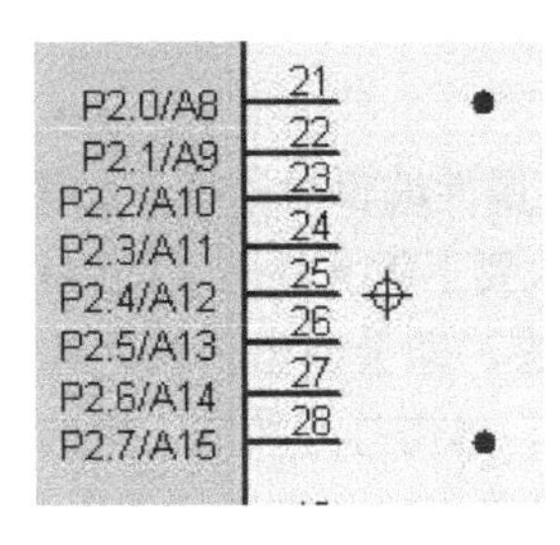

图 3.56　放置电气连接点

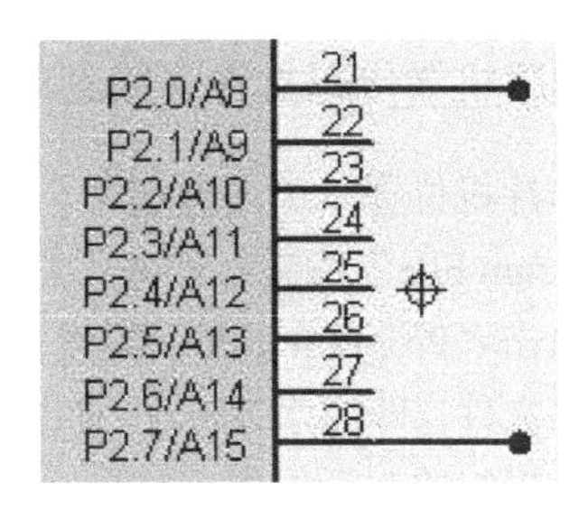

图 3.57　引脚线延伸

3）添加网络标号

将鼠标移至愈加网络标号的线段，单击右键即会弹出快捷菜单，如图 3.58 所示。

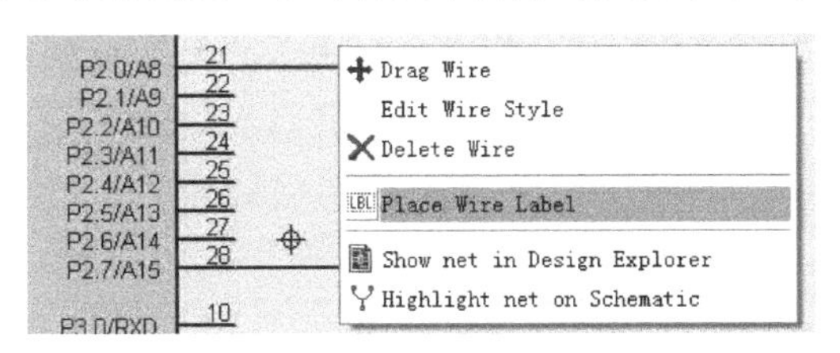

图 3.58　添加网络标号的快捷菜单

在图 3.58 所示的快捷菜单中选择“Place Wire Label”选项，即会弹出网络标号编辑框，在“String”编辑框输入网络标号（如 A1、A2），如图 3.59 所示，按确定即完成网络标号的设置，设置的网络标号（如 A1、A2）如图 3.60 所示。

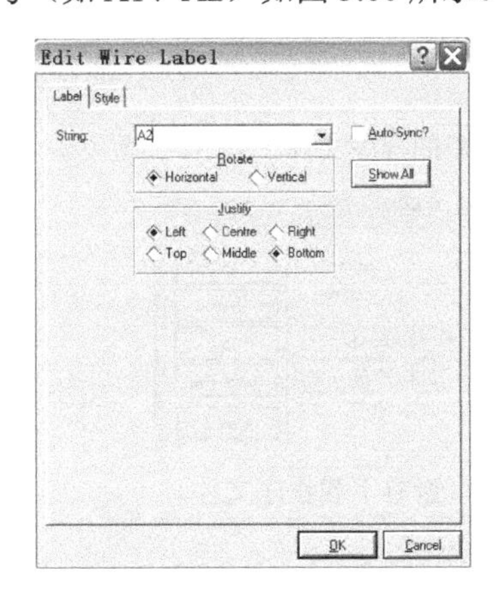

图 3.59　网络标号编辑对话框

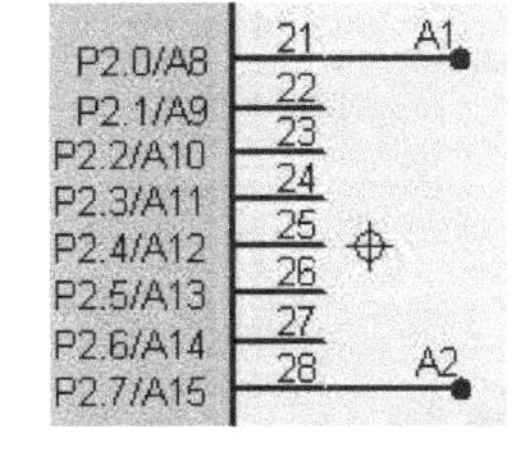

图 3.60　设置好的网络标号（A1、A2）

4）通过网络标号连接

用上述同样的方法，对另一电气连接点进行标号处理，相同标号的线段就实现了电气连接。

（3）按图 3.45 所示电路图进行电气连接，绘制流水灯控制电路电原理图。

3.3.3　单片机应用系统的虚拟仿真

1．编辑、编译用户程序，生成机器代码

利用 Keil μVision4 集成开发环境对用户程序进行编辑、编译，生成机器代码，即 3.2 节中的“流水灯.hex”。

2．将用户程序机器代码文件下载到单片机中

将鼠标移到单片机位置，单击右键即会弹出单片机属性编辑对话框，如图 3.53 所示。

（1）在“Program File”编辑行的对话框中直接输入要下载文件所在的路径与文件名。

（2）用鼠标单击“Program File”编辑行中的文件夹，即会弹出查找、选择文件的对框框，找到要下载的程序文件，即流水灯.hex，如图 3.61 所示，单击打开按钮，所选程序文件即出现在“Program File”编辑行的对话框中，如图 3.62 所示，再单击单片机属性编辑框的“OK”按钮即完成程序下载工作。

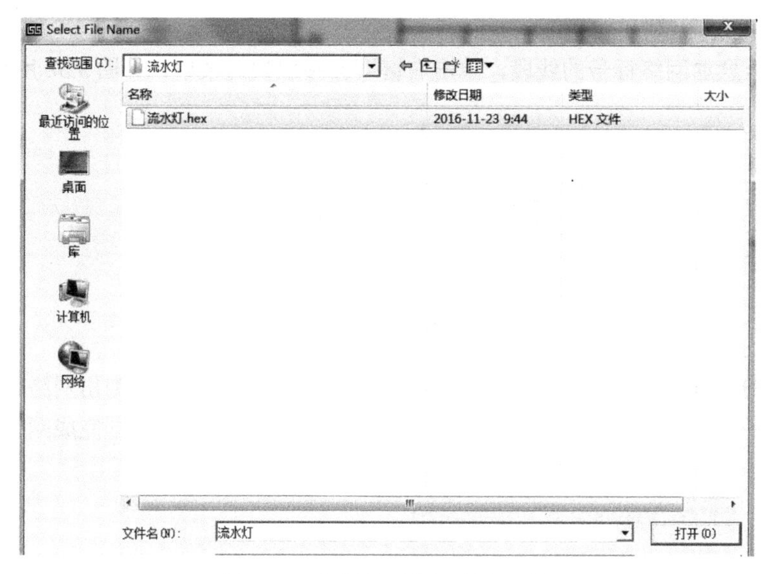

图 3.61　选择要下载的程序文件

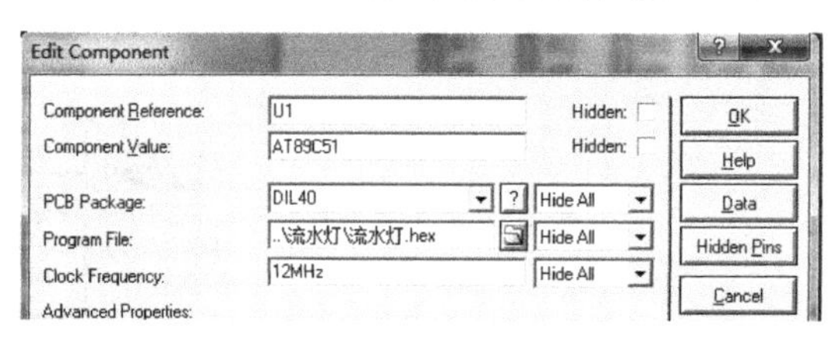

图 3.62　单片机属性编辑框（查看下载程序文件）

3．模拟调试

单击窗口左下方模拟调试按钮的运行按钮，Proteus 进入调试状态。调试按钮如图 3.63 所示，从左至右依次为全速运行、单步运行、暂停、停止。

图 3.63　调试按钮

（1）K1 合上，观察 LED 灯的点亮情况；

（2）K1 断开，观察 LED 灯的点亮情况。

（3）归纳、总结：流水灯功能与预期程序功能是否一致？

本章小结

程序的编辑、编译与下载是单片机应用系统开发过程中不可或缺的工作流程。对于 STC 系列单片机，由于有了 ISP 在线下载功能，单片机的开发工具就变得简单了，在硬件方面只要在单片机应用系统中嵌入 PC 机与单片机的串口通信电路（或称 ISP 下载电路）即可，在软件方面：一是需要用于汇编或 C51 源程序编辑、编译的开发工具（如 Keil C 集成开发环境），二是 STC 单片机 ISP 下载软件。单片机应用系统的开发工具非常简单，也非常廉价，也正因为如此，我们可以拥有实际的单片机应用系统开发环境来学习单片机，相当于每人拥有一个“单片机实验室”。

Keil C 集成开发环境除程序编辑、编译功能外，还具备程序调试功能，可对单片机的内部资源（包括存储器、并行 I/O 端口、定时/计数器、中断系统与串行口等）进行仿真，可采用全速运行、单步、跟踪、执行到光标处或断点等程序运行模式来调试用户程序，与 STC 仿真器配合可实现硬件在线仿真。

CH341SER 程序是 USB 转串口驱动程序，当采用 USB 转串口驱动电路构建 STC 在线编程（下载程序）电路时，必须安装 USB 转串口驱动程序，使用 USB 模拟的串口号进行 PC 机与单片机之间的通信。

STC-ISP 在线编程软件主要用于向 STC 单片机下载用户程序，是 STC 单片机学习与开发中不可或缺的工具。不仅如此，STC-ISP 在线编程软件还提供了强大的实用工具，如串口调试工具、加密工具、脱机下载工具、软件延时计算器、定时器计算器、波特率计算器等等。

Proteus 仿真软件能全方位地对单片机应用系统进行虚拟仿真，是单片机学习与开发过程中的有力助手。

习 题 3

一、填空题

1. 目前，STC 单片机开发板中在线编程（下载程序）电路采用的 USB 转串口的芯片是_____。

2. Keil μVision4 集成开发环境中，既可以编辑、编译 C 语言源程序，也可以编辑、编译_____源程序，保存源程序文件时，若是采用 C 语言编程，其后缀名是______，若是采用汇编语言编程，其后缀名是__________。

3. Keil μVision4 集成开发环境中，除可以编辑、编译用户程序外，还可以______用户程序。

4. Keil μVision4 集成开发环境中，编译时允许自动创建机器代码文件状态下，其默认文件名与_______相同。

5. STC 单片机能够识别的文件类型称为_________，其后缀名是_____。

二、选择题

1. Keil μVision4 集成开发环境中，在勾选“Create HEX File”选项后，默认状态下机器代码名称与____相同。

A. 项目名　　B. 文件名　　C. 项目文件夹名

2. Keil μVision4 集成开发环境中，下列不属于编辑、编译界面操作功能的是______。

A．输入用户程序　B．编辑用户程序　C．全速运行程序　D．编译用户程序

3．Keil μVision4 集成开发环境中，下列不属于调试界面操作功能的是______。

A．单步运行用户程序　B．跟踪运行用户程序

C．全速运行程序　D．编译用户程序

4．Keil μVision4 集成开发环境中，编译过程中生成的机器代码文件的后缀名是______。

A．c　B．asm　C．hex　D．uvproj

5．下列 STC 单片机中，不能实现在线仿真的芯片是______。

A．IAP15F2K61S2　B．STC15F2K60S2　C．IAP15W4K61S4　D．IAP15C2K61S2

三、判断题

1．STC89C52RC 单片机与 STC15F2K60S2 单片机在相同封装下，其引脚排列是一样的。（　）

2．Keil μVision4 集成开发环境在编译过程中，默认状态下会自动生成机器代码文件。（　）

3．Keil μVision4 集成开发环境中，若不勾选“Create HEX File”选项后编译用户程序，即不能调试用户程序。（　）

4．Keil μVision4 集成开发环境既可以用于编辑、编译 C 语言源程序，也可以编辑、编译汇编语言源程序。（　）

5．Keil μVision4 集成开发环境调试界面中，默认状态下选择的仿真方式是软件模拟仿真。（　）

6．Keil μVision4 集成开发环境调试界面中，若调试的用户程序无子函数调用，那么单步运行与跟踪运行的功能是完全一致。（　）

7．Keil μVision4 集成开发环境中，若编辑、编译的源程序类型不同，所生成机器代码文件的后缀名不同。（　）

8．STC-ISP 在线编程软件是直接通过 PC 的 USB 接口与单片机串口进行数据通信的。（　）

9．STC-ISP 在线编程软件中，在单击下载程序按钮后，一定要让单片机重新上电，才能完成程序下载工作。（　）

10．STC15F2K60S2 单片机既可用作目标芯片，又可用作仿真芯片。（　）

11．STC15W 开头的 STC 单片机与 STC15F2K60S2 单片机可不经过 USB 转串口芯片，直接与 PC 的 USB 接口相连，实现在线编程功能。（　）

12．IAP15W4K61S4 单片机可不经过 USB 转串口芯片，直接与 PC 机 USB 接口相连，实现在线编程功能。（　）

四、问答题

1．简述应用 Keil μVision4 集成开发环境进行单片机应用程序开发的工作流程。

2．Keil μVision4 集成开发环境中，如何根据编程语言的种类选择存盘文件的扩展名？

3．Keil μVision4 集成开发环境中，如何切换编辑与调试程序界面？

4．Keil μVision4 集成开发环境中，有哪几种程序调试方法？各有什么特点？

5．Keil μVision4 集成开发环境在调试程序时，如何观察片内 RAM 的信息？

6．Keil μVision4 集成开发环境在调试程序时，如何观察片内通用寄存器的信息？

7．Keil μVision4 集成开发环境在调试程序时，如何观察或设置定时器、中断与串行口的工

作状态？

8．简述利用 STC-ISP 在线编程软件下载用户程序的工作流程。

9．通过怎样的设置，可以实现下载程序时自动更新用户程序代码。

10．通过怎样的设置，可以实现当用户程序代码发生变化时会自动更新用户程序代码，并启动下载命令？

11．IAP15F2K61S2 单片机既可用作目标芯片，又可用作仿真芯片，当用作仿真芯片时，应如何操作？

12．简述 Keil μVision4 集成开发环境硬件仿真（在线仿真）的设置。

13．Proteus 软件是包含哪些功能？

14．在 Proteus 工作界面，如何建立自己的元器件库？在绘图中，如何调整元器件的放置方向？

15．在 Proteus 工作界面，如何将元器件放置在画布中？如何移动元器件以及设置元器件的工作参数？

16．如何绘制元器件间电气连接点的连线？如何在画布空白区放置电气连接点？

17．如何给电气连接点设置网络标号？如何通过网络标号实现元器件间的电气连接？

18．描述 Proteus 软件实现单片机应用系统虚拟仿真的工作流程。

19．在 Proteus 软件的绘图中，如何调用电源、公共地、输入/输出端口符号？

20．查找资料，自学学习画总线以及标注网络标号。

第4章　STC15F2K60S2单片机的指令系统

指令是CPU按照人们的意图来完成某种操作的命令，一台计算机的CPU所能执行全部指令的集合称为这个CPU的指令系统。指令系统功能的强弱体现了CPU性能的高低。

STC15F2K60S2单片机的指令系统与传统8051单片机完全兼容。42种助记符代表了33种功能，而指令功能助记符与操作数各种寻址方式的结合，共构造出111条指令。其中，数据传送类指令29条，算术运算类指令24条，逻辑运算类指令24条，控制转移类指令17条，位操作类指令17条。

4.1　概述

计算机只能识别和执行的指令是二进制编码指令，称为机器指令，但机器指令不便于记忆和阅读。为了编写程序的方便，一般采用汇编语言（助记符指令）和高级语言编写程序，但必须经汇编程序或编译程序转换成机器代码后，单片机才能识别和执行。

8051单片机指令系统采用助记符指令格式描述，与机器指令有一一对应的关系。

1．机器指令的编码格式

机器指令通常由操作码和操作数（或操作数地址）两部分构成。操作码用来规定指令执行的操作功能；操作数是指参与操作的数据。

8051的机器指令按指令字节数分为三种格式：单字节指令、双字节指令和三字节指令。

1）单字节指令。单字节指令有两种编码格式：

① 8位编码仅为操作码。

格式：位　　7 6 5 4 3 2 1 0

字节	opcode

这类指令的8位编码仅为操作码，指令的操作数隐含在其中。如DEC　A的指令编码为14H，其功能是累加器A的内容减1。

② 8位编码含有操作码和寄存器编码。

格式：位　　7 6 5 4 3　2 1 0

字节	opcode	

这类指令的高5位为操作码，低3位为操作数对应的编码。如INC　R1的指令编码为09H，其中高5位00001B为寄存器内容加1的操作码，低3位001B为寄存器R1对应的编码。

2）双字节指令。

格式：位　　7 6 5 4 3 2 1 0

字节	opcode
	data或direct

这类指令的第一个字节为操作码，第二个字节表示参与操作的数据或存放数据的地址。如 MOV A, #60H 的指令代码为 01110100 01100000B，其中高字节 01110100B 为表示将立即数传送到累加器 A 功能的操作码，低字节 01100000B 为对应的立即数（源操作数，60H）。

3）三字节指令。

格式：位　　7 6 5 4 3 2 1 0

字节

opcode
direct
data或direct

这类指令的第一个字节表示操作码，后两个字节表示参与操作的数据或存放数据的地址。如 MOV 10H, #60H 的指令代码为 01110101 00010000 01100000B，其中高 8 位 01110101B 为表示将立即数传送到直接地址单元功能的操作码，次低 8 位 00010000B 为目标操作数对应的存放地址（10H），低 8 位 01100000B 为对应的立即数（源操作数，60H）。

2. 汇编语言指令格式

所谓汇编语言指令表示法，就是用表示指令功能的助记符形式来描述指令。8051 单片机汇编语言指令格式表示如下：

```
[标号：]  操作码  [第一操作数][，第二操作数][ ，第三操作数]  [；注释]
```

其中，方括号内为可选项。各部分之间必须用分隔符隔开，即标号要以“：”结尾，操作码和操作数之间要有一个或多个空格，操作数和操作数之间用“，”分隔，注释开始之前要加“；”。例如

```
START:  MOV  P1,  #0FFH；对 P1 口初始化
```

标号：表示该语句的符号地址，可根据需要而设置。当汇编程序对汇编语言源程序进行汇编时，以该指令所在的地址值来代替标号。在编程的过程中，适当使用标号，使程序便于查询、修改以及方便转移指令的编程。标号通常用在转移指令或调用指令对应的转移目标地址处。标号一般由若干个字符组成，但第一个字符必须是字母，其余的可以是字母也可以是数字或下画线符号“_”，系统保留字符（含指令系统保留字符与汇编系统的保留字符）不能作为标号，标号尽量用转移指令或调用指令操作相近含义的英文缩写来表示。标号和操作码之间必须用冒号“：”分开。

操作码：表示指令的操作功能，用助记符表示，是指令的核心。8051 单片机指令系统中共有 42 种助记符，代表了 33 种不同的功能。例如，MOV 是数据传送的助记符。

操作数：是操作码的操作对象。根据指令的不同功能，操作数的个数可以是 3、2、1，或没有。例如，“MOV　P1，#0FFH”，包含了两个操作数，即 P1 和#0FFH，它们之间用“，”隔开。

注释：用来解释该条指令或一段程序的功能，便于阅读。注释可有可无，对程序的执行没有影响。

3. 指令系统中的常用符号

指令中常出现的符号及含义如下：

1）#data：表示 8 位立即数，即 8 位常数，取值范围为#00H～#0FFH。

2）#data16：表示 16 位立即数，即 16 位常数，取值范围为#0000H～#0FFFFH。

3）direct：表示片内 RAM 和特殊功能寄存器的 8 位直接地址。其中特殊功能寄存器还可直接使用其名称符号来代替直接地址。

注意：当常数数据（如立即数、直接地址）的首字符是字母（A～F）时，数据前面一定要添个“0”，以示与标号或字符名称区分。如 0F0H 和 F0H，0F0H 表示一个常数，即 F0H；而 F0H

表示一个转移标号地址或已定义的一个字符名称。

4）Rn：n＝0～7，表示当前选中的工作寄存器组R0～R7。选中工作寄存器组的组别由PSW中的RS1和RS0确定，分别为0组：00H～07H；1组：08H～0FH；2组：10H～17H；3组：18H～1FH。

5）Ri：i＝0、1，可作为间接寻址的寄存器，指R0、R1两个寄存器。

6）addr16：16位目的地址，只限于在LCALL和LJMP指令中使用。

7）addr11：11位目的地址，只限于在ACALL和AJMP指令中使用。

8）rel：相对转移指令中的偏移量，为补码形式的8位带符号数。为SJMP和所有条件转移指令所用，转移范围为相对于下一条指令首址的－128～＋127。

9）DPTR：16位数据指针，用于访问16位的程序存储器或16位的数据存储器。

10）bit：片内 RAM（包括部分特殊功能寄存器）中的直接寻址位。

11）/bit：表示对bit位先取反再参与运算，但不影响该位的原值。

12）@：间址寄存器或变址寄存器的前缀。例如，@Ri表示由R0或R1寄存器内容作为地址的RAM；@DPTR表示由DPTR内容指出的外部（扩展）存储器单元或I/O地址。

13）（×）：表示某寄存器或某单元的内容。

14）((×))：表示由×寻址的单元中的内容，即（×）做地址，该地址的内容用((×))表示。

15）direct1←（direct2）：直接地址2单元的内容传送到direct1单元中。

16）Ri←（A）：累加器A的内容传送给Ri寄存器。

17）（Ri）←（A）：累加器A的内容传送到Ri的内容为地址的存储单元中。

4．寻址方式

寻址方式是指在执行一条指令的过程中，寻找操作数或指令地址的方式。

STC15F2K60S2单片机的寻址方式与传统8051单片机的寻址方式一致，包含操作数寻址与指令寻址两个方面，一般来说，在研究寻址方式上更多地是指操作数的寻址，而且如有两个操作数时，默认所指是源操作数的寻址方式。操作数的寻址方式分为：立即寻址、直接寻址、寄存器寻址、寄存器间接寻址、变址寻址。寻址方式与寻址空间的对应关系如表4.1所示。本节仅介绍操作数的寻址。

表4.1　寻址方式与对应的存储空间

序　号	寻址方式		存储空间
1	操作数寻址	立即寻址	程序存储器
2		寄存器寻址	工作寄存器R0～R7，A，AB，C
3		直接寻址	基本RAM的低128字节RAM，特殊功能寄存器（SFR），位地址空间
4		寄存器间接寻址	基本RAM的低128字节RAM、高128字节RAM，扩展RAM或片外RAM
5		变址寻址	程序存储器
6	指令寻址		寻址空间自然为程序存储器，也可分为直接寻址、相对寻址与变址寻址

1．立即寻址

指令直接给出参与实际操作的数据（即立即数）。为了与直接寻址方式中的直接地址相区别，立即数前必须冠以符号“#”。例如：

```
MOV  DPTR，#1234H
```

其中，1234 为立即数，指令功能是将 16 位立即数 1234H 送入数据指针 DPTR 中，寻址示意如图 4.1 所示。

2．寄存器寻址

指令中给出寄存器名，以该寄存器的内容作为操作数的寻址方式。能用寄存器寻址的寄存器包括累加器 A、寄存器 AB、数据指针 DPTR、进位位 CY 以及工作寄存器组中的 R0～R7。例如，

```
INC   R0
```

其指令功能是将 R0 寄存器中的内容加 1，再送回 R0 寄存器中，寻址示意如图 4.2 所示。

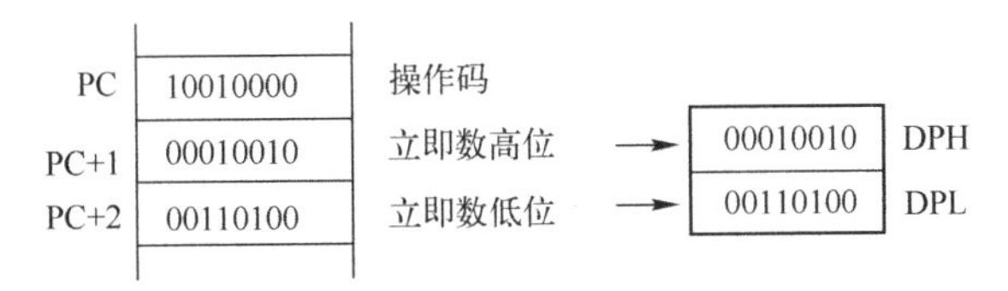

图 4.1　立即寻址示意图

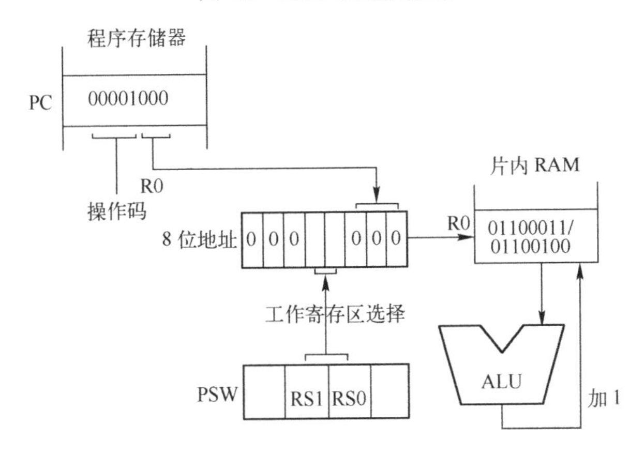

图 4.2　寄存器寻址示意图

3．直接寻址

由指令直接给出操作数的所在地址。即指令操作数为存储器单元的地址，真正的数据在存储器单元中。例如，

```
MOV   A，3AH
```

其指令功能是将片内 RAM 地址为 3AH 单元内的数据送入累加器 A。寻址示意如图 4.3 所示。

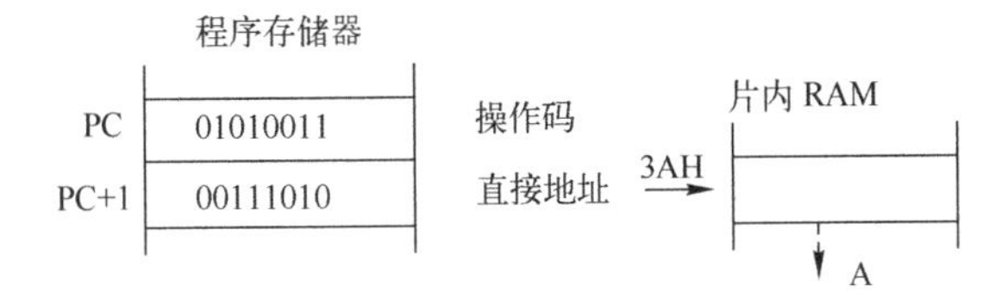

图 4.3　直接寻址示意图

直接寻址方式只能给出 8 位地址，因此能用这种寻址方式的地址空间有：

1）内部低 128 字节（00H～7FH），在指令中直接以单元地址形式给出。

2）特殊功能寄存器 SFR，这时除了可以单元地址形式给出外，还可以寄存器符号形式给出。虽然特殊功能寄存器可以使用符号标志，但在指令代码中还是按地址进行编码的。

3）位地址空间（20H.0～2FH.7，以及特殊功能寄存器中的可寻址位）。

4. 寄存器间接寻址

在指令中给出的寄存器内容是操作数的所在地址，从该地址中取出的才是操作数。这种寻址方式称为寄存器间接寻址。为了区别寄存器寻址和寄存器间接寻址，在寄存器间接寻址中，应在寄存器的名称前面加前缀“@”。例如：

```
MOV  A，@R1
```

其指令功能是将 R1 的内容为地址的存储单元内的数据送入累加器 A。若 R1 的内容为 60H，即该指令功能为将地址为 60H 存储单元的数据送入累加器 A，寻址示意如图 4.4 所示。

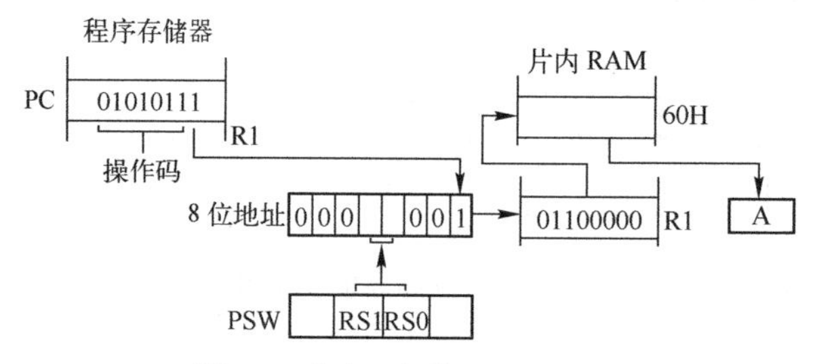

图 4.4　寄存器间接寻址示意图

寄存器间接寻址的寻址范围如下：

1）片内基本 RAM 的低 128 字节单元、高 128 字节单元，采用 R0 或 R1 作为间址寄存器，其形式为@Ri（i=0，1）。例如，

```
MOV  A，@R0；将 R0 所指的片内 RAM 单元中的数据传送到累加器 A 中
```

注意：高 128 字节地址空间（80H～FFH）和特殊功能寄存器的地址空间是一致的，它们是通过不同的寻址方式来区分的。对于 80H～FFH，若采用直接寻址方式，访问的是特殊功能寄存器；若采用寄存器间接寻址方式，访问的是片内 RAM 的高 128 字节。

2）片内扩展 RAM 单元：若小于 256 字节，使用 Ri（i=0，1）作为间址寄存器，其形式为@Ri；若大于 256 字节，使用 DPTR 作为间址寄存器，其形式为@DPTR。例如：

```
MOVX A，@DPTR；把 DPTR 所指的片内扩展 RAM 单元中的数据送累加器 A 中
```

例如：

```
MOVX A，@R1；把 R1 所指的片内扩展 RAM 单元中的数据送累加器 A 中
```

5. 变址寻址

基址寄存器＋变址寄存器间接寻址是以 DPTR 或 PC 为基址寄存器，累加器 A 做变址寄存器，以两者内容相加，形成的 16 位程序存储器地址作为操作数地址，简称变址寻址。例如：

```
MOVC  A，@A+DPTR；
```

其功能是把 DPTR 和 A 的内容相加为地址所指的程序存储器单元中的内容送到 A 中，寻址示意如图 4.5 所示。

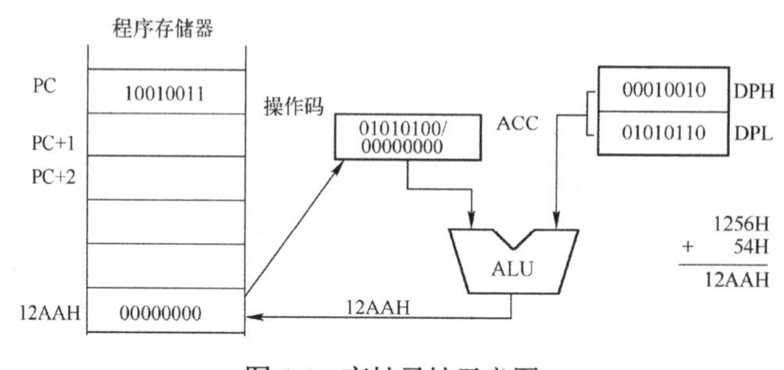

图 4.5　变址寻址示意图

4.2 数据传送类指令

数据传送类指令是 8051 单片机指令系统中最基本，也是包含指令最多的一类指令。数据传送类指令共有 29 条，用于实现寄存器、存储器之间的数据传送，即把“源操作数”中的数据传送到“目的操作数”，而源操作数不变，目的操作数被传送后的源操作数所代替。

1．基本 RAM 传送指令（16 条）

指令助记符：MOV

指令功能：将源操作数传送到目的操作数地址单元中。

寻址方式：包含寄存器寻址、直接寻址、立即寻址与寄存器间接寻址。

表 4.2 基本 RAM 传送指令

序号	指令分类	指令形式	指令功能	字节数	指令执行时间（系统时钟数）
1	A 为目的操作数	MOV A，Rn	Rn 的内容送 A	1	1
2		MOV A，direct	direct 单元的内容送 A	2	2
3		MOV A，@Ri	Ri 指示单元的内容送 A	1	2
4		MOV A，#data	data 常数送 A	2	2
5	Rn 为目的	MOV Rn，A	A 的内容送 Rn	1	1
6		MOV Rn，direct	direct 单元的内容送 Rn	2	3
7		MOV Rn，#data	data 常数送 Rn	2	2
8	direct 为目的操作数	MOV direct，A	A 的内容送 direct 单元	2	2
9		MOV direct，Rn	Rn 的内容送 direct 单元	2	2
10		MOV direct1，direct2	direct2 单元的内容送 direct1 单元	3	3
11		MOV direct，@Ri	Ri 指示单元的内容送 direct 单元	2	3
12		MOV direct，#data	data 常数送 direct 单元	3	3
13	@Ri 为目的操作数	MOV @Ri，A	A 的内容送 Ri 指示单元	1	2
14		MOV @Ri，direct	direct 单元的内容送 Ri 指示单元	2	3
15		MOV @Ri，#data	data 常数送 Ri 指示单元	2	2
16	16 位传送	MOV DPTR，#data16	16 位常数送 DPTR	3	3

1）以累加器 A 为目的操作数的指令（4 条）。

```
        指令                    指令功能            源操作数寻址方式
MOV   A，Rn             ；A←（Rn）              寄存器寻址
MOV   A，direct         ；A←（direct）          直接寻址
MOV   A，@Ri            ；A←（（Ri））          寄存器间接寻址
MOV   A，#data          ；A←data               立即寻址
```

该组指令表示将源操作数所指定的内容或立即数传送到目的操作数累加器 A 中，源操作数不变。

2）以寄存器 Rn 为目的操作数的指令（3 条）。

```
MOV   Rn，A             ；Rn←（A）
MOV   Rn，direct        ；Rn←（direct）
MOV   Rn，#data         ；Rn←data
```

该组指令的功能是把源操作数所指定的内容或立即数送入当前工作寄存器，源操作数不变。

3）以直接地址为目的操作数的指令（5 条）。

```
MOV   direct，A            ；direct←（A）
MOV   direct，Rn           ；direct←（Rn）
MOV   direct1，direct2     ；direct1←（direct2）
MOV   direct，@Ri          ；direct←（(Ri)）
MOV   direct，#data        ；direct←data
```

该组指令的功能是将源操作数指定的的内容或立即数传送到以 direct 为直接地址的片内存储器单元中。

4）以寄存器间接地址为目的操作数的指令（3 条）。

```
MOV   @Ri，A               ；（Ri）←（A）
MOV   @Ri，direct          ；（Ri）←（direct）
MOV   @Ri，#data           ；（Ri）←data
```

该组指令的功能是将源操作数指定的内容或立即数送入由 Ri 内容指定的片内存储器单元中。

5）16 位数据传送指令（1 条）。

```
MOV   DPTR，#data16      ；DPH←data15～8, DPL←data7～0
```

该指令是唯一的一条 16 位立即数传送指令，其功能是将一个 16 位的立即数送入数据指针 DPTR。DPTR 由 DPH 和 DPL 寄存器组成，指令执行结果把高位字节数据送入 DPH，低位字节数据送入 DPL。

例 4.1 分析执行下列指令序列后各寄存器及存储单元的结果。

```
MOV   A，#30H
MOV   4FH，A
MOV   R0，#20H
MOV   @R0，4FH
MOV   21H，20H
MOV   DPTR，#3456H
```

解：分析如下：

```
MOV   A，#30H               ；（A）=30H
MOV   4FH，A                ；（4FH）=30H
MOV   R0，#20H              ；（R0）=20H
MOV   @R0，4FH              ；（(R0)）=（20H）=（4FH）=30H
MOV   21H，20H              ；（21H）=（20H）=30H
MOV   DPTR，#3456H          ；（DPTR）=3456H
```

所以执行程序段后：

```
（A）=30H,（4FH）=30H,（R0）=20H,（20H）=30H,（21H）=30H,（DPTR）=3456H
```

2. 累加器 A 与扩展 RAM 之间的传送指令（4 条）

指令助记符：MOVX

指令功能：实现累加器 A 与扩展 RAM 之间的数据传送。

寻址方式：采用 Ri（8 位地址）或 DPTR（16 位地址）寄存器间接寻址。

指令具体情况见表 4.3。

1）读扩展 RAM 单元指令。

```
MOVX   A，@Ri              ；A←（(Ri)）
MOVX   A，@DPTR            ；A←（(DPTR)）
```

2）写扩展 RAM 单元指令。

```
MOVX   @Ri，A              ；（Ri）←（A）
MOVX   @DPTR，A            ；（DPTR）←（A）
```

表 4.3　累加器 A 与扩展 RAM 之间的传送指令

序号	指令分类	指令形式	指令功能	字节数	指令执行时间（系统时钟数）
17	读扩展 RAM	MOVX A，@Ri	Ri 指示单元（扩展 RAM）的内容送 A	1	3
18		MOVX A，@DPTR	DPTR 指示单元（扩展 RAM）的内容送 A	1	2
19	写扩展 RAM	MOVX @Ri，A	A 的内容送 Ri 指示单元（扩展 RAM）	1	4
20		MOVX @DPTR，A	A 的内容送 DPTR 指示单元（扩展 RAM）	1	3

说明：用 Ri 进行间接寻址时只能寻址 256 个单元（00H ~ FFH），当访问超过 256 个字节的扩展 RAM 空间时，用 DPTR 进行间接寻址，DPTR 可访问整个 64KB 空间。

例 4.2　将扩展 RAM 2010H 中内容送扩展 RAM 2020 单元中，用 Keil C 集成开发环境进行调试。

解：

1）编程如下：

```
ORG   0
MOV   DPTR，#2010H          ；将 16 位地址 2010H 赋给 DPTR
MOVX   A，@DPTR             ；读扩展 RAM 2010H 中数据至累加器 A
MOV   DPTR，#2020H          ；将 16 位地址 2020H 赋给 DPTR
MOVX   @DPTR，A             ；将累加器 A 中数据送入扩展 RAM 2020H 中
END
```

2）利用 Keil μVision4 编辑文件与编译好上述指令，进入调试界面，设置好被传送地址单元的数据，如 66H，见图 4.6 所示。

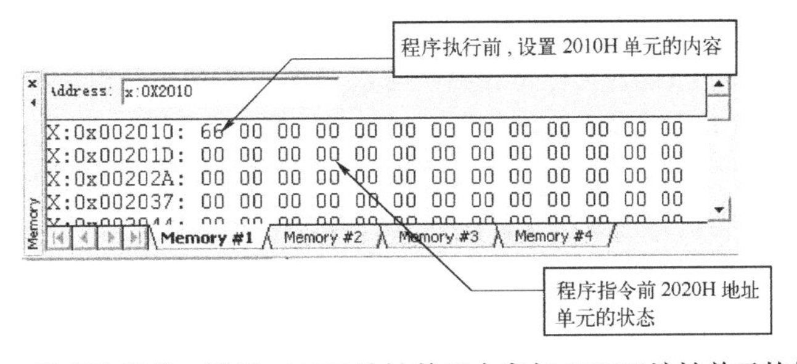

图 4.6　程序执行前，设置 2010H 地址单元内容与 2020H 地址单元的状态

单步或全速执行这 4 条指令，观察程序执行后 2010H 地址单元内容的变化。

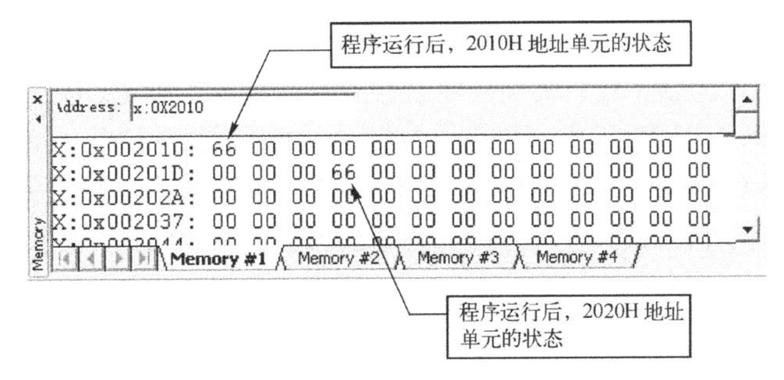

图 4.7　程序执行后，2010H 地址单元内容与 2020H 地址单元内容的变化

从图 4.6 和图 4.7 可知，传送指令执行后，传送目标单元的内容与被传送单元的内容一致，同时被传送单元的内容也不会改变。

教学建议：尽可能用 Keil C 集成开发环境对指令功能进行仿真，以加深学生对指令功能的理解，同时可提高 Keil C 集成开发环境的熟练程度以及应用能力。

例 4.3 将扩展 RAM 2000H 中的数据送到片内 RAM 30H 单元中去。

解：编程如下：

```
MOV   DPTR，#2000H        ；将 16 位地址 2000H 赋给 DPTR
MOVX  A，@DPTR            ；读扩展 RAM 2010H 中数据至累加器 A
MOV   R0，#30H            ；设定 R0 指针，指向基本 RAM30H 单元
MOV   @R0, A              ；扩展 RAM 2000H 中的数据送到片内基本 RAM 30H 单元
```

3．访问程序存储器指令（或称查表指令）（2 条）

指令助记符：MOVC

指令功能：实现从程序存储器读取数据到累加器 A。

寻址方式：采用基址加变址间接寻址方式。

表 4.4 累加器 A 与程序存储器之间的传送指令（查表指令）

序号	指令分类	指令形式	指令功能	字节数	指令执行时间（系统时钟数）
21	DPTR 为基址	MOVC A，@A＋DPTR	A 的内容与 DPTR 内容之和指示的程序存储器单元的内容送 A	1	5
22	PC 为基址	MOVC A，@A＋PC	A 的内容与 PC 内容之和指示的程序存储器单元的内容送 A	1	4

注：表内 PC 值为该指令下一指令的首址，即为当前指令首址加 1。

1）以 DPTR 为基址寄存器。

```
MOVC  A，@A＋DPTR ；A←（(A) ＋（DPTR)）
```

该指令的功能是以 DPTR 为基址寄存器，与累加器 A 相加后获得一个 16 位地址，然后将该地址对应的程序存储器单元内容送到累加器 A 中。

由于该指令的执行结果仅与 DPTR 和累加器 A 的内容相关，与该指令在程序存储器中的存放地址无关，DPTR 的初值可任意设定，因此其查表范围为 64KB 程序存储器的任意空间，又称为远程查表。

2）以 PC 为基址寄存器。

```
MOVC  A，@A＋PC；PC←（PC）＋1，A←（(A) ＋（PC)）
```

本指令以 PC 作为基址寄存器，将执行本执令后的 PC 值与累加器 A 中的内容相加，形成一个 16 位地址，将该地址对应的程序存储器单元内容送到累加器 A 中。

由于该指令为单字节指令，CPU 读取本指令后 PC 的值已加 1，指向下一条指令的首字节地址，所以 PC 的值是一个定值，查表范围只能由累加器 A 的内容确定，因此常数表只能在查表指令后 256B 范围内，又称为近程查表。与前指令相比，本指令易读性差，编制程序技巧要求高，但编写相同的程序比前者简洁，占用寄存器资源少，在中断服务程序中更能显示其优越性。

例 4.4 将程序存储器 2010H 单元中的数据传送到累加器 A 中（设程序的起始地址为 2000H）。

解：

方法一：

```
ORG     2000H          ；伪指令，指定后面程序存放的起始地址
MOV     DPTR，#2000H
MOV     A，#10H
MOVC    A，@A+DPTR
```

编程技巧：在访问前，必须保证（A）+（DPTR）等于访问地址，如该例中的 2010H，一般方法是访问地址低 8 位值（10H）赋给 A，剩下的 16 位地址（2010H－10H=2000H）赋给 DPTR。编程与指令所在的地址无关。

方法二：

```
ORG       2000H
MOV       A，#0DH
MOVC      A，@A+PC
```

分析：因为程序的起始地址为 2000H，第一条指令为双字节指令，则第二条指令的地址为 2002H，第二条指令的下一条指令的首字节地址应为 2003H，即（PC）=2003H，因为（A）+（PC）=2010H，故（A）=0DH。

因该指令与指令所在地址有关，不利于修改程序，故不建议使用。

4．交换指令（5 条）

指令助记符：XCH、XCHD、SWAP

指令功能：实现指定单元的内容互换。

寻址方式：有寄存器寻址、直接寻址、寄存器间接寻址。

表 4.5　累加器 A 与基本 RAM 之间的交换指令

序号	指令分类	指令形式	指令功能	字节数	指令执行时间（系统时钟数）
23	字节交换	XCH A，Rn	Rn 的内容与 A 的内容互换	1	2
24		XCH A，direct	direct 单元的内容与 A 的内容互换	2	3
25		XCH A，@Ri	Ri 指向单元的内容与 A 的内容互换	1	3
26	半字节交换	XCHD A，@Ri	Ri 指向单元的低 4 位与 A 的低 4 位互换	1	3
27		SWAP A	A 的高 4 位、低 4 位自交换		1

1）字节交换指令（3 条）。

```
XCH   A，Rn              ；(A) ↔ (Rn)
XCH   A，@Ri             ；(A) ↔ ((Ri))
XCH   A，direct          ；(A) ↔ (direct)
```

该组指令实现累加器 A 的内容与工作寄存器 Rn 的内容、Ri 指示片内基本 RAM 单元内容或片内 RAM 直接地址单元的内容互相交换。

例如，设（A）=3FH，（R0）=30H，（30H）=50H。

执行指令 XCH A，@R0 后，执行结果为：（A）=50H，（30H）=3FH。而 R0 的内容仍为 30H。

2）半字节交换指令（2 条）。

```
XCHD   A，@Ri            ；(A)3~0 ↔ ((Ri))3~0
SWAP   A                 ；(A)7~4 ↔ (A)3~0
```

第一条指令的功能是将累加器 A 的低 4 位内容与 Ri 间接寻址单元内容的低 4 位互换，它们的高 4 位保持不变。第二条指令的功能是将累加器 A 的高 4 位（A.7～A.4）与其低 4 位（A.3～A.0）互换。

例如，设（A）=2FH，（R0）=20H，（20H）=46H，执行指令：

```
XCHD  A，@R0          ；（A）=26H，（20H）=4FH
SWAP  A               ；（A）=62H
```

5. 堆栈操作指令（2 条）

指令助记符：PUSH、POP

指令功能：实现指定单元的内容压入堆栈，或堆栈内容弹出到指定的直接地址单元中。

寻址方式：直接寻址，隐含寄存器间接寻址（间接寻址指针为 SP）。

表 4.6　堆栈操作指令

序号	指令分类	指令形式	指令功能	字节数	指令执行时间（系统时钟数）
28	入栈操作	PUSH direct	direct 单元内容压入（传送）到 SP 指向单元（堆栈）中	2	3
29	出栈操作	POP direct	SP 指单元（堆栈）内容弹出（传送）到 direct 单元中	2	2

单片机片内基本 RAM 区中，可设定一个对于数据进行“后进先出”的区域，即称为堆栈，8051 单片机复位后，（SP）=07H，即栈底为 08H 单元；若须更改栈底位置，须重新给 SP 赋值（堆栈一般设在 30H～7FH 单元中）。应用中，SP 指针始终指向堆栈的栈顶。

堆栈操作指令有两条：

```
PUSH   direct          ；SP←（SP）+1，（SP）←（direct）
POP    direct          ；direct←（(SP)），SP←（SP）-1
```

前一条为进栈指令，功能为将堆栈指针 SP 的内容加 1，然后将直接寻址单元中的数据压入到 SP 所指的单元中。

后一条为出栈指令，其功能与出栈指令相反，首先将堆栈内容弹出到直接寻址单元中，然后将 SP 的内容减 1，指向下一个单元，即新的栈顶。

例 4.5　设（A）=40H，（B）=41H，分析执行下列指令序列后的结果。

解：分析如下：

```
MOV   SP，#30H         ；（SP）=30H
PUSH ACC               ；（SP）=31H，（31H）=40H，（A）=40H
PUSH   B               ；（SP）=32H，（32H）=41H，（B）=41H
MOV   A，#00H;         ；（A）=00H
MOV   B，#01H;         ；（B）=01H
POP   B;               ；（B）=41H，（SP）=31H
POP   ACC;             ；（A）=40H，（SP）=30H
```

执行后：（A）=40H，（B）=41H，（SP）=30H，A 和 B 中的内容恢复原样。入栈操作、出栈操作主要用于子程序、中断服务程序中，入栈操作用来保护 CPU 现场参数，出栈操作用来恢复 CPU 现场参数。

注意：在 PUSH、POP 指令中累加器 A 要用 ACC 表示。

4.3　算术运算类指令

8051 单片机算术运算类指令包括加（ADD、ADDC）、减（SUBB）、乘（MUL）、除（DIV）、

加 1（INC）、减 1（DEC）和十进制调整（DA）指令，共有 24 条，见表 4.7。多数算术运算指令会影响程序状态字 PSW 中的 CY、AC、OV 和奇偶标志位 P，但加 1 和减 1 指令不直接影响 CY、AC、OV 和 P，只有当操作数为 A 时，加 1 和减 1 指令会影响标志位 P；乘法和除法指令影响标志位 OV 和 P。

表 4.7　算术运算类指令

序号	指令分类	指令形式	指令功能	字节数	指令执行时间（系统时钟数）
30	不带进位位加法	ADD A，Rn	A 和 Rn 的内容相加送 A	1	1
31		ADD A，direct	A 和 direct 单元的内容相加送 A	2	2
32		ADD A，@Ri	A 的内容和 Ri 指示单元内容相加送 A	1	2
33		ADD A，#data	A 和 data 常数相加送 A	2	2
34	带进位位加法	ADDC A，Rn	A、Rn 的内容及 CY 值相加送 A	1	1
35		ADDC A，direct	A、direct 单元的内容及 CY 值相加送 A	2	2
36		ADDC A，@Ri	A 的内容、Ri 指示单元内容及 CY 值相加送 A	1	2
37		ADDC A，#data	A 的内容、data 常数及 CY 值相加送 A	2	2
38	减法	SUBB A，Rn	A 减 Rn 内容及 CY 值送 A	1	1
39		SUBBA，direct	A 减 direct 单元内容及 CY 值送 A	2	2
40		SUBB A，@Ri	A 减 Ri 指示单元内容及 CY 值送 A	2	2
41		SUBB A，#data	A 减 data 常数及 CY 值送 A	2	2
42	乘法	MULAB	A 乘以 B，积的高 8 位存 B、低 8 位存 A	1	2
43	除法	DIVAB	A 除以 B，商存 A、余数存 B	1	6
44	十进制调整	DAA	对 BCD 码加法结果调整	1	3
45	加 1 操作	INCA	A 的内容加 1 送 A	1	1
46		INC Rn	Rn 的内容加 1 送 Rn	1	2
47		INC direct	direct 单元的内容加 1 送 direct 单元	2	3
48		INC @Ri	Ri 指示单元的内容加 1 送 Ri 指示单元	1	3
49		INCDPTR	DPTR 的内容加 1 送 DPTR	1	1
50	减 1 操作	DECA	A 的内容减 1 送 A	1	2
51		DEC Rn	Rn 的内容减 1 送 Rn	1	2
52		DEC direct	direct 单元的内容加减 1 送 direct 单元	2	3
53		DEC @Ri	Ri 指示单元的内容减 1 送 Ri 指示单元	1	3

1. 加法指令

加法指令有不带进位位的加法指令 ADD、带进位位加法指令 ADDC 和加 1 指令 INC 及十进制调整指令 DA 等 4 种。

1）不带进位位加法指令 （4 条）。

```
ADD   A，#data            ；A←（A）＋data
ADD   A，direct           ；A←（A）＋（direct）
ADD   A，Rn               ；A←（A）＋（Rn）
ADD   A，@Ri              ；A←（A）＋（（Ri））
```

这组指令的功能是将累加器 A 中的值与源操作数指定的值相加，运算结果存放到累加器 A 中。

这类指令将影响标志位 AC、CY、OV、P，影响如下：

进位标志 CY：当运算中位 7 有进位时，则 CY 标志置位，表示和数溢出（和>255），否则清 0。这实际是将两个操作数作为无符号数直接相加而得到的进位 CY 的值。

溢出标志 OV：当运算中，位 7 与位 6 中有一位进位而另一位不产生进位时，溢出标志 OV 置位，否则为 0。当将两个操作数当做有符号数运算时，就需要根据 OV 值来判断运算结果是否有效，若 OV 为 1，则说明运算结果超出 8 位有符号数的表示范围，运算结果无效。

半进位标志 AC：当运算中，位 3 有进位则置 1，否则为 0。

奇偶标志位 P：若结果 A 中 1 的个数为偶数，（P）＝0；若结果 A 中 1 的个数为奇数，（P）＝1。

2）带进位位加法指令（4 条）。

```
ADDC  A，Rn          ；A←（A）＋（Rn）＋（CY）
ADDC  A，direct      ；A←（A）＋（direct）＋（CY）
ADDC  A，@Ri         ；A←（A）＋（(Ri)）＋（CY）
ADDC  A，#data       ；A←（A）＋data＋（CY）
```

这组指令的功能是将指令中规定的源操作数、累加器 A 的内容和 CY 中值相加，并把操作结果存放在累加器 A 中。注意：这里所指的 CY 中的值是指令执行前的 CY 值，不是指令执行中形成的 CY 值。PSW 中各标志位状态变化和不带 CY 加法的指令相同。

带进位位加法指令通常用于多字节加法运算中。由于 8051 单片机是 8 位机，所以只能做 8 位的数学运算，为扩大数的运算范围，实际应用时通常将多个字节组合运算。例如，两字节数据相加时先算低字节，再算高字节，低字节采用不带进位位的加法指令，高字节采用带进位位的加法指令。

例 4.6 试编制 4 位十六进制数加法程序，假定和数超过双字节，要求如下：

（21H）（20H）＋（31H）（30H）→（42H）（41H）（40H）

解：分析：先做低字节不带进位求和，再做带进位高字节求和，最后处理最高位。

```
    （21H）（20H）
  ＋（31H）（30H）
  ———————————————
（42H）（41H）（40H）
```

参考程序如下：

```
    ORG 0000H
    LJMP START
    ORG 0100H
START:
      MOV    A，20H
      ADD    A，30H         ；低字节不带进位加法
      MOV    40H，A
      MOV    A，21H
      ADDC   A，31H         ；高字节带进位加法
      MOV    41H，A
      MOV    A，#00H        ；最高位处理：0＋0＋（CY）
      ADDC   A，#00H
      MOV    42H，A
      SJMP   $              ；原地踏步，作为程序结束命令
      END
```

2. 减法指令（4 条）

```
SUBB    A，Rn          ；A←（A）-（Rn）-（CY）
SUBB    A，direct      ；A←（A）-（direct）-（CY）
```

```
    SUBB    A，@Ri              ；A←（A）-（(Ri)）-（CY）
    SUBB    A，#data            ；A←（A）-data-（CY）
```

这组指令的功能是A的内容减去进位位CY以及指定的源操作数，结果（差）存入A中。

说明：

1）在8051单片机指令系统中，没有不带借位位的减法指令，如果需要做不带借位位的减法，可以用带借位位的减法指令替代，在带借位位减法指令前预先用一条能够清零CY的指令CLR C就行。

2）产生各标志位的法则是：若最高位在减法时有借位，则（CY）=1，否则（CY）=0；若低4位在减法时向高4位有借位，则（AC）=1，否则（AC）=0；若减法时最高位有借位而次高位无借位或最高位无借位而次高位有借位，则（OV）=1，否则（OV）=0；奇偶校验标志位P只取决于A自身的数值，与指令类型无关。

例如，设（A）=85H，（R2）=55H，（CY）=1，指令"SUBB　A，R2"的执行情况如下：

```
 10000101
-01010101
-       1
─────────
 00101111
```

运算结果（A）=2FH，（CY）=0，（OV）=1，（AC）=1，（P）=1。

例 4.7　编制下列减法程序，设够减，要求如下：

（31H）（30H）－（41H）（40H）→（31H）（30H）

解：先做低字节不带借位求差，再做高字节带借位求差。

编程如下：

```
        ORG     0000H
        LJMP    START
        ORG     1000H
START:
        CLR     C               ；CY清零
        MOV     A，30H          ；取低字节被减数
        SUBB    A，40H          ；被减数减去减数，差存A
        MOV     30H，A          ；存差低字节
        MOV     A，31H          ；取高字节被减数
        SUBB    A，41H          ；被减数减去减数，差存A
        MOV     31H，A          ；存差高字节
        SJMP    $
        END
```

3．乘法指令（1条）

```
    MUL   AB ；BA←（A）×（B）
```

这条令指令功能是把累加器A和寄存器B中两个8位无符号数相乘，并把乘积的高8位字节放在B寄存器，乘积的低8位字节放在累加器A中。当积高字节（B）≠0即乘积大于255（FFH）时，溢出标志位OV置1，当积高字节（B）=0时，OV为0。进位标志位CY总是为0，AC标志位保持不变。奇偶标志仍按A中1的个数决定。

例如，设（A）=40H，（B）=62H，

执行指令MUL　AB

运算结果：（B）=18H，（A）=80H，乘积为1880H。（CY）=0，（OV）=1，（P）=1。

4．除法指令（1 条）

```
DIV AB；A←（A）÷（B）的商，B←（A）÷（B）的余数
```

这条指令的功能是将 A 中的 8 位无符号数除以 B 中的 8 位无符号数（A/B），所得的商存放在 A 中，余数存放在 B 中。标志位 CY 和 OV 都为 0，如果在做除法前 B 中的值是 00H，即除数为 0，那么（OV）＝1。

例如，设（A）＝F2H，（B）＝10H，执行指令

```
DIV   AB
```

运算结果：商（A）＝0FH，余数（B）＝02H，（CY）＝0，（OV）＝0，（P）＝0。

5．BCD 码加法调整指令（1 条）

```
DA   A；十进制修正指令
```

指令功能：对 BCD 码进行加法运算后，根据 PSW 标志位 CY、AC 的状态及 A 中的结果对累加器 A 的内容进行"加 6 修正"，使其转换成压缩的 BCD 码形式。

注意：

1）该指令只能紧跟在加法指令（ADD/ADDC）后进行。

2）两个加数必须已经是 BCD 码。BCD 码只是用二进制表示十进制的一种表示形式，与其值没有关系，例如，十进制数 56，其 BCD 码形式为 56H。

3）只能对累加器 A 中结果进行调整。

例 4.8　运算要求为：56＋38→（22H）。试编制十进制数加法程序（单字节 BCD 码加法），并说明程序运行后 22H 单元的内容是什么。

解：编程如下：

```
            ORG         0000H
            LJMP        START
            ORG         1000H
START:
            MOV         A，#56H
            ADD         A，#38H
            DA          A
            MOV         22H，A
            SJMP        $
            END
```

分析如下：

```
 01010110     56
+00111000     38
 10001110
+     0110    低 4 位加 6 调整
 10010100     94
```

所以，22H 单元的内容为 94H，即十进制数 94（56＋38）。

例 4.9　编程实现单字节的十进制数减法程序，假定够减，要求：

（20H）－（21H）→（22H）。

解：8051 单片机指令系统中无十进制减法调整指令，减法的十进制运算，需要通过加法来实现，即被减数加上减数的补数，再十进制加法调整即可。

编程如下：

```
ORG      0000H
```

```
        CLR     C
        MOV     A，#9AH          ；减数的补数为100-减数
        SUBB    A，21H
        ADD     A，20H           ；被减数与减数的补数相加
        DA      A                ；十进制加法调整
        MOV     22H，A           ；存十进制减法结果
        SJMP    $
        END
```

6. 加 1 指令（5 条）

```
        INC  A               ；A←（A）+1
        NC   Rn              ；Rn←（Rn）+1
        INC  direct          ；direct←（direct）+1
        INC  @Ri             ；（Ri）←（(Ri)）+1
        INC  DPTR            ；DPTR←（DPTR）+1
```

这组指令的功能是将操作数指定单元的内容加 1。此组指令除“INC　A”影响奇偶标志位外，其余指令不对 PSW 产生影响。若执行指令前操作数指定的单元内容为 FFH，则加 1 后溢出为 00H。

例如，设（R0）=7EH，（7EH）=FFH，（7FH）=40H。执行下列指令：

```
        INC  @R0          ；FFH+1=00H，仍存入 7EH 单元
        INC  R0           ；7EH+1=7FH，存入 R0
        INC  @ R0         ；40H+1=41H，存入 7FH 单元
```

执行结果为：（R0）=7FH，（7EH）=00H，（7FH）=41H

说明：“INC　A”和“ADD　A，#1”虽然运算结果相同，但 INC　A 是单字节指令，而且“INC　A”除了影响奇偶标志位外，不会影响其他的 PSW 标志位；而“ADD　A，#1”则是双字节指令，影响 PSW 标志位 CY、OV、AC 和 P。如，若要实现十进制加 1 操作只能用“ADD　A，#1”指令做加法，再用“DA　A”指令调整。

7. 减 1 指令

```
        DEC  A            ；A←（A）-1
        DEC  Rn           ；Rn←（Rn）-1
        DEC  direct       ；direct←（direct）-1
        DEC  @Ri          ；（Ri）←（(Ri)）-1
```

此组指令的功能是将操作数指定单元的内容减 1。除“DEC A”影响奇偶标志位外，其余指令不对 PSW 产生影响。若执行指令前操作数指定的单元内容为 00H，则减 1 后溢出为 FFH。

注意：不存在指令“DEC　DPTR”，实际应用时可用指令“DEC　DPL”代替（在 DPL≠0 的情况下）。

4.4 逻辑运算类与循环移位类指令

逻辑运算类指令可实现与、或、异或、清零以及取反操作，循环移位类指令是完成对 A 的循环移位（左移或右移）操作，见表 4.8。逻辑运算类与循环移位类指令一般不直接影响标志位，只有在操作中直接涉及到累加器 A 或进位位 CY 时，才会影响到标志位 P 和 CY。

表 4.8　逻辑运算类与循环移位类指令

序号	指令分类	指令形式	指令功能	字节数	指令执行时间（系统时钟数）
54	逻辑与	ANL　A，Rn	A 和 Rn 的内容按位相与送 A	1	1
55		ANL A，direct	A 和 direct 单元的内容按位相与送 A	2	2
56		ANL A，@Ri	A 的内容和 Ri 指示单元的内容按位相与送 A	1	2
57		ANL A，#data	A 的内容和 data 常数按位相与送 A	2	2
58		ANL direct，A	direct 单元的内容和 A 内容按位相与送 direct	2	3
59		ANL direct，#data	direct 单元的内容和 data 常数按位相与送 direct	3	3
60	逻辑或	ORL A，Rn	A 和 Rn 的内容按位相或送 A	1	1
61		ORL A，direct	A 和 direct 单元的内容按位相或送 A	2	2
62		ORL A，@Ri	A 的内容和 Ri 指示单元的内容按位相或送 A	1	2
63		ORL　A，#data	A 的内容和 data 常数按位相或送 A	2	2
64		ORL　direct，A	direct 单元的内容和 A 的内容按位相或送 direct	2	3
65		ORL direct，#data	direct 单元的内容和 data 常数按位相或送 direct	3	3
66	逻辑异或	XRL　A，Rn	A 和 Rn 的内容按位相异或送 A	1	1
67		XRL A，direct	A 和 direct 单元的内容按位相异或送 A	2	2
68		XRL A，@Ri	A 的内容和 Ri 指示单元的内容按位相异或送 A	1	2
69		XRL　A，#data	A 的内容和 data 常数按位相异或送 A	2	2
70		XRL　direct，A	direct 单元的内容和 A 内容按位相异或送 direct	2	3
71		XRL direct，#data	direct 单元的内容和 data 常数按位相异或送 direct	3	3
72	清零	CLR A	A 的内容清零	1	1
73	取反	CPL A	A 的内容取反	1	1
74	循环左移	RL A	A 的内容循环左移 1 位	1	1
75		RLC A	A 的内容以及 CY 循环左移 1 位	1	1
76	循环右移	RR A	A 的内容循环右移 1 位	1	1
77		RRC A	A 的内容以及 CY 循环右移 1 位	1	1

1．逻辑与指令（6 条）

```
ANL   A，Rn          ；A←（A）∧（Rn）
ANL   A，direct      ；A←（A）∧（direct）
ANL   A，@Ri         ；A←（A）∧（（Ri））
ANL   A，#data       ；A←（A）∧data
ANL   direct，A      ；direct←（A）∧（direct）
ANL   direct，#data  ；direct←（direct）∧data
```

前四条指令的功能为将源操作数指定的内容与累加器 A 的内容按位逻辑与，运算结果送入 A 中，源操作数可以是工作寄存器、片内 RAM 或立即数。

后两条指令的功能为将目的操作数（直接地址单元）指定的内容与源操作数（累加器 A 或立即数）按位逻辑与，运算结果送入直接地址单元中。

位逻辑与运算规则：只要两个操作数中任意一位为“0”，则该位操作结果为“0”，只有两位均为“1”时，运算结果才为“1”。实际应用中，逻辑与指令通常用于屏蔽某些位，方法是将需要屏蔽的位和“0”相与即可。

例如，设（A）=37H，编写指令将 A 中的高 4 位清零，低 4 位不变。

```
ANL   A, #0FH          ;（A）=07H
```

 00110111
∧00001111
 00000111

2. 逻辑或指令（6 条）

```
ORL   A，Rn              ; A ←（A）∨（Rn）
ORL   A，direct          ; A ←（A）∨（direct）
ORL   A，@Ri             ; A ←（A）∨（(Ri)）
ORL   A，#data           ; A ←（A）∨data
ORL   direct，A          ; direct ←（A）∨（direct）
ORL   direct，#data      ; direct ←（direct）∨data
```

本组指令的功能为将源操作数指定的内容与目的操作数指定的内容按位进行逻辑或运算，运算结果存入目的操作数指定的单元中。

位逻辑或运算规则：只要两个操作数中任意一位为“1”，则该位操作结果为“1”，只有两位均为“0”时，运算结果才为“0”。实际应用中，逻辑或指令通常用于使某些位置位。

例 4.10 将累加器 A 的 1，3，5，7 位清 0，其他位置 1，送入片内 RAM 20H 单元中。

解：编程如下：

```
ANL   A，#55H            ; 将 A 的 1、3、5、7 位清 0
ORL   A，#55H            ; 将 A 的 0、2、4、6 位置 1
MOV   20H，A
```

3. 逻辑异或指令（6 条）

```
XRL   A，Rn              ; A ←（A）⊕（Rn）
XRL   A，direct          ; A ←（A）⊕（direct）
XRL   A，@Ri             ; A ←（A）⊕（(Ri)）
XRL   A，#data           ; A ←（A）⊕data
XRL   direct，A          ; direct ←（A）⊕（direct）
XRL   direct，#data      ; direct ←（direct）⊕data
```

本组指令的功能为将源操作数指定的内容与目的操作数指定的内容进行逻辑异或运算，运算结果存入目的操作数指定的单元中。

位逻辑异或运算规则：只要两个操作数中进行异或的两个位相同，则该位操作结果为“0”，只有两个位不同时，运算结果才为“1”，即相同为“0”，相异“为 1”。实际应用中，逻辑异或指令通常用于使某些位取反，方法是将取反的位与“1”进行异或运算

例 4.11 设（A）=ACH，要求将第 0、1 位取反，第 2、3 位清零，第 4、5 位置“1”，第 6、7 位不变。

解：编程如下：

```
XRL   A, #00000011B      ;（A）=10101111
ANL   A, #11110011B      ;（A）=10100011
ORL   A, #00110000B      ;（A）=10110011
```

例 4.12 编程将扩展 RAM 30H 单元内容的高 4 位不变，低 4 位取反，试编写它的相应程序。

解：编程如下：

```
MOV     R0，#30H         ; 扩展 RAM 地址 30H 送 R0
MOVX    A,@R0            ; 取 RAM 30H 单元内容
XRL     A,#0FH           ; 低 4 位与“1”异或，实施取反操作
```

```
MOVX    @R0,A         ；送回扩展 RAM30H 单元
```

4．累加器 A 清零指令（1 条）

```
CLR A；A←0
```

指令功能是将累加器 A 的内容清零。

5．累加器 A 取反指令（1 条）

```
CPL A；A←（A）
```

指令功能是将累加器 A 的内容取反。

6．循环移位指令（4 条）

```
RL   A      ；累加器 A 的内容循环左移一位
RR   A      ；累加器 A 的内容循环右移一位
RLC  A      ；累加器 A 的内容连同进位位循环左移一位
RRC  A      ；累加器 A 的内容连同进位位循环右移一位
```

循环移位示意图如图 4.8 所示。

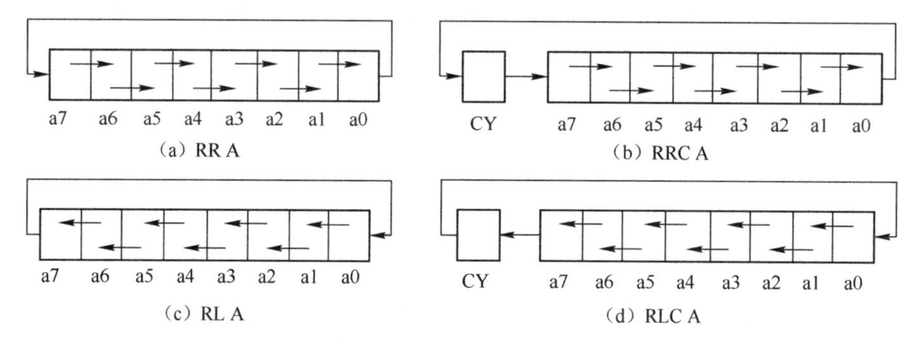

（a）RR A　（b）RRC A　（c）RL A　（d）RLC A

图 4.8　循环移位示意图

已知（A）=56H，（CY）=1，按指令序列各指令运行结果如下：

```
RL   A      ；（A）=ACH，（CY）=1
RLC  A      ；（A）=59H，（CY）=1
RR   A      ；（A）=ACH，（CY）=1
RRC  A      ；（A）=D6H，（CY）=0
```

循环移位指令除可以实现左、右移位控制以外，还可以实现数据运算操作：

（1）当 A 最高位为“0”时，左移 1 位，相当于 A 的内容乘 2。

（2）当 A 最低位为“0”时，右移 1 位，相当于 A 的内容除 2。

4.5　控制转移类指令

转移类指令都是用来改变程序的执行顺序，即改变 PC 值，使 PC 有条件、或者无条件、或者通过其他方式，从当前位置转移到一个指定的程序地址单元，从而改变程序的执行方向。

转移指令分为四大类：无条件转移指令、条件转移指令、子程序调用指令及返回指令。

1．无条件转移类指令（5 条）

程序执行该类指令时，程序无条件地转移到指令所指定的目标地址，因此分析控制转移类指

令时，应重点关注其转移目标地址。

表 4.9 无条件转移类指令

序号	指令分类	指令形式	指令功能	字节数	指令执行时间（系统时钟数）
78	短转移	AJMP addr11	目标地址为下一指令首址的高 5 位与 addr11 合并	2	3
79	长转移	LJMP addr16	目标地址为 addr16	3	4
80	相对转移	SJMP rel	目标地址为下一指令首址与 rel 相加，rel 为有符号数	2	3
81	散转移	JMP @A＋DPTR	目标地址为 A 内容与 DPTR 内容相加	1	5
82	空操作	NOP	目标地址为下一指令首址	1	1

1）长转移类指令。指令形式如下：

```
LJMP   addr16            ; PC←addr15～0
```

该指令是三字节指令，执行该指令时，将 16 位目标地址 addr16 装入 PC，程序无条件转向指定的目标地址。转移指令的目标地址可在 64KB 程序存储器地址空间的任何地方，不影响任何标志。

例 4.13 已知某单片机监控程序地址为 2080H，试问您用什么办法可使单片机开机后自动执行监控程序。

解： 单片机开机后程序计数器 PC 总是复位成全 0，即（PC）＝0000H。因此为使机器开机后能自动转入 2080H 处执行监控程序，则在 0000H 处必须存放一条如下指令：

```
LJMP   2080H
```

2）绝对转移指令。指令形式如下：

```
AJMP   addr11            ; PC←（PC）＋2，（PC10～0）←addr10～0 ，
                         ; PC15～11 保持不变
```

该指令是二字节指令，执行该指令时，先将 PC 的值加 2，然后把指令中给出的 11 位地址 addr11 送入 PC 的低 11 位（即 PC10～PC0），PC 的高 5 位保持原值，这样由 addr11 和 PC 的高 5 位形成新的 16 位目标地址，程序随即转移到该地址处。

注意：因为指令只提供了低 11 位地址，PC 的高 5 位保持原值，所以转移的目标地址必须与 PC＋2 后的值（即 AJMP 指令的下一条指令首址）位于同一个 2KB 区域内。

3）相对转移指令。指令形式如下：

```
SJMP   rel;（PC）←（PC）＋2，（PC）←（PC）＋rel
```

该指令是二字节指令，执行指令时，先将 PC 的值加 2，再把指令中带符号的偏移量加到 PC 上，得到跳转的目的地址送入 PC。

目的地址＝（PC）＋2＋rel

相对偏移量 rel 是一个 8 位有符号数，因此本指令转移的范围在 SJMP 指令的下一条指令首字节前 128 个字节和后 127 个字节范围之间。

上面三条指令的根本区别在于转移的范围不同，LJMP 可以在 64KB 范围内实现转移，而 AJMP 只能在 2K 范围内跳转，SJMP 则只能在 256 个字节单元之间转移。所以原则上，所有用 SJMP 或 AJMP 的地方都可以用 LJMP 来替代，但要注意 AJMP 和 SJMP 是双字节指令，而 LJMP 是三字节指令。在程序存储器空间较富裕时，建议采用长转移指令会更方便些。实际编程时，addr16、addr11、rel 都是用转移目标地址的符号地址（标号）来表示。程序在汇编时，汇编系统会自动计算出执行该指令转移到目标地址所需的 addr16、addr11、rel 值。

例如，编程时通常使用指令：

```
HERE: SJMP  HERE；或写成： SJMP  $
```

rel 就是用转移目标地址的标号 HERE 来表示的，说明执行该指令后转移到 HERE 标号地址处。该指令是一条死循环指令，目标地址等于源地址。通常用在做程序的结束或用来等待中断，当有中断申请时，CPU 转去执行中断，中断返回时仍然返回到该指令继续等待中断。

4）间接转移指令。指令形式如下：

```
JMP  @A+DPTR; PC←（A）+（DPTR）
```

指令功能：把数据指针 DPTR 的内容与累加器 A 中的 8 位无符号数相加形成的转移目标地址送入 PC，不改变 DPTR 和 A 的内容，也不影响标志位。当 DPTR 的值固定，而给 A 赋以不同的值，即可实现程序的多分支转移。

通常，DPTR 中基地址是一个确定的值，常常是一张转移指令表的起始地址，累加器 A 中之值为表的偏移量地址（与分支号相对应），根据分支号，通过间接转移指令转移到转移指令分支表中，再执行转移指令分支表的无条件转移指令（AJMP 或 LJMP）转移到该分支对应的程序中，即完成多分支转移。

5）空操作指令（1 条）。

```
NOP; PC←（PC）+1
```

空操作指令是一条单字节指令，CPU 不做任何操作，只作时间上的消耗，因此常用于程序的等待或时间的延迟。

2. 条件转移指令

根据特定条件是否成立来实现转移的指令称为条件转移指令。在执行条件转移指令时，先检测指令给定的条件，如果条件满足，则程序转向目标地址去执行；否则程序不转移，按顺序执行。

8051 指令系统的条件转移指令都是相对寻址方式，其转移的目标地址为转移指令的下一条指令的首字节地址加上 rel 偏移量，rel 是一个 8 位有符号数，因此 8051 指令系统的条件转移指令的转移范围在转移指令的下一条指令的前 128 个字节和后 127 个字节内，即转移空间为 256 个字节单元。

条件转移指令可分为三类：判零转移指令、比较转移指令、循环转移指令。实际上，还有位信号判断指令，为了区分字节与位操作，将位判转指令归纳到位操作类指令中。

表 4.10　条件转移指令

序号	指令分类	指令形式	指令功能	字节数	指令执行时间（系统时钟数）
83	累加器判 0 转移	JZ rel	A 为 0 转移	2	4
84		JNZ rel	A 为非 0 转移	2	4
85	比较不等转移	CJNE A, #data，rel	A 的内容与 data 常数不等转移	3	4
86		CJNE A, direct, rel	A 的内容与 direct 单元内容不等转移	3	5
87		CJNE Rn，#data，rel	Rn 的内容与 data 常数不等转移	3	4
88		CJNE @Ri，#data，rel	Ri 指示单元的内容与 data 常数不等转移	3	5
89	减 1 非 0 转移	DJNZ Rn，rel	Rn 的内容减 1 不为 0 转移	2	4
90		DJNZ direct，rel	direct 单元的内容减 1 不为 0 转移	3	5

1）判零转移指令（2 条）。

```
JZ  rel     ；若（A）=0，则 PC←（PC）+2，PC←（PC）+rel
            ；若（A）≠0， 则 PC←（PC）+2
```

```
JNZ rel        ；若（A）≠0，则PC←（PC）+2+rel
               ；若（A）=0，则PC←（PC）+2
```

第一指令的功能是：如果累加器（A）=0，则转移到目标地址处执行，否则顺序执行（执行本指令的下一条指令）。

第二指令的功能是：如果累加器（A）≠0，则转移到目标地址处执行，否则顺序执行（执行本指令的下一条指令）。

其中，转移目标地址=转移指令首址+2+rel，实际应用时，通常使用标号作为目标地址。

JZ、JNZ 指令示意图如图 4.9（a）、（b）所示。

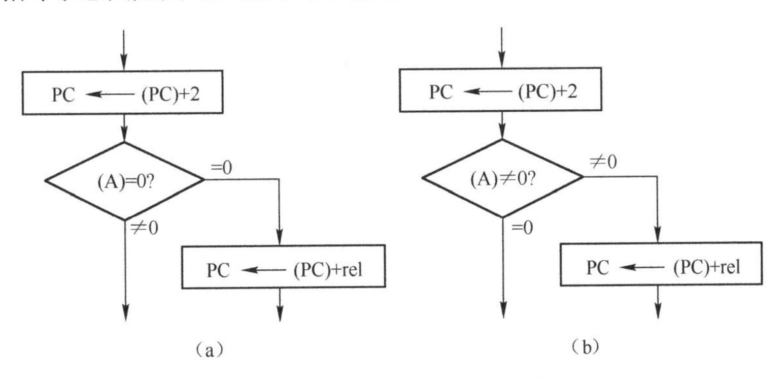

图 4.9　JZ、JNZ 指令示意图

例 4.14　将扩展 RAM 的一个数据块（首地址为 DATA1）传送到内部基本 RAM（首地址为 DATA2），遇到传送的数据为零时停止传送，试编程。

解：

```
        ORG     0000H
        MOV     R0，#DATA2          ；设置基本 RAM 指针
        MOV     DPTR，#DATA1        ；设置扩展 RAM 指针
LOOP1：
        MOVX A，@DPTR               ；取被传送数据
        JZ      LOOP2               ；不为 0，数据传送，为 0，结束传送
        MOV     @R0，A              ；数据传送
        INC     R0                  ；修改指针，指向下一个操作数
        INC     DPTR
        SJMP    LOOP1               ；重新进入下一个传送流程
LOOP2:
        SJMP    LOOP2               ；程序结束（原地踏步）
        END
```

2）比较不等转移指令（4 条）。

```
CJNE   A, #data，rel
CJNE   A, direct，rel
CJNE   Rn，#data，rel
CJNE   @Ri，#data，rel
```

比较不等转移指令有 3 个操作数：第一项是目的操作数，第二项是源操作数，第三项是偏移量。该类指令具有比较和判断双重功能，比较的本质是做减法运算，用第一操作数内容减去第二操作数内容，会影响 PSW 标志位，但差值不回存。

这 4 条比较转移指令的基本功能相同：

若目的操作数＞源操作数，则 PC←（PC）+3+rel，CY←0；

若目的操作数＜源操作数，则 PC←（PC）+3+rel，CY←1；

若目的操作数=源操作数，则 PC←（PC）+3，即顺序执行，CY←0。

因此若两个操作数不相等，在执行本指令后利用判断 CY 的指令便可确定前两个操作数的大小。

可利用 CJNE 和 JC 指令来完成三分支程序：相等分支、大于分支、小于分支。

例 4.15 编程实现如下功能：

```
(A) >10H     (R0) =01H
(A) =10H     (R0) =00H
(A) <10H     (R0) =02H
```

解：编程如下：

```
        ORG   0000H
        CJNE    A, #10H, NO_EQUAL
        MOV     R0, #00H
        SJMP    HERE
NO_EQUAL:
        JC      LESS                ; 若（CY）=1，则说明 A 的内容小于 10H
        MOV     R0, #01H
        SJMP    HERE
LESS:
        MOV     R0, #02H
HERE:
        SJMP    HERE
 END
```

3）减 1 非零转移指令（2 条）。

```
DJNZ  Rn, rel            ; PC← (PC) +2, Rn← (Rn) -1;
                         ; 若 (Rn) ≠0, PC← (PC) +rel;
                         ; 若 (Rn) =0, 则按顺序往下执行
DJNZ  direct, rel        ; PC← (PC) +3, direct← (direct) -1;
                         ; 若 (direct) ≠0, PC← (PC) +rel;
                         ; 若 (direct) =0, 则按顺序往下执行
```

指令功能是：每执行一次本指令，先将指定的 Rn 或 direct 单元的内容减 1，再判别其内容是否为 0。若不为 0，转向目标地址，继续执行循环程序；若为 0，则结束循环程序段，程序往下执行。

注意，实际应用时，应将循环次数赋值给源操作数，使之起到一个计数器的功能，然后再执行需要循环的某段程序。

例 4.16 编程将扩展 RAM 1000H 开始的 100 个单元中分别存放 0～99。

解：编程如下：

```
        ORG 0000H
        MOV    R0, #64H             ; 设定循环次数
        MOV    A, #00H              ; 设置预置数初始值
        MOV    DPTR, #1000H         ; 设置目标操作数指针
LOOP:
        MOVX  @DPTR, A              ; 对指定单元置数
        INC    A                    ; 预置数加 1
        INC    DPTR                 ; 指向下一个目标操作数地址
        DJNZ   R0, LOOP             ; 判断循环是否结束
        SJMP   $
        END
```

3. 子程序调用及返回指令

在实际应用中，经常需要在程序的多处重复使用一个完全相同的程序段。为避免重复，可把这段程序独立出来，称为子程序，原来的程序称为主程序。当主程序需要使用子程序时，采用一条调用指令即可进入子程序执行。子程序结束处放一条返回指令，执行完子程序后能自动返回主程序的断点处继续执行。

为保证正确返回，调用和返回指令具有自动保护断点地址及恢复断点地址的功能，即执行调用指令时，CPU 自动将下一条指令的地址（称为断点地址）保存到堆栈中，然后去执行子程序；当遇到返回指令时，按“后进先出”的原则把断点地址弹出，送到 PC 中。

表 4.11　子程序调用及返回指令

序号	指令分类	指令形式	指令功能	字节数	指令执行时间（系统时钟数）
91	子程序调用	LCALL addr16	调用 addr16 地址处子程序	3	4
92		ACALL addr11	调用下一指令首址的高 5 位与 addr11 合并所指的子程序	2	4
93	子程序返回	RET	返回到子程序调用指令下一指令处	1	4
94	中断返回	RETI	返回到中断断点处	1	4

1）子程序调用指令（2 条）。

```
LCALL  addr16     ; PC←（PC）+3
                  ; SP←（SP）+1，（SP）←（PCL）
                  ; SP←（SP）+1，（SP）←（PCH）
                  ; PC←addr16
ACALL  addr11     ; PC←（PC）+2
                  ; SP←（SP）+1，（SP）←（PCL）
                  ; SP←（SP）+1，（SP）←（PCH）
                  ; PC10～0←addr11
```

其中，addr16 和 addr11 分别为子程序的 16 位和 11 位入口地址，编程时可用调用子程序的首地址（入口地址）标号代替。

第一条指令为长调用指令，是一条三字节指令，执行时首先将（PC）+3 获得下一条指令的地址，再将该地址压入堆栈（先 PCL，后 PCH）进行保护，然后将子程序入口地址 addr16 装入 PC，程序转去子程序执行。由于该指令提供了 16 位的子程序入口地址，所以所调用的子程序的首地址可以在 64KB 范围内。

第二条指令为短调用指令，是一条二字节指令，执行时首先（PC）+2 获得下一条指令的地址，再将该地址压入堆栈（先 PCL，后 PCH）进行保护，然后把指令给出的 addr11 送入 PC，和 PC 的高 5 位组成新的 PC，使程序转去子程序执行。由于该指令仅提供 11 位子程序入口地址 addr11，因此所调用的子程序的首地址必须与 ACALL 后面指令的第一个字节在同一个 2 KB 区域内。

例 4.17　已知（SP）=60H，分析执行下列指令后的结果：

① 1000H：ACALL　1100H

② 1000H：LCALL　0800H

解：

①（SP）=62H，（61H）=02H，（62H）=10H，（PC）=1100H

②（SP）=62H，（61H）=03H，（62H）=10H，（PC）=0800H

2）返回指令（2条）。指令形式如下：

```
RET        ；PC15～8←((SP))，SP←(SP)－1，
           ；PC7～0←((SP))，SP←(SP)－1
RETI       ；PC15～8←((SP))，SP←(SP)－1，
           ；PC7～0←((SP))，SP←(SP)－1
```

第一条指令为子程序返回指令，执行时表示结束子程序，将栈顶的断点地址送入PC(先PCH，后PCL)，使程序返回到子程序调用指令的下一指令地址继续往下执行。

第二条指令为中断返回指令，它除了执行从中断服务程序返回中断时保护的断点处继续执行程序（类似RET功能）外，并清除内部相应的中断状态寄存器。

注意：在使用上，RET指令必须作为调用子程序的最后一条指令；RETI必须作为中断服务子程序的最后一条指令，两者不能混淆。

4.6 位操作类指令

8051单片机的硬件结构中，有一个位处理器（又称为布尔处理器），它有一套位变量处理的指令集，它的操作对象是位，以进位位CY为位累加器。位处理指令可以完成以位为对象的数据传送、运算、控制转移等操作。

位操作指令的对象是内部基本RAM的位寻址区，由两部分构成：一部分为片内RAM低128字节的位地址区20H～2FH之间的128个位，其位地址为00H～7FH；另一部分为特殊功能寄存器中可以位寻址的各位（即字节地址能被8整除的特殊功能寄存器的各有效位），其位地址在80H～FFH之间。在汇编语言中，位地址的表达方式有以下几种：

1）用直接位地址表示，如20H、3AH等。

2）用寄存器的位定义名称表示，如C、F0等。

3）用点操作符表示，如PSW.3、20H.4等，其中点操作符“.”的前面部分为字节地址或可位寻址的特殊功能寄存器名称，后面部分的数字表示它们的位位置。

4）用自定义的位符号地址表示，如“MM BIT ACC.7”定义了位符号地址MM，则可在指令中使用MM代替ACC.7。

表4.12 位操作类指令

序号	指令分类	指令形式	指令功能	字节数	指令执行时间（系统时钟数）
95	位传送	MOV C，bit	bit值送CY	2	2
96		MOV bit，C	CY值送bit	2	3
97	位清0	CLR C	CY值清0	1	1
98		CLR bit	bit值清0	2	3
99	位置1	SETB C	CY值置1	1	1
100		SETB bit	bit值置1	2	3
101	位逻辑与	ANL C，bit	CY与bit值相与结果送CY	2	2
102		ANL C，/bit	CY值与bit取反值相与结果送CY	2	2
103	位逻辑或	ORL C，bit	CY与bit值相或结果送CY	2	2
104		ORL C，/bit	CY值与bit取反值相或结果送CY	2	2
105	位取反	CPL C	CY状态取反	1	1

续表

序号	指令分类	指令形式	指令功能	字节数	指令执行时间（系统时钟数）
106	位取反	CPL bit	bit 状态取反	2	3
107	判 CY 转移	JC rel	CY 为 1 转移	2	3
108		JNC rel	CY 为 0 转移	2	3
109	判 bit 转移	JB bit，rel	bit 值为 1 转移	3	5
110		JNB bit，rel	bit 值为 0 转移	3	5
111		JBC bit，rel	bit 值为 1 转移，同时清 0 bit 位	3	5

1. 位数据传送指令（2 条）

```
MOV  C，bit   ；CY←（bit）
MOV  bit，C   ；bit←（CY）
```

指令功能是将源操作数（位地址或位累加器）送到目的操作数（位累加器或位地址）中去。

注意：位数据传送指令的两个操作数，一个是指定的位单元，另一个必须是位累加器 CY（进位位标志 CY）。

例 4.18 试编程实现将位地址 00H 位内容和位地址 7FH 位内容相互交换的程序。

解：编程如下：

```
ORG  0000H
MOV  C，00H          ；取位地址 00H 的值送 CY
MOV  01H，C          ；暂存在位地址 01H 中
MOV  C，7FH          ；取位地址 7FH 的值送 CY
MOV  00H，C          ；存在位地址 00H 中
MOV  C，01H          ；取暂存在位地址 01H 中的值送 CY
MOV  7FH，C          ；送位地址 7FH 中
SJMP  $
END
```

2. 位变量修改指令（6 条）

1）位清 0 指令。

```
CLR  C        ；CY←0
CLR  bit      ；bit←0
```

例如，设 P1 口的内容为 11111011 B，执行指令：

```
CLR  P1.0
```

执行结果使（P1）＝ 11111010B。

2）位置 1 指令

```
SETB  C       ；CY←1
SETB  bit     ；bit←1
```

例如，设（CY）＝0，P3 口的内容为 11111010B。执行指令：

```
SETB  P3.0
SETB  C
```

执行结果为（CY）＝1，（P3.0）＝1，即（P3）＝11111011B。

3. 位逻辑与指令（2 条）

```
ANL C，bit     ；CY←（CY）∧（bit）
ANL C，/bit    ；CY←（CY）∧（/bit）
```

该组指令的功能是把位累加器 CY 的内容与位地址的内容进行逻辑与运算，结果存放于位累加器 CY 中。

说明：指令中的“/”表示对该位地址内容取反后，再参与运算，但并不改变位地址的原内容。

4. 位逻辑或指令（2 条）

```
ORL  C，bit          ；CY←（CY）∨（bit）
ORL  C，/bit         ；CY←（CY）∨（bit̄）
```

该组指令的功能是把位累加器 CY 的内容与位地址的内容进行或运算，结果存放于位累加器 CY 中。

5. 位取反指令

```
CPL  C               ；CY←（CȲ）
CPL  bit             ；bit←（bit̄）
```

例如，设（CY）=0，P1 口的内容为 00111010B。执行指令：

```
CPL  P1.0
CPL  C
```

执行结果为（CY）=1，（P1.0）=1，即（P0）=00111011B。

6. 位条件转移指令（5 条）

1）以 CY 内容为条件的转移指令。

```
JC   rel             ；若（CY）=1，则（PC）←（PC）+2+rel
                     ；若（CY）=0，则（PC）←（PC）+2
JNC  rel             ；若（CY）=0，则（PC）←（PC）+2+rel
                     ；若（CY）=1，则（PC）←（PC）+2
```

第一条指令的功能是如果（CY）=1 则转移到目标地址处执行，否则顺序执行。第二条指令则和第一条指令相反，即如果（CY）=0 则转移到目标地址处执行，否则顺序执行。上述两条指令执行时不影响任何标志位，包括 CY 本身。

JC、JNC 指令示意图如图 4.10（a）、（b）所示。

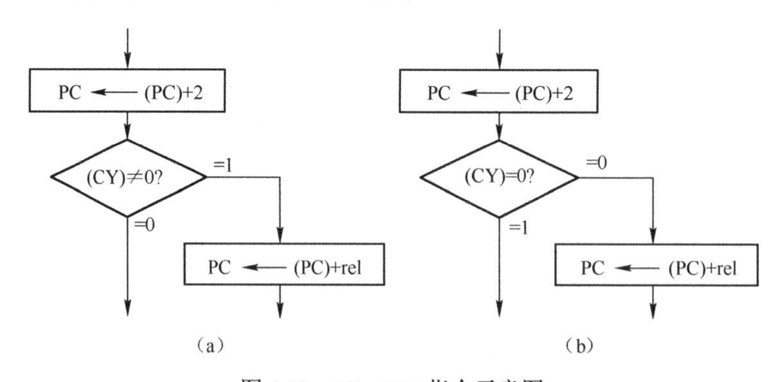

图 4.10　JC、JNC 指令示意图

例如，设（CY）=0，执行指令：

```
JC   LABEL1          ；（CY）=0，程序顺序往下执行
CPL  C
JC   LABEL2          ；（CY）=1，程序转 LABEL2
```

执行后，进位位取反变为 1，程序转向 LABEL2 标号地址处执行程序。

例如，设（CY）=1，执行指令：

```
JNC   LABEL1            ; CY为1，顺序执行
CLR   C                 ; 清“0”CY
JNC   LABEL2            ; CY为0，转LABEL2执行
```

执行后，进位位清为0，程序转向LABEL2标号地址处执行程序。

2）以位地址内容为条件的转移指令。

```
JB    bit，rel          ; 若（bit）=1，则PC←（PC）+3+rel，
                        ; 若（bit）=0，则PC←（PC）+3
JNB   bit，rel          ; 若（bit）=0，则PC←（PC）+3+rel，
                        ; 若（bit）=1，则PC←（PC）+3
JBC   bit，rel          ; 若（bit）=1，则PC←（PC）+3+rel，且bit←0
                        ; 若（bit）=0，则PC←（PC）+3
```

本组指令以指定位bit的值为判断条件。第一条指令的功能是若指定的bit位中的值是1，则转移到目标地址处执行，否则顺序执行。第二条指令和第一条指令相反，即如果指定的位值为0，则转移到目标地址处执行，否则顺序执行。第三条指令判断指定的bit位是否为1，若为1，则转移到目标地址处执行，而且将指定位清零，否则顺序执行。

JB、JNB、JBC指令示意图如图4.11（a）、（b）、（c）所示。

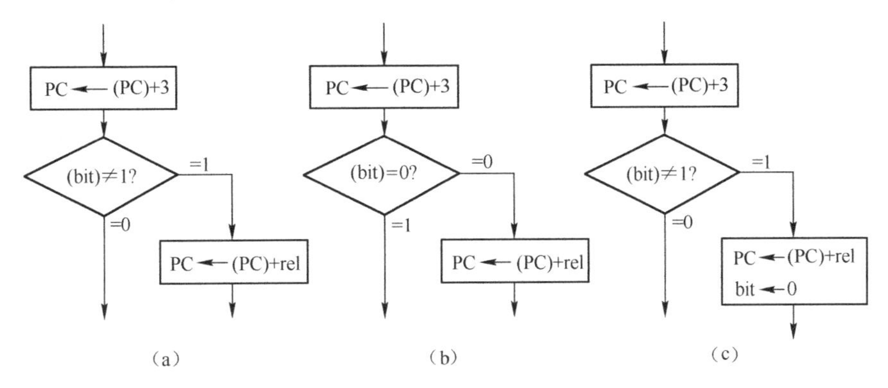

图4.11　JB、JNB、JBC指令

例如，设累加器 A中的内容为FEH　（11111110 B），执行指令：

```
JB   ACC.0，LABEL1        ;（ACC.0）=0，程序顺序往下执行
JB   ACC.1，LABEL2        ;（ACC.1）=1，转LABEL2标号地址处执行程序
```

例如，设累加器A中的内容为FEH（11111110 B），执行指令：

```
JNB   ACC.1，LABEL1       ;（ACC.1）=1，程序顺序往下执行
JNB   ACC.0，LABEL2       ;（ACC.0）=0，程序转向LABEL2标号地址处执行程序
```

例如，设累加器A中的内容为7FH（01111111 B），执行指令：

```
JBC   ACC.7，LABEL1       ;（ACC.7）=0，程序顺序往下执行
JBC   ACC.6，LABEL2       ;（ACC.6）=1，程序转向LABEL2标号地址处执行程序
                          ; 并将ACC.6位清为0
```

本章小结

指令系统的功能强弱体现了计算机性能的高低。指令由操作码和操作数组成。操作码用来规定要执行的操作性质，操作数用于给指令的操作提供数据和地址。

STC15F2K60S2单片机的指令系统完全兼容传统8051单片机的指令系统，分成传送类指令、算术运算类指令、逻辑运算类指令、控制转移类指令与位操作类指令，42种助记符代表了33种

功能，而指令功能助记符与操作数各种寻址方式的结合，共构造出 111 条指令。

寻找操作数的方法称为寻址，STC15F2K60S2 单片机的指令系统中共有 5 种寻址方式：立即寻址、寄存器寻址、直接寻址、寄存器间接寻址与基址加变址寄存器间接寻址。

数据传送类指令在单片机中应用最为频繁，它的执行一般不影响标志位的状态；算术运算类指令的特点是它的执行通常影响标志位的状态；逻辑运算类指令的执行一般也不影响标志位的状态，仅在涉及累加器 A 时才对标志位 P 产生影响；控制程序的转移要利用转移类指令，有无条件转移指令、条件转移指令、子程序调用及其子程序返回指令、中断返回指令等；位操作具有较强的位处理能力，在进行位操作时，以进位标志 CY 作为位累加器。

习 题 4

一、填空题

1．STC15F2K60S2 单片机操作数的寻址方式包括立即寻址、________________、直接寻址、________________和基址加变址寄存器间接寻址等 5 种方式。

2．一条指令包括操作码和_________两个部分。

3．STC15F2K60S2 单片机指令系统与 8051 单片机指令系统完全兼容，包括_______ 指令、算术运算类指令、__________指令、__________指令和___________指令等 5 种类型，42 种指令功能助记符代表______种功能，而指令功能助记符与操作数各种寻址方式的结合，共构造出条______指令。

二、选择题

1．累加器与扩展 RAM 进行数据传送，采用的指令助记符是______。

A．MOV　　B．MOVX　　C．MOVC

2．对于高 128 字节，访问时采用的寻址方式是______。

A．直接寻址　　B．寄存器间接寻址

C．基址加变址寄存器间接寻址　　D．立即寻址

3．对于特殊功能寄存器，访问时采用的寻址方式是______。

A．直接寻址　　B．寄存器间接寻址

C．基址加变址寄存器间接寻址　　D．立即寻址

4．对于程序存储器，访问时采用的寻址方式是______。

A．直接寻址　　B．寄存器间接寻址

C．基址加变址寄存器间接寻址　　D．立即寻址

三、判断题

1．堆栈入栈操作源操作数的寻址方式是直接寻址。（　）

2．堆栈出栈操作源操作数的寻址方式是直接寻址。（　）

3．堆栈数据的存储规则是：先进先出，后进后出。（　）

4．“MOV A, #55H”的指令字节数是 3。（　）

5．“PUSH B”的指令字节数是 1。（　）

6．DPTR 数据指针的减 1，可用“DEC DPTR”指令实现。（　）

7．“INC direct”指令的执行，对 PSW 标志位有影响。 （　　）

8．“POP ACC”的指令字节数是 1。 （　　）

四、问答题

1．简述 STC15F2K60S2 单片机寻址方式与寻址空间的关系。

2．简述长转移、短转移、相对转移指令的区别。

3．简述利用散转移指令实现多分支转移的方法。

4．简述转移指令与调用指令之间的相同点与不同点。

5．简述“RET”与“RETI”指令的区别。

6．描述“MOVC A,@a+PC”与“MOVC A,@A+DPTR”指令各自的访问空间。

五、指令分析题

1．执行如下三条指令后，30H 单元的内容是多少？

```
MOV     R1，#30H
MOV     40H，#0EH
MOV     @R1，40H
```

2．设内部基本 RAM（30H）=5AH，（5AH）=40H，（40H）=00H，P1 端口输入数据为 7FH，问执行下列指令后，各有关存储单元（即 R0，R1，A，B，P1，30H，40H 及 5AH 单元）的内容如何？

```
MOV     R0，#30H
MOV     A，@R0
MOV     R1，A
MOV     B，R1
MOV     @R1，P1
MOV     A，P1
MOV     40H，#20H
MOV     30H，40H
```

3．执行下列指令后，各有关存储单元（即 A，B，30H，R0 单元）的内容如何？

```
MOV   A，#30H
MOV   B，#0AFH
MOV   R0，#31H
MOV   30H，#87H
XCH    A，R0
XCHD  A，@R0
XCH    A，B
SWAP  A
```

4．执行下列指令后，A、B 和 SP 的内容分别为多少？

```
MOV   SP，#5FH
MOV   A，#54H
MOV   B，#78H
PUSH  ACC
PUSH  B
```

MOV　A,　B
MOV　B,　#00H
POP　ACC
POP　B

5．分析执行下列指令序列后各寄存器及存储单元的结果。

MOV　34H，#10H
MOV　R0，#13H
MOV　A，34H
ADD　A，R0
MOV　R1，#34H
ADD　A，@R1

6．若（A）＝25H，（R0）＝33H，（33H）=20H，执行下列指令后，33H 单元的内容为多少？

CLR　C
ADDC　A，#60H
MOV　20H，　@R0
ADDC　A，20H
MOV　33H，A

7．分析下列程序段的运行结果。若将“DAA”指令取消，则结果会有什么不同？

MOV　30H，#89H
MOV　A，30H
ADD　A，#11H
DA　A
MOV　30H，A

8．分析执行下列各条指令后的结果。

指令助记符	结果
MOV　20H，#25H　　;	____________
MOV　A，#43H　　;	____________
MOV　R0，#20H　　;	____________
MOV　R2，#4BH　　;	____________
ANL　A，R2　　;	____________
ORL　A，@R0　　;	____________
SWAP　A　　;	____________
CPL　A　　;	____________
XRL　A，#0FH　　;	____________
ORL　20H，A　　;	____________

9．分析如下指令，判断指令执行后，PC 值为多少？

（1）2000H：LJMP 3000H　　;　（PC）＝________
（2）1000H：SJMP 20H　　;　（PC）＝________

10．分析如下程序段，判断 PC 值：

（1）ORG　1000H
　　MOV　DPTR,　#2000H
　　MOV　A,　#22H
　　JMP　@A+DPTR　　;　（PC）＝________

（2）ORG　0000H

```
    MOV   R1,  #33H
    MOV   A,   R1
    CJNE  A,   #20H,  L1   ;（PC）=________
    MOV   70H, A
    SJMP  L2               ;（PC）=________
L1:
    MOV   71H, A
L2:
    …
```

11．若（CY）=1，P1 口输入数据为 10100011B，P3 口输入数据为 01101100B。试指出执行下列程序段后，CY、Pl 口及 P3 口内容的变化情况。

```
MOV  Pl.3，C
MOV  Pl.4，C
MOV  C，   Pl.6
MOV  P3.6，C
MOV  C，   P1.2
MOV  P3.5，C
```

六、程序设计题

1．编写程序段，完成如下功能：

（1）将 R1 中的数据传送到 R3 中。

（2）将基本 RAM 30H 单元的数据传送到 R0 中。

（3）将扩展 RAM 0100H 单元的数据传送到基本 RAM 20H 单元。

（4）将程序存储器 0200H 单元的数据传送到基本 RAM 20H 单元。

（5）将程序存储器 0200H 单元的数据传送到扩展 RAM 0030H 单元。

（6）将程序存储器 2000H 单元的数据传送到扩展 RAM 0300H 单元。

（7）将扩展 RAM0200H 单元的数据传送到扩展 RAM0201H 单元

（8）将片内基本 RAM50H 单元与 51H 单元中的数据交换。

2．编写程序，实现 16 位无符号数加法，两数分别放在 R0R1、R2R3 寄存器对中，其和存放在 30H、31H 和 32H 单元，低 8 位先放，即：

（R0）（R1）+（R2）（R3）→（32H）（31H）（30H）

3．编写程序，将片内 30H 单元的数据与 31H 单元的数据相乘，乘积的低八位送 32H 单元，高八位送 P2 口输出。

4．编写程序，将片内基本 RAM 40H 单元的数据除以 41H 单元的数据，商送 P1 口输出，余数送 P2 口输出。

5．试用位操作指令实现下列逻辑操作。要求不得改变未涉及位的内容。

（1）使 ACC.1、ACC.2 置位；

（2）清除累加器高 4 位；

（3）使 ACC.3、ACC.4 取反。

6．试编程实现十进制数加 1 功能。

7．试编程实现十进制数减 1 功能。

第5章　STC15F2K60S2单片机的程序设计

单片机应用系统是硬件系统与软件系统的有机结合，软件是用于完成系统任务指挥 CPU 等硬件系统工作的程序。

8051 单片机的程序设计主要采用两种语言：汇编语言和高级语言（C51）。汇编语言生成的目标程序占用存储空间小，运行速度快，具有效率高，实时性强的特点，适合编写短小高效的实时控制程序。采用高级语言设计程序，对系统硬件资源的分配较用汇编语言简单，且程序的阅读、修改以及移植比较容易，适合于编写规模较大的程序，尤其是适合编写运算量较大的程序。

5.1　汇编语言程序设计

汇编语言是面向机器的语言，对单片机的硬件资源操作直接方便，概念清晰，尽管对编程人员的硬件知识要求较高，但对于学习和掌握单片机的硬件结构以及编程技巧极为有利，因此在采用高级语言进行单片机开发为主流的今天，我们仍然坚持从汇编语言开始学习。本节介绍汇编语言程序设计，下节介绍 C51 语言程序设计，后续的单片机应用程序的学习将采用汇编语言和 C51 语言对照讲解，以此达到在单片机的学习中，汇编语言和 C 语言程序设计相辅相成、相互促进的目的。

5.1.1　程序编制的方法和技巧

1．程序编制的步骤

1）系统任务的分析。首先，要对单片机应用系统的任务进行深入分析，明确系统的设计任务、功能要求和技术指标。其次，要对系统的硬件资源和工作环境进行分析。这是单片机应用系统程序设计的基础和条件。

2）提出算法与算法的优化。算法是解决问题的具体方法。一个应用系统经过分析、研究和明确任务后，对应实现的功能和技术指标可以利用严密的数学方法或数学模型来描述，从而把一个实际问题转化成由计算机进行处理的问题。同一个问题的算法可以有多种，也都能完成任务或达到目标，但程序的运行速度、占用单片机资源以及操作方便性会有较大的区别，所以应对各种算法进行分析比较，给以合理的优化。

3）程序总体设计及绘制程序流程图。经过任务分析、算法优化后，就可以进行程序的总体构思，确定程序的结构和数据形式，并考虑资源的分配和参数的计算等。然后根据程序运行的过程，勾画出程序执行的逻辑顺序，用图形符号将总体设计思路及程序流向绘制在平面图上，从而使程序的结构关系直观明了，便于检查和修改。

通常，应用程序依功能可以分为若干部分，通过流程图可以将具有一定功能的各部分有机地联系起来，并由此抓住程序的基本线索，对全局可以有一个完整的了解。清晰正确的流程图是编制正确无误的应用程序的基础和条件，所以，绘制一个好的流程图，是程序设计的一项重要内容。

流程图可以分为总流程图和局部流程图。总流程图侧重反映程序的逻辑结构和各程序模块之间的相互关系。局部流程图反映程序模块的具体实施细节。对于简单的应用程序，可以不画流程图。但喜欢绘制程序流程图是一个良好的编程习惯。

常用的流程图符号有开始和结束符号、工作任务（肯定性工作内容）符号、判断分支（疑问性工作内容）符号、程序连接符号、程序流向符号等，如图5.1所示。

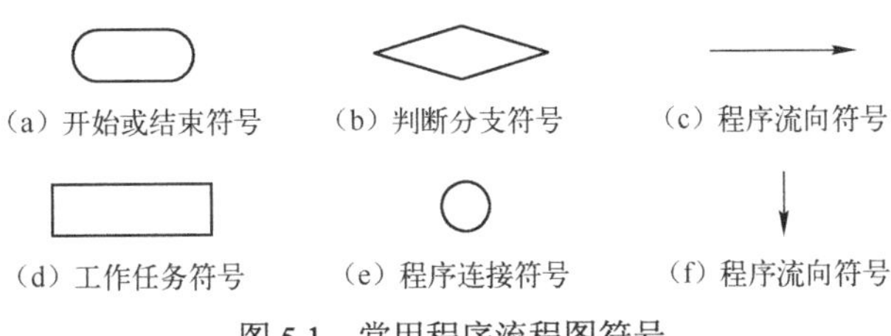

图5.1　常用程序流程图符号

此外，还应编制资源（寄存器、程序存储器与数据存储器等）分配表，包括数据结构和形式、参数计算、通信协议、各子程序的入口和出口说明等。

5.1.2　程序的模块化设计

1. 采用模块化程序设计方法

单片机应用系统的程序一般由包含多个模块的主程序和各种子程序组成。每一程序模块都要完成一个明确的任务，实现某个具体的功能，如发送、接收、延时、打印、显示等。采用模块化的程序设计方法，就是将这些不同的具体功能程序进行独立的设计和分别调试，最后将这些模块程序装配成整体程序并进行联调。

模块化的程序设计方法具有明显的优点。把一个多功能的、复杂的程序划分为若干个简单的、功能单一的程序模块，有利于程序的设计和调试，有利于程序的优化和分工，提高了程序的阅读性和可靠性，使程序的结构层次一目了然。所以，进行程序设计的学习，首先要树立起模块化的程序设计思想。

2. 尽量采用循环结构和子程序

采用循环结构和子程序可以使程序的长度减少，程序简单化，占用内存空间减少。对于多重循环，要注意各重循环的初值、循环结束条件与需循环位置，避免出现程序无休止循环的“死循环”现象。对于通用的子程序，除了用于存放子程序入口参数的寄存器外，子程序中用到的其他寄存器的内容应压入堆栈进行现场保护，并要特别注意堆栈操作的压入和弹出的顺序。对于中断处理子程序除了要保护程序中用到的寄存器外，还应保护标志寄存器。这是由于在中断处理过程中难免对标志寄存器中的内容产生影响，而中断处理结束后返回主程序时可能会遇到以中断前的状态标志为依据的条件转移指令，如果标志位被破坏，则程序的运行就会发生混乱。

5.1.3　伪指令

为了便于编程和对汇编语言源程序进行汇编，各种汇编程序都提供一些特殊的指令，供人们编程使用，这些指令通常称为伪指令。所谓“伪”指令，即不是真正的可执行指令，只能在对源程序进行汇编时起控制作用，例如设置程序的起始地址，定义符号，给程序分配一定的存储空间等。汇编时伪指令并不产生机器指令代码，不影响程序的执行。

常用的伪指令共有 9 条，下面分别介绍。

1. 设置起始地址指令 ORG

指令格式为：

```
ORG   16 位地址
```

该指令的作用是指明后面的程序或数据块的起始地址，它总是出现在每段源程序或数据块的开始。一个汇编语言源程序中可以有多条 ORG 伪指令，但后一条 ORG 伪指令指定的地址应大于前面机器码已占用的存储地址。

例 5.1 分析 ORG 在下面程序段中的控制作用。

```
        ORG   1000H
START：
        MOV     R0，#60H
        MOV     R1，#61H
        ……
        ORG     1200H
NEXT：
        MOV     DPTR，#1000H
        MOV     R2，#70H
        ……
```

解： 以 START 开始的程序，经汇编后机器码从 1000H 单元开始连续存放，但不能超过 1200H 单元；以 NEXT 开始程序汇编后机器码从 1200H 单元开始连续存放。

2. 汇编语言源程序结束指令 END

指令格式为：

```
[标号：]  END   [mm]
```

其中 mm 是程序起始地址。标号和 mm 不是必须的。

指令功能是表示源程序到此结束，END 指令以后的指令汇编程序将不予处理。一个源程序中只能在末尾有一个 END 指令。

例 5.2 分析 END 在下面程序段中的控制作用。

```
START：
        MOV   A，#30H
        ……
        END   START
NEXT：
        ……
        RET
```

解： 汇编程序对该程序进行汇编时，只将 END 伪指令前面的程序转换为对应的机器代码程序，而以 NEXT 标号为起始地址的程序将予以忽略。因此若 NEXT 标号为起始地址的子程序是本程序的有效子程序的话，应将整个子程序段放到 END 伪指令的前面。

3. 赋值伪指令 EQU

指令格式为：

```
字符名称   EQU   数值或汇编符号
```

EQU 伪指令的功能是使指令中的“字符名称”等价于给定的“数值或汇编符号”。赋值后的字符名称可在整个源程序中使用。字符名称必须先赋值后使用，通常将赋值指令放在源程序的开头。

例 5.3 分析下列程序中 EQU 指令的作用。

```
AA          EQU   R1              ；给 AA 赋值 R1
DATA1       EQU   10H             ；给 DATA1 赋值 10H
DELAY       EQU   2200H           ；给 DELAY 赋值 2200H
            ORG   2000H
            MOV   R0，DATA1       ；R0←（10H）
            MOV   A，AA           ；A←（R1）
            LCALL  DELAY          ；调用起始地址为 2200H 的子程序
            END
```

解：经 EQU 定义后，AA 等效于 R1，DATA1 等效于 10H，DELAY 等效于 2200H，该程序在汇编时，自动将程序中 AA 换成 R1、DATA1 换成 10H、DELAY 换成 2200H，再汇编为机器代码程序。

使用赋值伪指令 EQU 的好处在于程序占用的资源数据符号或寄存器符号用占用源的英文或英文缩写字符名称来定义，后续编程中凡是出现该数据符号或寄存器符号就用该字符名称代替，这样采用有意义的字符名称进行编程，更容易记忆和不容易混淆，也便于阅读修改。

4．数据地址赋值指令 DATA

指令格式为：

```
字符名称   DATA   表达式
```

DATA 伪指令的功能是将表达式指定的数据地址赋予规定的字符名称。

例如，AA　DATA　2000H

汇编时，将程序中的 AA 字符名称用 2000H 取代。

DATA 伪指令与 EQU 伪指令的功能相似，其主要区别是：

1）DATA 伪指令定义的字符名称可先使用后定义，放在程序开头、结尾均可；而 EQU 伪指令定义的字符名称只能是先定义，后使用。

2）EQU 伪指令可以将一个汇编符号赋值给字符名称，而 DATA 伪指令只能将数据地址赋值给字符名称。

5．定义字节伪指令 DB

指令格式为：

```
[标号：]  DB   字节常数表
```

DB 伪指令的功能是从指定的地址单元开始，定义若干个 8 位内存单元的内容。字节常数可以采用二进制、十进制、十六进制和 ASCII 码等多种表示形式。例如：

```
ORG      2000H
TABLE:
DB       73H，100，10000001B，'A'  ；对应数据形式依次为十六进制、十进制、二进制和
                                    ；ASCII 码形式
```

汇编结果为：

```
（2000H）=73H，（2001H）=64H，（2002H）=81H，（2003H）=41H
```

6．定义字伪指令 DW

指令格式为：

```
[标号：]DW  字常数表
```

DW 伪指令功能是从指定地址开始，定义若干个 16 位数据，高八位存入低地址，低八位存

入高地址。例如：

```
        ORG   1000H
    TAB:
        DW   1234H，0ABH，10
```

汇编结果为：

（1000H）=12H，（1001H）=34H，（1002H）=00H，（1003H））=ABH，（1004H）=00H，（1005H）=0AH

7. 定义存储区指令 DS

指令格式为：

```
    [标号：] DS  表达式
```

指令功能为从指定的单元地址开始，保留一定数量的存储单元，以备使用。汇编时，对这些单元不赋值。例如：

```
        ORG   2000H
        DS   10
    TAB:
        DB   20H
        ……
```

汇编结果为：从 2000H 地址处开始，保留 10 个字节单元，以备源程序另用。

（200AH）=20H

注意：DB、DW、DS 伪指令只能应用于程序存储器，而不能对数据存储器使用。

8. 位定义伪指令 BIT

指令格式为：

```
    字符名称  BIT  位地址
```

指令功能为将位地址赋值给指定的符号名称，通常用于位符号地址的定义。例如：

```
    KEY0  BIT  P3.0
```

KEY0 等效于 P3.0，在后面的编程中，KEY0 即为 P3.0。

9. 文件包含命令 INCLUDE

指令格式为：

```
    $INCLUDE（文件名）
```

INCLUDE 用于将寄存器定义文件或其他程序文件包含于当前程序中，寄存器定义文件的后缀名一般为“.INC”，也可直接包含汇编程序文件。例如：

```
    $INCLUDE （STC15F2K60S2.INC）
```

使用上述命令后，在用户程序中就可以直接使用 STC15F2K60S2 的所有特殊功能寄存器了，不必对相对于传统 8051 单片机新增的特殊功能寄存器进行定义了。

5.1.4 汇编语言程序设计举例

所谓模块化程序设计，是指各模块程序都要按照基本程序结构进行编程。主要有 4 种基本结构：顺序结构、分支结构、循环结构和子程序结构。

1. 顺序结构程序

顺序结构程序是指无分支、无循环结构的程序，其执行流程是依指令在程序存储器中的存放顺序进行的。顺序程序比较简单，一般不需绘制程序流程图，直接编程即可。

例 5.4　试将 8 位二进制数据转换为十进制（BCD 码）数据。

解： 8 位二进制数据对应的最大十进制数是 255，说明一个 8 位二进制数据需要 3 位 BCD 码来表示，即百位数、十位数与个位数。如何求解呢？

1）用 8 位二进制数据减 100，够减百位数加 1，直至不够减为止；再用剩下的数去减 10，够减十位数加 1，直至不够减为止；剩下的数即为个位数。

2）用 8 位二进制数据除以 100，商为百位数，再用余数除以 10，商为十位数，余数为个位数。

很显然，第（1）种方法更复杂，应选用第（2）种方法。设 8 位二进制数据存放在 20H 单元，转换后十位数、个位数存放在 30H 单元，百位数存放在 31H 单元。

参考程序如下：

```
ORG     0000H
MOV     A，20H      ；取 8 位二进制数据
MOV     B，#100
DIV     AB          ；转换数据除以 100，A 为百位数
MOV     31H，A      ；百位数存放在 31H 单元
MOV     A，B        ；取余数
MOV     B，#10
DIV     AB          ；余数除以 10，A 为十位数，B 为个位数
SWAP    A           ；将十位数从低 4 位交换到高 4 位
ORL     A，B        ；十位数、个位数合并为压缩 BCD 码
MOV     30H，A      ；十位数、个位数存放在 30H（高 4 位为十位数，低 4 位为个位数）
SJMP    $
END
```

上述程序的执行顺序与指令的编写顺序是一致的，故称为顺序结构程序。

2. 分支结构程序

通常情况下，程序的执行是按照指令在程序存储器中存放的顺序进行的，但有时需要对某种条件的判断结果来决定程序的不同走向，这种程序结构就属于分支结构。分支结构可以分成单分支、双分支和多分支几种情况，各分支间相互独立。

单分支结构如图 5.2 所示，若条件成立，则执行程序段 A，然后继续执行该指令下面的指令；如条件不成立，则不执行程序段 A，直接执行该指令的下条指令。

双分支结构如图 5.3 所示，若条件成立，执行程序段 A；否则执行程序段 B。

多分支结构如图 5.4 所示，通用的分支程序结构是先将分支按序号排列，然后按照序号的值来实现多分支选择。

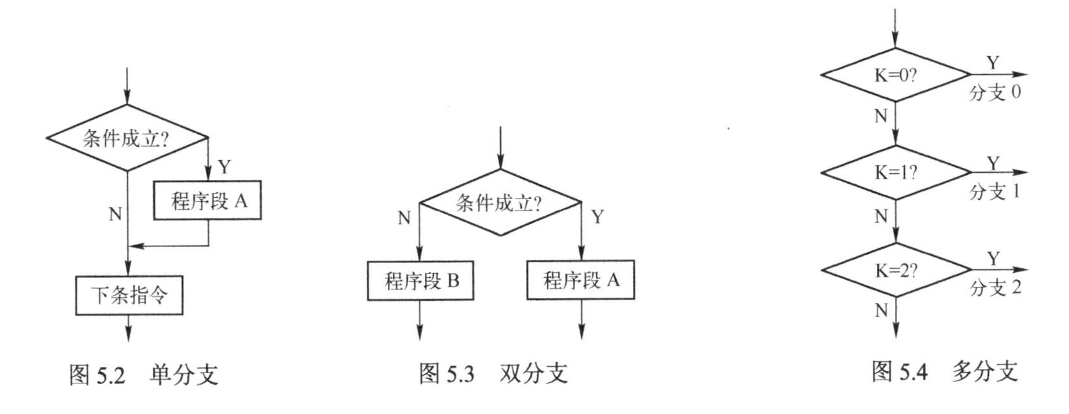

图 5.2　单分支　　图 5.3　双分支　　图 5.4　多分支

由于分支结构程序中存在分支，因此在编写程序时存在先编写哪一段分支的问题，另外分支转移到何处在编程时也要安排正确。为了减少错误，对于复杂的程序应先画出程序流程图，在转移目标处合理设置标号，按从左到右编写各分支程序。

例 5.5　求 8 位有符号数的补码。设 8 位二进制数存放在片内 RAM 30H 单元内。

解：对于负数的补码为除符号位以外取反加 1，而正数的补码就是原码，因此关键的地方是判断数据的正、负，最高位为 0，表示为正数，最高位为 1，表示为负数。

参考程序如下：

```
        ORG   0000H
        MOV  A，30H
        JNB   ACC.7，NEXT            ；为正数，不进行处理
        CPL   A                      ；负数取反
        ORL   A，#80H                ；恢复符号位
        INC   A                      ；加 1
        MOV  30H，A
   NEXT：
        SJMP  NEXT                   ；结束
        END
```

例 5.6　试编写计算下式的程序：

$$Y=\begin{cases}100 & (X\geqslant 0)\\ -100 & (X<0)\end{cases}$$

解：该例是一个双分支程序，本题关键是判断 X 是正数还是负数？判断方法同例 5.5。设 X 存放在 40H 单元中，结果 Y 存放于 41H 中。

程序流程图如图 5.5 所示。

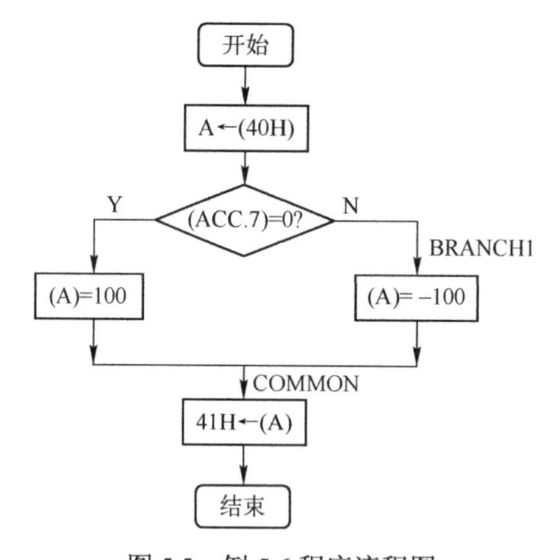

图 5.5　例 5.6 程序流程图

参考程序如下：

```
   X   EQU   40H                 ；定义 X 的存储单元
   Y   EQU   41H                 ；定义 Y 存储单元
       ORG   0000H
       MOV   A，X                ；取 X
       JB   ACC.7，BRANCH1       ；若 ACC.7 为 1 则转向 BRANCH1，否则顺序执行
       MOV   A，#64H             ；X≥0，Y=100
       SJMP   COMMON             ；转向 COMMON（分支公共处）
   BRANCH1:
       MOV   A，#9CH             ；X<0，Y=−100，把−100 的补码（9CH）送 A
```

```
COMMON:
    MOV  Y, A              ; 保存A
    SJMP $                 ; 程序结束
    END
```

例 5.7 设各分支的分支号码从 0 开始按递增自然数排列，执行分支号存放在 R3 中，编写多分支处理程序。

解：首先，在程序存储器中建立一个分支表，分支表中按从 0 开始的分支顺序从起始地址（表首地址，如 TAB）开始存放各分支的一条转移指令（AJMP 或 LJMP，AJMP 占用 2 个字节，LJMP 占用 3 个字节），各转移指令的目标地址就是各分支程序的入口地址。

根据各分支程序的分支号，转移到分支表中对应分支的入口处，执行该分支的转移指令，再转到分支程序的真正入口处，从而执行该分支程序。

参考程序如下：

```
        ORG  0000H
        MOV  A, R3             ; 取分支号
        RL   A                 ; 分支号乘2，若分支表中用LJMP，则改分支号乘3
        MOV  DPTR, #TABLE      ; 分支表表首地址送DPTR
        JMP  @A+DPTR           ; 转到分支表该分支的对应入口处
TABLE:
        AJMP  ROUT0            ; 分支表，采用短转移指令，每个分支占用2个字节
        AJMP  ROUT1            ; 各分支在分支表的入口地址＝TAB＋分支号×2
        AJMP  ROUT2
        ……
ROUT0:
        ……                     ; 分支0程序
        LJMP  COMMON           ; 分支程序结束后，转各个分支的汇总点
ROUT1:
        ……                     ; 分支1程序
        LJMP  COMMON           ; 分支程序结束后，转各个分支的汇总点
ROUT2:
        ……                     ; 分支2程序
        LJMP  COMMON           ; 分支程序结束后，转各个分支的汇总点
        ……
COMMON:
        SJMP  COMMON           ; 各个分支的汇总点
        END
```

注意：不管哪个分支程序执行完毕后，都必须回到所有分支公共汇合处，如各分支程序中的“LJMP COMMON”指令。

3．循环结构程序

在程序设计中，当需要对某段程序进行大量地有规律地重复执行时，可采用循环方法设计程序。循环结构的程序主要包括以下四个部分：

① 循环初始化部分：设置循环开始时的状态，如清结果单元、设置地址指针、设定寄存器初值、循环次数等。

② 循环体部分：需要重复执行的程序段，是循环结构的主体。

③ 循环控制部分：这部分的作用是修改循环变量和控制变量，并判断循环是否结束，直到符合结束条件，跳出循环为止。

④ 结束部分：该部分主要完成循环结束后的结果处理工作，如对结果进行分析、处理和存放。

根据条件的判断位置与循环次数的控制，循环结构又分为3种基本结构：while结构、do-while结构和for结构。

1）while结构。while结构的特点是先判断后执行，因此，循环体程序也许一次都不执行。

例 5.8 将内部RAM中起始地址为DATA的字符串数据传送扩展到RAM中起始地址为BUFFER的存储区域内，并统计传送字符的个数，直到发现空格字符停止传送。

解： 题目中已明确发现空格字符时就停止传送，因此编程时应先对传送数据进行判断，再决定是否传送。

设DATA为20H，BUFFER为0200H，参考程序如下：

```
         ORG    00000H
DATA     EQU    20H
BUFFER   EQU    0200H
         MOV    R2，#00H              ；统计传送字符个数计数器清零
         MOV    R0，#DATA             ；设置源操作数指针
         MOV    DPTR，#BUFFER         ；设置目标操作数指针
LOOP0：
         MOV    A，@R0                ；取被传送数据
         CJNE   A，#20H，LOOP1        ；判断是否为空格字符（ASCII码为20H）
         SJMP   STOP                  ；是空格字符，停止传送
LOOP1:
         MOVX @DPTR，A                ；不是空格字符，传送数据
         INC    R0                    ；指向下一个被传送地址
         INC    DPTR                  ；指向下一个传送目标地址
         INC    R2                    ；传送字符个数计数器加1
         SJMP   LOOP0                 ；继续下一个循环
STOP:
         SJMP   $                     ；程序结束
         END
```

2）do-while结构。do-while结构的特点是先执行后判断，因此，循环体程序至少要执行一次。

例 5.9 将内部RAM中起始地址为DATA的字符串数据传送扩展到RAM中起始地址为BUFFER的存储区域内，字符串的结束字符是“$”。

解： 程序功能与例5.8基本一致，但字符串的结束字符“$”是字符串中的一员，也是需要传送的，因此，编程时应先传送，再对传送数据进行判断，以判断字符串数据传送是否结束。

设DATA为20H，BUFFER为0200H，参考程序如下：

```
DATA      EQU   20H
BUFFER    EQU   0200H
       ORG      0000H
       MOV      R0，#DATA
       MOV      DPTR，#BUFFER
LOOP0：
       MOV      A，@R0             ；取被传送数据
       MOVX     @DPTR，A
       INC      R0                 ；指向下一个被传送地址
       INC      DPTR               ；指向下一个传送目标地址
       CJNE     A，#24H，LOOP0     ；判断是否为“$”字符（ASCII码为24H），若不是继续
       SJMP$                       ；是“$”字符，停止传送
       END
```

3）for结构。for结构的特点和do-while结构一样也是先执行后判断，但是for结构循环体程序的执行次数是固定的。

例 5.10 编程将扩展 RAM1000H 为起始地址的 16 个数据传送到片内基本 RAM20H 为起始地址的单元中。

解：本例中，数据传送的次数是固定的，为 16 次；因此可用一个计数器来控制循环体程序的执行次数。既可以用加 1 计数来实现控制（采用 CJNE 指令），也可以采用减 1 计数来实现控制（采用 DJNZ 指令）。一般情况下，采用减 1 计数控制居多。

参考程序如下：

```
        ORG     0000H
        MOV     DPTR，#1000H      ；设置被传送数据的地址指针
        MOV     R0，#20H          ；设置目的地地址指针
        MOV     R2，#10H          ；用 R2 做计数器，设置传送次数
    LOOP:
        MOVX    A，@DPTR          ；取被传送数
        MOV     @R0，A            ；传送到目的地
        INC     DPTR              ；指向下一个源操作数地址
        INC     R0                ；指向下一个目的操作数地址
        DJNZ    R2，LOOP          ；计数器 R2 减 1，不为 0 继续传送，否则结束传送
        SJMP    $
        END
```

例 5.11 已知单片机系统的系统时钟频率为 12MHz，试设计一软件延时程序，延时时间为 10ms。

解：软件延时程序是应用编程中的基本子程序，是通过反复执行空操作指令（NOP）和循环控制指令（DJNZ）占用时间来达到延时目的的。因为执行一条指令的时间非常短，一般都需要采用多重循环才能满足要求。

参考程序如下：

```
    源程序                  系统时钟数        占用时间
DELAY:
    MOV   R1，#100            2              1/6μs
DELAY1:
    MOV   R2，#200            2              1/6μs        ┐
DELAY2:                                                   │
    NOP                       1              1/12μs  ┐    │
    NOP                       1              1/12μs  │内  │外
    DJNZ  R2，DELAY2          4              1/3μs   ┘    │
    DJNZ  R1，DELAY1          4              1/3μs        ┘
    RET                       4              1/3μs
```

上例程序中采用了多重循环程序，即在一个循环体中又包含了其他的循环程序。程序中，用 2 条空操作指令 NOP 和一条 DJNZ R2，D2 指令构成内循环，执行一遍占用系统时钟数为 6 个，即占用时间为 0.5μs；内循环的控制寄存器为 R2，即一个外循环占用时钟数为：6×（R2）+2+4≈6×（R2），即占用时间为：0.5μs×（R2）=0.5μs×200=100μs；外循环的控制寄存器为 R1，这个延时程序占用的时钟数为：6×（R2）×（R1）+2+4≈6×（R2）×（R1），即占用时间为：0.5μs×200×100=10ms。

延时时间越长，所需的循环重数就越多，其延时时间的计算可简化为：

内循环体时间×第一重循环次数×第二重循环次数×……

例 5.12 已知单片机的系统时钟为 12MHz，利用 STC-ISP 在线编程软件中的软件延时计算器设计 10ms 的延时程序。

解：打开 STC-ISP 在线编程软件，在右边工具栏中选择“软件延时计算器”，如图 5.6 所示。

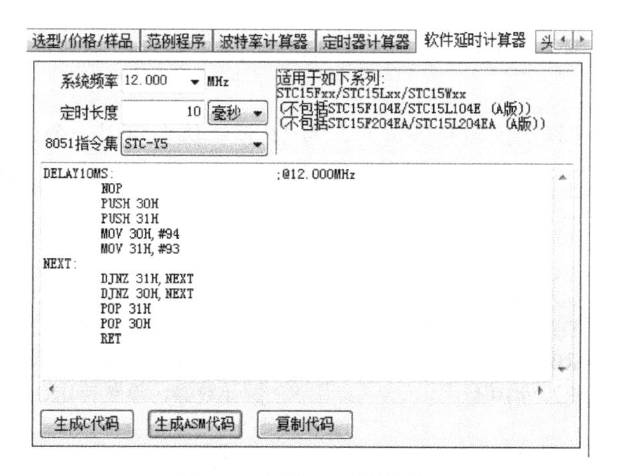

图 5.6　软件延时计算器

（1）选择系统频率：12MHz；

（2）选择定时时间长度的单位与输入定时时间：10 毫秒；

（3）选择 8051 指令集：STC-Y5；

（4）单击“生成 ASM 代码”按钮，即会在信息框中出现 10ms 的汇编语言子程序；

（5）单击“复制代码”按钮，即可将 10ms 的汇编语言子程序直接粘贴到源程序编辑框中。

注：若是 C 语言编程，单击“生成 C 代码”，即会在信息框中出现 10ms 的 C 语言函数。

4．子程序

1）子程序的调用与返回。在实际应用中，经常会遇到一些带有通用性的问题，如数值转换、数值计算等，在一个程序中可能要使用多次。这时可以将其设计成通用的子程序供随时调用。利用子程序可以使程序结构更加紧凑，使程序的阅读和调试更加方便。

子程序的结构与一般的程序并无多大区别，它的主要特点是，在执行过程中需要由其他程序来调用，执行完后又需要把执行流程返回到调用该子程序的主程序中。

当主程序调用子程序时，需使用子程序调用指令 ACALL 或 LCALL；当子程序返回主程序时，要使用子程序返回指令 RET，因此，子程序的最后一条指令一定是子程序返回指令（RET），这也是判断它是否为子程序结构的唯一标志。

子程序调用时要注意两点，一是现场的保护和恢复，二是主程序与子程序间的参数传递。

2）现场保护与恢复。在子程序执行过程中常常要用到单片机的一些通用单元，如工作寄存器 R0～R7、累加器 A、数据指针 DPTR 以及有关标志和状态等，而这些单元中的内容在调用结束后的主程序中仍有用，所以需要进行保护，称为现场保护。在执行完子程序，返回继续执行主程序前要恢复其原内容，称为现场恢复。现场保护与恢复是采用堆栈实现的，保护就是把需要保护的内容压入堆栈，保护必须在执行具体的子程序前完成；恢复就是把原来压入堆栈的数据弹回到原来的位置，恢复必须在执行完具体的子程序后，返回到主程序前完成。根据堆栈的工作特性，现场保护与恢复编程时一定要保证弹出顺序与压入顺序相反。例如：

```
LAA:
    PUSH   ACC              ；现场保护
    PUSH   PSW
    MOV    PSW，#10H        ；选择当前工作寄存器组
    ……                     ；子程序任务
    POP    PSW              ；恢复现场
    POP    ACC
```

```
        RET                                 ；子程序返回
```

3）参数传递。由于子程序是主程序的一部分，所以在程序的执行时必然要发生数据上的联系。在调用子程序时，主程序应通过某种方式把有关参数（即子程序的入口参数）传给子程序。当子程序执行完毕后，又需要通过某种方式把有关参数（即子程序的出口参数）传递给主程序。传递参数的方法主要有三种。

① 利用累加器或寄存器传递。在这种方式中，要把欲传递的参数存放在累加器 A 或工作寄存器 R0～R7 中，即在主程序调用子程序时，应事先把子程序需要的数据送入累加器 A 或指定的工作寄存器中，当子程序执行时，可以从指定的单元中取得数据，执行运算。反之，子程序也可以用同样的方法把结果传送给主程序。

例 5.13 编程实现 $c=a^2+b^2$。设 a、b 均小于 10 且分别存于扩展 RAM 的 1000H、1001H 单元，要求运算结果 c 存于扩展 RAM1002H 单元。

解： 本题可利用子程序完成求单字节数据的平方，然后通过调用子程序求出 a^2 和 b^2。

参考程序如下：

主程序如下：

```
        ORG     0000H
START:
        MOV     DPTR，#1000H
        MOVX    A，@DPTR            ；取 a 的值
        LCALL   SQUARE              ；调用子程序求 a 的平方
        MOV     R1，A               ；a² 暂存于 R1 中
        INC     DPTR
        MOVX    A，@DPTR            ；取 b 的值
        ACALL   SQUARE              ；调用子程序求 b 的平方
        ADD     A，R1               ；A←a²+b²
        INC     DPTR
        MOVX    @DPTR，A            ；存结果
        SJMP    $
```

子程序如下：

```
        ORG     0500H
SQUARE:
        INC     A                   ；表首地址与查表指令相隔 1 个字节，故加 1 调整
        MOVC    A，@A+PC            ；使用查表指令求平方
        RET
TAB:
        DB      0，1，4，9，16，25，36，49，64，81
        END
```

SQUARE 子程序的入口参数和出口参数都是通过 A 进行传递的。

② 利用存储器传递（指针传递）。当传递的数据量比较大时，可以利用存储器实现参数的传递。在这种方式中，事先要建立一个参数表，用指针指示参数表所在的位置，也称指针传递。当参数表建立在内部基本 RAM 时，用 R0 或 R1 作为参数表的指针。当参数表建立在扩展 RAM 时，用 DPTR 作为参数表的指针。

例 5.14 有两个 32 位无符号数分别存放在片内基本 RAM20H 和 30H 为起始地址的存储区域内，低字节在低地址，高字节在高地址。编程将两个 32 位无符号数相加结果存在扩展 RAM0020H 为起始地址的存储区域中。

解： 入口时，R0、R1、DPTR 分别指向被加数、加数、和的低字节地址，R7 传递运算字节数，出口时，DPTR 指向和的高字节地址。

参考程序如下：

主程序：

```
ORG   0000H
MOV   R0，#20H              ；放置被加数指针
MOV   R1，#30H              ；放置加数指针
MOV   DPTR，#0020H          ；放置和数据指针
MOV   R7，#04H              ；放置运算字节数（次数）
LCALL  ADDITION             ；调用加法子程序
SJMP  $
```

子程序：

```
ADDITION:
    CLR   C;
ADDITION1:
    MOV       A，@R0               ；取被加数
    ADDC      A，@R1               ；与加数相加
    MOVX@     DPTR，A              ；存和
    INC       R0                   ；修改指针，指向下一位操作数
    INC       R1
    INC       DPTR
    DJNZ      R7，ADDITION1        ；判断运算是否结束
    CLR       A
    ADDC      A，#00H
    MOVX      @DPTR，A             ；计算与存储最高位的进位位
    RET
    END
```

③ 利用堆栈。利用堆栈传递参数是在子程序嵌套中常采用的一种方法。在调用子程序前，用 PUSH 指令将子程序中所需数据压入堆栈。进入执行子程序时，再用 POP 指令从堆栈中弹出数据。

例 5.15 把内部 RAM 中 20H 单元中的十六进制数转换为 2 位 ASCII 码，存放在 R0 指示的连续单元中。

解：参考程序如下：

主程序：

```
ORG       0000H
MOV       A，20H              ；取转换数据
SWAP      A                   ；高、低 4 位对调
PUSH      ACC                 ；参数（转换数据）入栈
LCALL     HEX_ASC             ；调用十六进制数转换为 ASCII 码子程序
POP       ACC                 ；取转换后数据
MOV       @R0，A              ；存高位十六进制数转换结果
INC       R0                  ；修改指针，指向低位十六进制数转换结果存放地址
PUSH      20H                 ；参数（转换数据）入栈
LCALL     HEX_ASC             ；调用十六进制数转换为 ASCII 码子程序
POP       ACC                 ；取转换后数据
MOV       @R0，A              ；存低位十六进制数转换结果
SJMP      $                   ；程序结束
```

子程序：

```
HEX_ASC:
     MOV   R1，SP             ；取堆栈指针
     DEC   R1
     DEC   R1                 ；R1 指向被转换数据
```

```
        XCH   A, @R1           ; 取被转换数据，同时保存A值
        ANL   A, #0FH          ; 取1位十六进制数
        ADD   A, #2            ; 偏移量调整，所加值为MOVC指令与下一条DB伪指令间字节数
        MOVC  A, @A+PC         ; 查表
        XCH   A, @R1           ; 存结果于堆栈，同时恢复A值
        RET                    ; 子程序返回
```

16位十六进制数码对应的ASCII码如下：

```
    ASC_TAB:
        DB  30H, 31H, 32H, 33H, 34H, 35H, 36H, 37H
        DB  38H, 39H, 41H, 42H, 43H, 44H, 45H, 46H
```

一般说来，当相互传递的数据较少时，采用寄存器传递方式可以获得较快的传递速度：当相互传递的数据较多时，宜采用存储器传递；如果是子程序嵌套，宜采用堆栈方式。

5.2 C51 程序设计

采用高级语言程序编程，对系统硬件资源的分配比用汇编语言简单，且程序的阅读、修改以及移植比较容易，适合于编写规模较复杂的程序，尤其是适合编写运算量较大的程序。

C51是在ANSI C基础上，根据8051单片机特性开发的专门用于8051及8051兼容单片机的C语言。C51在功能、结构上以及可读性、可移植性、可维护性，相比汇编语言，都有非常明显的优势。目前最先进、功能最强大、国内用户最多的C51编译器是Keil Software公司推出的Keil C51，所以一般所说C51就是Keil C51。

C语言程序设计作为普通高等学校理、工科专业学生的必修课程，同学们在学习单片机时已有良好的C语言程序设计能力，有关C语言程序设计的基础内容，在此就不再赘述了，下面结合8051单片机的特点，针对C51的一些新增特性介绍C51的程序设计。

5.2.1 C51 基础

标识符是用来标识源程序中某个对象的名字，这些对象可以是语句、数据类型、函数、变量、常量、数组等。

一个标识符由字符串、数字和下画线组成，第一个字符必须是字母和下画线，通常以下画线开头的标识符是编译系统专用的，因此在编写C语言源程序时一般不使用以下画线开头的标识符，而将下画线作为分段符。C51编译器在编译时，只对标识符的前32个字符编译，因此在编写源程序时标识符的长度不要超过32个字符。在C语言程序中，字母是区分大小写的。

关键字是编程语言保留的特殊标识符，也称为保留字，它们具有固定名称和含义。在C语言的程序编写中，不允许标识符与关键字相同。ANSI C标准一共规定了32个关键字，见表5.1所示。

表5.1 ANSI C规定的关键字

关 键 字	类 型	作 用
auto	存储种类说明	用以说明局部变量，默认值为此
break	程序语句	退出最内层循环体
case	程序语句	switch语句中的选择项
char	数据类型说明	单字节整型数据或字符型数据

续表

关 键 字	类 型	作 用
const	存储类型说明	在程序执行过程中不可更改的常量值
continue	程序语句	转向下一次循环
default	程序语句	switch 语句中的失败选择项
do	程序语句	构成 do-while 循环结构
double	数据类型说明	双精度浮点数
else	程序语句	构成 if-else 选择结构
enum	数据类型说明	枚举
extrrn	存储种类说明	在其他程序模块中说明了的全局变量
float	数据类型说明	单精度浮点数
for	程序语句	构成 for 循环结构
goto	程序语句	构成 goto 循环结构
if	程序语句	构成 if-else 选择结构
int	数据类型说明	基本整型数据
long	数据类型说明	长整型数据
register	存储种类说明	使用 CPU 内部寄存器变量
return	程序语句	函数返回
short	数据类型说明	短整型数据
signed	数据类型说明	有符号数据
sizeof	运算符	计算表达式或数据类型的字节数
static	存储种类说明	静态变量
struct	数据类型说明	结构类型数据
switch	程序语句	构成 switch 选择结构
typedef	数据类型说明	重新进行数据类型定义
union	数据类型说明	联合类型数据
unsigned	数据类型说明	无符号数据
void	数据类型说明	无类型数据
vvolatile	数据类型说明	该变量在程序执行中可被隐含地改变
while	程序语句	构成 while 和 do-while 循环结构

Keil C51 编译器的关键字除了有 ANSI C 标准规定的 32 个关键字外，还根据 8051 单片机的特点扩展了相关的关键字。在 Keil C51 开发环境的文本编辑器中编写的 C 程序，系统可以把保留字以不同颜色表示，默认颜色为蓝色。Keil C51 编译器扩展的关键字见表 5.2 所示。

表 5.2 Keil C51 编译器扩展的关键字

关 键 字	类 型	作 用
bit	位标量声明	声明一个位标量或位类型的函数
sbit	可寻址位声明	定义一个可位寻址变量地址
sfr	特殊功能寄存器声明	定义一个特殊功能寄存器（8 位）地址
sfr16	特殊功能寄存器声明	定义一个 16 位的特殊功能寄存器地址
data	存储器类型说明	直接寻址的 8051 单片机内部数据存储器
bdata	存储器类型说明	可位寻址的 8051 单片机内部数据存储器
idata	存储器类型说明	间接寻址的 8051 单片机内部数据存储器

续表

关 键 字	类 型	作 用
pdata	存储器类型说明	“分页”寻址的 8051 单片机外部数据存储器
xdata	存储器类型说明	8051 单片机的外部（扩展）数据存储器
code	存储器类型说明	8051 单片机程序存储器
interrupt	中断函数声明	定义一个中断函数
reetrant	再入函数声明	定义一个再入函数
using	寄存器组定义	定义 8051 单片机使用的工作寄存器组

1. C51 数据类型

C 语言的数据结构是由数据类型决定的，数据类型可分为基本数据类型和复杂数据类型，复杂数据类型由基本数据类型构造而成。

C 语言的基本数据类型有：char、int、short、long、float、double。

1）Keil C51 编译器支持的数据类型。对于 Keil C51 编译器来说，short 型与 int 型相同，double 型与 float 型相同。表 5.3 所示为 Keil C51 编译器支持的数据类型。

表 5.3 Keil C51 编译器支持的数据类型

数 据 类 型	长 度	值 域
unsigned char	单字节	0～255
signed char	单字节	－128～＋127
unsigned int	双字节	0～65535
signed int	双字节	－32768～＋32767
unsigned long	4 字节	0～4294967295
signed long	4 字节	－2147483648～＋2147483647
float	4 字节	±1.175494E－38～±3.402823E＋38
*	1～3 字节	对象的地址
bit	位	0 或 1
sfr	单字节	0～255
sfr16	双字节	0～65535
sbit	位	0 或 1

2）数据类型分析。

① char 字符类型。有 unsigned char 和 signed char 之分，默认值为 signed char，长度为 1 个字节，用以存放 1 个单字节数据。对于 signed char 型数据，其字节的最高位表示该数据的符号，“0”表示正数，“1”表示负数，数据格式为补码形式，所能表示的数值范围为：－128～＋127；而 unsigned char 型数据是无符号字符型数据，所能表示的数值范围为：0～255。

② int 整型。有 unsigned int 和 signed int 之分，默认值为 signed int，长度为 2 个字节，用以存放双字节数据。signed int 是有符号整型数，unsigned int 是无符号整型数。

③ long 长整型。有 unsigned long 和 signed long 之分，默认值为 signed long，长度为 4 个字节。signed long 是有符号长整型数，unsigned long 是无符号长整型数。

④ float 浮点型。它是符合 IEEE-754 标准的单精度浮点型数据。float 浮点型数据占用 4 个字节（32 位二进制数），其存放格式如下：

字节（偏移）地址	+3	+2	+1	+0
浮点数内容	SEEEEEEE	EMMMMMMM	MMMMMMMM	MMMMMMMM

其中：

S为符号位，存放在最高字节的最高位。“1”表示负，“0”表示正。

E为阶码，占用8位二进制数，E值是以2为底的指数再加上偏移量127，这样处理的目的是为了避免出现负的阶码值，而指数是可正可负的。阶码E的正常取值范围是1～254，而实际指数的取值范围为：－126～＋127。

M为尾数的小数部分，用23位二进制数表示。尾数的整数部分永远为1，因此不予保存，但它是隐含存在的。小数点位于隐含的整数位“1”的后面，一个浮点数的数值表示是$(-1)^{S}\times 2^{E-127}\times(1.M)$。

⑤ 指针型。指针型数据不同于以上4种基本数据类型，它本身是一个变量，但在这个变量中存放的不是普通的数据而是指向另一个数据的地址。指针变量也要占据一定的内存单元，在Keil C51中，指针变量的长度一般为1～3字节。指针变量也具有类型，其表示方法是在指针符号“*”的前面冠以数据类型符号，如“char *point”是一个字符型指针变量。指针变量的类型表示该指针所指向地址中数据的类型。

⑥ bit位标量。这是C51编译器的一种扩充数据类型，利用它可以定义一个位标量。

⑦ sfr定义特殊功能寄存器。这是C51编译器的一种扩充数据类型，利用它可以访问8051单片机的所有内部的特殊功能寄存器。它占用一个内存单元，其取值范围是0～255。

⑧ sfr16定义16位特殊功能寄存器。它占用两个内存单元，其取值范围是0～65535。

⑨ sbit 定义可寻址位。这也是C51编译器的一种扩充数据类型，利用它可以访问8051单片机内部RAM中的可寻址位和特殊功能寄存器的可寻址位。

3）变量的数据类型选择。变量的数据类型选择的基本原则如下：

① 若能预算出变量的变化范围，则可根据变量长度来选择变量的类型，而尽量减少变量的长度。

② 如果程序中不需使用负数，则选择无符号数类型的变量。

③ 如果程序中不需使用浮点数，则要避免使用浮点数变量。

4）数据类型之间的转换。在C语言程序的表达式或变量的赋值运算中，有时会出现运算对象的数据类型不一样的情况，C语言程序允许在标准数据类型之间隐式转换，隐式转换按以下优先级别（由低到高）自动进行：

```
bit→char→int→long→float→signed→unsigned
```

一般来说，如果有几个不同类型的数据同时运算，先将低级别类型的数据转换成高级别类型，再做运算处理，并且运算结果为高级别类型数据。

2. C51的变量

在使用一个变量或常量之前，必须先对该变量或常量进行定义，指出它的数据类型和存储器类型，以便编译系统为它们分配相应的存储单元。

在C51中对变量的定义格式为：

```
        [存储种类] 数据类型 [存储器类型] 变量名表
1       auto       int      data         x;
2                  char     code         y=0x22;
```

行号1中，变量x的存储种类、数据类型、存储器类型分别为auto、int、data。行号2中，变量y只定义了数据类型和存储器类型，未直接给出存储种类。在实际应用中，对于“存储种类”

和“存储器类型”是可选项，默认的存储种类是auto（自动）；如果省略存储器类型时，则按Keil C编译器编译模式SMALL、COMPACT、LARGE所规定的默认存储器类型确定存储器的存储区域。C语言允许在定义变量的同时给变量赋初值，如行号2中对变量的赋值。

1）变量的存储种类。变量的存储种类有4种，分别为：

auto（自动）、extern（外部）、static（静态）、register（寄存器）。

2）变量的存储器类型。Keil C编译器完全支持8051系列单片机的硬件结构、可以访问其硬件系统的各个部分，对于各个变量可以准确地赋予其存储器类型，使之能够在单片机内准确定位。Keil C编译器支持的存储器类型见表5.4所示。

表5.4　Keil C编译器支持的存储器类型

存储器类型	说　明
data	变量分配在低128字节，采用直接寻址方式，访问速度最快
bdata	变量分配在20H～2FH，采用直接寻址方式，允许位或字节访问
idata	变量分配在低128字节或高128字节，采用间接寻址方式
pdata	变量分配在XRAM，分页访问外部数据存储器（256B），用MOVX @Ri指令
xdata	变量分配在XRAM，访问全部外部数据存储器（64KB），用MOVX @DPTR指令
code	变量分配在程序存储器（64KB），用MOVC　A，@A＋DPTR指令访问

3）Keil C编译器的编译模式与默认存储器类型。

① SMALL。变量被定义在8051单片机的内部数据存储器（data）区中，因此对这种变量的访问速度最快。另外，所有的对象，包括堆栈，都必须嵌入内部数据存储器。

② COMPACT。变量被定义在外部数据存储器（pdata）区中，外部数据段长度可达256字节，这时对变量的访问是通过寄存器间接寻址（MOVX @Ri）实现的。采用这种模式编译时，变量的高8位地址由P2口确定，因此在采用这种模式的同时，必须适当改变启动程序STARTUP.A51中的参数：PDATASTART和PDATALEN，用L51进行连接时还必须采用控制命令PDATA来对P2口地址进行定位，这样才能确保P2口为所需要的高8位地址。

③ LARGE。变量被定义在外部数据存储器（xdata）区中，使用数据指针DPTR进行访问，这种访问数据的方法效率是不高的，尤其是对于2个或多个字节的变量，用这种数据访问方法对程序的代码长度影响非常大。另外一个不便之处是数据指针不能对称操作。

3. 8051单片机特殊功能寄存器变量的定义

传统的8051单片机有21个特殊功能寄存器，它们离散地分布在片内RAM的高128字节中。为了能直接访问这些特殊功能寄存器，C51编译器扩充了关键字sfr和sfr16，利用这种关键字可以在C语言源程序中直接对特殊功能寄存器进行定义。

1）8位地址特殊功能寄存器的定义。

定义格式：

```
sfr　特殊功能寄存器名＝特殊功能寄存器的地址常数；
例如，sfr　P0＝0x80；//定义特殊功能寄存器P0口的地址为80H
```

要注意的是：特殊功能寄存器定义与普通变量定义中的赋值，其意义是不一样的，在特殊功能寄存器定义中，赋值是必须有的，用于定义特殊功能寄存器名所对应的内存的地址（即分配存储地址）；而在普通变量的定义中，赋值是可选的，是对变量存储单元赋值。例如，

```
int　i＝0x22；
```

此语句为定义i为整型变量，同时对i进行赋值，即i变量的内容为22H，其效果等同与如

下两条语句：

```
int i;
i=0x22;
```

Keil C 编译器包含了对 8051 系列单片机各特殊功能寄存器定义的头文件 reg51.h，在程序设计时只要利用包含指令将头文件 reg51.h 包含进来即可。但对于增强型 8051 单片机，新增特殊功能寄存器就需要重新定义。例如，

```
sfr  AUXR=0x8E ;        //定义 STC15F2K60S2 单片机特殊功能寄存器 AUXR 的地址为 8EH。
```

2）16 位特殊功能寄存器变量的定义。在新一代的增强型 8051 单片机中，特殊功能寄存器经常组合成 16 位使用，为了有效地访问这种 16 位的特殊功能寄存器，可采用关键字 sfr16 进行定义。

3）特殊功能寄存器中位变量的定义。在 8051 单片机编程中，要经常访问特殊功能寄存器中的某些位，Keil C 编译器为此提供了 sbit 关键字，利用 sbit 可以对特殊功能寄存器中的位寻址变量进行定义，定义方法有如下 3 种：

① sbit 位变量名=位地址。这种方法将位的绝对地址赋给位变量，位地址必须位于 80H～FFH 之间。例如，

```
sbit  OV=0xD2;               //定义位变量 OV（溢出标志），其位地址为 D2H。
sbit  CY=0xD7;               //定义位变量 CY（进位位），其位地址为 D7H。
sbit  RSPIN=0x80;            //定义位变量 RSPIN，其位地址为 80H。
```

② sbit 位变量名=特殊功能寄存器名^位位置。适用已定义的特殊功能寄存器位变量的定义，位位置值为 0～7。例如，

```
sbit  OV=PSW^2 ;             //定义位变量 OV（溢出标志），它是 PSW 的第 2 位。
sbit  CY=PSW^7 ;             //定义位变量 CY（进位位），它是 PSW 的第 7 位。
sbit  RSPIN=P0^0;            //定义位变量 RSPIN，它是 P0 口第 0 位。
```

③ sbit 位变量名=字节地址^位位置。这种方法是以特殊功能寄存器的地址作为基址，其值位于 80H～FFH 之间，位位置值为 0～7。例如，

```
sbit  OV=0xD0^2 ;        //定义位变量 OV（溢出标志），直接指明了特殊功能寄存器 PSW
                         //的地址，它是 0xD0 地址单元的第 2 位。
sbit  CY=0xD0^7 ;        //定义位变量 CY（进位位），直接指明了特殊功能寄存器 PSW
                         //的地址，它是 0xD0 地址单元第 7 位。
sbit  RSPIN=0x80^0;      //定义位变量 RSPIN，直接指明了 P0 口的地址为 80H，它是
                         //80H 的第 0 位。
```

4．8051 单片机位寻址区（20H～2FH）位变量的定义

当位对象位于 8051 单片机内部存储器的可寻址区 bdata 时，称之为“可位寻址对象”。Keil C 编译器编译时会将对象放入 8051 单片机内部可位寻址区。

1）定义位寻址区变量。

例如，

```
int bdata  my_y=0x20      ；定义变量 my_y 的存储器类型为 bdata，分配内存时，
                          ；自然分配到位寻址区，并赋值 20H。
```

2）定义位寻址区位变量。

sbit 关键字可以定义可位寻址对象中的某一位。例如，

```
sbit  my_ybit0=my_y^0    ；定义位变量 my_y 的第 0 位地址为变量 my_ybit0。
sbit  my_ybit15=my_y^15  ；定义位变量 my_y 的第 15 位地址为变量 my_ybit15。
```

操作符后面的位位置的最大值取决于指定基址的数据类型，对于 char 来说是 0～7，对于 int 来说是 0～15，对于 long 来说是 0～31。

5. 函数的定位

1）指定工作寄存器区。当需要指定函数中使用的工作寄存器区时，使用关键字 using 后跟一个 0～3 的数，对应工作寄存器组 0～3 区。例如，

```
        unsigned char GetKey（void）  using 2
{
        ……                                        /*用户代码区*/
}
```

using 后面的数字是 2，说明使用工作寄存器组 2，R0～R7 对应地址为 10H～17H。

2）指定存储模式。用户可以使用 small、compact 及 large 说明存储模式。例如，

```
void OutBCD（void）   small{}
```

small 就说明了函数内部变量全部使用内部 RAM。关键的、经常性的、耗时的地方可以这样声明，以提高运行速度。

6. 中断服务函数

1）中断服务函数的定义。中断服务函数定义的一般形式为：

函数类型 函数名（形式参数表）[interrupt n] [using m]

其中，关键字 interrupt 后面的 n 是中断号，n 的取值范围为 0～31。编译器从 8n+3 处产生中断向量，具体的中断号 n 和中断向量取决于不同的单片机芯片。

关键字 using 用于选择工作寄存器组，m 为对应的寄存器组号，m 取值为 0～3，对应 51 单片机的 0～3 寄存器组。

2）8051 单片机中断源的中断号与中断向量。如表 5.5 所示。

表 5.5 8051 单片机中断源的中断号与中断向量

中 断 源	中 断 号 n	中断向量 8n+3
外部中断 0	0	0003H
定时器/计数器中断 0	1	000BH
外部中断 1	2	0013H
定时器/计数器中断 1	3	001BH
串行口中断	4	0023H

注：STC15F2K60S2 单片机有更多的中断源，各中断源的中断号以及向量地址详见第 7 章。

3）中断服务函数的编写规则。

① 中断函数不能进行参数传递，如果中断函数中包含任何参数声明都将导致编译出错。

② 中断函数没有返回值，如果企图定义一个返回值将得到不正确的结果。因此，最好定义中断函数时将其定义为 void 类型，以明确说明没有返回值。

③ 在任何情况下都不能直接调用中断函数，否则会产生编译错误。因为中断函数的返回是由 8051 单片机指令 RETI 完成的，RETI 指令影响 8051 单片机的硬件中断系统。

④ 如果中断函数中用到浮点运算，必须保存浮点寄存器的状态，当没有其他程序执行浮点运算时可以不保存。

⑤ 如果在中断函数中调用了其他函数，则被调用函数所使用的寄存器组必须与中断函数相同，用户必须保证按要求使用相同的寄存器组，否则会产生不正确的结果。如果定义中断函数时没有使用 using 选项，则由编译器选择一个寄存器组作为绝对寄存器组访问。

7．函数的递归调用与再入函数

语言中允许在调用一个函数过程中，又间接或直接地调用该函数自己，这就称为函数的递归调用。递归调用可以使程序简洁，代码紧凑，但速度会稍慢，并且要占用较大的堆栈空间。

在 C51 中，采用一个扩展关键字 reentrant，作为定义函数时的选项，从而构造成再入函数，使其在函数体内可以直接或间接地调用自身函数，实现递归调用。需要将一个函数定义为再入函数时，只要在函数名后面加上关键字 reentrant 就可以了，格式如下：

函数类型 函数名（形式参数表）[reentrant]

C51 对再入函数有如下的规定：

1）再入函数不能传送 bit 类型参数，也不能定义一个局部位标量。再入函数不能包括位操作以及 51 系列单片机的可位寻址区。

2）编译时在存储器模式的基础上为再入函数在内部或外部存储器中建立一个模拟堆栈区，称为再入栈。再入函数的局部变量及参数被放在再入栈中，从而使再入函数可以进行递归调用。而非再入函数的局部变量被放在再入栈之外的暂存区内，如果对非再入函数进行递归调用，则上次调用时使用的局部变量数据将被覆盖。

3）在参数的传递上，实际参数可以传递给间接调用的再入函数。无再入属性的间接调用函数不能包含调用参数，但是可以定义全局变量来进行参数传递。

8．在 C51 中嵌入汇编

在对硬件进行操作或一些对时钟要求很严格的场合，希望用汇编语言来编写部分程序，使得控制更直接，时序更准确。

1）在 C 文件中以如下方式嵌入汇编代码。

```
#pragma  ASM
    …    ；嵌入的汇编语言代码
    …    ；
#pragma  ENDASM
```

2）在 Keil C51 编译器 Project 窗口中包含汇编代码的 C 文件上单击鼠标右键，选择“Options for…”，单击右边的“Generate Assembler SRC File”并在“Assemble SRC File”前打勾，使检查框由灰色变成黑色（有效）状态。

3）根据选择的编译模式，把相应的库文件（如 Small 模式时，是 Keil\C51\Lib\C5IS.CIB）加入工程中，该文件必须作为工程的最后文件。

4）编译，即可生成目标代码。

这样，在“asm”和“endasm”中的代码将被复制到输出的 SRC 文件中，然后对这个文件编译并和其他的目标文件连接后产生最后的可执行文件。

5.2.2　C51 程序设计举例

1．C51 程序框架

C51 程序的基本组成部分如下：

① 预处理部分。

② 全局变量定义与函数声明。

③ 主函数。

④ 子函数与中断服务函数。

1）预处理。所谓编译预处理，是编译器在对C语言源程序进行正常编译之前，先对一些特殊的预处理命令做解释，产生一个新的源程序。编译预处理主要是为程序调试、程序移植提供便利。

在源程序中，为了区分预处理命令和一般的C语句的不同，所有预处理命令行都以符号“#”开头，并且结尾不用分号。预处理命令可以出现在程序任何位置，但习惯上尽可能地写在源程序的开头，其作用范围从其出现的位置到文件尾。

C语言提供的预处理命令主要有：宏定义、文件包含和条件编译。

① 文件包含。文件包含实际上就是一个源程序文件可以包含另外一个源程序文件的全部内容。文件包含不仅可以包含头文件，如#include < REG51.H>，还可以包含用户自己编写的源程序文件，如#include"MY_PROC.C"。

C51文件中首先必须包含有关8051单片机特殊功能寄存器地址以及位地址定义的头文件，比如#include<REG51.H>。针对增强型8051单片机，可以采用传统8051单片机的头文件，然后再用sfr、sfr16、sbit对新增特殊功能寄存器和可寻址位进行定义；也可将用sfr、sfr16、sbit对新增特殊功能寄存器和可寻址位进行定义的指令添加到REG51.H头文件中，形成该款单片机的头文件，预处理时，将REG51.H换成该单片机的头文件即可。

温馨提示：利用STC-ISP在线编程软件的Keil仿真设置可给Keil系统中添加各STC系列单片机特殊功能寄存器的头文件，如STC15F2K60S2.H。

Keil C51编译器中提供了许多库函数，这些库函数里的函数往往是最常用的、高水平的、经过反复验证过的，所以应尽量直接调用，以减少程序编写的工作量并降低出错的概率。为了使用现成的库函数，一般应在程序的开始处用预处理命令#include< >将有关函数说明的头文件包含进来，这样就不用再另外说明了。Keil C51中常用库函数如表5.6所示。

表5.6　Keil C51中常用库函数

头文件名称	函 数 类 型	头文件名称	函 数 类 型
CTYPL .H	字符函数	ABSACC.H	绝对地址访问函数
STDIO.H	一般I/O函数	INTRINS.H	内部函数
STRING.H	字符串函数	STDARG.H	变量参数表
STDLIB.H	标准函数	SETJMP.H	全程跳转
MATH.H	数学函数		

a. 文件包含预处理命令的一般格式。文件包含预处理命令的一般格式为：

#include <文件名>或# include"文件名"

上述两种方式的区别是：前一种形式的文件名用尖括号括起来，系统将到包含C语言库函数的头文件所在的目录（通常是\Keil\C51\INC）中寻找文件；后一种形式的文件名用双引号括起来，系统先在当前目录下寻找，若找不到，再到其他路径中寻找。

b. 文件包含使用注意事项。

- 一个#include命令只能指定一个被包含的文件。
- 如果文件1包含了文件2，而文件2要用到文件3的内容，则在文件1中用两个#include命令分别包含文件2和文件3，并且文件3包含要写在文件2的包含之前，即在file1.c中定义：

```
# include"file3.c"
# include"file2.c"
```

- 文件包含可以嵌套。在一个被包含的文件中又可以包含另一个被包含文件。

包含文件包含命令为多个源程序文件的组装提供了一种方法。在编写程序时，习惯上将公共的符号常量定义、数据类型定义和extern类型的全局变量说明构成一个源文件，并以“.H”为文件名的后缀。如果其他文件用到这些说明时，只要包含该文件即可，无须再重新说明，减少了工作量。而且这样编程使得各源程序文件中的数据结构、符号常量以及全局变量形式统一，便于程序的修改和调试。

2）宏定义。宏定义分为带参数的宏定义和不带参数的宏定义。

① 不带参数的宏定义。不带参数宏定义的一般格式为：

```
#define 标识符   字符串
```

它的作用是在编译预处理时，将源程序中所有标识符替换成字符串。例如：

```
#define   PI   3.14                    //PI 即为 3.14
#define uchar unsigned   char          //在定义数据类型时，uchar 等效于 unsigned char
```

当需要修改某元素时，只要直接修改宏定义即可，无须修改程序中所有出现该元素的地方。所以宏定义不仅提高了程序的可读性，便于调试，同时也方便了程序的移植。

无参数的宏定义使用时，要注意以下几个问题：

a. 宏名一般用大写字母，以便于与变量名的区别。当然用小写字母也不为错。

b. 在编译预处理中宏名与字符串进行替换时，不做语法检查，只是简单的字符替换，只有在编译时才对已经展开宏名的源程序进行语法检查。

c. 宏名的有效范围是从定义位置到文件结束。如果需要终止宏定义的作用域，可以用#undef命令。例如，

#undef PI //该语句之后的PI不再代表3.14，这样可以灵活控制宏定义的范围。

d. 宏定义时可以引用已经定义的宏名。例如：

```
#define   X   2.0
#define   PI   3.14
#define   ALL   PI*X
```

e. 对程序中用双引号括起来的字符串内的字符，不进行宏的替换操作。

② 带参数的宏定义。为了进一步扩大宏的应用范围，在定义宏时还可以带参数。带参数的宏定义的一般格式为：

```
# define   标识符（参数表）   字符串
```

它的作用是在编译预处理时，将源程序中所有标识符替换成字符串，并且将字符串中的参数用实际使用的参数替换。例如：

```
# define   S（a，b）（a*b）/2
```

若程序中使用了S（3，4），在编译预处理时将替换为（3*4）/2。

3）条件编译。条件编译命令允许对程序中的内容选择性地编译，即可以根据一定的条件选择是否编译。

条件编译命令主要有以下几种形式：

① 形式1。

```
# ifdef 标识符
程序段 1
# else
程序段 2
# endif
```

它的作用是当“标识符”已经由#define定义过了，则编译“程序段1”，否则编译“程序段2”。其中如果不需要编译“程序段2”，则上述形式可以变换为：

```
# ifdef 标识符
程序段 1
# endif
```

② 形式2。

```
# ifndef 标识符
程序段 1
# else
程序段 2
# endif
```

它的作用是当“标识符”没有由#define定义过，则编译“程序段1”，否则编译“程序段2”。同样，若无“程序段2”时，则上述形式变换为：

```
# ifndef 标识符
程序段 1
# endif
```

③ 形式3。

```
# if 表达式
程序段 1
#else
程序段 2
# endif
```

它的作用是当“表达式”值为真时，编译“程序段1”，否则编译“程序段2”。同样当无“程序段2”时，则上述形式变换为：

```
#if 表达式
程序段 1
#endif
```

以上3种形式的条件编译预处理结构都可以嵌套使用。当# else后嵌套#if时，可以使用预处理命令# elif，它相当于# else # if。

在程序中使用条件编译主要是为了方便程序的调试和移植。

2. 全局变量定义与函数声明

1）全局变量的定义。全局变量是指在程序开始处或各个功能函数的外面所定义的变量，在程序开始处定义的变量在整个程序中有效，可供程序中所有的函数共同使用；在各功能函数外面定义的全局变量只对定义处开始往后的各个函数有效，只有从定义处往后的各个功能函数可以使用该变量。

若有些变量是整个程序都需要使用时，例如，LED数码管的字形码或位码，这时有关LED数码管的字形码或位码的定义就应放在程序开始处。

2）函数声明。一个C语言程序可包含多个不同功能的函数，但一个C语言程序中只能有一个且必须有一个名为main()的主函数。主函数的位置可在其他功能函数的前面、之间或最后。当功能函数位于主函数的后面位置时，在主函数调用时，必须对各功能函数“先声明”，一般放在程序的前面。例如，

```
#include <REG51.H>
void delay（void）;            // 声明子函数
void  light1（void）;          // 声明子函数
void light2（void）;           // 声明子函数
/*——————————主函数————————————*/
void main（void）
{
        while（1）
        {
                light1();
```

```
                delay();
                light2();
                delay();
            }
    }
    /*——————————各功能函数略————————————*/
```

主函数调用了 light1()、delay()、 light2()，而且 light1()、delay()、light2()三个功能函数在主函数的后面，在主函数前必须对 light1()、delay()、light2()先做声明。

若功能函数位于主函数的前面位置时，就不必对各功能函数“声明”。

3. C51 程序设计举例

C51 程序设计中常用的语句有：if、while、switch、for 等，下面结合 51 单片机实例介绍有关常用语句以及数组的编程。

例 5.16 用 4 个按键控制 8 只 LED 灯的显示，按下 S1 键，B3、B4 对应灯亮；按下 S2 键，B2、B5 对应灯亮；按下 S3 键，B1、B6 对应灯亮；按下 S4 键，B0、B7 对应灯亮；不按键，B2、B3、B4、B5 对应灯亮。

解：设 P1 口控制 8 只 LED 灯，低电平驱动；KEY_S1、KEY_S2、KEY_S3、KEY_S4 按键分别接 P3.0、P3.1、P3.2、P3.3 引脚，低电平有效。参考程序如下：

```
    #include <REG51.H>
    #define uint unsigned int
    sbit KEY_S1=P3^0;               /* 定义输入引脚*/
    sbit  KEY_S2=P3^1;
    sbit KEY_S3=P3^2;
    sbit KEY_S4=P3^3;
    /*——————延时子函数——————*/
    void delay（uint k）           /*定义延时子函数*/
    {
        uint i，j;
        for（i=0; i<k; i++）
        {
            for（j=0; j<121; j++）
            {; }
        }
    }
    /*——————主函数———————*/
    void main（void）                    /*定义主函数*/
    {
        delay（50）;                    /*调用延时子函数*/
        while（1）
        {
            if（! KEY_S1）{P1=0xe7; }      /*按 S1 键，P1 口 B3、B4 对应灯亮*/
            else if（! KEY_S2）{P1=0xdb; }/*按 S2 键，P1 口 B2、B5 对应灯亮*/
            else if（! KEY_S3）{P1=0xbd; }/*按 S3 键，P1 口 B1、B6 对应灯亮*/
            else if（! KEY_S4）{P1=0x7e; }/*按 S4 键，P1 口 B0、B7 对应灯亮*/
            else {P1=0xc3; }               /*不按键，P1 口 B2、B3、B4、B5 对应
                                                灯亮*/
            delay（5）;
        }
    }
```

例 5.17 用 4 个按键控制 8 只 LED 灯的显示，按下 S1 键，B3、B4 对应灯亮；按下 S2 键，B2、B5 对应灯亮；按下 S3 键，B1、B6 对应灯亮；按下 S4 键，B0、B7 对应灯亮；当不按键或多个键同时按下时，B2、B3、B4、B5 对应灯亮。

解：功能与例 5.16 基本一致，例 5.16 中是采用分支语句 if 实现的，现采用开关语句 switch 实现。设 P1 口控制 8 只 LED 灯，低电平驱动；KEY_S1、KEY_S2、KEY_S3、KEY_S4 按键分别接 P3.0、P3.1、P3.2、P3.3 引脚，低电平有效。参考程序如下：

```
#include <REG51.H>
#define uchar unsigned char
sbit KEY_S1=P3^0;                              /*定义输入引脚*/
sbit KEY_S2=P3^1;
sbit  KEY_S3=P3^2;
sbit KEY_S4=P3^3;
/*——————————————————*/
void main（void）
{
        uchar temp;
        P3=0xff;                               /*将 P3 口置成输入状态*/
        while（1）
        {
            temp=P3;                           /*读 P3 口的输入状态*/
            switch（temp& 0x0f）               /*屏蔽高 4 位*/
            {
                case 0x0e:   P1=0xe7; break;   /*按 S1 键，P1 口 B3、B4 对应灯亮*/
                case 0x0d:   P1=0xdb; break;   /*按 S2 键，P1 口 B2、B5 对应灯亮*/
                case 0x0b:   P1=0xbd; break;   /*按 S3 键，P1 口 B1、B6 对应灯亮*/
                case 0x07:   P1=0x7e; break;   /*按 S4 键，P1 口 B0、B7 对应灯亮*/
                default :   P1=0xc3; break;    /*不按键或同时按下多个按键时，P1 口
                                                     B2、B3、B4、B5 对应灯亮*/
            }
        }
}
```

例 5.18 定义一组数字，上电复位运行，LED 数码管按数组所列数字顺序显示；按下控制键，LED 数码管按数组中数字由小到大显示。

解：设 LED 数码管为共阴极数码管，用 P0 口控制，P0.0～P0.7 与数码管的 a、b、c、d、e、f、g、dp 引脚对应相接，实现显示的字形控制；P2.0～P2.4 与数码管 0～4 的公共端对应相接，实现显示位的控制。

参考程序如下：

```
#define uchar unsigned char
#define uint unsigned int
sbit KEY_S1=P3^2;
uchar code   SEG7[10]={0x3f，0x06，0x5b，0x4f，0x66，0x6d，0x7d，0x07，0x7f，0x6f};
//定义显示段码数组
uchar code ACT[5]={0xfe，0xfd，0xfb，0xf7，0xef}; //定义显示位码数组
uint data   a[10]={222，111，0，333，444，555，888，666，777，999}; /*定义显示数字数组*/
/*——————————延时子函数——————————  —*/
void delay（uint k）                          //定义延时子函数
{
        uint i，j;
        for（i=0; i<k; i++）
        {
```

```
            for (j=0; j<121; j++)
            {; }
        }
}
/ *————————————排序子函数————————————*/
void sort (uint array[], uint n)    //定义排序子函数，按从小到大排序
{
        uint i, j, k, t;
        for (i=0; i<n-1; i++)
        {
            k=i;
            for (j=i+1; j<n; j++)
            {
                    if (array[j]<array[k])   k=j;
            }
            t=array[k];
            array[k]=array[i];
            array[i]=t;
        }
}
/*————————————显示子函数————————————*/
void dis (uint array[], uint n)                              //定义按数组元素的顺序显示数字
{
        uint m,    t;
        for (m=0; m<n; m++)                                   //定义循环显示次数
        {
            for (t=0; t<300; t++)                             //定义每组数字显示的动态扫描次数
            {
                P0=SEG7[array[m]%10];                         //送显示数字的个位数的段码
                P2=ACT[0];                                    //送个位数的位控制码
                delay (2);                                    //设置扫描间隔
                P0=SEG7[ (array[m]/10) %10];                  //送显示数字的十位数的段码
                P2=ACT[1];                                    //送十位数的位控制码
                delay (2);
                P0=SEG7[array[m]/100];                        //送显示数字的百位数的段码
                P2=ACT[2];                                    //送百位数的位控制码
                delay (2);
                P0=SEG7[m];                                   //送数组序号的段控制码
                P2=ACT[4];                                    //送数组序号的位控制码
                delay (2);
            }
        }
}
/*————————————主函数————————————*/
void main (void)
{
        while (1)
        {
            dis (a, 10);
            while (KEY_S1);
            sort (a, 10);
            dis (a, 10);
        }
```

```
    }
```

例 5.19 设计 STC15F2K60S2 单片机预编译部分的通用格式。

解： 为了简化 STC15F2K60S2 单片机的 C 语言编程中，设计一个通用的 STC15F2K60S2 单片机预编译部分，可提供以下便利：

（1）直接使用 STC15F2K60S2 单片机所有的特殊功能寄存器以及可位寻址的特殊功能寄存器的位符号；

（2）STC15F2K60S2 单片机的 I/O 位 PX.Y 可直接用 PXY 表示；

（3）可直接使用 STC-ISP 在线编程软件提供的软件延时函数；

（4）常用的无符号 8 位数据变量可用 uchar 定义，常用的无符号 16 位数据变量可用 uint 定义。

STC15F2K60S2 单片机的通用预编译部分如下：

```
#include<stc15f2k60s2.h>     //包含 STC15F2K60S2 单片机特殊功能寄存器定义的头文件
#include<intrins.h>          //包含空操作、循环左移、循环右移定义的头文件
#define uchar unsigned char  //uchar 等效于 unsigned char
#define uint unsigned int    //uint 等效于 unsigned int
```

本章小结

STC15F2K60S2 单片机的程序设计主要采用两种语言：汇编语言和高级语言（C51）。汇编语言生成的目标程序占用存储空间小，运行速度快，具有效率高、实时强的特点，适合编写短小高效的实时控制程序。采用高级语言程序设计，对系统硬件资源的分配较用汇编语言简单，且程序的阅读、修改以及移植比较容易，适合于编写规模较大的程序，尤其是适合编写运算量较大的程序。

伪指令不同于指令系统中的指令，只有在汇编程序对用户程序进行编译时起控制作用，汇编时不生成机器代码，主要有 ORG、EQU、DATA、DB、DW、DS、BIT、END、INCLUDE 等伪指令。汇编语言源程序采用结构化程序设计，典型程序模块结构有顺序程序、分支程序、循环程序和子程序。

C51 是在 ANSI C 基础上，根据 8051 单片机的特点进行扩展后的语言，主要增加了特殊功能寄存器与可位寻址的特殊功能寄存器寻址位进行地址定义的功能（sfr、sfr16、sbit）、指定变量的存储类型（data、bdata、idata、pdata、xdata、code）以及中断服务函数（interrupt）等功能。常用 C 语言语句有 if 语句、for 语句、while 语句、switch 语句等。

习 题 5

一、填空题

1. 用于设置程序存放首址的伪指令是__________。
2. 用于表示汇编语言源程序结束的伪指令是________。
3. 用于定义存储字节的伪指令是_________。
4. 用于定义存储区域的伪指令是_________。
5. 在 C51 中，用于定义特殊功能寄存器地址的关键字是_________。
6. 在 C51 中，用于定义特殊功能寄存器可寻址位地址的关键字是_________。
7. 在 C51 中，用于定义功能符号与引脚位置关系的关键字是_________。

8．在 C51 中，中断函数的关键字是____________。

9．在 C51 中，定义程序存储器存储类型的关键字是____________。

10．在 C51 中，定义位寻址区存储类型的关键字是____________。

二、选择题

1．下列字符名称中，属于伪指令符号的是______。

A．MOV　　B．MOVC　　C．PUSH　　D．DB

2．下列字符名称中，不属于伪指令符号的是______。

A．DATA　　B．EQU　　C．PUSH　　D．DB

3．下列字符名称中，不属于 8051 单片机指令系统指令符号的是______。

A．XCH　　B．MOVC　　C．POP　　D．DW

4．下列字符名称中，用于定义存储字节的伪指令是______。

A．XCH　　B．DB　　C．DS　　D．DW

5．定义 X 变量，数据类型为 8 位无符号数，并分配到程序存储的空间，赋值 100。正确的语句是____。

A．unsigned char code　x=100;

B．unsigned char data　x= 100;

C．unsigned char xdata　x =100;

D．unsigned char code x; x= 100;

6．定义一个 16 位无符号数变量 y，并分配到位寻址区。正确的语句是_____。

A．unsigned int y;　　B．unsigned int data y;

C．unsigned int xdata y;　　D．unsigned int bdata y;

7．当执行“P1=P1&0xf;”语句，相当于对 P1.0________操作。

A．置 1　　B．置 0　　C．取反　　D．不变

8．当执行“P2=P2|0x01;”语句，相当于对 P2.0_________操作。

A．置 1　　B．置 0　　C．取反　　D．不变

9．当执行“P3=P3^0x01;”语句，相当于对 P3.0_______操作。

A．置 1　　B．置 0　　C．取反　　D．不变

10．当程序预处理部分，有#include<stc15f2k60s2.h>语句时，想对 P0.1 置 1 时，可执行____语句。

A．P01=1;　　B．P0.1=1;　　C．P0^1=1;　　D．P01=!P01;

三、判断题

1．若汇编语言程序的最后一条指令是 RET，这个程序一定是子程序。（　　）

2．顺序程序结构是指程序中无分支、无循环，执行顺序是指令的存放顺序。（　　）

3．在 C51 中，若有“#include<stc15f2k60s2.h>”，则在编程中 P1.2 可直接用 P12 表示。（　　）

4．在分支程序中，各分支程序是相互独立的。（　　）

5．“while(1)”与“for(; ;)”语句的功能是一样的。（　　）

6．在 C51 变量定义中，默认的存储器类型是低 128 字节，直接寻址方式。（　　）

四、问答题

1．简述伪指令 ORG、END 的控制作用。

2．伪指令 EQU 和 DATA 都是用于定义字符名称，试说明它们有什么不同点。

3．伪指令 DB、DW、DS 都是用于定义程序存储空间，试问有什么不同点？试用伪指令定义，从程序存储器 2000H 起预留 10 个地址空间，接着存储数据 20、100，接着再存储字符 W 和 Q 的 ASCII 码。

4．在 C 语言程序中，哪个函数是必须的？C 语言程序的执行顺序是如何决定的？

5．当主函数与子函数在同一个程序文件时，调用时应注意什么？当主函数与子函数分属在不同的程序文件时，调用时有什么要求？

6．函数的调用方式主要有 3 种，请举例说明。

7．全局变量与局部变量的区别是什么？如何定义全局变量与局部变量。

8．Keil C 编译器相比 ANSI C，多了哪些数据类型？举例说明定义单字节数据。

7．sfr、sbit 是 Keil C 编译器部分新增的关键词，请说明其含义。

8．Keil C 编译器支持哪些存储器类型？Keil C 编译器的编译模式与默认存储器类型的关系是怎样的？在实际应用中，最常用的编译模式是什么？

9．数据类型隐式转换的优先顺序是什么？

10．位运算符的优先顺序是什么？

11．简述“while”与“do…while”程序结构的区别。

12．解释 x/y、x%y 的含义。简述算术运算结果送 LED 数码管显示时，如何分解个位数、十位数、百位数等数字位？

四、程序设计题

1．试编写程序，完成两个 16 位数的减法：7F4DH-2B4EH，结果存入基本 RAM 的 30H 和 31H 单元，31H 单元存差的高 8 位，30H 单元存差的低 8 位。

2．试编写程序，将 R2 中的低 4 位数与 R3 中的高 4 位数合并成一个 8 位数，并将其存放在扩展 RAM0201H 单元中。

3．编写程序，将基本 RAM30H～3FH 的内容传送到扩展 RAM0300H～030FH 中。

4．编写程序，查找在基本 RAM 20H～4FH 单元中出现 00H 的次数，并将查找结果存入 50H 单元。

5．编写程序，将扩展 RAM 0200H～02FFH 中的数据块传送到扩展 RAM0300H～03FFH 单元中。

6．试编写程序，将基本 RAM 的 20H、21H 单元和基本 RAM30H、31H 单元中的两个 16 位无符号数相乘，结果存放在扩展 RAM0020H 为起始的单元中。数据存储格式为高位存高位地址，低位存低位地址。

7．若单片机晶振为 $24MH_Z$，从 STC-ISP 在线编程软件工具中获取 40ms 的延时程序。

8．用一个端口输入数据，用一个端口输出数据并控制 8 只 LED 灯的亮灭。当输入数据小于 20 时，奇数位 LED 灯亮；当输入数据位于 20～30 之间时，8 只 LED 灯全亮；当输入数据大于 30 时，偶数位 LED 灯亮。做题要求如下：

（1）画出硬件电路图；

（2）画出程序流程图；

（3）分别用汇编语言和 C51 语言编写程序并进行调试。

第 6 章　STC15F2K60S2 单片机的存储器

前已介绍，STC15F2K60S2 单片机存储器在物理上有 4 个相互独立的存储器空间：程序存储器（程序 Flash）、片内基本 RAM、片内扩展 RAM 与 EEPROM（数据 Flash），本章主要学习各存储区域的存储特性与应用。

6.1　程序存储器

程序存储器的主要作用是存放用户程序，使单片机按用户程序指定的流程与规则运行，完成用户指定的任务。除此以外，程序存储器通常还用来存放一些常数或表格数据（如 π 值、数码显示的字形数据等），供用户程序使用。这些常数作为程序一样通过 ISP 下载程序存放在程序存储器区域。在程序运行过程中，程序存储器的内容只能读取，而不能写入。存在程序存储器中的常数或表格数据，只能采用“MOVC A，@A＋DPTR”或“MOVC A，@A＋PC”指令进行访问。若采用 C51 语言编程，要将存放在程序存储器中的数据存储类型定义为“CODE”。下面以 8 只 LED 灯的显示控制为例，说明程序存储器的应用编程。

例 6.1　设 P1 口驱动 8 只 LED 灯，低电平有效。从 P1 口顺序输出“E7H、DBH、BDH、7EH、3EH、18H、00H、FFH”等 8 组数据，周而复始。

解：首先将这 8 组数据存放在程序存储器中，用汇编语言编程时，采用“DB”伪指令对这 8 组数据进行存储定义；用 C51 语言编程时，采用数组并定义为“code”存储类型。

1）汇编语言参考程序如下：

```
        ORG     0000H
        LJMP    MAIN
        ORG     0100H
MAIN:
        MOV     DPTR，#ADDR         ；DPTR 指向数据存放首址
        MOV     R3，#08H            ；顺序输出显示数据次数，分 8 次传送
LOOP:
        CLR     A                   ；A 清零，DPTR 直接指向读取数据所在地址处
        MOVC    A，@A+DPTR          ；取数
        MOV     P1，A               ；送 P1 口显示
        INC     DPTR                ；DPTR 指向下一个数据
        LCALL   DELAY               ；调延时子程序
        DJNZ    R3，LOOP            ；判断一个循环是否结束，若没有，取、送下一个数据；
        SJMP    MAIN                ；若结束，重新开始
DELAY:
        …                           ；延时子程序（由读者自己完成）
        …
RET                                 ；子程序必须由 RET 指令结束
ADDR:
        DB 0E7H，0DBH，0BDH，7EH，3EH，18H，00H，0FFH  ；定义存储字节数据
```

```
        END
```

2）C51 参考程序如下：

```
    #include <stc15f2k60s2.h>
    #include <intrins.h>
    #define uchar unsigned char
    #define uint unsigned int
    uchar code date[8]={0xe7，0xdb，0xbd，0x7e，0x3e，0x18，0x00，0xff}; //定义显示数据
    /*————————延时子函数————————*/
    void delay（uint k）
    {
            uint i，j;
            for（i=0; i<k; i++）
            {
                    for（j=0; j<121; j++）
                    {; }
            }
    }
    /*————————主函数————————*/
    void main（void）
    {
            uchar i;
            while（1）                          //无限循环
            {
                    for（i=0; i<8; i++）        //顺序输出 8 次
                    {
                            P1=date[i];         //取存在程序存储器中的数据
                            delay（50）;         //设置显示间隔
                    }
            }
    }
```

6.2 基本 RAM

STC15F2K60S2 单片机的基本 RAM 包括低 128 字节 RAM（00H～7FH）、高 128 字节 RAM（80H～FFH）和特殊功能寄存器（80H～FFH）。

1. 低 128 字节 RAM（00H～7FH）

低 128 字节 RAM 是单片机最基本的数据存储区，可以说是“离单片机 CPU 最近”的数据存储区，也是功能最丰富的存储区域。整个 128 字节地址，即可以直接寻址，又可以寄存器间接寻址。其中，00H～1FH 单元可以作为工作寄存器，20H～2FH 单元具有位寻址能力。

例 6.2 采用不同的寻址方式，将数据 00H 写入低 128 字节 00H 单元。

解：

1）寄存器寻址（RS1RS0=00）。

```
    CLR   RS0                        ；令工作寄存器处于 0 区，R0 就等效于 00H 单元
    CLR   RS1
    MOV   R0，#00H
```

2）直接寻址。

```
MOV   00H, #00H              ; 直接将数据00H送入00H单元
```

3）寄存器间接寻址。

```
MOV   R0, #00H               ; R0指向00H单元
MOV   @R0, #00H              ; 数据00H传送R0所指的存储单元中
```

在C51编程中，若采用直接寻址访问低128字节RAM，则变量的数据类型定义为“data”；若采用寄存器间接寻址访问低128字节RAM，则变量的数据类型定义为“idata”。

2. 高128字节RAM（80H～FFH）和特殊功能寄存器（80H～FFH）

高128字节RAM（80H～FFH）和特殊功能寄存器（80H～FFH）的地址是相同的，也就是地址“冲突”了。在实际应用中，是采用不同的寻址方式来区分的，高128字节RAM只能用寄存器间接寻址进行访问（读或写），而特殊功能寄存器只能用直接寻址进行访问。

例6.3 编程分别对高128字节RAM80H单元和特殊功能寄存器80H单元（P0）写入数据20H。

解：

1）对高128字节RAM 80H单元编程。

```
MOV   R0, #80H
MOV   @R0, #20H
```

2）对特殊功能寄存器80H单元编程。

```
MOV   80H, #20H 或 MOV   P0, #20H
```

若要在C51编程中采用高128字节RAM存储数据，则在定义变量时，要将变量的存储类型定义为“idata”，而特殊功能寄存器的操作直接用寄存器名称进行存取操作即可。

6.3 扩展RAM（XRAM）

STC15F2K60S2单片机的扩展RAM空间为1792B，地址范围为：0000H～06FFH。扩展RAM类似于传统的片外数据存储器，采用访问片外数据存储器的访问指令（助记符为MOVX）访问扩展RAM区域。STC15F2K60S2单片机保留了传统8051单片机片外数据存储器的扩展功能，但使用时，片内扩展RAM与片外数据存储器不能同时使用，可通过AUXR的EXTRAM控制位进行选择。扩展片外数据存储器时，要占用P0口、P2口以及ALE、RD与WR引脚，而使用片内扩展RAM时与它们无关。STC15F2K60S2单片机片内扩展RAM与片外可扩展RAM的关系如图6.1所示。

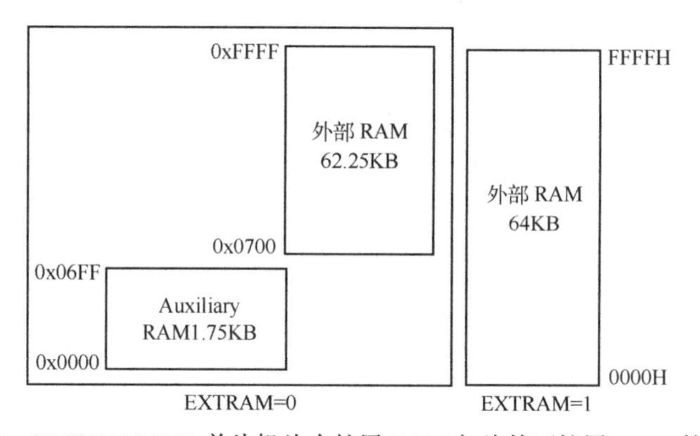

图6.1 STC15F2K60S2单片机片内扩展RAM与片外可扩展RAM的关系

1．内部扩展 RAM 的允许访问与禁止访问

内部扩展RAM的允许访问与禁止访问是通过AUXR的EXTRAM控制位进行选择的，AUXR的格式如下：

	地址	B7	B6	B5	B4	B3	B2	B1	B0	复位值
AUXR	8EH	T0x12	T1x12	UART_M0x6	T2R	T2_C/T	T2x12	EXTRAM	S1ST2	0000 0000

EXTRAM：内部扩展 RAM 访问控制位。(EXTRAM)＝0，允许访问，推荐使用；(EXTRAM)＝1，禁止访问，当扩展了片外 RAM 或 I/O 口，使用时应禁止访问内部扩展 RAM。

内部扩展 RAM 通过 MOVX 指令访问，即"MOVX　A，@DPTR（或@Ri）"和"MOVX　@DPTR（或@Ri），A"指令；在 C 语言中，使用 xdata 声明存储类型即可，如：

```
unsigned char xdata i=0;
```

当超出片内地址时，自动指向片外 RAM。

2．双数据指针的使用

STC15F2K60S2 单片机在物理上设置了两个 16 位的数据指针 DPTR0、DPTR1，但在逻辑上只有 DPTR 一个数据指针地址，在使用时通过 P_SW1 中的 DPS 控制位进行选择。P_SW1 的格式如下：

	地址	B7	B6	B5	B4	B3	B2	B1	B0	复位值
P_SW1	A2H	S1_S1	S1_S0	CCP_S1	CCP_S0	SPI_SI	SPI_S0	0	DPS	0000 0000

DPS：数据寄存器位。(DPS)＝0，选择 DPTR0；(DPS)＝1，选择 DPTR1。P_SW1 不可位寻址，但 DPS 位于 P_SW1 的最低位，可通过对 P_SW1 的加 1 操作来改变 DPS 的值，当 DPS 为 0 时加 1，即变为 1；当 DPS 为 1 时加 1，就变为 0。实现指令为：INC P_SW1。

例 6.4　STC15F2K60S2 单片机内部扩展 RAM 的测试，在内部扩展 RAM 的 0000H 和 0200H 起始处分别存入相同的数据，然后对两组数据一一进行校验，若都相同，说明内部扩展 RAM 完好无损，正确指示灯亮；只要有一组数据不同，停止校验，错误指示灯亮。要求用汇编语言编写。

解：STC15F2K60S2 单片机共有 1792 字节扩展 RAM，在此仅对在 0000H 和 0200H 起始处前 256 个字节进行校验。

程序说明：P1.7 控制 LED 灯为正确指示灯，P1.5 控制 LED 灯为错误指示灯。参考程序（XRAM.ASM）如下：

```
AUXR        EQU  8EH      ；定义 STC15F2K60S2 单片机新增特殊功能寄存器符号
P_SW1       EQU  0A2H
ERROR_LED   BIT  P1.5     ；定义位字符名称
OK_LED  BIT P1.7
        ORG     0000H
        LJMP    MAIN
        ORG     0100H
MAIN:
        MOV     R0，#00H   ；R0 指向校验 RAM 的低 8 位的起始地址
        MOV     R4，#00H   ；R4 指向校验 RAM1 的高 8 位地址
        MOV     R5，#02H   ；R5 指向校验 RAM2 的高 8 位地址
        MOV     R3，#00H   ；用 R3 循环计数器，循环 256 次
        CLR     A          ；清 0 赋值寄存器
LOOP0:
          MOV     P2，R4              ；P2 指向校验 RAM1
```

```
        MOVX    @R0, A              ; 存入校验 RAM1
        MOV     P2, R5              ; P2 指向校验 RAM2
        MOVX    @R0, A              ; 存入校验 RAM2
        INC     R0                  ; R0 加 1
        INC     A                   ; 存入数据值加 1
        DJNZ    R3, LOOP0           ; 判断存储数据是否结束，若没有，转 LOOP0
LOOP1:
        MOV     P2, R4              ; 进入校验，P2 指向校验 RAM1
        MOVX    A, @R0              ; 取第一组数据
        MOV     20H,                ; 暂存在 20H 单元
        MOV     P2, R5              ; P2 指向校验 RAM1
        MOVX    A, @R0              ; 取第二组数据
        INC     R0                  ; DPTR1 加 1
        CJNE    A, 20H, ERROR       ; 第一组数据与第二组数据比较，若不相等，
                                    ; 转错误处理
        DJNZ    R3, LOOP1           ; 若相等，判断校验是否结束
        CLR     OK_LED              ; 全部校验正确，点亮正确指示灯
        SETB    ERROR_LED
        SJMP    FINISH              ; 转结束处理
ERROR:
        CLR     ERROR_LED           ; 点亮错误指示灯
        SETB    OK_LED
FINISH:
        SJMP    $                   ; 原地踏步，表示结束
        END
```

例 6.5 利用 ISP 下载电路（串行口）与 PC 通信，将存入 STC15F2K60S2 单片机内部扩展 RAM 的数据送 PC（下载程序的串口调试界面）显示，以验证存入数据是否正确。要求用 C51 编写。

解：STC15F2K60S2 单片机共有 1792 字节扩展 RAM，在此仅对 256 个字节进行操作。参考程序（xram.c）如下：

```
#include <stc15f2k60s2.h>
sfr T2H=0xd6;                           //自定义特殊功能寄存器
sfr T2L=0xd7;
sfr AUXR=0x8e;
unsigned char  xdata  ram256[256];      //定义片内 ram，256 个字节
unsigned int  i;
/*————————————————与 PC 串行通信口初始化子函数—————————————*/
void serial_initial (void)
{
        SCON=0x50;              //方式 1，8 位可变波特率，无奇偶校验
        T2H=0xff;               //晶振是 18.324MHz，设置 115200bps 波特率定时器初始值
        T2L=0xd8;
        AUXR=0x14;              //T2 为 1T 模式，并启动 T2
        AUXR|=1 ;               //选择 T2 为串行口 1 波特率发生器
        ES=0;                   //不允许串口中断
        EA=0;                   //关总中断
}
/*————————————————————主函数——————————————————————*/
void main (void)
{
    serial_initial();                   //串行口初始化
```

```
    for (i=0; i<256; i++)          //先把 ram 数组以 0~255 填满
    {
        ram256[i]=i;
    }
    for (i=0; i<256; i++)          //通过串口把数据送到电脑显示
    {
        SBUF=ram256[i];
        while (TI==0);             //等待前一个数据发送完成
        TI=0;
    }
    while (1);                     //结束
}
```

3. 片外扩展 RAM 的总线管理

当需要扩展片外扩展 RAM 或 I/O 口时，单片机 CPU 需要利用 P0（低 8 位地址总线与 8 位数据总线分时复用，低 8 位地址总线通过 ALE 由外部锁存器锁存）、P2（高 8 位地址总线）和 P4.2（$\overline{WR}$）、P4.4（$\overline{RD}$）、P4.5（ALE）外引总线进行扩展，STC15F2K60S2 单片机是 1T 单片机，工作速度较高，为了提高单片机与片外扩展芯片工作速度的适应能力，增加了总线管理功能，由特殊功能寄存器 BUS_SPEED 进行控制。BUS_SPEED 的格式如下：

	地址	B7	B6	B5	B4	B3	B2	B1	B0	复位值
BUS_SPEED	A1H	—	—	—	—	—	—	EXRTS[1∶0]		xxxxxx10

EXRTS[1∶0]：P0 输出地址建立与保持时间的设置。具体设置情况见表 6.1 所示。

表 6.1　P0 输出地址建立与保持时间的设置

EXRTS[1：0]		P0 地址从建立（建立时间和保持时间）到 ALE 信号下降沿的系统时钟数（ALE_BUS_SPEED）
0	0	1
0	1	2
1	0	4（默认设置）
1	1	8

片内扩展 RAM 和片外扩展 RAM 都是采用 MOVX 指令进行访问，在 C51 中的数据存储类型都是 xdata。当（EXTRAM）=0 时，允许访问片内扩展 RAM，数据指针所指地址为片内扩展 RAM 地址，超过片内扩展 RAM 地址时，指向片外扩展 RAM 地址；当（EXTRAM）=1 时，禁止访问片内扩展 RAM，数据指针所指地址为片外扩展 RAM 地址。虽然片内扩展 RAM 和片外扩展 RAM 都是采用 MOVX 指令进行访问，但片外扩展 RAM 的访问速度较慢，具体见表 6.2 所示。

表 6.2　片内扩展 RAM 和片外扩展 RAM 访问时间对照表

指令助记符	访问区域与指令周期	
	片内扩展 RAM 指令周期（系统时钟数）	片外扩展 RAM 指令周期（系统时钟数）
MOVX A，@Ri	3	5×ALE_BUS_SPEED+2
MOVX A，@DPTR	2	5×ALE_BUS_SPEED+1
MOVX @Ri，A	4	5×ALE_BUS_SPEED+3
MOVX @DPTR，A	3	5×ALE_BUS_SPEED+2

注：ALE_BUS_SPEED 见表 6.1，设置 ALE_BUS_SPEED 可提高或降低片外扩展 RAM 的访问速度，一般建议采用默认设置。

6.4 E²PROM（数据 Flash）

STC15F2K60S2 单片机的内部 EEPROM 是在数据 Flash 区通过 IAP 技术实现的，内部 Flash 擦写次数可达 100000 次以上。程序在系统 ISP 程序区时可以对用户程序区、数据 Flash 区进行字节读、字节写和扇区擦除操作；程序在用户程序区时，只可以对数据 Flash 区进行字节读、字节写和扇区擦除操作。EEPROM 可分为若干个扇区，每个扇区包含 512 字节，EEPROM 的擦除是按扇区进行的。

1. STC15F2K60S2 单片机内部 EEPROM 的大小与地址

STC15F2K60S2 单片机共有 1KB EEPROM，与程序存储空间是分开编址的，地址范围为 0000H～03FFH，共分为 2 个扇区，每个扇区 512 字节。第一扇区的地址为 0000H～01FFH，第二扇区的地址为 0200H～03FFH。EEPROM 除可以 IAP 用技术读取外，还可以用 MOVC 指令读取，但此时 EEPROM 的首地址不再是 0000H，而是程序存储器空间结束地址的下一个地址，即 F000H。

2. 与 ISP/IAP 功能有关的特殊功能寄存器

STC15F2K60S2 单片机是通过一组特殊功能寄存器进行管理与控制的，各 ISP/IAP 特殊功能寄存器格式见表 6.3。

表 6.3 与 ISP/IAP 功能有关的特殊功能寄存器

	地址	B7	B6	B5	B4	B3	B2	B1	B0	复位状态
IAP_DATA	C2H									1111,1111
IAP_ADDRH	C3H									0000,0000
IAP_ADDRL	C4H									0000,0000
IAP_CMD	C5H	—	—	—	—	—	—	MS1	MS0	xxxx,xx00
IAP_TRIG	C6H									xxxx,xxxx
IAP_CONTR	C7H	IAPEN	SWBS	SWRST	CMD_FAIL	—	WT2	WT1	WT0	0000,x000

1）IAP_DATA：ISP/IAP Flash 数据寄存器。它是 ISP/IAP 操作从 Flash 区中读、写数据的数据缓冲寄存器。

2）IAP_ADDRH、IAP_ADDRL：ISP/IAP Flash 地址寄存器。它们是 ISP/IAP 操作的地址寄存器，IAP_ADDRH 用于存放操作地址的高 8 位，IAP_ADDRL 用于存放操作地址的低 8 位。

3）IAP_CMD：ISP/IAP Flash 命令寄存器。ISP/IAP 操作命令模式寄存器，用于设置 ISP/IAP 的操作命令，但必须在命令触发寄存器实施触发后，方可生效。

MS1/MS0＝0/0 时，为待机模式，无 ISP/IAP 操作。

MS1/MS0＝0/1 时，对数据 Flash（EEPROM）区进行字节读。

MS1/MS0＝1/0 时，对数据 Flash（EEPROM）区进行字节编程。

MS1/MS0＝1/1 时，对数据 Flash（EEPROM）区进行扇区擦除。

4）IAP_TRIG：ISP/IAP Flash 命令触发寄存器。ISP/IAP 操作的命令触发寄存器，在（IAPEN）=1 时，对 IAP_TRIG 先写入 5AH，再写入 A5H，ISP/IAP 命令生效。

5）IAP_CONTR：ISP/IAP Flash 控制寄存器。

IAPEN：ISP/IAP 功能允许位。（IAPEN）=1，允许 ISP/IAP 操作改变数据 Flash；（IAPEN）=0，禁止 ISP/IAP 操作改变数据 Flash。

SWBS、SWRST：软件复位控制位，在软件复位中已做说明。

CMD_FAIL：ISP/IAP Flash 命令触发失败标志。当地址非法时，会引起触发失败，CMD_FAIL 标志为 1，需由软件清 0。

WT2、WT1、WT0：ISP/IAP　Flash 操作时 CPU 等待时间的设置位。具体设置情况见表 6.4 所示。

表 6.4　ISP/IAP 操作 CPU 等待时间的设置

WT2	WT1	WT0	CPU 等待时间（系统时钟）			
			编程（55μs）	读	扇区擦除（21ms）	系统时钟 f_{SYS}
1	1	1	55	2	21012	f_{SYS}<1MHz
1	1	0	110	2	42024	1MHz<f_{SYS}<2MHz
1	0	1	165	2	63036	2MHz<f_{SYS}<3MHz
1	0	0	330	2	126072	3MHz<f_{SYS}<6MHz
0	1	1	660	2	252144	6MHz<f_{SYS}<12MHz
0	1	0	1100	2	420240	12MHz<f_{SYS}<20MHz
0	0	1	1320	2	504288	20MHz<f_{SYS}<24MHz
0	0	0	1760	2	672384	24MHz<f_{SYS}<30MHz

3. ISP/IAP 编程与应用

1）ISP/IAP 特殊功能寄存器地址声明。

```
IAP_DATA        EQU     0C2H
IAP_ADDRH       EQU     0C3H
IAP_ADDRL       EQU     0C4H
IAP_CMD         EQU     0C5H
IAP_TRIG        EQU     0C6H
IAP_CONTR       EQU     0C7H
```

2）定义 ISP/IAP 命令及等待时间。

```
ISP_IAP_BYTE_READ       EQU 1       ；字节读命令代码
ISP_IAP_BYTE_PROGRAM    EQU 2       ；字节编程命令代码
ISP_IAP_SECTOR_ERASE    EQU 3       ；扇区擦除命令代码
WAIT_TIME               EQU 2       ；设置 ISP/IAP 操作，CPU 等待时间
                                    ；根据系统频率，参见表 6.4 设置
```

3）字节读。

```
MOV   IAP_ADDRH，#BYTE_ADDR_HIGH     ；送读单元的地址高字节
MOV   IAP_ADDRL，#BYTE_ADDR_LOW      ；送读单元的地址低字节
MOV   IAP_CONTR，#WAIT_TIME          ；设置等待时间
ORL   IAP_CONTR，#80H                ；允许 ISP/IAP 操作
MOV   IAP_CMD，#ISP_IAP_BYTE_READ    ；送字节读命令
MOV   IAP_TRIG，#5AH                 ；先送 5AH，后送 A5H 到 ISP/IAP 触发
MOV   IAP_TRIG，#0A5H                ；器，用于触发 ISP/IAP 命令。CPU 等
                                     ；待 ISP/IAP 操作，ISP/IAP 动作完成后
```

```
                                        ；才会继续执行程序
    NOP
    MOV   A，IAP_DATA                   ；将读取的 Flash 数据取到 A 中
```

4）字节编程。

```
    注意：字节编程前，必须保证编程单元内容为空，即为 FFH；否则须进行扇区擦除。
    MOV   IAP_DATA，#ONE_DATA           ；送字节编程数据到 IAP_DATA 中
    MOV   IAP_ADDRH，#BYTE_ADDR_HIGH    ；送编程单元的地址高字节
    MOV   IAP_ADDRL，#BYTE_ADDR_LOW     ；送编程单元的地址低字节
    MOV   IAP_CONTR，#WAIT_TIME         ；设置等待时间
    ORL   IAP_CONTR，#80H               ；允许 ISP/IAP 操作
    MOV   IAP_CMD，#ISP_IAP_BYTE_PROGRAM；送字节编程命令
    MOV   IAP_TRIG，#5AH                ；先送 5AH，后送 A5H 到 ISP/IAP 触发
    MOV   IAP_TRIG，#0A5H               ；器，用于触发 ISP/IAP 命令。CPU 等
                                        ；待 ISP/IAP 操作，ISP/IAP 动作完成后
                                        ；才会继续执行程序
    NOP
```

5）扇区擦除。

```
    MOV   IAP_ADDRH，#SECTOR_FIRST_BYTE_ADDR_HIGH    ；送编程单元的地址高字节
    MOV   IAP_ADDRL，#SECTOR_FIRST_BYTE_ADDR_LOW     ；送编程单元的地址低字节
    MOV   IAP_CONTR，#WAIT_TIME                 ；设置等待时间
    ORL   IAP_CONTR，#80H                       ；允许 ISP/IAP 操作
    MOV   IAP_CMD，#ISP_IAP_SECTOR_ERASE        ；送字节编程命令
    MOV   IAP_TRIG，#5AH                        ；先送 5AH，后送 A5H 到 ISP/IAP
    MOV   IAP_TRIG，#0A5H                       ；触发寄存器，用于触发 ISP/IAP
                                                ；命令。CPU 等待 ISP/IAP 操作完
                                                ；成后才会继续执行程序
    NOP
```

特别说明：扇区擦除时，输入该扇区的任意地址皆可。

例 6.6 EEPROM 测试。用 P1 口连接 8 只 LED 灯，低电平有效。当程序开始运行时，点亮 P1.0 控制的 LED 灯，接着进行扇区擦除并检验，若擦除成功再点亮 P1.1 控制的 LED 灯，接着从 EEPROM0000H 开始写入数据，写完后再点亮 P1.2 控制的 LED 灯，接着进行数据校验，若校验成功再点亮 P1.3 控制的 LED 灯，测试成功。否则，点亮 P1.7 控制的 LED 灯，表示测试失败，同时 P2、P0 口显示出错位置。

解：本测试是一个简单测试，目的是学习如何对 EEPROM 进行扇区删除、字节编程、字节读的 ISP/IAP 操作。设晶振频率为 18.432MHz。

1）汇编语言参考程序（EEPROM.ASM）。

```
    ；声明与 IAP/ISP/EEPROM 有关的特殊功能寄存器的地址
    IAP_DATA        EQU     0C2H
    IAP_ADDRH       EQU     0C3H
    IAP_ADDRL       EQU     0C4H
    IAP_CMD         EQU     0C5H
    IAP_TRIG        EQU     0C6H
    IAP_CONTR       EQU     0C7H
    ；定义 ISP/IAP 命令
    CMD_IDLE        EQU     0           ；无效
    CMD_READ        EQU     1           ；字节读
    CMD_PROGRAM     EQU     2           ；字节编程，但先要删除原有的内容
    CMD_ERASE       EQU     3           ；扇区擦除
    ；定义 Flash 操作等待时间及测试常数
    ENABLE_IAP      EQU     82H         ；设置等待时间与允许 IAP 操作
```

```
IAP_ADDRESS        EQU       0000H              ；测试起始地址
    ORG   0000H
    LJMP  MAIN
    ORG   0l00H
MAIN:
    MOV     Pl，#0FEH                           ；演示程序开始工作，点亮 P1.0 控制的 LED 灯
    LCALL   DELAY                               ；延时
    MOV     DPTR，#IAP_ADDRESS                  ；设置擦除地址
    LCALL   IAP_ERASE                           ；调用扇区擦除子程序
    MOV     DPTR，#IAP_ADDRESS                  ；设置检测擦除首地址
    MOV     R0，#0
    MOV     R1，#2
CHECK1:
    LCALL   IAP_READ                            ；检测擦除是否成功
    CJNE    A，#0FFH，ERROR                     ；擦除不成功，点亮 P1.7 控制的 LED 灯
    INC     DPTR
    DJNZ    R0，CHECK1
    DJNZ    R1，CHECK1
    MOV     Pl，#0FCH                           ；擦除成功，再点亮 P1.1 控制的 LED 灯
    LCALL   DELAY                               ；延时
    MOV     DPTR，#IAP_ADDRESS                  ；设置编程首地址
    MOV     R0，#0
    MOV     R1，#2
    MOV     R2，#0
PROGRAM:
    MOV     A，R2
    LCALL   IAP_PROGRAM                         ；调用编程子程序
    INC     DPTR
    INC     R2
    DJNZ    R0，PROGRAM
    DJNZ    R1，PROGRAM
    MOV     Pl，#0F8H                           ；编程成功，再点亮 P1.2 控制的 LED 灯
    LCALL   DELAY                               ；延时
    MOV     DPTR，#IAP_ADDRESS                  ；设置校验首地址
    MOV     R0，#0
    MOV     R1，#2
    MOV     R2，#0
CHECK2:
    LCALL   IAP_READ                            ；调用编程子程序
    CJNE    A，02H，   ERROR                    ；检验不成功，点亮 P1.7 控制的 LED 灯
    INC     DPTR
    INC     R2
    DJNZ    R0，CHECK2
    DJNZ    R1，CHECK2
    MOV     Pl，#0F0H                           ；检验成功，再点亮 P1.3 控制的 LED 灯
    SJMP    $                                   ；程序结束
ERROR:
    MOV     P0，DPL                             ；出错时，显示出错位置
    MOV     P2，DPH
    CLR     P1.7                                ；出错时，点亮 P1.7 控制的 LED 灯
    SJMP    $                                   ；测试结束
；读一字节，调用前需打开 IAP 功能，入口：DPTR＝字节地址，返回：A＝读出字节
IAP_READ:
    MOV   IAP_ADDRH，DPH                        ；设置目标单元地址的高 8 位地址
    MOV   IAP_ADDRL，DPL                        ；设置目标单元地址的低 8 位地址
```

```
        MOV  IAP_CONTR，#ENABLE_IAP        ；打开 IAP 功能，设置 Flash 操作等待时间
        MOV  IAP_CMD，#CMD_READ            ；设置为 EEPROM 字节读模式命令
        MOV     IAP_TRIG，#5AH             ；先送 5AH 到 ISP/IAP 触发寄存器
        MOV     IAP_TRIG，#0A5H            ；再送 A5H，ISP/IAP 命令立即被触发启动
        NOP
        MOV     A，IAP_DATA                ；读出的数据在 IAP_DATA 寄存器中，
                                           ；送入累加器 A
        LCALL   IAP_ IDLE                  ；关闭 IAP 功能，清相关的特殊功能寄存器，
                                           ；使 CPU 处于安全状态
        RET
；字节编程，调用前需打开 IAP 功能，入口：DPTRR＝字节地址，A＝需编程字节的数据
IAP_PROGRAM:
        MOV  IAP_ADDRH，DPH                ；设置目标单元地址的高 8 位地址
        MOV  IAP_ADDRL，DPL                ；设置目标单元地址的低 8 位地址
        MOV  IAP_CONTR，#ENABLE_IAP        ；打开 IAP 功能，设置 Flash 操作等待时间
        MOV  IAP_CMD，#CMD_PROGRAM         ；设置为 EEPROM 字节编程模式命令
        MOV  IAP_DATA，A                   ；编程数据送 IAP_DATA
        MOV  IAP_TRIG，#5AH                ；先送 5AH 到 ISP/IAP 触发寄存器
        MOV  IAP_TRIG，#0A5H               ；再送 A5H，ISP/IAP 命令立即被触发启动
        NOP
        LCALL  IAP_IDLE                    ；关闭 IAP 功能、清相关的特殊功能寄存器，
                                           ；使 CPU 处于安全状态
        RET
；擦除扇区，入口：DPTR＝扇区起始地址
IAP_ERASE:
        MOV  IAP_ADDRH，DPH                ；设置目标单元地址的高 8 位地址
        MOV  IAP_ ADDRL，DPL               ；设置目标单元地址的低 8 位地址
        MOV  IAP_CONTR，#ENABLE_IAP        ；打开 IAP 功能，设置 Flash 操作等待时间
        MOV  IAP_CMD，#CMD_ERASE           ；设置为 EEPROM 扇区删除模式命令
        MOV  IAP_TRIG，#5AH                ；先送 5AH 到 ISP/IAP 触发寄存器
        MOV  IAP_TRIG，#0A5H               ；再送 A5H，ISP/IAP 命令立即被触发启动
        NOP
        LCALL  IAP_IDLE       ；关闭 IAP 功能，清相关的特殊功能寄存器，使 CPU
                                           ；处于安全状态
      RET
；关闭 ISP/IAP 操作功能，清相关的特殊功能寄存器，使 CPU 处于安全状态
IAP_IDLE:
      MOV  IAP_CONTR，#0           ；关闭 IAP 功能
      MOV  IAP_CMD，#0             ；清命令寄存器，使命令寄存器无命令，此句可不用
      MOV  IAP_TRIG，#0            ；清命令触发寄存器，使命令触发寄存器无触发，此句可
                                   ；不用
      MOV  IAP_ADDRH，#80H         ；送地址高字节单元为 80H，指向非 EEPROM 区
      MOV  IAP_ADDRL，#00H         ；送地址低字节单元为 00H，防止误操作
      RET
；延时子程序
DELAY:
    CLR  A
    MOV  R0，A
    MOV  R1，A
    MOV  R2，#20H
    Delay_Loop:
    DJNZ  R0，Delay_Loop
    DJNZ  R1，Delay_Loop
    DJNZ  R2，Delay_Loop
    RET
```

```
    END
```

2）C 语言参考程序。

```
#include <stc15f2k60s2.h>
#include <intrins.h>
#define uchar unsigned char
#define uint unsigned int
/*－－－－－－－－－－－－特殊寄存器定义（这部分可取消）－－－－－－－－－－－－*/
sfr   IAP_DATA＝0xc2;        //IAP 数据寄存器
sfr   IAP_ADDH＝0xc3;        //IAP 高地址寄存器
sfr   IAP_ADDL＝0xc4;        //IAP 低地址寄存器
sfr   IAP_CMD＝0xc5;         //IAP 命令寄存器
sfr   IAP_TRIG＝0xc6;        //IAP 触发寄存器
sfr   IAP_CONTR＝0xc7;       //IAP 控制寄存器
/*－－－－－－－－－－－－－定义 IAP 操作模式字与测试地址－－－－－－－－－－－－－*/
#define   CMD_IDLE           0            //无效模式
#define   CMD_READ           1            //读命令
#define   CMD_PROGRAM        2            //编程命令
#define   CMD_ERASE          3            //擦除命令
#define   ENABLE_IAP         0x82         //允许 IAP，并设置等待时间
#define   IAP_ADDRESS        0x0000       //擦除命令
/*－－－－－－－－－－－－－－－－－延时子函数－－－－－－－－－－－－－－－－－－－－－*/
void Delay（uchar n）
{
        uint   x;
        while（n－－）
        {
               x＝0;
               while（＋＋x);
        }
}
/*－－－－－－－－－－－－－－－－－关闭 IAP 功能－－－－－－－－－－－－－－－－－－*/
IapIdle()
{
           IAP_CONTR＝0;
           IAP_CMD＝0;
           IAP_TRIG＝0;
           IAP_ADDRH＝0x80;
           IAP_ADDRL＝0;
}
/*－－－－－－－－－－－－－－－读 E2PROM 字节子函数－－－－－－－－－－－－－－－－*/
uchar   IapReadByte（uint   addr）              //形参为高位地址和低位地址
{
          uchar dat;
          IAP_CONTR＝ENABLE_IAP;          //设置等待时间，并允许 IAP 操作
          IAP_CMD＝CMD_READ;              //送读字节数据命令 0x01
          IAP_ADDRL＝addr;                //设置 IAP 读操作地址
          IAP_ADDRH＝addr>>8;
          IAP_TRIG＝0x5a;                 //对 IAP_TRIG 先送 0x5a，再送 0xa5 触发 IAP 启动
          IAP_TRIG＝0xa5;
          _nop_();                        //稍等待操作完成
          dat＝IAP_DATA;                  //返回读出数据
          IapIdle（ ）;                    //关闭 IAP
          return dat;
}
```

```
 /*——————————————————写 E²PROM 字节子函数———————————————*/
void IapProgramByte（uint addr，uchar dat） //对字节地址所在扇区擦除
{
        IAP_CONTR=ENABLE_IAP；          //设置等待时间，并允许 IAP 操作
        IAP_CMD=CMD_PROGRAM；           //送编程命令 0x02
        IAP_ADDRL=addr；                //设置 IAP 编程操作地址
        IAP_ADDRH=addr>>8；
        IAP_DATA=dat；                  //设置编程数据
        IAP_TRIG=0x5a；                 //对 IAP_TRIG 先送 0x5a，再送 0xa5 触发 IAP 启动
        IAP_TRIG=0xa5；
        _nop_()；                       //稍等待操作完成
        IapIdle（ ）；
}
/*——————————————————扇区擦除—————————————————————*/
void IapEraseSector（uint addr）
{
        IAP_CONTR=ENABLE_IAP；  //设置等待时间 3，并允许 IAP 操作
        IAP_CMD=CMD_ERASE；     //送扇区删除命令 0x03
        IAP_ADDRL=addr；        //设置 IAP 扇区删除操作地址
        IAP_ADDRH=addr>>8；
        IAP_TRIG=0x5a；         //对 IAP_TRIG 先送 0x5a，再送 0xa5 触发 IAP 启动
        IAP_TRIG=0xa5；
        _nop_()；               //稍等待操作完成
        IapIdle（ ）；
}
/*——————————————————主函数——————————————————————*/
void main()
{
       uint i；
       P1=0xfe;  //程序运行时，点亮 P1.0 控制的 LED 灯
       Delay（10）；
       IapEraseSector（IAP_ADDRESS）；          //扇区擦除
       for（i=0，i<512，i++）
        {
              if（IapReadByte（IAP_ADDRESS+i）！ =0xff）
              goto Error；
       }
      P1=0xfc;  //扇区擦除成功，再点亮 P1.1 控制的 LED 灯
      Delay（10）；
      for（i=0，i<512，i++）
      {
               IapProgramByte（IAP_ADDRESS+i，(uchar）i）；
      }
      P1=0xf8;  //编程完成，再点亮 P1.2 控制的 LED 灯
      Delay（10）；
      for（i=0，i<512，i++）
      {
            if（IapReadByte（IAP_ADDRESS+i）！ = （uchar）i）
            goto   Error；                             //
        }
      P1=0xf0;              //编程校验成功，再点亮 P1.3 控制的 LED 灯
        while（1）；
Error：                     //若扇区擦除不成功或编程校验不成功，点亮 P1.7 控制的 LED 灯
```

```
        P1&=0x7f;
        while (1);
    }
```

4. E^2PROM 使用注意事项

1）ISP/IAP 操作的工作电压要求。5V 单片机在 V_{CC}<低压检测门槛电压时，禁止 ISP/IAP 操作，即禁止对 E^2PROM 的正常操作，此时单片机对相应的 ISP/IAP 指令不响应。实际情况是，对 ISP/IAP 寄存器的操作是执行了，但由于此时工作电压低于可靠的门槛电压以下，单片机内部此时禁止执行 ISP/IAP 操作，即对 E^2PROM 的擦除/编程/读命令均无效。

3V 单片机在 V_{CC}<低压检测门槛电压时，禁止 ISP/IAP 操作，即禁止对 E^2PROM 的正常操作，此时单片机对相应的 ISP/IAP 指令不响应。实际情况是，对 ISP/IAP 寄存器的操作是执行了，但由于此时工作电压低于可靠的门槛电压以下，单片机内部此时禁止执行 ISP/IAP 操作，即对 E^2PROM 的擦除/编程/读命令均无效。

如果电源上电缓慢，可能会由于程序已经开始运行，而此时电源电压还达不到 E^2PROM 的最低可靠工作电压，导致执行相应的 E^2PROM 指令无效，所以建议用户选择高的复位门槛电压。如用户需要宽的工作电压范围，选择了低的复位门槛电压复位，建议对 E^2PROM 进行操作时，要判断低电压 LVDF 标志位。如果该位为“1”，则说明电源电压曾经低于有效的门槛电压，软件将其清零，加几个空操作延时后再读该位的状态，如果为“0”，说明工作电压高于有效的门槛电压，则可进行 E^2PROM 操作。如果为“1”，则将其再清零，一直等到工作电压高于有效的门槛电压，才能进行 E^2PROM 操作。LVDF 标志位在电源控制寄存器 PCON 中，PCON 的格式如下：

	地址	B7	B6	B5	B4	B3	B2	B1	B0	复位值
PCON	87H	SMOD	SMOD0	LVDF	POF	GF1	GF0	PD	IDL	00110000B

PCON 是不可位寻址的，不可直接对 LVDF 进行判别，可通过如下方法判别：

```
    MOV   A, PCON
    ANL   A, #00100000B
    JZ    FY                        ; 若为 0, LVDF 不等于 1
    …                               ; 若不等于 0, 则说明 LVDF 等于 1
```

2）同一次修改的数据放在同一扇区中，不是同一次修改的数据放在另外的扇区，操作时就不需读出来进行保护了。每个扇区使用时，使用的字节数越少越方便。如果一个扇区只放一个字节，那就是真正的 E^2PROM 了，STC 单片机的数据 Flash 比外部 E^2PROM 要快很多，读一个字节是 2 个时钟，编程一个字节是 55μs，擦除一个扇区 21ms。

本章小结

STC15F2K60S2 单片机存储器在物理上有 4 个相互独立的存储器空间：程序存储器（程序 Flash）、片内基本 RAM、片内扩展 RAM 与 E^2PROM（数据 Flash）。

程序存储器除了存储用于指挥单片机工作的程序代码外，还可以用来存放一些固定不变的常数或表格数据，如数码管的字形数据，在汇编语言中，采用伪指令 DB 或 DW 进行定义，在 C 语言中采用指定程序存储器存储类型的方法定义存储数据；使用时，在汇编语言中采用查表指令获取数据，在 C 语言中采用数组引用的方法获取数据。

基本 RAM 分为低 128 字节、高 128 字节和特殊功能寄存器，其中高 128 字节和特殊功能寄存器的地址是重叠的，它们是靠寻址方式来区分的。高 128 字节只能采用寄存器间接寻址进行访问，而特殊功能寄存器只能采用直接寻址进行访问。低 128 字节既可以采用直接寻址，也可采用寄存器间接寻址进行访问，其中 00H～1FH 区间还可采用寄存器寻址，20H～2FH 区间的每一位均具有位寻址能力。

片内扩展 RAM 相当于将传统 8051 单片机的片外数据存储器移到了片内，因此片内扩展 RAM 的访问是采用 MOVX 指令进行访问。

STC15F2K60S2 单片机的内部 E^2PROM 是在数据 Flash 区通过 IAP 技术实现的，内部 Flash 擦写次数可达 100000 次以上。可以对数据 Flash 区进行字节读、字节写与扇区擦除操作。

习　题　6

一、填空题

1. STC15F2K60S2 单片机存储结构的主要特点是_____与数据存储器是分开编址的。

2. 程序存储器用于存放_______、常数数据和______数据等固定不变的信息。

3. STC15F2K60S2 单片机 CPU 中 PC 所指地址空间是______。

4. STC15F2K60S2 单片机的用户程序是从____单元开始执行的。

5. 程序存储器的 0003H～00A83H 单元地址，是 STC15F2K60S2 单片机的______地址。

6. STC15F2K60S2 单片机内部存储器在物理上可分为 4 个空间：_____________、_____________、片内扩展 RAM 和_____________。

7. STC15F2K60S2 单片机片内基本 RAM 分为低 128 字节、____和______等 3 个部分。低 128 字节根据 RAM 作用的差异性，又分为_____________、_____和通用 RAM 区。

8. 工作寄存器区的地址空间为______，位寻址的地址空间为___________。

9. 高 128 字节与特殊功能寄存器的地址空间相同的，当采用____寻址方式访问时，访问的是高 128 字节地址空间；当采用_____________寻址方式访问时，访问的是特殊功能寄存的区域。

10. 特殊功能寄存器中，凡字节地址可以被___整除的，是可以位寻址的。对应可寻址位都有一个位地址，其位地址等于字节地址加上________。但实际编程时，采用______来表示，如 PSW 中的 CY、AC 等。

11. STC 系列单片机的 EEPROM，实际上不是真正的 EEPROM，而是采用_________模拟使用的。对于 STC15FXXXX 系列单片机，用户程序区与 EEPROM 区是_____编址的，分别称为程序 Flash 与数据 Flash；对于 IAP15FXXXX 系列单片机，用户程序区与 EEPROM 区是___编址的，空闲的用户程序区就可用作 EEPROM。

12. STC15F2K60S2 单片机扩展 RAM 分为内部扩展 RAM 和____扩展 RAM，但不能同时使用，当 AUXR 中的 EXTRAM 为______时，选择的是片外扩展 RAM，单片机复位时，EXTRAM=_____，选择的是______。

13. STC15F2K60S2 单片机程序存储的空间的大小是______，地址范围是____________。

14. STC15F2K60S2 单片机扩展 RAM 大小为______，地址范围是________________。

二、选择题

1. 当 RS1RS0= 01 时，CPU 选择的工作寄存的组是_____组。

   A. 0　　B. 1　　C. 2　　D. 3

2. 当 CPU 需选择 2 组工作寄存的组时，RS1RS0 应设置为______。

   A. 00　　B. 01　　C. 10　　D. 11

3．当 RS1RS0=11 时，R0 对应的 RAM 地址为______。

A．00H　　B．08H　　C．10H　　D．18H

4．当 IAP_CMD=01H 时，ISP/IAP 的操作功能是____。

A．无 ISP/IAP 操作　　B．对数据 Flash 进行读操作

C．对数据 Flash 进行编程操作　　D．对数据 Flash 进行擦除操作

三、判断题

1．STC15F2K60S2 单片机保留扩展片外程序存储器与片外数据存储器的功能。（　）

2．凡是字节地址能被 8 整除的特殊功能寄存的是可以位寻址的。（　）

3．STC15F2K60S2 单片机的 EEPROM 是与用户程序区统一编地址的，空闲的用户程序区可通过 IAP 技术用作 EEPROM。（　）

4．高 128 字节与特殊功能寄存器区域的地址是冲突的，当 CPU 采用直接寻址访问的是高 128 字节，采用寄存的间接寻址访问的是特殊功能寄存器。（　）

5．片内扩展 RAM 和片外扩展 RAM 是可以同时使用的。（　）

6．STC15F2K60S2 单片机 EEPROM 是真正的 EEPROM，可按字节擦除与按字节读写数据。（　）

8．STC15F2K60S2 单片机 EEPROM 是按扇区擦除数据的。（　）

9．STC15F2K60S2 单片机 EEPROM 操作的触发代码是先 A5H，后 5AH。（　）

10．当变量的存储类型定义为 data 时，其访问速度是最快的。（　）

四、问答题

1．高 128 字节地址和特殊功能寄存的地址是冲突的，在应用中是如何区分的？

2．特殊功能寄存器的可寻址位，在应用中其位地址是如何描述的？

3．内部扩展 RAM 和片外扩展 RAM 是不能同时使用的，应用中是如何选择的？

4．程序存储的 0000H 单元地址有什么特殊的含义？

5．000023 单元地址有什么特殊含义?

6．STC15F2K60S2 单片机 EEPROM 读操作的工作流程。

7．STC15F2K60S2 单片机 EEPROM 擦除操作的工作流程。

五、程序设计题

1．在程序存储器中，定义存储共阴极数码管的字形数据：3FH、06H、5BH、4FH、66H、6DH、7DH、07H、7FH、6FH，并编程将这些字形数据存储到 EEPROM 0000H～0009H 单元中。

2．编程将数据 100 存入 EEPROM 0000H 单元和片内扩展 RAM 0100H 单元中，读取 EEPROM 0000H 单元内容与片内扩展 RAM 0200H 单元内容比较，若相等，点亮 P1.7 控制的 LED 灯，否则，P1.7 控制的 LED 灯闪烁。

3．编程读取 EEPROM 0001H 单元中数据，若数据中“1”的个数是奇数，点亮 P1.7 控制的 LED 灯；否则，点亮 P1.6 控制的 LED 灯。

第7章　STC15F2K60S2单片机的中断系统

中断的概念是在20世纪50年代中期提出的，是计算机中一个很重要的技术，它既和硬件有关，也和软件有关。正是因为有了中断技术，才使得计算机的工作更加灵活，效率更高。现代计算机中操作系统实现的管理调度，其物质基础就是丰富的中断功能和完善的中断系统。一个CPU资源要面向多个任务，出现资源竞争，而中断技术实质上是一种资源共享技术。中断技术的出现使得计算机的发展和应用大大地推进了一步，中断功能的强弱已成为衡量一台计算机功能完善与否的重要指标。

中断系统是为使CPU具有对外界紧急事件的实时处理能力而设置的。

7.1　中断系统概述

1. 中断系统的几个概念

（1）中断

所谓中断是指程序执行过程中，允许外部或内部事件通过硬件打断程序的执行，使其转向为处理外部或内部事件的中断服务程序中去，完成中断服务程序后，CPU 返回继续执行被打断的程序。如图7.1所示为中断响应过程的示意图，一个完整的中断过程包括4个步骤：中断请求、中断响应、中断服务与中断返回。

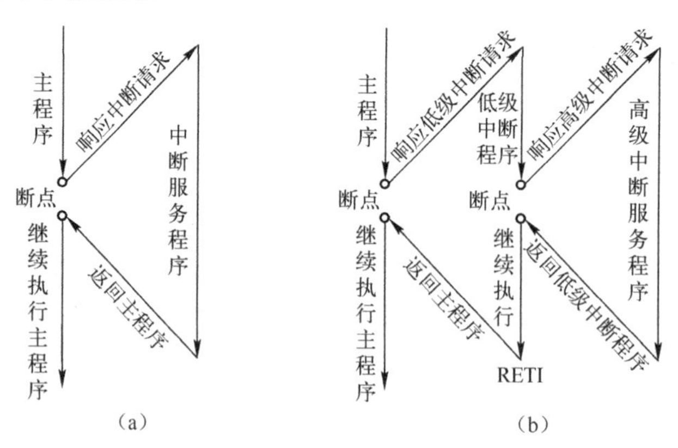

图7.1　中断响应过程示意图

打个比方，当一位经理正处理文件时，电话铃响了（中断请求），不得不在文件上做一个记号（断点地址，即返回地址），暂停工作，去接电话（响应中断），并处理“电话请求”（中断服务），然后再静下心来（恢复中断前状态），接着处理文件（中断返回）……

（2）中断源

引起CPU中断的根源或原因，称为中断源。中断源向CPU提出的处理请求，称为中断请求或中断申请。

（3）中断优先级

当有几个中断源同时申请中断时，那么就存在CPU先响应哪个中断请求的问题？为此，CPU要对各中断源确定一个优先等级，称为中断优先级。中断优先级高的中断请求优先响应。

（4）中断嵌套

中断优先级高的中断请求可以中断CPU正在处理的优先级更低的中断服务程序，待完成了中断优先权高的中断服务程序之后，再继续执行被打断的优先级低的中断服务程序，这就是中断嵌套，如图7.1（b）所示。

2. 中断的技术优势

（1）解决了快速CPU和慢速外设之间的矛盾，可使CPU和外设并行工作

由于应用系统的许多外部设备速度较慢，可以通过中断的方法来协调快速CPU与慢速外部设备之间的工作。

（2）可及时处理控制系统中许多随机参数和信息

依靠中断技术能实现实时控制，实时控制要求计算机能及时完成被控对象随机提出的分析和计算任务。在自动控制系统中，要求各控制参量随机地在任何时刻可向计算机发出请求，CPU必须做出快速响应，及时处理。

（3）具备了处理故障的能力，提高了机器自身的可靠性

由于外界的干扰、硬件或软件设计中存在问题等因素，在实际运行中会出现硬件故障、运算错误、程序运行故障等，有了中断技术，计算机就能及时发现故障并自动处理。

（4）实现人机联系

例如通过键盘向单片机发出中断请求，可以实时干预计算机的工作。

3. 中断系统需要解决的问题

中断技术的实现依赖于一个完善的中断系统，一个中断系统需要解决的问题主要有：

1）当有中断请求时，需要有一个寄存器能把中断源的中断请求记录下来。

2）能够对中断请求信号进行屏蔽，灵活地对中断请求信号实现屏蔽与允许的管理。

3）当有中断请求时，CPU能及时响应中断，停下正在执行的任务，自动转去处理中断服务子程序，中断服务处理后能返回到断点处继续处理原先的任务。

4）当有多个中断源同时申请中断时，应能优先响应优先级高的中断源，实现对中断优先级的控制。

5）当CPU正在执行低优先级中断源中断服务程序时，若这时优先级比它高的中断源也提出中断请求，要求能暂停执行低优先级中断源的中断服务程序转去执行更高优先级中断源的中断服务程序，实现中断嵌套，并能逐级正确返回原断点处。

7.2 STC15F2K60S2 单片机的中断系统

一个中断的工作过程包括中断请求、中断响应、中断服务与中断返回四个阶段，下面按照中断系统工作过程介绍STC15F2K60S2单片机的中断系统。

7.2.1 中断请求

如图 7.2 所示，STC15F2K60S2 单片机的中断系统有 14 个中断源，2 个优先级，可实现二级中断服务嵌套。由片内特殊功能寄存器中的中断允许寄存器 IE、IE2、INT_CLKO 控制 CPU 是否响应中断请求；由中断优先级寄存器 IP、IP2 安排各中断源的优先级；同一优先级内 2 个以上中断同时提出中断请求时，由内部的查询逻辑确定其响应次序。

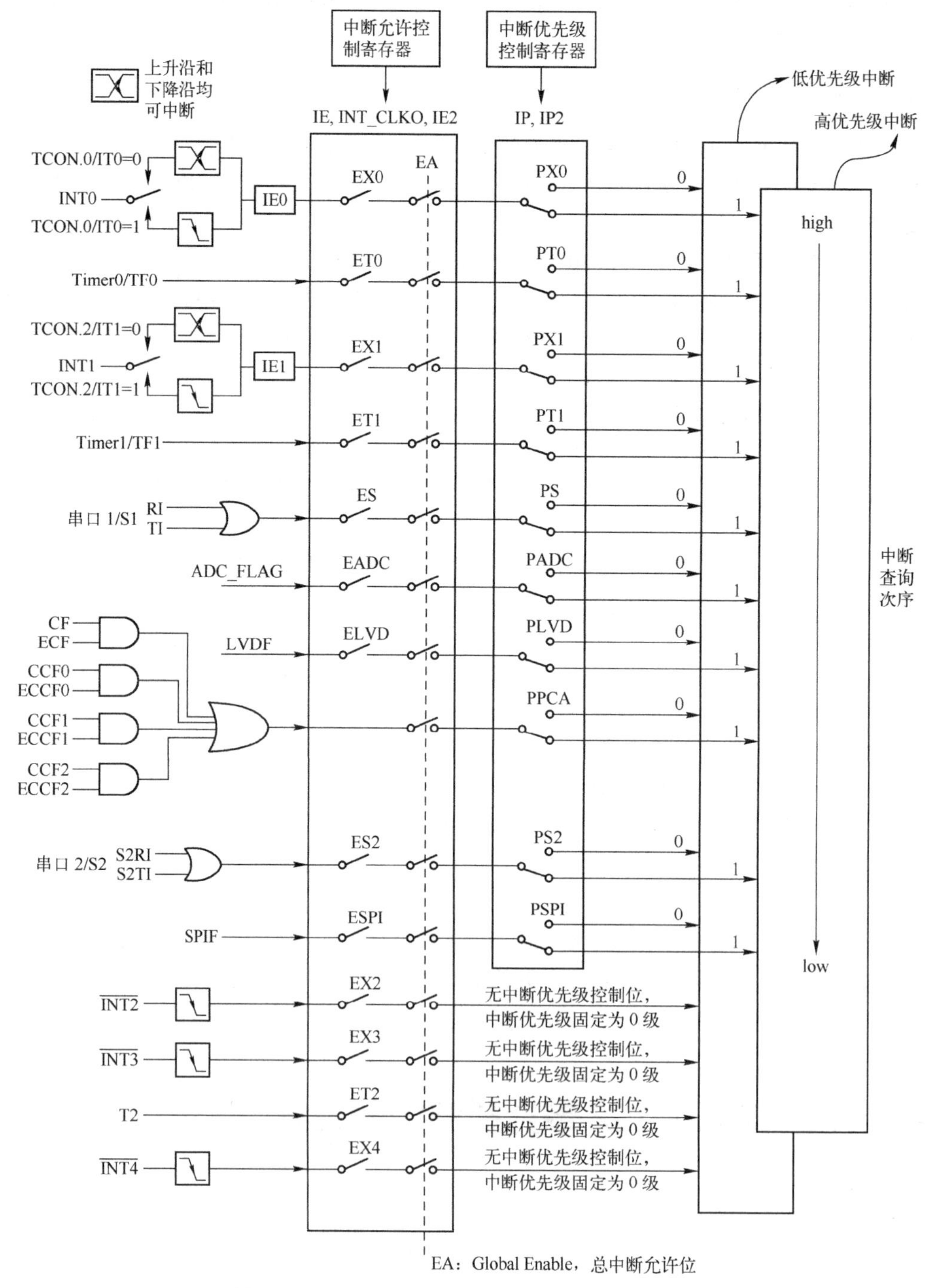

图 7.2　STC15F2K60S2 单片机的中断系统结构图

1. 中断源

STC15F2K60S2 单片机有 14 个中断源，详述如下：

1）外部中断 0（INT0）：中断请求信号由 P3.2 脚输入，通过 IT0 来设置中断请求的触发方式。当 IT0 为“1”时，外部中断 0 为下降沿触发；当 IT0 为“0”时，无论是上升沿还是下降沿，都会引发外部中断 0。一旦输入信号有效，则置位 IE0 标志，向 CPU 申请中断。

2）外部中断 1（INT1）：中断请求信号由 P3.3 脚输入，通过 IT1 来设置中断请求的触发方式。当 IT1 为“1”时，外部中断 0 为下降沿触发；当 IT1 为“0”时，无论是上升沿还是下降沿，都会引发外部中断 0。一旦输入信号有效，则置位 IE1 标志，向 CPU 申请中断。

3）定时器/计数器 T0 溢出中断：当定时器/计数器 T0 计数产生溢出时，定时器/计数器 T0 中断请求标志位 TF0 置位，向 CPU 申请中断。

4）定时器/计数器 T1 溢出中断：当定时器/计数器 T1 计数产生溢出时，定时器/计数器 T1 中断请求标志位 TF1 置位，向 CPU 申请中断。

5）串行口 1 中断：当串行口 1 接收完一串行帧时置位 RI 或发送完一串行帧时置位 TI，向 CPU 申请中断。

6）A/D 转换中断：当 A/D 转换结束后，则置位 ADC_FLAG，向 CPU 申请中断。

7）片内电源低电压检测中断：当检测到电源为低电压，则置位 LVDF；上电复位时，由于电源电压上升有一个过程，低压检测电路会检测到低电压，置位 LVDF，向 CPU 申请中断。单片机上电复位后，（LVDF）=1，若需应用 LVDF，则需先对 LVDF 清 0，若干个系统时钟后，再检测 LVDF。

8）PCA/CCP 中断：PCA/CPP 中断的中断请求信号由 CF、CCF0、CCF1、CCF2 标志共同形成，CF、CCF0、CCF1、CCF2 中任一标志为“1”，都可引发 PCA/CCP 中断。

9）串行口 2 中断：当串行口 2 接收完一串行帧时置位 S2RI 或发送完一串行帧时置位 S2TI，向 CPU 申请中断。

10）SPI 中断：当 SPI 端口一次数据传输完成时，置位 SPIF 标志，向 CPU 申请中断。

11）外部中断 2（$\overline{\text{INT2}}$）：下降沿触发，一旦输入信号有效，则向 CPU 申请中断。中断优先级固定为 0 级（低级）。

12）外部中断 3（$\overline{\text{INT3}}$）：下降沿触发，一旦输入信号有效，则向 CPU 申请中断。中断优先级固定为 0 级（低级）。

13）定时器 T2 中断：当定时器/计数器 T2 计数产生溢出时，即向 CPU 申请中断。中断优先级固定为 0 级（低级）。

14）外部中断 4（$\overline{\text{INT4}}$）：下降沿触发，一旦输入信号有效，则向 CPU 申请中断。中断优先级固定为 0 级（低级）。

2. 中断请求标志

STC15F2K60S2 单片机的 10 个中断源的中断请求标志分别寄存在 TCON、SCON、PCON、S2CON、ADC_CONTR、SPSTAT、CCON 中，详见表 7.1。其中，外部中断 2（$\overline{\text{INT2}}$）、外部中断 3（$\overline{\text{INT3}}$）和外部中断 4（$\overline{\text{INT4}}$）的中断请求标志位被隐藏起来了，对用户是不可见的。当相应的中断被响应后或 EXn=0（n=2、3、4），这些中断请求标志位会自动被清 0；定时器 T2 的中断请求标志位也被隐藏起来了，对用户是不可见的，当 T2 的中断被响应后或 ET2=0，这些中断请求标志位会自动被清 0。

表 7.1　STC15F2K60S2 单片机的 10 个中断源的中断请求标志位

	地址	B7	B6	B5	B4	B3	B2	B1	B0	复位值
TCON	88H	TF1	TR1	TF0	TR0	IE1	IT1	IE0	IT0	0000 0000
SCON	98H	SM0/FE	SM1	SM2	REN	TB8	RB8	TI	RI	0000 0000
S2CON	9AH	S2SM0	—	S2SM2	S2REN	S2TB8	S2RB8	S2TI	S2RI	0x00 0000
PCON	87H	SMOD	SMOD0	LVDF	POF	GF1	GF0	PD	IDL	0011 0000
ADC_CONTR	BCH	ADC_POWER	SPEED1	SPEED0	ADC_FLAG	ADC_START	CHS2	CHS1	CHS0	0000 0000
SPSTAT	CDH	SPIF	WCOL	—	—	—	—	—	—	00xx xxxx
CCON	D8H	CF	CR	—	—	—	CCF2	CCF1	CCF0	00xx x000

下面重点介绍与 STC 系列基本型单片机兼容的 6 个中断源（即外部中断 0 与外部中断 1、定时器/计数器 0 中断与定时器/计数器 0 中断、串行口中断、电源低电压检测中断）的中断请求标志位，其他接口中断的中断请求标志在其对应的接口资源章节中介绍。

1）TCON 寄存器中的中断请求标志。TCON 为定时器 T0 和 T1 的控制寄存器，同时也锁存 T0 和 T1 的溢出中断请求标志及外部中断 0 和 1 的中断请求标志等。与中断有关位如下：

	地址	B7	B6	B5	B4	B3	B2	B1	B0	复位值
TCON	88H	TF1	TR1	TF0	TR0	IE1	IT1	IE0	IT0	0000 0000

① TF1：T1 的溢出中断请求标志。T1 被启动计数后，从初值做加 1 计数，计满溢出后由硬件置位 TF1，同时向 CPU 发出中断请求，此标志一直保持到 CPU 响应中断后才由硬件自动清 0。也可由软件查询该标志，并由软件清 0。

② TF0：T0 溢出中断请求标志。其操作功能与 TF1 相同。

③ IE1：外部中断 1 的中断请求标志。当 INT1 引脚的输入信号满足中断触发要求时，置位 IE1，外部中断 1 向 CPU 申请中断。中断响应后中断请求标志自动清 0。

④ IT1：外部中断 1（INT1）中断触发方式控制位。当（IT1）=1 时，外部中断 1 为下降沿触发方式，在这种方式下，若 CPU 检测到 INT1 出现下降沿信号，则认为有中断申请，随即使 IE1 标志置位。中断响应后中断请求标志会自动清 0，无须做其他处理。

当（IT1）=0 时，外部中断 1 为上升沿触发和下降沿触发方式，在这种方式下，无论 CPU 检测到 INT1 出现下降沿信号还是上升沿信号，都认为有中断申请，随即使 IE1 标志置位。中断响应后中断请求标志会自动清 0，无须做其他处理。

⑤ IE0：外部中断 0 的中断请求标志。其操作功能与 IE1 相同。

⑥ IT0：外部中断 0 的中断触发方式控制位。其操作功能与 IT1 相同。

2）SCON 寄存器中的中断请求标志。SCON 是串行口 1 控制寄存器，其低 2 位 TI 和 RI 锁存串行口 1 的接收中断请求标志和发送中断请求标志如下。

	地址	B7	B6	B5	B4	B3	B2	B1	B0	复位值
SCON	98H	SM0/ FE	SM1	SM2	REN	TB8	RB8	TI	RI	0000 0000

① TI：串行口发送中断请求标志。CPU 将数据写入发送缓冲器 SBUF 时，就启动发送，每发送完一个串行帧，硬件将使 TI 置位。但 CPU 响应中断时并不清除 TI，必须由软件清除。

② RI：串行口接收中断请求标志。在串行口允许接收时，每接收完一个串行帧，硬件将使 RI 置位。同样，CPU 在响应中断时不会清除 RI，必须由软件清除。

8051 系统复位后，TCON 和 SCON 均清 0。

3）PCON 寄存器中中断请求标志。PCON 是电源控制寄存器，其中 B5 位为 LVD 中断源的中断请求标志。

	地址	B7	B6	B5	B4	B3	B2	B1	B0	复位值
PCON	87H	SMOD	SMOD0	LVDF	POF	GF1	GF0	PD	IDL	00110000B

LVDF：片内电源低电压检测中断请求标志，当检测到低电压时，则（LVDF）=1；LVDF 中断请求标志需由软件清 0。

3．中断允许的控制

计算机中断系统有两种不同类型的中断：一类称为非屏蔽中断，另一类称为可屏蔽中断。对非屏蔽中断，用户不能用软件的方法加以禁止，一旦有中断申请，CPU 必须予以响应。对可屏蔽中断，用户则可以通过软件方法来控制是否允许某中断源的中断，允许中断称为中断开放，不允许中断称为中断屏蔽。STC15F2K60S2 单片机的 14 个中断源都是可屏蔽中断，其中断系统内部设有 3 个专用寄存器（IE、IE2、INT_CLKO）用于控制 CPU 对各中断源的开放或屏蔽，详见表 7.2。

表 7.2　STC15F2K60S2 单片机的中断允许控制位

	地址	B7	B6	B5	B4	B3	B2	B1	B0	复位值
IE	A8H	EA	ELVD	EADC	ES	ET1	EX1	ET0	EX0	0000 0000
IE2	AFH	—	—	—	—	—	ET2	ESPI	ES2	xxxx x000
INT_CLKO	8FH	—	EX4	EX3	EX2	LVD_WAKE	T2CLKO	T1CLKO	T0CLKO	x000 0000

1）EA：总中断允许控制位。（EA）=1，开放所有中断（CPU 允许中断），各中断源的允许和禁止可通过相应的中断允许位单独加以控制；（EA）=0，禁止所有中断。

2）ES：串行口 1 中断允许位。（ES）=1，允许串行口 1 中断；（ES）=0，禁止串行口 1 中断。

3）ET1：定时器 T1 中断允许位。（ET1）=1，允许 T1 中断；（ET1）=0，禁止 T1 中断。

4）EX1：外部中断 1（INT1）中断允许位。（EX1）=1，允许外部中断 1 中断；（EX1）=0，禁止外部中断 1 中断。

5）ET0：定时器 T0 中断允许位。（ET0）=1，允许 T0 中断；（ET0）=0，禁止 T0 中断。

6）EX0：外部中断 0（INT0）中断允许位。（EX0）=1，允许外部中断 0 中断；（EX0）=0，禁止外部中断 0 中断。

7）EADC：A/D 转换中断的中断允许位。（EADC）=1，允许 A/D 转换中断；（EADC）=0，禁止 A/D 转换中断。

8）ELVD：片内电源低压检测中断（LVD）的中断允许位。（ELVD）=1，允许 LVD 中断；（ELVD）=0，禁止 LVD 中断。

9）ES2：串行口 2 的中断允许位。（ES2）=1，允许串行口 2 的中断；（ES2）=0，禁止串行口 2 的中断。

10）ESPI：SPI 中断的中断允许位。（ESPI）=1，允许 SPI 中断；（ESPI）=0，禁止 SPI 中断。

11）ET2：定时器 T2 中断的中断允许位。（ET2）=1，允许定时器 T2 中断；（ET2）=0，禁止定时器 T2 中断。

12）EX2：外部中断 2 的中断允许位。（EX2）=1，允许外部中断 2；（EX2）=0，禁止外部中断 2。

13）EX3：外部中断 3 的中断允许位。（EX3）=1，允许外部中断 3；（EX3）=0，禁止外部中断3。

14）EX4：外部中断 4 的中断允许位。（EX4）=1，允许外部中断 4；（EX4）=0，禁止外部中断4。

PCA/CCP 中断的中断请求信号是 CF、CCF0、CCF1、CCF2 的或信号，CF、CCF0、CCF1、CCF2 中断请求信号的允许与否分别由 ECF、ECCF0、ECCF1、ECCF2 控制位进行控制，“1”允许，“0”禁止。

STC15F2K60S2 单片机系统复位后，IE、IE2、INT_CLKO 中各中断允许位均被清 0，即禁止所有中断。

一个中断要处于允许状态，必须满足两个条件：一是总中断允许位为 1，二是该中断的中断允许位为 1。

4. 中断优先的控制

STC15F2K60S2 单片机除外部中断 2（$\overline{\text{INT2}}$）、外部中断 3（$\overline{\text{INT3}}$）、定时器 T2 中断和外部中断 4（$\overline{\text{INT4}}$）为固定低优先级中断外，其他中断都具有 2 个中断优先级，可实现二级中断服务嵌套。IP、IP2 为中断优先级寄存器，锁存各中断源优先级控制位，详见表 7.3。

表 7.3　STC15F2K60S2 单片机的中断优先控制寄存器

	地址	B7	B6	B5	B4	B3	B2	B1	B0	复位值
IP	B8H	PPCA	PLVD	PADC	PS	PT1	PX1	PT0	PX0	0000 0000
IP2	B5H	—	—	—	—	—	—	PSPI	PS2	0000 0000

1）PX0：外部中断 0 中断优先级控制位。

（PX0）=0，外部中断 0 为低优先级中断（优先级 0）。

（PX0）=1，外部中断 0 为高优先级中断（优先级 1）。

2）PT0：定时器/计数器 T0 中断的中断优先级控制位。

（PT0）=0，定时器/计数器 T0 中断为低优先级中断（优先级 0）。

（PT0）=1，定时器/计数器 T0 中断为高优先级中断（优先级 1）。

3）PX1：外部中断 1 中断优先级控制位。

（PX1）=0，外部中断 1 为低优先级中断（优先级 0）。

（PX1）=1，外部中断 1 为高优先级中断（优先级 1）。

4）PT1：定时器/计数器 T1 中断的中断优先级控制位。

（PT1）=0，定时器/计数器 T1 中断为低优先级中断（优先级 0）。

（PT1）=1，定时器/计数器 T1 中断为高优先级中断（优先级 1）；

5）PS：串行口 1 中断的优先级控制位。

（PS）=0，串行口 1 中断为低优先级中断（优先级 0）。

（PS）=1，串行口 1 中断为高优先级中断（优先级 1）。

6）PADC：A/D 转换中断的中断优先级控制位。

（PADC）=0，A/D 转换中断为低优先级中断（优先级 0）。

（PADC）=1，A/D 转换中断为高优先级中断（优先级 1）。

7）PLVD：电源低电压检测中断的中断优先级控制位。

（PLVD）=0，电源低电压检测中断为低优先级中断（优先级 0）。

（PLVD）=1，电源低电压检测中断为高优先级中断（优先级 1）。

8）PPCA：PCA 中断的中断优先级控制位。

（PPCA）=0，PCA 中断为低优先级中断（优先级 0）。

（PPCA）=1，PCA 中断为高优先级中断（优先级 1）。

9）PS2：串行口 2 中断的中断优先级控制位。

（PS2）=0，串行口 2 中断为低优先级中断（优先级 0）。

（PS2）=1，串行口 2 中断为高优先级中断（优先级 1）。

（10）PSPI：SPI 中断的中断优先级控制位。

（PSPI）=0，SPI 中断为低优先级中断（优先级 0）。

（PSPI）=1，SPI 中断为高优先级中断（优先级 1）。

当系统复位后，IP、IP2 的 10 个位全部清 0，所有中断源均设定为低优先级中断。

如果几个同一优先级的中断源同时向 CPU 申请中断，CPU 通过内部硬件查询逻辑，按自然优先级顺序确定先响应哪个中断请求。自然优先权由内部硬件电路形成，排列如下：

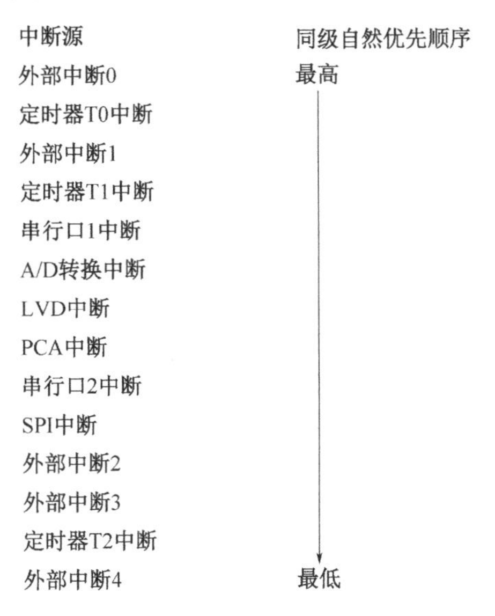

7.2.2 中断响应

1. 中断响应

中断响应是 CPU 对中断源中断请求的响应，包括保护断点和将程序转向中断服务程序的入口地址（通常称为矢量地址）。CPU 并非任何时刻都响应中断请求，而是在中断响应条件满足之后才会响应。

1）中断响应时间问题。当中断源在中断允许的条件下发出中断请求后，CPU 肯定会响应中断，但若有下列任何一种情况存在，则中断响应将受到阻断，会不同程度地增加 CPU 响应中断的时间。

① CPU 正在执行同级或高级优先级的中断。

② 正在执行 RETI 中断返回指令或访问与中断有关的寄存器的指令，如访问 IE 和 IP 的指令。

③ 当前指令未执行完。

若存在上述任何一种情况，中断查询结果即被取消，CPU 不响应中断请求而在下一指令周期继续查询，条件满足，CPU 在下一指令周期响应中断。

在每个指令周期的最后时刻，CPU 对各中断源采样，并设置相应的中断标志位：CPU 在下一个指令周期的最后时刻按优先级顺序查询各中断标志，如查到某个中断标志为 1，将在下一个指令周期按优先级的高低顺序进行处理。

2）中断响应过程。中断响应过程包括保护断点和将程序转向中断服务程序的入口地址。

CPU 响应中断时，将相应的优先级状态触发器置 1，然后由硬件自动产生一个长调用指令 LCALL，此指令首先把断点地址压入堆栈保护，再将中断服务程序的入口地址送入到程序计数器 PC，使程序转向相应的中断服务程序。

STC15F2K60S2 单片机各中断源的入口地址由硬件事先设定，如表 7.4 所示。

表 7.4 STC15F2K60S2 单片机各中断源的入口地址（中断向量）

中 断 源	入口地址（中断向量）	中 断 号
外部中断 0	0003H	0
定时器/计数器 T0 中断	000BH	1
外部中断 1	0013H	2
定时器/计数器 T1 中断	001BH	3
串行口 1 中断	0023H	4
A/D 转换中断	002BH	5
LVD 中断	0033H	6
PCA 中断	003BH	7
串行口 2 中断	0043H	8
SPI 中断	004BH	9
外部中断 2	0053H	10
外部中断 3	005BH	11
定时器 T2 中断	0063H	12
预留中断	006BH、0073H、007BH	13、14、15
外部中断 4	0083H	16

使用时，通常在这些中断入口地址处存放一条无条件转移指令，使程序跳转到用户安排的中断服务程序的起始地址上去。例如：

```
ORG    001BH                        ; T1 中断入口
AJMP   T1_ISR                       ; 转向 T1 中断服务程序
```

其中，中断号是在 C 语言程序中编写中断函数使用的，在中断函数中中断号与各中断源是一一对应的，不能混淆。例如：

```
void   INT0_ISR（void）interrupt 0{}        /*外部中断 0 中断函数*/
Void   Timer0_ISR（void）interrupt 1{}      /*定时器 T0 中断函数*/
void   INT1_ISR（void）interrupt 2{}        /*外部中断 1 中断函数*/
void   Timer1_ISR（void）interrupt 3{}      /*定时器 T1 中断函数*/
void   UART_ISR（void）  interrupt 4{}      /*串行口 1 中断函数*/
void   LVD_ISR（void）interrupt 6{}         /*LVD 中断函数*/
```

3）中断请求标志的撤除问题。CPU 响应中断请求后即进入中断服务程序，在中断返回前，应撤除该中断请求，否则会重复引起中断而导致错误。STC15F2K60S2 单片机各中断源中断请求撤除的方法各不相同，分别为：

① 定时器中断请求的撤除。对于定时器/计数器 T0 或 T1 溢出中断， CPU 在响应中断后即由硬件自动清除其中断标志位 TF0 或 TF1，无须采取其他措施；而定时器 T2 中断的中断请求标志位被隐藏起来了，对用户是不可见的。当相应的中断服务程序执行后，这些中断请求标志位也会自动被清 0。

② 串行口中断请求的撤除。对于串行口 1 中断，CPU 在响应中断后，硬件不会自动清除中断请求标志位 TI 或 RI，必须在中断服务程序中，在判别出是 TI 还是 RI 引起的中断后，再用软件将其清除。

③ 外部中断 0 和外部中断 1 中断请求的撤除。外部中断 0 和外部中断 1 的触发方式可由 ITx（x=0，1）设置，但无论 ITx（x=0，1）设置为“0”还是为“1”，都属于边沿触发，CPU 在响应中断后由硬件自动清除其中断标志位 IE0 或 IE1，无须采取其他措施。

④ 电源低电压检测中断。电源低电压检测中断的中断标志位需要用软件清除。

2. 中断服务与中断返回

中断服务与中断返回就是通过执行中断服务程序完成的。中断服务程序从中断入口地址开始执行，到返回指令“RETI”为止，一般包括四部分内容，其结构是：保护现场，中断服务，恢复现场，中断返回。

保护现场：通常，主程序和中断服务程序都会用到累加器 A、状态寄存器 PSW 及其他一些寄存器，当 CPU 进入中断服务程序用到上述寄存器时，会破坏原来存储在寄存器中的内容，一旦中断返回，将会导致主程序的混乱，因此在进入中断服务程序后，一般要先保护现场，即用入栈操作指令将需要保护的寄存器的内容压入堆栈。

中断服务：中断服务程序的核心部分，是中断源中断请求之所在。

恢复现场：在中断服务结束之后，中断返回之前，用出栈操作指令将保护现场中压入堆栈的内容弹回到相应的寄存器中，注意弹出顺序必须与压入顺序相反。

中断返回：中断返回是指中断服务完成后，计算机返回原来断开的位置（即断点），继续执行原来的程序。中断返回由中断返回指令 RETI 来实现，该指令的功能是把断点地址从堆栈中弹出，送回到程序计数器 PC，此外还通知中断系统已完成中断处理，并同时清除优先级状态触发器。特别要注意不能用“RET”指令代替“RETI”指令。

编写中断服务程序时的注意事项：

1）各中断源的中断入口地址之间只相隔 8 个字节，中断服务程序的字节数往往都大于 8 个字节，因此在中断入口地址单元通常存放一条无条件转移指令，转向执行存放在其他位置的中断服务程序。

2）若要在执行当前中断程序时禁止其他更高优先级中断，需先用软件关闭 CPU 中断，或用软件禁止相应高优先级的中断，在中断返回前再开放中断。

3）在保护和恢复现场时，为了不使现场数据遭到破坏或造成混乱，一般规定此时 CPU 不再响应新的中断请求，因此在编写中断服务程序时，要注意在保护现场前关中断，在保护现场后若允许高优先级中断，则打开中断。同样，在恢复现场前也应先关中断，恢复之后再开中断。

7.2.3 中断应用举例

例 7.1 利用 INT0 引脚输入单次脉冲，每来一个负脉冲，将连接到 P1 口的发光二极管循环点亮（设低电平驱动）。

解：根据题意采用外部中断 0，选择下降沿触发方式；因 LED 灯的驱动信号是低电平有效，设 LED 灯驱动初始值为 FEH。

汇编语言参考程序如下：

```
        ORG     0000H
        LJMP    MAIN
```

```
        ORG     0003H
        LJMP    INT0_ISR
        ORG     0l00H
MAIN:
        MOV     A，#0FEH              ；设置LED灯起始驱动信号
        SETB    IT0                   ；设置外部中断0为下降沿触发方式
        SETB    EX0                   ；开放外部中断0
        SETB    EA                    ；开放总中断
        SJMP    $                     ；原地踏步，起模拟主程序的作用
；外部中断0中断服程序
INT0_ISR:
        MOV     P1，A                 ；输出LED灯驱动信号
        RL      A                     ；左移，为循环点亮LED灯做准备
        RETI                          ；中断返回
        END
```

C51参考程序如下：

```
#include <stc15f2k60s2.h>          //包含stc15f2k60s2单片机的寄存器定义文件
#include <intrins.h>
#define uchar unsigned char
#define uint unsigned int
uchar   i=0xfe;
/*———————————— 外部中断0中断函数————————————————————————*/
void   int0_isr() interrupt 0
{
       Pl=i;
       i<<=1 ;
       if (i==0)   i=0xfe;              //移位8次后，i将变为0，需要重新赋值
}
/*—————————————————————————主函数————————————————————————*/
void   main (void)
{
       IT0=l;              //设置边沿触发方式
       EX0=1 ;             //开放外部中断0
       EA=1 ;
       while (1) ;         //原地踏步，模拟主程序
}
```

7.3 STC15F2K60S2单片机外部中断的扩展

STC15F2K60S2单片机有5个外部中断请求输入端，在实际应用中，若外部中断源数超过5个，则需扩充外部中断源。

1．利用外部中断加查询的方法扩展外部中断源

利用外部中断输入线（如INT0和INT1脚），每一中断输入线可以通过逻辑与的关系连接多个外部中断源，同时利用并行输入端口线作为多个中断源的识别线，其电路原理图如图7.3所示。

由图7.3可知，4个外部扩展中断源通过与门相与后再与INT0（P3.2）相连，4个外部扩展中断源EXINT0～EXINT3中有一个或几个出现低电平时则输出为0，使INT0脚为低电平，从而

发出中断请求。CPU 执行中断服务程序时，先依次查询 P1 口的中断源输入状态，然后转入到相应的中断服务程序，4 个扩展中断源的优先权顺序由软件查询顺序决定，即最先查询的优先权最高，最后查询的优先权最低。

例 7.2 如图 7.4 所示为一个 3 机器故障检测与指示系统，当无故障时，LED3 灯亮；当有故障时，LED3 灯灭，0 号故障时，LED0 灯亮，1 号故障时，LED1 灯亮，2 号故障时，LED2 灯亮。

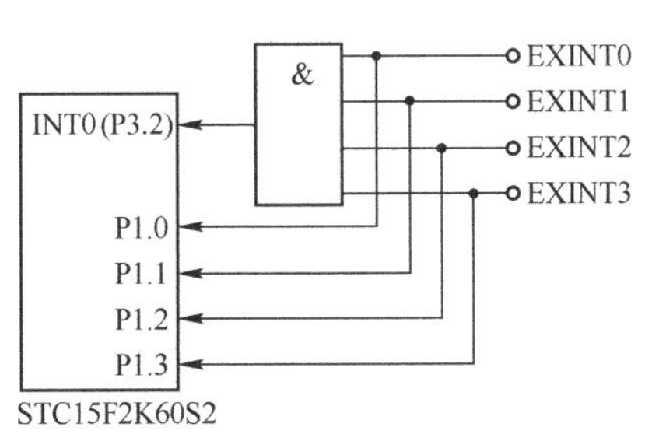

图 7.3 一个外中断扩展成多个外中断的原理图

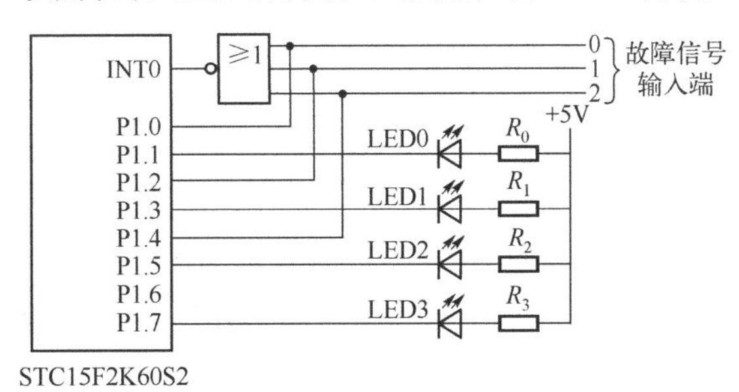

图 7.4 机器故障检测与指示系统

解：由图可知，3 个故障信号分别为 0、1、2，故障信号为高电平有效，0、1、2 号中有 1 个或以上为高电平时，经或非门后输出低电平，产生下降沿信号，向 CPU 发出中断请求。

汇编语言参考程序（XINT.ASM）如下：

```
        ORG     0000H
        LJMP    MAIN
        ORG     0003H
        LJMP    INT0_ISR
        ORG     0100H
MAIN:
        MOV     SP，#60H              ；设定堆栈区域
        SETB    IT0                   ；设定外部中断 0 为下降沿触发方式
        SETB    EX0                   ；开放外部中断 0
        SETB    EA                    ；开放总中断
LOOP:
        MOV     A, P1                 ；读取 P1 口中断输入信号
        ANL     A，#15H               ；截取中断输入信号
        JNZ     Trouble               ；有中断请求，转 Trouble，熄灭正常工作指示灯 LED3
        CLR     P1.7                  ；无中断请求，点亮 LED3
        SJMP    LOOP                  ；循环检查与判断
Trouble:
        SETB    P1.7                  ；熄灭 LED3
        SJMP    LOOP                  ；循环检查与判断
INT0_ISR:
        JNB     P1.0，No_Trouble_0    ；查询 0 号故障源，无故障转 No_Trouble_0，熄灭 LED0
        CLR     P1.1                  ；有 0 号故障，点亮 LED0
        SJMP    Check_Trouble_1       ；继续查询 1 号故障
No_Trouble_0:
        SETB    P1.1
Check_Trouble_1:
        JNB     P1.2，No_Trouble_1    ；查询 1 号故障源，无故障转 No_Trouble_1，熄灭 LED1
        CLR     P1.3                  ；有 1 号故障，点亮 LED1
        SJMP    Check_Trouble_2       ；继续查询 2 号故障
No_Trouble_1:
        SETB    P1.3
Check_Trouble_2:
```

```
        JNB     P1.4，No_Trouble_2  ；查询2号故障源，无故障转No_Trouble_2，熄灭LED2
        CLR     P1.5                ；有2号故障，点亮LED1
        SJMP    Exit_INT0_ISR       ；转中断返回
No_Trouble_2:
        SETB    P1.5
Exit_INT0_ISR:
        RETI                        ；查询结束，中断返回
        END
```

C51参考程序（xint.c）如下：

```
#include <stc15f2k60s2.h>
#include <intrins.h>
#define uchar unsigned char
#define uint unsigned int
/*—————————————————— 外部中断0中断函数—————————————————— */
void  x0_isr（void）interrupt 0
{
        P11=～P10;              //故障指示灯状态与故障信号状态相反
        P13=～P12;
        P15=～P14;
}
/*—————————————————————— 主函数—————————————————————— */
void main（void）
{
        uchar  i;
        IT0=1;              //外部中断0为下降沿触发方式
        EX0=1;              //允许外部中断0
        EA=1;               //总中断允许
        while（1）
        {
            i=Pl;
            if（!（i&=0x15））        //若没有故障，点亮工作指示灯LED3
            Pl7=0;
            else
            Pl7=1;                  //若有故障，熄灭工作指示灯LED3
        }
}
```

2．利用定时器中断、PCA中断扩展外部中断源

定时器中断、当PCA中断不用时，可扩展为下降沿触发的外部中断源，具体内容见定时器、PCA相应章节。

本章小结

中断的概念是在20世纪50年代中期提出的，是计算机中一个很重要的技术，它既和硬件有关，也和软件有关。正是因为有了中断技术，才使得计算机的工作更加灵活、效率更高。现代计算机中操作系统实现的管理调度，其物质基础就是丰富的中断功能和完善的中断系统。一个CPU资源要面向多个任务，出现资源竞争，而中断技术实质上是一种资源共享技术。中断技术的出现

使得计算机的发展和应用大大地推进了一步。所以中断功能的强弱已成为衡量一台计算机功能完善与否的重要指标。

中断处理一般包括中断请求、中断响应、中断服务和中断返回四个过程。

STC15F2K60S2 单片机的中断系统有 14 个中断源，2 个优先级，可实现 2 级中断服务嵌套。由片内特殊功能寄存器中的中断允许寄存器 IE、IE2、INT_CLKO 控制 CPU 是否响应中断请求；由中断优先级寄存器 IP、IP2 安排各中断源的优先级；同一优先级内中断同时提出中断请求时，由内部的查询逻辑确定其响应次序。

习 题 7

一、填空题

1．CPU 面向 I/O 口的服务方式包括______________、_____________与 DMA 通道等 3 种方式。

2．中断过程包括中断请求、______________、_____________与中断返回等 4 个工作过程。

3．中断服务方式中，CPU 与 I/O 设备是______________工作的。

4．根据中断请求能否被 CPU 响应，可分为非屏蔽中断和______________两种类型。STC15F2K60S2 单片机的所有中断都属于______________。

5．若要求 T0 中断，除对 ET0 置 1 外，还需对______置 1。

6．STC15F2K60S2 单片机的中断优先等级分为 2 个优先等级，当处于同一个中断优先级时，前 5 个中断的自然优先顺序由高到低是______________、T0 中断、______________、______________、串行口 1 中断。

7．外部中断 0 中断请求信号输入引脚是______________，外部中断 1 中断请求信号输入引脚是______________。外部中断 0、外部中断 1 的触发方式由___________和___________两种类型。当 IT0=1 时，外部中断 0 的触发方式是____________。

8．外部中断 2 中断请求信号输入引脚是______________，外部中断 3 中断请求信号输入引脚是______________，外部中断 4 中断请求信号输入引脚是______________。外部中断 2、外部中断 3、外部中断 4 的中断触发方式只有 1 种类型，属于_____________触发方式。

9．外部中断 0、外部中断 1、外部中断 2、外部中断 3、外部中断 4 中断源的中断请求标志，在中断响应后相应的中断请求标志____自动清零。

10．串行口 1 的中断包括_____________和_____________两个中断源，对应两个中断请求标志，串行口 1 的中断请求标志在中断响应后____自动清零。

11．中断函数定义的关键字是_____________。

12．外部中断 0 的中断向量地址、中断号分别是____________和____________。

13．外部中断 1 的中断向量地址、中断号分别是____________和____________。

14．T0 中断的中断向量地址、中断号分别是____________和____________。

15．T1 中断的中断向量地址、中断号分别是____________和____________。

16．串行口 1 中断的中断向量地址、中断号分别是____________和____________。

二、选择题

1．执行“EA=1;EX0=1;EX1=1;ES=1;”语句后，叙述正确的是_______。

A．外部中断 0、外部中断 1、串行口 1 允许中断

B．外部中断 0、T0、串行口 1 允许中断

C．外部中断 0、T1、串行口 1 允许中断

D．T0、T1、串行口 1 允许中断

2．执行“PS=1;PT1=1;”语句后，按照中断优先权由高到低排序，叙述正确的是_______。

A．外部中断 0→T0 中断→外部中断 1→T1 中断→串行口 1 中断

B．外部中断 0→T0 中断→T1 中断→外部中断 1→串行口 1 中断

C．T1 中断→串行口 1 中断→外部中断 0→T0 中断→外部中断 1

D．T1 中断→串行口 1→T0 中断→中断外部中断 0→外部中断 1

3．执行“PS=1;PT1=1;”语句后，叙述正确的是_______。

A．外部中断 1 能中断正在处理的外部中断 0

B．外部中断 0 能中断正在处理的外部中断 1

C．外部中断 1 能中断正在处理的串行口 1 中断

D．串行口 1 中断能中断正在处理的外部中断 1

4．现要求允许 T0 中断，并设置为高级，下列编程正确的是_______。

A．ET0=1;EA=1;PT0=1;

B．ET0=1;IT0=1;PT0=1;

C．ET0=1;EA=1;IT0=1;

D．IT0=1;EA=1;PT0=1;

5．当 IT0=1 时，外部中断 0 的触发方式是_______。

A．高电平触发　　B．低电平触发

C．下降沿触发　　D．上升沿、下降沿皆触发

6．当 IT1=1 时，外部中断 1 的触发方式是_______。

A．高电平触发　　B．低电平触发

C．下降沿触发　　D．上升沿、下降沿皆触发

三、判断题

1．STC15F2K60S2 单片机中，只要中断源有中断请求，CPU 一定会响应该中断请求。（　）

2．当某中断请求允许位为 1，且 CPU 中断允许位（EA）为 1 时，该中断源有中断请求，CPU 一定会响应该中断。（　）

3．当某中断源在中断允许的情况下，若有中断请求，CPU 会立马响应该中断请求。（　）

4．CPU 响应中断的首要事情是保护断点地址，然后自动转到该中断源对应的中断向量地址处执行程序。（　）

5．外部中断 0 的中断号是 1。（　）

6．T1 中断的中断号是 3。（　）

7．在同级中断中，外部中断 0 能中断正在处理的串行口 1 中断。（　）

8．高优先级中断能中断正在处理的低优先级中断。（　）

9．中断函数中能传递参数。（　）

10．中断函数能返回任何类型的数据。（　）

11．中断函数定义的关键字是 using。（　）

12．在主函数中，能主动调用中断函数。

四、问答题

1．影响 CPU 响应中断时间的因素有哪些？

2．相比查询服务方式，中断服务有哪些优势？

3．一个中断系统应具备哪些功能？

4．什么叫断点地址？

5．STC15F2K60S2 单片机有几个中断优先等级？按照自然优先权，由高到低前 5 个中断是什么？

6．要开放一个中断，应如何编程？

7．在中断响应后，按照自然优先权由高到低前 5 个中断的中断请求标志的状态是怎样的？需要做什么处理？

8．定义中断函数的关键字是什么？函数类型、参数列表一般取什么？

五、程序设计题

1．设计一个流水灯，流水灯初始时间间隔为 500ms。用外部中断 0 增加时间间隔，上限值为 2s；用外部中断 1 减小时间间隔，下限值为 100ms，调整步长为 100ms。画出硬件电路图，编写程序并上机调试。

2．利用外部中断 2、外部中断 3 设计加、减计数器，计数值采用 LED 数码管显示。每产生一次外部中断 2，计数值加 1；每产生一次外部中断 3，计数值减 1。画出硬件电路图，编写程序并上机调试。

第8章 STC15F2K60S2单片机的定时/计数器

在单片机应用系统中，常常需要实时时钟和计数器，以实现定时（或延时）控制以及对外界事件进行计数。在单片机应用中，可供选择的定时方法有以下几种。

1．软件定时

让 CPU 循环执行一段程序，通过选择指令和安排循环次数以实现软件定时。软件定时要完全占用 CPU，增加 CPU 开销，降低 CPU 的工作效率，因此软件定时的时间不宜太长，仅适用于 CPU 较空闲的程序中使用。

2．硬件定时

硬件定时的特点是定时功能全部由硬件电路（例如，采用 555 时基电路）完成，不占用 CPU 时间，但需要改变电路的参数调节定时时间，在使用上不够方便，同时增加了硬件成本。

3．可编程定时器定时

可编程定时器的定时值及定时范围很容易通过软件来确定和修改。STC15F2K60S2 单片机内部有 3 个 16 位的定时器/计数器（T0、T1 和 T2），通过对系统时钟或外部输入信号进行计数与控制，可以方便地用于定时控制，或作为分频器和用于事件记录。

8.1 定时/计数器（T0/T1）的结构和工作原理

如图 8.1 所示为 STC15F2K60S2 单片机的 16 位定时/计数器 T0 和 T1，TL0、TH0 是定时/计数器 T0 的低 8 位、高 8 位状态值，TL1、TH1 是定时/计数器 T1 的低 8 位、高 8 位状态值。TMOD 是定时/计数器的工作方式寄存器，由它确定定时/计数器的工作方式和功能；TCON 是定时/计数器的控制寄存器，用于控制 T0、T1 的启动与停止以及记录计数计满溢出标志；AUXR 称为辅助寄存器，其中 T0x12、T1x12 用于设定 T0、T1 内部计数脉冲的分频系数。P3.4、P3.5 分别为定时/计数器 T0、T1 的外部计数脉冲输入端。

定时/计数器的核心电路是一个加 1 计数器，如图 8.2 所示。加 1 计数器的脉冲有两个来源：一个是外部脉冲源 T0（P3.4）、T1（P3.5），另一个是系统的时钟信号。计数器对两个脉冲源之一进行输入计数，每输入一个脉冲，计数值加 1，当计数到计数器为全 1 时，再输入一个脉冲就使计数值回零，同时使计数器计满溢出标志位 TF0 或 TF1 置 1，并向 CPU 发出中断请求。

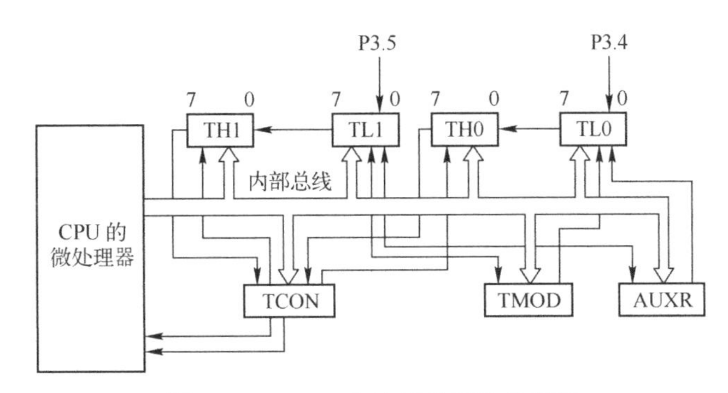

图 8.1　T0、T1 定时/计数器结构框图

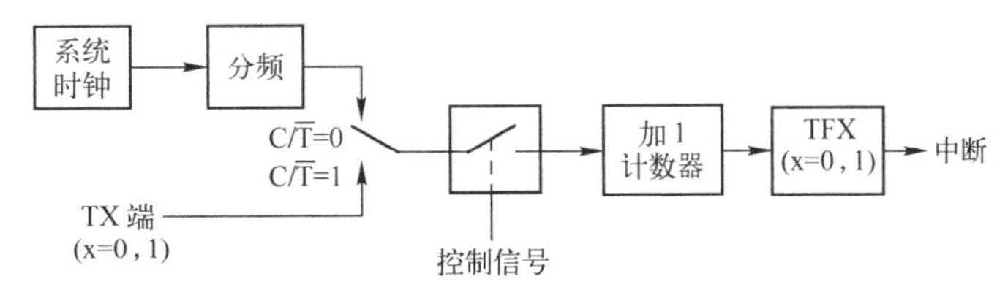

图 8.2　STC15F2K60S2 单片机计数器电路框图

定时功能：当脉冲源为系统时钟（等间隔脉冲序列）时，由于计数脉冲为一时间基准，脉冲数乘以计数脉冲周期（系统周期或 12 倍系统周期）就是定时时间。

计数功能：当脉冲源为外部输入脉冲（由 T0 或 T1 引脚输入）时，就是外部事件的计数器。计数器在其对应的外输入端 T0 或 T1 有一个负跳变时计数器的状态值加 1。外部输入信号的速率是不受限制的，但必须保证给出的电平在变化前至少被采样一次。

8.2　定时/计数器（T0/T1）的控制

STC15F2K60S2 单片机内部定时/计数器（T0/T1）的工作方式和控制由 TMOD、TCON 和 AUXR 三个特殊功能寄存器进行管理。

TMOD：设置定时/计数器（T0/T1）的工作方式与功能。

TCON：控制定时/计数器（T0/T1）的启动与停止，并包含定时/计数器（T0/T1）的溢出标志位。

AUXR：设置定时计数脉冲的分频系数。

1. 工作方式寄存器 TMOD

TMOD 为 T0、T1 的工作方式寄存器，其格式如下：

	地址	B7	B6	B5	B4	B3	B2	B1	B0	复位值
TMOD	89H	GATE	C/$\overline{T}$	M1	M0	GATE	C/$\overline{T}$	M1	M0	0000 0000
		←定时/计数器 1→				←定时/计数器 0→				

TMOD 的低 4 位为 T0 的方式字段，高 4 位为 T1 的方式字段，它们的含义完全相同。

1）M1 和 M0：方式选择位。定义如表 8.1 所示。

2）C/$\overline{T}$：功能选择位。（C/$\overline{T}$）=0 时，设置为定时工作模式；（C/$\overline{T}$）=1 时，设置为计数工作模式。

表 8.1　T0、T1 定时/计数器工作方式

M1	M0	工作方式	功能说明
0	0	方式 0	自动重装初始值的 16 位定时/计数器
0	1	方式 1	16 位定时/计数器
1	0	方式 2	自动重装初始值的 8 位定时/计数器
1	1	方式 3	定时器 0：分成两个 8 位定时/计数器 定时器 1：停止计数

3）GATE：门控位。当（GATE）=0 时，软件控制位 TR0 或 TR1 置 1 即可启动定时/计数器；当（GATE）=1 时，软件控制位 TR0 或 TR1 须置 1，同时还须 INT0（P3.2）或 INT1（P3.3）为高电平方可启动定时/计数器，即允许外中断 INT0、INT1 输入引脚信号参与控制定时/计数器的启动与停止。

TMOD 不能位寻址，只能用字节指令设置定时器工作方式，高 4 位定义 T1，低 4 位定义 T0。复位时，TMOD 所有位均置 0。

例如，需要设置定时器 1 工作于方式 1 定时模式，定时工作方式与外部中断输入引脚信号无关，则（M1）=0、（M0）=1、（$C/\overline{T}$）=0、（GATE）=0，因此，高 4 位应为 0001；定时器 0 未用，低 4 位可随意置数，一般将其设为 0000，指令形式为："MOV TMOD，#10H"。

2．定时/计数器控制寄存器 TCON

TCON 的作用是控制定时/计数器的启动与停止，记录定时/计数器的溢出标志以及外部中断的控制。定时/计数器控制字 TCON 的格式如下：

	地址	B7	B6	B5	B4	B3	B2	B1	B0	复位值
TCON	88H	TF1	TR1	TF0	TR0	IE1	IT1	IE0	IT0	0000 0000

1）TF1：定时/计数器 1 溢出标志位。当定时/计数器 1 计满产生溢出时，由硬件自动置位 TF1，在中断允许时，向 CPU 发出定时/计数器 1 的中断请求，中断响应后，由硬件自动清除 TF1 标志。也可通过查询 TF1 标志来判断计满溢出时刻，查询结束后，用软件清除 TF1 标志。

2）TR1：定时/计数器 1 运行控制位。由软件置 1 或清 0 来启动或关闭定时/计数器 1。当（GATE）=0 时，TR1 置 1 即可启动定时/计数器 1；当（GATE）=1 时，TR1 置 1 且 INT1 输入引脚信号为高电平时，方可启动定时/计数器 1。

3）TF0：定时/计数器 0 溢出标志位。其功能及操作情况同 TF1。

4）TR0：定时/计数器 0 运行控制位。其功能及操作情况同 TR1。

TCON 中的低 4 位用于控制外部中断，与定时/计数器无关，在第 7 章已做介绍，不再繁述。当系统复位时，TCON 的所有位均清 0。

TCON 的字节地址为 88H，可以位寻址，清除溢出标志位或启动、停止定时/计数器都可以用位操作指令。

3．辅助寄存器 AUXR

辅助寄存器 AUXR 的 T0x12、T1x12 用于设定 T0、T1 定时计数脉冲的分频系数。格式如下：

	地址	B7	B6	B5	B4	B3	B2	B1	B0	复位值
AUXR	8EH	T0x12	T1x12	UART_M0x6	T2R	T2_C/T	T2x12	EXTRAM	S1ST2	00000000

1）T0x12：用于设置定时/计数器 0 定时计数脉冲的分频系数。当（T0x12）=0，定时计数

脉冲完全与传统 8051 单片机的计数脉冲一样，计数脉冲周期为系统时钟周期的 12 倍，即 12 分频；当（T0x12）=1，计数脉冲为系统时钟脉冲，计数脉冲周期等于系统时钟周期，即无分频。

2）T1x12：用于设置定时/计数器 1 定时计数脉冲的分频系数。当（T1x12）=0，定时计数脉冲完全与传统 8051 单片机的计数脉冲一样，计数脉冲周期为系统时钟周期的 12 倍，即 12 分频；当（T1x12）=1，计数脉冲为系统时钟脉冲，计数脉冲周期等于系统时钟周期，即无分频。

8.3 定时/计数器（T0/T1）的工作方式

通过对 TMOD 的 M1、M0 的设置，定时/计数器有 4 种工作方式，分别为方式 0、方式 1、方式 2 和方式 3。其中，定时/计数器 0 可以工作在这 4 种工作方式中的任何一种，而定时/计数器 1 只可工作于方式 0、方式 1 和方式 2。除工作方式 3 以外，其他三种工作方式下，定时/计数器 0 和定时/计数器 1 的工作原理是相同的。下面以定时/计数器 0 为例，详述定时/计数器的 4 种工作方式。

1. 方式 0

方式 0 是一个 16 位可自动重装初始值的定时/计数器，其结构如图 8.3 所示，T0 定时/计数器有两个隐含的寄存器 RL_TH0、RL_TL0，用于保存 16 位定时/计数器的重装初始值，当 TH0、TL0 构成的 16 位计数器计满溢出时，RL_TH0、RL_TL0 的值自动装入 TH0、TL0 中。RL_TH0 与 TH0 共用同一个地址，RL_TL0 与 TL0 共用同一个地址。当（TR0）=0 时，对 TH0、TL0 寄存器写入数据时，也会同时写入 RL_TH0、RL_TL0 寄存器中；当（TR0）=1 时，对 TH0、TL0 写入数据时，只写入 RL_TH0、RL_TL0 寄存器中，而不会写入 TH0、TL0 寄存器中，这样不会影响正常计数。

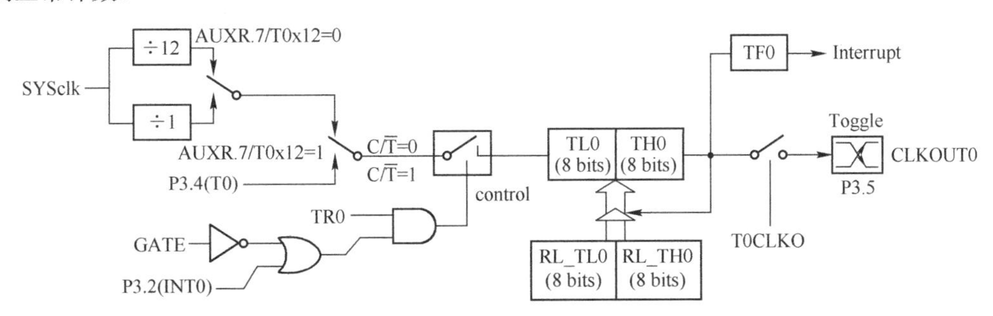

图 8.3 定时/计数器的工作方式 0

当（$C/\overline{T}$）=0 时，多路开关连接系统时钟的分频输出，定时/计数器 0 对定时计数脉冲计数，即定时工作方式。由 T0x12 决定如何对系统时钟进行分频，当（T0x12）=0 时，使用 12 分频（与传统 8051 单片机兼容）；当（T0xl2）=1 时，直接使用系统时钟（即不分频）。

当（$C/\overline{T}$）=1 时，多路开关连接外部输入脉冲引脚（T0 与 P3.4 引脚复用），定时/计数器 0 对 T0 引脚输入脉冲计数，即计数工作方式。

门控位 GATE 的作用：一般情况下，应使 GATE 为 0，这样，定时/计数器 0 的运行控制仅由 TR0 位的状态确定（TR0 为 1 时启动，TR0 为 0 时停止）。只有在启动计数要由外部输入 INT0 控制时，才使 GATE 为 1。由图 8.3 可知，当（GATE）=1 时，TR0 为 1 且 INT0 引脚输入高电平时，定时/计数器 0 才能启动计数。利用 GATE 的这一功能，可以很方便地测量脉冲宽度。方式 0

定时时间的计算公式如下：

定时时间＝（M－定时器的初始值）×系统时钟周期×$12^{(1-\text{T0x12})}$

$M=2^{16}=65536$

注：传统 8051 单片机定时/计数器 T0 的方式 0 为 13 位定时/计数器，没有 RL_TH0、RL_TL0 两个隐含的寄存器，因此，新增的 RL_TH0、RL_TL0 也没有分配新的地址；同理，针对 T1 定时/计数器增加了 RL_TH1、RL_TL1，用于保存 16 位定时/计数器的重装初始值，当 TH1、TL1 构成的 16 位计数器计满溢出时，RL_TH1、RL_TL1 的值自动装入 TH1、TL1 中。RL_TH1 与 TH1 共用同一个地址，RL_TL1 与 TL1 共用同一个地址。

例 8.1 用 T1 方式 0 实现定时，在 P1.0 引脚输出周期为 10ms 的方波。

解：根据题意，采用 T1 方式 0 进行定时，因此，（TMOD）＝00H。

因为方波周期是 10ms，因此 T1 的定时时间应为 5ms，每 5ms 时间到就对 P1.0 取反，就可实现在 P1.0 引脚输出周期为 10ms 的方波。系统采用 12MHz 晶振，分频系数为 12，即定时脉钟周期为 1μs，则 T1 的初值为：

$X=M-5000=65536-5000=60536=$ EC78H

即：（TH1）＝ECH，（TL1）＝78H。

1）查询方式参考程序

```
        ORG     0000H
        MOV     TMOD，#00H                 ；设 T1 为方式 1 定时模式
        MOV     TH1，#0ECH                 ；置 5ms 定时的初值
        MOV     TL1，#78H
        SETB    TR1                        ；启动 T1
Check_TF1：
        JBC     TF1，Timer1_Overflow       ；查询计数溢出
        SJMP    Check_TF1                  ；未到 5ms 继续计数
Timer1_Overflow：
        CPL     P1.0                       ；对 P1.0 取反输出
        SJMP    Check_TF1                  ；未到 1s 继续循环
        END
```

2）中断方式实现：

```
        ORG     0000H
        LJMP    MAIN                       ；上电复位后，转 MAIN
        ORG     001BH
        LJMP    Timer1_ISR                 ；T1 中断响应后，转 Timer1_ISR
        ORG     0100H
MAIN：
        MOV     TMOD，#00H                 ；设 T1 为方式 1 定时模式
        MOV     TH1，#0ECH                 ；置 5ms 定时的初值
        MOV     TL1，#78H
        SETB    ET1
        SETB    EA                         ；开放中断
        SETB    TR1                        ；启动 T1
        SJMP    $                          ；原地踏步，模拟主程序
Timer1_ISR：
        CPL     P1.0                       ；对 P1.0 取反输出
        RETI                               ；中断返回，回到主程序执行 SJMP $
        END
```

2. 方式 1

定时/计数器 0 在方式 1 下的电路框图如图 8.4 所示。

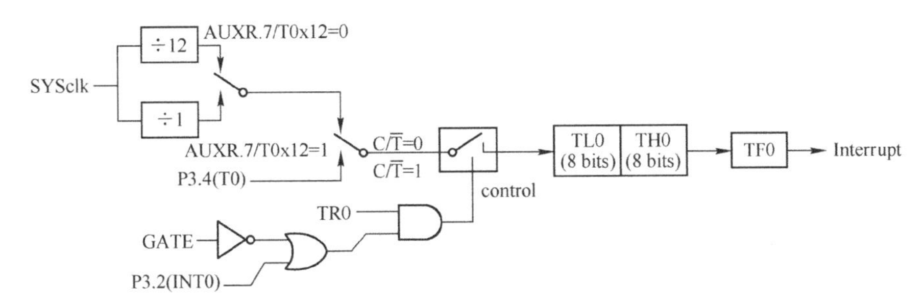

图 8.4 定时/计数器的工作方式 1

方式1和方式 0 都是 16 位的定时/计数器，由 TH0 作为高 8 位，TL0 作为低 8 位。方式 1 和方式 0 的不同点在于：方式 0 是可重装初始值的 16 位的定时/计数器，而方式 1 是不可重装初始值的 16 位的定时/计数器，因此，有了可重装初始值的 16 位的定时/计数器，不可重装初始值的 16 位的定时/计数器的应用意义就不大了。方式 1 定时时间的计算公式同方式 0。

定时时间＝（M－定时器的初始值）×系统时钟周期×$12^{(1-\mathrm{T0x12})}$

$M=2^{16}=65536$

3. 方式 2

方式 2 是 8 位可自动重装初始值的定时/计数器，其电路框图如图 8.5 所示。

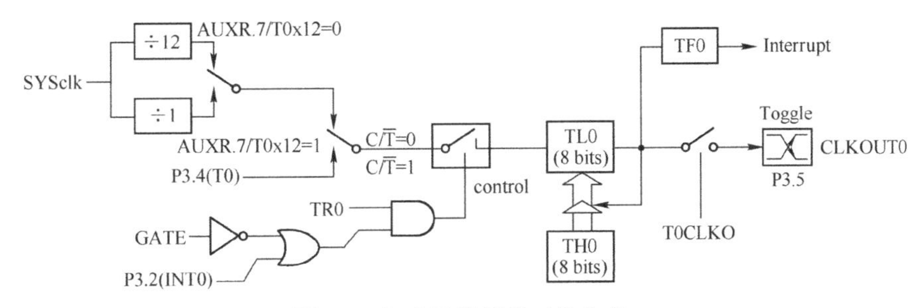

图 8.5 定时/计数器的工作方式 2

定时/计数器 0 构成一个自动重装功能的 8 位计数器，TL0 是 8 位的计数器，而 TH0 是一个数据缓冲器，存放 8 位初始值。当 TL0 计满溢出时，在溢出标志 TF0 置 1 的同时，还自动将 TH0 的常数送至 TL0，使 TL0 从初值开始重新计数。这种工作方式可省去用户软件中重置定时常数的程序，并可产生高精度的定时时间，特别适用于做串行口的波特率发生器。方式 2 定时时间的计算公式同方式如下。

定时时间＝（M－定时器的初始值）×系统时钟周期×$12^{(1-\mathrm{T0x12})}$

$M=2^{8}=256$

8 位可自动重装初始值的定时/计数器所能实现的功能完全可以由 16 位可重装初始值的定时/计数器取代，因此，8 位可自动重装初始值的定时/计数器实际应用意义也就不大了。

例 8.2 用定时/计数器扩展外部中断。

解： 当实际应用系统中有 5 个以上的外部中断源，而片内定时/计数器未使用时，可利用定时/计数器来扩展外部中断源。扩展方法是，将定时/计数器设置为计数器方式，计数初值设定为满程，将待扩展的外部中断源接到定时/计数器的外部计数引脚，从该引脚输入一个下降沿信号，计数器加 1 后便产生定时/计数器溢出中断。因此可把定时/计数器的外部计数引脚作为扩展中断源的中断输入端。

设采用 T1 实现，采用工作方 2，即 TH1、TL1 的初值均为 FFH，T1 中断开放，即 T1 引脚（P3.5）为扩展外部中断的中断请求信号输入端，触发方式为下降沿触发。其初始化程序（中断方式）如下：

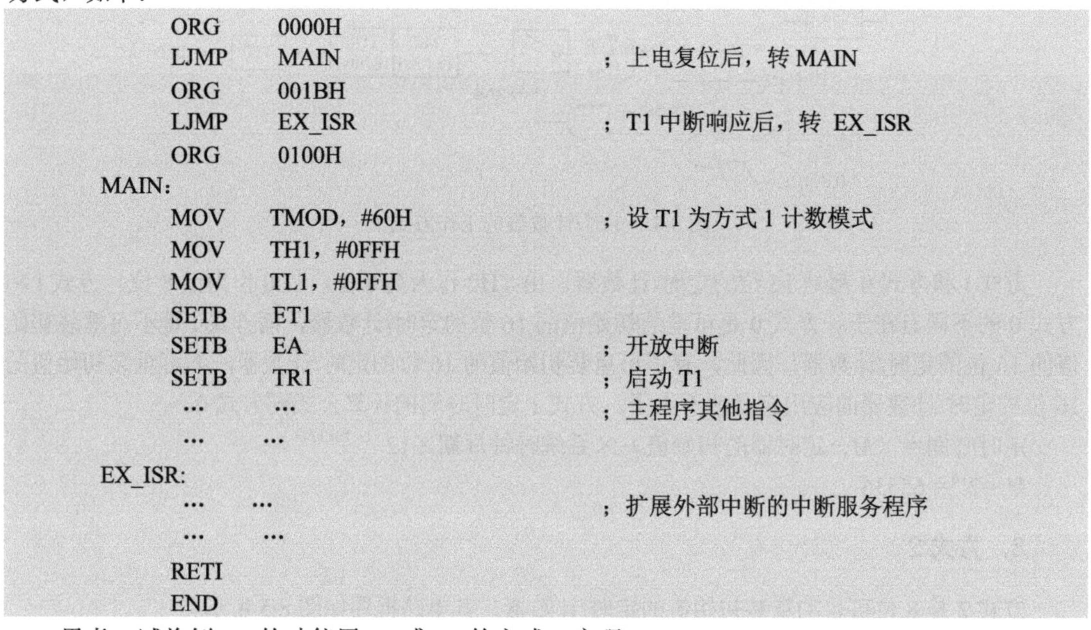

```
        ORG     0000H
        LJMP    MAIN                ；上电复位后，转 MAIN
        ORG     001BH
        LJMP    EX_ISR              ；T1 中断响应后，转 EX_ISR
        ORG     0100H
MAIN:
        MOV     TMOD，#60H          ；设 T1 为方式 1 计数模式
        MOV     TH1，#0FFH
        MOV     TL1，#0FFH
        SETB    ET1
        SETB    EA                  ；开放中断
        SETB    TR1                 ；启动 T1
        …       …                   ；主程序其他指令
        …       …
EX_ISR:
        …       …                   ；扩展外部中断的中断服务程序
        …       …
        RETI
        END
```

思考：试将例 8.2 的功能用 T0 或 T1 的方式 0 实现。

4．方式 3

方式 3 的电路框图如图 8.6 所示。

由图 8.6 可知，方式 3 时，定时器 T0 被分解成两个独立的 8 位定时/计数器 TL0 和 TH0。其中，TL0 占用原 T0 的控制位、引脚和中断标志位，即 $C/\overline{T}$ 、GATE、TR0、TF0 和 T0（P3.4）引脚、INT0（P3.2）引脚。除计数位数不同于方式 1 外，其功能、操作与方式 1 完全相同，可定时亦可计数。而 TH0 占用原定时器 T1 的控制位 TR1 和中断标志位 TF1，其启动和关闭仅受 TR1 控制，TH0 只能对定时时钟进行计数，因此 TH0 只能作为简单的内部定时，不能作为对外部脉冲进行计数，是定时器 T0 附加的一个 8 位定时器。

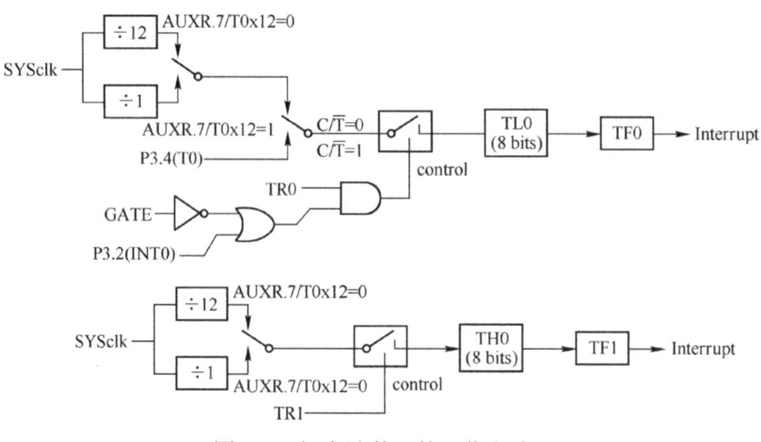

图 8.6　定时/计数器的工作方式 3

采用方式 3 时，定时/计数器 1 仍可设置为方式 0、方式 1 或方式 2。但由于 TR1、TF1 已被定时/计数器 0 占用，此时定时/计数器 1 仅由控制位 $C/\overline{T}$ 切换其定时或计数功能，当计数器计满溢出时，只能将输出送往串行口，在这种情况下，定时/计数器 1 一般作为串行口波特率发生器。因定时/计数器 1 的 TR1 被占用，因此其启动和关闭较为特殊，当设置好工作方式时，定时/计数器 1 即自动开始运行，若要停止计数，只需送入一个设置定时器 1 为方式 3 的方式字即可。

8.4 定时/计数器（T0/T1）的应用举例

STC15F2K60S2 单片机的定时/计数器是可编程的。在利用定时/计数器进行定时或计数之前，先要通过软件对它进行初始化。定时/计数器初始化程序应完成如下工作。

1）对 TMOD 赋值，以确定 T0 和 T1 的工作方式，以及选择定时功能还是计数功能。

2）对 AUXR 赋值，确定定时脉冲的分频系数，默认为 12 分频，与传统 8051 单片机兼容。

3）计算初值，并将其写入 TH0、TL0 或 TH1、TL1。

4）为中断方式时，则对 IE 赋值，开放中断，必要时，还应对 IP 操作，确定各中断源的优先等级。

5）置位 TR0 或 TR1，启动 T0 和 T1 开始定时或计数。

8.4.1 定时/计数器（T0/T1）的定时应用

例 8.3 使信号灯循环点亮，首先按从左至右轮流点亮，再按从右至左轮流点亮，每个信号灯点亮的时间间隔为 1 秒。要求用单片机定时/计数器定时实现。

解：硬件电路比较简单，采用 P1 口输出驱动电平，低电平有效。电路如图 8.7 所示。

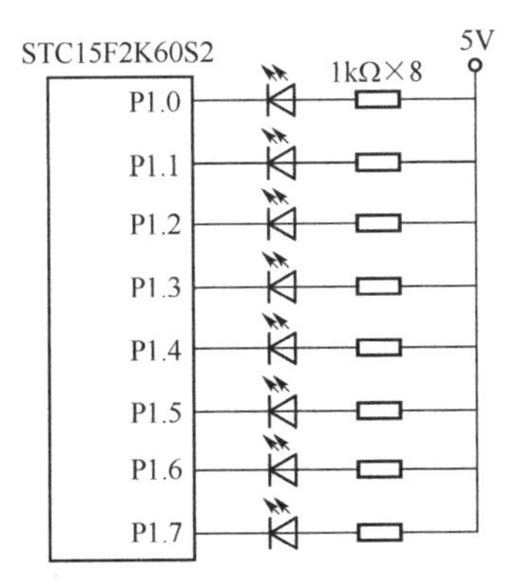

图 8.7 流水灯显示电路

系统采用 12MHz 晶振，分频系数为 12，即定时时钟周期为 1μs；采用定时器 T1 方式 0 定时 50ms，用 R3 做 50ms 计数单元，20 次 50ms 定时即为 1s，故 R3 的初始值为 20。

汇编语言参考程序如下：

① 查询方式实现（T1-SHIFT.ASM）。

```
        ORG         0000H
LOOP:
        MOV     R2，#07H                  ；设置左移的次数
```

```
        MOV     A，#0FEH              ；设置信号灯的显示（左移）的起始状态值
Left_Shift:
        MOV     P1，A                 ；送显示控制信号
        LCALL   DELAY                 ；利用软件与定时器，实现 1s 定时
        RL      A                     ；改变信号灯显示状态，左移
        DJNZ    R2，Left_Shift        ；判断左移流程是否结束，若结束，转入右移控制
        MOV     A，#7FH               ；设置信号灯显示（右移）的起始状态值，可省略
        MOV     R2，#07H              ；设置右移的次数
Right_Shift:
    MOV         P1，A                 ；送显示控制信号
    RR          A                     ；改变信号灯显示状态，右移
    LCALL       DELAY                 ；利用软件与定时器，实现 1s 定时
    DJNZ        R2，Right_Shift       ；判断左移流程是否结束，若结束，又重新开始
    SJMP        LOOP
DELAY:
    MOV         R3，#20               ；置 50ms 计数循环初值
    MOV         TMOD，#00H            ；设定时器 1 为方式 0
    MOV         TH1，#3CH             ；置定时器初值
    MOV         TL1，#0B0H
    SETB        TR1                   ；启动 T1
Check_TF1:
    JBC         TF1，Timer1_Overflow  ；查询计数溢出
    SJMP        Check_TF1             ；未到 50ms 继续计数
Timer1_Overflow:
    DJNZ        R3，Check_TF1         ；未到 1s 继续循环
    CLR         TR1                   ；关闭 T1
    RET                               ；返回主程序
    END
```

② 中断方式实现（T1-SHIFT-INT.ASM）

```
        ORG     0000H
        LJMP    MAIN
        ORG     001BH
        LJMP    Timer1_ISR
MAIN:
        MOV     R3，#20               ；置 50ms 计数循环初值
        MOV     TMOD，#00H            ；设定时器 1 为方式 0
        MOV     TH1，#3CH             ；置 50ms 定时器初值
        MOV     TL1，#0B0H
        MOV     R2，#07H              ；设置左移的次数
        MOV     P1，#0FEH             ；设置信号灯显示（左移）的起始状态值
        MOV     A，#0FEH              ；设置信号灯显示（左移）的起始状态值
        CLR     00H                   ；设置左、右移标志位，为 0 左移，为 1 右移
        SETP    TR1                   ；启动 T1 定时器
        SJMP    $                     ；原地踏步，模拟主程序
Timer1_ISR:
        DJNZ    R3，Exit_Timer1_ISR   ；定时时间到，执行移位，否则中断结束
        MOV     R3，  #20
        JB      00H，  Right_Shift    ；判断左、右移控制
        RL      A                     ；左移控制
        MOV     P1，  A
```

```
        DJNZ        R2，Exit_Timer1_ISR         ；判断左移流程是否结束，若结束，转入右移控制
        SETB        00H                         ；置位左、右移控制标志
        MOV         R2， #07H                   ；重新设置移位次数
        SJMP        Exit_Timer1_ISR
Right_Shift:
        RR          A                           ；右移控制
        MOV         P1， A
        DJNZ        R2，Exit_Timer1_ISR         ；判断左移流程是否结束，若结束，转入右移控制
        CLR         00H                         ；清 0 左、右移控制标志
        MOV         R2， #07H                   ；重新设置移位次数
Exit_Timer1_ISR:
        RETI
        END
```

C51 参考程序如下：

① 查询方式实现（t1-shift.c）。

```
#include <stc15f2k60s2.h>
#include <intrins.h>
#define uchar unsigned char
#define uint unsigned int
uchar  LED=0xfe；
/*－－－－－－－－－－－－－－－－－ 利用 T1 实现定时的子函数－－－－－－－－－－－－－－ */
void DELAY（void）                      //延时函数 1s
{
    uint  i=0；
    TMOD=0x00；                         //T1 工作模式 1
    TH1=0x3c；
    TL1=0xb0；
    TR1=1；
    while（i<20）
    {
        if（TF1==1）                    //查询 T1 溢出标志
        {
            TF1=0；
            i++；
        }
    }
}
/*－－－－－－－－－－－－－－－－－ 循环左移子函数－－－－－－－－－－－－－－－－－－－ */
void Left_Shift（void）
{
    P1=LED；
    DELAY()；                           //延时 1 秒
    LED=_crol_（LED，1）；              //循环左移一位
}
/*－－－－－－－－－－－－－－－－－ 循环右移子函数－－－－－－－－－－－－－－－－－－－ */
void Right_Shift（void）
{
    LED=_cror_（LED，1）；                  //循环右移一位
    P1=LED；
    DELAY()；                               //延时一秒
}
```

```
/*———————————————————— 主函数————————————————— */
void main（void）
{
	uchar  j;
	while（1）
	{
		for（j=0; j<7; i++）
		{
			Left_Shif ();
		}
		for（j=0; j<7; i++）
		{
			Right_Shift ();
		}
	}
}
```

② 中断方式实现（t1-shift-int.c）。

```
#include <stc15f2k60s2.h>                    //包含 stc15f2k60s2 头文件
#include <intrins.h>                  //包含循环左移、右移子函数
#define  uchar  unsigned  char
#define  uint  unsigned  char
/*———————————————— 定义全局变量————————————————————————*/
uchar  LED=0xfe;
uchar  i=0;
uchar  t=0;
/*——————————————— T1 初始化子函数——————————————————— */
void Timer1_init（void）
{
	TMOD=0x00;                         //T1 工作模式 1
	TH1=0x3c;
	TL1=0xb0;
	ET1=1;
	EA=1;
	TR1=1;
}
/*———————————————— LED 循环显示子函数————————————————— */
void Shift（void）
{
	P1=LED;
	t++;
	if（t<=7）
	{
		LED=_crol_（LED, 1）;  //循环左移一位
	}
	else if（t<15）
	{
		LED=_cror_（LED, 1）;  //循环右移一位
	}
	else {t=0; }
}
/*———————————————— T1 中断服务子函数—————————————————————— */
void Timer1_int（void）  interrupt 3 using 1   //定时 T1 中断服务程序
```

```
{
    i++;
    if (i==20)
    {
        i=0;
        Shift();
    }
}
/*—————————————————— 主函数—————————————————————— */
void main (void)                    //主函数
{
    Timer1_init();                  //T1 初始化
    while (1) ;
}
```

8.4.2 定时/计数器（T0/T1）的计数应用

例 8.4 连续输入 5 个单次脉冲使单片机控制的 LED 灯状态翻转一次。要求用单片机定时/计数器计数功能实现。

解： 采用 T1 实现，硬件如图 8.8 所示。

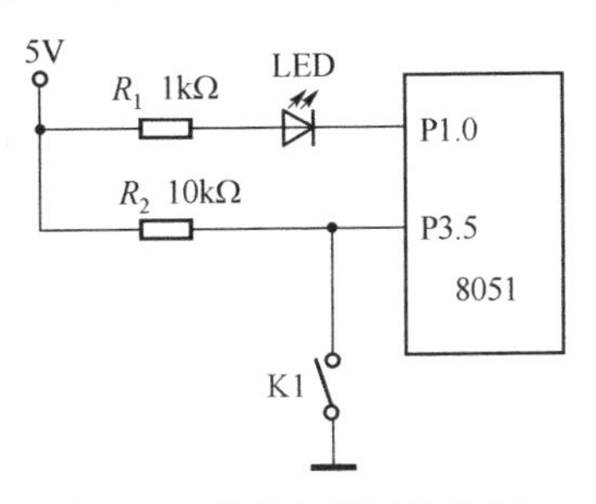

图 8.8 信号灯的计数控制

采用 T1 的方式 2 的计数方式，初始值设置为 FBH，当输入 5 个脉冲时，即置位溢出标志 TF1，通过查询 TF1 或中断方式判断 TF1 标志，进而对 P1.0LED 灯进行控制。

汇编语言参考程序如下：

1）查询方式实现（T1-count.ASM）。

```
            ORG     0000H
            MOV     TMOD,#60H                 ; 设定定时器 1 模式 2，计数功能
            MOV     TH1,#0FBH
            MOV     TL1,#0FBH                 ; 设置计数器初值（256-5）
            SETB    TR1                       ; 启动计数
Check_TF1:
            JBC     TF1, Timer1_Overflow      ; 查询是否计数溢出
            AJMP    Check_TF1
Timer1_Overflow:
            CPL     P1.0                      ; 当统计 5 个脉冲，LED 灯状态翻转
            AJMP    Check_TF1
            END
```

2）中断方式（T1-Count-INT.ASM）。

```
            ORG     0000H
```

```
            AJMP    MAIN
            ORG     001BH
            AJMP    Timer1_ISR
MAIN:
            MOV     TMOD, #60H          ; 设定定时器 1 模式 2，计数功能
            MOV     TH1, #0FBH
            MOV     TL1, #0FBH          ; 设置计数器初值（256－5）
            SETB    TR1                 ; 启动计数
            SJMP    $
Timer1_ISR:
            CPL     P1.0                ; 当统计 5 个脉冲，LED 灯状态翻转
            RETI
            END
```

C51 参考程序如下：

① 查询方式（t1-count.c）。

```
#include <stc15f2k60s2.h>
#include <intrins.h>
#define uchar unsigned char
#define uint unsigned int
sbit led=P1^0;
void timer_initial（void）
{
      TMOD=0x60;              //设定定时器 1 模式 2，计数功能
      TH1=0xfb;               //5 个脉冲以后溢出
      TL1=0xfb;
      TR1=1;                  //开始计数器
}
void main（void）
{
     timer_initial();
     while（1）
     {
          while（TF1==0）;       //不断查询是否溢出，没有溢出，就等待溢出了；溢出了，
                                 //清空溢出标志，led 取反
          TF1=0;
          led=～led;
     }
}
```

② 中断方式实现（t1-count-int.c）。

```
#include <stc15f2k60s2.h>
#include <intrins.h>
#define uchar unsigned char
#define uint unsigned int
sbit   LED=P1^0;
/*―――――――――――――――― T1 初始化子函数―――――――――― */
void Timer1_init（void）
{
      TMOD=0x60;              //1 设定定时器 1 模式 2，计数功能
      TH1=0xfb;               //设置计数器初值（计满溢出值－5）
      TL1=0xfb;
      ET1=1;
      EA=1;
```

```
        TR1=1;                  //启动计数
}
/*------------------ T1 中断服务子函数------- */
void Timer1_int (void)  interrupt 3 using 1   //定时计数 T1 中断服务程序
{
        LED=~LED;
}
/*------------------ 主函数----------------- */
void main (void)                              //主函数
{
        Timer1_init();                        //定时 T1 初始化
        while (1)  ;
}
```

思考：用方式 0 实现本例题要求。

8.4.3 STC15F2K60S2 单片机秒表的设计

例 8.5 利用单片机定时/计数器设计一个秒表，由 P1 口连接 LED 灯，采用 BCD 码显示，发光二极管亮表示 1，暗则表示 0，计满 100s 后从头开始，依次循环。利用一只按键控制秒表的启、停。利用复位键，返回初始工作状态。

解：选用 P1 口作为输出端，控制 8 只发光二极管显示，设发光二极管的驱动是低电平亮，高电平灭。P3.5 接秒表的启、停按键。采用 T0 的方式 0 做定时器，12MHz 晶振，分频系数为 12，即定时时钟周期为 1μs

汇编语言参考程序如下：

```
        ORG     0000H
        LJMP    MAIN
        ORG     000BH
        LJMP    Timer0_ISQ
MAIN:
        MOV     TMOD, #00H              ; T0 方式 0 定时
        MOV     TH0, #3CH               ; 重新置 T0 50ms 定时的初值
        MOV     TL0, #0B0H
        SETB    ET0
        SETB    EA
        MOV     R3, #14H                ; 置 50ms 计数循环初值 (1s/50ms)
        MOV     A, #00H                 ; 计数显示初始化
        CPL     A                       ; 满足低电平驱动要求
        MOV     P1, A
        CPL     A                       ; 恢复秒表计数值
Check_Start_Button:
        JNB     P3.5, Start
        CLR     TR0
        SJMP    Check_Start_Button
Start:
        SETB    TR0
        SJMP    Check_Start_Button
Timer0_ISQ:
        DJNZ    R3, Exit_Timer0_ISQ
        ADD     A,  #01                 ; 秒表加 1
```

```
        DA      A                     ; 十进制调整
        CPL     A                     ; 满足低电平驱动要求
        MOV     P1, A
        CPL     A                     ; 恢复秒表计数值
        MOV     R3, #14H
Exit_Timer0_ISQ:
        RETI
        END
```

C51 参考程序如下：

```
#include <stc15f2k60s2.h>
#include <intrins.h>
#define uchar unsigned char
#define uint unsigned int
uchar dat=0;                          //定义 BCD 计数单元（范围：0~99）
uchar i;                              //定义循环变量
sbit key=P3^5;                        //定义按键
/*---------------- T0 初始化子函数 ----------------------*/
void Timer0_init (void)
{
    TMOD=0X00;                        //T0 方式 1
    TH0=(65536-50000)/256;            //赋 50ms 初始值
    TL0=(65536-50000)%256;            //赋 50ms 初始值
    ET0=1;
    EA=1;
}
/*---------------- T0 中断服务子函数 ------------------*/
void Timer0_int (void)  interrupt 1  using 1        //T0 中断服务子程序
{
    i++;
    if (i==20)                                      //i=20 时，计时 1s
    {
        i=0;
        dat++;
        if (dat==100)                               //计时到 100s 时，又从 0 开始
        {
            dat=0;
        }
    }
}
/*------------------ 启动子函数 ----------------------*/
void Start (void)                     //启动定时函数
{
    if (key==0)                       //判断按键按下
    {
        TR0=1;                        //开始计时
    }
    else
    {
        TR0=0;
    }
}
/*------------------ BCD 码转换子函数 ----------------*/
uchar BCD (uchar BCDat)               //BCD 转换
```

```
{
        uchar x;
        x= ((BCDat/10) <<4) +BCDat%10;
        return (x);
}
/*------------------- 主函数--------------------- */
void main (void)
{
        Timer0_init();                          //T0 初始化
        while (1)
        {
            Start();                            //启动定时
            P1=~ (BCD (dat));                   //送 LED 显示
        }
}
```

8.5 定时器 T2

8.5.1 定时器 T2 的电路结构

STC15F2K60S2 定时/计数器 T2 的电路结构如图 8.9 所示。T2 的电路结构与 T0、T1 基本一致，但 T2 的工作模式固定为 16 位自动重装初始值模式。T2 可以当定时器用，也可以当串口的波特率发生器和可编程时钟输出源。

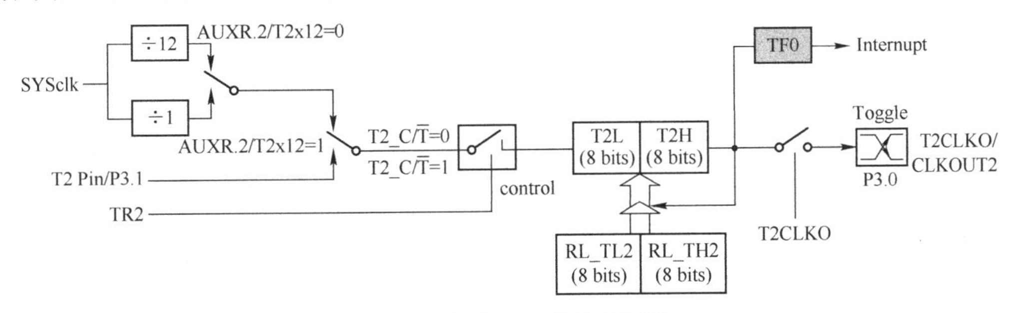

图 8.9　定时器 T2 的原理框图

8.5.2 定时/计数器 T2 的控制寄存器

STC15F2K60S2 单片机内部定时/计数器 T2 状态寄存器是 T2H、T2L，T2 的控制与管理由特殊功能寄存器 AUXR、INT_CLKO（AUXR2）、IE2 承担。与定时/计数器 T2 有关的特殊功能寄存器如下所示。

1）T2R：定时/计数器 T2 运行控制位。

0：定时/计数器 T2 停止运行。

1：定时/计数器 T2 运行。

2）T2_C/T：定时、计数选择控制位。

0：定时/计数器 T2 为定时状态，计数脉冲为系统时钟或系统时钟的 12 分频信号。

1：定时/计数器 T2 为计数状态，计数脉冲为 P3.1 输入引脚的脉冲信号。

3）T2x12：定时脉冲的选择控制位。

0：定时脉冲为系统时钟的 12 分频信号。

1：定时脉冲为系统时钟信号。

4）T2CLKO：定时/计数器 T2 时钟输出控制位。

0：不允许 P3.0 配置为定时/计数器 T2 的时钟输出口。

1：P3.0 配置为定时/计数器 T2 的时钟输出口。

5）ET2：定时/计数器 T2 的中断允许位。

0：禁止定时/计数器 T2 中断。

1：允许定时/计数器 T2 中断。

6）S1ST2：串行口 1（UART1）波特率发生器的选择控制位。

0：选择定时/计数器 T1 为串行口 1（UART1）波特率发生器。

1：选择定时/计数器 T2 为串行口 1（UART1）波特率发生器。

因为 T2 的溢出标志是隐含的，因此，T2 的溢出状态不能采用查询方式检测，而只能采用中断方式检测。T2 中断的中断响应入口地址是 0063H，中断号是 12。

8.6 可编程时钟

8.6.1 可编程时钟：CLKOUT0、CLKOUT1、CLKOUT2

很多实际应用系统需要给外围器件提供时钟，如果单片机能提供可编程时钟输出功能，不但可以降低系统成本，缩小 PCB 板的面积；当不需要时钟输出时，可关闭时钟输出，这样不但降低了系统的功耗，而且减轻了时钟对外的电磁辐射。STC15F2K60S2 单片机增加了 CLKOUT0（P3.5）、CLKOUTl（P3.4）和 CLKOUT2（P3.0）三个可编程时钟输出脚。CLKOUT0 的输出时钟频率由定时/计数器 T0 控制，CLKOUT1 的输出时钟频率由定时/计数器 T1 控制，相应的 T0、T1 需要工作在方式 0 或方式 2（自动重装数据模式）。CLKOUT2 的输出时钟频率由定时/计数器 T2 控制。

1. 可编程时钟输出的控制

三个可编程时钟输出由 INT_CLKO 特殊功能寄存器进行控制，INT_CLKO 特殊功能寄存器的定义如下：

	地址	B7	B6	B5	B4	B3	B2	B1	B0	复位值
INT_CLKO	8FH	-	EX4	EX3	EX2	LVD_WAKE	T2CLKO	T1CLKO	T0CLKO	x0000000

1）T0CLKO：定时/计数器 T0 时钟输出控制位。

0：不允许 P3.5（CLKOUT0）配置为定时/计数器 T0 的时钟输出口。

1：P3.5（CLKOUT0）配置为定时/计数器 T0 的时钟输出口。

2）T1CLKO：定时/计数器 T1 时钟输出控制位。

0：不允许 P3.4（CLKOUT1）配置为定时/计数器 T1 的时钟输出口。

1：P3.4（CLKOUT1）配置为定时/计数器 T1 的时钟输出口。

3）T2CLKO：定时/计数器 T2 时钟输出控制位。

0：不允许 P3.0（CLKOUT2）配置为定时/计数器 T2 的时钟输出口。

1：P3.0（CLKOUT2）配置为定时/计数器 T2 的时钟输出口。

2. 可编程时钟输出频率的计算

可编程时钟输出频率为定时/计数器溢出率的二分频信号。例如，允许 T0 输出时钟，T0 工作在方式 0 定时状态，则 P3.5 输出时钟频率（CLKOUT0）＝（1/2）T0 溢出率。

(T0x12)=0 时，CLKOUT0=(f_{SYS}/12)/(65536-[RL_TH0,RL_TL0])/2

(T0x12)=1 时，CLKOUT0=f_{SYS}/(65536-[RL_TH0,RL_TL0])/2

若 T0 工作在方式 2 定时状态，则

(T0x12)=0 时，CLKOUT0=(f_{SYS}/12)/(256-TH0])/2

(T0x12)=1 时，CLKOUT0=f_{SYS}/(256-TH0)/2

若 T0 工作在方式 0 计数状态，则

CLKOUT0=(T0_PIN_CLK)/(65536-[RL_TH0,RL_TL0])/2

注：T0_PIN_CLK 为定时/计数器 T0 的计数输入引脚 T0 输入脉冲的频率。

8.6.2 可编程时钟的应用举例

例 8.6 编程在 P3.0、P3.5、P3.4 引脚上分别输出 115.2kHz、51.2kHz、38.4kHz 的时钟信号。

解：设系统时钟频率为 12KHz，T0、T1 工作在方式 2 定时状态，且工作在无分频模式，各定时器的定时脉冲频率等于时钟频率，即（T0x12）＝（T1x12）＝（T2x12）＝1；根据前面可编程时钟输出频率的计算公式，计算各定时器的定时初始值：

（T2H）＝FFH，（T2L）＝CCH，（TH0）＝（TL0）＝8BH，（TH1）＝（TL1）＝64H

1）汇编语言参考程序。

```
T2H        EQU  D6H
T2L        EQU  D7H
AUXR       EQU  8EH
INT_CLKO        EQU  8FH
           ORG   0000H
           MOV  TMOD，#22H       ；T0、T1 工作在方式 2 定时状态
           ORL  AUXR，#80H       ；T0 工作在无分频模式
           ORL  AUXR，#40H       ；T1 工作在无分频模式
           ORL  AUXR，#04H       ；T2 工作在无分频模式
           MOV  T2H，#0FFH       ；设置 T2 定时器的初始值
           MOV  T2L，#0CCH
           MOV  TH0，#139        ；设置 T0 定时器的初始值
           MOV  TL0，#139
           MOV  TH1，#100        ；设置 T1 定时器的初始值
           MOV  TL1，#100
           ORL  INT_CLKO，#07H   ；允许 CLKOUT0、CLKOUT1、CLKOUT2 时钟输出
           SETB TR0              ；启动 T0
           SETB TR1              ；启动 T1
           ORL  AUXR，#10H       ；启动 T2
           SJMP $
```

2）C51 参考程序。

```
#include <stc15f2k60s2.h>
#include <intrins.h>
#define uchar unsigned char
#define uint unsigned int
main()
{
      TMOD=0x22;
      AUXR=（AUXR|0x80）;              //T0 工作在无分频模式
      AUXR=（AUXR|0x40）  ;            //T1 工作在无分频模式
      AUXR=（AUXR|0x04）  ;            //T2 工作在无分频模式
      T2H=0xFF;                        //给 T2、T0、T1 定时器设置初值
      T2L=0xCC;
      TH0=139;
      TL0=139;
      TH1=100;
      TL1=100;
      INT_CLKO = （INT_CLKO|0x07）;    //允许 T0、T1、T2 输出时钟信号
      TR0=1;                           //启动 T0
      TR1=1;                           //启动 T1
      AUXR=（AUXR|0x10）;              //启动 T2
      while（1）;                      //无限循环
}
```

本章小结

STC15F2K60S2 单片机内有 3 个通用的可编程定时/计数器 T0、T1 和 T2，定时/计数器 T0 和 T1 的核心电路是 16 位加法计数器，分别对应特殊功能寄存器中的两个 16 位寄存器对 TH0、TL0 和 TH1、TL1。每个定时/计数器都可以通过 TMOD 中的 $C/\overline{T}$ 位设定为定时或计数模式，定时与计数的区别在于计数脉冲的不同，定时器的计数脉冲为单片机内部的系统时钟信号或其 12 分频信号，而计数器的计数脉冲来自于单片机外部计数输入引脚（T0 或 T1）的输入脉冲。不论做定时器用还是做计数器用，它们都有 4 种工作方式，由 TMOD 中的 M1 和 M0 设定，即

M1/M0=0/0：方式 0，可重装初始值的 16 位定时/计数器。

M1/M0=0/1：方式 1，16 位定时/计数器。

M1/M0=1/0：方式 2，可自动重装初值功能的 8 位定时/计数器。

M1/M0=1/1：方式 3，T0 分为两个独立的 8 位定时/计数器，T1 停止工作。

从功能上看，方式 0 包含了方式 1、2 所能实现的功能，因此在实际编程中，方式 1、2 可几乎不用，形同虚设。

T1 除作为一般的定时/计数器使用外，还可作为为波特率发生器。

定时/计数器 T0、T1 的启、停由 TMOD 中的 GATE 位和 TCON 中的 TR1、TR0 位进行控制。当 GATE 位为 0 时，T0、T1 的启、停仅由 TR1、TR0 位进行控制；当 GATE 位为 1 时，T0、T1 的启、停必须由 TR1、TR0 位和 INT0、INT1 引脚输入的外部信号一起控制。

定时/计数器 T0、T1 可实现可编程输出时钟信号，输出频率是定时/计数器 T0、T1 溢出率的 2 分频信号。

T2 定时/计数器无论在电路结构还是控制管理上，和 T0、T1 是基本一致的，主要区别是 T2

是固定的 16 位可重装初始值工作模式。T2 可以作为定时器使用，也可以作为串口的波特率发生器和可编程时钟输出源。

STC15F2K60S2 单片机增加了 CLKOUT0（P3.5）、CLKOUT1（P3.4）和 CLKOUT2（P3.0）三个可编程时钟输出脚，CLKOUT0 的输出时钟频率由定时/计数器 0 控制，CLKOUT1 的输出时钟频率由定时/计数器 1 控制，CLKOUT2 的输出时钟频率由 T2 定时/计数器控制，相应的 T0、T1 定时器需要工作在方式 0 或方式 2（8 位自动重装数据模式）。

从广义上来讲，STC15F2K60S2 单片机还有看门狗定时器以及停机唤醒定时器，这些定时器将在相应的章节中进行介绍。

习 题 8

一、填空题

1．STC15F2K60S2 单片机有________个 16 位定时/计数器。

2．T0 定时/计数器的外部计数脉冲输入引脚是________，可编程序时钟输出引脚是________。

3．T1 定时/计数器的外部计数脉冲输入引脚是________，可编程序时钟输出引脚是________。

4．T2 定时/计数器的外部计数脉冲输入引脚是________，可编程序时钟输出引脚是________。

5．STC15F2K60S2 单片机定时/计数器的核心电路是________，T0 工作于定时状态时，计数电路的计数脉冲是________，T0 工作于计数状态时，计数电路的计数脉冲是________。

6．T0 定时/计数器计满溢出标志是________，启停控制位是________。

7．T1 定时/计数器计满溢出标志是________，启停控制位是________。

8．T0 有________种工作方式，T1 有________种工作方式，工作方式选择字是________，无论是 T0，还是 T1，当处于工作方式 0 时，他们是________位________初始值的定时/计数器。

二、选择题

1．当 TMOD= 25H 时，T0 工作于方式________，________状态。

A．2，定时　　B．1，定时　　C．1，计数　　D．0，定时

2．当 TMOD= 01H 时，T1 工作于方式________，________状态。

A．0，定时　　B．1，定时　　C．0，计数　　D．1，计数

3．当 TMOD= 00H、T0x12 为 1 时，T0 的计数脉冲是______。

A．系统时钟　　B．系统时钟的十二分频信号

C．P3.4 引脚输入信号　　D．P3.5 引脚输入信号

4．当 TMOD=04H、T1x12 为 0 时，T1 的计数脉冲是______。

A．系统时钟　　B．系统时钟的十二分频信号

C．P3.4 引脚输入信号　　D．P3.5 引脚输入信号

5．当 TMOD=80H 时，______，T1 启动。

A．TR1=1　　B．TR0=1

C．TR1 为 1 且 INT0 引脚（P3.2）输入为高电平

D. TR1 为 1 且 INT1 引脚（P3.3）输入为高电平

6. 在 TH0=01H，TL0=22H，TR0=1 的状态下，执行 TH0=0x3c；TL0= 0xb0；语句后，TH0、TL0、RL_TH0、RL_TL0 的值分别为________。

A. 3CH，B0H，3CH，B0H　　　　B. 01H，22H,，3CH，B0H

C. 3CH，B0H，不变，不变　　　　D. 01H，22H，不变，不变

7. 在 TH0=01H，TL0=22H，TR0=0 的状态下，执行 TH0=0x3c；TL0= 0xb0；语句后，TH0、TL0、RL_TH0、RL_TL0 的值分别为________。

A. 3CH，B0H，3CH，B0H　　　　B. 01H，22H,，3CH，B0H

C. 3CH，B0H，不变，不变　　　　D. 01H，22H，不变，不变

8. INT_CLKO 可设置 T0、T1、T2 的可编程脉冲的输出。当 INT_CLKO=05H 时，____。

A. T0、T1 允许可编程脉冲输出，T2 禁止

B. T0、T2 允许可编程脉冲输出，T1 禁止

C. T1、T2 允许可编程脉冲输出，T0 禁止

D. T1 允许可编程脉冲输出，T0、T2 禁止

三、判断题

1. STC15F2K60S2 单片机定时/计数器的核心电路是计数器电路。（　　）
2. STC15F2K60S2 单片机定时/计数器定时状态时，其计数脉冲是系统时钟。（　　）
3. STC15F2K60S2 单片机 T0 定时/计数器的中断请求标志是 TF0。（　　）
4. STC15F2K60S2 单片机定时/计数器的计满溢出标志与中断请求标志是不同的标志位。（　　）
5. STC15F2K60S2 单片机 T0 定时/计数器的启停仅受 TR0 控制。（　　）
6. STC15F2K60S2 单片机 T1 定时/计数器的启停不仅受 TR0 控制，还与其 GATE 控制位有关。（　　）

四、问答题

1. STC15F2K60S2 单片机定时/计数器的定时与计数工作模式，有什么相同点和不同点？
2. STC15F2K60S2 单片机定时/计数器的启停控制原理是什么？
3. STC15F2K60S2 单片机 T0 定时/计数器方式 0 时，定时时间的计算公式是什么？
4. 当 TMOD=00H 时，T0x12 为 1 时，T0 定时 10ms 时，T0 的初始值应是多少？
5. TR0=1 与 TR0=0 时，对 TH0、TL0 的赋值有什么不同？
6. T2 与 T0、T1 有什么不同？
7. T0、T1、T2 定时/计数器都可以编程输出时钟，简述如何设置且从何端口输出时钟信号？
8. T0、T1、T2 定时/计数器可编程输出时钟是如何计算的？如不使用可编程时钟，建议关闭可编程时钟输出，请问基于什么考虑？

五、程序设计题

1. 利用 T0 进行定时设计一个 LED 闪烁灯，高电平时间为 600ms，低电平时间为 400ms，编写程序并上机调试。

2. 利用 T1 定时设计一个 LED 流水灯，时间间隔为 500ms，编写程序并上机调试。

3. 利用 T0 测量脉冲宽度，脉宽时间采用 LED 数码管显示。画出硬件电路图，编写程序并上机调试。

4．利用 T2 的可编程时钟输出功能，输出频率 1000Hz 的时钟信号。编写程序并上机调试。

5．利用 T1 设计一个倒计时秒表，采用 LED 数码管显示。

（1）倒计时时间可设置为 60s 和 90s；

（2）具备启停控制功能；

（3）倒计时归零，声光提示。

画出硬件电路图，编写程序并上机调试。

6．利用 T0、T1 设计一个频率计，采用数码管显示频率值，T2 输出可编程时钟，利用自己频率计测量 T2 输出的可编程时钟。设置两个开关 K1、K2，当 K1、K2 都断开时，T2 输出 10Hz 信号；当 K1 断开、K2 合上时，T2 输出 100Hz 信号；当 K1 合上、K2 断开时，T2 输出 1000Hz 信号；当 K1、K2 都合上时，T2 输出 10KHz 信号。画出硬件电路图，编写程序并上机调试。

第 9 章　STC15F2K60S2 单片机的串行口

9.1　串行通信基础

通信是人们传递信息的方式。计算机通信是将计算机技术和通信技术相结合，完成计算机与外部设备或计算机与计算机之间的信息交换。这种信息交换可分为两种方式：并行通信与串行通信。

并行通信是将数据字节的各位用多条数据线同时进行传送，如图 9.1（a）所示。并行通信的特点是：控制简单，传送速度快，但由于传输线较多，长距离传送时成本较高。因此仅适用于短距离传送。

串行通信是将数据字节分成一位一位的形式在一条传输线上逐个地传送，如图 9.1（b）所示。串行通信的特点是：传送速度慢，但传输线少，长距离传送时成本较低。因此串行通信适用于长距离传送。

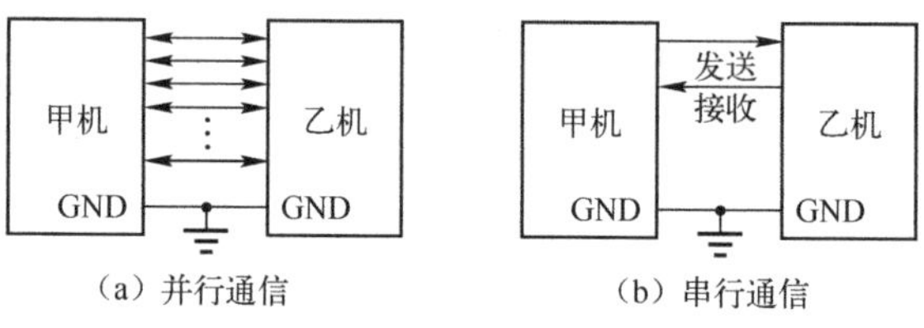

图 9.1　两种通信方式的示意图

1. 串行通信的分类

按照串行通信数据的时钟控制方式，串行通信可分为同步通信和异步通信两类。

1）异步通信（Asynchronous Communication）。在异步通信中，数据通常是以字符（或字节）为单位组成字符帧传送的。字符帧由发送端一帧一帧地发送，通过传输线为接收设备一帧一帧地接收。发送端和接收端可以由各自的时钟来控制数据的发送和接收，这两个时钟源彼此独立，互不同步，但要求传送速率一致。在异步通信中，两个字符之间的传输间隔是任意的，所以每个字符的前后都要用一些数位来作为分隔位。

发送端和接收端依靠字符帧格式来协调数据的发送和接收，在通信线路空闲时，发送线为高电平（逻辑“1”），每当接收端检测到传输线上发送过来的低电平逻辑“0”（字符帧中的起始位）时就知道发送端已开始发送，当接收端接收到字符帧中停止位时就知道一帧字符信息已发送完毕。

在异步通信中，字符帧格式和波特率是两个重要指标，可由用户根据实际情况选定。

① 字符帧（Character Frame）。字符帧也叫数据帧，由起始位、数据位（纯数据或数据加校验位）和停止位等三部分组成，如图 9.2 所示。

a. 起始位：位于字符帧开头，只占一位，始终为逻辑“0”低电平，用于向接收设备表示发送端开始发送一帧信息。

b. 数据位：紧跟起始位之后，用户根据情况可取 5 位、6 位、7 位或 8 位，低位在前高位在后（即先发送数据的最低位）。若所传数据为 ASCII 字符，则常取 7 位。

c. 奇偶校验位：位于数据位后，仅占一位，通常用于对串行通信数据进行奇偶校验。也可以由用户定义为其他控制含义，也可以没有。

d. 停止位：位于字符帧末尾，为逻辑“1”高电平，通常可取 1 位、1.5 位或 2 位，用于向接收端表示一帧字符信息已发送完毕，也为发送下一帧字符做准备。

在串行通信中，发送端一帧一帧发送信息，接收端一帧一帧接收信息，两相邻字符帧之间可以无空闲位，也可以有若干空闲位，这由用户根据需要决定。图 9.2（b）所示为有三个空闲位时的字符帧格式。

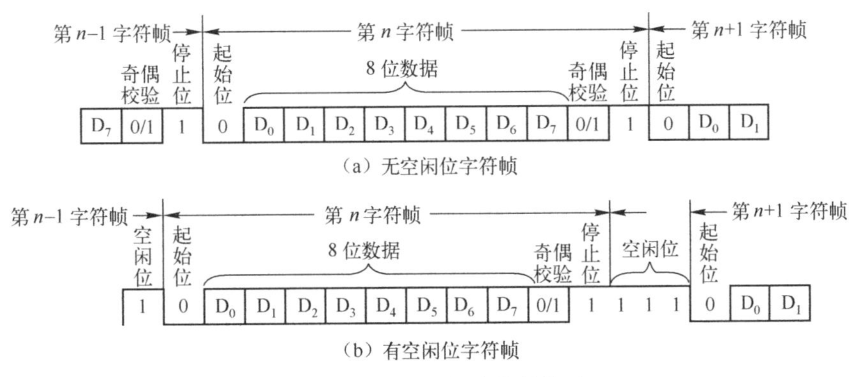

图 9.2　异步通信的字符帧格式

② 波特率（Baud Rate）。异步通信的另一个重要指标为波特率。

波特率为每秒钟传送二进制数码的位数，也叫比特数，单位为 bit/s（bps），即位/秒。波特率用于表征数据传输的速度，波特率越高，数据传输速度越快。但波特率和字符的实际传输速率不同，字符的实际传输速率是每秒内所传字符帧的帧数，而字符的实际传送速率和字符帧格式有关。例如，波特率为 1200bit/s 的通信系统，若采用图 9.2（a）所示的字符帧，每一字符帧包含 11 位数据，则字符的实际传输速率为 1200/11＝109.09 帧/秒；若改用图 9.2（b）所示的字符帧，每一字符帧包含 14 位数据，其中含 3 位空闲位，则字符的实际传输速率为 1200/14＝85.71 帧/秒。

异步通信的优点是不需要传送同步时钟，字符帧长度不受限制，故设备简单。缺点是字符帧中因包含起始位和停止位而降低了有效数据的传输速率。

2）同步通信（Synchronous Communication）。同步通信是一种连续串行传送数据的通信方式，一次通信传输一组数据（包含若干个字符数据）。同步通信时要建立发送方时钟对接收方时钟的直接控制，使双方达到完全同步。在发送数据前先要发送同步字符，再连续地发送数据。同步字符有单同步字符和双同步字符之分，如图 9.3（a）、（b）所示。同步通信的字符帧结构由同步字符、数据字符和校验字符 CRC 三部分组成。在同步通信中，同步字符可以采用统一的标准格式，也可以由用户约定。

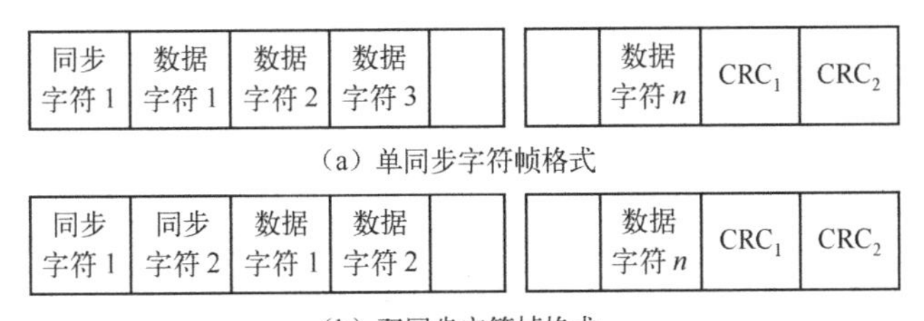

图 9.3　同步通信的字符帧格式

同步通信的数据传输速率较高，其缺点是要求发送时钟和接收时钟必须保持严格同步，硬件电路较为复杂。

2. 串行通信的传输方向

在串行通信中数据是在两个站之间进行传送的，按照数据传送方向及时间关系，串行通信可分为单工（simplex）、半双工（half duplex）和全双工（full duplex）三种制式，如图 9.4 所示。

单工制式：通信线的一端接发送器，一端接接收器，数据只能按照一个固定的方向传送，如图 9.4（a）所示。

半双工制式：系统的每个通信设备都由一个发送器和一个接收器组成，如图 9.4（b）所示。在这种制式下，数据能从 A 站传送到 B 站，也可以从 B 站传送到 A 站，但是不能同时在两个方向上传送，即只能一端发送，一端接收。其收、发开关一般是由软件控制的电子开关。

全双工制式：通信系统的每端都有发送器和接收器，可以同时发送和接收，即数据可以在两个方向上同时传送，如图 9.4（c）所示。

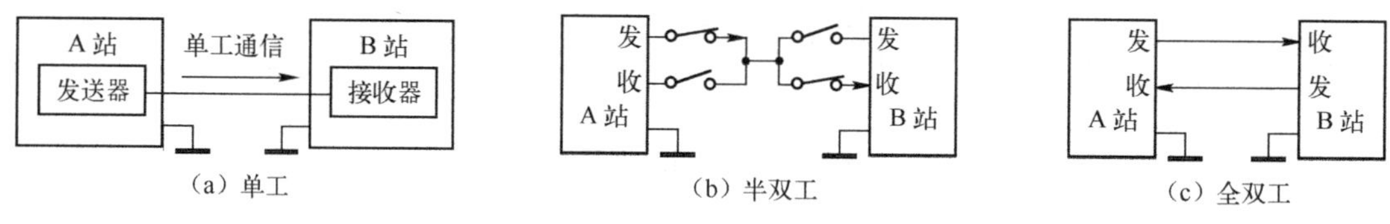

图 9.4　单工、半双工和全双工三种传输方向

9.2　串行口 1

STC15F2K60S2 单片机内部有两个可编程全双工串行通信接口，它们具有 UART 的全部功能。每个串行口由两个数据缓冲器、一个移位寄存器、一个串行控制器和一个波特率发生器等组成。每个串行口的数据缓冲器由两个相互独立的接收、发送缓冲器构成，可以同时发送和接收数据。发送数据缓冲器只能写入而不能读出，接收数据缓冲器只能读出而不能写入，因而两个缓冲器可以公用一个地址码。串行口 1 的两个数据缓冲器的公用地址码是 99H，串行口 2 的两个数据缓冲器的公用地址码是 9BH。串行口 1 的两个数据缓冲器统称为串行口 1 数据缓冲器 SBUF，当对 BSUF 进行读操作（MOV A，SBUF）时，操作对象是串行口 1 的接收数据缓冲器；当对 SBUF 进行写操作（MOV SBUF，A）时，操作对象是串行口 1 的发送数据缓冲器。串行口 2 的两个数据缓冲器统称为串行口 2 数据缓冲器 S2BUF，当对 S2BUF 进行读操作（MOV A，S2BUF）时，操作对象是串行口 2 的接收数据缓冲器；当对 S2BUF 进行写操作（MOV S2BUF，A）时，操作对象是串行口 2 的发送数据缓冲器。

STC15F2K60S2 单片机串行口 1 默认对应的发送、接收引脚是：TxD/P3.1、RxD/P3.0，通过设置 S1_S1、S1_S0 控制位，串行口 1 的 TxD、RxD 硬件引脚可切换为 P1.7、P1.6 或 P3.7、P3.6。

STC15F2K60S2 单片机串行口 2 默认对应的发送、接收引脚是：TxD2/P1.1、RxD2/P1.0，通过设置 S2_S 控制位，串行口 2 的 TxD2、RxD2 硬件引脚可切换为 P4.7、P4.6。

9.2.1　串行口 1 的控制寄存器

与单片机串行口 1 有关的特殊功能寄存器有：单片机串行口 1 的控制寄存器、与波特率设置有关的定时/计数器 T1/T2 的相关寄存器、与中断控制相关的寄存器，格式如下所示。

	地址	B7	B6	B5	B4	B3	B2	B1	B0	复位值
SCON	98H	SM0/FE	SM1	SM2	REN	TB8	RB8	TI	RI	0000 0000
SBUF	99H	串行口 1 数据缓冲器								
PCON	87H	SMOD	SMOD0	LVDF	POF	GF1	GF0	PD	IDL	0011 0000
AUXR	8EH	T0x12	T1x12	UART_M0x6	T2R	T2_C/$\overline{T}$	T2x12	EXTRAM	S1ST2	0000 0000
TL1	8AH	T1 的低 8 位								0000 0000
TH1	8BH	T1 的高 8 位								0000 0000
T2L	D7H	T2 的低 8 位								0000 0000
T2H	D6	T2 的高 8 位								0000 0000
TMOD	89H	GATE	C/$\overline{T}$	M1	M0	GATE	C/$\overline{T}$	M1	M0	0000 0000
TCON	88H	TF1	TR1	TF0	TR0	IE1	IT1	IE0	IT0	0000 0000
IE	A8H	EA	ELVD	EADC	ES	ET1	EX1	ET0	EX0	0000 0000
IP	B8H	PPCA	PLVD	PADC	PS	PT1	PX1	PT0	PX0	0000 0000
P_SW1	A2H	S1_S1	S1_S0	CCP_S1	CCP_S0	SPI_S1	SPI_S0	0	DPS	0000 0000

1. 串行口 1 控制寄存器 SCON

串行口 1 控制寄存器 SCON 用于设定串行口 1 的工作方式、允许接收控制以及设置状态标志。字节地址为 98H，可进行位寻址，单片机复位时，所有位全为 0，其格式如下：

	地址	B7	B6	B5	B4	B3	B2	B1	B0	复位值
SCON	98H	SM0/FE	SM1	SM2	REN	TB8	RB8	TI	RI	0000 0000

对各位的说明如下：

SM0/FE、SM1：

1）PCON 寄存器中的 SMOD0 位为 1 时，SM0/FE 用于帧错误检测，当检测到一个无效停止位时，通过 UART 接收器设置该位，它必须由软件清零。

2）PCON 寄存器中的 SMOD0 为 0 时，SM0/FE 和 SM1 一起指定串行通信的工作方式，如表 9.1 所示（其中，f_{SYS} 为系统时钟频率）。

表 9.1　串行口 1 方式选择位

SM0	SM1	工 作 方 式	功　能	波 特 率
0	0	方式 0	8 位同步移位寄存器	$f_{SYS}/12$ 或 $f_{SYS}/2$
0	1	方式 1	10 位 UART	可变，取决于 T1 或 T2 的溢出率
1	0	方式 2	11 位 UART	$f_{SYS}/64$ 或 $f_{SYS}/32$
1	1	方式 3	11 位 UART	可变，取决于 T1 或 T2 的溢出率

SM2：多机通信控制位，用于方式 2 和方式 3 中。在方式 2 和方式 3 处于接收时，若（SM2）=1，且接收到的第 9 位数据 RB8 为 0 时，不激活 RI；若（SM2）=1，且 RB8=1 时，则置位 RI 标志。在方式 2、方式 3 处于接收方式时，若（SM2）=0，不论接收到第 9 位 RB8 为 0 还是为 1，RI 都以正常方式被激活。

REN：允许串行接收控制位。由软件置位或清零。（REN）=1 时，启动接收；（REN）=0 时，禁止接收。

TB8：串行发送数据的第 9 位。在方式 2 和方式 3 中，由软件置位或复位，可做奇偶校验位。在多机通信中，可作为区别地址帧或数据帧的标识位，一般约定地址帧时 TB8 为 1，数据帧时

TB8 为 0。

RB8：在方式 2 和方式 3 中，是串行接收到的第 9 位数据，作为奇偶校验位或地址帧、数据帧的标识位。

TI：发送中断标志位。在方式 0 中，发送完 8 位数据后，由硬件置位；在其他方式中，在发送停止位之初由硬件置位。TI 是发送完一帧数据的标志，既可以用查询的方法，也可以用中断的方法来响应该标志，然后在相应的查询服务程序或中断服务程序中，由软件清除 TI。

RI：接收中断标志位。在方式 0 中，接收完 8 位数据后，由硬件置位；在其他方式中，在接收停止位的中间由硬件置位。RI 是接收完一帧数据的标志，同 TI 一样，既可以用查询的方法，也可以用中断的方法来响应该标志，然后在相应的查询服务程序或中断服务程序中，由软件清除 RI。

2．电源及波特率选择寄存器 PCON

PCON 主要是单片机的电源控制而设置的专用寄存器，不可以位寻址，字节地址为 87H，复位值为 30H。其中 SMOD、SMOD0 与串口控制有关，其格式与说明如下所示：

	地址	B7	B6	B5	B4	B3	B2	B1	B0	复位值
PCON	87H	SMOD	SMOD0	LVDF	POF	GF1	GF0	PD	IDL	0011 0000

SMOD：SMOD 为波特率倍增系数选择位。在方式 1、2 和 3 时，串行通信的波特率与 SMOD 有关。当（SMOD）=0 时，通信速度为基本波特率；当（SMOD）=1 时，通信速度为基本波特率乘 2。

SMOD0：帧错误检测有效控制位。（SMOD0）=1，SCON 寄存器中的 SM0/FE 用于帧错误检测（FE）；（SMOD0）=0，SCON 寄存器中的 SM0/FE 用于 SM0 功能，与 SM1 一起指定串行口的工作方式。

3．辅助寄存器 AUXR 的 UART_M0x6

辅助寄存器 AUXR 的格式如下所示。

	地址	B7	B6	B5	B4	B3	B2	B1	B0	复位值
AUXR	8EH	T0x12	T1x12	UART_M0x6	T2R	T2_C/$\overline{T}$	T2x12	EXTRAM	S1ST2	0000 0000

UART_M0x6：串行口方式 0 通信速度设置位。（UART_M0x6）=0，串行口方式 0 的通信速度与传统 8051 单片机一致，波特率为系统时钟频率的 12 分频，即 $f_{SYS}/12$；（UART_M0x6）=1，串行口方式 0 的通信速度是传统 8051 单片机通信速度的 6 倍，波特率为系统时钟频率的 2 分频，即 $f_{SYS}/2$。

S1ST2：当串行口 1 工作在方式 1、3 时，S1ST2 为串行口 1 波特率发生器选择控制位。（S1ST2）=0，选择定时器 T1 为波特率发生器；（S1ST2）=1，选择定时器 T2 为波特率发生器。

T1x12、T2R、T2_C/$\overline{T}$、T2x12：与定时器 T1、T2 有关的控制位。

9.2.2 串行口 1 的工作方式

STC15F2K60S2 单片机串行通信有 4 种工作方式，当（SMOD0）=0 时，通过设置 SCON 中的 SM1、SM0 位来选择。

1. 方式 0

在方式 0 下，串行口作为同步移位寄存器用，其波特率为 $f_{SYS}/12$（UART_M0x6 为 0 时）或 $f_{SYS}/2$（UART_M0x6 为 1 时）。串行数据从 RxD（P3.0）端输入或输出，同步移位脉冲由 TxD（P3.1）送出，这种方式常用于扩展 I/O 口。串行口 1 在方式 0 模式下结构图如图 9.5 所示。

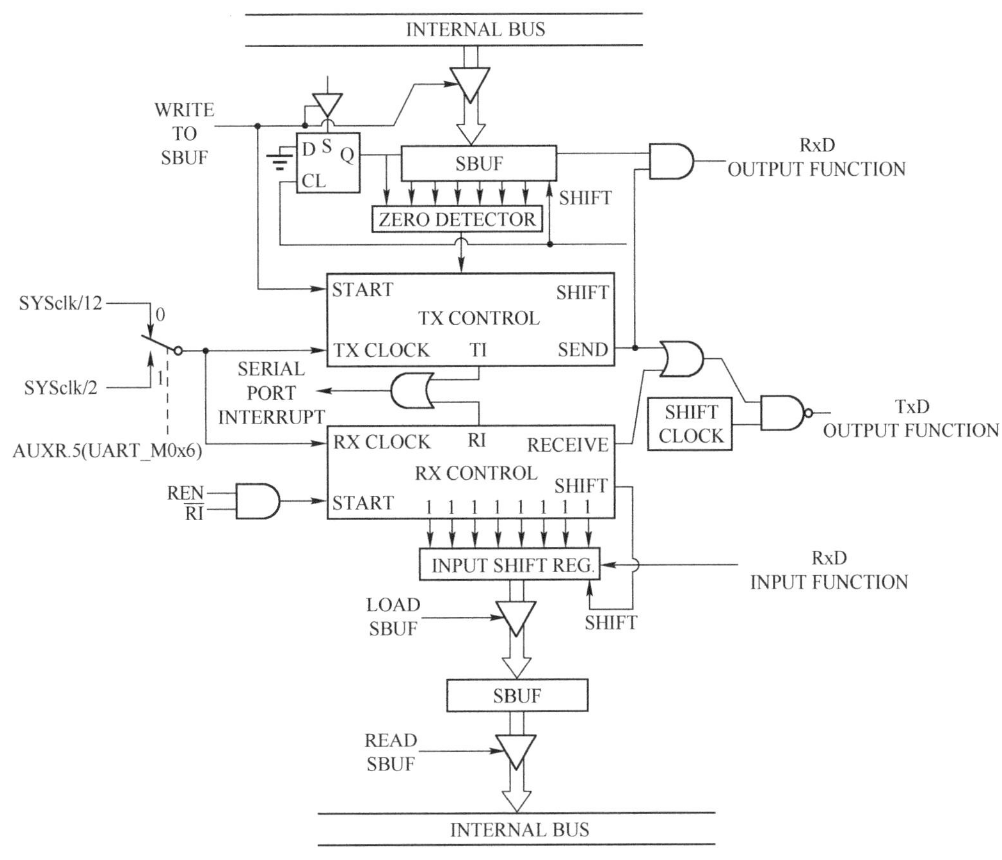

图 9.5　串行口 1 在方式 0 模式下结构图

1）发送。当（TI）＝0，一个数据写入串行口发送缓冲器 SBUF 时，串行口 1 将 8 位数据以 $f_{SYS}/12$ 或 $f_{SYS}/2$ 的波特率从 RxD 引脚输出（低位在前），发送完毕置位中断标志 TI，并向 CPU 请求中断。在再次发送数据之前，必须由软件清零 TI 标志。方式 0 发送时序如图 9.6 所示。

方式 0 发送时，串行口可以外接串行输入并行输出的移位寄存器，如 74LS164、CD4094 等芯片，用来扩展并行输出口，其逻辑电路如图 9.7 所示。

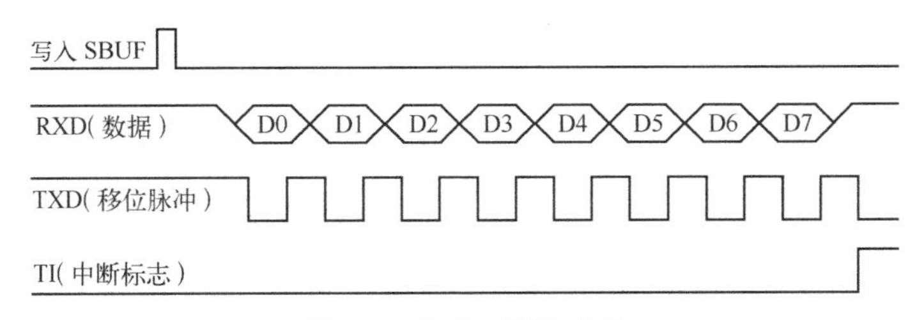

图 9.6　方式 0 发送时序

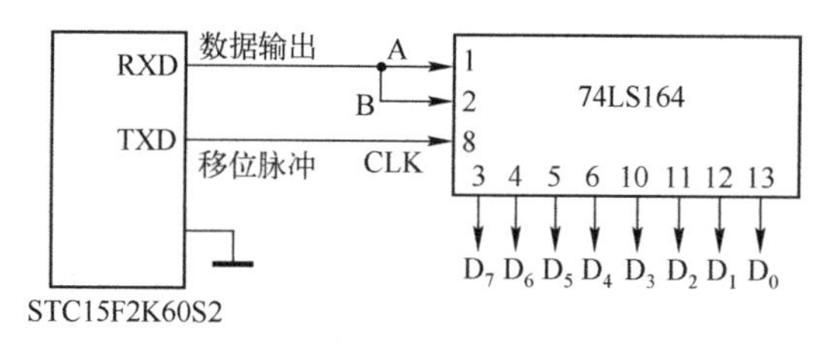

图 9.7　方式 0 用于扩展 I/O 口输出

2）接收。当（RI）=0 时，置位 REN，串行口即开始从 RxD 端以 $f_{SYS}/12$ 或 $f_{SYS}/2$ 的波特率输入数据（低位在前），当接收完 8 位数据后，置位中断标志 RI，并向 CPU 请求中断。在再次接收数据之前，必须由软件清零 RI 标志。方式 0 接收时序如图 9.8 所示。

方式 0 接收时，串行口可以外接并行输入串行输出的移位寄存器，如 74LS165 芯片，用来扩展并行输入口，其逻辑电路如图 9.9 所示。

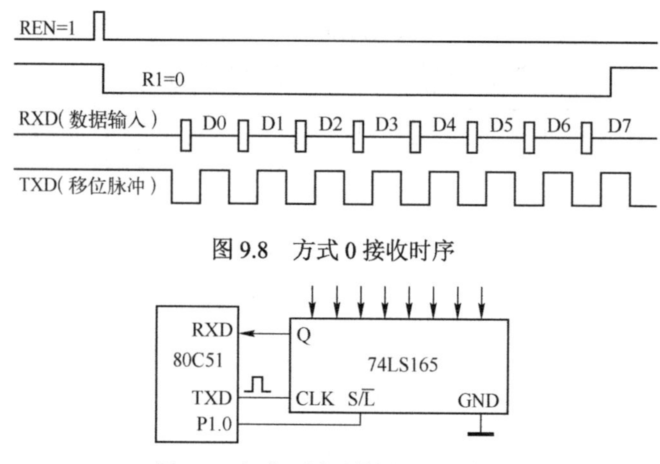

图 9.8　方式 0 接收时序

图 9.9　方式 0 用于扩展 I/O 口输入

串行控制寄存器 SCON 中的 TB8 和 RB8 在方式 0 中未使用。值得注意的是，每当发送或接收完 8 位数据后，硬件会自动置 TI 或 RI 为 1，CPU 响应 TI 或 RI 中断后，必须由用户用软件清 0。方式 0 时，SM2 必须为 0。

2. 方式 1

串行口工作在方式 1 下时，串行口为波特率可调的 10 位通用异步接口 UART，发送或接收一帧信息，包括 1 位起始位（0），8 位数据位和 1 位停止位（1）。其帧格式如图 9.10 所示，其电路结构图如图 9.11 所示。

1）发送。当（TI）=0 时，数据写入发送缓冲器 SBUF 后，就启动了串行口发送过程。在发送移位时钟的同步下，从 TxD 引脚先送出起始位，然后是 8 位数据位，最后是停止位。一帧 10 位数据发送完后，中断标志 TI 置 1。方式 1 的发送时序如图 9.12 所示。方式 1 数据传输的波特率取决于定时器 T1 的溢出率和 PCON 中的 SMOD 位，或 T2 的溢出率。

2）接收。当（RI）=0 时，置位 REN，启动串行口接收过程。当检测到 RxD 引脚输入电平发生负跳变时，接收器以所选择波特率的 16 倍速率采样 RxD 引脚电平，以 16 个脉冲中的 7、8、9 三个脉冲为采样点，取两个或两个以上相同值为采样电平，若检测电平为低电平，则说明起始位有效，并以同样的检测方法接收这一帧信息的其余位。接收过程中，8 位数据装入接收 SBUF，接收到停止位时，置位 RI，向 CPU 请求中断。方式 1 的接收时序如图 9.13 所示。

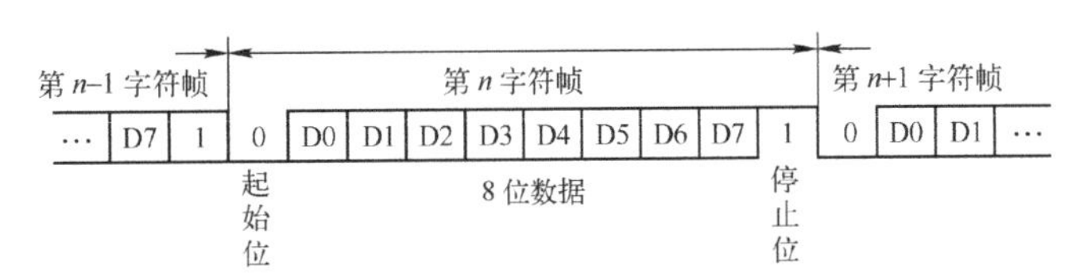

图 9.10　10 位的帧格式

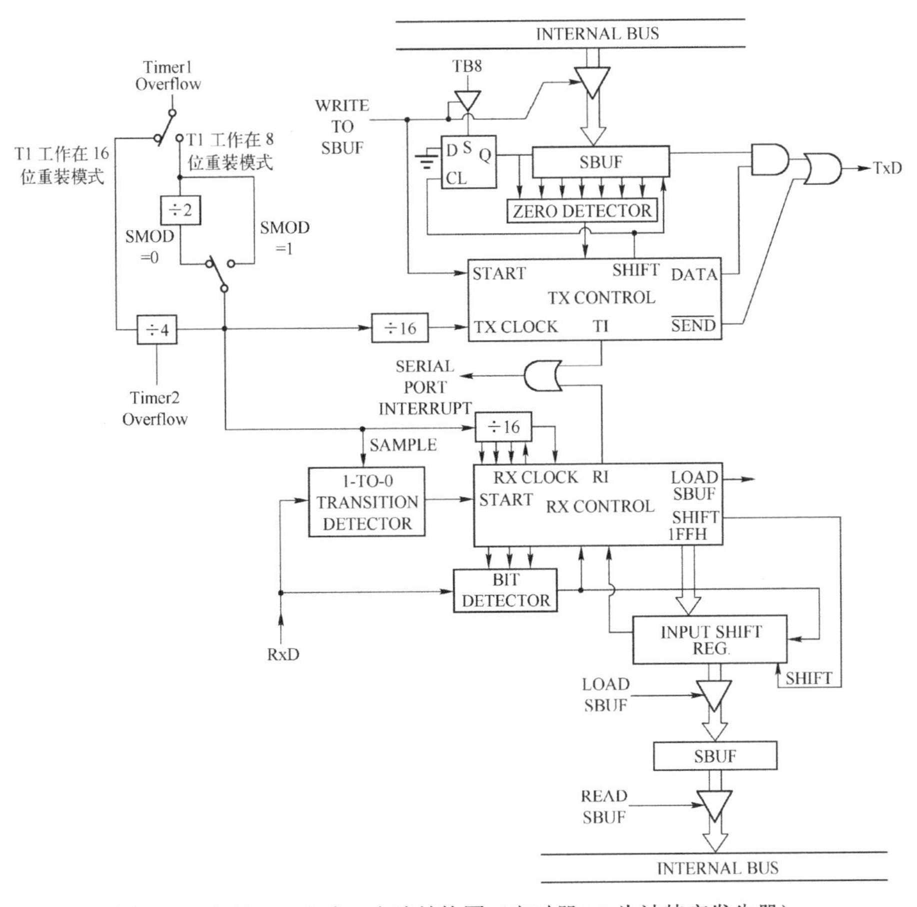

图 9.11　串行口 1 方式 1 电路结构图（定时器 T1 为波特率发生器）

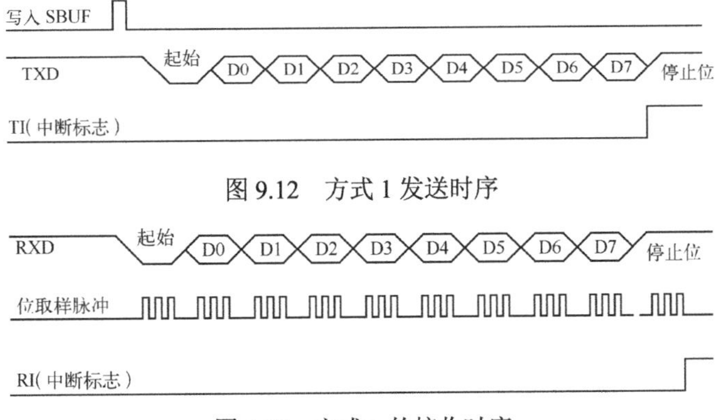

图 9.12　方式 1 发送时序

图 9.13　方式 1 的接收时序

3. 方式 2

串行口工作在方式 2，串行口为 11 位 UART。一帧数据包括 1 位起始位（0），8 位数据位，

1 位可编程位（如用于奇偶校验）和 1 位停止位（1），其帧格式如图 9.14 所示。方式 2 电路结构图如图 9.15 所示。

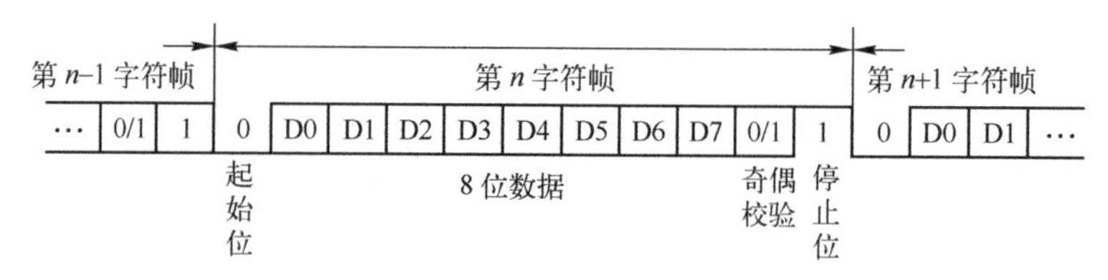

图 9.14　11 位的帧格式

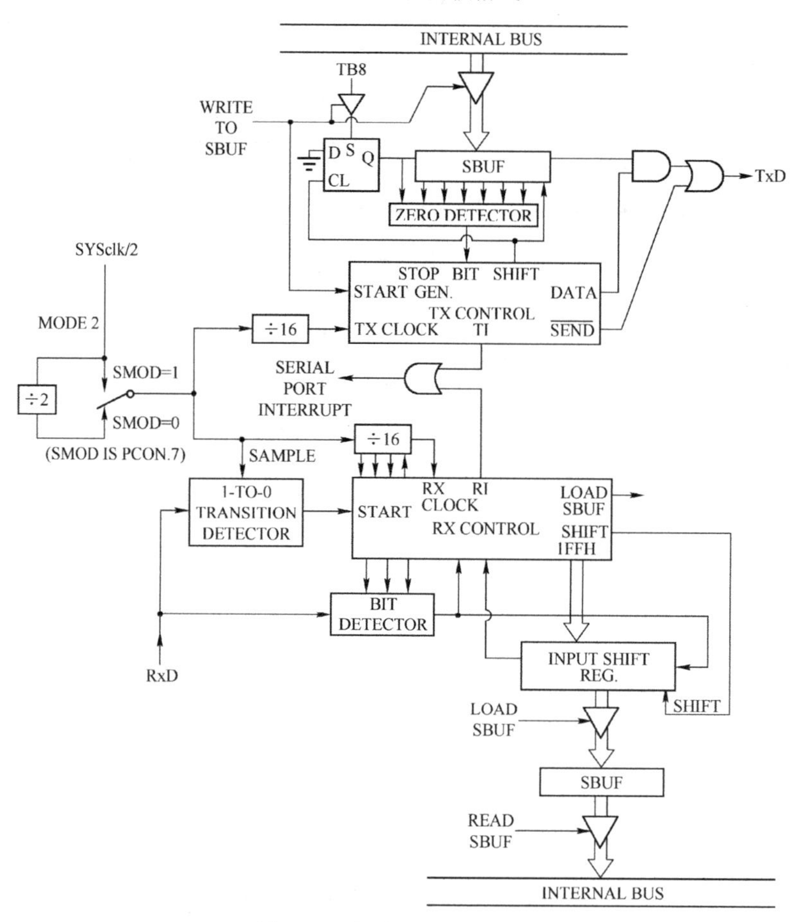

图 9.15　方式 2 电路结构图

1）发送。发送前，先根据通信协议由软件设置好 TB8。当（TI）=0 时，用指令将要发送的数据写入 SBUF，则启动发送器的发送过程。在发送移位时钟的同步下，从 TxD 引脚先送出起始位，依次是 8 位数据位和 TB8，最后是停止位。一帧 11 位数据发送完毕后，置位中断标志 TI，并向 CPU 发出中断请求。在发送下一帧信息之前，TI 必须由中断服务程序或查询程序清 0。方式 2 的发送时序如图 9.16 所示。

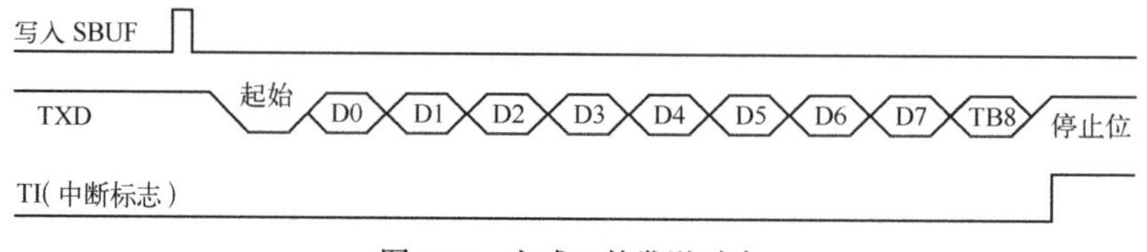

图 9.16　方式 2 的发送时序

2）接收。当（RI）=0 时，置位 REN，启动串行口接收过程。当检测到 RxD 引脚输入电平发生负跳变时，接收器以所选择波特率的 16 倍速率采样 RxD 引脚电平，以 16 个脉冲中的 7、8、9 三个脉冲为采样点，取两个或两个以上相同值为采样电平，若检测电平为低电平，则说明起始位有效，并以同样的检测方法接收这一帧信息的其余位。接收过程中，8 位数据装入接收 SBUF，第 9 位数据装入 RB8，接收到停止位时，若（SM2）=0 或（SM2）=1 且接收到的（RB8）=1，则置位 RI，向 CPU 请求中断；否则不置位 RI 标志，接收数据丢失。方式 2 的接收时序如图 9.17 所示。

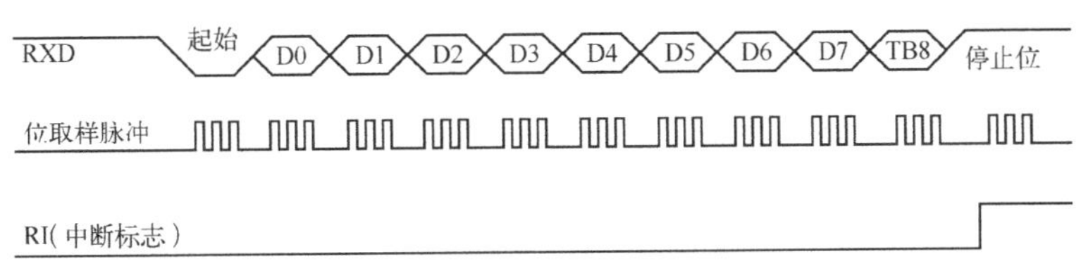

图 9.17　方式 2 的接收时序

4. 方式 3

串行口 1 工作在方式 3，串行口 1 同方式 2 一样为 11 位 UART。方式 2 与方式 3 的区别在于波特率的设置方法不同，方式 2 的波特率为 $f_{SYS}/64$（SMOD 为 0）或 $f_{SYS}/32$（SMOD 为 1）；方式 3 数据传输的波特率同方式 1 一样取决于定时器 T1 的溢出率和 SMOD 控制位，或 T2 的溢出率。方式 3 电路结构图如图 9.18 所示。

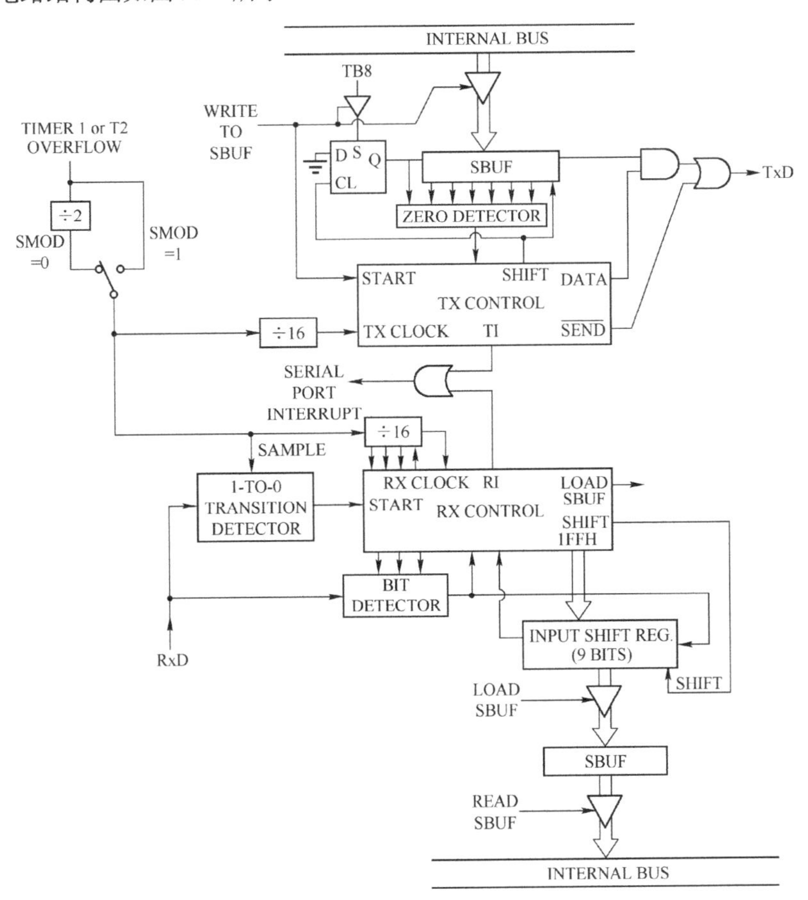

图 9.18　方式 3 电路结构图

方式 3 的发送过程与接收过程，除发送、接收速率不同以外，其他过程和方式 2 完全一致。因方式 2 和方式 3 在接收过程中，只有当（SM2）=0 或（SM2）=1 且接收到的（RB8）=1 时，才会置位 RI，向 CPU 请求中断接收数据；否则不会置位 RI 标志，接收数据丢失，因此方式 2 和方式 3 常用于多机通信中。

9.2.3 串行口 1 的波特率

在串行通信中，收发双方对传送数据的速率（即波特率）要有一定的约定，才能进行正常的通信。单片机的串行口 1 有 4 种工作方式。其中方式 0 和方式 2 的波特率是固定的；方式 1 和方式 3 的波特率可变，由定时器 T1 的溢出率或 T2 的溢出率决定。

1. 方式 0 和方式 2

在方式 0 中，波特率为 $f_{SYS}/12$（UART_M0x6 为 0 时）或 $f_{SYS}/2$（UART_M0x6 为 1 时）。

在方式 2 中，波特率取决于 PCON 中的 SMOD 值，当（SMOD）=0 时，波特率为 $f_{SYS}/64$；当（SMOD）=1 时，波特率为 $f_{SYS}/32$。

即波特率 $=\dfrac{2^{SMOD}}{64}\cdot f_{SYS}$

2. 方式 1 和方式 3

在方式 1 和方式 3 下，由定时器 T1 或定时器 T2 的溢出率决定。

当（S1ST2）=0 时，定时器 T1 为波特率发生器，波特率由定时器 T1 的溢出率和 SMOD 共同决定。即：

方式 1 和方式 3 的波特率 $=\dfrac{2^{SMOD}}{32}\cdot$ T1 溢出率。

其中 T1 的溢出率为 T1 定时时间的倒数，取决于单片机定时器 T1 的计数速率和定时器的预置值。计数速率与 TMOD 寄存器中的 $C/\overline{T}$ 位有关，当（$C/\overline{T}$）=0 时，计数速率为 $f_{SYS}/12$（（T1x12）=0 时）或 f_{SYS}（（T1x12）=1 时）；当（$C/\overline{T}$）=1 时，计数速率为外部输入时钟频率。

实际上，当定时器 T1 做波特率发生器使用时，通常是工作在模式 0 或模式 2，即自动重装载的 16 位或 8 位定时器，为了避免溢出而产生不必要的中断，此时应禁止 T1 中断。

当（S1ST2）=1 时，定时器 T2 为波特率发生器，波特率为定时器 T2 溢出率（定时时间的倒数）的四分之一。

例 9.1 设单片机采用 11.059MHz 的晶振，串行口工在方式 1，波特率为 2400 位/秒。请编程设置相关寄存器。

解： STC-ISP 在线编程软件提供了串行口波特率编程工具，填入系统时钟、串行口、工作方式以及波特率即可。

如图 9.19、图 9.20 所示分别为单片机采用 11.059MHz 的晶振，1T，串行口 1 工作在方式 1，波特率为 9600 位/秒的设置与自动生成的汇编语言和 C 语言对应的波特率子程序和波特率子函数。

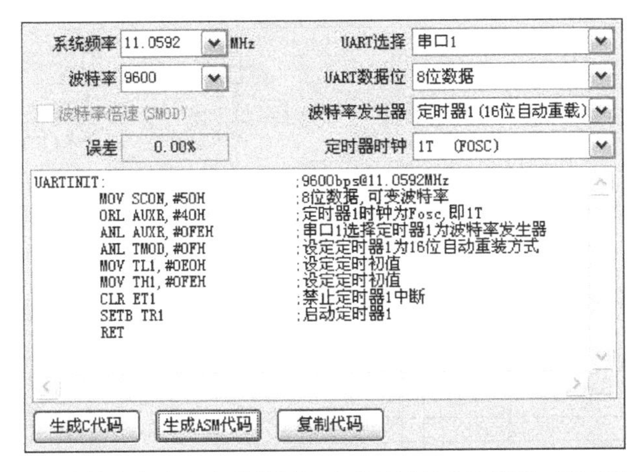

图 9.19　波特率发生器参数设置与生成的波特率子程序（汇编格式）

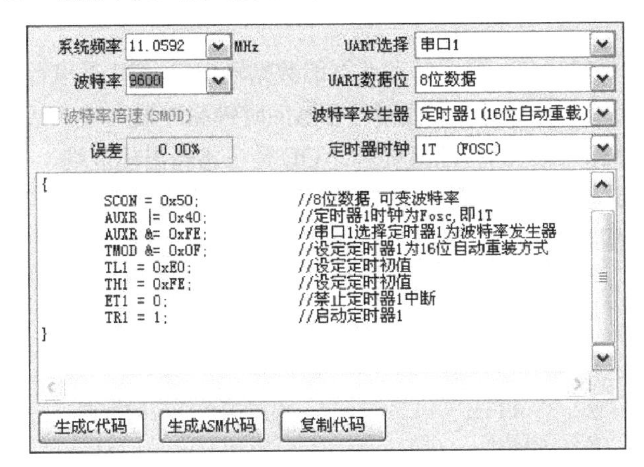

图 9.20　波特率发生器参数设置与生成的波特率子程序（C 格式）

9.2.4　串行口 1 的应用举例

1. 方式 0 的编程和应用

串行口 1 方式 0 是同步移位寄存器方式。应用方式 0 可以扩展并行 I/O 口，例如在键盘、显示器接口中，外扩串行输入并行输出的移位寄存器（如 74LS164），每扩展一片移位寄存器可扩展一个 8 位并行输出口，可以用来连接一个 LED 显示器做静态显示或作为键盘中的 8 根列线使用。

例 9.2　使用 2 块 74HC595 芯片扩展 16 位并行口，外接 16 只发光二极管，电路连接见图 9.21 所示。利用它的串入并出功能，把发光二极管从右向左依次点亮，并不断循环之（16 位流水灯）。

解： 74595 和 74164 功能相仿，都是 8 位串行输入转并行输出移位寄存器。74164 的驱动电流（25mA）比 74595（35mA）的要小。74595 的主要优点是具有数据存储寄存器，在移位过程中，输出端的数据可以保持不变，这在串行速度慢的场合很有用处，数码管没有闪烁感，而且 74595 具有级联功能，通过级联能扩展更多的输出口。

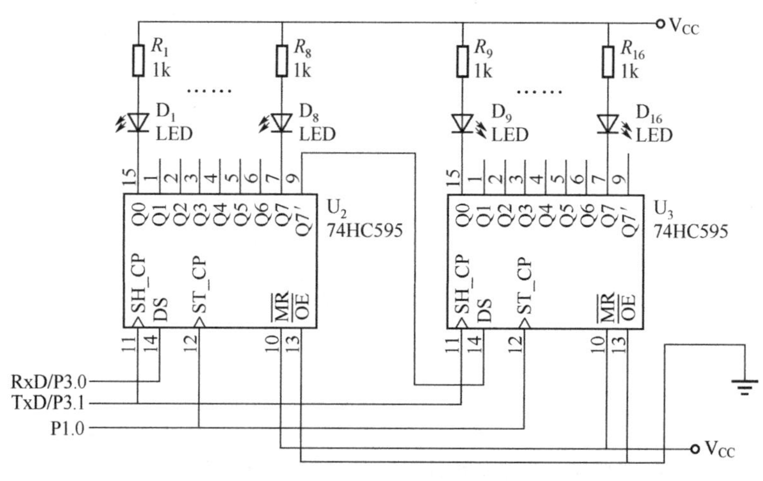

图 9.21 串口方式 0 扩展输出口

Q0～Q7 是并行数据输出口，即存储寄存器的数据输出口，Q7 是串行输出口，用于连接级联芯片的串行数据输入端 DS，ST_CP 是存储寄存器的时钟脉冲输入端（低电平锁存），SH_CP 是移位寄存器的时钟脉冲输入端（上升沿移位），$\overline{OE}$ 是三态输出使能端，$\overline{MR}$ 是芯片复位端（低电平有效，低电平时移位寄存器复位），DS 是串行数据输入端。

设 16 位流水灯数据存放在 R2 和 R3 中，汇编参考程序（XIO.ASM）如下：

```
        MOV     SCON，#00H          ；设置串行口 1 为同步移位寄存器方式
        CLR     ES                  ；禁止串口 1 中断
        CLR     P1.0
        SETB    C
        MOV     R2,  #0FFH          ；设置流水灯初始数据
        MOV     R3，#0FEH           ；设置最右边的 LED 灯亮
        MOV     R4, #16
LOOP:
        MOV     A,  R3
        MOV     SBUF，A             ；启动串行发送
        JNB     TI，$               ；等待发送结束信号
        CLR     TI                  ；清除 TI 标志，为下一字节发送做准备
        MOV     A，R2
        MOV     SBUF，A             ；启动串行发送
        JNB     TI，$               ；等待发送结束信号
        CLR     TI                  ；清除 TI 标志，为下一次发送做准备
        SETB    P1.0                ；移位寄存器数据送存储器锁存
        NOP
        CLR     P1.0
        MOV     A，R3               ；16 位流水灯数据
        RLC     A
        MOV     R3，A
        MOV     A，R2
        RLC     A
        MOV     R2，A
        LCALL   DELAY               ；插入轮显间隔
        DJNZ    R4,  LOOP1
        SETB    C
        MOV     R2, #0FFH           ；设置流水灯初始数据
        MOV     R3，#0FEH           ；设置最右边的 LED 灯亮
```

```
        MOV         R4, #16
LOOP1:
        SJMP        LOOP                        ; 循环
        DELAY:
        ...                                     ; 延时程序，具体由同学自己确定延时时间及编程
```

C 语言参考程序（xio.c）如下：

```
#include <stc15f2k60s2.h>
#include<intrins.h>
#define uchar unsigned char
#define uint  unsigned int
uchar x;
uint y=0xfffe;
void main(void)
{
    uchar i ;
    gpio();
    SCON=0x00;
    while(1)
    {
        for(i=0;i<16 ;i++)
        {
            x=y&0x00ff ;
            SBUF=x ;              //发送 y 的低 8 位
            while(TI==0) ;
            TI=0 ;
            x=y>>8 ;
            SBUF=x ;
            while(TI==0) ;
            TI=0 ;
            P10=1 ;               //移位寄存器数据送存储锁存器
            Delay50us() ;         //50us 的延时函数，建议从 STC_ISP 在线编程工具中获得，并放在主函数的前面位置
            P10=0 ;
            Delay500ms();         //500ms 的延时函数，建议从 STC_ISP 在线编程工具中获得，并放在主函数的前面位置
            y=_irol_(y,1) ;
        }
        y=0xfffe;
    }
}
```

2. 双机通信

双机通信用于单片机和单片机之间交换信息。对于双机异步通信的程序通常采用两种方法：查询方式和中断方式。但在很多应用中，双机通信的接收方都采用中断的方式来接收数据，以提高 CPU 的工作效率；发送方仍然采用查询方式发送。

双机通信的两个单片机的硬件连接可直接连接，如图 9.22 所示，甲机的 TxD 接乙机的 RxD，甲机的 RxD 接乙机的 TxD，甲机的 GND 接乙机的 GND。但单片机的通信是采用 TTL 电平传输信息，其传输距离一般不超过 5m，所以实际应用中通常采用 RS－232C 标准电平进行点对点的通信连接，如图 9.23 所示，MA232 是电平转换芯片。RS－232C 标准电平是 PC 串行通信标准，详细内容见下一节。

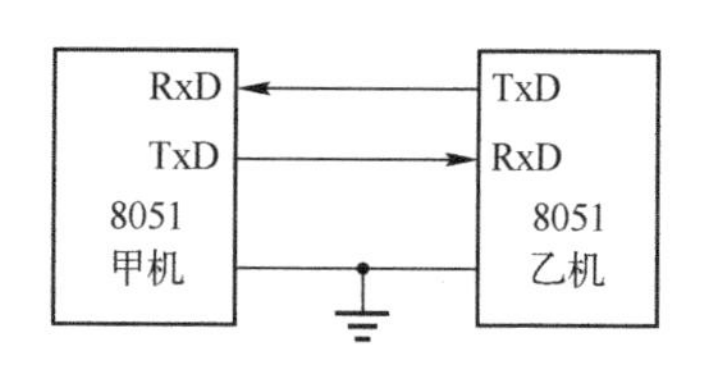

图 9.22　双机异步通信接口电路

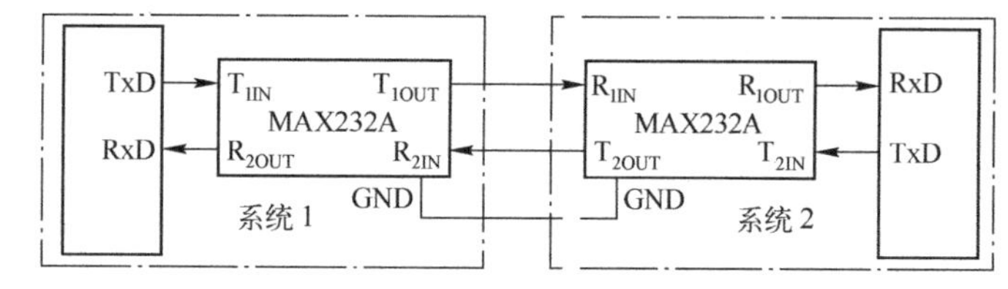

图 9.23　点对点通信接口电路

例 9.3　编制程序，使甲、乙双方单片机能够进行通信。要求：将甲机内部 RAM20H～27H 单元的数据依次发送给乙机，并实时显示发送数据；乙机接收后存放在内部 RAM70H～77H 中，并实时显示接收到的数据。发送、接收双方均采用 LED 灯显示，低电平驱动。

解：设晶振频率为 11.0592MHz，数据传输波特率为 2400bit/s。

1）甲机发送程序。汇编语言参考程序如下：

```
          ORG     0000H
          MOV     TMOD，#20H              ；设置定时器 T1，设置串行口 1 的波特率
          MOV     TL1，#0F4H
          MOV     TH1，#0F4H
          SETB    TR1
          MOV     SCON，#40H              ；设置串行口 1 工作在方式 1
          MOV     R0，#20H                ；设置串行口 1 发送缓冲区首址
          MOV     R7，#08H                ；设置串行发送的字节数
START:
          MOV     A，@R0                  ；取发送数据
          MOV     SBUF, A                 ；启动串行发送
          MOV     P1，A                   ；实时显示发送数据
Check_TI:
          JBC     TI, UART_Byte_Send_End  ；查询串行发送结束标志
          LJMP    Check_TI
UART_Byte_Send_End:
          INC     R0                      ；数据指针指向下一个发送数据
          MOV     R3, #05H                ；设置串行口 1 发送间隔
          LCALL   DELAY
          DJNZ    R7，START               ；判断串行口 1 发送是否结束
          SJMP    $
DELAY:
          MOV     R4, #100                ；延时子程序，延时时间＝（R3）×10ms
DELAY1:
          MOV     R5, #200
DELAY2:
          NOP
          NOP
          DJNZ    R5, DELAY2
          DJNZ    R4, DELAY1
          DJNZ    R3, DELAY
          RET
          END
```

C51 参考程序如下：

```
#include <stc15f2k60s2.h>
#include <intrins.h>
#define uchar unsigned char
#define uint unsigned int
uchar bdata inter_ram[8]={0，1，2，3，4，5，6，7}; 设置发送数据
```

```
/*————————————————————延时子函数————————————————————*/
void delay（uchar i）
{
      uchar x，y，z;                    //延时，大约 1ms
      for（z=i; z>0; z——）
      for（y=11; y>0; y——）
      for（x=195; x>0; x——）;
}
/*——————————————————串行口中断子函数——————————————————*/
void serial_initial（void）           //串行口 1 初始化程序
{
    TMOD=0x20;                        //实用 8 位定时器，自动重装计数值
    TH1=0xf4;
    TL1=0xf4;                         //设置 TH1 和 TL1 为 0xf4，波特率是 2400
    TR1=1;
    SCON=0x40;                        //设定串行口为方式 1
}
void Send_Byte（uchar x）             //串行口 1 发送一个字节的程序
{
        SBUF=x;                       //启动串行口 1 发送
        P1=x ;                        //实时显示发送数据
        while（TI==0）;
        TI=0;
}
/*————————————————————主函数————————————————————————*/
void main（void）
{
    uchar count;
    serial_initial();
    for（count=0; count<8; count++）       //把指定片内 RAM 数值发送到目标单片机
    {
          Send_Byte（inter_ram[count]）;
          delay（200）;                     //发送间隔，以便看清楚数据
    }
    while（1）;
}
```

2）乙机接收程序。汇编语言参考程序如下：

```
            ORG   0000H
            MOV   TMOD，#20H                    ；设置定时器 T1，设置串行口 1 的波特率
            MOV   TL1，#0F4H
            MOV   TH1，#0F4H
            SETB  TR1
            MOV   SCON，#40H                    ；设置串行口 1 的工作方式
            MOV   R0，#70H                      ；设置串行口 1 接收缓冲区首址
            MOV   R7，#08H                      ；设置串行口 1 接收的字节数
            SETB  REN                           ；启动串行口 1 接收
Check_RI:
            JBC   RI, UART_Byte_Receive_End     ；查询串行口 1 接收结束标志
            LJMP  Check_RI
UART_Byte_Receive_End:
            MOV   A, SBUF                       ；取串行口 1 接收数据
            MOV   @R0, A                        ；存串行口 1 接收数据
            CPL   A
```

```
        MOV     P0, A                   ；串行口 1 接收数据送显示
        INC     R0
        DJNZ    R7, Check_RI            ；判断串行口 1 发送是否结束
        SJMP    $
        END
```

C51 参考程序如下：

```
#include <stc15f2k60s2.h>
#include <intrins.h>
#define uchar unsigned char
#define uint unsigned int
uchar xdata recdata[8]  ; //定义接收存储数组
uchar *mydata;
/*——————————————————串行口中断子函数——————————————————*/
void serial_initial (void)              //串行口初始化程序
{
    TMOD=0x20;                          //实用 8 位定时器，自动重装计数值
    TH1=0xf4;
    TL1=0xf4;                           //设置 TH1 和 TL1 为 0xf4，波特率是 2400
    TR1=1;
    SCON=0x40;                          //设定串行口 1 为方式 1
    REN=1;                              //允许串行口 1 接收数据
}
/*————————————————————主函数————————————————————*/
void main (void)
{
    uchar i;
    serial_initial();                   //调用串行口 1 初始化函数
    mydata=recdata;
    for (i=0; i<8; i++)
    {
        while (RI==0);
        RI=0;                           //清空接收标志
        *mydata=SBUF;                   //存储接收数据
        P1=SBUF;                        //送往 P1 口显示
        mydata++;                       //指向下一个存储单元
        _nop_();
        _nop_();
        _nop_();
    }
    while (1);
}
```

例 9.4　编程将甲机片内 60H～6FH 单元的数据块从串行口发送，在发送之前将数据块长度发送给乙机，发送完 16 个字节后，再发送一个累加校验和。乙机接收甲机发送的数据，并存入以 0000H 开始的扩展 RAM 数据存储器中，首先接收数据长度，接着接收数据，当接收完 16 个字节后，接收累加和校验码，进行校验。数据传送结束后，根据校验结果向甲机发送一个状态字，00H 表示正确，FFH 表示出错，出错则甲机重发。

解：定义双机串行口方式 1 工作，晶振频率为 11.059MHz，波特率为 2400bit/s。定时器 T1 按方式 2 工作，经计算或查表得到定时器预置值为 0F4H，（SMOD）=0，（T1x12）=0。

1）发送子程序参考如下：

```
        ORG     0000H
```

```
        MOV     TMOD，#20H                      ；设置定时器 1 为方式 2
        MOV     TL1，#0F4H                      ；设置预置值
        MOV     TH1，#0F4H
        SETB    TR1                             ；启动定时器 1
        MOV     SCON，#50H                      ；设置串行口为方式 1，允许接收
START:
        MOV     R0，#60H                        ；设置数据指针
        MOV     R5，#10H                        ；设置数据长度
        MOV     R4，#00H                        ；累加校验和初始化
        MOV     SBUF，R5                        ；发送数据长度
Check_TI_0:
        JBC     TI，UART_Send_Data_LOOP         ；等待发送
        LJMP    Check_TI_0
UART_Send_Data_LOOP:
        MOV     A，@R0                          ；读取数据
        MOV     SBUF，A                         ；发送数据
        ADD     A，R4
        MOV     R4，A                           ；形成累加和
        INC     R0                              ；修改数据指针
Check_TI_1:
        JBC     TI，UART_Send_Data_Byte_End     ；等待发送一帧数据
        LJMP    Check_TI_1
UART_Send_Data_Byte_End:
        DJNZ    R5，UART_Send_Data_LOOP         ；判断数据块是否发送完
        MOV     SBUF，R4                        ；发送累加校验和
Check_TI_2:
        JBC     TI，Check_RI                    ；等待发送
        LJMP    Check_TI_2
Check_RI:
        JBC     RI，UART_Receive_End            ；等待乙机回答
        LJMP    Check_RI
UART_Receive_End:
        MOV     A，SBUF                         ；接收乙机数据
        JZ      Right                           ；00H，发送正确，返回
        AJMP    START                           ；发送出错，重发
Right:
        SJM$
```

2）接收子程序。接收采用中断方式。设置两个标志位（7FH，7EH 位）来判断接收到的信息是数据块长度、数据还是累加校验和。7FH 标志位为 1，表示接收的是数据长度；7EH 标志位为 1，表示接收的是数据块。

接收参考程序如下：

```
        ORG     0000H
        LJMP    MAIN                    ；转初始化程序
        ORG     0023H
        LJMP    Serial_ISR              ；转串行口中断程序
        ORG     0100H
MAIN:
        MOV     TMOD，#20H              ；设置定时器 1 为方式 2
        MOV     TL1，#0F4H              ；设置预置值
        MOV     TH1，#0F4H
        SETB    TR1                     ；启动定时器 1
        MOV     SCON #50H               ；串行口初始化
```

```
        SETB    7FH                         ；置长度标志位为1
        SETB    7EH                         ；置数据块标志位为1
        MOV     31H，#00H                   ；规定扩展RAM的起始地址，31H存高8位
        MOV     30H，#00H                   ；30H存低8位
        MOV     40H，#00H                   ；清累加和寄存器
        SETB    EA                          ；开放串行口1中断
        SETB    ES
        SJMP    $                           ；模拟一个用户程序
Serial_ISR:
        CLR     EA                          ；关中断
        CLR     RI                          ；清中断标志
        PUSH    ACC                         ；保护现场
        PUSH    DPH
        PUSH    DPL
        JB      7FH，Data_Length            ；判断是数据块长度吗？
        JB      7EH，Data_Block             ；判断是数据块吗？
SUM:
        MOV     A，SBUF                     ；接收校验和
        CJNE    A，40H，Error_Mark          ；判断接收是否正确
        MOV     A，#00H                     ；二者相等，正确，向甲机发送00H
        MOV     SBUF，A
Check_TI_Ok:
        JNB     TI，Check_TI_Ok
        CLR     TI
        SJMP    Exit_Serial_ISR             ；发送完，转到退出中断
Error_Mark:
        MOV     A，#0FFH                    ；二者不相等，错误，向甲机发送FFH
        MOV     SBUF，A
Check_TI_Error:
        JNB     TI，Check_TI_Error
        CLR     TI
        SJMP    Again_Receive               ；接收有错，转重新开始
Data_Length:
        MOV     A，SBUF                     ；接收长度
        MOV     41H，A                      ；长度存入41H单元
        CLR     7FH                         ；清长度标志位
        SJMP    Exit_Serial_ISR             ；退出中断
Data_Block:
        MOV     A，SBUF                     ；接收数据
        MOV     DPH，31H                    ；存入片外RAM
        MOV     DPL，30H
        MOVX    @DPTR，A
        INC     DPTR                        ；修改片外RAM的地址
        MOV     31H，DPH
        MOV     30H，DPL
        ADD     A，40H                      ；形成累加和，放在40H单元
        MOV     40H，A
        DJNZ    41H，Exit_Serial_ISR        ；判断数据块是否接收完
        CLR     7EH                         ；接收完，清数据块标志位
        SJMP    Exit_Serial_ISR
Again_Receive:
        SETB    7FH                         ；接收出错，恢复标志位，重新开始接收
        SETB    7EH
```

```
        MOV     31H，#00H               ；恢复扩展 RAM 起始地址
        MOV     30H，#00H
        MOV     40H，#00H               ；累加和寄存器清零
Exit_Serial_ISR：
        POP     DPL                     ；恢复现场
        POP     DPH
        POP     ACC
        SETB    EA                      ；开中断
        RETI                            ；返回
```

思考：试用 C 语言完成此例题功能。

3．多机通信

MCS-51 串行口的方式 2 和方式 3 有一个专门的应用领域，即多机通信。这一功能通常采用主从式多机通信方式，在这种方式中，使用一台主机和多台从机。主机发送的信息可以传送到各个从机或指定的从机，各从机发送的信息只能被主机接收，从机与从机之间不能进行通信。图 9.24 是多机通信的连接示意图。

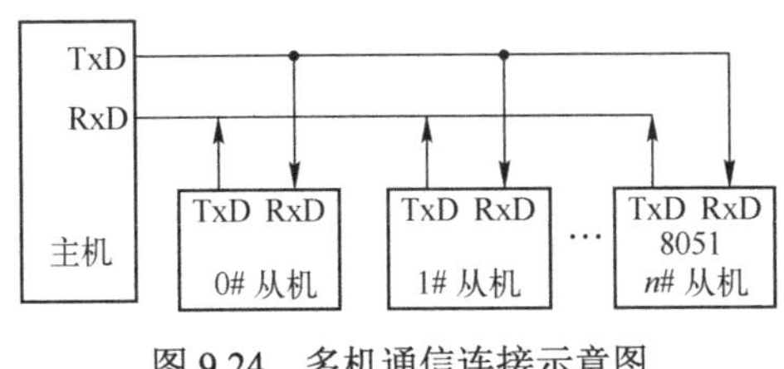

图 9.24　多机通信连接示意图

多机通信的实现，主要依靠主、从机之间正确地设置与判断 SM2 和发送或接收的第 9 位数据来（TB8 或 RB8）完成。在单片机串行口以方式 2 或方式 3 接收时，有如下两种情况：

1）若（SM2）=1，表示置多机通信功能位，当接收到的第 9 位数据（RB8）为 1 时，会置位 RI 标志，向 CPU 发中断请求；当接收到第 9 位数据为 0，即不会置位 RI 标志，不产生中断，信息将被丢失，即不能接收数据。

2）若（SM2）=0，则接收到的第 9 位信息无论是 1 还是 0，都会置位 RI 中断标志，即接收数据。

在编程前，首先要给各从机定义地址编号，系统中允许接有 256 台从机，地址编码为 00H～FFH。在主机想发送一个数据块给某个从机时，它必须先送出一个地址字节，以辨认从机。多机通信的过程简述如下：

1）主机发送一帧地址信息，与所需的从机联络。主机应置 TB8 为 1，表示发送的是地址帧。例如：

```
MOV SCON，#0D8H        ；设串行口为方式 3，(TB8) =1，允许接收
```

2）所有从机的（SM2）=1，处于准备接收一帧地址信息的状态。例如：

```
MOV SCON，#0F0H        ；设串行口为方式 3，(SM2) =1，允许接收
```

3）因为（RB8）=1，各从机都能接收到地址信息，则置位中断标志 RI。中断后，首先判断主机送过来的地址信息与自己的地址是否相符。对于地址相符的从机，置 SM2 为 0，以接收主机随后发来的所有信息。对于地址不相符的从机，保持 SM2 为 1 的状态，对主机随后发来的信息不理睬，直到发送新的一帧地址信息。

4）主机发送控制指令和数据信息给被寻址的从机。其中主机置 TB8 为 0，表示发送的是数据或控制指令。对于没选中的从机，因为（SM2）=1，（RB8）=0，所以不会产生中断，对主机发送的信息不接收。

例 9.5　设系统晶振频率为 11.0592MHz，以 4800bit/s 的波特率进行通信。主机：向指定从机（如 10#从机）发送指定位置为起始地址（如扩展 RAM0000H）的若干个（如 10 个）数据，

发送空格（20H）作为结束；从机：接收主机发来的地址帧信息，并与本机的地址号相比较，若不符合，仍保持（SM2）=1 不变，若相等，则使 SM2 清零，准备接收后续的数据信息，直至接收完到空格数据信息为止，并置位 SM2。

解：主机和从机的程序流程图如图 9.25 所示。

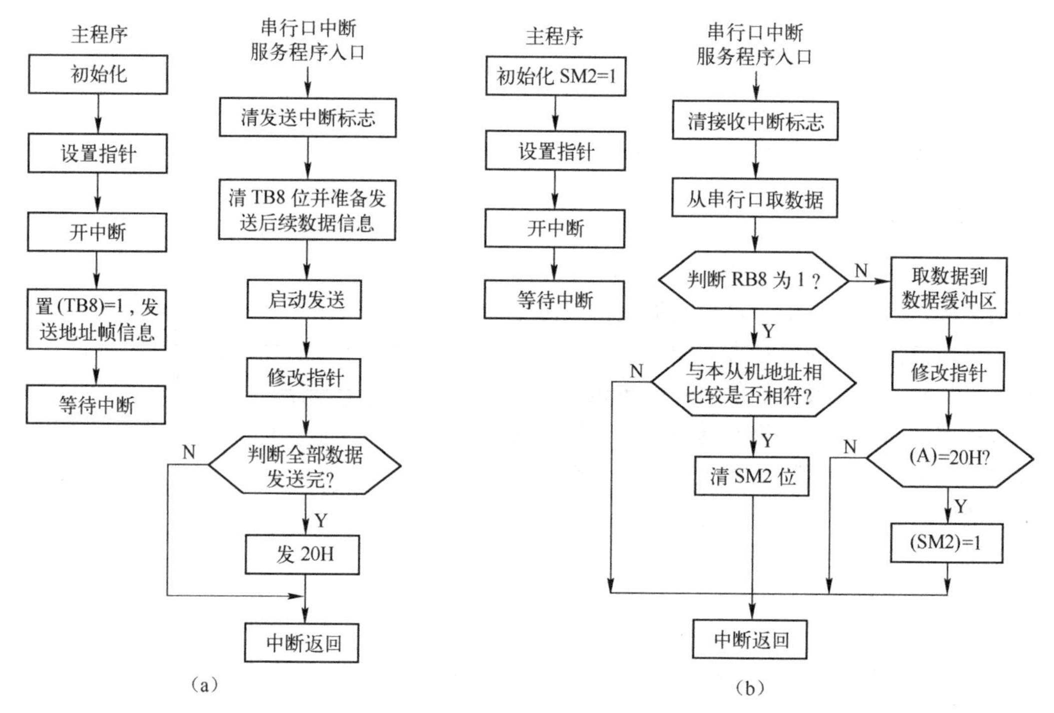

图 9.25　例 9.5 主机与从机程序流程图

1）主机程序。汇编语言参考程序如下：

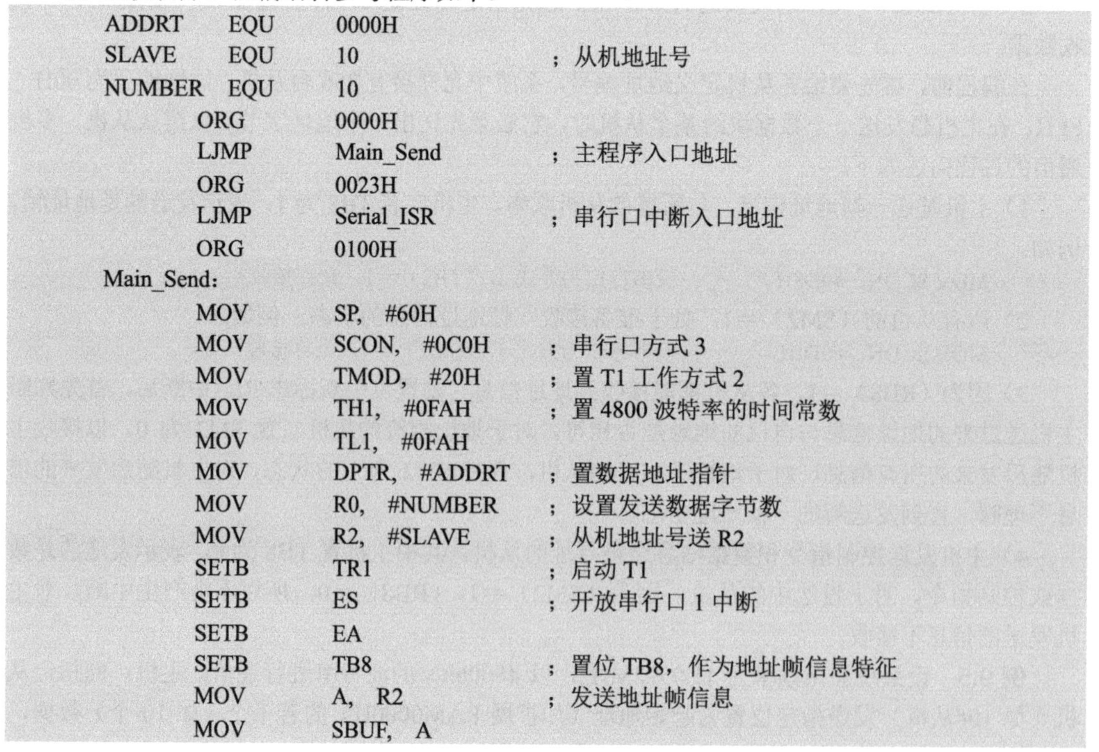

```
ADDRT      EQU      0000H
SLAVE      EQU      10                    ；从机地址号
NUMBER     EQU      10
           ORG      0000H
           LJMP     Main_Send             ；主程序入口地址
           ORG      0023H
           LJMP     Serial_ISR            ；串行口中断入口地址
           ORG      0100H
Main_Send:
           MOV      SP,    #60H
           MOV      SCON,  #0C0H          ；串行口方式 3
           MOV      TMOD,  #20H           ；置 T1 工作方式 2
           MOV      TH1,   #0FAH          ；置 4800 波特率的时间常数
           MOV      TL1,   #0FAH
           MOV      DPTR,  #ADDRT         ；置数据地址指针
           MOV      R0,    #NUMBER        ；设置发送数据字节数
           MOV      R2,    #SLAVE         ；从机地址号送 R2
           SETB     TR1                   ；启动 T1
           SETB     ES                    ；开放串行口 1 中断
           SETB     EA
           SETB     TB8                   ；置位 TB8，作为地址帧信息特征
           MOV      A,     R2             ；发送地址帧信息
           MOV      SBUF,  A
```

```
        SJMP        $                       ; 等待中断
;串行口中断服务程序:
Serial_ISR:
        CLR         TI                      ; 清发送中断标志
        CLR         TB8                     ; 清 TB8 位，为发送数据帧信息做准备
        MOVX        A,  @DPTR               ; 发送一个数据字节
        MOV         SBUF, A
        INC         DPTR                    ; 修改指针
        DJNZ        R0,  Exit_Serial_ISR    ; 判断数据字节是否发送完
        CLR         ES
        JNB         TI,  $                  ; 检测最后一个数据发送结束标志
        CLR         TI
        MOV         SBUF,  #20H             ; 数据发送完毕后，发结束代码 20H
Exit_Serial_ISR:
        RETI
        END
```

C51 参考程序如下：

```
#include <stc15f2k60s2.h>
#include <intrins.h>
#define uchar unsigned char
#define uint unsigned int                    //包含 8052 单片机寄存器定义文件
uchar xdata  ADDRT[10];                      //设置保存数据的扩展 RAM 单元
uchar SLAVE＝10;                             //设置从机地址号的变量
uchar num＝10, *mypdata;                     //设置要传送数据的字节数
/*－－－－－－－－－－－－－－－－－－－－发送中断服务子函数－－－－－－－－－－－－－－－－－－*/
void Serial_ISR（void） interrupt 4
{
    TI＝0;
    TB8＝0;
    SBUF＝*mypdata;                 //发送数据
    mypdata＋＋;                    //修改指针
    num－－;
    if（num＝＝0）
    {
            ES＝0;
            while（TI＝＝0） ;
            TI＝0;
            SBUF＝0x20;
    }
}
/*－－－－－－－－－－－－－－－－－－－－－－－主函数－－－－－－－－－－－－－－－－－－－－－－－*/
void main （void）
{
    SCON＝0xC0;
    TMOD＝0x20;
    TH1＝0xFA;
    TL1＝0xFA;
    mypdata＝ADDRT;
    TR1＝1;
    ES＝1;
    EA＝1;
    TB8＝1;
    SBUF＝SLAVE;      //发送从机地址
```

```
    while（1）；            //等待中断
}
```

2）从机程序。汇编语言参考程序如下：

```
ADDRR   EQU   0000H
SLAVE    EQU   10                   ；从机地址号，依各从机的地址号进行设置
        ORG    0000H
        LJMP   Main_Receive          ；从机主程序入口地址
        ORG    0023H
        LJMP   Serial_ISR            ；串行口中断入口地址
        ORG    0100H
Main_Receive:
        MOV    SP, #60H
        MOV    SCON, #0F0H           ；串行口方式 3，（SM2）=1，（REN）=1，接收状态
        MOV    TMOD, #20H            ；置 T1 为工作方式 2
        MOV    TH1, #0FAH            ；置 4800 波特率相应的时间常数
        MOV    TL1, #0FAH
        MOV    DPTR, #ADDRR          ；置数据地址指针
        SETB   TR1                   ；启动 T1
        SETB   ES                    ；开放串行口中断 1
        SETB   EA
        SJMP   $                     ；等待中断
                                     ；从机接收中断服务程序
Serial_ISR:
        CLR    RI                    ；清接收中断标志
        MOV    A, SBUF               ；取接收信息
        MOV    C, RB8                ；取 RB8（信息特征位）送 C
        JNC        UAR_Receive_Data  ；（RB8）=0 为数据帧信息，转 UAR_Receive_Data
        XRL    A, #SLAVE             ；（RB8）=1 为地址帧信息，与本机地址号 SLAVE 相异或
        JZ     Address_Ok            ；地址相等，则转 Address_Ok
        LJMP    Exit_Serial_ISR      ；地址不相等，则转中断返回
 Address_Ok:
        CLR    SM2                   ；清 SM2，为后面接收数据帧信息做准备
        LJMP   Exit_Serial_ISR       ；中断返回
UAR_Receive_Data:
        MOVX   @DPTR，A                          ；接收的数据送数据缓冲区
        INC    DPTR                              ；修改地址指针
        CJNZ   A, #20H, Exit_Serial_ISR          ；判断接收数据是否为结束代码 20H，不等继续
        SETB   SM2                               ；全部接收完，置（SM2）=1
Exit_Serial_ISR:
        RETI                                     ；中断返回
        END
```

C51 参考程序如下：

```
#include <stc15f2k60s2.h>
#include <intrins.h>
#define uchar unsigned char
#define uint unsigned int
uchar  xdata  ADDRR[10];
uchar  SLAVE=10, rdata, *mypdata;
/*-----------------接收中断服务子函数------------------*/
void Serial_ISR（void） interrupt 4
{
    RI=0;
```

```
        rdata=SBUF;                    //将接收缓冲区的数据保存到 rdata 变量中
        if (RB8)                       //RB8 为 1 说明接收到的信息是地址
        {
        if (rdata==SLAVE)              //如果地址相等，则 SM2=0
                SM2=0;
        }
        else                           //接收到的信息是数据
        {
        *mypdata=rdata;
        mypdata++;
        if (rdata==0x20)               //所有数据接收完毕，令（SM2）=1，为下一次接收地址
                                       //信息做准备
                SM2=1;
        }
    }
/*-------------------主函数-------------------------*/
void main (void)
{
    SCON=0xF0;                         //串行口 1 工作在方式 3，允许接收
            TMOD=0x20;                 //T1 工作在方式 2 定时
    TH1=0xFA;                          //设置 T1 的初始值
    TL1=0xFA;
    mypdata =ADDRR;                    //取接收函数组的起始地址
    TR1=1;                             //启动 T1
    ES=1;                              //开放串行口 1 中断
    EA=1;
    while (1);                         //等待中断
}
```

9.3 串行口 2

STC15F2K60S2 单片机串行口 2 默认对应的发送、接收引脚是：TxD2/P1.1、RxD2/P1.0，通过设置 S2_S 控制位，串行口 2 的 TxD2、RxD2 硬件引脚可切换为 P4.7、P4.6。

1．串行口 2 的控制寄存器

与单片机串行口 2 有关的特殊功能寄存器有：单片机串行口 2 的控制寄存器、与波特率设置有关的定时/计数器 T2 的相关寄存器、与中断控制相关的寄存器，格式如下：

	地址	B7	B6	B5	B4	B3	B2	B1	B0	复位值
S2CON	9AH	S2SM0	—	S2SM2	S2REN	S2TB8	S2RB8	S2TI	S2RI	0x00 0000
S2BUF	9BH	串行口 2 数据缓冲器								
T2L	D7H	T2 的低 8 位								0000 0000
T2H	D6	T2 的高 8 位								0000 0000
AUXR	8EH	T0x12	T1x12	UART_M0x6	T2R	T2_C/T	T2x12	EXTRAM	S1ST2	0000 0000
IE2	AFH	—	—	—	—	—	—	ESPI	ES2	xxxx xxxx
IP2	B5H	—	—	—	—	—	—	PSPI	PS2	0000 0000
P_SW2	BAH	—	—	—	—	—	—	—	S2_S	xxxx xxx0

（1）串行口 2 控制寄存器 S2CON

串行控制寄存器 S2CON 用于设定串行口 2 的工作方式、允许接收控制以及设置状态标志。字节地址为 9AH，可进行位寻址，单片机复位时，所有位全为 0，其格式为：

	地址	B7	B6	B5	B4	B3	B2	B1	B0	复位值
S2CON	9AH	S2SM0	—	S2SM2	S2REN	S2TB8	S2RB8	S2TI	S2RI	0x00 0000

对各位的说明如下：

S2SM0：指定串行口 2 的工作方式，如表 9.2 所示。

表 9.2　串行口 2 工作方式选择

S2SM0	工作方式	功能	波特率
0	方式 0	8 位 UART	T2 溢出率/4
1	方式 1	9 位 UART	

S2SM2：多机通信控制位，用于方式 1 中。在方式 1 处于接收时，若（S2SM2）=1, 且接收到的第 9 位数据 S2RB8 为 0 时，不激活 S2RI；若（S2SM2）=1，且（S2RB8）=1 时，则置位 S2RI 标志。在方式 1 处于接收方式，若（S2SM2）=0，不论接收到第 9 位 S2RB8 为 0 还是为 1，S2RI 都以正常方式被激活。

S2REN：允许串行接收控制位。由软件置位或清零。（S2REN）=1 时，启动接收；（S2REN）=0 时，禁止接收。

S2TB8：串行发送数据的第 9 位。在方式 1 中，由软件置位或复位，可做奇偶校验位。在多机通信中，可作为区别地址帧或数据帧的标识位，一般约定地址帧时 S2TB8 为 1，数据帧时 S2TB8 为 0。

S2RB8：在方式 1 中，是串行接收到的第 9 位数据，作为奇偶校验位或地址帧或数据帧的标识位。

S2TI：发送中断标志位。在发送停止位时由硬件置位。S2TI 是发送完一帧数据的标志，既可以用查询的方法，也可以用中断的方法来响应该标志，然后在相应的查询服务程序或中断服务程序中，由软件清除 S2TI。

S2RI：接收中断标志位。在接收停止位的中间由硬件置位。S2RI 是接收完一帧数据的标志，同 S2TI 一样，既可以用查询的方法，也可以用中断的方法来响应该标志，然后在相应的查询服务程序或中断服务程序中，由软件清除 S2RI。

（2）串行口 2 数据缓冲器 S2BUF

S2BUF 是串行口 2 的数据缓冲器，同 SBUF 一样，一个地址对应两个物理上的缓冲器，当对 S2BUF 写操作时，对应的是串行口 2 的发送数据缓冲器，同时写缓冲器操作又是串行口 2 的启动发送命令；当对 S2BUF 读操作时，对应的是串行口 2 的接收数据缓冲器，用于读取串行口 2 串行接收进来的数据。

（3）串行口 2 的中断控制 IE2、IP2

IE2 的 ES2 位是串行口 2 的中断允许位，“1”允许，“0”禁止。

IP2 的 PS2 位是串行口 2 的中断优先级的设置位，“1”为高级，“0”为低级。

2. 串行口 2 的工作方式与波特率

STC15F2K60S2 单片机串行口 2 只有两种工作方式：8 位 UART 和 9 位 UART，波特率为定时器 T2 溢出率的四分之一，同样可用 STC 波特率计算器自动生成汇编或 C 语言的波特率发生器的代码。

9.4 STC15F2K60S2 单片机与 PC 的通信

9.4.1 与计算机 RS-232C 串行接口通信的设计

在单片机应用系统中，与上位机的数据通信主要采用异步串行通信。在设计通信接口时，必须根据需要选择标准接口，并考虑传输介质、电平转换等问题。采用标准接口后，能够方便地把单片机和外设、测量仪器等有机地连接起来，从而构成一个测控系统。例如，当需要单片机和 PC 通信时，通常采用 RS-232C 接口进行电平转换。

异步串行通信接口主要有三类：RS-232C 接口；RS-449 接口、RS-422 接口和 RS-485 接口以及 20mA 电流环。

1. RS-232C 接口

RS-232C 是使用最早、应用最多的一种异步串行通信总线标准，它由美国电子工业协会（EIA）1962 年公布、1969 年最后修定而成。其中 RS 表示 Recommended Standard，232 是该标准的标识号，C 表示最后一次修定。

RS-232C 主要用来定义计算机系统的一些数据终端设备（DTE）和数据电路终接设备（DCE）之间的电气性能。51 单片机与 PC 的通信通常采用该种类型的接口。

RS-232C 串行接口总线适用于：设备之间的通信距离不大于 15 米，传输速率最大为 20Kb/s 的应用场合。

1）RS-232C 信息格式标准。RS-232C 采用串行格式，如图 9.26 所示。该标准规定：信息的开始为起始位，信息的结束为停止位；信息本身可以是 5、6、7、8 位再加一位奇偶位。如果两个信息之间无信息，则写“1”，表示空。

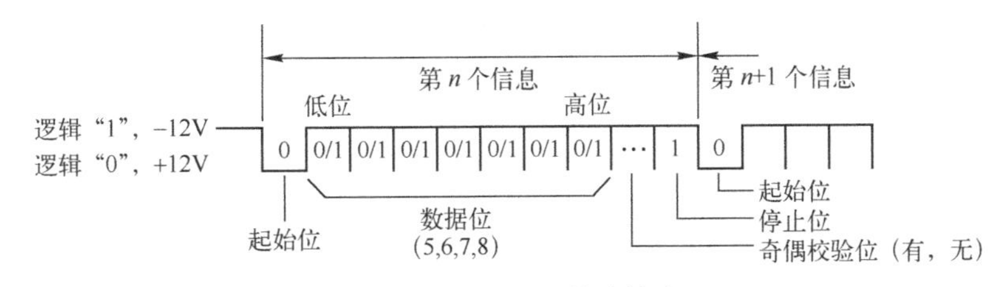

图 9.26 RS-232C 信息格式

2）RS-232C 电平转换器。RS-232C 规定了自己的电气标准，由于它是在 TTL 电路之前研制的，所以它的电平不是＋5V 和地，而是采用负逻辑，即：

逻辑“0”：＋5～＋15V。

逻辑“1”：－5～－15V。

因此，RS-232C 不能和 TTL 电平直接相连，使用时必须进行电平转换，否则将使 TTL 电路烧坏，实际应用时必须注意！

目前，常用的电平转换电路是 MAX232 或 STC232，MAX232 的逻辑结构图如图 9.27 所示。

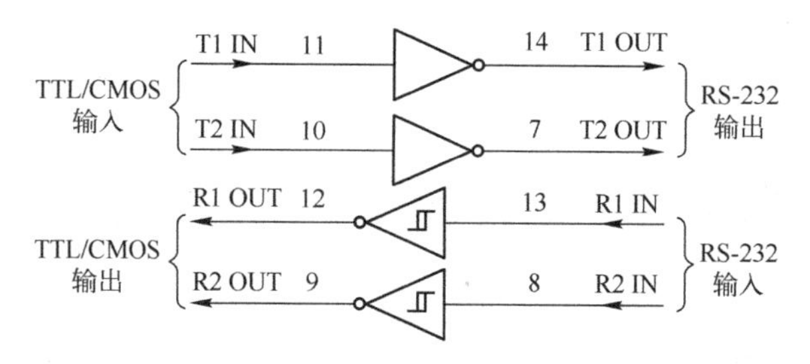

图 9.27　MAX232 功能引脚图

3）RS-232C 总线规定。RS-232C 标准总线为 25 根，使用 25 个引脚的连接器，各信号引脚的定义如表 9.3 所示。

表 9.3　RS-232C 标准总线

引　脚	定　义	引　脚	定　义
1	保护地（PG）	14	辅助通道发送数据
2	发送数据（TxD）	15	发送时钟（TXC）
3	接收数据（RxD）	16	辅助通道接收数据
4	请求发送（RTS）	17	接收时钟（RXC）
5	清除发送（CTS）	18	未定义
6	数据通信设备准备就绪（DSR）	19	辅助通道请求发送
7	信号地（SG）	20	数据终端设备就绪（DTR）
8	接收线路信号检测（DCD）	21	信号质量检测
9	接收线路建立检测	22	音响指示
10	线路建立检测	23	数据速率选择
11	未定义	24	发送时钟
12	辅助通道接收线信号检测	25	未定义
13	辅助通道清除发送		

4)连接器的机械特性。由于 RS-232C 并未定义连接器的物理特性，因此出现了 DB-25、DB-15 和 DB-9 各种类型的连接器，其引脚的定义也各不相同。下面分别介绍两种连接器。

① DB-25。DB-25 型连接器的外形及信号线分配如图 9.28（a）所示，各引脚功能与表 9.3 一致。

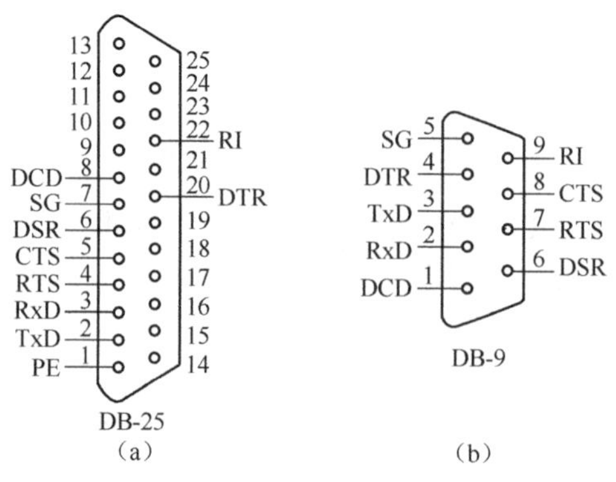

图 9.28　DB－9、DB－25 连接器引脚图

② DB-9 连接器。DB-9 连接器只提供异步通信的 9 个信号，如图 9.28（b）所示。DB-9 型连接器的引脚分配与 DB-25 型引脚信号完全不同，它若与配接 DB-25 型连接器的 DCE 设备连接，

必须使用专门的电缆线。

在通信速率低于 20Kb/s 时，RS-232C 所直接连接的最大物理距离为 15m（50 英尺）。

2. RS-232C 接口与 STC15F2K60S2 的通信接口设计

在 PC 系统内都装有异步通信适配器，利用它可以实现异步串行通信。该适配器的核心元件是可编程的 Intel 8250 芯片，它使 PC 有能力与其他具有标准的 RS-232C 接口的计算机或设备进行通信。STC15F2K60S2 单片机本身具有两个全双工的串行口，因此只要配以电平转换的驱动电路、隔离电路就可组成一个简单可行的通信接口。同样，PC 和单片机之间的通信也分为双机通信和多机通信。

PC 和单片机进行串行通信的硬件连接，最简单的连接是零调制三线经济型，这是进行全双工通信所必须的最少线路，计算机的 9 针串口只连接其中的三根线：第 5 脚的 GND（SG），第 2 脚的 RxD，第 3 脚的 TxD，如图 9.29 所示。这也是 STC15F2K60S2 单片机的程序下载电路。

9.4.2 与计算机 USB 串行接口通信的设计

目前，PC 常用的串行通信接口是 USB 接口，绝大多数已不再将 RS-232C 串行接口作为标配了。为了现代 PC 能与 51 单片机进行串行通信，采用 CH340 将 USB 总线转串口 UART，采用 USB 总线模拟 UART 通信。USB 总线转 UART 电路如图 9.30 所示。

注意：使用时，先安装 USB 转串口的驱动程序，安装成功后在电脑的资源管理器的设备管理器中查看 USB 转串口的串口号，以后就可以采用此串口号按 RS-232C 串口一样的方法进行串口通信了。

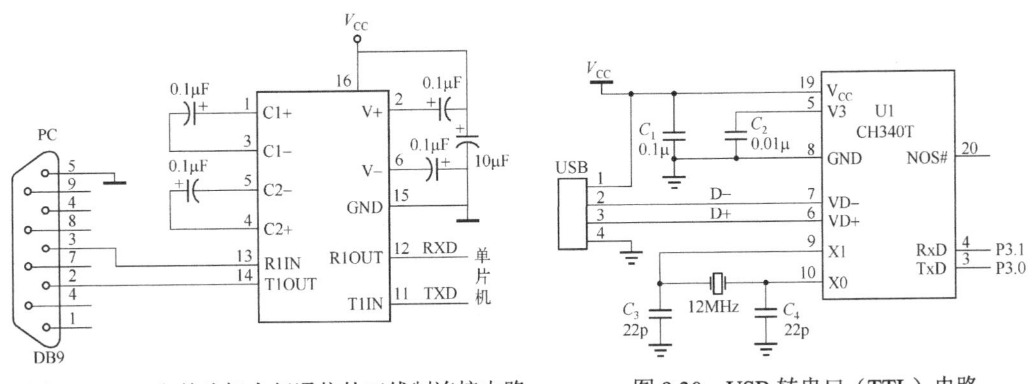

图 9.29 PC 和单片机串行通信的三线制连接电路　　图 9.30 USB 转串口（TTL）电路

9.4.3 与 PC 串行口通信的程序设计

通信程序设计分为计算机（上位机）程序设计与单片机（下位机）程序设计。

为了实现单片机与 PC 的串口通信，PC 端需要开发相应的串口通信程序，这些程序通常是用各种高级语言来开发，如 VC、VB 等。在实际开发调试单片机端的串口通信程序时，我们也可以使用 STC 系列单片机下载程序中内嵌的串口调试程序或其他串口调试软件（如串口调试精灵软件）来模拟 PC 端的串口通信程序，这也是在实际工程开发中，特别是团队开发时常用的办法。

串口调试程序，无须任何编程，即可实现 RS-232C 的串口通信，能有效提高工作效率，使串口调试能够方便透明的进行。它可以在线设置各种通信速率、奇偶校验、通信口而无须重新启动程序。发送数据可发送十六进制（HEX）格式和 ASCII 码，可以设置定时发送的数据以及时间间隔，可以自动显示接收到的数据，支持 HEX 或 ASCII 码显示，是工程技术人员监视、调试串口程序的必备工具。

单片机程序设计根据不同项目的功能要求，设置串口并利用串口与 PC 进行数据通信。

例 9.6 将 PC 键盘的输入发送给单片机，单片机收到 PC 发来的数据后，回送同一数据给 PC，并在屏幕上显示出来。PC 端采用串口调试程序进行数据发送与接收数据并显示，请编写单片机通信程序。

解：通信双方约定：波特率为 2400，信息格式为 8 个数据位，1 个停止位，无奇偶校验位。设系统晶振频率为 11.0592MHz。

汇编语言参考程序（PC-MCU.ASM）如下：

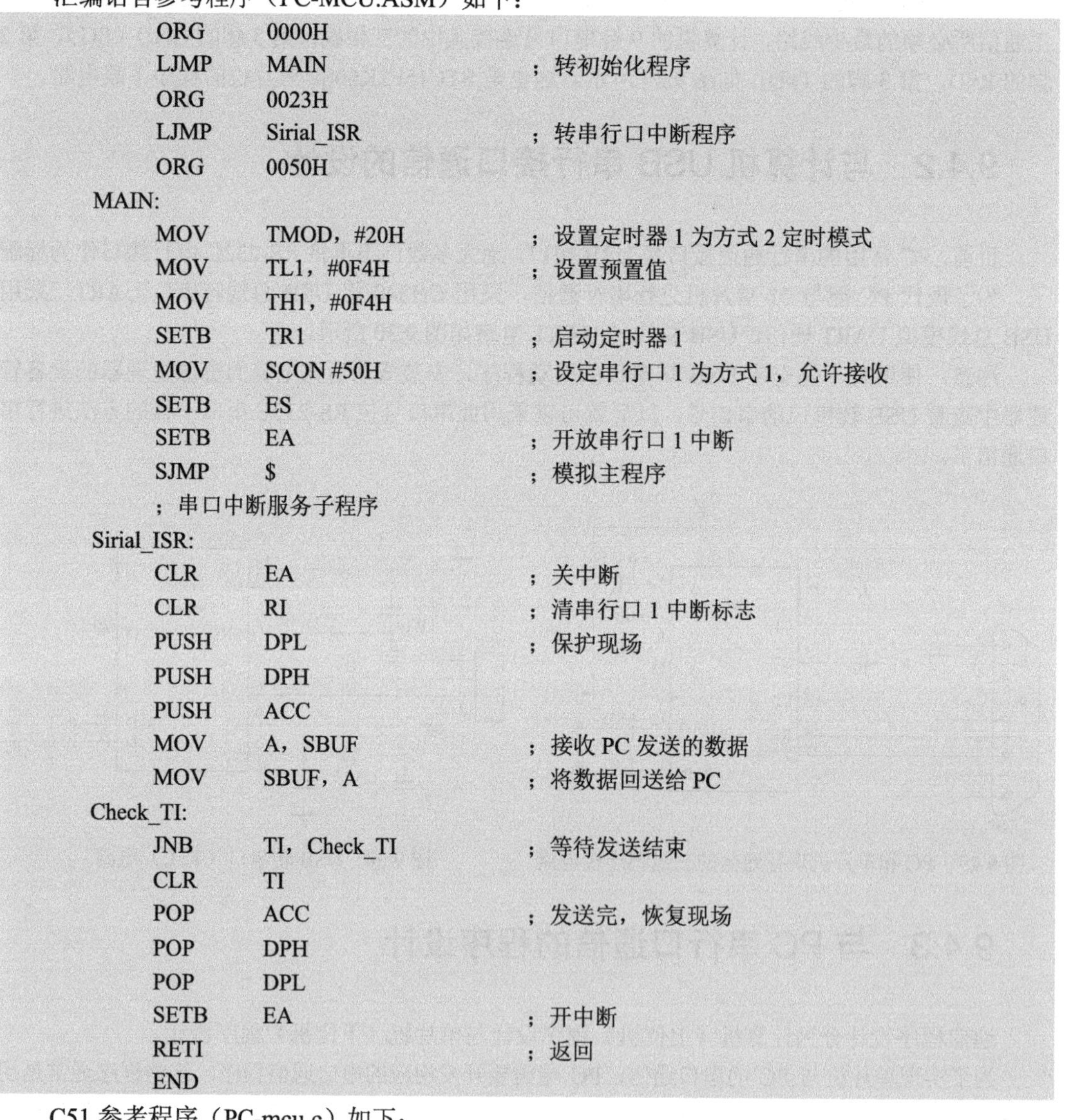

```
        ORG     0000H
        LJMP    MAIN                    ；转初始化程序
        ORG     0023H
        LJMP    Sirial_ISR              ；转串行口中断程序
        ORG     0050H
MAIN:
        MOV     TMOD，#20H              ；设置定时器 1 为方式 2 定时模式
        MOV     TL1，#0F4H              ；设置预置值
        MOV     TH1，#0F4H
        SETB    TR1                     ；启动定时器 1
        MOV     SCON #50H               ；设定串行口 1 为方式 1，允许接收
        SETB    ES
        SETB    EA                      ；开放串行口 1 中断
        SJMP    $                       ；模拟主程序
        ；串口中断服务子程序
Sirial_ISR:
        CLR     EA                      ；关中断
        CLR     RI                      ；清串行口 1 中断标志
        PUSH    DPL                     ；保护现场
        PUSH    DPH
        PUSH    ACC
        MOV     A，SBUF                 ；接收 PC 发送的数据
        MOV     SBUF，A                 ；将数据回送给 PC
Check_TI:
        JNB     TI，Check_TI            ；等待发送结束
        CLR     TI
        POP     ACC                     ；发送完，恢复现场
        POP     DPH
        POP     DPL
        SETB    EA                      ；开中断
        RETI                            ；返回
        END
```

C51 参考程序（PC-mcu.c）如下：

```
#include <stc15f2k60s2.h>
#include <intrins.h>
#define uchar unsigned char
#define uint unsigned int
```

```
uchar  temp;
/*-----------------串口初始化子函数-------------------*/
void serial_initial (void)
{
     TMOD=0x20;                    //T1 方式 2 定时，
     SCON=0x50;                    //串行口 1 为方式 1，允许接收（REN=1）
     TH1=0xf4;
     TL1=0xf4;                     //设置产生 2400bit/s 波特率信号的初始值
     ES=1;                         //开串行口 1 中断
     EA=1;
     TR1=1;                        //开启定时计数器 1，产生波特率信号
}
/*-----------------中断服务子函数-------------------*/
void Serial_ISR (void)  interrupt 4
{
     RI=0;                         //清串行口接收标志
     temp=SBUF;                    //接收数据
     SBUF=temp;                    //发送接收到的数据
     while (TI==0);                //等待发送结束
     TI=0;                         //清零 TI
}
/*-------------------- 主函数--------------------*/
void main (void)
{
     serial_initial();           //调用串行口初始化函数
     while (1);
}
```

9.5 串行口 1 的中继广播方式

所谓串行口 1 的中继广播方式是指单片机串行口发送引脚（TxD）的输出可以实时反映串行口接收引脚（RxD）输入的电平状态。

STC15F2K60S2 单片机串行口 1 具有中继广播方式功能，它是通过设置 CLK_DIV 特殊功能寄存器的 B4 位来实现的。CLK_DIV 的格式如下所示：

	地址	B7	B6	B5	B4	B3	B2	B1	B0	复位值
CLK_DIV	97H	MCKO_S1	MCKO_S0	ADRJ	Tx_Rx	—	CLKS2	CLKS1	CLKS0	0000 x000

Tx_Rx：串行口 1 中继广播方式设置位。(Tx_Rx) =0，串行口 1 为正常工作方式；(Tx_Rx) =1，串行口 1 为中继广播方式。

串行口 1 中继广播方式除可以通过设置 Tx_Rx 来选择外，还可以在 STC_ISP 下载编程软件中设置。

当单片机的工作电压低于上电复位门槛电压（3V 单片机在 1.9V 附近，5V 单片机在 3.3V 附近）时，Tx_Rx 默认为 0，即串行口 1 默认为正常工作方式；当单片机的工作电压高于上电复位门槛电压时，单片机首先读取用户在 STC_ISP 下载编程软件中的设置，如果用户允许了“单片机 TxD 管脚的对外输出实时反映 RxD 端口输入的电平状态”，即中继广播方式，则上电复位后 TxD 管脚的对外输出实时反映 RxD 端口输入的电平状态；如果用户未选择“单片机 TxD 管脚的

对外输出实时反映 RxD 端口输入的电平状态”，则上电复位后串行口 1 为正常工作方式。

在 STC_ISP 下载编程软件中可设置串行口 1 的发送/接收为 P3.7/P3.6。

若在 STC_ISP 下载编程软件中设置了中继广播方式，单片机上电后就可以执行；若用户在用户程序中的设置与 STC_ISP 下载编程软件中的设置不一致，当执行到相应的用户程序时就会覆盖原来 STC_ISP 下载编程软件中的设置。

9.6 串行口硬件引脚的切换

通过对特殊功能寄存器 P_SW1（AUXR1）中的 S1_S1、S1_S0 位和 P_SW2 中的 S2_S 位的控制，可实现串行口 1、串行口 2 的发送与接收硬件引脚在不同端口进行切换。P_SW1、P_SW2 的数据格式如下：

	地址	B7	B6	B5	B4	B3	B2	B1	B0	复位值
P_SW1	A2H	S1_S1	S1_S0	CCP_S1	CCP_S0	SPI_S1	SPI_S0	0	DPS	0000 0000
P_SW2	BAH	—	—	—	—	—	—	—	S2_S	xxxx xxx0

1. 串行口 1 硬件引脚切换

串行口 1 硬件引脚切换由 S1_S1、S1_S0 进行控制，具体切换情况见表 9.4。

表 9.4 串行口 1 硬件引脚切换

S1_S1	S1_S0	串行口 1	
		TxD	RxD
0	0	P3.1	P3.0
0	1	P3.7（TxD_2）	P3.6（RxD_2）
1	0	P1.7（TxD_3）	P1.6（RxD_3）
1	1	无效	

2. 串行口 2 硬件引脚切换

串行口 2 硬件引脚切换由 S2_S 进行控制，具体切换情况见表 9.5。

表 9.5 串行口 2 硬件引脚切换

S2_S	串行口 2	
	TxD2	RxD2
0	P1.1	P1.0
1	P4.7（TxD2_2）	P4.6（RxD2_2）

一般建议：用户可将自己的工作串口设置在 P1.0（RxD2）与 P1.1（TxD2），而将 P3.0（RxD）与 P3.1（TxD）作为 ISP 下载的专用通信口。

本章小结

集散控制和多微机系统以及现代测控系统中信息的交换经常采用串行通信。串行通信有异步通信和同步通信两种方式。异步通信是按字符传输的，每传送一个字符，就用起始位来进行收发双方的同步；同步通信是按数据块传输的，在进行数据传送时通过发送同步脉冲来进行同步发送和接收双方要保持完全同步，要求接收和发送设备必须使用同一时钟。同步传送的优点是可以提高传送速率（达 56Kb/s 波特率或更高），但硬件比较复杂。

串行通信中，按照在同一时刻数据流的方向可分成：单工、半双工和全双工等 3 种传输模式。

STC15F2K60S2 单片机有两个可编程串行口：串行口 1 和串行口 2。

串行口 1 有 4 种工作方式：同步移位寄存器输入/输出方式、8 位异步通信方式及 9 位异步通信方式。方式 0 和方式 2 的波特率是固定的，而方式 1 和方式 3 的波特率是可变的，由定时器 T1 的溢出率或 T2 的溢出率来决定。方式 0 主要用于扩展 I/O 口，方式 1 实现 8 位 UART，方式 2、3 可实现 9 位 UART。

串行口 2 有两种工作方式：8 位异步通信方式及 9 位异步通信方式，波特率为定时器 T2 溢出率的四分之一。

串行口 1 和串行口 2 的硬件发送、接收引脚都可以通过软件设置，将串行口 1 和串行口 2 的发送端与接收端切换到其他端口上。

利用单片机的串口通信，可以实现单片机与单片机之间的双机或多机通信，也可实现单片机与 PC 之间的双机或多机通信。

STC15F2K60S2 单片机串行口 1 具有中继广播功能，即线传播功能，串行口的串行发送引脚输出能实时反映串行接收引脚输入的电平状态，可以将多个单片机的串行口构成一个线移位寄存器，大大节省了利用串行口接收再发送方式所需要的时间。

RS-232C 通信接口是一种广泛使用的标准串行接口，信号线根数少，有多种可供选择的数据传送速率，但信号传输距离仅为几十米。RS-422A、RS-485 通信接口采用差分电路传输，具有较好的传输速率与传输距离。

在工控系统（尤其是多点现场工控系统）设计实践中，单片机与 PC 组合构成分布式控制系统是一个重要的发展方向。

习 题 9

一、填空题

1．微型计算机的数据通信分为__________与串行通信两种类型。

2．串行通信中，按数据传送方向分为________、半双工与________三种制式。

3．串行通信中，按同步时钟类型分为__________与同步串行通信两种方式。

4．异步串行通信是以字符帧为发送单位，每个字符证包括__________、数据位与________等 3 个部分。

5．异步串行通信中，起始位是________，停止位是________。

6．STC15F2K60S2 单片机有________个________的串行口。

7．STC15F2K60S2 单片机包含 2 个__________、1 个移位寄存器、1 个串行口控制寄存器与 1 个__________组成。

8．STC15F2K60S2 单片机串行口 1 的数据缓冲器是__________，实际上一个地址对应 2 个寄存器，当对数据缓冲器进行写操作时，对应的是__________数据寄存器，同时又是串行口 1 发送的启动命令；当对数据缓冲器进行读操作时，对应的是__________数据寄存器。

9．STC15F2K60S2 单片机串行口 1 有 4 种工作方式，方式 0 是__________，方式 1 是__________，方式 2 是__________，方式 3 是__________。

10．STC15F2K60S2 单片机串行口 1 的多机通信控制位是__________。

11．STC15F2K60S2 单片机串行口 1 方式 0 的波特率是__________，方式 1、方式 3 的波特率是__________，方式 2 的波特率是__________。

12．STC15F2K60S2 单片机串行口 1 的中断请求标志包含 2 个，发送中断请求标志是__________，接收中断请求标志是__________。

二、选择题

1．当 SM0=0、SM1=1 时，STC15F2K60S2 单片机串行口 1 工作在______。

A．方式 0　　B．方式 1　　C．方式 2　　D．方式 3

2．若使 STC15F2K60S2 单片机串行口 1 工作在方式 2 时，SM0、SM1 的值应设置为______。

A．0、0　　B．0、1　　C．1、0　　D．1、1

3．STC15F2K60S2 单片机串行口 1 串行接收时，在______情况下串行接收结束后，不会置位串行接收中断请求标志 RI。

A．SM2=1、RB8=1　　B．SM2=0、RB8=1

C．SM2=1、RB8=0　　D．SM2=0、RB8=0

4．STC15F2K60S2 单片机串行口 1 在方式 2、方式 3 中，若使串行发送的第 9 位数据为 1，则在串行发送前，应使______置 1。

A．RB8　　B．TB8　　C．TI　　D．RI

5．STC15F2K60S2 单片机串行口 1 在方式 2、方式 3 中，若想串行发送的数据为奇校验，应使 TB8______。

A．置 1　　B．置 0　　C．=P　　D．$=\overline{P}$

6．STC15F2K60S2 单片机串行口 1 在方式 1 时，一个字符帧的位数是______位。

A．8　　B．9　　C．10　　11

三、判断题

1．同步串行通信中，发送、接收双方的同步时钟必须完全同步。（　）

2．异步串行通信中，发送、接收双方可以拥有各自的同步时钟，但发送、接收双方的通信速率要求一致。（　）

3．STC15F2K60S2 单片机串行口 1 在方式 0、方式 2 中，S1ST2 的值不影响波特率的大小。（　）

4．STC15F2K60S2 单片机串行口 1 在方式 0 中，PCON 的 SMOD 控制位的值会影响波特率的大小。（　）

5．STC15F2K60S2 单片机串行口 1 在方式 1 中，PCON 的 SMOD 控制位的值会影响波特率的大小。（　）

6．STC15F2K60S2 单片机串行口 1 在方式 1、方式 3 中，S1ST2=1 时，选择 T1 为波特率发

生器。（ ）

7．STC15F2K60S2 单片机串行口 1 在方式 1、方式 3 中，当 SM2=1 时，串行接收到的第 9 位数据为 1 时，串行接收中断请求标志 RI 不会置 1。（ ）

8．STC15F2K60S2 单片机串行口 1 串行接收的允许控制位是 REN。（ ）

9．STC15F2K60S2 单片机的串行口 2 也有 4 种工作方式。（ ）

10．STC15F2K60S2 单片机串行口 1 有 4 种工作方式，而串行口 2 只有 2 种工作方式。（ ）

11．STC15F2K60S2 单片机在应用中，串行口 1 的串行发送与接收引脚是固定不变的。（ ）

12．通过编程设置，STC15F2K60S2 单片机串行口 1 的串行发送引脚的输出信号可以实时反映串行接收引脚的输入信号。（ ）

四、问答题

1．微型计算机数据通信有哪 2 种工作方式？各有什么特点？

2．异步串行通信中字符帧的数据格式是怎样的？

3．什么叫波特率？如何利用 STC-ISP 在线编程工具获得 STC15F2K60S2 单片机串行口波特率的应用程序？

4．STC15F2K60S2 单片机串行口 1 有哪 4 种工作方式？如何设置，各有什么功能？

5．简述 STC15F2K60S2 单片机串行口 1 方式 2、方式 3 的相同点与不同点。

6．STC15F2K60S2 单片机的串行口 2 有哪 2 种工作方式？如何设置，各有什么功能？

7．简述 STC15F2K60S2 单片机串行口 1 多机通信的实现方法。

8．简述 STC15F2K60S2 单片机串行口 1 广播中继功能的实现方法。

五、程序设计题

1．甲机按 1s 定时从 P1 口读取输入数据，并通过串行口 2 按奇校验方式发送到乙机；乙机通过串行口 1 串行接收甲机发过来的数据，并进行奇校验，如无误，LED 数码管显示串行接收到的数据，如有误，重新接收。若连续 3 次有误，向甲机发送错误信号，甲、乙机同时进行声光报警。

画出硬件电路图，编写程序并上机调试。

2．通过 PC 机向 STC15F2K60S2 单片机发送控制命令，具体要求见习题表 9-1 所示。

习题表 9-1

PC 机发送字符	STC15F2K60S2 单片机功能要求
0	P1 控制的 LED 灯循环左移
1	P1 控制的 LED 灯循环右移
2	P1 控制的 LED 灯按 500ms 时间间隔闪烁
3	P1 控制的 LED 灯按 500ms 时间间隔高 4 位与低 4 位交叉闪烁
非 0、1、2、3 字符	P1 控制的 LED 灯全亮

画出硬件电路图，编写程序并上机调试。

第 10 章　STC15F2K60S2 单片机的 A/D 转换

10.1　A/D 转换模块的结构

STC15F2K60S2 单片机集成有 8 通道 10 位高速电压输入型模/数转换器（ADC），采用逐次比较方式进行 A/D 转换，速度可达 300kHz，可做液位、温度、湿度、压力等物理量的检测。

1．ADC 的结构

STC15F2K60S2 单片机 ADC 的结构如图 10.1 所示。输入通道与 P1 口复用，上电复位后 P1 口为弱上拉型 I/O 口，用户可通过设置 P1ASF 特殊功能寄存器将 8 路中的任何一路设置为 ADC 输入通道，不用的 ADC 输入通道仍可作为一般 I/O 口使用。

STC15F2K60S2 单片机 ADC 由多路选择开关、比较器、逐次比较寄存器、10 位 DAC（数/模转换）、转换结果寄存器（ADC_RES 和 ADC_RESL）以及 ADC 控制寄存器 ADC_CONTR 构成。

STC15F2K60S2 单片机 ADC 是逐次比较型 ADC。逐次比较型 ADC 由 1 个比较器和 D/A 转换器构成。启动后，比较寄存器清“0”，然后通过逐次比较逻辑，从比较寄存器最高位开始对数据位置“1”，并将比较寄存器数据经 DAC 转换为模拟量与输入模拟量进行比较，若 DAC 转换后模拟量小于输入模拟量，保留数据位为“1”，否则清“0”数据位；依次对下一位数据置“1”，重复上述操作，直至最低位为止，则 A/D 转换结束，存转换结果，发出转换结束标志。逐次比较型 ADC 具有转换精度高、速度快等优点。

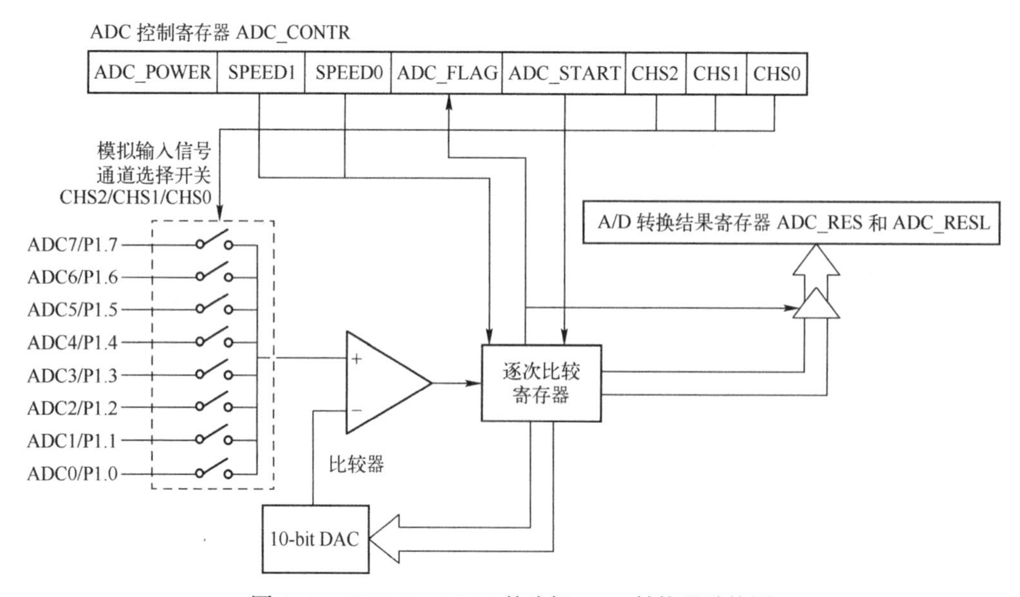

图 10.1　STC15F2K60S2 单片机 ADC 转换器结构图

2. ADC 的参考电压源（V_{REF}）

STC15F2K60S2 单片机 ADC 模块的参考电压源（V_{REF}）就是输入工作电源 V_{CC}，无专门 ADC 参考电压输入通道。如果 V_{CC} 不稳定，如电池的供电系统中，电压常常在 5.3～4.2V 之间漂移，则可以在 8 路 A/D 转换通道的任一通道上接一基准电源（如 1.25V 基准电压），以此计算出此时的工作电压 V_{CC}，再计算其他输入通道的模拟输入电压。

10.2 A/D 转换模块的控制

STC15F2K60S2 单片机的 A/D 模块主要是由 P1ASF、ADC_CONTR、ADC_RES 和 ADC_RESL 等 4 个特殊功能寄存器进行控制与管理的。

1. P1 口模拟输入通道功能控制寄存器 P1ASF

P1ASF 的 8 个控制位与 P1 口的 8 个口线是一一对应的，即 P1ASF.7～P1ASF.0 对应控制 P1.7～P1.0，为“1”，对应 P1 口口线为 ADC 的输入通道；为“0”，其他 I/O 口功能。 P1ASF 的格式如下：

	地址	B7	B6	B5	B4	B3	B2	B1	B0	复位值
P1ASF	9DH	P17ASF	P16ASF	P15ASF	P14ASF	P13ASF	P12ASF	P11ASF	P10ASF	0000 0000

P1ASF 寄存器不能位寻址，只能采用字节操作。例如，若要使用 P1.3 为模拟输入通道，可采用控制位与“1”相或置“1”的原理实现，即采用“ORL P1ASF, #00001000B”指令。

2. ADC 控制寄存器 ADC_CONTR

ADC 控制寄存器 ADC_CONTR 主要用于选择 ADC 转换输入通道、设置转换速度以及 ADC 的启动、记录转换结束标志等。ADC_CONTR 的格式如下：

	地址	B7	B6	B5	B4	B3	B2	B1	B0	复位值
ADC_CONTR	BCH	ADC_POWER	SPEED1	SPEED0	ADC_FLAG	ADC_START	CHS2	CHS1	CHS0	0000 0000

1）ADC_POWER：ADC 电源控制位。（ADC_POWER）=0，关闭 ADC 电源；（ADC_POWER）=1，打开 ADC 电源。

启动 A/D 转换前一定要确认 ADC 电源已打开，初次打开 ADC 电源时需适当延时，等 ADC 电路稳定后再启动 A/D 转换。

建议进入空闲模式前，将 ADC 电源关闭。

建议启动 A/D 转换后，在 A/D 转换结束之前，不改变任何 I/O 口的状态，有利于提高 A/D 转换的精度。

2）SPEED1、SPEED0：ADC 转换速度控制位。ADC 转换速度设置如表 10.1 所示。

3）ADC_FLAG：A/D 转换结束标志位。A/D 转换完成后，（ADC_FLAG）=1，若允许 A/D 转换中断，则向 CPU 申请中断。不管 A/D 转换是工作于中断方式，还是工作于查询方式，A/D 转换结束标志位 ADC_FLAG 都必须用软件清零。

4）ADC_START：A/D 转换启动控制位，（ADC_START）=1，开始转换；（ADC_START）=0，不转换。

5）CHS2、CHS1、CHS0：模拟输入通道选择控制位。控制情况如表 10.2 所示。

表 10.1　ADC 转换速度设置

SPEED1	SPEED0	A/D 转换所需时间（系统时钟周期）
0	0	90
0	1	180
1	0	360
1	1	540

表 10.2　模拟输入通道的选择

CHS2	CHS1	CHS0	ADC 输入通道
0	0	0	ADC0（P1.0）
0	0	1	ADC1（P1.1）
0	1	0	ADC2（P1.2）
0	1	1	ADC3（P1.3）
1	0	0	ADC4（P1.4）
1	0	1	ADC5（P1.5）
1	1	0	ADC6（P1.6）
1	1	1	ADC7（P1.7）

ADC_CONTR 寄存器不能位寻址，对其进行操作时，建议直接用 MOV 语句，不要用“AND（与）”和“OR（或）”操作指令。

3．A/D 转换结果存储格式控制与 A/D 转换结构控制寄存器 ADC_RES、ADC_RESL

ADC_RES、ADC_RESL 特殊功能寄存器用于保存 A/D 转换结果，A/D 转换结果的存储格式由 CLK_DIV 寄存器的 B5 位 ADRJ 进行控制。

当（ADRJ）=0 时，10 位 A/D 转换结果的高 8 位存放在 ADC_RES 寄存器中，低 2 位存放在 ADC_RESL 寄存器的低 2 位中。ADC_RES、ADC_RESL 存储格式如下：

	地址	B7	B6	B5	B4	B3	B2	B1	B0	复位值
ADC_RES	BDH	ADC_RES9	ADC_RES8	ADC_RES7	ADC_RES6	ADC_RES5	ADC_RES4	ADC_RES3	ADC_RES2	0000 0000
ADC_RESL	BEH	—	—	—	—	—	—	ADC_RES1	ADC_RES0	0000 0000

当（ADRJ）=1 时，10 位 A/D 转换结果的最高 2 位存放在 ADC_RES 寄存器的低 2 位中，低 8 位存放在 ADC_RESL 寄存器中。ADC_RES、ADC_RESL 存储格式如下：

	地址	B7	B6	B5	B4	B3	B2	B1	B0	复位值
ADC_RES	BDH	—	—	—	—	—	—	ADC_RES9	ADC_RES8	0000 0000
ADC_RES	BEH	ADC_RES7	ADC_RES6	ADC_RES5	ADC_RES4	ADC_RES3	ADC_RES2	ADC_RES1	ADC_RES0	0000 0000

A/D 转换结果的换算公式如下：

（ADRJ）=0，取 10 位结果时，V_{in}=（ADC_RES[7：0]，ADC_RESL[1：0]）$_2 \times V_{CC}/1024$

（ADRJ）=0，取 8 位结果时，V_{in}=（ADC_RES[7：0]）$_2 \times V_{CC}/256$

（ADRJ）=1，取 10 位结果时，V_{in}=（ADC_RES[1：0]，ADC_RESL[7：0]）$_2 \times V_{CC}/1024$

式中，V_{in} 为模拟输入电压；

V_{CC}为 ADC 的参考电压，也就是单片机的实际工作电源电压。

4．与 A/D 转换中断有关的寄存器

ADC_FLAG 是 A/D 转换结束标志，同时又是 A/D 转换结束的中断请求标志。它的中断允许，由中断允许控制寄存器 IE 中的 B5 位 EADC 进行控制，在总允许 EA 为“1”时，当（EADC）＝1 时，A/D 转换结束中断允许；当（EADC）＝0 时，A/D 转换结束中断禁止。STC15F2K60S2 单片机的中断有 2 个优先等级，由中断优先寄存器 IP 进行设置，A/D 转换结束中断的中断优先级由 IP 的 B5 位 PADC 进行设置。A/D 转换结束中断的中断向量地址为：002BH，中断号为 5。

10.3　A/D 转换模块的应用

STC15F2K60S2 单片机 ADC 模块的应用编程要点如下：

1）打开 ADC 电源（设置 ADC_CONTR 中的 ADC_POWER）。

2）适当延时，等 ADC 内部模拟电源稳定。一般延时 1ms 即可。

3）设置 P1 口中的相应口线作为 AD 转换模拟量输入通道（设置 P1ASF 寄存器）。

4）选择 ADC 通道（设置 ADC_CONTR 中的 CHS2～CHS0）。

5）根据需要设置转换结果存储格式（设置 CLK_DIV 中的 ADRJ）。

6）启动 A/D 转换（设置 ADC-CONTR 中的 ADC_START）。

7）查询 A/D 转换结束标志 ADC_FLAG，判断 A/D 转换是否完成，若完成，则读出 A/D 转换结果（保存在 ADC_RES 和 ADC_RESL 寄存器中），并进行数据处理。如果是多通道模拟量进行转换，则更换 A/D 转换通道后要适当延时，使输入电压稳定，延时量取 20～200μs 即可（与输入电压源的内阻有关），如果输入电压源的内阻在 10kΩ 以下，可不加延时。

8）若采用中断方式．还需进行中断设置（中断允许和中断优先级）。在中断服务程序中读取 A/D 转换结果，并将 ADC 中断请求标志 ADC_FLAG 清零。

例 10.1　编程实现利用 STC15F2K60S2 单片机 ADC 通道 1 采集外部模拟电压信号，8 位精度，采用查询方式循环进行转换，将转换结果保存于 30H 单元中，并送 P2 口 LED 灯显示（低电平驱动）。假设时钟频率为 18.432MHz。

解：取 8 位精度时．可设置（ADRJ）＝0，直接使用转换结果寄存器 ADC_RES 的值。选择通道 1，则（CHS2～CHS0）＝001B。按照 ADC 的编程要点进行初始化后，直接判断 ADC_FLAG 标志是否为 1？若为 1，则读出 ADC_RES 寄存器的值；若为 0，则继续查询。

汇编语言参考程序（ADC.ASM）如下：

```
$INCLUDE（STC15F2K60S2. INC）        ；包含 STC15F2K60S2 单片机寄存器定义文件
                                     ；可从 STC_ISP 下载软件中获取
        ADC_DATA    EQU   30H        ；定义 A/D 转换结果保存单元
        ORG         0000H
        LJMP        MAIN
        ORG    0000H
MAIN:
        MOV     SP，#70H                          ；设置堆栈
        MOV     P1ASF，#02H                       ；设置 P1.1 为模拟量输入功能
        MOV     ADC_CONTR，#81H                   ；打开 A/D 转换电源，设置输入通道
        MOV     A, #20H
        LCALL   DELAY                             ；打开 A/D 转换电源后，延时 1ms 即可
```

```
LOOP:
        MOV     ADC_CONTR, #10001001B       ; 启动 A/D 转换
        NOP                                 ; 适当延时，确保设置有效
        NOP
        NOP
        NOP
WAIT_AD:
        MOV     A，ADC_CONTR
        JNB     ACC.4,  WAIT_AD             ; 判断 A/D 转换是否完成
        MOV     ADC_ CONTR, #81H            ; 将 ADC_FLAG 清零
        MOV     A,  ADC_RES                 ; 读取 A/D 转换结果
        MOV     ADC_ DATA, A                ; 保存 A/D 转换结果
        CPL     A
        MOV     P2,  A                      ; 送 P2 口 LED 灯显示
        LJMP    LOOP                        ; 循环检测
DELAY:
        PUSH    02                          ; 将寄存器组 0 的 R2、R3、R4 入栈
        PUSH    03
        PUSH    04
        MOV     R4, A                       ; 取最外循环的循环次数
DELAY_LOOP0:
        MOV     R3, #200
DELAY_LOOP1:
        MOV     R2, #249
DELAY_LOOP:
        DJNZ    R2，DELAY_ LOOP
        DJNZ    R3，DELAY_LOOP1
        DJNZ    R4，DELAY_LOOP0
        POP     04                          ; 恢复现场
        POP     03
        POP     02
        RET
        END
```

C51 语言参考程序（adc.c）如下：

```
#include <stc15f2k60s2.h>
#include <intrins.h>
#define uchar unsigned char
#define uint unsigned int
uchar data adc_data   _at_ 0x30;                //定义（保存 A/D 转换结果）绝对地址变量
void main（void）
{
        unsigned long i;
        uchar status;
        P1ASF=0x02;                             //设置 P1.1 为模拟量输入功能
        ADC _CONTR= 0x81;                       //打开 A/D 转换电源，设置输入通道
        for （i=0; i<10000; i++）;
        while（1）
        {
              ADC_CONTR=0x89;                   //启动 A/D 转换
              _NOP_();
              _NOP_();
              _NOP_();
              _NOP_();
```

```
            status=0;
            while (status==0)                       //等待 A/D 转换结束
            {
                status=ADC _CONTR&0x10;            //取 A/D 转换结束标志
            }
            ADC_CONTR=0x81;                         //清 A/D 转换结束标志位
            adc_data=ADC_RES;                       //保存 A/D 转换结果
            P2=~ADC_RES;                            //送 P2 口 LED 灯显示
        }
}
```

例 10.2 编程实现利用 STC15F2K60S2 单片机 ADC 通道 1 采集外部模拟电压信号，10 位精度，采用中断方式进行转换，将转换结果保存于 30H 和 31H 单元中，并送 P3 和 P2 口 LED 灯显示（低电平驱动），P3 口 LED 灯显示最高 2 位，P2 口 LED 灯显示低 8 位。设时钟频率为 18.432MHz。

解：设置(ADRJ)=1，转换结束后，ADC_RES 的低 2 位为转换结果的最高 2 位，ADC_ RESL 为转换结果的低 8 位。

汇编语言参考程序如下：

```
        $INCLUDE      (STC152K60S2. INC)
        ADC_DATAH     EQU     31H               ; 定义 A/D 转换结果高 2 位存储变量
        ADC_DATAL     EQU     30H               ; 定义 A/D 转换结果低 8 位存储变量
        ORG     0000H
        LJMP    MAIN
        ORG     002BH
        LJMP    ADC_ISR                         ; ADC 中断向量入口
        ORG     0050H
    MAIN:
        MOV     SP, #70H                        ; 设置堆栈
        MOV     P1ASF, #02H                     ; 设置 P1.1 为模拟量输入功能
        MOV     ADC_CONTR, #81H                 ; 打开 A/D 转换电源，设置输入通道
        MOV     A, #20H
        LCALL   DELAY                           ; 开 A/D 转换电源后要加适当延时，1ms 即可
        ORL     CLK_DIV, #20H                   ; 设置 A/D 转换结果存储格式（ADRJ 为 1）
        SETB    EADC                            ; 开放 ADC 中断
        SETB    EA                              ; 开放 CPU 总中断
        MOV     ADC_ CONTR, #10001001B          ; 启动 A/D 转换
        SJMP    $                               ; 循环等待中断
    ADC_ISR:                                    ; ADC 中断服务程序入口
        MOV     ADC_CONTR, #81H                 ; 将 ADC_FLAG 清零
        MOV     A, ADC_RES                      ; 读取 A/D 转换结果高 2 位
        ANL     A, #03H                         ; 屏蔽高 6 位
        MOV     ADC_DATAH, A                    ; 保存 A/D 转换结果高 2 位
        CPL     A
        MOV     P3,  A                          ; 高 2 位送 P3 口 LED 灯显示
        MOV     A, ADC_RESL                     ; 读取 A/D 转换结果低 8 位
        MOV     ADC_DATAL,  A                   ; 保存 A/D 转换结果的低 8 位
        CPL     A
        MOV     P2,  A                          ; 低 8 位送 P2 口 LED 灯显示
        MOV     ADC_CONTR, #89H                 ; 重新启动 A/D 转换
        RETI
    DELAY:
        PUSH    02                              ; 将寄存器组 0 的 R2、R3、R4 入栈
```

```
        PUSH      03
        PUSH      04
        MOV       R4，A                                  ；取最外循环的循环次数
DELAY_LOOP0：
        MOV       R3, #200
DELAY_LOOP1：
        MOV       R2, #249
DELAY_LOOP：
        DJNZ      R2, DELAY_ LOOP
        DJNZ      R3，DELAY_LOOP1
        DJNZ      R4，DELAY_LOOP0
        POP       04                                     ；恢复现场
        POP       03
        POP       02
        RET
        END
```

C51 语言参考程序如下：

```
#include <stc15f2k60s2.h>
#include <intrins.h>
#define uchar unsigned char
#define uint unsigned int                    //包含 STC15F2K60S2 单片机寄存器定义文件
uchar data adc_datah   _at_ 0x31；           //定义（保存 A/D 转换结果）绝对地址变量
uchar data adc_datal   _at_ 0x30；           //定义（保存 A/D 转换结果）绝对地址变量
void main（void）
 {
       uint  i；
       P1ASF=0x02；                          //设置 P1.1 为模拟量输入功能
       ADC_CONTR=0x81；                      //打开 A/D 转换电源，设置输入通道
       for （i=0；i<10000; i++ ）；          //适当延时
       CLK_DIV |=  0x20；                    //（ADRJ）=1，设置 A/D 转换结果的存储格式
       ADC_CONTR=0x89；                      //启动 A/D 转换
       EADC=1；
       EA=1；
       while（1）；
 }
/*—————————————————— ADC 中断服务子函数——————————————————*/
void ADC_ISR （void） interrupt 5
{
         ADC_CONTR=0x81；                          //将 ADC_FLAG 清零
         adc_datah=ADC_RES&0x03；                  //保存 A/D 转换结果高 2 位
         P3=~adc_datah；                           //转换结果高 2 位送 P3 口 LED 灯显示
         adc_datal=ADC_ RESL；                     //保存 A/D 转换结果低 8 位
         P2=~adc_datal；                           //转换结果低 8 位送 P2 口 LED 灯显示
         ADC_CONTR=0x89；                          //重新启动 A/D 转换
}
```

本章小结

STC15F2K60S2 单片机集成有 8 通道 10 位高速电压输入型模/数转换器（ADC），采用逐次

比较方式进行 A/D 转换，速度可达 300kHz。STC15F2K60S2 单片机 ADC 输入通道与 P1 口复用，上电复位后 P1 口为弱上拉型 I/O 口，用户可通过设置 P1ASF 特殊功能寄存器将 8 路中的任何一路设置为 ADC 输入通道，不作为 ADC 输入通道时仍可作为一般 I/O 口使用。

STC15F2K60S2 单片机 ADC 模块的参考电压源（V_{REF}）就是输入工作电源 V_{CC}，无专门 ADC 参考电压输入通道。当电源电压不稳定时，则可以在 8 路 A/D 转换通道的任一通道上接一基准电源（如 1.25V 基准电压），以此计算出此时的工作电压 V_{CC}，再计算其他输入通道的模拟输入电压。

STC15F2K60S2 单片机 ADC 模块的转换结果有 2 种存储格式。当（ADRJ）=0 时，10 位 A/D 转换结果的高 8 位存放在 ADC_RES 寄存器中，低 2 位存放在 ADC_RESL 寄存器的低 2 位中；当（ADRJ）=1 时，10 位 A/D 转换结果的最高 2 位存放在 ADC_RES 寄存器的低 2 位中，低 8 位存放在 ADC_RESL 寄存器中。

习　题　10

一、填空题

1．A/D 转换电路按转换原理一般分为____________、____________与____________等 3 种类型。

2．在 A/D 转换电路中，转换位数越大，说明 A/D 转换电路的转换精度越____________。

3．10 位 A/D 转换器中，V_{REF} 为 5V。当模拟输入电压为 3V 时，转换后对应的数字量为____________。

4．8 位 A/D 转换器中，V_{REF} 为 5V。转换后获得的数字量为 7FH，请问对应的模拟输入电压是____________。

5．STC15F2K60S2 单片机内部集成了_______通道_______位的 A/D 转换器，转换速度可达到_______kHz。

6．STC15F2K60S2 单片机 A/D 转换模块转换的参考电压 V_{REF} 是____________。

7．STC15F2K60S2 单片机 A/D 转换模块的中断向量地址是__________，中断号是__________。

二、选择题

1．STC15F2K60S2 单片机 A/D 转换模块中转换电路的类型是______。

A．并行比较型　　B．逐次逼近型　　C．双积分型

2．STC15F2K60S2 单片机 A/D 转换模块的 8 路模拟输入通道是在______口。

A．P0　　B．P1　　C．P2　　D．P3

3．当 P1ASF=35H 时，说明______可用作 A/D 转换的模拟信号输入通道。

A．P1.7、P1.6、P1.3、P1.1　　B．P1.5、P1.4、P1.2、P1.0

C．P1.2、P1.0　　D．P1.4、P1.5

4．当 ADC_CONTR=83H 时，STC15F2K60S2 单片机的 A/D 模块选择了______为当前模拟信号输入通道。

A．P1.1　　B．P1.2　　C．P1.3　　D．P1.4

5．当 ADC_CONTR=A3H 时，STC15F2K60S2 单片机的 A/D 模块转换速度设置为______个系统时钟。

A．540　　B．360　　C．180　　D．90

6．STC15F2K60S2 单片机工作电源为 5V，ADRJ=0、ADC_RES=25H、ADC_RESL=33H 时，测得的模拟输入信号约为______V。

A．0.737　　B．3.930　　C．0.180　　D．0.249

三、判断题

1．STC15F2K60S2 单片机 A/D 转换模块有 8 个模拟信号输入通道，意味着可同时测量 8 路模拟输入信号。（　）

2．STC15F2K60S2 单片机 A/D 转换模块的转换位数是 10 位，但也可用作 8 位测量。（　）

3．STC15F2K60S2 单片机 A/D 转换模块 A/D 转换中断标志在中断响应后会自动清零。（　）

4．STC15F2K60S2 单片机的 A/D 转换中断有 2 个中断优先级。（　）

5．STC15F2K60S2 单片机 A/D 转换模块的 A/D 转换类型是双积分型。（　）

四、问答题

1．STC15F2K60S2 单片机 A/D 转换模块的转换精度，以及转换速度是多少？

2．STC15F2K60S2 单片机 A/D 转换模块转换后数字量的数据格式是怎样的？

3．简述 STC15F2K60S2 单片机 A/D 转换模块的应用编程步骤。

4．STC15F2K60S2 单片机 A/D 转换模块转换参考电压就是单片机的电源电压，当电源电压不稳定，如何保证测量精度？

五、程序设计题

1．利用 STC15F2K60S2 单片机 A/D 转换模块设计一个定时巡回检测 8 路模拟输入信号，每 10s 钟巡回检测一次，采用 LED 数码管显示测量数据，测量数据精确到小数点 2 位。画出硬件电路图，绘制程序流程图，编写程序并上机调试。

2．利用 STC15F2K60S2 单片机设计一个温度控制系统。测温元件为热敏电阻，采用 LED 数码管显示温度数据，测量值精确到 1 位小数点。当温度低于 30℃时，发出长嘀报警声和光报警，当温度高于 60℃时，发出短嘀报警声和光报警。画出硬件电路图，绘制程序流程图，编写程序并上机调试。

第 11 章　STC15F2K60S2 单片机的 PCA 模块

11.1　PCA 模块的结构

STC15F2K60S2 单片机集成了 3 路可编程计数器阵列（PCA）模块，可实现软件定时器、外部脉冲的捕捉、高速输出以及脉宽调制（PWM）输出等功能。

PCA 模块含有一个特殊的 16 位定时器，有 3 个 16 位的捕获/比较模块与之相连，如图 11.1 所示。

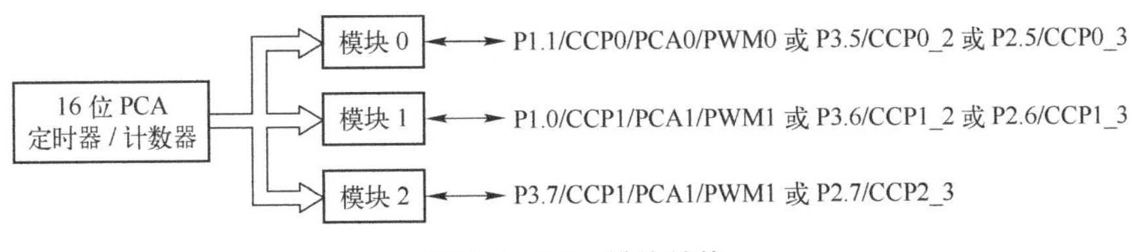

图 11.1　PCA 模块结构

模块 0 连接到 P1.1，通过设置 P_PSW1 中的 CCP_S1、CCP_S0 可将模块 0 连接到 P3.5 或 P2.5。

模块 1 连接到 P1.0，通过设置 P_PSW1 中的 CCP_S1、CCP_S0 可将模块 1 连接到 P3.6 或 P2.6。

模块 2 连接到 P3.7，通过设置 P_PSW1 中的 CCP_S1、CCP_S0 可将模块 2 连接到 P2.7。

每个模块可编程工作在以下 4 种模式：

1）上升/下降沿捕获。

2）软件定时器。

3）高速输出。

4）可调制脉冲输出。

16 位 PCA 定时器/计数器是 3 个模块的公共时间基准，其结构如图 11.2 所示。

寄存器 CH 和 CL 构成 16 位 PCA 的自动递增计数器，CH 是高 8 位，CL 是低 8 位。PCA 计数器的时钟源有 1/12 系统脉冲、1/8 系统脉冲、1/6 系统脉冲、1/4 系统脉冲、1/2 系统脉冲、系统脉冲、定时器 0 溢出脉冲或 ECI 引脚（P1.2，或 P2.4，或 P3.4）的输入脉冲。PCA 计数器的计数源可通过设置特殊功能寄存器 CMOD 的 CPS2、CPS1 和 CPS0 来选择其中一种。

PCA 计数器主要由 PCA 工作模式寄存器 CMOD 和 PCA 控制寄存器 CCON 进行管理与控制。

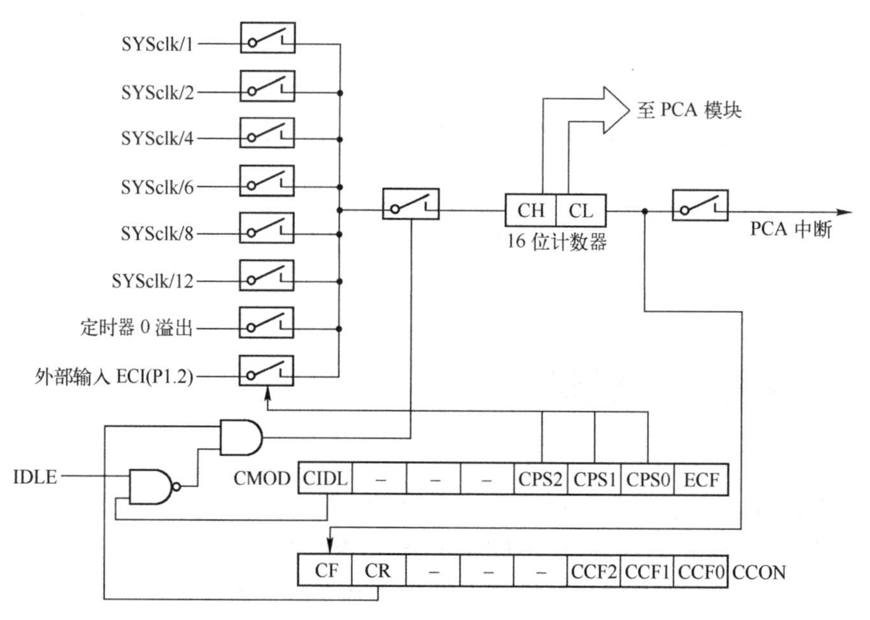

图 11.2　16 位 PCA 定时器/计数器结构

11.2　PCA 模块的特殊功能寄存器

1）PCA16 位计数器工作模式寄存器 CMOD。CMOD 用于选择 PCA16 位计数器的计数脉冲源与计数中断管理，具体格式如下：

	地址	B7	B6	B5	B4	B3	B2	B1	B0	复位值
CMOD	9DH	CIDL	–	–	–	CPS2	CPS1	CPS0	ECF	0xxx 0000

CIDL：空闲模式下是否停止 PCA 计数的控制位。（CIDL）＝0 时，空闲模式下 PCA 计数器继续计数；（CIDL）＝1 时，空闲模式下 PCA 计数器停止计数。

CPS2、CPS1、CPS0：PCA 计数器计数脉冲源选择控制位。PCA 计数器计数脉冲源的选择如表 11.1 所示。

表 11.1　PCA 计数器计数脉冲源的选择

CPS2	CPS1	CPS0	PCA 计数器的计数脉冲源
0	0	0	系统时钟/12
0	0	1	系统时钟/2
0	1	0	定时/计数器 0 溢出脉冲
0	1	1	ECI 引脚（P1.2）输入脉冲（最大速率＝系统时钟/2）
1	0	0	系统时钟
1	0	1	系统时钟/4
1	1	0	系统时钟/6
1	1	1	系统时钟/8

ECF：PCA 计数器计满溢出中断允许位。（ECF）＝1 时，PCA 计数器计满溢出中断允许；（ECF）＝0 时，PCA 计数器计满溢出中断禁止。

2）PCA16 位计数器控制寄存器 CCON。CCON 用于控制 PCA16 位计数器的运行计数脉冲源与记录 PCA/PWM 模块的中断请求标志，具体格式如下：

	地址	B7	B6	B5	B4	B3	B2	B1	B0	复位值
CCON	D8H	CF	CR	—	—	—	CCF2	CCF1	CCF0	00xx x000

CF：PCA 计数器计满溢出标志位。当 PCA 计数器计数溢出时，CF 由硬件置位。如果 CMOD 的 ECF 为 1，则 CF 为计数器计满溢出中断标志，会向 CPU 发出中断请求。CF 位可通过硬件或软件置位，但只能通过软件清零。

CR：PCA 计数器的运行控制位。（CR）=1 时，启动 PCA 计数器计数；（CR）=0 时，PCA 计数器停止计数。

CCF2、CCF1、CCF0：PCA/PWM 模块的中断请求标志。CCF0 对应模块 0，CCF1 对应模块 1，CCF2 对应模块 2，当发生匹配或捕获时由硬件置位。但同 CF 一样，只能通过软件清零。

3）PCA 模块功能控制寄存器 CCAPMn（n=0，1，2）。CCAPMn 是指 CCAPM2、CCAPM1、CCAPM0 3 个特殊功能寄存器，CCAPM2 对应模块 2、CCAPM1 对应模块 1，CCAPM0 对应模块 0。CCAPMn 的格式如下：

	地址	B7	B6	B5	B4	B3	B2	B1	B0	复位值
CCAPMn	DAH/DBH/DCH	—	ECOMn	CAPPn	CAPNn	MATn	TOGn	PWMn	ECCFn	x000 0000

ECOMn：比较器功能允许控制位。（ECOMn）=1，允许比较器功能。

CAPPn：正捕获控制位。（CAPPn）=1，允许上升沿捕获。

CAPNn：负捕获控制位。（CAPNn）=1，允许下降沿捕获。

MATn: 匹配控制位。如果（MATn）=1，则 PCA 计数值（CH、CL）与模块的比较/捕获寄存器值（CCAPnH、CCAPnL）匹配时将置位 CCON 寄存器中的中断请求标志位 CCFn。

TOGn：翻转控制位。当（TOGn）=1 时，PCA 模块工作于高速输出模式。PCA 计数值（CH、CL）与模块的比较/捕获寄存器值（CCAPnH、CCAPnL）匹配时，PCAn 引脚输出翻转。

PWMn：脉宽调制模式控制位。当（PWMn）=1 时，PCA 模块工作于脉宽调制输出模式，PCAn 引脚作为脉宽调制输出。

ECCFn：PCA 模块中断（CCFn）的中断允许控制位。（ECCFn）=1，允许；（ECCFn）=0，禁止。

PCA 模块工作模式设定如表 11.2 所示。

表 11.2　PCA 模块的工作模式（CCAPMn，n=0，1，2）

ECOMn	CAPPn	CAPNn	MATn	TOGn	PWMn	ECCFn	可设定值	模块功能
0	0	0	0	0	0	0	00H	无操作
1	0	0	0	0	1	0	42H	PWM，无中断
1	1	0	0	0	1	1	63H	PWM，由低变高产生中断
1	0	1	0	0	1	1	53H	PWM，由高变低产生中断
1	1	1	0	0	1	1	73H	PWM，由高变低或由低变高均可产生中断
x	1	0	0	0	0	x	21H	16 位捕获模式，由 PCAn 的上升沿触发
x	0	1	0	0	0	x	11H	16 位捕获模式，由 PCAn 的下降沿触发
x	1	1	0	0	0	x	31H	16 位捕获模式，由 PCAn 的跳变（上升沿和下降沿）触发
1	0	0	1	0	0	x	49H	16 位软件定时器
1	0	0	1	1		x	4DH	16 位高速输出

4）PCA 模块 PWM 工作寄存器 PCA_PWMn（n=0，1，2）。PCA_PWMn 是指 PCA_PWM2、PCA_PWM1、PCA_PWM0 3 个特殊功能寄存器，PCA_PWM2 对应模块 2，PCA_PWM1 对应模块 1，PCA_PWM0 对应模块 0。PCA_PWMn 的格式如下：

	地址	B7	B6	B5	B4	B3	B2	B1	B0	复位值
PCA_PWMn	F2H/F3H/F4H	EBSn_1	EBSn_0	—	—	—	—	EPCnH	EPCnL	00xx xx00

EPCnH：在 PWM 模式下，与 CCAPnH 组成 9 位数。

EPCnL：在 PWM 模式下，与 CCAPnL 组成 9 位数。

EBSn_1、EBSn_0：用于选择 PWM 的位数，见表 11.3。

表 11.3　PWM 位数的选择

EBSn_1	EBSn_0	PWM 的位数
0	0	8
0	1	7
1	0	6
1	1	无效，仍为 8 位

5）PCA 的 16 位计数器 CH、CL 如下：

	地址	B7	B6	B5	B4	B3	B2	B1	B0	复位值
CH	F9H	PCA16 位计数器的高 8 位								0000 0000
CL	E9H	PCA16 位计数器的低 8 位								0000 0000

6）PCA 模块捕捉/比较寄存器 CCAPnH、CCAPnL。当 PCA 模块用于捕获或比较时，它们用于保存各个模块的 16 位捕捉计数值；当 PCA 模块用于 PWM 模式时，它们用于控制输出的占空比。

	地址	B7	B6	B5	B4	B3	B2	B1	B0	复位值
CCAP2H	FCH	PCA 模 2 捕捉/比较寄存器的高 8 位								0000 0000
CCAP2L	ECH	PCA 模块 2 捕捉/比较寄存器的低 8 位								0000 0000
CCAP1H	FBH	PCA 模块 1 捕捉/比较寄存器的高 8 位								0000 0000
CCAP1L	EBH	PCA 模块 1 捕捉/比较寄存器的低 8 位								0000 0000
CCAP0H	FAH	PCA 模块 0 捕捉/比较寄存器的高 8 位								0000 0000
CCAP0L	FAH	PCA 模块 0 捕捉/比较寄存器的低 8 位								0000 0000

11.3　PCA 模块的工作模式与应用举例

1. 捕获模式

当 CCAPMn 寄存器中的两位（CAPPn、CAPNn）中至少一位为“1”时，PCA 模块工作在捕捉模式，其结构如图 11.3 所示。

PCA 模块工作在捕获模式时，对外部输入引脚 PCAn（P1.1 或 P1.0，或 P3.7）的跳变进行采样。当采样到有效跳变时，PCA 硬件将 PCA16 位计数器（CH、CL）的值装载到 PCA 模块的捕获寄存器（CCAPnH、CCAPnL）中，置位 CCFn。如果中断允许（ECCFn 为 1），则可向 CPU 申请中断，再在 PCA 中断服务程序中判断是哪一个模块申请了中断，并注意在退出中断前务必清除对应的标志位。

例 11.1 利用 PCA 模块扩展外部中断。将 PCA0（P1.1）引脚扩展为下降沿触发的外部中断，将 PCA1（P1.0）引脚扩展为上升沿/下降沿都可触发的外部中断。当 P1.1 出现下降沿产生中断时，对 P1.5 取反；当 P1.0 出现下降沿或上升沿时都会产生中断，对 P1.6 取反。P1.7 输出驱动工作指示灯。

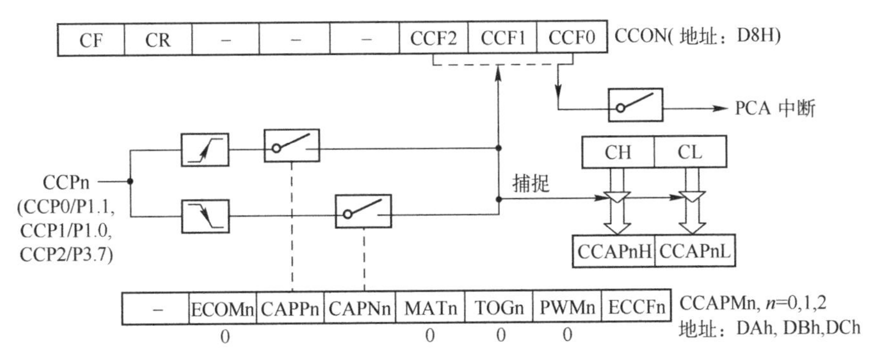

图 11.3　PCA 模块捕捉模式结构图

解：与定时器的使用方法类似，PCA 模块的应用编程主要有两点：一是正确初始化，包括写入控制字、捕捉常数的设置等；二是中断服务程序的编写，在中断服务程序中编写需要完成的任务的程序代码。PCA 模块的初始化部分大致如下：

① 设置 PCA 模块的工作方式，将控制字写入 CMOD、CCON 和 CCAPMn 寄存器。

② 设置捕捉寄存器 CCAPnL（低位字节）和 CCAPnH（高位字节）初值。

③ 根据需要开放 PCA 中断，包括 PCA 定时器溢出中断（ECF）、PCA 模块 0 中断（ECCF0），或 PCA 模块 1 中断（ECCF1），或 PCA 模块 2 中断（ECCF2），并将 EA 置 1。

④ 置位 CR，启动 PCA 定时器计数（CH，CL）计数。

汇编语言参考程序如下：

```
    ；定义单片机管脚
    $INCLUDE （STC15F2K60S2.INC）      ；包含 STC15F2K60S2 寄存器定义文件
    LED_START          EQU   P1.7      ；定义输出引脚
    LED_PCA0_INT0      EQU   P1.6
    LED_PCA1_INT1      EQU     P1.5
          ORG      0000H
          LJMP     MAIN
          ORG      003BH                 ；PCA 中断的中断向量地址
          LJMP     PCA_ISR
          ORG      0050H
    MAIN:
          MOV      SP，#7FH
          CLR      LED_ START            ；点亮开始工作指示灯
          LCALL    PCA_INITIATE          ；调 PCA 模块初始化程序
          SJMP     $                     ；原地踏步
    PCA_INITIATE:
          MOV      CMOD，#80H            ；设置 PCA 在空闲模式下停止 PCA 计数器工作
                                         ；PCA 模块的计数器时钟源频率为 fSYS/12
                                         ；禁止 PCA 计数器溢出中断
          MOV     CCON, #00H             ；停止 PCA 计数器计数
          MOV     CL，#00H               ；清零 PCA 计数器
```

```
        MOV     CH，#00H
        MOV     CCAPM0，#11H        ；设置 PCA 模块 0 下降沿触发捕捉功能
                                    ；开放 PCA 模块 0 中断
        MOV     CCAPM1, #31H        ；设置 PCA 模块 1 下降沿和上升沿触发捕捉功能
                                    ；开放 PCA 模块 1 中断
        SETB    EA
        SETB    CR
        RET
PCA_ISR:
        PUSH    ACC
        PUSH    PSW
        JNB     CCF0，NOT_PCA0      ；如果 CCF0 为 1，执行 PCA 模块 0 中断服务程序
                                    ；如果 CCF0 为 0，转执行 PCA 模块 1 中断标志判断
        CPL     LED_PCA0_INT0       ；P1.6 LED 变化一次，表示 PCA 模块 0 发生了一次
        ；中断
        CLR     CCF0:               ；清零 PCA 模块 0 中断请求标志
NOT_PCA0：
        JNB     CCF1，PCA_ISR_EXIT    ；如果 CCF1 为 0，则不是 PCA 模块 1 中断，立即退出
                                    ；如果 CCF1 为 1，执行 PCA 模块 1 中断服务程序
        CPL     LED_PCA1_INT1       ；P1.5 LED 变化一次，表示 PCA 模块 1 发生了一次中断
        CLR     CCF1                ；清零 PCA 模块 1 中断请求标志
PCA_ISR_ EXIT：
        POP     PSW
        POP     ACC
        RETI
        END
```

C51 参考程序如下：

```
#include <stc15f2k60s2.h>
#include <intrins.h>
#define uchar unsigned char
#define uint unsigned int
sbit  LED_PCA0_INT0=P1^5;
sbit  LED_PCA1_INT1=P1^6;
sbit  LED_START=P1^7;
void main（void）
{
    LED_START=0;
    CMOD=0x80;          //空闲模式下停止 PCA 模块计数，时钟源频率为 fSYS/12
                        //禁止 PCA 计数器溢出中断
    CCON=0;             //禁止 PCA 计数器计数
    CL=0;
    CH=0;
    CCAPM0=0x11;        //设置 PCA 模块 0 下降沿触发捕捉功能，并开放中断
    CCAPM1=0x31;        //设置 PCA 模块 0 下降沿和上升沿触发捕捉功能，并开放中断
    EA=1;               //开放总中断
    CR=1;               //启动 PCA 模块计数器计数
    while（1）;
}
void PCA_ISR（void）interrupt 7        //PCA 中断服务程序
{
    if（CCF0）
    {                                  //PCA 模块 0 中断服务程序
        LED_PCA0_INT0=！LED_PCA0_INT0;
```

```
                                        //LED_PCA0 取反输出，表示 PCA 模块 0 发生了中断
        CCF0=0;                         //清零 PCA 模块 0 中断标志
    }
    else if（CCF1）
    {                                   //PCA 模块 0 中断服务程序
        LED_PCA1_INT1=！LED_PCA1_INT1;
                                        //LED_PCA1 取反输出，表示 PCA 模块 1 发生了中断
        CCF1=0;                         //清零 PCA 模块 1 中断标志
    }
}
```

2. 16 位软件定时器模式

当 CCAPMn 寄存器中的 ECOMn 和 MATn 位置位时，PCA 模块作为 16 位软件定时器，其结构图如图 11.4 所示。

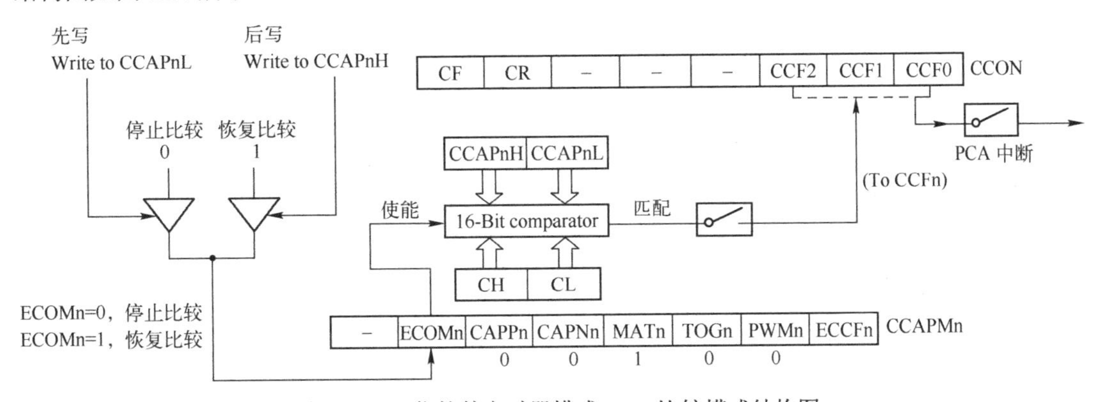

图 11.4 16 位软件定时器模式/PCA 比较模式结构图

当 PCA 模块作为软件定时器时，PCA 计数器（CH、CL）的值与模块捕获寄存器（CCAPnH、CCAPnL）的值相比较，当二者相等时，自动置位 PCA 模块中断请求标志 CCFn。如果中断允许（ECCFn 为 1），则可向 CPU 申请中断，再在 PCA 中断服务程序中判断是哪一个模块申请了中断，并注意在退出中断前务必清除对应的标志位。

通过设置 PCA 模块捕获寄存器（CCAPnH、CCAPnL）的值与 PCA 计数器的时钟源，可调整定时时间。PCA 计数器计数值与定时时间的计算公式如下：

PCA 计数器计数值（CCAPnH、CCAPnL 设置值或递增步长值）=定时时间/计数脉冲源周期

例 11.2 利用 PCA 模块的软件定时功能，在 P1.5 引脚输出周期为 2s 的方波。设晶振频率为 18.432MHz。

解： 通过置位 CCAPM0 寄存器的 ECOM0 位和 MAT0 位，使 PCA 模块 0 工作于软件定时器模式。定时时间的长短取决于 PCA 模块捕获寄存器（CCAPnH、CCAPnL）的值与 PCA 计数器的时钟源。本例中，系统频率不分频，即系统时钟频率等于晶振频率，所以 f_{SYS}=18.432MHz，可以选择 PCA 模块的时钟源为 $f_{SYS}/12$，基本定时时间单位 T 为 5ms。对 5ms 计数 200 次，即可实现 1s 的定时，1s 时间到，对 P1.5 输出取反，即可实现在 P1.5 引脚输出周期为 2s 的方波。通过计算，5ms 对应的 PCA 计数器计数值为 1E00H，在初始化时，CH、CL 从 0000H 开始计数，将 1E00H 直接传送给 PCA 模块捕获寄存器（CCAP0H、CCAP0L），每次 5 ms 时间到的中断服务程序中将该值加给（CCAP0H、CCAP0L）。

P1.7 连接开始工作指示灯，P1.6 连接 5ms 闪烁指示灯，P1.5 连接 1s 闪烁指示灯，所有 LED 灯都是低电平驱动。

汇编语言参考程序如下：

```
$INCLUDE （STC15F2K60S2.INC）        ；包含 STC15F2K60S2 寄存器定义文件
；定义单片机管脚
LED_MCU_START      EQU     P1.7
LED_ 5ms_Flashing  EQU     P1.6
LED_1s_Flashing    EQU     P1.5
；定义常量
Channe0_5ms_H      EQU     1EH      ；模块 0 5ms 定时时间常数的高 8 位
Channe0_5ms_L      EQU     00H      ；模块 0 5ms 定时时间常数的低 8 位
                                    ；定义变量
Counter            EQU     30H      ；定义一个计数器，用来计数模块 0 5ms 中断的次数
          ORG      0000H
          LJMP     MAIN
          ORG      003BH
          LJMP     PCA_interrupt
          ORG      0050H
MAIN：    CLR      LED_MCU_START    ；点亮 MCU 开始工作指示灯
          MOV      SP, #7FH
          MOV      Counter，#0      ；清零 Counter 计数器
          LCALL    PCA_Initiate     ；调 PCA 模块初始化程序
          SJMP     $
PCA_Initiate：
          MOV      CMOD, #80H       ；设置 PCA 在空闲模式下停止 PCA 计数器工作
                                    ；PCA 模块的计数器时钟源频率为 fSYS/12
                                    ；禁止 PCA 计数器溢出中断
          MOV      CL，#00H         ；设置 PCA 定时器计数的初始值
          MOV      CH，#00H
          MOV      CCAP0L，#Channe0_5ms_L   ；给 PCA 模块 0 的 CCAP0L 赋定时初值
          MOV      CCAP0H，#Channe0_5ms_H   ；给 PCA 模块 0 的 CCAP0L 赋定时初值
          MOV      CCAPM0，#49H             ；设置 PCA 模块 0 为 16 位软件定时器
                                            ；开放 PCA 模块 0 中断
          SETB     EA                       ；开放总中断
          SETB     CR                       ；启动 PCA 计数器（CH，CL）计数
          RET
PCA_interrupt：
          PUSH     ACC
          PUSH     PSW
          CPL      LED_5ms_Flashing         ；5ms 中断一次，每次进中断将该灯状态取反
          MOV      A，#Channe0_5ms_L        ；给[CCAP0H，CCAP0L]增加 5ms 所需计数值
          ADD      A，CCAP0L
          MOV      CCAP0L，A
          MOV      A，#Channe0_5ms_H
          ADDC     A，CCAP0H
          MOV      CCAP0H, A
          CLR      CCF0             ；清零 PCA 模块 0 的中断请求标志
          INC      Counter          ；中断次数计数器加 1
          MOV      A，Counter
          CLR      C
          SUBB     A，#200          ；检测是否中断了 200 次（1 秒）
          JC       PCA_Interrupt_Exit   ；检测是否中断了 200 次（1 秒），若还没到立即跳转
```

```
; 退出
            MOV     Counter, #00H
            CPL     LED_1s_Flashing
PCA_Interrupt_Exit:
            POP     PSW
            POP     ACC
            RETI
            END
```

C51 参考程序如下：

```
#include <stc15f2k60s2.h>
#include <intrins.h>
#define uchar unsigned char
#define uint unsigned int
sbit LED_MCU_START=P1^7;
sbit LED_ 5ms_Flashing=P1^6;
sbit LED_1s_Flashing=P1^5;
uchar   cnt;
void   main (void)
{
      LED_MCU_START=0;
      cnt=200;                          //设置 5ms 计数器的初始值
      CMOD=0x80;                        //设置 PCA 在空闲模式下停止 PCA 计数器工作
                                        //PCA 模块的计数器时钟源频率为 fSYS/12
                                        //禁止 PCA 计数器溢出中断
      CCON=0;                           //清零 PCA 各模块中断请求标志位 CCFn
      CL=0;                             //PCA 计数器从 0000H 开始计数
      CH=0;
      CCAP0L=0;                         //给 PCA 模块 0 的 CCAP0L 置初值
      CCAP0H=0xle;
      CCAPM0=0x49;                      //设置 PCA 模块 0 为 16 位软件定时器
                                        //开放 PCA 模块 0 中断
      EA=1;                             //开放总中断
      CR=1;                             //启动 PCA 计数器计数
      while (1) ;                       //原地踏步，等待中断
}

void   PCA_ISR (void) interrupt 7       //PCA 中断服务程序
{
      union                             //定义一个联合体
      {
            unit num;
            struct
            {                           //在联合体中定义一个结构
                  uchar   Hi,   Lo;
            }Result;
 }temp;
 temp. num= (CCAP0H<<8) +CCAP0L+0xle00;
 CCAP0L=temp.Result.Lo;                 //取计算结果的低 8 位
 CCAP0H=temp.Result.Hi;                 //取计算结果的低 8 位
 CCF0=0;                                //清零 PCA 模块 0 中断请求标志
 LED_ 5ms_Flashing=! LED_ 5ms_Flashing;
 cnt--;                                 //中断次数计数器减 1
```

```
    if (cnt==0)                        //如果 cnt 为 0，说明 1s 时间到
    {
        cnt=200;                       //恢复中断计数初值
        LED_1s_Flashing=! LED_1s_Flashing;//在 P1.6 输出脉冲宽度为 1 秒钟的方波
    }
}
```

3. 高速输出模式

当 CCAPMn 寄存器中的 ECOMn、MATn 和 TOGn 位置位时，PCA 模块工作在高速输出模式，其结构图如图 11.5 所示。

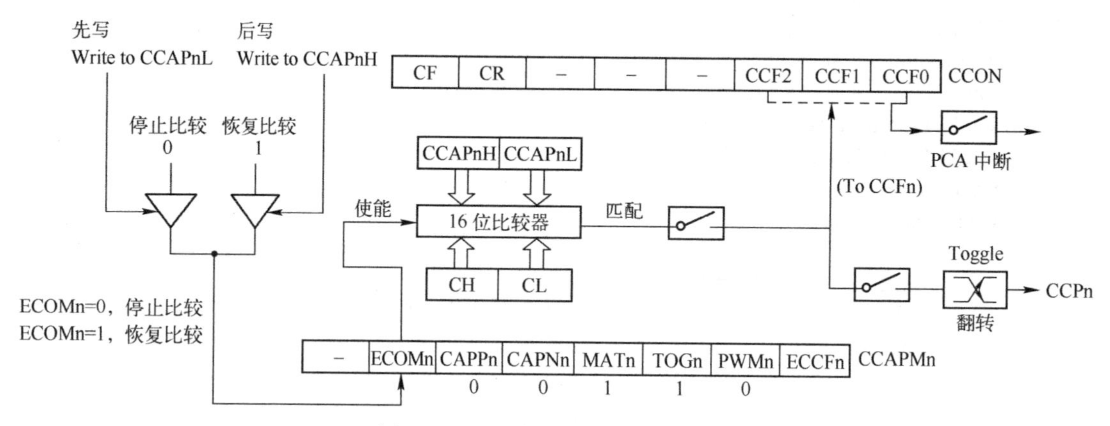

图 11.5　PCA 模块输出模式结构图

当 PCA 模块工作在高速输出时，PCA 计数器 CH、CL 的值与模块捕获寄存器 CCAPnH、CCAPnL 的值相匹配时，PCA 模块的输出 PCAn（CCPn）将发生翻转。

高速输出周期=PCA 计数器时钟源周期×计数次数（[CCAPnH：CCAPnL]−[CH：CL]）×2

计数次数（取整数）=高速输出周期/（PCA 计数器时钟源周期×2）

=PCA 计数器时钟源频率/（高速输出频率×2）

例 11.3　利用 PCA 模块 1 进行高速输出，从 P1.6 输出频率 f 为 105kHz 的方波信号。设晶振频率为 18.432MHz。

解：通过置位 CCAPM1 寄存器的 ECOM1、MAT1 和 TOG1 位，使 PCA 模块 1 工作在高速输出模式。本例中，系统频率不分频，即系统时钟频率等于晶振频率，所以 f_{SYS}=18.432MHz，设选择 PCA 模块的时钟源为 $f_{SYS}/2$，设高速输出所需的计数次数用 CCAP1H_value 和 CCAP1L_value 表示，则计算如下：

INT（f_{SYS}/（4×f））=INT（18432000/（4×105000））=37=25H

CCAP1H_value=0，CCAP1L_value=25H

在初始化时，CH、CL 从 0000H 开始计数，将 0025H 直接传送给 PCA 模块捕获寄存器 CCAPnH、CCAPnL，每次匹配时中断服务程序中将该值加给 CCAPnH、CCAPnL。

P1.7 连接开始工作指示灯，LED 灯是低电平驱动；P1.4 输出可连接示波器进行观测。

汇编语言参考程序如下：

```
$INCLUDE (STC15F2K60S2.INC)
CCAP1L_Value        EQU     25H      ; 定义定时初值或定时的增量
LED_MCU_START       EQU     P1.7
        ORG     0000H
        LJMP    MAIN
        ORG     0003B
```

```
        LJMP    PCA_interrupt
        ORG     0060H
MAIN：
        MOV     SP，#70H                  ；设置堆栈指针
        CLR     LED_MCU_START             ；点亮开始工作指示灯
        LCALL   PCA_initiate              ；调用 PCA 初始化程序
MAIN_loop：
        N0P
        N0P
        N0P
        SJMP    MAIN_loop
PCA_initiate：
        MOV     CH，#00H
        MOV     CL，#00H
        MOV     CMOD，#00000010B           ；设置 PCA 在空闲模式下停止 PCA 计数器工作
                                          ；PCA 模块的计数器时钟源频率为 fSYS/2
                                          ；禁止 PCA 计数器溢出中断
        MOV     CCON，#00H                 ；清除 PCA 计数器（CH，CL）计数溢出中断标志
        MOV     CCAPM1，#01001101B         ；设置 PCA 模块 1 为高速脉冲输出模式，允许中断
        MOV     CCAP1L，#CCAP1L_Value      ；给模块 1CCAP1L 赋初值
        MOV     CCAP1H，#0                 ；给模块 1CCAP1H 赋初值
        MOV     IPH，#10000000B            ；设置 PCA 中断的优先级为最高级
        MOV     IP，#10000000B
        SETB    EA                        ；开总中断
        SETB    CR                        ；启动 PCA 计数器
        RET
PCA_interrupt：
        PUSH    ACC
        PUSH    PSW
        CLR     CCF1                      ；清 PCA 模块 1 中断请求标志
        MOV     A，#CCAP1L_Value           ；给 PCA 模块 1 捕获寄存器加定时递增量
        ADD     A，CCAP1L
        MOV     CCAP1L，A
        CLR     A
        ADDC    A，CCAP1H
        MOV     CCAP1H，A
        POP     PSW
        POP     ACC
        RETI
        END
```

4. 脉宽调制模式

当 CCAPMn（n=0，1，2）寄存器中的 ECOMn 和 PWMn 位置位时，PCA 模块工作在脉宽调制模式（PWM）。

1）8 位 PWM。脉宽调制（PWM，Pulse Width Modulation）是一种使用程序来控制波形占空比、周期、相位波形的技术，在三相电机驱动、D/A 转换等场合有广泛的应用。

当（EBSn_1）/（EBSn_0）=0/0 时，PWM 的模式为 8 位 PWM，其结构如图 11.6 所示。

STC15F2K60S2 单片机所有 PCA 模块都可作为 PWM 输出，输出频率取决于 PCA 定时器的时钟源：

8 位 PWM 的周期=时钟源周期×256

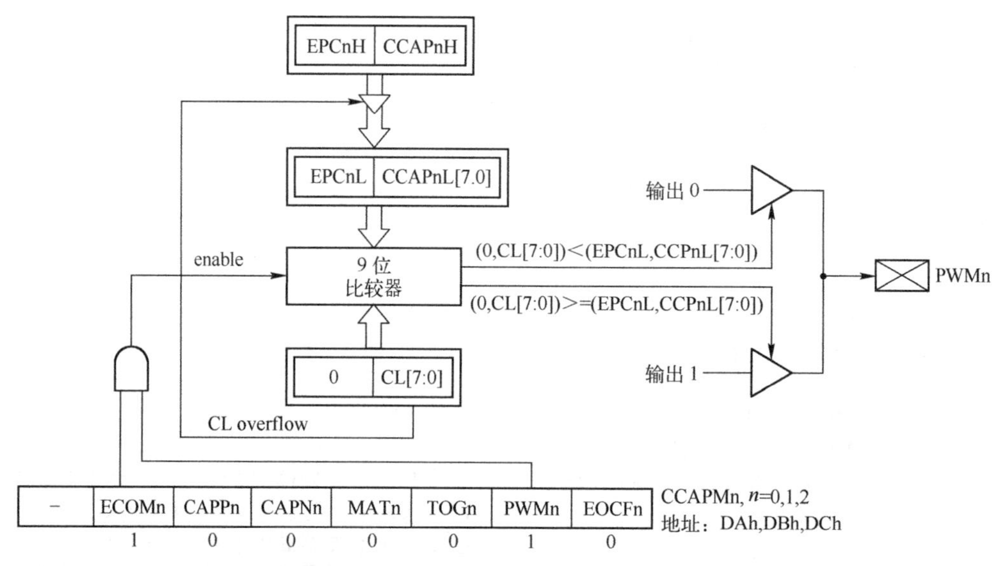

图 11.6 PCA 模块 8 位 PWM 模式结构图

PWM 的脉宽与捕获寄存器[EPCnL，CCAPnL]的设定值有关，当[0，CL]的值小于[EPCnL，CCAPnL]时，输出为低电平；当[0，CL]的值大于[EPCnL，CCAPnL]时，输出为高电平。当 CL 的值由 FFH 变为 00H 溢出时，[EPCnH，CCAPnH]的值装载到[EPCnL，CCAPnL]，实现无干扰地更新 PWM。设定脉宽时，不仅要对[EPCnL，CCAPnL]赋初始值，更重要的是对[EPCnH，CCAPnH]赋初始值，当然[EPCnH，CCAPnH]的初始值和[EPCnL，CCAPnL]是相等的。

PWM 的脉宽时间＝时钟源周期×（256－（CCAPnL））

如果要实现可调频率的 PWM 输出，可选择定时/计数器 0 的溢出或 ECI（P1.2）引脚输入作为 PCA 定时器的时钟源。

当（EPCnL）＝0 且（CCAPnL）＝00H 时，PWM 固定输出高电平。

当（EPCnL）＝1 且（CCAPnL）＝FFH 时，PWM 固定输出低电平。

当某个 I/O 口作为 PWM 输出使用时，该口的状态如表 11.4 所示。

表 11.4 I/O 口作为 PWM 使用时的状态

PWM 之前状态	PWM 输出时的状态
弱上拉/准双向口	强推挽输出/强上拉输出，要加输出限流电阻 1～10kΩ
强推挽输出/强上拉输出	强推挽输出/强上拉输出，要加输出限流电阻 1～10kΩ
仅为输入（高阻）	PWM 输出无效
开漏	开漏

利用 PWM 输出功能可实现 D/A 转换，典型应用电路如图 11.7 所示，其中，R_1C_1 和 R_2C_2 构成滤波电路，对 PWM 输出波形进行平滑滤波，从而在 D/A 输出端得到稳定的直流电压。

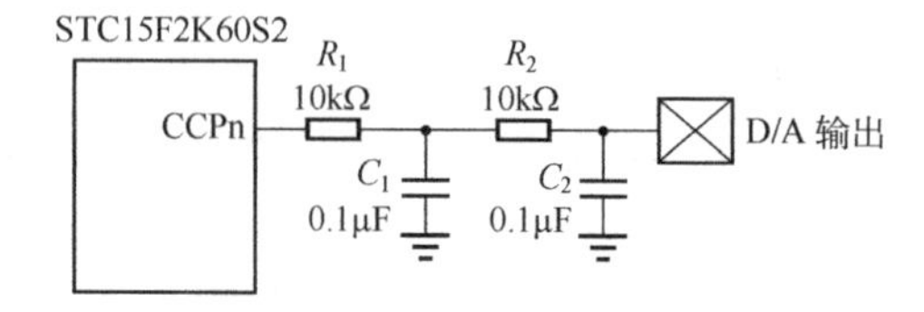

图 11.7 PWM 用于 D/A 转换的典型电路

例 11.4 利用 PCA 模块的 PWM 功能，在 P1.1 引脚输出占空比为 25%的 PWM 脉冲。设晶振频率为 18.432MHz。

解： P1.1 引脚对应 PCA 模块 0 的输出，PCA 模块的计数时钟源决定 PWM 输出脉冲的周期，但与 PWM 的占空比无关，PWM 的占空比=（256－（CCAP0L））/256=25%，所以 CCAP0L 的设定值为 C0H。此外，PWM 无需中断支持。

汇编语言参考程序（PWM25.ASM）如下：

```
$INCLUDE（STC15F2K60S2.INC）
    ORG    0000H
    MOV    CMOD,  #02H              ；设置 PCA 计数时钟源
    MOV    CH,  #00H                ；设置 PCA 计数初始值
    MOV    CL,  #00H
    MOV    CCAPM0,  #42H            ；设置 PCA 模块为 PWM 功能
    MOV    CCAP0L,  #0C0H           ；设定 PWM 的脉冲宽度
    MOV    CCAP0H,  #0C0H           ；与 CCAP0L 相同，寄存 PWM 的脉冲宽度参数
    SETB   CR                       ；启动 PCA 计数器计数
    SJMP   $                        ；PWM 功能启动完成，程序结束
    END
```

C51 参考程序（pwm25.c）如下：

```
#include <stc15f2k60s2.h>
#include <intrins.h>
#define uchar unsigned char
#define uint unsigned int
void main（void）
{
    CMOD=0x02;                      //设置 PCA 计数时钟源
    CH=0x00;                        //设置 PCA 计数初始值
    CL=0x00;
    CCAPM0=0x42;                    //设置 PCA 模块为 PWM 功能
    CCAP0L=0xC0;                    //设定 PWM 的脉冲宽度
    CCAP0H=0xC0;                    //与 CCAP0L 相同，寄存 PWM 的脉冲宽度参数
    CR =1;                          //启动 PCA 计数器计数
    while（1）;                     //PWM 功能启动完成，程序结束
}
```

例 11.5 利用 PCA 模块的 PWM 功能，利用 PCA 模块 0 的 PWM 输出控制 LED 灯的亮度，使 LED 的亮度循环逐渐变亮与逐渐变暗。用 P2 口 LED 灯显示当前 PWM 的占空比。设晶振频率为 18.432MHz。

解： 选择 PCA 模块的计数时钟源频率为 $f_{SYS}/12$，且系统时钟不分频，即系统时钟为 RC 时钟或晶振时钟，则 PCA 模块的计数时钟源频率为 $f_{OSC}/12$。PWM 的占空比变化范围设定为：6.25%～93.75%，对应的 PWM 脉宽设定值为 F0H～10H。

汇编语言参考程序（LED-PWM.ASM）如下：

```
$INCLUDE（STC15F2K60S2.INC）     ；包含 STC15F2K60S2 寄存器定义文件
；定义常量
pulse_width_MAX      EQU  0F0H     ；PWM 脉宽设定值的最大值，对应最小占空比 6.25%
pulse_width_MIN      EQU  10H      ；PWM 脉宽设定值的最小值，对应最小占空比 93.75%
step                 EQU  38H      ；PWM 脉宽变化步长
；定义变量
pulse_width          EQU  30H      ；PWM 对应的设定值
          ORG     0000H
          LJMP    MAIN
          ORG     0050H
```

```
MAIN:
            MOV     SP, #70H
            LCALL   PCA_initiate
MAIN_loop:
            LCALL   PWM
            SJMP    MAIN_loop
PCA_initiate:
            MOV  CMOD, #80H      ; 设置PCA在空闲模式下停止PCA计数器工作
                                 ; PCA模块的计数器时钟源频率为fSYS/12
                                 ; 禁止PCA计数器溢出中断
            MOV  CCON, #00H      ; 禁止PCA计数器工作，清除中断标志、计数器溢出标志
            MOV  CL, #00H        ; 清零计数器
            MOV  CH, #00H
            MOV  CCAPM0, #42H    ; 设置模块0PWM输出模式，PWM脉冲在P1.0引脚输出
            MOV  PCA_PWM0, #00H      ; 设置模块0为8位
            SETB CR
            RET
PWM:
            MOV  A, pulse_width_MIN  ; 为输出脉冲宽度设置初值
            MOV  pulse_width,A       ; pulse_width数字越大，脉宽越窄，LED越亮
PWM_loop1:
            MOV   A, pulse_width      ; 判是否到达最大值
            CLR   C
            SUBB  A, #pulse_width_MAX
            JNC   PWM_a               ; 达到最大值，转到逐渐变暗程序
            MOV   A, pulse_width      ; 取脉冲宽度对应的设定值
            MOV   CCAP0H,  A          ;
            MOV   CCAP0L,  A          ; 设置脉宽控制寄存器
            MOV   P2,  A              ; P2口LED灯显示占空比
            MOV   A, pulse width      ; 计算下一次输出脉冲宽度数值
            ADD   A, #step
            MOV   pulse_width, A
            LCALL DELAY
            LJMP  PWM_loop1
PWM_a:                                  ; LED灯逐渐变亮程序
            MOV   A, #pulse_width_MAX   ; 为输出脉冲宽度设置初值
            MOV   pulse_width, A        ; pulse_width数字越大脉宽越窄，LED越亮
PWM_loop2:
            MOV   A, pulse_width        ;
            CLR   C
            SUBB  A, #pulse_width_MIN   ; 判断是否达到最小值
            JC    PWM_b                 ; 小于最小值就返回
            JZ    PWM_b                 ; 到达最小值就返回
            MOV   A, pulse_width      ; 设置脉冲宽度。数字越大，脉宽越窄，LED越亮
            MOV   CCAP0H, A
            MOV   CCAP0H, A
            MOV   P2,  A              ; P2口LED灯显示占空比
            MOV   A, pulse_width      ; 计算下一次输出脉冲宽度数值
            CLR   C
            SUBB  A, #step
            MOV   pulse_width, A
            LCALL DELAY               ; 在一段时间内保持输出脉冲宽度不变
            LJMP  PWM_loop2
```

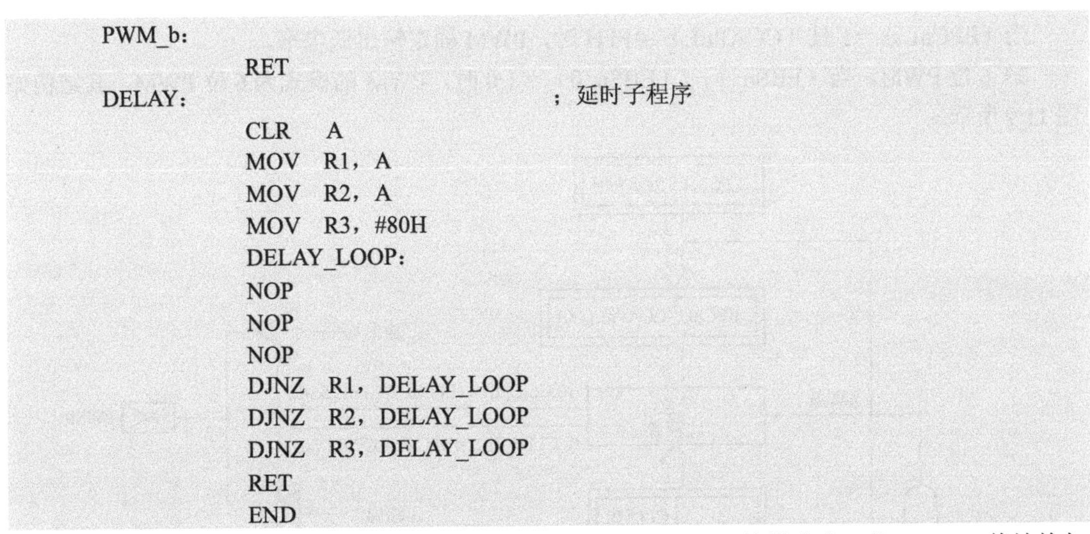

```
PWM_b:
            RET
DELAY:                                  ；延时子程序
            CLR    A
            MOV    R1，A
            MOV    R2，A
            MOV    R3，#80H
            DELAY_LOOP:
            NOP
            NOP
            NOP
            DJNZ   R1，DELAY_LOOP
            DJNZ   R2，DELAY_LOOP
            DJNZ   R3，DELAY_LOOP
            RET
            END
```

2）7 位 PWM。当（EBSn_1）/（EBSn_0）=0/1 时，PWM 的模式为 7 位 PWM，其结构如图 11.8 所示。

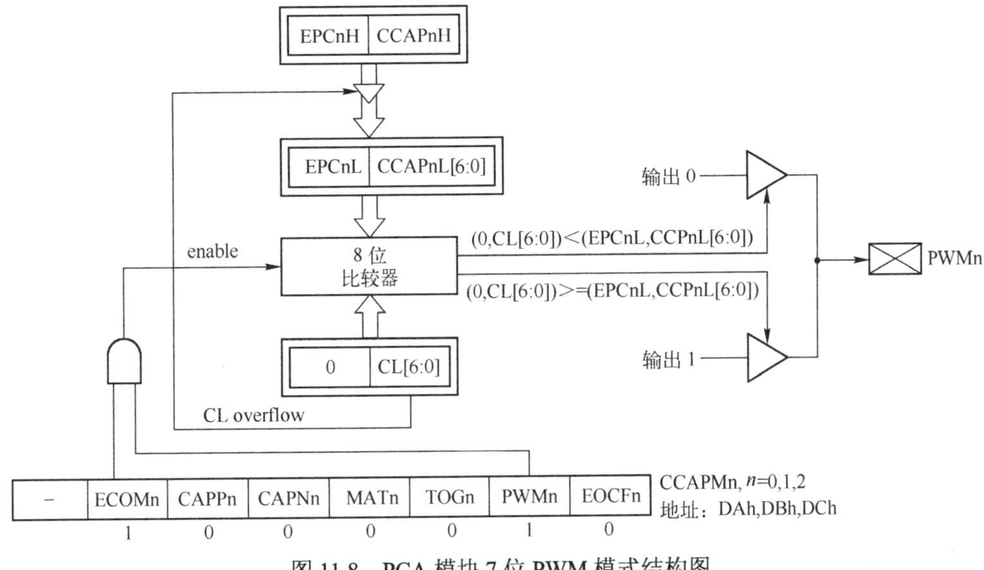

图 11.8　PCA 模块 7 位 PWM 模式结构图

STC15F2K60S2 单片机所有 PCA 模块都可作为 PWM 输出，输出频率取决于 PCA 定时器的时钟源：

7 位 PWM 的周期=时钟源周期×128

PWM 的脉宽与捕获寄存器[EPCnL，CCAPnL]的设定值有关，当[0，CL（6：0）]的值小于[EPCnL，CCAPnL（6：0）]时，输出为低电平；当[0，CL（5：0）]的值大于[EPCnL，CCAPnL（6：0）]时，输出为高电平。当 CL 的值由 7FH 变为 00H 溢出时，[EPCnH，CCAPnH（6：0）]的值装载到[EPCnL，CCAPnL（6：0）]，实现无干扰地更新 PWM。设定脉宽时，不仅要对[EPCnL，CCAPnL（6：0）]赋初始值，更重要的是对[EPCnH，CCAPnH（6：0）]赋初始值，当然[EPCnH，CCAPnH（6：0）]的初始值和[EPCnL，CCAPnL（6：0）]是相等的。

如果要实现可调频率的 PWM 输出，可选择定时/计数器 0 的溢出或 ECI（P1.2）引脚输入作为 PCA 定时器的时钟源。

当（EPCnL）=0 且（CCAPnL）=80H 时，PWM 固定输出高电平。

当（EPCnL）=1 且（CCAPnL）=FFH 时，PWM 固定输出低电平。

3）6 位 PWM。当（EBSn_1）/（EBSn_0）=1/0 时，PWM 的模式为 6 位 PWM，其结构如图 11.9 所示。

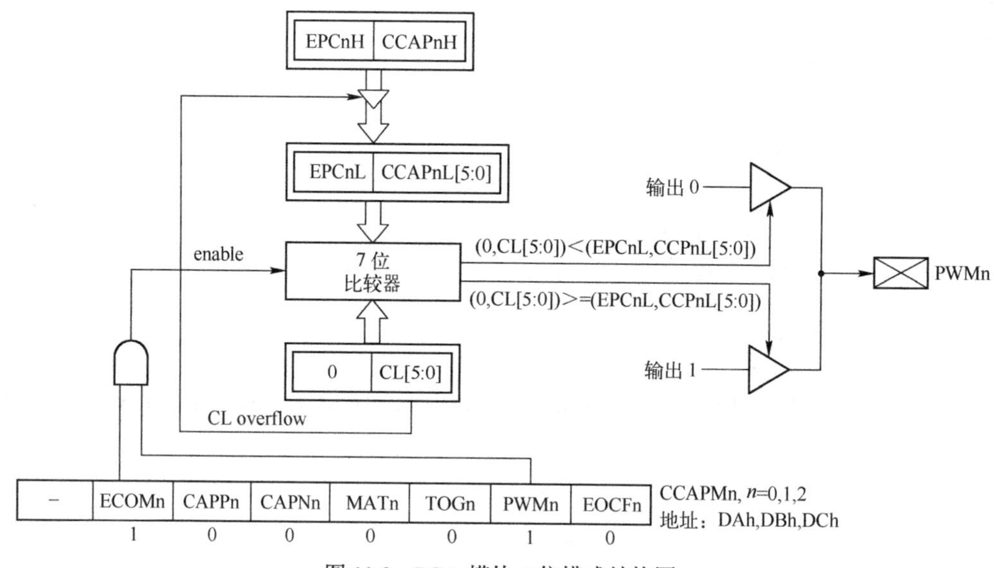

图 11.9　PCA 模块 6 位模式结构图

STC15F2K60S2 单片机所有 PCA 模块都可作为 PWM 输出，输出频率取决于 PCA 定时器的时钟源：

6 位 PWM 的周期=时钟源周期×64

PWM 的脉宽与捕获寄存器[EPCnL，CCAPnL]的设定值有关，当[0，CL（5：0）]的值小于[EPCnL，CCAPnL（5：0）]时，输出为低电平；当[0，CL（5：0）]的值大于[EPCnL，CCAPnL（5：0）]时，输出为高电平。当 CL 的值由 3FH 变为 00H 溢出时，[EPCnH，CCAPnH（5：0）]的值装载到[EPCnL，CCAPnL（5：0）]，实现无干扰地更新 PWM。设定脉宽时，不仅要对[EPCnL，CCAPnL（5：0）]赋初始值，更重要的是对[EPCnH，CCAPnH（5：0）]赋初始值，当然[EPCnH，CCAPnH（5：0）]的初始值和[EPCnL，CCAPnL（5：0）]是相等的。

如果要实现可调频率的 PWM 输出，可选择定时/计数器 0 的溢出或 ECI（P1.2）引脚输入作为 PCA 定时器的时钟源。

当（EPCnL）=0 且（CCAPnL）=C0H 时，PWM 固定输出高电平。

当（EPCnL）=1 且（CCAPnL）=FFH 时，PWM 固定输出低电平。

11.4　PCA 模块功能引脚的切换

通过对特殊功能寄存器 P_SW1 中的 CCP_S0、CCP_S1 位的控制，可实现 PCA 模块功能引脚在不同端口进行切换。P_SW1 的数据格式如下：

	地址	B7	B6	B5	B4	B3	B2	B1	B0	复位值
P_SW1	A2H	S1_S1	S1_S0	CCP_S1	CCP_S0	SPI_S1	SPI_S0	0	DPS	0000 0000

PCA 模块功能引脚的切换关系见表 11.5。

表 11.5　PCA 模块功能引脚的切换关系表

CCP_S1	CCP_S0	PCA 模块功能引脚			
		ECI	CCP0	CCP1	CCP2
0	0	P1.2	P1.1	P1.0	P3.7
0	1	P3.4（ECI_2）	P3.5（CCP0_2）	P3.6（CCP1_2）	P3.7（CCP2_2）
1	0	P2.4（ECI_3）	P2.5（CCP0_3）	P2.6（CCP1_3）	P2.7（CCP2_3）
1	1	无效			

本章小结

STC15F2K60S2 单片机集成了 3 路可编程计数器阵列（PCA）模块，可实现软件定时器、外部脉冲的捕捉、高速输出以及脉宽调制（PWM）输出等功能。

模块 0 连接到 P1.1，通过设置 P_SW1 中的 CCP_S1、CCP_S0 可将模块 0 连接到 P3.5，或 P2.5。

模块 1 连接到 P1.0，通过设置 P_SW1 中的 CCP_S1、CCP_S0 可将模块 1 连接到 P3.6，或 P2.6。

模块 2 连接到 P3.7，通过设置 P_SW1 中的 CCP_S1、CCP_S0 可将模块 2 连接到 P2.7。

每个模块可编程工作在 4 种模式：上升/下降沿捕获、软件定时器、高速输出、可调制脉冲输出。

可调制脉冲输出（PWM）又分为 8 位 PWM、7 位 PWM、6 位 PWM 三种模式，利用 PWM 功能可实现 D/A 转换。

习　题　11

一、填空题

1．STC15F2K60S2 单片机集成了______路可编程计数器阵列，可实现__________、__________、__________及__________等功能。

2．STC15F2K60S2 单片机 PCA 计数器的时钟源有 1/12 系统时钟、__________、1/6 系统时钟、__________、1/2 系统时钟、__________、定时器 0 溢出时钟和__________等 8 种，由__________特殊功能寄存器的 CPS2、CPS1、CPS0 来选择。

3．STC15F2K60S2 单片机 CCON 中__________控制位是 PCA 计数器的启动控制位。

4．STC15F2K60S2 单片机 PCA 模块 PWM 的位数有________、________和________等 3 种，PWM 的位数由 PCA_PWMn 中__________控制位来选择。

5．STC15F2K60S2 单片机 PCA 中断向量地址是________，中断号是________。

二、选择题

1．STC15F2K60S2 单片机中，当 CCAPM0=42H 时，PCA 模块 0 的工作模式是____。

A．PWM，无中断　　B．PWM，由低到高产生中断

C．PWM，由高到低产生中断

D．PWM，由高到低或由低到高产生中断

2．STC15F2K60S2 单片机中，当 CCAPM1=21 时，PCA 模块 1 的工作模式是____。

A．16 位捕获模式，由 PCA1 的上升沿触发

B．16 位捕获模式，由 PCA1 的下降沿触发

C．16 位高速输出

D．16 软件定时器

3．STC15F2K60S2 单片机中，当 CCAPM0=4DH 时，PCA 模块 0 的工作模式是____。

A．16 软件定时器　　B．无操作

C．16 位高速输出　　D．PWM

4．STC15F2K60S2 单片机中，当 CCAPM0=42H、PCA_PWM0=40H 时，PCA 模块 0 PWM 的位数是____。

A．8　　B．7　　C．6　　D．无效

三、判断题

1．STC15F2K60S2 单片机 PCA 中断的中断请求标志包括 CF、CCF0、CCF1、CCF2，当 PCA 中断响应后，其中断请求标志不会自动撤除。（　）

2．STC15F2K60S2 单片机 PCA 模块 0、模块 1、模块 2 不可以设置在同一种工作模式。（　）

3．STC15F2K60S2 单片机 PCA 计数器是 16 位的，是 PCA 模块 0、模块 1、模块 2 的公共时间基准。（　）

4．STC15F2K60S2 单片机 PCA 模块 8 位 PWM 周期是定时时钟源周期乘以 256。（　）

四、问答题

1．STC15F2K60S2 单片机 PCA 模块包括几个独立的工作模块？PCA 计数器是多少位的？PCA 计数器的脉冲源有哪些，如何选择？

2．STC15F2K60S2 单片机 PCA 模块的工作模式是如何设置的？

3．简述 STC15F2K60S2 单片机 PCA 模块高速输出的工作特性。

4．简述 STC15F2K60S2 单片机 PCA 模块软件定时功能的工作特性。

5．简述 STC15F2K60S2 单片机 PCA 模块 PWM 输出的工作特性。

6．简述 STC15F2K60S2 单片机 PCA 模块 16 位捕获的工作特性。

7．STC15F2K60S2 单片机 PCA 模块 PWM 输出时，在什么情况下固定输出高电平？又在什么情况输出低电平？

8．STC15F2K60S2 单片机 PCA 模块 PWM 输出的输出周期如何计算？其占空比又是如何计算的？

五、程序设计题

1．利用 STC15F2K60S2 单片机 PCA 模块的软件定时功能设计一个 LED 闪烁灯，闪烁间隔为 500ms。画出硬件电路图，绘制程序流程图，编写程序并上机调试。

2. 利用 STC15F2K60S2 单片机 PCA 模块的 PWM 功能设计一个周期为 1s、占空比为 1/20-9/20 可调的 PWM 脉冲。一个按键用于增加占空比，一个按键用于减小占空比。画出硬件电路图，绘制程序流程图，编写程序并上机调试。

3．利用 STC15F2K60S2 单片机 PCA 模块的 PWM 功能和外接滤波电路，设计一个周期为 100Hz 的正弦波信号。画出硬件电路图，绘制程序流程图，编写程序并上机调试。

第 12 章　STC15F2K60S2 单片机的 SPI 接口

12.1　SPI 接口的结构

1. SPI 接口简介

STC15F2K60S2 单片机集成了串行外设接口（SPI，Serial Peripheral Interface），SPI 接口既可以和其他微处理器通信，也可以与具有 SPI 兼容接口的器件（如存储器、A/D 转换器、D/A 转换器、LED 或 LCD 驱动器等）进行同步通信。SPI 接口有两种操作模式：主模式和从模式。主模式支持高达 3Mbps 的速率；从模式时速度无法太快，频率在 $f_{SYS}/4$ 以内较好。此外，SPI 接口还具有传输完成标志和写冲突标志保护功能。

2. SPI 接口的结构

STC15F2K60S2 单片机 SPI 接口功能方框图如图 12.1 所示。

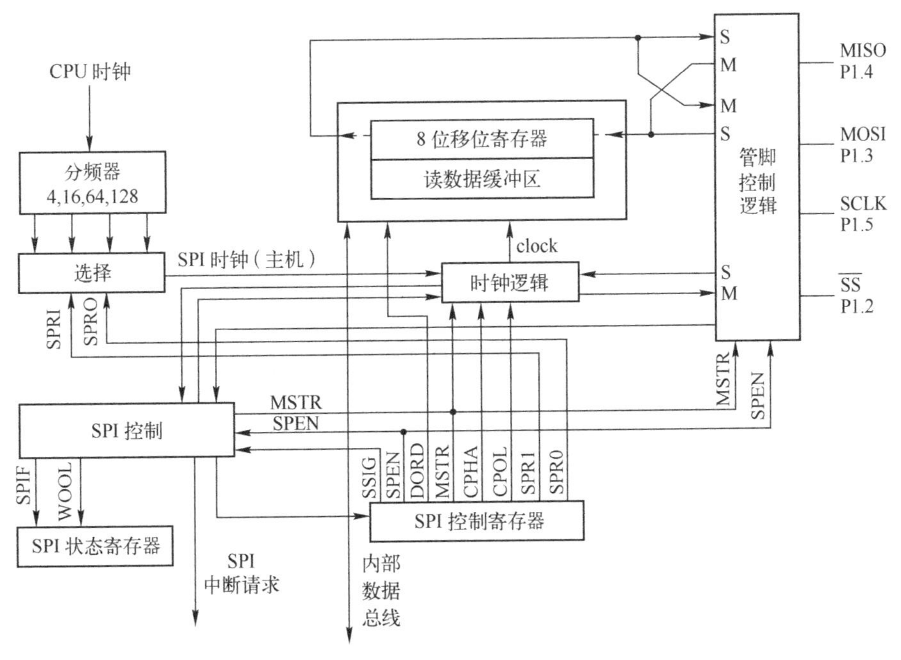

图 12.1　SPI 接口功能方框图

SPI 接口的核心是一个 8 位移位寄存器和数据缓冲器，数据可以同时发送和接收。在 SPI 数据的传输过程中，发送和接收的数据都存储在缓冲器中。

对于主模式，若要发送一个字节数据，只需将这个数据写到 SPDAT 寄存器中。主模式下 $\overline{SS}$

信号不是必须的，但在从模式下，必须在$\overline{SS}$信号变为有效并接收到合适的时钟信号后，方可进行数据的传输。在从模式下，如果 1 个字节传输完成后。$\overline{SS}$信号变为高电平，这个字节立即被硬件逻辑标志为接收完成，SPI 接口准备接收下一个数据。

任何 SPI 控制寄存器的改变都将复位 SPI 接口，清除相关寄存器。

3. SPI 接口的信号

SPI 接口由 MISO（P1.4）、MOSI（P1.3）、SCLK（P1.5）和$\overline{SS}$（P1.2）4 根信号线构成，可通过设置 P_SW1 中 SPI_S1、SPI_S0 将 MISO、MOSI、SCILK 和$\overline{SS}$功能脚切换到 P2.2、P2.3、P2.1、P2.4，或 P4.1、P4.0、P4.3、P5.4。

MOSI（Master Out Slave In，主出从入）。主器件的输出和从器件的输入，用于主器件到从器件的串行数据传输。根据 SPI 规范，多个从机共享一根 MOSI 信号线。在时钟边界的前半周期，主机将数据放在 MOSI 信号线上，从机在该边界处获取该数据。

MISO（Master In Slave Out，主入从出）。从器件的输出和主器件的输入，用于实现从器件到主器件的数据传输。SPI 规范中，一个主机可连接多个从机，因此主机的 MISO 信号线会连接到多个从机上，或者说，多个从机共享一根 MISO 信号线。当主机与一个从机通信时，其他从机应将其 MISO 引脚驱动置为高阻状态。

SCLK（SPI Clock，串行时钟信号）。串行时钟信号是主器件的输出和从器件的输入，用于同步主器件和从器件之间在 MOSI 和 MISO 线上的串行数据传输。当主器件启动一次数据传输时，自动产生 8 个 SCLK 时钟周期信号给从机。在 SCLK 的每个跳变处（上升沿或下降沿）移出一位数据。所以一次数据传输可以传输一个字节的数据。

SCLK、MOSI 和 MISO 通常用于将两个或更多个 SPI 器件连接在一起。数据通过 MOSI 由主机传送到从机，通过 MISO 由从机传送到主机。SCLK 信号在主模式时为输出，在从模式时为输入。如果 SPI 接口被禁止，则这些引脚都可作为 I/O 口使用。

$\overline{SS}$（Slave Select，从机选择信号）。这是一个输入信号，主器件用它来选择处于从模式的 SPI 模块。主模式和从模式下，$\overline{SS}$的使用方法不同。在主模式下，SPI 接口只能有一个主机，不存在主机选择问题。在该模式下$\overline{SS}$不是必需的。主模式下通常将主机的$\overline{SS}$引脚通过 10kΩ 的电阻上拉为高电平。每一个从机的$\overline{SS}$接主机的 I/O 口，由主机控制电平高低，以便主机选择从机。在从模式下，不论发送还是接收，$\overline{SS}$信号必须有效。因此在一次数据传输开始之前必须将$\overline{SS}$拉为低电平。SPI 主机可以使用 I/O 口选择一个 SPI 器件作为当前的从机。

SPI 从器件通过其$\overline{SS}$脚确定是否被选择。如果满足下面的条件之一，$\overline{SS}$就被忽略：

1）如果 SPI 功能被禁止。

2）如果 SPI 配置为主机，并且 P1.2 配置为输出。

如果$\overline{SS}$脚被忽略，该脚配置用于 I/O 口功能。

12.2 SPI 接口的特殊功能寄存器

与 SPI 接口有关的特殊功能寄存器有 SPI 控制寄存器 SPCTL、SPI 状态寄存器 SPSTAT 和 SPI 数据寄存器 SPDAT。下面将详细介绍各寄存器的功能含义。

1. SPI 控制寄存器 SPCTL

SPCTL 寄存器的每一位都有控制含义，具体格式如下：

	地址	B7	B6	B5	B4	B3	B2	B1	B0	复位值
SPCTL	CEH	SSIG	SPEN	DORD	MSTR	CPOL	CPHA	SPR1	SPR0	0000 0000

SSIG：$\overline{SS}$ 引脚忽略控制位。若（SSIG）＝1，由 MSTR 确定器件为主机还是从机，$\overline{SS}$ 引脚被忽略，可配置为 I/O 功能；若（SSIG）＝0，由 $\overline{SS}$ 引脚的输入信号确定器件为主机还是从机。

SPEN：SPI 使能位。若（SPEN）＝1，SPI 使能；若（SPEN）＝0，SPI 被禁止，所有 SPI 信号引脚作为 I/O 功能。

DORD：SPI 数据发送与接收顺序的控制位。若（DORD）＝1，SPI 数据的传送顺序为由低到高；若（DORD）＝0，SPI 数据的传送顺序为由高到低。

MSTR：SPI 主/从模式位。若（MSTR）＝1，主机模式；若（MSTR）＝0，从机模式。SPI 接口的工作状态还与其他控制位有关，具体选择方法见表 12.1 所示。

表 12.1　SPI 接口的工作模式

SPEN	SSIG	$\overline{SS}$	MSTR	SPI 模式	MISO	MOSI	SCLK	备　注
0	X	P1.2	X	禁止	P1.4	P1.3	P1.5	SPI 信号引脚做普通 I/O 口使用
1	0	0	0	从机	输出	输入	输入	选择为从机
1	0	1	0	从机（未选中）	高阻	输入	输入	未被选中，MISO 引脚处于高阻状态，以避免总线冲突
1	0	0	1→0	从机	输出	输入	输入	$\overline{SS}$ 配置为输入或准双向口，SSIG 为 0，如果选择 $\overline{SS}$ 为低电平，则被选择为从机；当 $\overline{SS}$ 变为低电平时，会自动清零 MSTR 控制位
1	0	1	1	主（空闲）	输入	高阻	高阻	当主机空闲时，MOSI 和 SCLK 为高阻状态以避免总线冲突。用户必须将 SCLK 上拉或下拉（根据 CPOL 确定），以避免 SCLK 出现悬浮状态
				主（激活）		输出	输出	主机激活时，MOSI 和 SCLK 为强推挽输出
1	1	P1.2	0	从机	输出	输入	输入	
			1	主机	输入	输出	输出	

CPOL：SPI 时钟信号极性选择位。若（CPOL）＝1，SPI 空闲时 SCLK 为高电平，SCLK 的前跳变沿为下降沿，后跳变沿为上升沿；若（CPOL）＝0，SPI 空闲时 SCLK 为低电平，SCLK 的前跳变沿为上升沿，后跳变沿为下降沿。

CPHA：SPI 时钟信号相位选择位。若（CPHA）＝1，SPI 数据由前跳变沿驱动到口线，后跳变沿采样；若（CPHA）＝0，当 $\overline{SS}$ 引脚为低电平（且 SSIG 为 0）时数据被驱动到口线，并且 SCLK 的后跳变沿被改变，SCLK 的前跳变沿被采样。注意：SSIG 为 1 时操作未定义。

SPR1、SPR0：主模式时 SPI 时钟速率选择位。

- 00：$f_{SYS}/4$
- 01：$f_{SYS}/16$
- 10：$f_{SYS}/64$
- 11：$f_{SYS}/128$

2. SPI 状态寄存器 SPSTAT

SPSTAT 寄存器记录了 SPI 接口的传输完成标志与写冲突标志，具体格式如下：

	地址	B7	B6	B5	B4	B3	B2	B1	B0	复位值
SPSATA	CDH	SPIF	WCOL	—	—	—	—	—	—	00xx xxxx

SPIF：SPI 传输完成标志。当一次传输完成时，SPIF 置位。此时如果 SPI 中断允许，则向 CPU 申请中断。当 SPI 处于主模式且（SSIG）=0 时，如果 $\overline{SS}$ 为输入且为低电平时，则 SPIF 也将置位，表示“模式改变”(由主机模式变为从机模式)。

SPIF 标志通过软件向其写“1”而清零。

WCOL：SPI 写冲突标志。当一个数据还在传输，又向数据寄存器 SPDAT 写入数据时，WCOL 被置位。WCOL 标志通过软件向其写“1”而清零。

3. SPI 数据寄存器 SPDAT

SPDAT 数据寄存器的地址是 CFH，用于保存通信数据字节。

4. 与 SPI 中断管理有关的控制位

SPI 中断允许控制位 ESPI：位于 IE2 寄存器的 B1 位。“1”允许，“0”禁止。

SPI 中断优先级控制位 PSPI：PSPI 位于 IP2 的 B1 位。利用 PSPI 可以将 SPI 中断设置为 2 个优先等级。

SPI 中断的中断向量地址为 004BH，中断号为 9。

12.3 SPI 接口的数据通信

1. SPI 接口的数据通信方式

STC15F2K60S2 单片机 SPI 接口的数据通信有 3 种方式：单主机—单从机方式，双器件方式（器件可互为主机和从机）和单主机—多从机方式。

1）单主机—单从机方式。单主机—单从机方式的连接如图 12.2 所示。

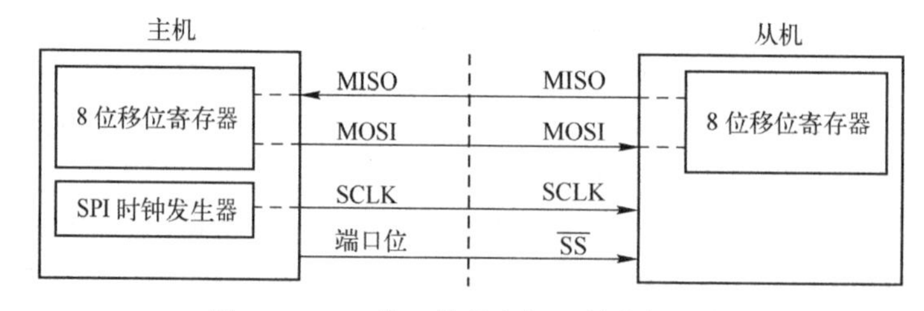

图 12.2　SPI 接口的单主机－单从机方式

在图 12.2 中，从机的 SSIG 为 0，$\overline{SS}$ 用于选择从机。SPI 主机可使用任何端口位（包括 $\overline{SS}$）来控制从机的 $\overline{SS}$ 脚。主机 SPI 与从机 SPI 的 8 位移位寄存器连接成一个循环的 16 位移位寄存器。当主机程序向 SPDAT 写入一个字节时，立即启动一个连续的 8 位移位通信过程：主机的 SCLK 引脚向从机的 SCLK 引脚发出一串脉冲，在这串脉冲的驱动下，主机 SPI 的 8 位移位寄存器中的数据移到了从机 SPI 的 8 位移位寄存器中。与此同时，从机 SPI 的 8 位移位寄存器中的数据移到主机 SPI 的 8 位移位寄存器中。因此主机既可向从机发送数据，又可读取从机中的数据。

2）双器件方式。双器件方式也称为互为主/从方式，连接方式如图 12.3 所示。

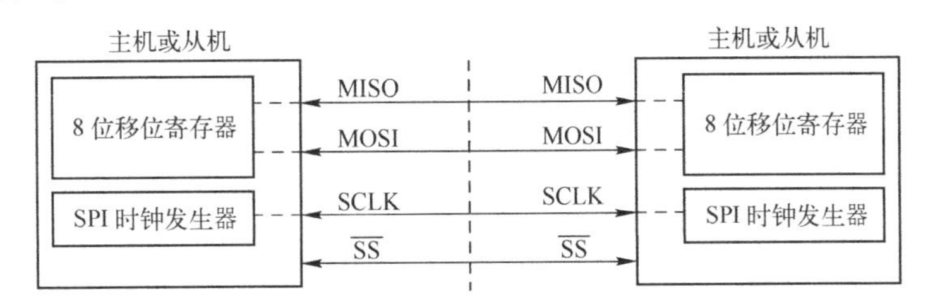

图 12.3　SPI 接口的双器件方式

在图 12.3 中可看出，两个器件可以互为主/从机。当没有发生 SPI 操作时，两个器件都可配置为主机，将 SSIG 清零并将 P1.2（$\overline{SS}$）配置为准双向模式。当其中一个器件启动传输时，可将 P1.2（$\overline{SS}$）配置为输出并输出低电平，这样就强制另一个器件变为从机。

双方初始化时将自己设置成忽略$\overline{SS}$脚的 SPI 从模式。当一方要主动发送数据时，先检测$\overline{SS}$脚的电平，如果$\overline{SS}$脚是高电平，就将自己设置成忽略$\overline{SS}$脚的主模式。通过双方平时将 SPI 置成没有被选中的从模式。在该模式下，MISO、MOSI、SCLK 均为输入，当多个 MCU 的 SPI 接口以此模式并联时不会发生总线冲突。这种特性在互为主/从、一主多从等应用中很有用。

注意，互为主/从模式时，双方的 SPI 速率必须相同。如果使用外部晶体振荡器，双方的晶体频率也要相同。

3）单主机－多从机方式。单主机－多从机方式的连接如图 12.4 所示。

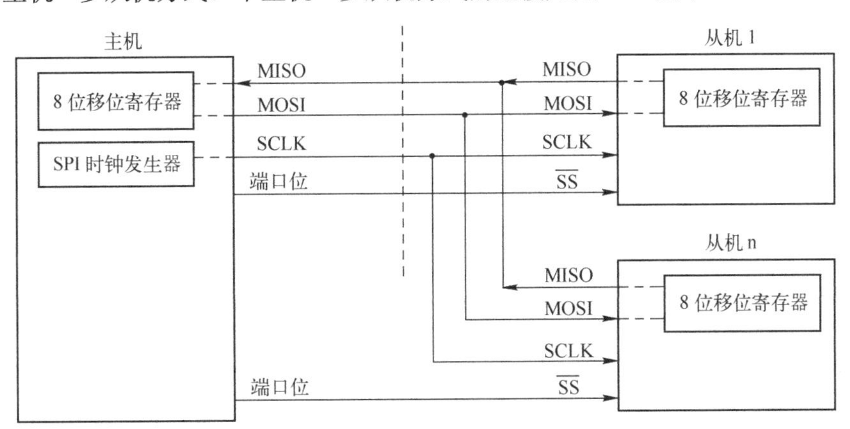

图 12.4　SPI 接口的单主机－多从机方式

在图 12.4 中，从机的 SSIG 为 0，从机通过对应的$\overline{SS}$信号被选中。SPI 主机可使用任何端口位来控制从机的$\overline{SS}$输入。

STC15F2K60S2 单片机进行 SPI 通信时，主机和从机的选择由 SPEN、SSIG、$\overline{SS}$引脚（P1.2）和 MSTR 联合控制，见表 12.1 所示。

2．SPI 接口的数据通信过程

作为从机时，若（CPHA）=0，则 SSIG 必须为 0，$\overline{SS}$引脚必须取反并且在每个连续的串行字节之间重新设置为高电平。如果 SPDAT 寄存器在$\overline{SS}$有效（低电平）时执行写操作，那么将导致一个写冲突错误，WCOL 标志被置 1。（CPHA）=0 且（SSIG）=0 时的操作未定义。

当（CPHA）=1 时，SSIG 可以为 1 或 0。如果（SSIG）=0，则 SS 引脚可在连续传输之间保持有效（即一直为低电平）。当系统中只有一个 SPI 主机和一个 SPI 从机时，这是首选配置。

在 SPI 中，传输总是由主机启动的。如果 SPI 使能（SPEN 为 1），主机对 SPI 数据寄存器的写操作将启动 SPI 时钟发生器和数据的传输。在数据写入 SPDAT 之后的半个到一个 SPI 位时间后，数据将出现在 MOSI 引脚。

需要注意的是，主机可以通过将对应器件的 $\overline{SS}$ 引脚驱动为低电平实现与之通信。写入主机 SPDAT 寄存器的数据从 MOSI 引脚移出发送到从机的 MOSI 引脚，同时从机 SPDAT 寄存器的数据从 MISO 引脚移出发送到主机的 MISO 引脚。传输完一个字节后，SPI 时钟发生器停止．传输完成标志 SPIF 置位并向 CPU 申请中断（SPI 中断允许时），主机和从机 SPI 的两个移位寄存器可以看做一个 16 位循环移位寄存器，当数据从主机移位传送到从机的同时，数据也以相反的方向移入到主机。这意味着在一个移位周期中，主机和从机的数据相互交换。

接收数据时，接收到的数据传送到一个并行读数据缓冲区，从而释放移位寄存器以进行下一个数据的接收，但必须在下个字符完全移入之前从数据寄存器中读出接收到的数据，否则前一个接收数据将丢失。

3. 通过 $\overline{SS}$ 改变模式

如果（SPEN）＝1、（SSIG）＝0 且（MSTR）＝1，则 SPI 使能为主机模式。$\overline{SS}$ 引脚可配置为输入或准双向模式，这种情况下，另外一个主机可将该引脚驱动为低电平，从而将该器件选择为 SPI 从机并向其发送数据。

为了避免争夺总线，SPI 系统执行以下动作：

1）MSTR 清零，强迫 SPI 变成从机。MOSI 和 SCLK 强制变为输入模式，而 MISO 则变为输出模式。

2）SPSTAT 的 SPIF 标志位置位。如果 SPI 中断已被允许，则向 CPU 申请中断。

用户程序必须一直对 MSTR 位进行检测，如果该位被一个从机选择所清零而用户想继续将 SPI 作为主机，就必须重新置位 MSTR；否则进入从机模式。

4. SPI 中断

如果允许 SPI 中断，发生 SPI 中断时，CPU 就会跳转到中断服务程序的入口地址 004BH 处执行中断服务程序。注意，在中断服务程序中，必须把 SPI 中断请求标志清零（通过写 1 实现）。

5. 写冲突

SPI 在发送时为单缓冲，在接收时为双缓冲，这样在前一次发送尚未完成之前，不能将新的数据写入移位寄存器。当发送过程中对数据寄存器进行写操作时，WCOL 位将置位以指示数据冲突，在这种情况下，当前发送的数据继续发送，而新写入的数据将丢失。

当对主机或从机进行写冲突检测时，主机发生写冲突的情况是很罕见的，因为主机拥有数据传输的完全控制权。但从机有可能发生写冲突，因为当主机启动传输时，从机无法进行控制。

WCOL 传输可通过软件向其写入 1 清零。

6. 数据格式

时钟相位控制位 CPHA 用于设置采样和改变数据的时钟边沿，时钟极性控制位 CPOL 用于设置时钟极性。对于不同的 CPHA，主机和从机对应的数据格式如图 12.5～图 12.8 所示。

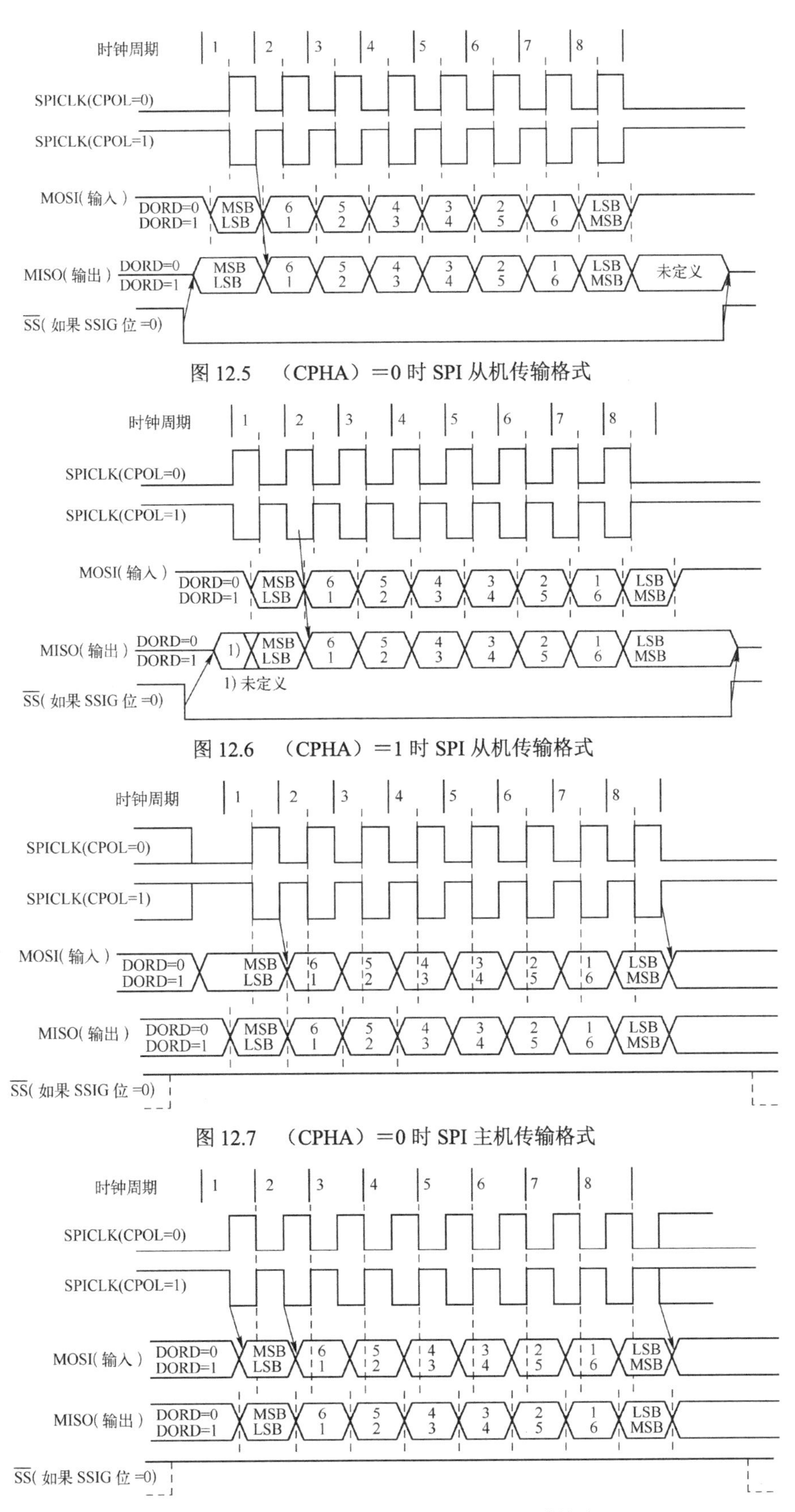

图 12.5 （CPHA）=0 时 SPI 从机传输格式

图 12.6 （CPHA）=1 时 SPI 从机传输格式

图 12.7 （CPHA）=0 时 SPI 主机传输格式

图 12.8 （CPHA）=1 时 SPI 主机传输格式

12.4 SPI 接口的应用举例

1. 单主机—单从机模式

例 12.1 计算机通过 RS232 串口向主单片机发送一串数据，主单片机的串口每收到一个字节就立刻将收到的字节通过 SPI 口发送到从单片机中；同时主单片机收到从单片机发回的一个字节，并把收到的这个字节通过串口发送到计算机。可以使用串口助手观察结果。

从单片机的 SPI 口收到数据后，把收到的数据放到自己的 SPDAT 寄存器中，当下一次主单片机发送一个字节时把数据发回到主单片机。

单片机时钟频率为 18.432 MHz，计算机 RS232 串口波特率设置为 115200 bps。硬件连接如图 12.9 所示。

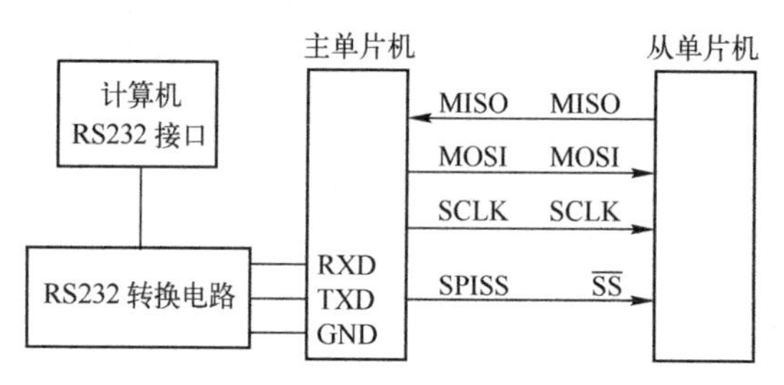

图 12.9 单主机—单从机通信实验电路图

解： 当 CPU 时钟不分频，波特率倍增位 SMOD 取 0，波特率为 115200 bps 时的重装时间常数为 FBH。在主机程序中，使用查询方法查询 UART 是否接收到数据，采用查询方式接收 SPI 数据。

1）汇编语言参考程序如下：

```
$INCLUDE （STC15F2K60S2.INC）
#define MASTER
；定义 SPI 控制位
SPIF      EQU     080H          ；SPSTAT.7
WCOL      EQU     040H          ；SPSTAT.6
SSIG      EQU     080H          ；SPCTL.7
SPEN      EQU     040H          ；SPCTL.6
DORD      EQU     020H          ；SPCTL.5
MSTR      EQU     010H          ；SPCTL.4
CPOL      EQU     008H          ；SPCTL.3
CPHA      EQU     004H          ；SPCTL.2
SPDHH     EQU     000H          ；fSYS/4
SPDH      EQU     001H          ；fSYS/16
SPDL      EQU     002H          ；fSYS/64
SPDLL     EQU     003H          ；fSYS/128
SPISS     BIT     P1.6          ；SPI 从机选择控制引脚
          ORG     0000H
          LJMP    START
          ORG     0100H
START:
          LCALL   INIT_UART     ；UART 初始化
          LCALL   INIT_SPI      ；SPI 初始化
MAIN:
```

```
        #ifdef MASTER                       //若是 SPI 主机，按如下操作
        LCALL   RECV_UART                   ；接收串口数据
        LCALL   SPI_SWAP                    ；发送给从机
        LCALL   SEND_UART                   ；从从机接收到的数据回传给串口
        #else                               ；若是从机，接收主机发送数据，
        LCALL   SPI_SWAP                    ；并发送前一个 SPI 数据给主机
        #endif
        SJMP    MAIN
INIT_UART:
        MOV   SCON,   #5AH                  ；串行口 1 为方式 1
        MOV   TMOD,   #20H                  ；T1 为方式 2 定时
        MOV   AUXR,   #40H                  ；T1 为串行口 1 波特率发生器
        MOV   TL1,    #0FBH                 ；设置为 115200 bps 的初始值
        MOV   TH1,    #0FBH                 ；(256-18432000/32/115200)
        SETB  TR1
        RET
INIT_SPI:
        MOV   SPDAT,   #0                   ；清零 SPI 数据寄存器
        MOV   SPSTAT,  #SPIF | WCOL         ；清零 SPI 状态寄存器
#ifdef MASTER
        MOV   SPCTL,   #SPEN | MSTR         ；SPI 主机模式
        #else
        MOV   SPCTL,   #SPEN                ；SPI 从机模式
        #endif
        RET
SEND_UART:
        NB    TI,  $                        ；等待前一次发送结束
        CLR   TI                            ；清“零”TI 标志
        MOV   SBUF,  A                      ；启动当前数据的发送
        RET
RECV_UART:
        JNB   RI,  $                        ；等待接收数据
        CLR   RI                            ；清“零”RI 标志
        MOV   A,   SBUF                     ；取串行接收数据
        RET
        RET
SPI_SWAP:
        #ifdef   MASTER
        CLR   SPISS                         ；拉低从机 SS
        #endif
        MOV   SPDAT,  A                     ；触发 SPI 发送
WAIT:
        MOV   A,   SPSTAT
        JNB   ACC.7,   WAIT                 ；等待发送结束
        MOV   SPSTAT,  #SPIF | WCOL         ；清“零”SPI 中断标志与写冲突标志
        #ifdef  MASTER
        SETB  SPISS                         ；拉高从机 SS
        #endif
        MOV   A,   SPDAT                    ；取从机返回的数据
        RET
        END
```

2）C 语言参考程序：

```
#include <stc15f2k60s2.h>
```

```
#include <intrins.h>
#define uchar unsigned char
#define uint unsigned int
#define  MASTER
#define  FOSC   18432000L
#define  BAUD   （256-FOSC/32/115200）
/*－－－－－－－－－－－－－－－ 定义 SPI 控制位－－－－－－－－－－－－－*/
#define  SPIF    0x80                //SPSTAT.7
#define  WCOL  0x40                //SPSTAT.6
#define  SSIG    0x80                //SPCTL.7
#define  SPEN    0x40                //SPCTL.6
#define  DORD   0x20                //SPCTL.5
#define  MSTR   0x10                //SPCTL.4
#define  CPOL    0x08                //SPCTL.3
#define  CPHA    0x04                //SPCTL.2
#define  SPDHH 0x00                //fSYS/4
#define  SPDH    0x01                //fSYS/16
#define  SPDL    0x02                //fSYS/64
#define  SPDLL 0x03                //fSYS/128
sbit    SPISS＝P1^6;               //SPI 从机选择控制引脚
void    InitUart();                //UART 初始化
void    InitSPI();                 //SPI 初始化
void    SendUart（uchar dat）;     //串行口发送子函数
uchar  RecvUart();                 //串行口接收子函数
uchar  SPISwap（uchar dat）;       //SPI 主机与从机间的数据交换
void main()
{
        InitUart();
        InitSPI();
        while （1）
        {
          #ifdef MASTER   //若是主机，从串行口接收数据，发给从机，从机回转的数据发给串口
                SendUart（SPISwap（RecvUart()））;
          #else           //若是从机，接收主机数据，并将前一个数据发回主机
          ACC＝SPISwap（ACC）;
          #endif
        }
}
void InitUart()                    //串口初始化
{
        SCON＝0x5a;
        TMOD＝0x20;
        AUXR＝0x40;
        TH1＝TL1＝BAUD;
        TR1＝1;
}

void InitSPI()                     //SPI 接口初始化
{
        SPDAT＝0;
        SPSTAT＝SPIF | WCOL;
        #ifdef MASTER
                SPCTL＝SPEN | MSTR;    //主机模式
```

```
#else
            SPCTL=SPEN;              //从机模式
    #endif
}
void SendUart（uchar dat）               //串口发送
{
    while （! TI）;
    TI=0;
    SBUF=dat;
}
uchar RecvUart()                         //串口接收
{
     while （! RI）;
     RI=0;
     return SBUF;
}
uchar SPISwap（uchar dat）                     //SPI 主机与 SPI 从机数据交换
{
    #ifdef  MASTER
            SPISS=0;                           //pull low slave SS
    #endif
    SPDAT=dat;                                 //trigger SPI send
     while （!（SPSTAT & SPIF））;             //wait send complete
     SPSTAT=SPIF | WCOL;                       //clear SPI status
     #ifdef  MASTER
        SPISS=1;                               //push high slave SS
     #endif
     return SPDAT;                             //return received SPI data
}
```

2．互为主从通信模式

例 12.2 甲机与乙机互为主从，甲机与乙机通过串口与 PC 相接，哪个单片机接收到 PC 发来的数据，就设置为主机，选择对方为从机，发送数据给从机，从机回传的数据发回 PC。

单片机时钟频率为 18.432 MHz，计算机 RS232 串口波特率设置为 115200 bps。

解：甲机与乙机的 MISO、MOSI、SCLK 对应相接，甲机的 P1.6 与乙机的 $\overline{SS}$ 端相接，乙机的 P1.6 与甲机的 $\overline{SS}$ 端相接。

单片机时钟频率与计算机 RS232 串口采用的波特率与例 12.1 相同，因此 T1 波特率发生器的重装时间常数也为 FBH。

1）汇编语言参考程序如下：

```
$INCLUDE （STC15F2K60S2.INC）
；定义 SPI 控制位
SPIF      EQU     080H    ；SPSTAT.7
WCOL      EQU     040H    ；SPSTAT.6
SSIG      EQU     080H    ；SPCTL.7
SPEN      EQU     040H    ；SPCTL.6
DORD      EQU     020H    ；SPCTL.5
MSTR      EQU     010H    ；SPCTL.4
CPOL      EQU     008H    ；SPCTL.3
CPHA      EQU     004H    ；SPCTL.2
SPDHH     EQU     000H    ；fSYS/4
```

```
SPDH        EQU     001H    ; fSYS/16
SPDL        EQU     002H    ; fSYS/64
SPDLL       EQU     003H    ; fSYS/128
SPISS       BIT     P1.6    ; SPI 从机选择控制引脚
ESPI        EQU     02H
MSSEL       BIT     20H.0   ; SPI 主、从机标志位，“1”为主机模式，“0”为从机模式
            ORG     0000H
            LJMP    START
            ORG     004BH
            LJMP    SPI_ISR
            ORG     0100H
START:
            MOV     SP, #3FH
            LCALL   INIT_UART                   ; UART 初始化
            LCALL   INIT_SPI                    ; SPI 初始化
            ORL     IE2, #ESPI
            SETB    EA
MAIN:
            JNB     RI, $                       ; 若接收到串行口数据，转入主机模式
            MOV     SPCTL,  #SPEN | MSTR        ; 设置为主机模式
            SETB    MSSEL
            LCALL   RECV_UART                   ; 接收来自 PC 的串行口数据
            CLR     SPISS                       ; 拉低从机的 SS
            MOV     SPDAT,  A                   ; 触发 SPI 发送数据
            SJMP    MAIN
INIT_UART:                                      ; 串行口初始化
            MOV     SCON,  #5AH
            MOV     TMOD,  #20H
            MOV     AUXR,  #40H
            MOV     TL1,  #0FBH
            MOV     TH1,  #0FBH
            SETB    TR1
            RET
INIT_SPI:                                       ; SPI 初始化
            MOV     SPDAT,  #0
            MOV     SPSTAT,  #SPIF | WCOL
            MOV     SPCTL,  #SPEN               ; 从机模式
            RET
SEND_UART:                                      ; 串行口发送数据
            MOV     SBUF,  A
            JNB     TI,  $
            CLR     TI
            RET
RECV_UART:                                      ; 串行口接收数据
            JNB     RI,  $
            CLR     RI
            MOV     A,  SBUF
            RET
            RET
SPI_ISR:                                        ; SPI 中断
            PUSH    ACC
            PUSH    PSW
            MOV     SPSTAT, #SPIF | WCOL
```

```
            JBC         MSSEL, MASTER_SEND
SLAVE_RECV:
            MOV         SPDAT,   SPDAT
            SJMP        SPI_EXIT
MASTER_SEND:
            SETB        SPISS
            MOV         SPCTL,   #SPEN
            MOV         A,   SPDAT
            LCALL       SEND_UART
SPI_EXIT:
            POP         PSW
            POP         ACC
            RETI
            END
```

2）C 语言参考程序如下：

```
#include <stc15f2k60s2.h>
#include <intrins.h>
#define uchar unsigned char
#define uint unsigned int
#define     FOSC      18432000
#define     BAUD      0xfb         //（256-FOSC/32/115200）
/*－－－－－－－－－－－－－－－－－－ 定义 SPI 控制位－－－－－－－－－－－－－－－－－－－－－－*/
#define     SPIF      0x80         //SPSTAT.7
#define     WCOL      0x40         //SPSTAT.6
#define     SSIG      0x80         //SPCTL.7
#define     SPEN      0x40         //SPCTL.6
#define     DORD      0x20         //SPCTL.5
#define     MSTR      0x10         //SPCTL.4
#define     CPOL      0x08         //SPCTL.3
#define     CPHA      0x04         //SPCTL.2
#define     SPDHH     0x00         //fSYS/4
#define     SPDH      0x01         //fSYS/16
#define     SPDL      0x02         //fSYS/64
#define     SPDLL     0x03         //fSYS/128
sbit   SPISS＝P1^6;                 //SPI 从机选择控制引脚
#define   ESPI 0x02
void   InitUart();                  //UART 初始化
void   InitSPI();                   //SPI 初始化
void   SendUart（uchar dat）;        //串行口发送子函数
uchar   RecvUart();                 //串行口接收子函数
bit   MSSEL                         //SPI 主、从机标志位，“1”为主机，“0”为从机
void main()
{
       InitUart();
       InitSPI();
       IE2 |＝ESPI;
       EA＝1;
       while （1）
       {
          if（RI）                       //若是从串行口接收数据，即设为主机
          {
             SPCTL＝SPEN|MST          //设为主机
             MSSEL＝1;                //设主机标志
```

```
                ACC=RecvUart();           //接收串行数据
                SPISS=0;                  //拉低从机的SS
                SPDAT=ACC;                //触发 SPI 发送数据
            }
        }
}
void  spi_isr（ ） interrupt 9 using 1    //SPI 中断函数
{
        SPSTAT=SPIF | WCOL
        if（MSSEL）                       //若是主机，设置回从机模式，并将 SPI 数据发给 PC
        {
             SPCTL=SPEN;
             MSSEL=0;
             SPISS=1;
             SendUart（SPDAT）;
        }
        else                              //若为从机，返回 SPI 接收数据
        {
             SPDAT=SPDAT;
        }
}
void InitUart()                           //串口初始化
{
        SCON=0x5a;
        TMOD=0x20;
        AUXR=0x40;
        TH1=TL1=BAUD;
        TR1=1;
}
void InitSPI()                            //SPI 接口初始化
{
        SPDAT=0;
        SPSTAT=SPIF | WCOL;
        SPCTL=SPEN;                       //从机模式
}
void SendUart（uchar dat）                //串口发送
{
        SBUF=dat;
        while （！ TI）;
        TI=0;
}
uchar RecvUart()                          //串口接收
{
        while （！ RI）;
        RI=0;
        return SBUF;
}
```

12.5 SPI 接口功能引脚的切换

通过对特殊功能寄存器 P_SW1 中的 SPI_S1、SPI_S0 位的控制，可实现 SPI 接口功能引脚在

不同端口进行切换。P_SW1 的数据格式如下：

P_SW1	地址	B7	B6	B5	B4	B3	B2	B1	B0	复位值
	A2H	S1_S1	S1_S0	CCP_S1	CCP_S0	SPI_S1	SPI_S0	0	DPS	0000 0000

SPI 接口功能引脚的切换关系见表 12.2。

表 12.2 PCA 模块功能引脚的切换关系表

SPI_S1	SPI_S0	SPI 接口功能引脚			
		$\overline{SS}$	MOSI	MISO	SCLK
0	0	P1.2	P1.3	P1.4	P1.5
0	1	P2.4（SS_2）	P2.3（MOSI_2）	P2.2（MISO_2）	P2.1（SCLK_2）
1	0	P5.4（SS_3）	P4.0（MOSI_3）	P4.1（MISO_3）	P4.3（SCLK_3）
1	1	无效			

本章小结

STC15F2K60S2 单片机集成了串行外设接口（SPI，Serial Peripheral Interface）。SPI 接口既可以和其他微处理器通信，也可以与具有 SPI 兼容接口的器件（如存储器、A/D 转换器、D/A 转换器、LED 或 LCD 驱动器等）进行同步通信。SPI 接口有两种操作模式：主模式和从模式。主模式支持高达 3Mbps 的速率；从模式时速度无法太快，频率在 $f_{SYS}/4$ 以内较好。此外 SPI 接口还具有传输完成标志和写冲突标志保护功能。

STC15F2K60S2 单片机 SPI 接口共有 3 种通信方式：单主单从、互为主从、单主多从。

习 题 12

12.1 STC15F2K60S2 的 SPI 接口的数据通信有哪几种工作方式？各有什么特点？

12.2 简述 STC15F2K60S2 的 SPI 接口的数据通信过程。

12.3 设计一个一主机四从机的 SPI 接口系统。主机从 4 路模拟通道输入数据，实现定时巡回检测，并将 4 路检测数据分别送 4 个从机，要求从 P2 口输出，用 LED 灯显示检测数据，请画出电路原理图，编写程序。

第 13 章　单片机应用系统设计与接口技术

13.1　单片机应用系统的开发流程

13.1.1　单片机应用系统的设计原则

单片机应用系统面向的控制对象差异较大，没有统一的设计规范和方式但应遵循以下设计原则。

1. 可靠性高

设计过程中要把系统的安全性、可靠性放在首位。一般来讲，系统的可靠性可以从以下几个方面进行考虑：

1）选用可靠性高的元器件，以防止元器件的损坏影响系统的可靠运行。

2）选用典型电路，排除电路的不稳定因素。

3）采用必要的冗余设计或增加自诊断功能。

4）采取必要的抗干扰措施，以防止环境干扰。可采用硬件抗干扰或软件抗干扰措施。

2. 性能价格比高

单片机自身就具有高性能、体积小和功耗低的特点，在系统设计时除保持高性能外，还应简化外围硬件电路，在系统性能许可的范围内尽可能地用软件程序取代硬件电路，以降低系统的制造成本。

3. 操作维护方便

操作维护方便表现在操作简单、直观形象和便于维护。在系统设计时，在系统性能不变的情况下，应尽可能地简化人机交互接口。

4. 设计周期短

系统设计周期是衡量一个产品有无社会效益的一个主要依据，只有缩短设计周期，才能有效地降低系统设计成本，充分发挥新系统的技术优势，及早地占领市场并具有竞争力。

13.1.2　单片机应用系统的开发流程

通常，开发一个单片机应用系统需要经过以下几个流程。

1. 系统需求调查分析

做好详细的系统需求调查是对研制新系统准确定位的关键。当你建造一个新的单片机应用系统时，首先要调查市场或用户的需求，了解用户对未来新系统的希望和要求，通过对各种需求信息进行分析综合，得出市场或用户是否需要新系统的结论。其次，应对国内外同类系统的状况进行调查。调查的主要内容包括：

① 原有系统的结构、功能以及存在的问题；

② 国内外同类系统的最新发展情况以及与新系统有关的各种技术资料；

③ 同行业中哪些用户已经采用了新的系统，它们的结构、功能、使用情况以及所产生的经济效益。

经过需求调查，整理出需求报告，作为系统可行性分析的主要依据。显然，需求报告的准确性将左右可行性分析的结果。

2. 可行性分析

可行性分析用于明确整个设计任务在现有的技术条件和个人能力上是可行的。首先要保证设计要求可以利用现有的技术来实现，通过查找资料和寻找类似设计找到与该任务相关的设计方案，从而分析该项目是否可行以及如何实现；如果设计的是一个全新的项目，则需要了解该项目的功能需求、体积和功耗等，同时需要对当前的技术条件和器件性能非常熟悉，以确保合适的器件能够完成所有的功能。其次需要了解整个项目开发所需要的知识是否都具备，如果不具备，则需要估计在现有的知识背景和时间限制下能否掌握并完成整个设计，必要的时候，可以选用成熟的开发板来加快学习和程序设计的速度。

可行性分析将对新系统开发研制的必要性及可实现性给出明确的结论，根据这一结论决定系统的开发研制工作是否进行下去。可行性分析通常从以下几个方面进行论证。

① 市场或用户需求；

② 经济效益和社会效益；

③ 技术支持与开发环境；

④ 现在的竞争力与未来的生命力。

3. 系统总体方案设计

系统总体方案设计是系统实现的基础，这项工作要十分仔细，考虑周全。方案设计的主要依据是市场或用户的需求、应用环境状况、关键技术支持、同类系统经验借鉴及开发人员设计经验等。主要内容包括系统结构设计、系统功能设计和系统实现方法。首先是单片机的选型和元器件的选择，要做到性能特点要适合所要完成的任务，避免过多的功能闲置；性能价格比要高，以提高整个系统的性能价格比；结构原理要熟悉，以缩短开发周期；货源要稳定，有利于批量的增加和系统的维护。其次是硬件与软件的功能划分，在 CPU 时间不紧张的情况下，应尽量采用软件实现。如果系统回路多、实时性要求高，则要考虑用硬件完成。

4. 系统硬件电路原理设计、印制电路板设计和硬件焊接调试

（1）硬件电路原理设计

硬件电路的设计主要有单片机电路设计、扩展电路设计、输入输出通道应用功能模块设计和人机交互控制面板设计等 4 个方面。单片机电路设计主要是单片机的选型，如 STC 单片机，时钟电路、复位电路、供电电路等电路的设计，一个合适的单片机将会最大限度地降低其外围连接电路，从而简化整个系统的硬件；扩展电路设计主要是 I/O 接口电路，根据实际情况是否需要扩展程序存储器 ROM、数据存储器 RAM 等电路的设计；输入输出通道应用功能模块设计主要是采集、测量、控制、通信等涉及的传感器电路、放大电路、多路开关、A/D 转换电路、D/A 转换电路、开关量接口电路、驱动及执行机构等电路的设计；人机交互控制面板设计主要是用户操作

接触到的按键、开关、显示屏、报警和遥控等电路的设计。

（2）印制电路板PCB设计

印制电路板的设计采用专门的绘图软件来完成，如Altium Designer等，从电路原理图SCH转化成印制电路板PCB必须做到正确、可靠、合理和经济。印制电路板要结合产品外壳的内部尺寸确定PCB的形状和外形尺寸大小，还有电路板基材和厚度等；印制电路板要根据电路原理的复杂程度确定PCB是单块板结构还是多块板结构，PCB是单面板、双面板还是多层板等；印制电路板元器件布局通常按信号的流向保持一致，做到以每个功能电路的核心元件为中心，围绕它布局，元器件应均匀、整齐、紧凑地排列在印制电路板上，尽量减少和缩短各单元之间的引线和连线；印制电路板导线的最小宽度主要由导线与绝缘基板间的粘附强度和流过它们的电流值决定，只要密度允许，还是尽可能用宽线，尤其注意加宽电源线和地线，导线越短，间距越大，绝缘电阻越大。在PCB布线过程中，尽量采用手工布线，同时需要一定的PCB设计经验，对电源、地线等进行周全考虑，避免引入不必要的干扰，提高产品的性能。

（3）硬件焊接调试

硬件焊接之前需要准备所有的元器件，准确无误地焊接完成后就进入硬件的调试。硬件的调试分为静态调试和动态调试两种。静态调试是检查印制电路板、连接和元器件部分有无物理性故障，主要有目测、用万用表测试和通电检查等手段。

目测是检查印制电路板的印制线是否有断线、是否有毛刺、线与线和线与焊盘之间是否有粘连、焊盘是否脱落、过孔是否未金属化现象等。检查元器件是否焊接准确、焊点是否有毛刺、焊点是否有虚焊、焊锡是否使线与线或线与焊盘之间短路等。通过目测可以查出某些明确的器件、设计缺陷，并及时进行排除。有需要的情况下还可以使用放大镜进行辅助观察。

在目测过程中有些可疑的边线或接点，需要用万用表进行检测进一步排除可能存在的问题，然后再检查所有电源的电源线和地线之间是否有短路现象。

经过以上的检查没有明显问题后就可以尝试通电进行检查了。接通电源后，首先检查电源各组电压是否正常，然后检查各个芯片插座的电源端的电压是否在正常的范围内、某些固定引脚的电平是否准确。再次关断电源将芯片逐一准确安装到相应的插座中，再次接通电源时，不要急于用仪器观测波形和数据，而是要及时仔细观察各芯片或器件是否出现过热、变色、冒烟、异味、打火等现象，如果有异常应立即断电，再次详细查找原因并排除。

接通电源后没有明显异常的情况下就可以进行动态调试了。动态调试是在系统工作状态下，发现和排除硬件中存在的元器件内部故障、元器件间连接的逻辑错误等的一种硬件检查。硬件的动态调试必须在开发系统的支持下进行，故又称为联机仿真调试。具体方法是利用开发系统友好的交互界面，对目标系统的单片机外围扩展电路进行访问、控制，使系统在运行中暴露问题，从而发现故障予以排除。典型有效的访问、控制外围扩展电路的方法是对电路进行循环读或写操作。

5. 系统软件程序设计与调试

单片机应用系统的软件程序设计通常包括数据采集和处理程序、控制算法实现程序、人机对话程序和数据处理与管理程序。

在开始具体的程序设计之前需要有程序的总体设计。程序的总体设计是指从系统高度考虑程序结构、数据格式和程序功能的实现方法和手段。程序的总体设计包括拟定总体设计方案，确定算法和绘制程序流程图等。对于一些简单的工程项目和经验丰富的设计人员，往往并不需要很详细的固定流程图，而对于初学者来说，绘制程序流程图是非常有必要的。

常用的程序设计方法有模块化程序设计和自顶向下逐步求精程序设计。

模块化程序设计的思想是将一个完整的较长的程序分解成若干个功能相对独立的较小的程

序模块，各个程序模块分别进行设计、编程和调试，最后把各个调试好的程序模块装配起来进行联调，最终成为一个有实用价值的程序。

自顶向下逐步求精程序设计要求从系统级的主干程序开始，从属的程序和子程序先用符号来代替，集中力量解决全局问题，然后再层层细化逐步求精，编制从属程序和子程序，最终完成一个复杂程序的设计。

软件调试是通过对目标程序的编译、链接、执行来发现程序中存在的语法错误与逻辑错误，并加以排除纠正的过程。软件调试的原则是先独立后联机，先分块后组合，先单步后连续。

6. 系统软硬件联合调试

系统软硬件联合调试是指目标系统的软件在其硬件上实际运行，将软件和硬件联合起来进行调试，从中发现硬件故障或软、硬件设计错误。软硬件联合调试是检验所设计系统的正确与可靠，从中发现组装问题或设计错误。这里所指的设计错误，是指设计过程中所出现的小错误或局部错误，决不允许出现重大错误。

系统软硬件联合调试主要是解决软、硬件是否按设计的要求配合工作；系统运行时是否有潜在的设计时难以预料的错误；系统的精度、速度等动态性能指标是否满足设计要求等。

7. 系统方案局部修改、再调试

对于系统调试中发现的问题或错误以及出现的不可靠因素要提出有效的解决方法，然后对原方案做局部修改，再进入调试。

8. 生成正式系统或产品

作为正式系统或产品，不仅要提供一个能正确可靠运行的系统或产品，而且还应提供关于该系统或产品的全部文档。这些文档包括系统设计方案、硬件电路原理图、软件程序清单、软/硬件功能说明、软/硬件装配说明书、系统操作手册等。在开发产品时，还要考虑到产品的外观设计、包装、运输、促销、售后服务等商品化问题。

单片机应用系统的设计与开发流程如图 13.1 所示。

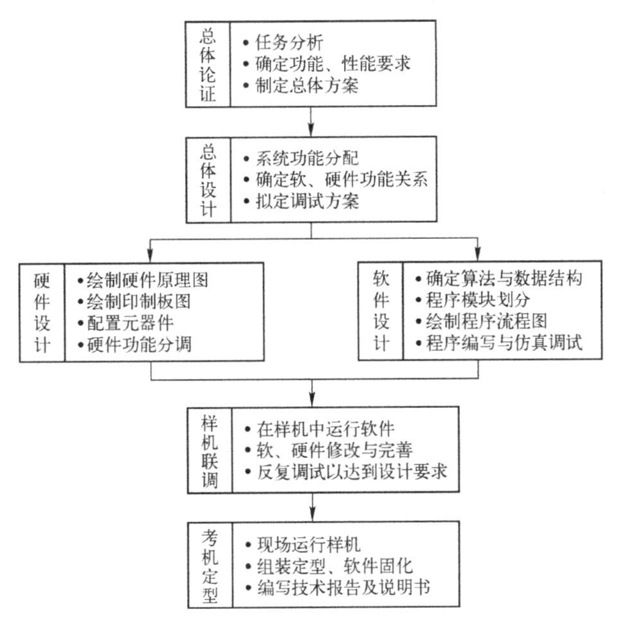

图 13.1　单片机应用系统开发流程

单片机应用系统一般情况下需要编制一份工程报告，报告的内容主要包括封面、目录、摘要、正文、参考文献、附录等，至于具体的书写格式要求，比如字体、字号、图表、公式等总体来说必须做到美观、大方和规范。

1. 报告内容

（1）封面

封面上应包括设计系统名称、设计人与设计单位名称、完成时间等。名称应准确、鲜明、简洁，能概括整个设计系统中最主要和最重要的内容，应避免使用不常用缩略词、首字母缩写字、字符、代号和公式等。

（2）目录

目录按章、节、条序号和标题编写，一般为二级或三级，包含摘要（中、英文）、正文各章节标题、结论、参考文献、附录等，以及相对应的页码。目录的页码可使用 Word 软件自动生成功能完成。

（3）摘要

摘要应包括目的、方法、结果和结论等，也就是对设计报告内容、方法和创新点的总结，一般 300 字左右，应避免将摘要写成目录式的内容介绍，还有 3～5 个关键词，按词条的外延层次排列（外延大的排在前面），有时可能需要相对应的英文版的摘要（Abstract）和关键词（Keywords）。

（4）正文

正文是整个设计报告的核心，主要包括系统整体设计方案、硬件电路框图及原理图设计、软件程序流程图及程序设计、系统软硬件综合调试、关键数据测量及结论等。正文分章节撰写，每章应另起一页。章节标题要突出重点、简明扼要、层次清晰，字数一般在 15 字以内，不得使用标点符号。总的来说正文要求结构合理，层次分明，推理严密，重点突出，图表、公式、源程序规范，内容集中简练，文笔通顺流畅。

（5）参考文献

凡有直接引用他人成果（文字、数据、事实以及转述他人的观点）之处的均应加标注说明列于参考文献中，按文中出现的顺序列出直接引用的主要参考文献。引用参考文献标注方式应全文统一，标注的格式为[序号]，放在引文或转述观点的最后一个句号之前，所引文献序号以上角标形式置于方括号中。参考文献的格式如下：

①学术期刊文献

［序号］作者．文献题名[J]．刊名，出版年份，卷号(期号)：起-止页码

②学术著作

［序号］作者．书名[M]．版次(首次免注)．翻译者．出版地: 出版社，出版年：起-止页码

③有 ISBN 号的论文集

［序号］作者．题名[A]．主编．论文集名[C]．出版地：出版社，出版年：起-止页码

④学位论文

［序号］作者．题名[D]．保存地：保存单位, 年份

⑤电子文献

［序号］作者．电子文献题名[文献类型（DB 数据库）/载体类型（OL 联机网络）]．文献网址或出处，发表或更新日期/引用日期（任选）

（6）附录

对于与设计系统相关但不适合书写于正文中的元器件清单、仪器仪表清单、电路图图纸、设计的源程序、系统（作品）操作使用说明等有特色的内容，可作为附录排写，序号采用“附录 1”、“附录 2”等。

2. 书写格式要求

（1）字体和字号

一级标题是各章标题，小二号黑体，居中排列；二级标题是各节一级标题，小三号宋体，居左顶格排列；三级标题是各节二级标题，四号黑体，居左顶格排列；四级标题是各节三级标题，小四号粗楷体，居左顶格排列；四级标题下的分级标题为五号宋体，标题中的英文字体均采用Times New Roman字体，字号同标题字号；正文一般为五号宋体。不同场合字体和字号不尽相同，仅作参考。

（2）名词术语

科技名词术语及设备、元件的名称，应采用国家标准或部颁标准中规定的术语或名称。标准中未规定的术语要采用行业通用术语或名称。全文名词术语必须统一。一些特殊名词或新名词应在适当位置加以说明或注解。采用英语缩写词时，除本行业广泛应用的通用缩写词外，文中第一次出现的缩写词应该用括号注明英文全文。

（3）物理量

物理量的名称和符号应统一。物理量计量单位及符号除用人名命名的单位第一个字母用大写之外，一律用小写字母。物理量符号、物理常量、变量符号用斜体，计量单位等符号均用正体。

（4）公式

公式原则上居中书写。公式序号按章编排，如第一章第一个公式序号为“(1-1)”，附录2中的第一个公式为“(2-1)”等。文中引用公式时，一般用“见式(1-1)”或“由公式(1-1)”。公式中用斜线表示“除”的关系时应采用括号，以免含糊不清，如a/(bcosx)。

（5）插图

插图包括曲线图、结构图、示意图、图解、框图、流程图、记录图、布置图、地图、照片、图版等。每个图均应有图题（由图号和图名组成）。图号按章编排，如第一章第一图的图号为“图1.1”等。图题置于图下，有图注或其他说明时应置于图题之上。图名在图号之后空一格排写。插图与其图题为一个整体，不得拆开排写于两页。插图处的该页空白不够排写该图整体时，可将其后文字部分提前排写，将图移至次页最前面。插图应符合国家标准及专业标准，对无规定符号的图形应采用该行业的常用画法。插图应与文字紧密配合，文图相符，技术内容正确。

（6）表格

表格不加左、右边线，表头设计应简单明了，尽量不用斜线。每个表均应有表号与表名，表号与表名之间应空一格，置于表上。表号一般按章编排，如第一章第一个插表的序号为“表1.1”等。表名中不允许使用标点符号，表名后不加标点，整表如用同一单位，将单位符号移至表头右上角，加圆括号。如某个表需要跨页接排，在随后的各页上应重复表的编排。编号后跟表题（可省略）和“(续)”。表中数据应正确无误，书写清楚，数字空缺的格内加“－”字线（占2个数字），不允许用“2”、“同上”之类的写法。

13.2 单片机人机对话接口设计

13.2.1 键盘接口与应用编程

1. 键盘工作原理

1）按键的分类。按照结构原理，按键可分为两类，一类是触点式开关按键，如机械式开关、导电橡胶式开关等；另一类是无触点式开关按键，如电气式按键，磁感应按键等。前者造价低，后者寿命长。目前微机系统中最常见的是触点式开关按键。

按照接口原理，键盘可分为编码键盘与非编码键盘两类，这两类键盘的主要区别是识别键符及给出相应键码的方法。编码键盘主要用硬件来实现对键的识别，非编码键盘主要由软件来实现键盘的定义与识别。

2）键输入原理。在单片机应用系统中，除了复位按键有专门的复位电路及专一的复位功能外，其他按键都是以开关状态来设置控制功能或输入数据的。当所设置的功能键或数字键按下时，计算机应用系统应完成该按键所设定的功能。

对于一组键或一个键盘，总有一个接口电路与 CPU 相连。CPU 可以采用查询或中断方式了解有按键输入，并检查是哪一个键按下，将该键键号送入累加器 ACC，然后通过跳转指令转入执行该键的功能程序，执行完后再返回主程序。

3）按键的抖动处理。当按键被按下或释放时，由于机械弹性作用的影响，通常伴随有一定时间的触点机械抖动，然后其触点才稳定下来。其抖动过程如图 13.2 所示，抖动时间的长短与开关的机械特性有关，一般为 5～10ms。

在触点抖动期间检测按键的通与断状态，可能导致判断出错，即按键一次按下或释放被错误地认为是多次操作，这种情况是不允许出现的。为了保证 CPU 能够对键闭合的正确判定，必须采取去抖动的措施。去抖可以采用硬件和软件两种方法。硬件方法是：在按键输入通道上加上去抖动电路，如图 13.3 所示 R-S 触发器就是一个常用的去抖动电路。

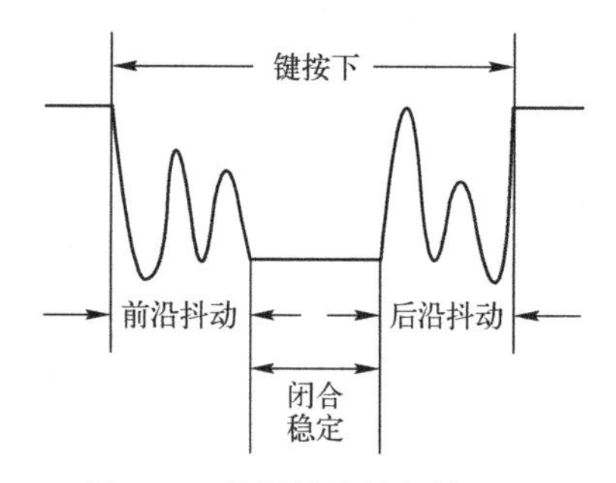

图 13.2 按键触点的机械抖动

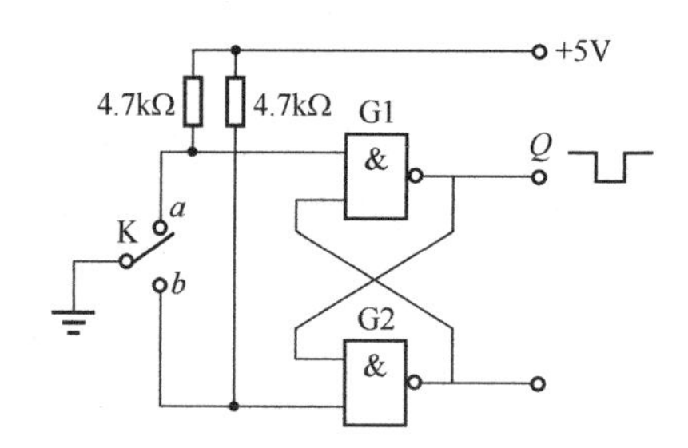

图 13.3 双稳态去抖电路

软件方法是：在检测到有按键按下时，执行一个 10ms 左右的延时程序后，再确认该键电平是否仍保持闭合状态电平，若仍保持闭合状态电平，则确认该键处于闭合状态。同理，在检测到该键释放后，也应采用相同的步骤进行确认，从而消除抖动的影响。

由于人的按键速度与单片机的执行速度相比要慢很多，因此软件延时的方法在技术上完全可行，而且更加经济实惠，所以被越来越多地采用。

4）按键编码。一组按键或键盘都要通过 I/O 口线查询按键的开关状态。根据键盘结构的不同，采用不同的编码。无论有无编码，以及采用什么编码，最后都要转换成为与按键定义相对应的键值，以实现按键功能程序的跳转。

5）编制键盘程序。一个完善的键盘控制程序应具备以下功能：

① 检测有无按键按下，并采取硬件或软件措施，消除键盘按键机械触点抖动的影响。

② 有可靠的逻辑处理办法。每次只处理一个按键，其间任何按键的操作对系统不产生影响，且无论一次按键时间有多长，系统仅执行一次按键功能程序。

③ 准确输出按键值（或键号），以满足跳转指令要求。

2. 独立式键盘

单片机控制系统中，如果只有少量几个功能键，可采用独立式键盘结构。

1）独立式键盘结构。独立式键盘是直接用 I/O 口线构成的单个按键电路，其特点是每个按键单独占用一根 I/O 口线，按键间的工作相互独立。独立式键盘的典型应用如图 13.4 所示。

独立式键盘电路配置灵活，软件结构简单，但每个按键必须占用一根 I/O 口线，故在按键较多时，I/O 口线浪费较大，不宜采用。

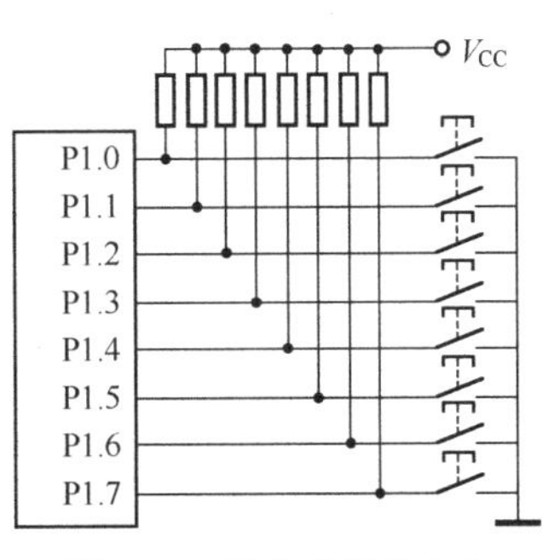

图 13.4 独立式键盘电路

2）独立式键盘软件设计。如图 13.4 所示，用 51 系列单片机的 P1 口为独立式键盘的接口，8 个按键分别为 K0～K7，对应的处理程序分别为：PRM0～PRM7，设计一个应用程序。

分析：在程序中读入 P1 口状态，再分别判断 P1 口各位状态，如果某位为“1”，说明该位连接的按键没有被按下，继续判断下一位；若该位为“0”，则说明该键被按下，转去执行相应的程序。

程序如下：

```
#include <stc15f2k60s2.h>
#include <intrins.h>
#define uchar unsigned char
#define uint unsigned int
void keys()
{
        uchar keyc;
        P1=0xff;                              //置 P1 口输入状态
        keyc=P1;                              //读入 P1 口状态
        if (keyc! ==0xff)                     //判断有否按键按下？
        {
            delay1ms (10);                    //10ms 去抖动程序，在此略
            if (keyc! ==0xff)
            {
                if (keyc==0xfe)
                {
                    ......                    //K0 键操作程序
                }
                else if (keyc==0xfd)
                {
                    ......                    //K1 键操作程序
                }
        ...                                   //略（K2～K6 键对应的处理程序）
                else if (keyc==0x7f)
                {
                    ......                    //K7 键操作程序
                }
            }
        }
}
void main()
{
        while (1)
        {
```

```
            keys();
        }
    }
```

3．矩阵式键盘

单片机应用系统中，若使用按键较多时，通常采用矩阵式（也称行列式）键盘。

1）矩阵式键盘的结构及原理。矩阵式键盘由行线和列线组成，按键位于行、列线的交叉点上，其结构如图 13.5 所示。由图可知，一个 4×4 的行、列结构可以构成一个含有 16 个按键的键盘，显然，在按键数量较多时，矩阵式键盘较之独立式键盘要节省很多 I/O 口。

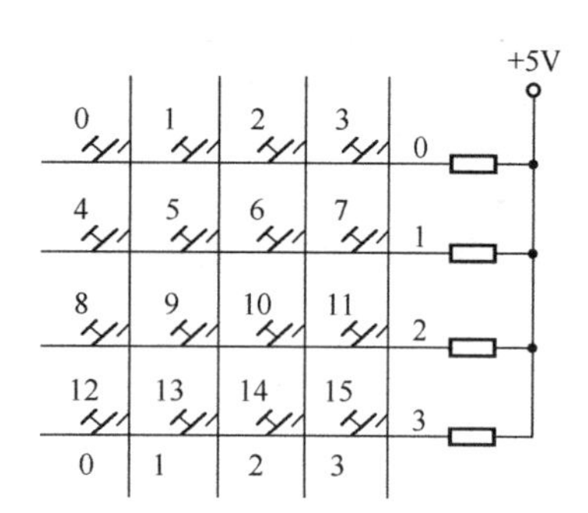

图 13.5　矩阵式键盘结构

矩阵式键盘中，行、列线分别连接到按键开关的两端，行线通过上拉电阻接到＋5V，当无键按下时，行线处于高电平状态；当有键按下时，行、列线将导通，此时行线电平将由与此行线相连的列线电平决定，这是识别按键是否按下的关键。然而矩阵键盘中的行线、列线和多个键相连，各按键按下与否均影响该键所在行线和列线的电平，各按键间将相互影响，因此必须将行线、列线信号配合起来做适当处理，才能确定闭合键的位置。

2）矩阵式键盘按键的识别。识别按键的方法很多，最常见的方法是扫描法。下面以图 13.5 所示 8 号键的识别为例来说明扫描法识别按键的过程。按键按下时，与此键相连的行线与列线导通，行线在无键按下时处在高电平，显然如果让所有的列线也处在高电平，那么按键按下与否不会引起行线电平的变化，故必须使所有列线处在低电平，只有这样，当有键按下时，该键所在的行电平才会由高电平变为低电平。CPU 根据行电平的变化，便能判定相应的行有键按下。8 号键按下时，第 2 行一定为低电平。

然而，第 2 行为低电平时，还不能确定是否是 8 号键按下，因为 9、10、11 号键按下，同样会使第 2 行为低电平。为进一步确定具体键，不能使所有列线在同一时刻都处在低电平，可在某一时刻只让一条列线处于低电平，其余列线均处于高电平，另一时刻，让下一列处在低电平，依次循环，这种依次轮流每次选通一列的工作方式称为键盘扫描。采用键盘扫描后，再来观察 8 号键按下时的工作过程，当第 0 列处于低电平时，第 2 行处于低电平，而第 1、2、3 列处于低电平时，第 2 行却处在高电平，由此可判定按下的键应是第 2 行与第 0 列的交叉点，即 8 号键。

3）键盘的编码。对于独立式按键键盘，因按键数量少，可根据实际需要灵活编码。对于矩阵式键盘，按键的位置由行号和列号唯一确定，因此可分别对行号和列号进行二进制编码，然后将两值合成一个字节，高 4 位是行号，低 4 位是列号。如图 13.5 中的 8 号键，它位于第 2 行，第 0 列，因此其键盘编码应为 20H。采用上述编码对于不同行的键离散性较大，不利于散转指令对按键进行处理，可采用依次排列键号的方式对按键进行编码。以图 13.5 中的 4×4 键盘为例，可将键号编码为：00H、01H、02H、03H、...、0EH、0FH 等 16 个键号。编码相互转换可通过计算或查表的方法实现。

4）键盘的工作方式。对键盘的响应取决于键盘的工作方式，键盘的工作方式应根据实际应用系统中 CPU 的工作状况而定，其选取的原则是既要保证 CPU 能及时响应按键操作，又不要过多占用 CPU 的工作时间。通常，键盘的工作方式有三种，即编程扫描、定时扫描和中断扫描。

① 编程扫描方式。编程扫描方式是利用 CPU 完成其他工作的空余时间，调用键盘扫描子程序来响应键盘输入的要求。在执行键功能程序时，CPU 不再响应键输入要求，直到 CPU 重新扫

描键盘为止。

键盘扫描程序一般应包括以下内容：

a. 判别有无键按下。

b. 键盘扫描取得闭合键的行、列值。

c. 用计算法或查表法得到键值。如：键值＝行号×列数＋列号

d. 判断闭合键是否释放，如没释放则继续等待。

e. 将闭合键键号保存，同时转去执行该闭合键的功能。

如图 13.6 是一个 4×4 矩阵键盘电路，键盘采用编程扫描方式工作，其程序流程图如图 13.7 所示。

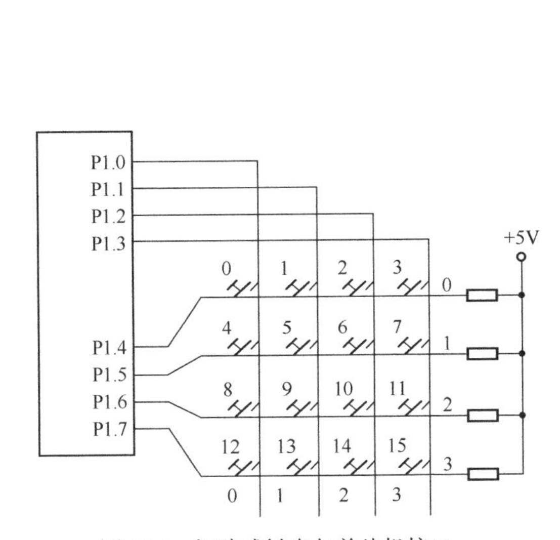

图 13.6　矩阵式键盘与单片机接口

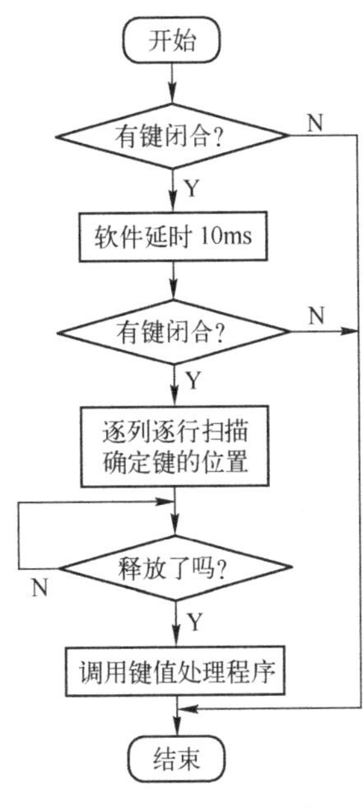

图 13.7　键盘扫描程序流程图

程序如下：

```
#include <stc15f2k60s2.h>
#include <intrins.h>
#define uchar unsigned char
#define uint unsigned int
bit flag  =1;                          //定义按键标志
uchar col;                             //定义列号变量
uchar scanword;                        //定义扫描字变量
uchar keyvalue;                        //定义键值变量
void delay (int n)                     //延时子程序
{
        for (; n>=0; n--);
}
void keyon()                           //判键闭合子程序
{
        P1=0xF0;                       //列输出低电平
        keyvalue=P1;                   //读行输入
        keyvalue=~keyvalue;            //keyvalue 为 0，无键按下；不为 0，有键按下
        keyvalue=keyvalue&0xF0;
}
```

```
void keyscan()                              //键盘扫描子程序
{
        uchar swd;
        keyon();                            //调用判键闭合子程序
        if (keyvalue! =0)                   //有键闭合
        {
            delay (1000);                   //去抖动，延时 10ms
            keyon();
            if (keyvalue! =0)               //确认有键被按下，开始扫描
            {
                scanword=0xfe;              //设扫描字首列为 0
                col=0;                      //送首列号
                while (scanword! =0xef)                 //判断 4 行是否都已扫描完
                {
                        swd=scanword;
                        P1=swd;                         //扫描字从 P1 口送出
                        swd=P1;
                        swd=swd&0xf0;
                        if (swd==0xe0)                  //判断第 1 行是否有键按下
                        {
                            keyvalue=0;                 //第 1 行首键号送 keyvalue
                        }
                        else if (swd==0xd0)             //第 1 行无键闭合，转第 2 行
                        {
                            keyvalue=0x04;              //第 2 行首键号送 keyvalue
                        }
                        else if (swd==0xb0)             //第 2 行无键闭合，转第 3 行
                        {
                            keyvalue=0x08;              //第 3 行首键号送 keyvalue
                        }
                        else if (swd==0x70)             //第 3 行无键闭合，转第 4 行
                        {
                            keyvalue=0x0c;              //第 4 行首键号送 keyvalue
                        }
                        else
                        {
                            col=col+1;                  //列号加 1
                            scanword<<=1;               //扫描字左移
                            flag=0;                     //清有键按下标志
                            continue;
                        }
                }
                keyvalue=keyvalue+col;                  //计算键值
                flag=1;                                 //置有键按下标志
            }
        }
}
```

② 定时扫描方式。定时扫描方式就是每隔一段时间对键盘扫描一次，它利用单片机内部的定时器产生一定时间（例如 10ms）的定时，当定时时间到就产生定时器溢出中断。CPU 响应中断后对键盘进行扫描，并在有键按下时识别出该键，再执行该键的功能程序。定时扫描方式的硬件电路与编程扫描方式相同，程序流程图如图 13.8 所示。

图 13.8 中，标志 1 和标志 2 是在单片机内部 RAM 的位寻址区设置的两个标志位，标志 1 为

去抖动标志位，标志2为识别完按键的标志位。初始化时将这两个标志位设置为0，执行中断服务程序时，首先判别有无键闭合，若无键闭合，将标志1和标志2置0后返回；若有键闭合，先检查标志1，当标志1为0时，说明还未进行去抖动处理，此时置位标志1，并中断返回。由于中断返回后要经过10ms后才会再次中断，相当于延时了10ms，所以程序无须再延时。

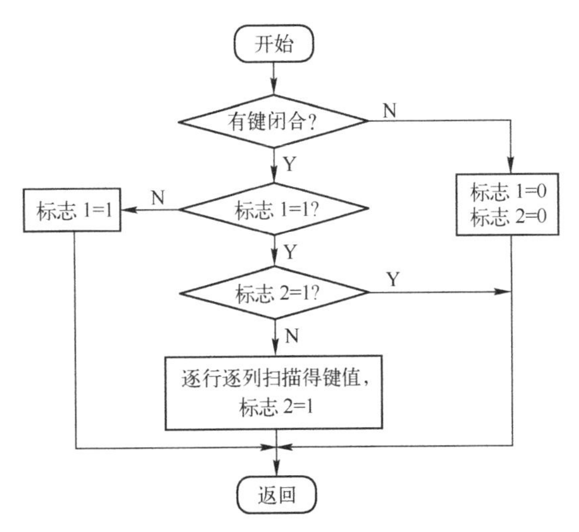

图 13.8　定时扫描方式程序流程图

下次中断时，因标志1为1，CPU再检查标志2，如标志2为0说明还未进行按键的识别处理，这时CPU先置位标志2，然后进行按键识别处理，再执行相应的按键功能子程序，最后中断返回。如标志2已经为1，则说明此次按键已做过识别处理，只是还未释放按键。当按键释放后，在下一次中断服务程序中，标志1和标志2又重新置0，等待下一次按键。

程序如下：

```
void time_intt0（void ） interrupt 1          //定时器中断服务程序，定时扫描键盘
{
        TL0=0xF0;
        TH0=0xD8;
        keyscan();                            //子程序参加前例编写
}
void main()                                   //主程序
{
        TMOD=0x01;                            //初始化定时器T0为方式1，定时10ms
        TL0=0xF0;
        TH0=0xD8;
        IE=0x82;
        TR0=1;
        while（1）;                           //等待定时中断
}
```

③ 中断扫描方式。采用上述两种键盘扫描方式时，无论是否按键，CPU都要定时扫描键盘，而单片机应用系统工作时，并非经常需要键盘输入，因此CPU经常处于空扫描状态。

为提高CPU工作效率，可采用中断扫描工作方式。其工作过程是：当无键按下时，CPU处理自己的工作，当有键按下时，产生中断请求，CPU转去执行键盘扫描子程序，并识别键号。

图13.9所示是一种简易键盘接口电路，该键盘由51单片机P1口的高、低字节构成4×4键盘，键盘的列线与P1口的低4位相连，键盘的行线与P1口的高4位相连，P1.0～P1.3是扫描输出线，P1.4～P1.7是扫描输入线。图中的4输入与门用于产生按键中断，其输入端与各列线相连，再通过上拉电阻接至+5V电源，输出端接至51单片机的外部中断的输入端。

具体工作过程是：P1.0～P1.3输出全“0”，当键盘无键按下时，与门各输入端均为高电平，保持输出端为高电平；当有键按下时，与门输出端为低电平，向CPU申请中断，若CPU开放外部中断，则会响应中断请求，转去执行键盘扫描子程序。

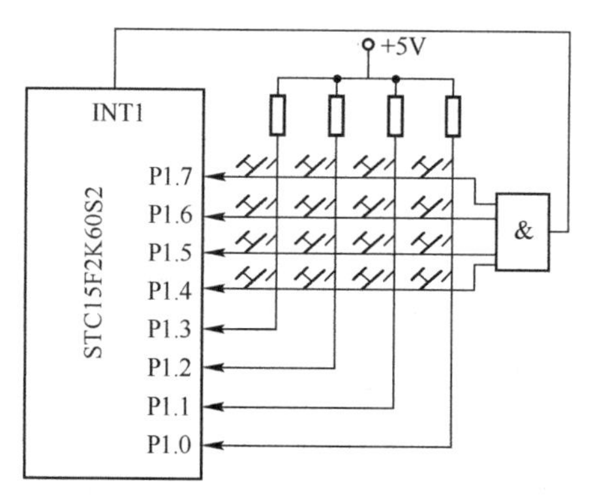

图 13.9　中断扫描键盘电路

4．矩阵式按键应用举例

1）任务说明：用矩阵键盘输入数字，在数码 LED 上显示。

2）硬件设计：本任务只用到一个共阴极数码管，数码管显示的方法简单，P0 口接数码管段选控制端，P2 接 4×4 矩阵键盘，以 P2.0～P2.3 作为行扫描线，以 P2.4～P2.7 作为列扫描线，如图 13.10 所示。

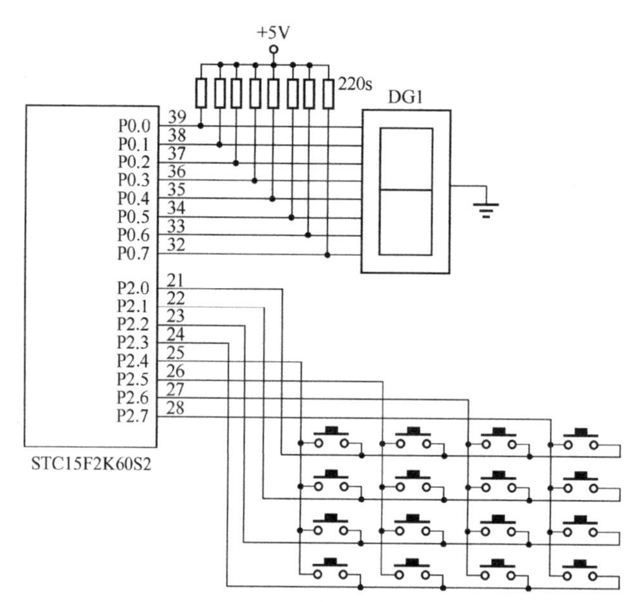

图 13.10　矩阵键盘应用电路

3）软件设计（X-YKey.c）。

```
#include <stc15f2k60s2.h>
#include <intrins.h>
#define uchar unsigned char
#define uint unsigned int
#define  KEY  P2
uchar k;
uchar code table[]＝{0x3f，0x06，0x5b，0x4f, 0x66，0x6d，0x7d，0x07，
                    0x7f，0x6f，0x77，0x7c, 0x39，0x5e，0x79，0x71，0x40}；
                                              //共阴极字形码
uchar code key_code[]＝{0xee，0xed，0xeb，0xe7，0xde，0xdd，0xdb，0xd7，
                    0xbe，0xbd，0xbb，0xb7，0x7e，0x7d，0x7b，0x77 }；   //键码
/*－－－－－－－1ms 延时子函数（1T、12T、主时钟不同时，应做调整）－－－－－－－－－－－*/
```

```
delay1ms（int t）
{
    int i，j；
    for（i=0；i<t；i++）
    for（j=0；j<120；j++）；
}
/*-----------------键盘扫描子函数-------------------*/
uchar  keyscan()
{
        uchar X，Y，Z；
        uchar j；
        KEY=0xff;
        KEY=0x0f;                    //列扫描输出全“0”
        if（KEY！=0x0f）             //判断是否有键按下
        {
            delay1ms（10）；          //延时软件去干扰
            if（KEY！=0x0f）         //确认按键按下
            {
                X=KEY;               //保存列扫描时有键按下时状态（列扫描键码）
                KEY=0xf0;            //行扫描输出全“0”
                Y=KEY;               //保存行扫描时有键按下时状态（行扫描键码）
                Z=X|Y;               //键码=列扫描键码+行扫描键码
                for（j=0；j<=15；j++）
                {
                    if（Z==key_code[j]）    //查表得键值
                    {
                        k=j;
                        return（k）;
                    }
                }
            }
    }
    else  KEY=0xff;                  //恢复扫描线为输入状态
    return（16）;
}
/--------------数码管显示子函数-------------------*/
display()
{
    if（(P2&0x0f)！=0x0f）           //判断键是否按下
    {
        P0=table[k];
    }
}
/*----------------- 主函数-------------------*/
main()
{
      P0=0x80;                       //数码管显示"."
      KEY=0xff;
      while（1）
      {
            keyscan();
            display();
      }
}
```

13.2.2 LED 数码显示接口与应用编程

常用的 LED 显示器有 LED 状态显示器（俗称发光二极管）、LED 七段显示器（俗称数码管）和 LED 十六段显示器。发光二极管可显示两种状态，用于系统状态显示；数码管用于数字显示；LED 十六段显示器用于字符显示。本节重点介绍数码管。

1. 数码管简介

1）数码管结构。数码管由 8 个发光二极管（以下简称字段）构成，通过不同的组合可用来显示数字 0～9、字符 A～F 及小数点“.”。数码管的外形结构如图 13.11（a）所示。数码管又分为共阴极和共阳极两种结构，分别如图 13.11（b）和图 13.11（c）所示。

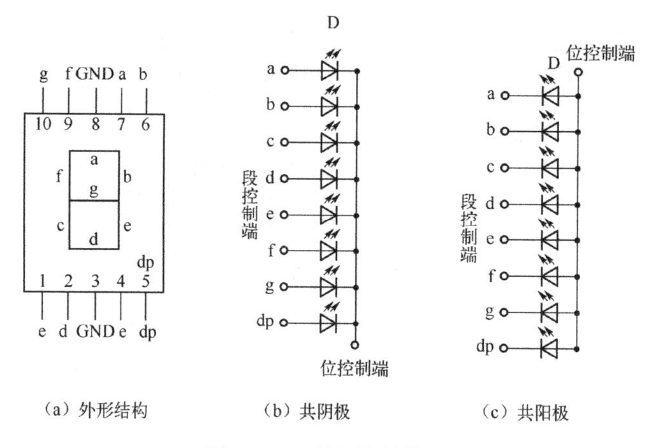

图 13.11 数码管结构图

2）数码管工作原理。共阳极数码管的 8 个发光二极管的阳极（二极管正端）连接在一起。通常公共阳极接高电平（一般接电源），其他管脚接段驱动电路输出端。当某段驱动电路的输出端为低电平时，则该端所连接的字段导通并点亮，根据发光字段的不同组合可显示出不同数字或字符。此时要求段驱动电路能吸收额定的段导通电流，还需根据外接电源及额定段导通电流来确定相应的限流电阻。

共阴极数码管的 8 个发光二极管的阴极（二极管负端）连接在一起。通常公共阴极接低电平（一般接地），其他管脚接段驱动电路输出端。当某段驱动电路的输出端为高电平时，则该端所连接的字段导通并点亮，根据发光字段的不同组合可显示出不同数字或字符。此时要求段驱动电路能提供额定的段导通电流，还需根据外接电源及额定段导通电流来确定相应的限流电阻。

3）数码管字形编码。图 13.11（a）中所示的显示器是带有 dp 显示段，用于显示小数点。8 段码的字型码各位定义为：数据线 D0 与 a 字段对应，D1 与 b 字段对应……依此类推。如使用共阳极数码管，数据为 0 表示对应字段亮，数据为 1 表示对应字段暗；如使用共阴极数码管，数据为 0 表示对应字段暗，数据为 1 表示对应字段亮。如要显示“0”，共阳极数码管的字型编码应为：11000000B（即 C0H）；共阴极数码管的字型编码应为：00111111B（即 3FH）。依此类推，可求得数码管字形编码如表 13.1 所示。

设计电路时，如果采用了共阳极数码管，就应采用表 13.1 中的共阳极字型码。如果采用共阴极数码管，就应该采用表 13.1 中的共阴极字型码。编程的时候，将需要显示的字型码存放在程序存储器的固定区域中，构成显示字型码表。当要显示某字符时，通过查表指令获取该字符所对应的字型码。

表 13.1　数码管字型编码表

显示	共阳极									共阴极								
	dp	g	f	e	d	c	b	a	字型	dp	g	f	e	d	c	b	a	字型
0	1	1	0	0	0	0	0	0	C0H	0	0	1	1	1	1	1	1	3FH
1	1	1	1	1	1	0	0	1	F9H	0	0	0	0	0	1	1	0	06H
2	1	0	1	0	0	1	0	0	A4H	0	1	0	1	1	0	1	1	5BH
3	1	0	1	1	0	0	0	0	B0H	0	1	0	0	1	1	1	1	4FH
4	1	0	0	1	1	0	0	1	99H	0	1	1	0	0	1	1	0	66H
5	1	0	0	1	0	0	1	0	92H	0	1	1	0	1	1	0	1	6DH
6	1	0	0	0	0	0	1	0	82H	0	1	1	1	1	1	0	1	7DH
7	1	1	1	1	1	0	0	0	F8H	0	0	0	0	0	1	1	1	07H
8	1	0	0	0	0	0	0	0	80H	0	1	1	1	1	1	1	1	7FH
9	1	0	0	1	0	0	0	0	90H	0	1	1	0	1	1	1	1	6FH
A	1	0	0	0	1	0	0	0	88H	0	1	1	1	0	1	1	1	77H
b	1	0	0	0	0	0	1	1	83H	0	1	1	1	1	1	0	0	7CH
c	1	1	0	0	0	1	1	0	C6H	0	0	1	1	1	0	0	1	39H
d	1	0	1	0	0	0	0	1	A1H	0	1	0	1	1	1	1	0	5EH
E	1	0	0	0	0	1	1	0	86H	0	1	1	1	1	0	0	1	79H
F	1	0	0	0	1	1	1	0	8EH	0	1	1	1	0	0	0	1	71H
.	0	1	1	1	1	1	1	1	7FH	1	0	0	0	0	0	0	0	80H
熄灭	1	1	1	1	1	1	1	1	FFH	0	0	0	0	0	0	0	0	00H
…	…	…	…	…	…	…	…	…	…	…	…	…	…	…	…	…	…	…

LED 数码管有静态显示和动态显示两种方式，下面分别叙述。

2. 静态显示接口

1）静态显示概念。静态显示是指数码管显示某一字符时，相应的发光二极管恒定导通或恒定截止。

这种显示方式的各位数码管相互独立，公共端恒定接地（共阴极）或接正电源（共阳极），如图 13.12 所示。每个数码管的 8 个字段分别与一个 8 位 I/O 口地址相连，I/O 口只要有段码输出，相应字符即显示出来，并保持不变，直到 I/O 口输出新的段码。采用静态显示方式，较小的电流即可获得较高的亮度，且占用 CPU 时间少，编程简单，显示便于监测和控制，但其占用的口线多，硬件电路复杂，成本高，只适合于显示位数较少的场合。

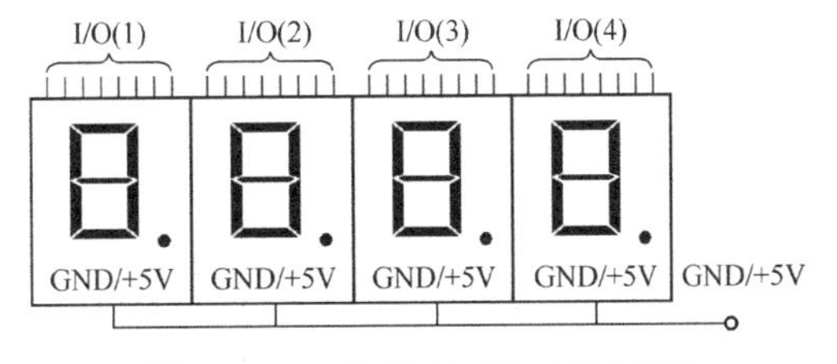

图 13.12　4 位静态 LED 显示电路

2）静态显示原理。单片机应用系统中，常采用 74HC595 作为 LED 的静态显示接口。74HC595 管脚如图 13.13 所示，该芯片内含 8 位串入、串/并出移位寄存器和 8 位三态输出锁存器。移位寄存器和锁存器分别有各自的时钟输入（SFTCLK 和 LCHCLK），都是上升沿有效。当 SFTCLK 从低到高电平跳变时，串行输入数据（SDI）移入寄存器；当 LCHCLK 从低到高电平跳变时，寄存器的数据置入锁存器。清除端（$\overline{RSI}$）的低电平只对寄存器复位（SDO 为低电平），而对锁存器无影响。当输出允许控制（$\overline{OE}$）为高电平时，并行输出（Q0～Q7）为高阻态，而串行输出（SDO）不受影响。

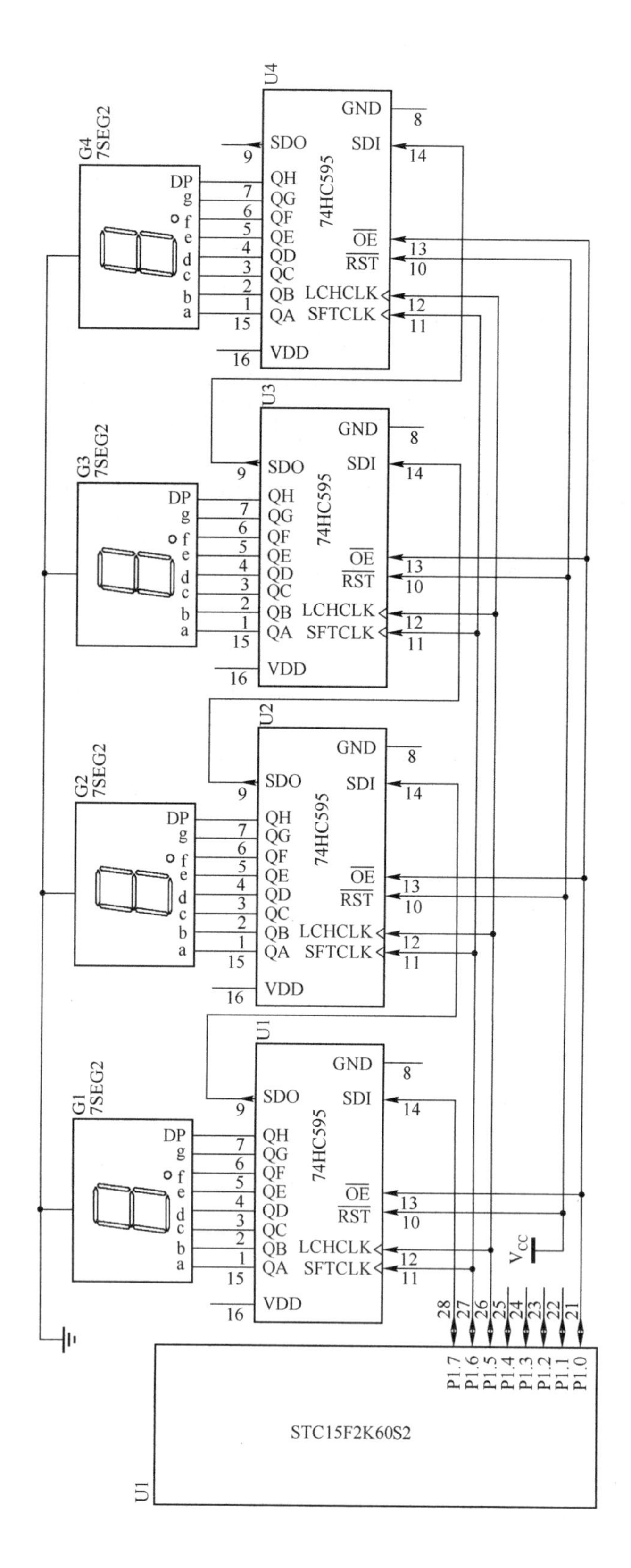

图 13.13 静态显示的 LED 接口电路

74HC595 最多需要 5 根控制线，即 SDI、SFTCLK、LCHCLK、$\overline{\text{RSI}}$ 和 $\overline{\text{OE}}$，其中 $\overline{\text{RSI}}$ 可以直接接到高电平；如果不需要软件改变亮度，$\overline{\text{OE}}$ 可以直接接到低电平，而用硬件来改变亮度。把其余三根线和单片机的 I/O 口相接，即可实现对 LED 的控制。

数据从 SDI 口送入 74HC595，在每个 SFTCLK 的上升沿，SDI 口上的数据移入寄存器，在 SFTCLK 的第 9 个上升沿，数据开始从 SDO 移出。如果把第一个 74HC595 的 SDO 和第二个 74HC595 的 SDI 相接，数据即移入第二个 74HC595 中，照此一个一个接下去，可接任意多个。数据全部送完后，给 LCHCLK 一个上升沿，寄存器中的数据即置入锁存器。此时如果 $\overline{\text{OE}}$ 为低电平，数据即从并口 Q0～Q7 输出，把 Q0～Q7 与 LED 的 8 段相接，LED 就可以实现显示了。要想软件改变 LED 的亮度，只要改变 $\overline{\text{OE}}$ 的占空比就行了。

采用 74HC595 芯片与 51 单片机的连接 4 位数码管显示电路如图 13.13 所示。其中 P1 口的 P1.5、P1.6、P1.7 分别接到 74HC595 的 SFTLCK、LCHCLK 和 SDI 引脚，P1.0 接 74HC595 的 $\overline{\text{OE}}$，用于控制显示亮度。

3）程序实现（595HC.C）。

```
#include <stc15f2k60s2.h>
#include <intrins.h>
#define uchar unsigned char
#define uint unsigned int
uchar code7[]={0x3f，0x06，0x5b，0x4f，0x66，0x6d，0x7d，0x07，0x7f，0x6f};
//定义显示码
sbit sftclk=P1^6;                //移位寄存器时钟
sbit lchclk=P1^5;                //锁存器时钟
sbit sdi=P1^7;                   //输入端口
sbit OE=P1^0;                    //数据输出允许位标志
/*------------------清“0”子函数-----------------------*/
clrdsp()
{
        uchar   i;
        for（i=0；i<32；i++）
        {
                sftclk=0;
                sdi=0;
                sftclk=1;
        }
}
/*------------------显示子函数---------------------*/
display()
{
         uchar   char i, j, segment;
         for（i=0；i<4；i++）
         {
                 segment=code7[i];
                 lchclk=0;
                 for（j=0；j<8；j++）
                 {
                         sftclk=0;
                         segment<<=1;   //高位自动移入 CY
                         sdi=CY;
                         sftclk=1;
                 }
                 lchclk=1;               //将移位寄存器数据置入锁存器中
         }
```

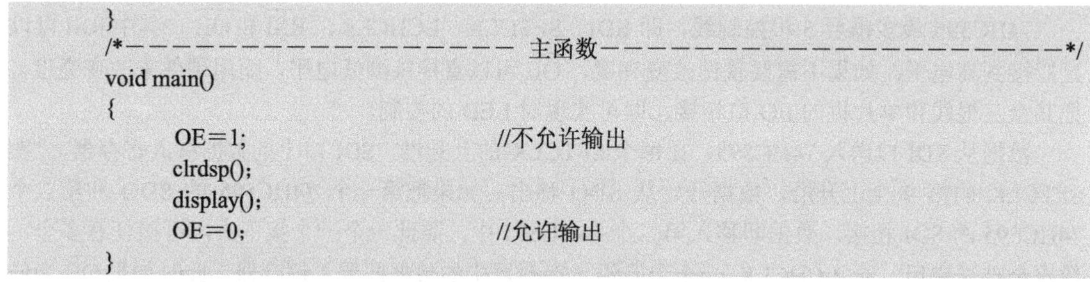

```
}
/*---------------------- 主函数----------------------------*/
void main()
{
        OE=1;                        //不允许输出
        clrdsp();
        display();
        OE=0;                        //允许输出
}
```

4）思考：分析程序运行后，显示器的显示结果是什么？

图 13.13 中所示的数码管静态显示是一种典型应用，但每位数码管都应有各自的驱动器。显示位数越多，需要的硬件资源也越多。随着显示位数增多，静态显示方式就无法适应了，因此在显示位数较多的情况下，一般采用动态显示方式。

3. 动态显示接口

1）动态显示概念。动态显示是一位一位地轮流点亮各位数码管，这种逐位点亮显示器的方式称为位扫描。通常各位数码管的段选线相应并联在一起，由一个 8 位的 I/O 口控制；各位的位选线（公共阴极或阳极）由另外的 I/O 口线控制。动态方式显示时，各数码管分时轮流选通，要使其稳定显示，必须采用扫描方式，即在某一时刻只选通一位数码管，并送出相应的段码，在另一时刻选通另一位数码管，并送出相应的段码。依此规律循环，即可使各位数码管显示将要显示的字符。虽然这些字符是在不同的时刻分别显示，但由于人眼存在视觉暂留效应，只要每位显示间隔足够短就可以给人以同时显示的感觉。

采用动态显示方式比较节省 I/O 口，硬件电路也较静态显示方式简单，但其亮度不如静态显示方式，而且在显示位数较多时，CPU 要巡回依次扫描，占用 CPU 较多的时间。

2）多位动态显示接口应用。在一般较为简单的系统中，为了降低成本，动态显示方案具备一定的实用性，也是目前单片机数码管显示较为常用的一种显示方法。有关动态显示的方法和电路设计是本任务所采用的要求。

用一片 ULN2803 作为 6 个共阴极数码管的位增强驱动器，数码管的段选直接接单片机的 P0 口。ULN2803 是 8 位反相驱动器，其最大驱动电流为 600mA，假如数码管的 8 个二极管都点亮，则共有 80mA 电流从阴极流出，ULN2803 完全有能力接受 80mA 的灌入电流。

6 位共阴极数码管的扫描显示电路如图 13.14 所示。

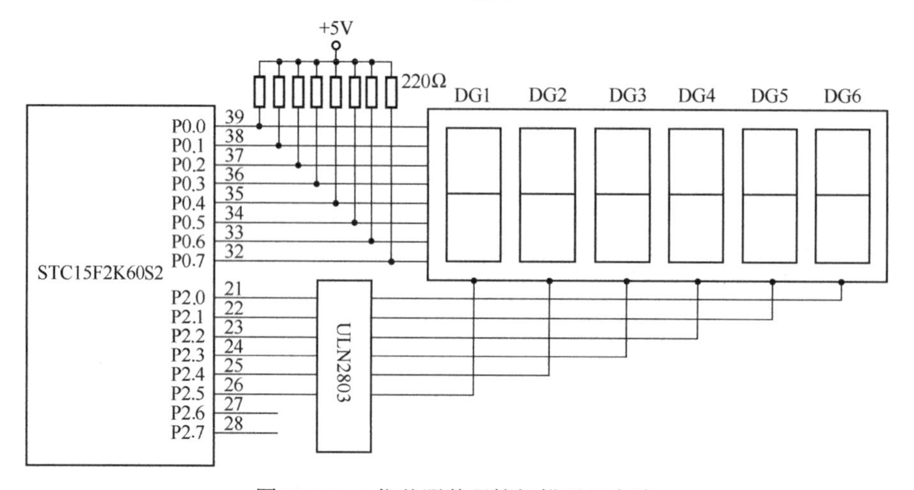

图 13.14　6 位共阴数码管扫描显示电路

3）数码管动态扫描显示程序（m-display.c）的实现。

程序功能：6位数码管显示“543210”，程序如下：

```
#include <stc15f2k60s2.h>
#include <intrins.h>
#define uchar unsigned char
#define uint unsigned int
#define   led_data   P0                        //数码管段选
#define   led_bit    P2                        //数码管位选
Uchar code LEDValue[]={0x3f，0x06，0x5b，0x4f，0x66，
0x6d，0x7d，0x07，0x7f，0x6f，0x00}；     //共阴数码管显示码“0”－“9”，“熄灭”
uchar data scan_con[6]={0x01，0x02，0x04，0x08，0x10，0x20}；    //列扫描字
uchar data dis_buf[_]={0，1，2，3，4，5}； //定义显示缓冲区
/*——————————————————— 1ms 延时子函数——————————————————*/
delay1ms（int t）
{
  int i，j；
  for（i=0；i<t；i++）
  for（j=0；j<120；j++）；
}
/*————————————————————数码管显示子函数———————————————*/
display()
{
  uchar k；
  for （k=0; k<6; k++）
  {
        led_data=LEDValue[dis_buf[k]];//6 位数码管依次显示 0、1、2、3、4、5
        led_bit=scan_con[k];
        delay1ms（1）;
        led_bit=0x00;                    //数码管点亮切换时，关显示
  }
}
/*———————————————————————主函数———————————————————————*/
main()
{
    while（1）
    {
            display()；
    }
}
```

静态显示时，数码管较亮，且显示程序占用 CPU 的时间较少，但其硬件电路复杂，占用单片机口线多，成本高；动态显示时，硬件电路相对简单，成本较低，但数码管显示亮度偏低，为了保证足够的显示亮度，LED 的限流电阻应选小些，且采用动态扫描方式，显示程序占用 CPU 的时间较多。具体应用时应根据实际情况，选用合适的显示方式。

13.2.3 LCD 显示接口与应用编程

1. LCD 显示器的简介

LCD 显示器由于类型、用途不同，因而其性能、结构也不可能完全相同，但其基本形态和

结构却是大同小异的。

2. LCD 显示器的结构

不同类型的液晶显示器的组成可能会有所不同，但是所有液晶显示器都可以认为是由两片光刻有透明导电电极的基板夹持一个液晶层，经封装而成的一个扁平盒（有时在外表面还可能贴装有偏振片）。

构成液晶显示器有三大基本部件：

1）玻璃基板。这是一种表面极其平整的浮法生产薄玻璃片，表面蒸镀有一层 In_2O_3 或 SnO_2 透明导电层，即 ITO 膜层，经光刻加工制成透明导电图形，这些图形由像素图形和外引线图形组成，外引线不能进行传统的锡焊，只能通过导电橡胶条或导电胶带等进行连接。如果划伤、割断或腐蚀，则会造成器件报废。

2）液晶。液晶材料是液晶显示器的主体，液晶材料大都是由几种乃至十几种单体液晶材料混合而成的，每种液晶材料都有自己固定的清亮点 T_L 和结晶点 T_S，要求每种液晶显示器必须使用和保存在 T_s～T_L 之间的一定温度范围内。如果使用或保存温度过低，则结晶会破坏液晶显示器的定向层；而温度过高，液晶会失去液晶态，也就失去了液晶显示器的功能。

3）偏振片。由塑料膜材料制成，其表面涂有一层光学压敏胶，可以贴在液晶盒的表面，前偏振片表面还有一层保护膜，使用时应揭去。偏振膜怕高温、高湿，在高温、高湿环境下会使其退偏振或者起泡。

3. LCD 显示器的特点

液晶显示器有以下几个显著特点：

1）低压微功耗。其工作电压只有 3～5V，工作电流只有几个微安每平方厘米，因此它成为便携式和手持式仪器仪表的显示屏幕。

2）平板形结构。LCD 显示器内有由两片玻璃组成的夹层盒，面积可大可小，且适合于大批量生产，安装时占用体积小，减小了设备体积。

3）被动显示。液晶本身不发光，而是靠调制外界光进行显示，适合人的视觉习惯，不会使人眼睛疲劳。在黑暗的环境条件下必须使用背光源才能使 LCD 正常显示。

4）显示信息量大。LCD 显示器的像素可以做到很小，相同面积上可容纳更多的信息。

5）易于彩色化。

6）没有电磁辐射。LCD 显示器在显示器件不会产生电磁辐射，对环境无污染，有利于人体健康。

7）寿命长。LCD 器件本身无老化问题，寿命极长。

4. LCD 显示器的分类

通常可将 LCD 分为笔段型、字符型和点阵（图形）型。

1）笔段型。笔段型以长条状显示像素组成一位显示，该类型主要用于数字显示，也可用于显示西文字母或某些字符。这种段型显示通常有 6 段、7 段、8 段、9 段、14 段和 16 段等，在形状上总是围绕数字“8”的结构而变化，其中以 7 段显示最常用，广泛用于电子表、数字电压表、专用仪表中。

2）字符型。字符型液晶显示模块是专门用来显示字母、数字、符号等的点阵型液晶显示模块。在电极图形设计上它是由若干个 5×8 或 5×11 点阵组成的，每一个点阵显示一个字符。这类模块广泛应用于手机、电子笔记本等电子设备中。

3）点阵图形型。点阵图形型是指在一平板上排列多行多列，形成矩阵的晶格点，点的大小可根据显示的清晰度来设计。这类液晶显示可广泛用于图形显示，如游戏机、笔记本电脑和彩色电视机等设备中。

LCD 还有一些其他的分类方法：按采光方式可分为自然采光、背光源采光 LCD；按 LCD 的显示驱动方式可分为静态驱动、动态驱动和双频驱动 LCD；按控制器的安装方式可分为含有控制器和不含控制器两类。

含有控制器的 LCD 又称为内置式 LCD，内置式 LCD 把控制器和驱动器用厚膜电路做在液晶显示模块印制底板上，只需通过控制器接口外接数字信号或模拟信号即可驱动 LCD 显示。因内置式 LCD 使用方便、简洁，所以在字符型 LCD 和点阵图形型 LCD 中得到了广泛应用。

不含控制器的 LCD 还需另外选配相应的控制器和驱动器才能工作。

13.2.3.1 字符型 LCD1602 与应用实例

1. 字符型 LCD1602 概述

字符型液晶显示模块是一类专用于显示字母、数字、符号等的点阵型液晶显示模块，目前常用 16×1，16×2，20×2 和 40×2 行等的模块，它由若干个 5×8 或 5×11 点阵块组成字符块集，每一个字符块是一个字符位，每一位都可以显示一个字符，字符位之间空有一个点距的间隔，起着字符间距和行距的作用。这类模块使用专用于字符显示控制与驱动的 IC 芯片，这类模块的应用范围仅局限于字符而不包括图形，所以称其为字符型液晶显示模块。目前最常用的字符型液晶显示驱动控制器是日立公司的控制器 HD44780U 及其替代品。

1602LCD 分为带背光和不带背光两种，带背光的比不带背光的厚，是否带背光在应用中并无差别。

1）LCD1602 特性。

① +5V 供电，亮度可调整。

② 内藏振荡电路，系统内含重置电路。

③ 提供各种控制命令，如复位显示器、字符闪烁、光标闪烁、显示移位等。

④ 显示用数据 RAM 共有 80 个字节。

⑤ 字符产生器 ROM 有 160 个 5×7 点矩阵字型。

⑥ 字符产生器 RAM 可由用户自行定义 8 个 5×7 的点矩阵字型。

2）LCD1602 的引脚说明。图 13.15 为 LCD1602 的引脚图，1602 采用标准的 16 脚接口，其引脚功能说明如下：

第 7～14 脚 D0-D7：数据输入输出引脚。

第 4 脚 RS：寄存器选择控制线，当 RS=0，并且做写入的操作时，可以写入命令到指令寄存器；当 RS=0，且做读取的动作时，可以读取忙碌标志及地址计数器的内容；如果 RS=1 则用于读写数据寄存器。

第 5 脚 R/W：LCD 读写控制线，R/W=0 时，LCD 执行写入的动作，R/W=1 时则做读取的动作。

第 6 脚 E：使能信号控制（enable）端，高电平有效。

第 2 脚 V_{dd}：电源正端。

第 1 脚 V_{ss}：电源地端。

第 3 脚 V_o：LCD 驱动电源。V_o 为液晶显示器对比度调整端，

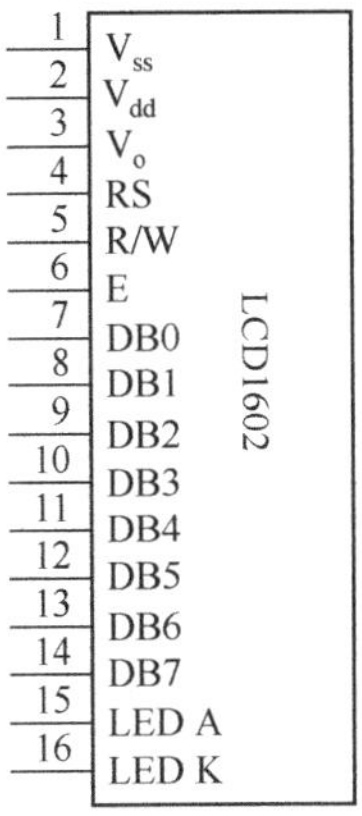

图 13.15 LCD1602 的引脚图

接正电源时对比度最弱，接地时对比度最高（对比度过高时会产生“鬼影”，使用时可以通过一个 10kΩ 的电位器调整对比度）。

第 15 脚 LEDA：背光＋5V

第 16 脚 LEDK：背光地

3）LCD 控制方式。以 CPU 来控制 LCD 器件，其内部可以看成两组寄存器，一个为指令寄存器，一个为数据寄存器，由 RS 引脚来控制。所有对命令寄存器或数据寄存器的存取均需要检查 LCD 内部的忙碌标志（Busy Flag），此标志用来告知 LCD 内部正在工作，并不允许接收任何的控制指令。而此一位的检查，可以令 RS＝0 时，读取位 7 来加以判断，当此位为 0 时，才可以写入命令或数据。

4）LCD 控制指令。1602 液晶模块内部的控制器共有 11 条控制指令，如表 13.2 所示。

表 13.2　控制命令表

序号	指令功能	控制引脚		命令数据字							
		RS	R/W	D7	D6	D5	D4	D3	D2	D1	D0
1	清显示	0	0	0	0	0	0	0	0	0	1
2	光标返回	0	0	0	0	0	0	0	0	1	x
3	输入模式设置	0	0	0	0	0	0	0	1	I/D	S
4	显示开/关控制	0	0	0	0	0	0	1	D	C	B
5	光标或字符移位	0	0	0	0	0	1	S/C	R/L	x	x
6	功能设置	0	0	0	0	1	DL	N	F	x	x
7	字符发生存储器地址设置	0	0	0	1	字符发生存储器地址					
8	显示数据存储器地址设置	0	0	1	显示数据存储器地址						
9	读忙标志或地址	0	1	BF	计数器地址						
10	写数据到 CGRAM 或 DDRAM）	1	0	要写的数据内容							
11	从 CGRAM 或 DDRAM 读数据	1	1	读出的数据内容							

① 复位显示器。指令码为 0x01，将 LCD DDRAM 数据全部填入空白码 20H，执行此指令将清除显示器的内容，同时光标移到左上角。

② 光标归位设置。指令码为 0x02，地址计数器被清为 0，DDRAM 数据不变，光标移到左上角。

③ 设置字符进入模式。指令格式为：

D7	D6	D5	D4	D3	D2	D1	D0
0	0	0	0	0	1	I/D	S

I/D：地址计数器递增或递减控制，I/D＝1 时为递增，I/D＝0 时为递减。每次读写显示 RAM 中字符码一次则地址计数器会加 1 或减 1.光标所显示的位置也会同时右移 1 位位置（I/D＝1）或左移 1 位（I/D＝0）。

S：显示屏移动或不移动控制，当 S＝1，写入一个字符到 DDRAM 时，显示屏向左（I/D＝1）或向右（I/D＝0）移动一格，而光标位置不变。当 S＝0 时，则显示屏不移动。

④ 显示器开关。指令格式为：

D7	D6	D5	D4	D3	D2	D1	D0
0	0	0	0	1	D	C	B

D：显示屏打开或开关控制位，D＝1 时，显示屏打开，D＝0 时，则显示屏关闭。

C：光标出现控制位，C＝1 则光标会出现在地址计数器所指的位置，C＝0 则光标不出现。

B：光标闪烁控制位，B＝1 光标出现后会闪烁，B＝0，光标不闪烁。

⑤ 显示光标移位。指令格式为：

D7	D6	D5	D4	D3	D2	D1	D0
0	0	0	1	S/C	R/L	×	×

×表示 0 或 1 都可以。

S/C	R/L	操作
0	0	光标向左移
0	1	光标向右移
1	0	字符和光标向左移
1	1	字符和光标向右移

⑥ 功能设置。指令格式为：

D7	D6	D5	D4	D3	D2	D1	D0
0	0	1	DL	N	F	×	×

DL：数据长度选择位。DL＝1 时为 8 位数据传输，DL＝0 时则为 4 位数据传输，使用 D7～D4 各位，分 2 次送入一个完整的字符数据。

N：显示屏为单行或双行选择。N＝0 为单行显示，N＝1 则为双行显示。

F：大小字符显示选择。F＝1 时为 5×10 点矩阵字型，F＝0 则为 5×7 点矩阵字型。

⑦ CGRAM 地址设置。指令格式为：

D7	D6	D5	D4	D3	D2	D1	D0
0	1	A5	A4	A3	A2	A1	A0

设置 CGRAM 操作的起始地址，地址位数为 6 位，便可对 CGRAM 读/写数据，用于自定义显示字符。

⑧ DDRAM 地址设置。指令格式为：

D7	D6	D5	D4	D3	D2	D1	D0
1	A6	A5	A4	A3	A2	A1	A0

设置 DDRAM 操作的起始地址，地址位数为 7 位，便可对 DDRAM 读/写数据。

⑨ 忙碌标志读取。指令格式为：

D7	D6	D5	D4	D3	D2	D1	D0
BF	A6	A5	A4	A3	A2	A1	A0

LCD 的忙碌标志 BF 用以指示 LCD 目前的工作情况，当 BF＝1 时，表示正在做内部数据的处理，不接收外界送来的指令或数据，当 BF＝0 时，则表示已准备接收命令或数据。

当程序读取数据的内容时，位 7 表示忙碌标志，另外 7 位的地址表示 CGRAM 或 DDRAM 中的地址，至于是指向哪一地址则依最后写入的地址设置指令而定。

⑩ 写数据到 CGRAM 或 DDRAM 中，先设置 CGRAM 或 DDRAM 地址，再写数据（RS＝1，R/W＝0）。

⑪ 从 CGRAM 或 DDRAM 中读取数据，先设置 CGRAM 或 DDRAM 地址，再读取数据（RS＝1，R/W＝1）。

2. 1602LCD 的 RAM 地址映射及标准字库表

液晶显示模块是一个慢显示器件，所以在执行每条指令之前一定要确认模块的忙标志为低电平，表示不忙，否则此指令失效。要显示字符时要先输入显示字符地址，也就是告诉模块在哪里显示字符，图 13.16 所示为 1602 的内部显示地址。

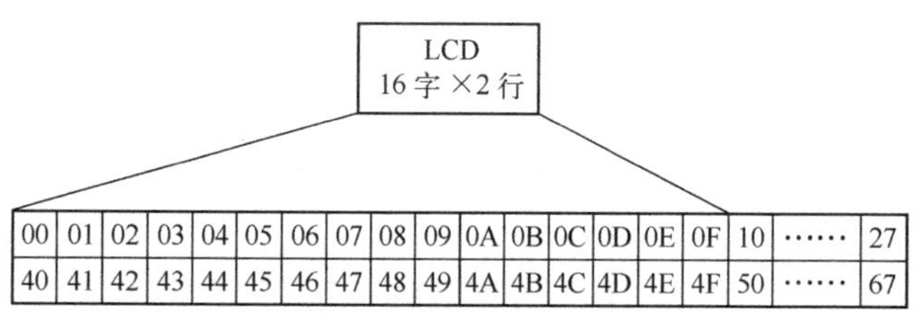

图 13.16　1602LCD 内部显示地址

例如，第二行第一个字符的地址是 40H，那么是否直接写入 40H 就可以将光标定位在第二行第一个字符的位置呢？这样不行，因为写入显示地址时要求最高位 D7 恒定为高电平 1，所以实际写入的数据应该是 01000000B（40H）＋10000000B（80H）＝11000000B（C0H）。

在对液晶模块的初始化中要先设置其显示模式，在液晶模块显示字符时光标是自动右移的，无须人工干预。

1602 液晶模块内部的字符发生存储器（CGROM）已经存储了 160 个不同的点阵字符图形，如表 13.3 所示，这些字符有：阿拉伯数字、英文字母的大小写、常用的符号、日文假名等，每一个字符都有一个固定的代码，例如，大写的英文字母“A”的代码是 01000001B（41H），显示时模块把地址 41H 中的点阵字符图形显示出来，我们就能看到字母“A”。对于数字、大小写英文字母的代码就是其 ASCⅡ码。

当需要在某个位置显示某个字符时，就将该字符的 ASCⅡ码送到该显示位置对应的 DDRAM 地址上即可。

表 13.3　CGROM 中的字符代码与图形对应关系

高位 低位	0000	0010	0011	0100	0101	0110	0111
0000	CGRAM		0	@	P	\	p
0001		!	1	A	Q	a	q
0010		”	2	B	R	b	r
0011		#	3	C	S	c	s
0100		$	4	D	T	d	t
0101		%	5	E	U	e	u
0110		&	6	F	V	f	v
0111		’	7	G	W	g	w
1000		(	8	H	X	h	x
1001		)	9	I	Y	i	y
1010		*	:	J	Z	j	z
1011		+	;	K	[	k	{
1100		,	<	L	¥	l	|
1101		—	=	M	]	m	}
1110		.	>	N	^	n	→
1111		/	?	O	_	o	←

3. LCD1602与8051单片机的接口

单片机与字符型LCD显示模块的连接方法分为直接访问和总线访问两种，数据传输的方式分为8位和4位两种。总线访问方式已很少使用。

直接访问方式下，计算机把字符型液晶显示模块作为终端与计算机的并行接口连接，计算机通过对该并行接口的操作直接实现对字符型液晶显示模块的控制，LCD1602模块的8位数据线与51单片机的P0口相接，P2.0、P2.1、P2.2作为时序控制信号线，接到RS、R/W、E端口。模块的V_0端所接的电位器是作为液晶驱动电源的调节器，调节显示的对比度。

LCD1602与51单片机的电路图，如图13.17所示。

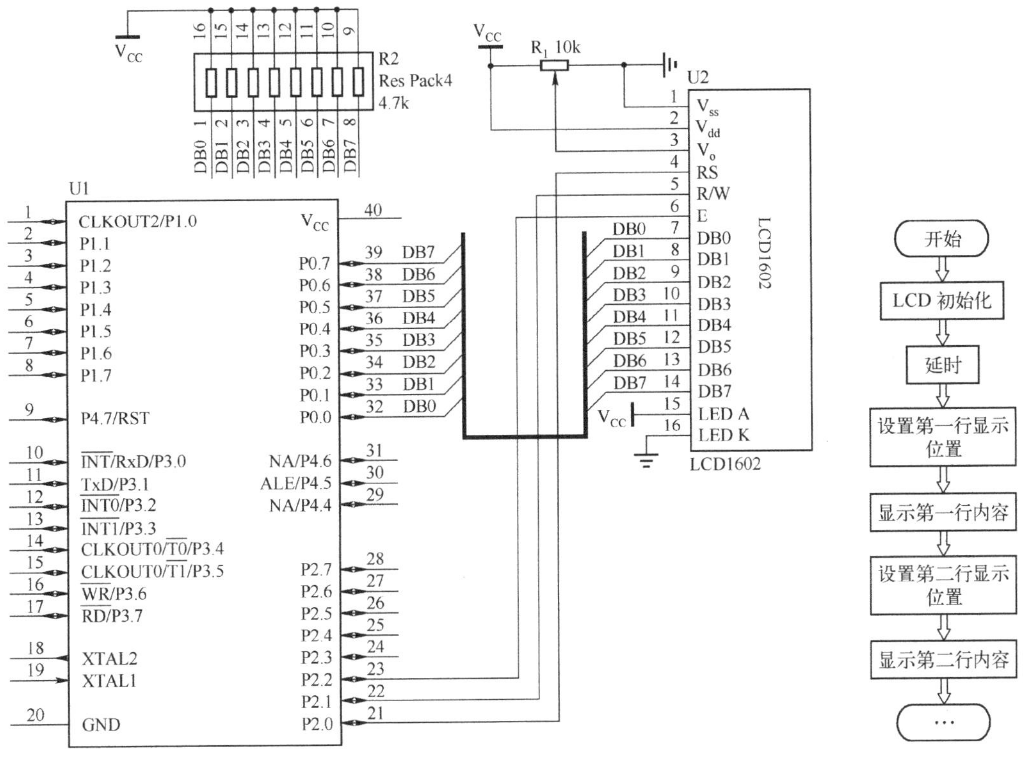

图13.17　LCD1602与单片机接口电路图

图13.18　主程序流程图

在写操作时，使能信号E的下降沿有效，在软件设置顺序上，先设置RS、R/W状态，再设置数据，然后设置E信号为高电平，若干时钟后拉低E信号；在读操作时，使能信号E的高电平有效，所以在软件设置顺序上，先设置RS和R/W状态，再设置E信号为高，这时从数据口读取数据，然后将E信号置低。

4. LCD1602程序的实现

程序功能：第一行显示：Welcome，第二行显示：http：//www. stcmcu.com

1）程序流程图。主程序流程如图13.18所示。

2）源程序（LCD1602.C）。

```
#include <stc15f2k60s2.h>
#include <intrins.h>
#define uchar unsigned char
#define uint unsigned int
typedef bit BOOL ;
```

```
/*—————————————————定义控制引脚————————————————————————*/
sbit rs=P2^0;                                          //RS
sbit rw=P2^1;     //读写选择 RW
sbit e=P2^2;        //使能信号 E
uchar code dis1[]={" Welcome ! "};   //定义第一行显示字符
uchar code dis2[]={" http://www.stcmcu.com/ "};   //定义第二行显示字符
/*——————————————————延时子函数————————————————————————*/
void delay (uchar ms)
{
        uint j;
        while (ms--)
        {
                for (j=0;   j< 750;    j++);
        }
}
/*————————————————————2μs 延时函数——————————————————————*/
void Delag2us()
{
        uchar i;
        i=3;
        while (--i);
}
/*————————————————判别 LCD 忙碌状态子函数————————————————*/
BOOL lcd_bz()
{
        BOOL result;
        rs=0;
        rw=1;
        e=1;
        Delay2us();
        result= (BOOL) (P0 & 0x80);          //强迫 P0 & 0x80 的结果数据类型为位变量
        e=0;
        return result;
}
/*————————————————写入指令数据到 LCD 子函数——————————————*/
void lcd_wcmd (uchar cmd)    //*写入指令数据到 LCD
{
        while (lcd_bz());
        rs=0;
        rw=0;
        e=0;
        P0=cmd;
        e=1;
        Delay2us();
        e=0;
}
/*———————————————设定 LCD 显示位置子函数————————————————*/
void lcd_start (uchar start)
{
        lcd_wcmd (start | 0x80) ;  //显示位置+写显示位置的代码 (80H)
}
/*——————————————写入显示字符数据到 LCD 子函数———————————————*/
void lcd_data (uchar dat)
```

```
{
        while (lcd_bz());
        rs=1;
        rw=0;
        e=0;
        P0=dat;
        e=1;
        Delay2us();
        e=0;
}
/*-----------------LCD初始化设定子函数-----------------*/
void lcd_init()
{
         delay (15);
         lcd_wcmd (0x38) ;  //设定LCD为16×2显示，5×7点阵，8位数据接口
         delay (2);
         lcd_wcmd (0x0c) ;  //开显示，不显示光标
         delay (2);
         lcd_wcmd (0x06) ;  //地址计数器递增计数，显示屏不移动
         delay (2);
         lcd_wcmd (0x01) ;  //清显示屏
         delay (2);
}
/*---------------------主函数---------------------*/
void main()
{
        uchar i;
        lcd_init();                         //初始化LCD
        delay (20);
        lcd_start (4) ;                     //设置显示位置为第一行的第5个字符
        i=0;
        while (dis1[i] ! =' /0' )
        {                                   //显示第一行字符
                lcd_data (dis1[i]);
                i++;
        }
        lcd_start (0x42) ;                  //设置显示位置为第二行第3个字符
        i=0;
        while (dis2[i] ! =' /0' )
        {
                lcd_data (dis2[i]) ;        //显示第二行字符
                i++;
        }
        while (1);
}
```

13.2.3.2 带中文字库的LCD12864显示模块与应用实例

1. 工作特征

LCD12864在市面上主要分为两种，一是采用st7920控制器，它一般带有中文字库字模，价

格略高一点；另一种采用 KS0108 控制器，它只是点阵模式，不带字库。

带中文字库的 128×64 是一种具有 4 位/8 位并行、2 线或 3 线串行多种接口方式，内部含有国标一级、二级简体中文字库的点阵图形液晶显示模块，其显示分辨率为 128×64。

内置 8192 个 16×16 点汉字和 128 个 16×8 点 ASCII 字符集，利用该模块灵活的接口方式和简单、方便的操作指令，可构成全中文人机交互图形界面。

可以显示 8×4 行 16×16 点阵的汉字，也可完成图形显示。

1）模块接口说明。SMG12864ZK 标准中文字符及图形点阵液晶显示模块（LCM）的接口信号如图 13.4 所示。

表 13.4　并行接口管脚信号

管脚号	管脚名称	逻辑电平	管脚功能描述
1	V_{SS}	0V	电源地
2	V_{CC}	3～5V	电源正
3	NC[V0]	—	空脚[有些模块是对比度（亮度）调整电压输入端]
4	RS（CS）	1/0	RS=1，选择数据寄存器（DR），表示 DB7～DB0 为字符数据 RS=0，选择指令寄存器（IR），表示 DB7～DB0 为指令数据 （串口连接时为 CS，模块的片选段，高电平有效）
5	R/W（STD）	1/0	R/W=1，E=1 时从 LCD 模块中读数据 R/W=0，E=“1→0”时 DB7～DB0 的数据被写到 IR 或 DR （串口连接时为 STD，串行传输的数据端）
6	E（SCLK）	1/0	使能信号（串口连接时为 SCLK，串行传输的时钟输入端）
7～14	DB0～DB7	1/0	三态数据线
15	PSB	1/0	1：并行数据模式 0：串行数据模式
16	NC	—	空脚
17	$\overline{\text{RESET}}$	1/0	复位端，低电平有效。模块内部接有上电复位电路，因此在不需要经常复位的场合可将该端悬空
18	NC [VOUT]	—	空脚（有些模块是 LCD 驱动电源电压输出端）
19	A	VDD	背光源正端（+5V）
20	K	VSS	背光源负端

2）模块主要硬件构成说明。

① 控制器接口信号描述：

- RS、R/W 的配合选择决定控制界面的 4 种模式，如表 13.5 所示。

表 13.5　RS、R/W 的配合选择决定控制界面的 4 种模式

RS	R/W	功能说明
0	0	MCU 写指令到指令寄存器（IR）
0	1	读出忙标志（BF）及地址记数器（AC）的状态
1	0	MCU 写入数据到数据寄存器（DR）
1	1	MCU 从数据寄存器（DR）中读出数据

- E 信号如表 13.6 所示。

表 13.6　E 信号

E 状态	执行动作	结果
1⟶0	I/O 引脚⟶DR 或 IR（锁存数据）	MCU 配合 W 进行写数据或指令
高	DR 或 IR⟶I/O 引脚（读取数据）	MCU 配合 R 进行读数据或指令
低⟶高	无动作	

② 忙标志（BF）与内部寄存器、存储器说明：

BF：忙标志，提供内部工作情况。BF＝1，表示模块在进行内部操作，此时模块不接收外部指令和数据；BF＝0，模块为准备状态，随时可接收外部指令和数据。

内部寄存器：IR 为内部指令寄存器，用于接收 LCD 的指令代码；DR 为内部字符数据寄存器，用于接收显示字符数据。

字型产生 ROM（CGROM）：字型产生 ROM（CGROM）可以提供 8192 个字型的显示代码。

显示数据 RAM（DDRAM）：模块内部显示数据 RAM 提供 64×2 个位元组的空间，最多可控制 4 行 16 字(64 个字)的中文字型显示，当写入字符编码显示数据 RAM 时，可分别显示 CGROM 与 CGRAM 的字型；此模块可显示三种字型，分别是半角英数字型（16×8）、CGRAM 字型及 CGROM 的中文字型，三种字型的选择，由在 DDRAM 中写入的编码确定。

- 在 0000H～0006H 的编码中(其代码分别是 0000、0002、0004、0006 共 4 个)将选择 CGRAM 的自定义字型。
- 02H～7FH 的编码中将选择半角英数字的字型。
- A1 以上的编码将自动结合下一个位元组，组成两个位元组的编码形成中文字型的编码 GB2312（A1A0～F7FFH）。

字型产生 RAM（CGRAM）：字型产生 RAM 提供图像定义（造字）功能，可以提供 4 组 16×16 点的自定义图像空间，使用者可以将内部字型没有提供的图像字型自行定义到 CGRAM 中，便可和 CGROM 中的定义一样地通过 DDRAM 显示在屏幕中。

地址计数器 AC：地址计数器是用来储存 DDRAM、CGRAM 之一的地址，它可通过对 LCD 写入来改变，之后只要读取或是写入 DDRAM/CGRAM 的值时，地址计数器的值就会自动加 1，而当 RS 为“0”时而 R/W 为“1”时，地址计数器的值会被读取到 DB6～DB0 中。

③ 光标/闪烁控制电路。此模块提供光标及闪烁控制电路，由地址计数器的值来指定 DDRAM 中的光标或闪烁位置。

3）指令说明。模块控制芯片提供两套控制命令，基本指令和扩充指令，分别如表 13.7 和 13.8 所示。

表 13.7　指令表：（RE＝0：基本指令）

指令名称	引脚控制		指令码								功能说明
	RS	R/W	D7	D6	D5	D4	D3	D2	D1	D0	
清除显示	0	0	0	0	0	0	0	0	0	1	将 DDRAM 填满”20H”，并且设定 DDRAM 的地址计数器（AC）为 00H
地址归位	0	0	0	0	0	0	0	0	1	X	设定 DDRAM 的地址计数器（AC）为 00H，并且将游标移到开头原点位置；这个指令不改变 DDRAM 的内容
显示状态开/关	0	0	0	0	0	0	1	D	C	B	D＝1，整体显示 ON C＝1，游标 ON B＝1，游标位置反白允许

续表

指令名称	引脚控制		指令码								功能说明
	RS	R/W	D7	D6	D5	D4	D3	D2	D1	D0	
进入模式设定	0	0	0	0	0	0	0	1	I/D	S	指定在数据的读取与写入时，设定游标的移动方向及指定显示的移位
游标或显示移位控制	0	0	0	0	0	1	S/C	R/L	X	X	设定游标的移动与显示的移位控制位；这个指令不改变 DDRAM 的内容
功能设置	0	0	0	0	1	DL	X	RE	X	X	DL＝0/1：4/8 位数据 RE＝1：扩充指令操作 RE＝0：基本指令操作
设置 CGRAM 地址	0	0	0	1	AC5	AC4	AC3	AC2	AC1	AC0	设定 CGRAM 地址
设置 DDRAM 地址	0	0	1	0	AC5	AC4	AC3	AC2	AC1	AC0	设定 DDRAM 地址（显示位址） 第一行：80H～87H 第二行：90H～97H
读取忙标志和地址	0	1	BF	AC6	AC5	AC4	AC3	AC2	AC1	AC0	读取忙标志（BF）可以确认内部动作是否完成，同时可以读出地址计数器（AC）的值
写数据到 RAM	1	0	数据								将数据 D7～D0 写入到内部的 RAM（DDRAM/CGRAM/IRAM/GRAM）
读出 RAM 的值	1	1	数据								从内部 RAM 读取数据 D7～D0（DDRAM/CGRAM/IRAM/GRAM）

表 13.8　指令表：（RE＝1：扩充指令）

指令名称	引脚控制		指令码								功能说明
	RS	R/W	D7	D6	D5	D4	D3	D2	D1	D0	
待命模式	0	0	0	0	0	0	0	0	0	1	进入待命模式，执行其他指令都将终止待命模式
卷动地址开关开启	0	0	0	0	0	0	0	0	1	SR	SR＝1：允许输入垂直卷动地址 SR＝0：允许输入 IRAM 和 CGRAM 地址
反白选择	0	0	0	0	0	0	0	1	R1	R0	选择两行中的任一行反白显示，并可决定反白与否。初始值 R1R0＝00，第一次设定为反白显示，再次设定变回正常
睡眠模式	0	0	0	0	0	0	1	SL	X	X	SL＝0：进入睡眠模式 SL＝1：脱离睡眠模式
扩充功能设定	0	0	0	0	1	CL	X	RE	G	0	CL＝0/1：4/8 位数据 RE＝1：扩充指令操作 RE＝0：基本指令操作 G＝1/0：绘图开关
设定绘图 RAM 地址	0	0	1	0 AC6	0 AC5	0 AC4	AC3 AC3	AC2 AC2	AC1 AC1	AC0 AC0	设定绘图 RAM 先设定垂直（列）地址 AC6AC5…AC0 再设定水平（行）地址 AC3AC2AC1AC0 将以上 16 位地址连续写入即可

当 LCD 模块在接收指令前，微处理器必须先确认其内部处于非忙碌状态，读取 BF 标志时，BF 需为 0 时方可接收新的指令或字符数据；如果在送出一个指令前并不检查 BF 标志，那么在前一个指令和这个指令中间必须延长一段较长的时间，等待前一个指令确实执行完成。

4）操作说明。

（1）使用前的准备。先给模块加上工作电压，再按照图 13.19 所示连接调节 LCD 的对比度，使其显示出黑色的底影。此过程亦可以初步检测 LCD 有无缺段现象。

（2）字符显示。带中文字库的 LCD128×64 每屏可显示 4 行 8 列共 32 个 16×16 点阵的汉字，每个显示 RAM 可显示 1 个中文字符或 2 个 16×8 点阵全高 ASCII 码字符，即每屏最多可实现 32 个中文字符或 64 个 ASCII 码字符的显示。带中文字库的 LCD128×64 内部提供 128×2 字节的字符显示 RAM 缓冲区（DDRAM）。字符显示是通过将字符显示编码写入该字符显示 RAM 实现的。

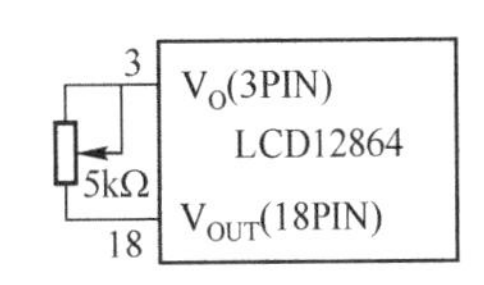

图 13.19　LCD 模块工作电压

根据写入编码的不同，可分别在液晶屏上显示 CGROM（中文字库）、HCGROM（ASCII 码字库）及 CGRAM（自定义字形）的内容。

① 显示半宽字型（ASCII 码字符）。将 8 位字元数据写入 DDRAM 中，字符编码范围为 02H～7FH。

② 显示 CGRAM 字形。将 16 位字元数据写入 DDRAM 中，字符编码范围为 0000～0006H（实际上只有 0000H、0002H、0004H、0006H，共 4 个）。

③ 显示中文字形。将 16 位字元数据写入 DDRAM 中，字符编码范围为 A1A0H～F7FFH（GB2312 中文字库字形编码）。

字符显示 RAM（DDRAM）在液晶模块中的地址是 80H～9FH，字符显示的 RAM 的地址与 32 个字符显示区域有着一一对应的关系，其对应关系如表 13.9 所示。

表 13.9　字符显示的 RAM 的地址与 32 个字符显示区域

80H		81H		82H		83H		84H		85H		86H		87H	
90H		91H		92H		93H		94H		95H		96H		97H	
88H		89H		8AH		8BH		8CH		8DH		8EH		8FH	
98H		99H		9AH		9BH		9CH		9DH		9EH		9FH	
H	L	H	L	H	L	H	L	H	L	H	L	H	L	H	L

注：每个显示地址包括两个单元，中文字符编码的第一个字节只能出现在高字节（H）位置，否则会出现乱码。

（3）图形显示。先连续写入垂直（AC5～AC0）与水平（AC3～AC0）地址坐标值，再写入两个 8 位元的数据到绘图 RAM，此时水平坐标地址计数器（AC）会自动加 1。GDRAM 的坐标地址与资料排列顺序如图 13.20 所示。

图形显示的操作步骤为：

① 垂直坐标（Y）写入绘图 RAM 地址。

② 水平坐标（X）写入绘图 RAM 地址。

③ 位元数据的 D15～D8 写入绘图 RAM 中。

④ 位元数据的 D7～D0 写入绘图 RAM 中。

按顺序继续写入数据，完成一行数据的传送；换行时，要重新设定垂直和水平坐标。

（4）应用注意事项。用带中文字库的 128×64 显示模块时应注意以下几点：

① 欲在某一个位置显示中文字符时，应先设定显示字符位置，即先设定显示地址，再写入

中文字符编码。

		水平坐标				
		00	01	~	06	07
		D15~D0	D15~D0	~	D15~D0	D15~D0
垂直坐标	00					
	01					
	……					
	1E					
	1F			128×64 点		
	00					
	01					
	……					
	1E					
	1F					
		D15~D0	D15~D0	~	D15~D0	D15~D0
		08	09	~	0E	0F

图 13.20　GDRAM 的坐标地址与资料排列顺序

② 显示 ASCII 字符过程与显示中文字符过程相同。不过在显示连续字符时，只需设定一次显示地址，由模块自动对地址加 1 指向下一个字符位置，否则，显示的字符中将会有一个空 ASCII 字符位置。

③ 当字符编码为 2 字节时，应先写入高位字节，再写入低位字节。

④ LCD 模块在接收指令前，微处理器必须先确认其内部处于非忙碌状态，读取 BF 标志时，BF 需为 0 时方可接收新的指令或字符数据；如果在送出一个指令前并不检查 BF 标志，那么在前一个指令和这个指令中间必须延长一段较长的时间，即是等待前一个指令确实执行完成。

⑤ RE 为基本指令集与扩充指令集的选择控制位。当变更 RE 后，以后的指令集将维持在最后的状态，除非再次变更 RE 位，否则使用相同指令集时，无须每次均重设 RE 位。

（5）接口时序。

① 8 位并口连接时序图。

- 写操作时序，如图 13.21 所示。
- 读操作时序，如图 13.22 所示。

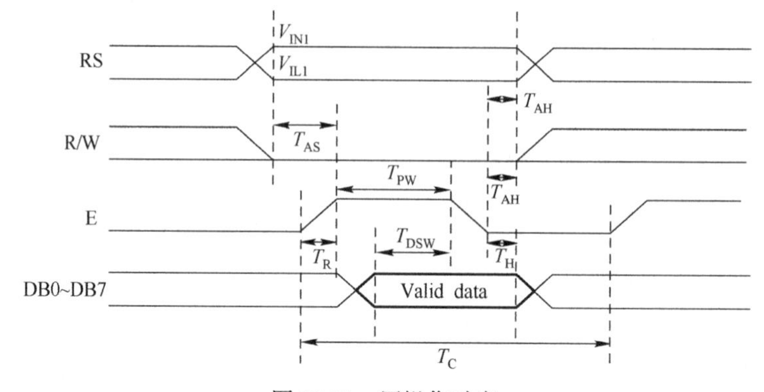

图 13.21　写操作时序

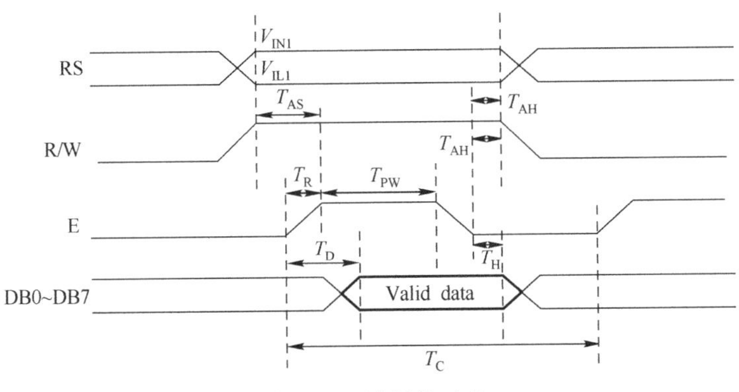

图 13.22　读操作时序

② 8 位串口连接时序图。串行连接时序图如图 13.23 所示。

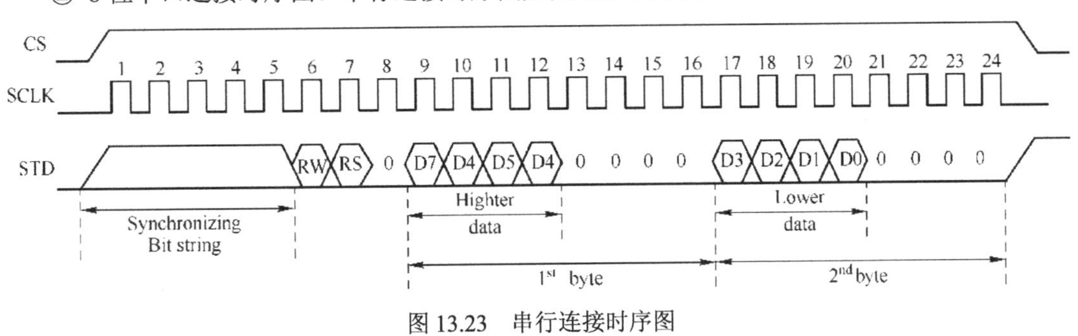

图 13.23　串行连接时序图

具体时序参数，因型号不同、工作频率不同，各时序时间不尽相同，实际使用可参照技术手册与应用例程。

2．LCD12864 与 51 单片机的硬件接口设计

模块有串行和并行连接两种，分别如图 13.24 和图 13.25 所示。

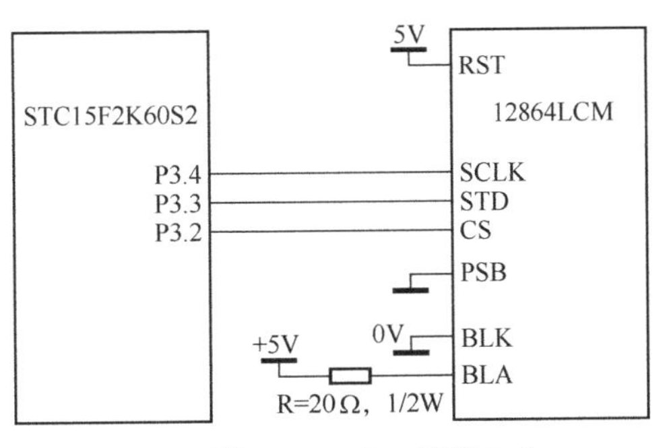

图 13.24　串口连接方式

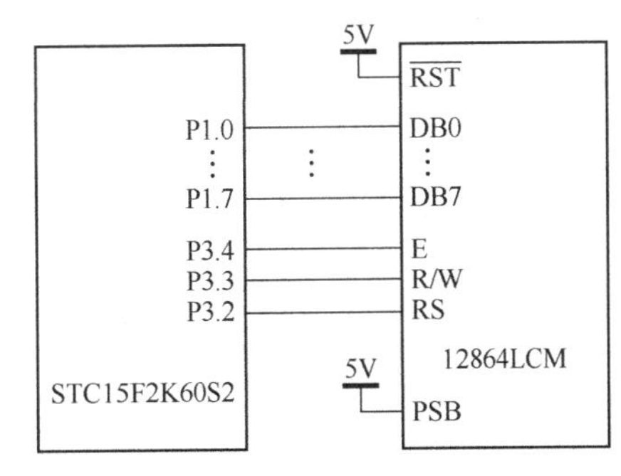

图 13.25　并口连接方式

3．LCD12864 与 51 单片机接口（并行）的软件设计

1）程序功能。在 16 列 ASCII 字符（8 列中文）×4 行的液晶显示屏上显示“SMG12864ZK”，“中文字符图形点阵”，“液晶显示模块”，“长沙太阳人 SUNMAN”；显示自定义字符；图形模式图片显示。

2）程序（LCD12864.C）如下：

```
#include<stc15f2k60s2.h>
#include<intrins.h>
```

```
#define uchar unsigned char
#define uint unsigned int
/*——————————————————子函数声明————————————————————*/
void exdelay（void）;                    //延时子程序
voidputchar（uint c）;                   //定位写字符子程序
void putstr（uchar code *s）;            //显示字符串子程序，字符码为 0 时退出
void putstrxy（uchar cx，uchar cy，uchar code *s）;
void setcharcgram（uchar cindex，uchar code*s）;
                                         //设置自定义字符点阵
void charcursornext（void）;             //置字符位置为下一个有效位置子程序
void putimage（uchar code *s）;          //显示图形子程序
void putsizeimage（uchar XSIZE，uchar YSIZE，uchar code *s）;
                                         //显示指定大小的图形子程序
void glcdpos（void）;                    //写入绘图区域内部 RAM 指针子程序
void charlcdpos（void）;                 //设置（CXPOS，CYPOS）内部 DDRAM 地址子程序
void lcdreset（void）;                   //液晶显示控制器初始化子程序
void delay3ms（void）;                   //延时 3ms 子程序
void lcdon（void）;                      //LCD 显示开启子程序
void lcdoff（void）;                     //LCD 显示关闭子程序
void lcdgraphon（void）;                 //绘图区域显示开启子程序
void lcdgraphoff（void）;                //绘图区域显示关闭子程序
unsigned char lcdrd（void）;             //从液晶显示控制器读数据
void lcdwd（uchar d）;                   //送图形数据子程序
void lcdwc（uchar c）;                   //送指令子程序
void lcdwaitidle（void）;                //控制器忙检测子程序
/*——————————————————定义控制引脚————————————————————*/
sbit  RSPIN=P3^2;                        // RS 对应单片机引脚
sbit  RWPIN=P3^3;                        // RW 对应单片机引脚
sbit  EPIN=P3^4;                         // E 对应单片机引脚
/*—————————定义 CXPOS、CYPOS 变量，用于指示当前操作字符的位置———————*/
uchar CXPOS;                             //列方向地址指针（用于 charlcdpos 子程序）
uchar CYPOS;                             //行方向地址指针（用于 charlcdpos 子程序）
/*—————————定义 CXPOS、CYPOS 变量，用于指示绘图区域 RAM 的位置——————*/
uchar GXPOS;                             //列方向地址指针（用于 glcdpos 子程序）
uchar GYPOS;                             //行方向地址指针（用于 glcdpos 子程序）
/*——————————————定义自定义字符的编码值—————————————————*/
#define USERCHAR1CODE 0xffff             //自定义字符 1 代码
#define USERCHAR2CODE 0xfffd             //自定义字符 2 代码
#define USERCHAR3CODE 0xfffb             //自定义字符 3 代码
#define USERCHAR4CODE 0xfff9             //自定义字符 4 代码
/*——————————————定义字符“1”的显示点阵代码，——————————————*/
uchar code CHAR1CGRAMTAB[]={
0x00，0x0f,
0x00，0x7f,
0x01，0xf0,
0x03，0xc0,
0x07，0x0f,
0x0e，0x3f,
0x1c，0xfe,
0x39，0xfc,
0x33，0xfc,
0x73，0xfe,
0x67，0xff,
```

```
0x67, 0xe7,
0xcf, 0xe3,
0xcf, 0xe1,
0xcf, 0xe4,
0xc0, 0x06
};
/*----------------自定义字符“2”的显示点阵代码-------------*/
uchar code CHAR2CGRAMTAB[]={
0xf0, 0x00,
0xfe, 0x00,
0x0f, 0x80,
0x03, 0xc0,
0xf0, 0xe0,
0xfc, 0x70,
0x7f, 0x38,
0x3f, 0x9c,
0x3f, 0xcc,
0x7f, 0xce,
0xff, 0xe6,
0xe7, 0xe6,
0xc7, 0xf3,
0x87, 0xff,
0x27, 0xff,
0x60, 0x03
};
/*----------------自定义字符“3”的显示点阵代码-------------*/
uchar code CHAR3CGRAMTAB[]={
0xc0, 0x07,
0xff, 0xe7,
0xff, 0xe7,
0xcf, 0xe7,
0x67, 0xe7,
0x67, 0xff,
0x73, 0xff,
0x33, 0xff,
0x39, 0xff,
0x1c, 0xff,
0x0e, 0x3f,
0x07, 0x0f,
0x03, 0xc0,
0x01, 0xf0,
0x00, 0x7f,
0x00, 0x0f
};
/*--------------自定义字符“4”的显示点阵代码--------------*/
uchar code CHAR4CGRAMTAB[]={
0xe0, 0x03,
0xe7, 0xf3,
0xe7, 0xf3,
0xe7, 0xf3,
0xe7, 0xe6,
0xff, 0xe6,
0xff, 0xce,
```

```
0xff，0xcc，
0xff，0x9c，
0xff，0x38，
0xfc，0x70，
0xf0，0xe0，
0x03，0xc0，
0x0f，0x80，
0xfe，0x00，
0xf0，0x00
}；
/*－－－－－－－－－－－－－－－－－定义图片库点阵代码－－－－－－－－－－－－－－－－－－－－－－*/
uchar codeImg_SUNMAN_128x64[]＝
{
略，实际使用时由 SUNMAN 图形点阵代码生成器.EXE 自动生成图片的库点阵代码
}；
/*－－－－－－－－－－－－－－－－－－－－－－主函数－－－－－－－－－－－－－－－－－－－－－－－－－－*/
void main（void）
{
        while（1）
        {
              lcdreset()；                                        //初始化液晶显示控制器
              charlcdfill（'    '）；                             //显示清屏
              //在（2，0）字符位置显示"SMG12864ZK"

              putstrxy（2，0，" SMG12864ZK "）；                  //在（2，0）位置开始显示字符串
              exdelay()；                                         //延时约 300ms
              exdelay()；                                         //延时约 300ms
              //在（0，1）字符位置显示"中文字符图形点阵"
              putstrxy（0，1，"中文字符图形点阵"）；              //在（0，1）位置开始显示字符串
              exdelay()；                                         //延时约 300ms
              exdelay()；                                         //延时约 300ms
              //在（2，2）字符位置显示"液晶显示模块"
              putstrxy（2，2，"液晶显示模块"）；                  //在（2，2）位置开始显示字符串
              exdelay()；                                         //延时约 300ms
              exdelay()；                                         //延时约 300ms
              //在（0，3）字符位置显示"长沙太阳人 SUNMAN"
              putstrxy（0，3，"长沙太阳人 SUNMAN"）；             //在（0，3）位置开始显示字符串
              exdelay()；                                         //延时约 300ms
              exdelay()；                                         //延时约 300m
              //在（4，0）（5，0）（4，1）（5，1）字符位置显示自定义字符 1，2，3，4
              setcharcgram（0，CHAR1CGRAMTAB）；                  //装入自定义字符点阵数据
              setcharcgram（1，CHAR2CGRAMTAB）；
              setcharcgram（2，CHAR3CGRAMTAB）；
              setcharcgram（3，CHAR4CGRAMTAB）；                  //装入自定义字符点阵数据
              CXPOS＝4，CYPOS＝0；
              putchar（USERCHAR1CODE）；
              exdelay()；                                         //延时约 300ms
              putchar（USERCHAR2CODE）；
              exdelay()；                                         //延时约 300ms
              CXPOS＝4，CYPOS＝1；
              putchar（USERCHAR3CODE）；
              exdelay()；                                         //延时约 300ms
              putchar（USERCHAR4CODE）；
```

```
        exdelay();                                          //延时约 300ms
        exdelay();                                          //延时约 300ms
        //在（0，0）点阵位置显示图片
        charlcdfill（'  '）;                                //显示清屏
        lcdgraphon();                                       //开图形模式
        GXPOS=0，GYPOS=0;
        putimage（Img_SUNMAN_128x64）;
        exdelay();                                          //延时约 300ms
        exdelay();                                          //延时约 300ms
        glcdfill（0）;                                      //图形区域清屏
        lcdgraphoff();                                      //关图形模式
    }
}
/*------------------300ms 延时子程序------------------------*/
void exdelay（void）                    //1T，@18.432MHz，由 STC-ISP 软件自动生成
{
    unsigned char i, j, k;
    _nop_();
    _nop_();
    i=22;
    j=3;
    k=227;
    do
    {
        do
        {
            while （--k）;
        } while （--j）;
    } while （--i）;
}
/*------------在（XPOS，YPOS）位置写单个字符点阵子程序----------*/
void putchar（uint c）
{
    uchar d;
    if（c>128）                              //字符码大于 128 表示为汉字
    {
        if（（CXPOS&0x1）==1）             //写汉字时，CXPOS 字符位置在奇数位置，则
        {
                lcdwd（'  '）;               //自动补添一个空格对齐后再显示汉字
                charcursornext();           //置字符位置为下一个有效位置
        }
        charlcdpos();
        if（(c&0xff00）==0xff00）           //若高位字节为 0FFH 则表示为自定义字符
        {
            c=0xffff-c;                     //则转换为 ST7920 的字符码
        }
        lcdwd（c/256）;                      //写高位字符
        charcursornext();
        lcdwd（c&0xff）;                     //写低位字符
        charcursornext();
    }
    else                                    //字符码小于 128 表示为 ASCII 字符
    {
```

```
                charlcdpos();
                if ((CXPOS&0x1) ==1)
                                                    //写 ASCII 字符时，CXPOS 字符位置在奇数位置，则
        {
            d=lcdrd();                              //读高位字符
            charlcdpos();
            lcdwd (d);                              //重新写高位字符
            lcdwd (c);
        }
        else
        {
            lcdwd (c);                              //写 ASCII 字符时，CXPOS 字符位置在偶数位置，则
            lcdwd ('   ');                          //直接写入，同时自动补显一个空格
        }
        charcursornext();                           //置字符位置为下一个有效位置
    }
}
/*——————————————————写字符串点阵子程序——————————————————————*/
void putstr (uchar code *s)                         //显示字符串子程序，字符码为 0 时退出
{
        uint c;
        while (1)
        {
            c=*s;
            s++;
            if (c==0)  break;
            if (c<128)
            {
              putchar (c);
            }
            else
            {
               putchar (c*256+*s);
               s++;
            }
        }
}
/*————————————————在 (cx, cy) 字符位置写字符串子程序—————————————*/
void putstrxy (uchar cx, uchar cy, uchar code *s)
{                                                   //在 (cx, cy) 字符位置写字符串子程序
        CXPOS=cx;                                   //置当前 X 位置为 cx
        CYPOS=cy;                                   //置当前 Y 位置为 cy
        putstr (s);
}
/*——————将*s 所指 32 字节点阵代码写到自定义字符 cindex (0-3) 中子程序———————*/
void setchargram (uchar cindex, uchar code *s)
{
        uchar i;
        lcdwc (0x34);                                       //扩充指令集，图形模式关闭
        lcdwc (0x02);                                       //SR=0 激活 CGRAM
        lcdwc (0x30);                                       //恢复为基本指令集
        lcdwc ( ((cindex&0x3) <<4) | 0x40);                 //设置 CGRAM 地址
        for (i=0; i<32; i++, s++)                           //写点阵数据
```

```
        {
                lcdwd（*s）;
        }
}
/*———在（GXPOS，GYPOS）位置绘制 XSIZE 列及 YISZE 行点阵的图形子程序——————*/
void putsizeimage（uchar XSIZE，uchar YSIZE，uchar code *s）
{
        uchar lx，ly，x;
        x=GXPOS;
        for（ly=0；ly<YSIZE；ly++，GYPOS++）
        {
            for（GXPOS=x，lx=0；lx<XSIZE；）
            {
                    if（(GXPOS&0x08）==0）
                    {
                        glcdpos();
                    }
                    lcdwd（*s）;
                    s++;
                    lx+=8;
                    GXPOS+=8;
            }
        }
        GXPOS=x;
}
/*—在（XPOS，YPOS）位置绘制 XSIZE[*s]列及 YISZE[*（s+1）]行点阵的图形[*（s+2）]子程序—*/
void putimage（uchar code *s）
{
        uchar XSIZE，YSIZE;
        XSIZE=*s;
        s++;
        YSIZE=*s;
        s++;
        putsizeimage（XSIZE，YSIZE，s）;
}
/*————设置坐标点（CXPOS，CYPOS）位置对应的内部 RAM 地址子程序————*/
void charlcdpos（void）
{
        uchar ddaddr;
        CXPOS&=0xf;                          //X 位置范围（0～15）
        ddaddr=CXPOS/2;
        if（CYPOS==0）                       //（第一行）X:
            lcdwc（ddaddr|0x80）;             //DDRAM:  80～87H
        else if（CYPOS==1）                  //（第二行）X:
            lcdwc（ddaddr|0x90）;             //DDRAM: 90～07H
        else if（CYPOS==2）                  //（第三行）X:
            lcdwc（ddaddr|0x88）;             //    DDRAM:   88～8FH
        else                                 //（第四行）X:
            lcdwc（ddaddr|0x98）;             //    DDRAM:   98～9FH
}
/*————————————置字符位置为下一个有效位置子程序————————————*/
void charcursornext（void）
{
```

```
        CXPOS++;                                        //字符位置加 1
        CXPOS&=0x0f;                                    //字符位置 CXPOS 的有效范围为（0~15）
        if（CXPOS==0）                                  //字符位置 CXPOS=0 表示要换行
        {
            CYPOS++;                                    //行位置加 1
            CYPOS&=0X3;                                 //字符位置 CYPOS 的有效范围为（0~3）
        }
}
/*——————————————————液晶显示控制器初始化子程序——————————————*/
void lcdreset（void）
{
        lcdwc（0x33）;                          //接口模式设置
        delay3ms();                             //延时 3ms
        lcdwc（0x30）;                          //基本指令集
        delay3ms();                             //延时 3ms
        lcdwc（0x30）;                          //重复送基本指令集
        delay3ms();                             //延时 3ms
        lcdwc（0x01）;                          //清屏控制字
        delay3ms();                             //延时 3ms
        lcdon();                                //开显示
}
/*————————————————————3ms 延时子程序————————————————————*/
void delay3ms（void）                           //1T，@18.432MHz，由 STC-ISP 软件自动生成
{
       unsigned char i, j;
       i=54;
       j=199;
       do
       {
              while （--j）;
       } while （--i）;
}
/*———————设置（GXPOS，GYPOS）对应绘图区域内部 RAM 指针子程序————————*/
void glcdpos（void）
{
        lcdwc（0x36）;                                  //扩展指令集
        lcdwc（（GYPOS&0x1f）|0x80）;                   //先送 Y 地址
        if（GYPOS>=32）                                 //再送 X 地址
            lcdwc（（GXPOS/16+8）|0x80）;
        else
            lcdwc（（GXPOS/16）|0x80）;
            lcdwc（0x30）;                              //恢复为基本指令集
}
/*——————————————————开启 LCD 显示子程序——————————————————*/
void lcdon（void）
{
        lcdwc（0x30）;                                  //设置为基本指令集
        lcdwc（0x0c）;
}
/*——————————————————关闭 LCD 显示子程序——————————————————*/
void lcdoff（void）
{
        lcdwc（0x30）;                                  //设置为基本指令集
```

```
        lcdwc（0x08);
}
/*————————————————开启绘图区域显示子程序————————————————*/
void lcdgraphon（void）
{
        lcdwc（0x36);
        lcdwc（0x30);                          //恢复为基本指令集
}
/*—————————————————关闭绘图区域显示子程序———————————————*/
void lcdgraphoff（void）
{
        lcdwc（0x34);
        lcdwc（0x30);                          //恢复为基本指令集
}
/*—————————————————从液晶显示控制器读数据子程序——————————————*/
uchar lcdrd（void）
{
        uchar d;
        lcdwaitidle();                         //ST7920 液晶显示控制器忙检测
        RSPIN=1;                               //（RS）=1，（RW）=1, E 为高电平脉冲
        RWPIN=1;
        EPIN=1;
        _nop_();
        d=P1;
        EPIN=0;
        return d;
}
/*——————————————————向液晶显示控制器写数据子程序—————————————*/
void lcdwd（uchar d）
{
        lcdwaitidle();                         //ST7920 液晶显示控制器忙检测
        P1=d;
        RSPIN=1;                               //RS=1，RW=0，E 为高电平脉冲
        RWPIN=0;
        EPIN=1;
        _nop_();
        EPIN=0;
}
/*——————————————————向液晶显示控制器写指令子程序—————————————*/
void lcdwc（uchar c）
{
        lcdwaitidle();                         //ST7920 液晶显示控制器忙检测
        P1=c;
        RSPIN=0;                               //RS=0，RW=0，E=为高电平脉冲
        RWPIN=0;
        EPIN=1;
        _nop_();
        EPIN=0;
}
/*————————————————————忙检测子程序————————————————————*/
void lcdwaitidle（void）
{
        uchar i;
```

```
        P1=0xff;
        RSPIN=0;
        RWPIN=1;
        EPIN=1;
        for (i=0; i<20; i++)
        if ( (P1&0x80) !=0x80 ) break;          //D7=0 空闲退出
        EPIN=0;
    }
```

13.3 串行总线接口技术与应用设计

13.3.1 单总线数字温度传感器 DS18B20 与应用设计

在传统的工业控制领域中，温度监控普遍采用热敏电阻组成的测温电路，经过 A/D 与 D/A 转换后实现测温，但是由于热敏电阻的不稳定性，导致测温易受外界干扰，且精度不高。

DS18B20 数字温度传感器是 Dallas 公司生产的 1-Wire，即单总线器件，具有线路简单、体积小的特点，用它组成一个测温系统，线路简单，在 1 根通信线上可以挂很多这样的数字温度传感器，十分方便。

1. DS18B20 性能特点

1）DS18B20 特性及引脚分布。DS18B20 测温范围在−55℃～+125℃，转换精度为 9～12 位，可编程确定转换的位数；测温分辨率为 9 位时精度为 0.5℃，12 位时精度为 0.062 5℃；转换时间：9 位精度为 93.75 ms、10 位精度为 187.5 ms、12 位精度为 750 ms；内部有温度上、下限告警设置。DS18B20 采用 TO-92 封装模式，其引脚功能见表 13.10。

表 13.10 DS18B20 引脚说明

序号	名称	引脚功能描述
1	GND	地信号
2	DQ	数据输入/输出引脚，开漏状态单总线接口引脚，当被用在寄生电源下，也可以向器件提供电源
3	V_{DD}	可选择的 V_{DD} 引脚，当工作于寄生电源时，此引脚必须接地

2）DS18B20 的内部结构。DS18B20 的外型如图 13.26 所示，其内部结构主要包括 4 个部分：64 位光刻 ROM、温度传感器、非挥发的温度报警触发器 TH 和 TL、配置寄存器，如图 13.27 所示。

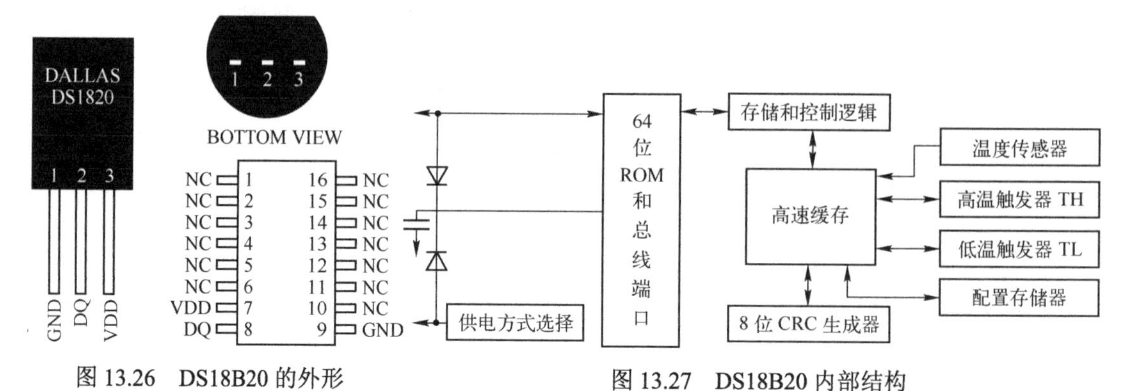

图 13.26 DS18B20 的外形　　图 13.27 DS18B20 内部结构

2. 单总线工作原理

单总线即只有 1 根数据线，系统的数据交换、控制都由这根线完成。主机或从机通过一个漏极开路或三态端口连至该数据线，以允许设备在不发送数据时能够释放总线，而让其他设备使用总线。所有的单总线器件都要遵循严格的通信协议，以保证数据的完整性，其基本通信过程如下：主机通过拉低单总线至少 480μs 产生 Tx 复位脉冲；然后由主机释放总线，并进入 Rx 接收模式。主机释放总线时，会产生一由低电平跳变为高电平的上升沿；单总线器件检测到该上升沿后，延时 15～60μs；单总线器件通过拉低总线 60～240μs 产生应答脉冲；主机接收到从机的应答脉冲后，说明有单总线器件在线，主机就可以开始对从机进行 ROM 命令和功能命令操作。

DS18B20 测温原理框图如图 13.28 所示，图中低温度系数晶振的振荡频率受温度影响很小，用于产生固定频率的脉冲信号送给计数器 1。高温度系数晶振随温度变化其振荡频率明显改变，所产生的信号作为计数器 2 的脉冲输入。计数器 1 和温度寄存器被预置在－55℃所对应的一个基数值。计数器 1 对低温度系数晶振产生的脉冲信号进行减法计数，当计数器 1 的预置值减到 0 时，温度寄存器的值将加 1，计数器 1 的预置将重新被装入，计数器 1 重新开始对低温度系数晶振产生的脉冲信号进行计数，如此循环直到计数器 2 计数到 0 时，停止温度寄存器值的累加，此时温度寄存器中的数值即为所测温度。图 13.28 中所示的斜率累加器用于补偿和修正测温过程中的非线性，其输出用于修正计数器 1 的预置值。

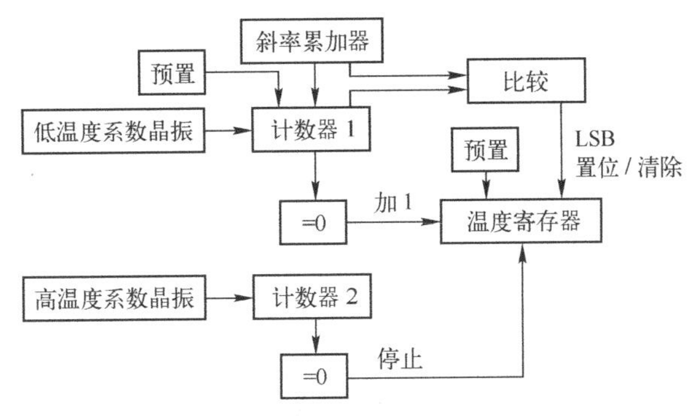

图 13.28　DS18B20 测温原理框图

1）DS18B20 有 4 个主要的数据部件。

① 光刻 ROM 中的 64 位序列号是出厂前被光刻好的，它可以看做是该 DS18B20 的地址序列码。64 位光刻 ROM 的排列是：开始 8 位（28H）是产品类型标号，接着的 48 位是该 DS18B20 自身的序列号，最后 8 位是前面 56 位的循环冗余校验码（CRC＝X8＋X5＋X4＋1）。光刻 ROM 的作用是使每一个 DS18B20 都各不相同，这样就可以实现一根总线上挂接多个 DS18B20 的目的。

② DS18B20 中的温度传感器可完成对温度的测量，以 12 位转化为例：用 16 位符号扩展的二进制补码读数形式提供，以 0.0625℃/LSB 形式表达，其中 S 为符号位。DS18B20 温度值格式表如表 13.11 所示。

表 13.11　DS18B20 温度值格式表

	bit7	bit6	bit5	bit4	bit3	bit2	bit1	bit0
LS Byte	2^3	2^2	2^1	2^0	2^{-1}	2^{-2}	2^{-3}	2^{-4}
	bit15	bit14	bit13	bit12	bit11	bit10	bit9	bit8
MS Byte	S	S	S	S	S	2^6	2^5	2^4

表 13.12 中的 12 位转化后得到的 12 位数据，存储在 DS18B20 的两个 8 比特的 RAM 中，二进制数中的前 5 位是符号位，如果测得的温度大于 0，这 5 位为 0，只要将测到的数值乘以 0.0625 即可得到实际温度；如果温度小于 0，这 5 位为 1，测到的数值需要取反加 1 再乘以 0.0625 即可得到实际温度。

例如，＋125℃的数字输出为 07D0H，＋25.0625℃的数字输出为 0191H，－25.0625℃的数字输出为 FF6FH，更多的温度数据关系如表 13.12 所示。

表 13.12　DS18B20 温度数据表

温度值（℃）	数字输出（二进制）	数字输出（十六进制）
＋125	0000011111010000	07D0
＋85	0000010101010000	0550
＋25.0625	0000000110010001	0191
＋10.125	0000000010100010	00A2
＋0.5	0000000000001000	0008
0	0000000000000000	0000
－0.5	1111111111111000	FFF8
－10.125	1111111101011110	FF5E
25.0625	1111111001101111	FE6F
－55	1111110010010000	FC90
注：开机复位时，温度寄存器的值是＋85℃（0550H）		

③ DS18B20 温度传感器的存储器。DS18B20 温度传感器的内部存储器包括一个高速暂存 RAM 和一个非易失性的可电擦除的 E^2PROM，后者存放高温度和低温度触发器 TH、TL 和配置寄存器值。

④ 配置寄存器。配置寄存器的格式如表 13.13 所示。低 5 位一直都是“1”，TM 是测试模式位，用于设置 DS18B20 在工作模式还是在测试模式。在 DS18B20 出厂时该位被设置为 0，用户不要去改动。R1 和 R0 用来设置分辨率，如表 13.14 所示（DS18B20 出厂时被设置为 12 位）。

表 13.13　配置寄存器格式

TM	R1	R0	1	1	1	1	1

表 13.14　温度分辨率设置与转换时间表

R1	R0	分辨率	温度最大转换时间（ms）
0	0	9 位	93.75
0	1	10 位	187.5
1	0	11 位	375
1	1	12 位	750

2）高速暂存存储器。高速暂存存储器由 9 个字节组成，其分配如表 13.15 所示。当温度转换命令发布后，经转换所得的温度值以二字节补码形式存放在高速暂存存储器的第 0 和第 1 个字节。单片机可通过单线接口读到该数据，读取时低位在前，高位在后，数据格式可参见表 13.12。对应的温度计算是：当符号位 S＝0 时，直接将二进制位转换为十进制；当 S＝1 时，先将补码变为原码，再将数据部分转换为十进制。第 9 个字节是冗余检验字节。

表 13.15　DS18B20 暂存寄存器分布

寄存器内容	字节地址	寄存器内容	字节地址
温度值低位（LS Byte）	0	配置寄存器	4
温度值高位（MS Byte）	1	保留	5
高温限值（TH）	2	保留	6
低温限值（TL）	3	保留	7

根据 DS18B20 的通信协议，主机（单片机）控制 DS18B20 完成温度转换必须经过 3 个步骤：每一次读写之前都要对 DS18B20 进行复位操作，复位成功后发送一条 ROM 指令，最后发送 RAM 指令，这样才能对 DS18B20 进行预定的操作。复位要求主 CPU 将数据线下拉至少 480μs，然后释放，当 DS18B20 收到信号后等待 15～60μs 左右后发出 60～240μs 的应答低脉冲，主 CPU 收到此信号表示复位成功。

3．指令表

DS18B20 的 ROM 命令、功能命令（RAM 指令）分别如表 13.16 和表 13.17 所示。

表 13.16　ROM 指令表

指　　令	约定代码	功　　能
读 ROM	33H	读 DS18B20 温度传感器 ROM 中的编码（即 64 位地址）
符合 ROM	55H	发出此命令之后，接着发出 64 位 ROM 编码，访问单总线上与该编码相对应的 DS18B20，使之做出响应，为下一步对该 DS18B20 的读写做准备
搜索 ROM	0F0H	用于确定挂接在同一总线上 DS18B20 的个数和识别 64 位 ROM 地址。为操作各器件做好准备
跳过 ROM	0CCH	忽略 64 位 ROM 地址，直接向 DS18B20 发温度变换命令。适用于单片工作
告警搜索命令	0ECH	执行后只有温度超过设定值上限或下限的片子才做出响应

表 13.17　RAM 指令表

指　　令	约定代码	功　　能
温度变换	44H	启动 DS18B20 进行温度转换，12 位转换时最长为 750ms（9 位为 93.75ms），结果存入内部 9 字节 RAM 中
读暂存器	0BEH	读内部 RAM 中 9 字节的内容
写暂存器	4EH	发出向内部 RAM 的 2、3、4 字节写上、下限温度数据和配置寄存器命令，紧跟该命令之后，传送三字节的数据
复制暂存器	48H	将 RAM 中第 2、3、4 字节的内容复制到 E^2PROM 中
重调 E^2PROM	0B8H	将 E^2PROM 中内容恢复到 RAM 中的第 2、3、4 字节
读供电方式	0B4H	读 DS18B20 的供电模式。寄生供电时 DS18B20 发送“0”，外接电源供电时 DS18B20 发送“1”

4．DS18B20 的操作时序

1）复位时序。复位时序如图 13.29 所示。
2）写时序。写时序如图 13.30 所示。
3）读时序。读时序如图 13.31 所示。

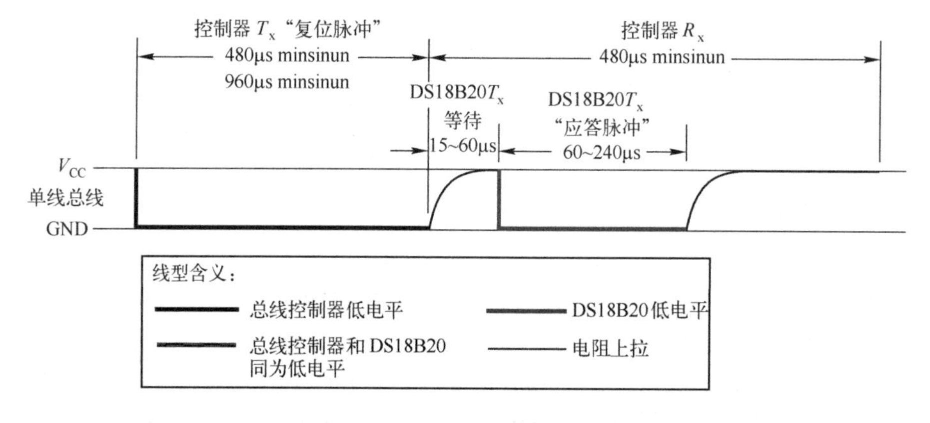

图 13.29　复位时序

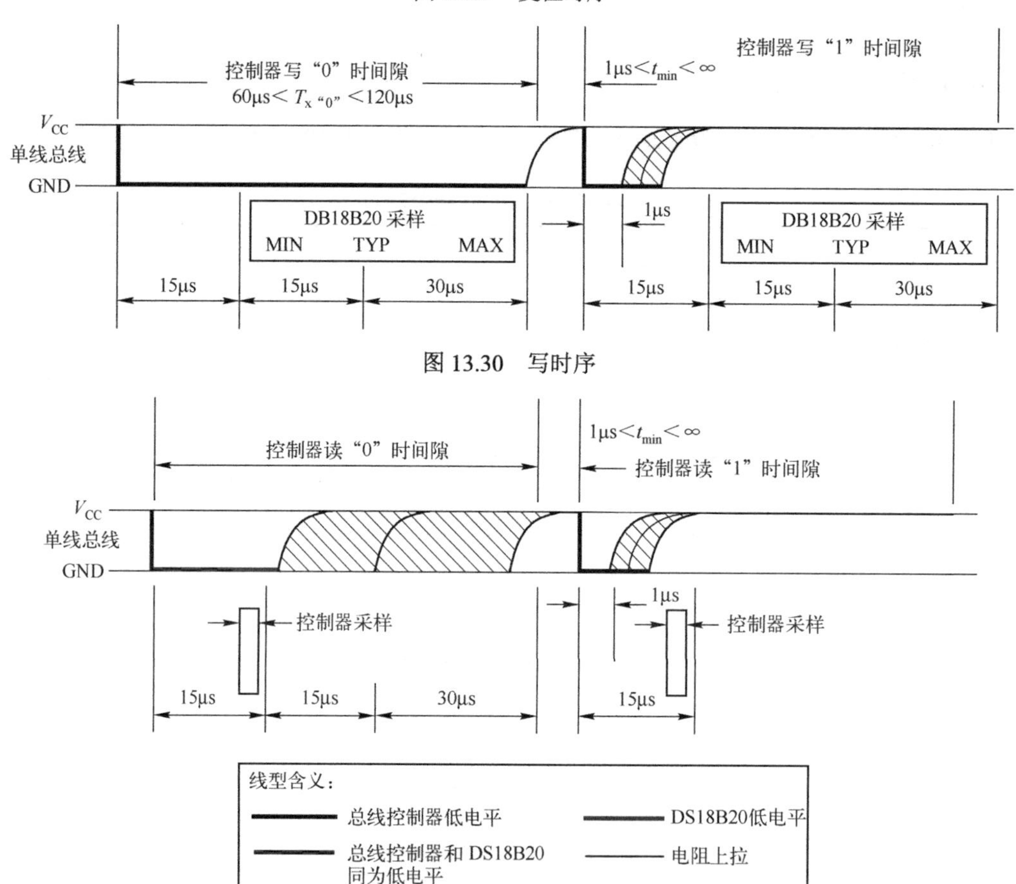

图 13.30　写时序

图 13.31　读时序

5．DS18B20 的应用电路

DS18B20 测温系统具有测温系统简单、测温精度高、连接方便、占用口线少等优点。下面介绍 DS18B20 几个不同应用方式下的测温电路。

1）DS18B20 寄生电源供电方式电路。如图 13.32 所示寄生电源供电方式下，DS18B20 从单线信号线上汲取能量：在信号线 DQ 处于高电平期间把能量储存在内部电容里，在信号线处于低电平期间消耗电容上的电能工作，直到高电平到来再给寄生电源（电容）充电。

独特的寄生电源方式有 3 个好处：

① 进行远距离测温时，无须本地电源。

② 可以在没有常规电源的条件下读取 ROM。

③ 电路更加简洁，仅用一根 I/O 口线实现测温。

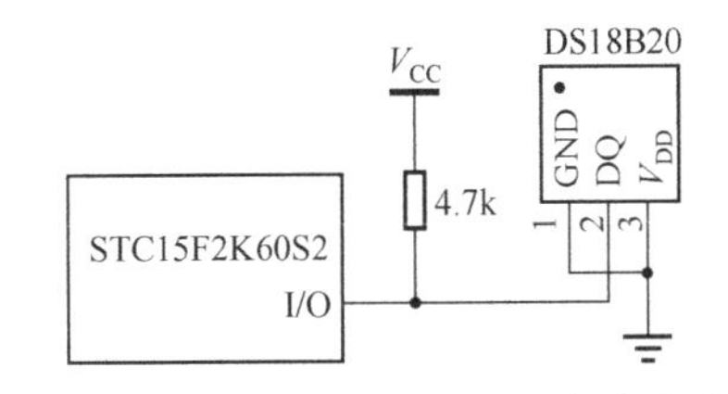

图 13.32　DS18B20 寄生电源供电方式

要想使 DS18B20 进行精确的温度转换，I/O 线必须保证在温度转换期间提供足够的能量，由于每个 DS18B20 在温度转换期间工作电流达到 1mA，当几个温度传感器挂在同一根 I/O 线上进行多点测温时，只靠 4.7kΩ 上拉电阻就无法提供足够的能量，会造成无法转换温度或温度误差极大。因此，如图 13.32 所示方式只适应于单一温度传感器测温情况下使用，不适于采用电池供电系统，并且工作电源 V_{CC} 必须保证在 5V，当电源电压下降时，寄生电源能够汲取的能量也会降低，而使温度误差变大。

2）DS18B20 寄生电源强上拉供电方式电路。改进的寄生电源供电方式如图 13.33，使 DS18B20 在动态转换周期中获得足够的电流供应，当进行温度转换或复制到 E^2 存储器（E^2PROM）操作时，用 MOSFET 把 I/O 口线直接拉到 V_{CC} 就可提供足够的电流，在发出任何涉及复制到 E^2 存储器或启动温度转换的指令后，必须在最多 10μs 内把 I/O 口线转换到强上拉状态。在强上拉供电方式下可以解决电流供应不足的问题，因此也适合于多点测温应用，缺点就是要多占用一根 I/O 口线进行强上拉切换。

注意：在图 13.32 和图 13.33 所示的寄生供电方式中，DS18B20 的 V_{DD} 引脚必须接地。

3）DS18B20 的外部电源供电方式。在外部电源供电方式下，DS18B20 工作电源由 V_{DD} 引脚接入，此时 I/O 口线不需强上拉，不存在电源电流不足的问题，可以保证转换精度，如图 13.34 所示，在外部供电的方式下，DS18B20 的 GND 引脚不能悬空，否则不能转换温度，读取的温度总是 85℃。在外接电源方式下，可以充分发挥 DS18B20 电源电压范围宽的优点，即使电源电压 V_{CC} 降到 3V 时，依然能够保证温度量精度。

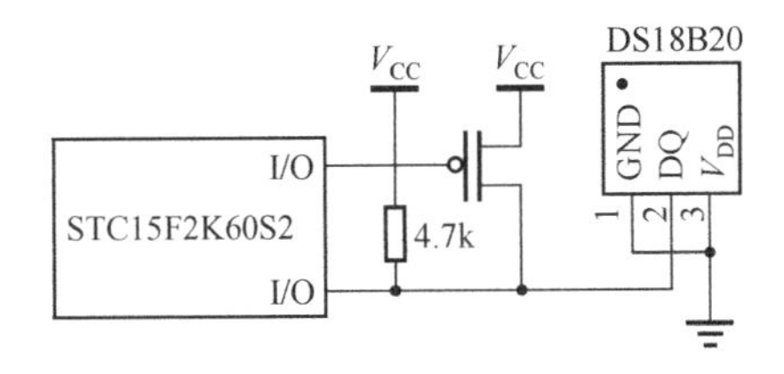

图 13.33　DS18B20 寄生电源强上拉供电方式

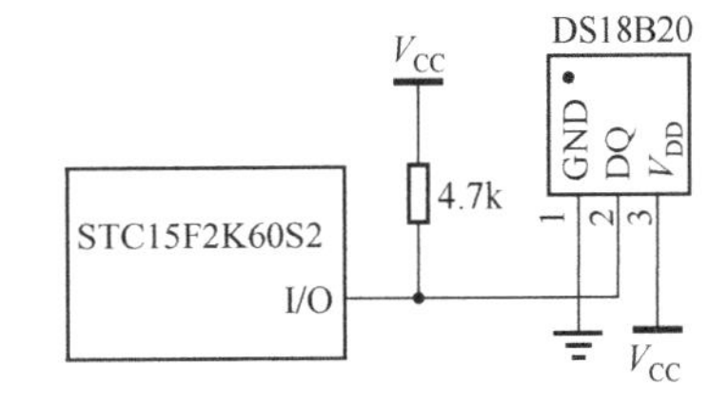

图 13.34　电方式单点测温电路

外部电源供电方式是 DS18B20 最佳的工作方式，工作稳定可靠，抗干扰能力强，而且电路也比较简单，可以开发出稳定可靠的多点温度监控系统，如图 13.35 所示。

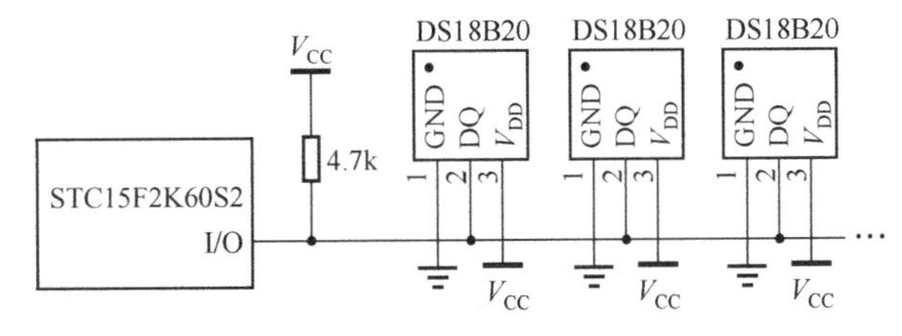

图 13.35　外部电源供电方式的多点测温电路图

6．DS18B20 使用中注意事项

DS18B20 虽然具有测温系统简单、测温精度高、连接方便、占用口线少等优点，但在实际

应用中也应注意以下几方面的问题：

1）较小的硬件开销需要相对复杂的软件进行补偿，由于 DS18B20 与微处理器间采用串行数据传送，因此在对 DS18B20 进行读写编程时，必须严格地保证读写时序，否则将无法读取测温结果。对 DS18B20 操作的时序部分采用 STC_ISP 在线编程软件定时器计算工具获得。

2）在 DS18B20 的有关资料中均未提及单总线上所挂 DS18B20 数量问题，容易使人误认为可以挂任意多个 DS18B20，在实际应用中并非如此。当单总线上所挂 DS18B20 超过 8 个时，就需要解决微处理器的总线驱动问题，这一点在进行多点测温系统设计时要加以注意。

3）连接 DS18B20 的总线电缆是有长度限制的。试验中，当采用普通信号电缆传输长度超过 50m 时，读取的测温数据将发生错误。当将总线电缆改为双绞线带屏蔽电缆时，正常通信距离可达 150m。当采用每米绞合次数更多的双绞线带屏蔽电缆时，正常通信距离进一步加长，这种情况主要是由总线分布电容使信号波形产生畸变造成的，因此在采用 DS18B20 进行长距离测温系统设计时要充分考虑总线分布电容和阻抗匹配问题。

4）在 DS18B20 测温程序设计中，向 DS18B20 发出温度转换命令后，程序总要等待 DS18B20 的返回信号，一旦某个 DS18B20 接触不好或断线，当程序读该 DS18B20 时，将没有返回信号，程序进入死循环。这一点在进行 DS18B20 硬件连接和软件设计时也要给予一定的重视。

5）测温电缆线建议采用屏蔽 4 芯双绞线，其中一对线接地线与信号线，另一对线接 V_{CC} 和地线，屏蔽层在源端单点接地。

7．数字温度计电路实现

将单片机最小系统、DS18B20、数码显示电路组合在一起，构成数字温度计电路，其电路如图 13.36 所示。

DS18B20 的 DQ 端接 P3.2，数码显示的段控制端 a～h 接 P0.0～P0.7，位控制端由低到高依次接 P2.0～P2.5。

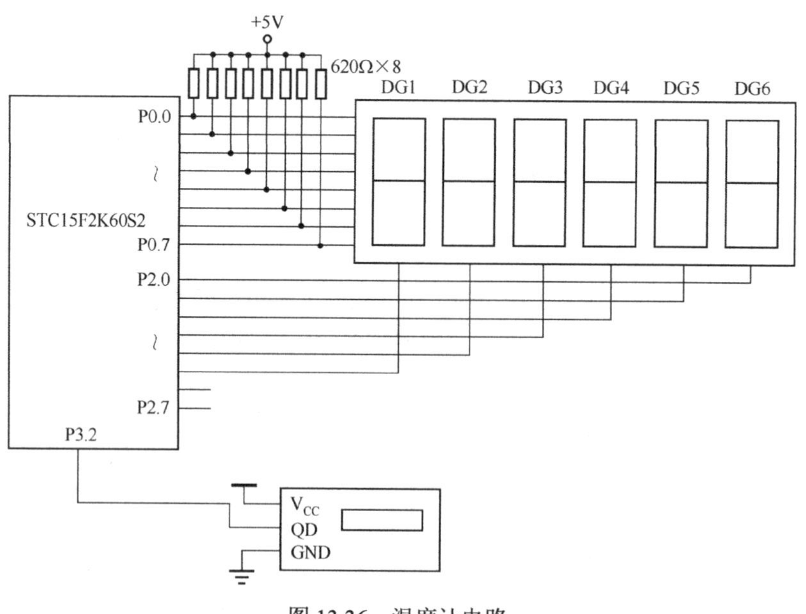

图 13.36　温度计电路

8．源程序（DS18B20.C）

```
#include<stc15f2k60s2.h>
```

```
#include<intrins.h>
#define uchar unsigned char
#define uint unsigned int
uchar code  disp[10]={0x3f，0x06，0x5b，0x4f，0x66，0x6d，0x7d，0x07，0x7f，0x6f}；
sbit DQ=P3^2；                              //DS18B20 的数据口位 P3.2
uchar TPH；                                 //存放温度值的高字节
uchar TPL；                                 //存放温度值的低字节
uint   temp；
void DelayX10us（uchar n）；
void DS18B20_Reset()；
void DS18B20_WriteByte（uchar dat）；
uchar DS18B20_ReadByte()；
/*--------------------主函数------------------------*/
void main()
{
        uchar   com=1；                                //设定 DS18B20 检测间隔
        while （1）
        {
                com--；
                if（com==0）
                {
                        com=20；
                        DS18B20_Reset()；               //设备复位
                        DS18B20_WriteByte（0xCC）；     //跳过 ROM 命令
                        DS18B20_WriteByte（0x44）；     //开始转换命令
                        while （！DQ）；                //等待转换完成
                        DS18B20_Reset()；               //设备复位
                        DS18B20_WriteByte（0xCC）；     //跳过 ROM 命令
                        DS18B20_WriteByte（0xBE）；     //读暂存存储器命令
                    TPL=DS18B20_ReadByte()；            //读温度低字节
                    TPH=DS18B20_ReadByte()；            //读温度高字节
                    temp=（TPH*256+TPL）* 25；          //高 8 位温度数据和低 8 位温度数据合并 16 位
                    tem=tem>>2                          //温度数据处理：temp×0.0625×100
                }
                    P2=0xFF；                           //小数部分
                    P0=disp[temp%10]；
                    P2=0xfb；
                    DelayX10us（100）；
                    P2=0xFF；
                    P0=disp[temp/10%10]；
                    P2=0xf7；
                    DelayX10us（100）；
                    P2=0xFF；                          //整数部分
                    P0=disp[temp/100%10]+0x80；
                    P2=0xef；
                    DelayX10us（100）；
                    P2=0xFF；
                    P0=disp[temp/1000%10]；
                    P2=0xdf；
                    DelayX10us（100）；
        }
}
/*--------------延时 n×10 微秒子程序----------------------*/
```

```
void DelayX10us（uchar n）                          //1T，18.432MHz
{
        while （n－－）
        {
                uchar  i;
                _nop_();
                _nop_();
                i=43;
                while （－－i);
        }
}
/*－－－－－－－－－－－－－－－－DS18B20 复位子程序－－－－－－－－－－－－－－－－－－－*/
void DS18B20_Reset()
{
        CY=1;                                      //CY 是 PSW 中的进位位
        while （CY）
        {
                DQ=0;                              //送出低电平复位信号
                DelayX10us（24);                   //延时至少 480μs
                DelayX10us（24);
                DQ=1;                              //释放数据线
                DelayX10us（6);                    //等待 60μs
                CY=DQ;                             //检测存在脉冲
                DelayX10us（24);                   //等待设备释放数据线
                DelayX10us（18);
        }
}
/*－－－－－－－－－－－－－－DS18B20 读 1 字节数据子程序－－－－－－－－－－－－－－－－*/
uchar DS18B20_ReadByte()
{
          uchar i;
          uchar dat=0;
          for （i=0; i<8; i＋＋）                          //8 位计数器
          {
                dat >>=1;
                DQ=0;                                     //开始
                DelayX10us（1);                           //延时等待
                DQ=1;                                     //准备接收
                DelayX10us（1);                           //接收延时
                if （DQ） dat |=0x80;                     //读取数据
                DelayX10us（6);                           //等待时间片结束
          }
          return dat;
}
/*－－－－－－－－－－－－－－向 DS18B20 写 1 字节数据子程序－－－－－－－－－－－－－－－*/
void DS18B20_WriteByte（uchar dat）
{
        uchar i;
        for （i=0; i<8; i＋＋）                                  //8 位计数器
        {
                DQ=0;                                            //开始时间片
                DelayX10us（1);                                  //延时等待
                dat >>=1;                                        //低位自动移入 CY
```

```
            DQ=CY;
            DelayX10us (6);                    //等待时间片结束
            DQ=1;                              //恢复数据线
            DelayX10us (1);                    //恢复延时
        }
    }
```

13.3.2 I²C 串行总线原理与应用

I²C（Inter-Integrated Circuit）总线是一种由 PHILIPS 公司开发的两线式串行总线，用于连接微控制器及其外围设备。I²C 总线产生于在 20 世纪 80 年代，最初为音频和视频设备开发，如今主要在服务器管理中使用，其中包括单个组件状态的通信，例如，管理员可对各个组件进行查询，以管理系统的配置或掌握组件的功能状态，如电源和系统风扇，增加了系统的安全性，方便了管理。

1. I²C 串行总线的基本特性

I²C 总线是 PHILIPS 公司推出的一种串行总线，是具备多主机系统所需的包括总线仲裁和高低速器件同步功能的高性能串行总线。它具有如下基本特性。

1）I²C 串行总线只有两根双向信号线。一根是数据线 SDA，另一根是时钟线 SCL。所有连接到 I²C 总线上的器件的数据线都接到 SDA 线上，各器件的时钟线均接到 SCL 线上。I²C 总线的基本结构如图 13.37 所示。

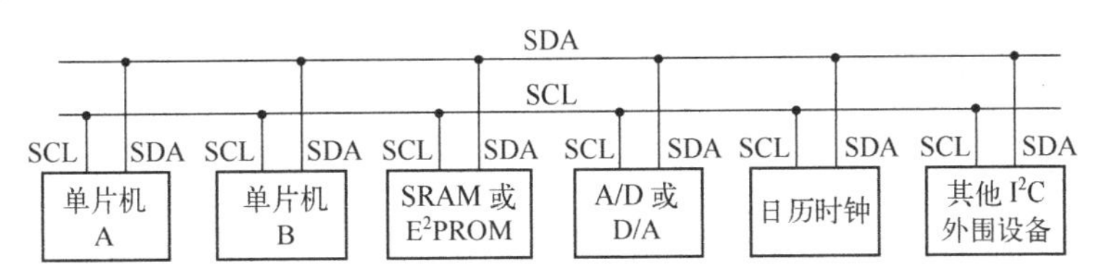

图 13.37　I²C 总线的基本结构

2）I²C 总线是一个多主机总线。总线上可以有一个或多个主机，总线运行由主机控制。这里所说的主机是指启动数据的传送（发起始信号）、发出时钟信号、传送结束时发出终止信号的器件。通常，主机由各种单片机或其他微处理器充当。被主机寻访的器件叫从机，它可以是各种单片机或其他微处理器，也可以是其他器件，如存储器、LED 或 LCD 驱动器、A/D 或 D/A 转换器、时钟日历器件等。

3）I²C 总线的 SDA 和 SCL 是双向的，均通过上拉电阻接正电源。如图 13.38 所示，当总线空闲时，两根线均为高电平。连到总线上的器件（相当于节点）的输出级必须是漏极或集电极开路的，任一器件输出的低电平，都将使总线的信号变低，即各器件的 SDA 及 SCL 都是线“与”关系。SCL 线上的时钟信号对 SDA 线上各器件间数据的传输起同步作用。SDA 线上数据的起始、终止及数据的有效性均要根据 SCL 线上的时钟信号来判断。

在标准 I²C 普通模式下，数据的传输率为 100Kbps，高速模式下可达 400Kbps。连接的器件越多，电容值越大，总线上允许的器件数以总线上的电容量不超过 400pF 为限。

4）I²C 总线的总线仲裁。每个接到 I²C 总线上的器件都有唯一的地址。主机与其他器件间的数据传送可以由主机发送数据到其他器件，这时主机即为发送器。由总线上接收数据的器件则为接收器。

在多主机系统中，可能同时有几个主机启动总线传送数据。为了避免混乱，I^2C 总线要通过总线仲裁，以决定由哪一台主机控制总线。首先，不同主器件（欲发送数据的器件）分别发出的时钟信号在 SCL 线上“线与”产生系统时钟：其低电平时间为周期最长的主器件的低电平时间，高电平时间则是周期最短主器件的高电平时间。仲裁的方法是：各主器件在各自时钟的高电平期间送出各自要发送的数据到 SDA 线上，并在 SCL 的高电平期间检测 SDA 线上的数据是否与自己发出的数据相同。

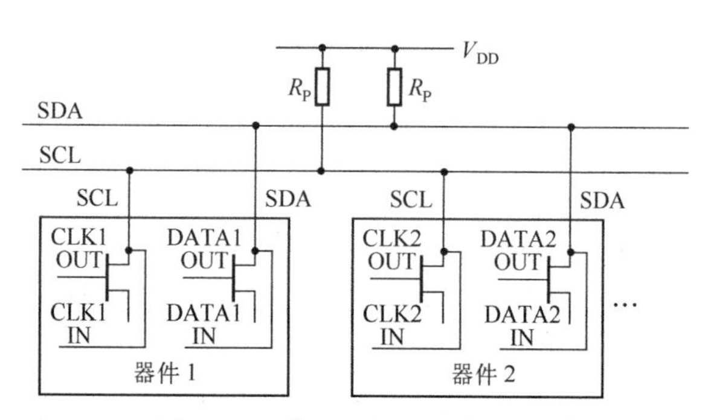

图 13.38　I^2C 总线接口电路结构

由于某个主器件发出的“1”会被其他主器件发出的“0”所屏蔽，检测回来的电平就与发出的不符，该主器件就应退出竞争，并切换为从器件。仲裁是在起始信号后的第一位开始，并逐位进行。由于 SDA 线上的数据在 SCL 为高电平期间总是与掌握控制权的主器件发出的数据相同，所以在整个仲裁过程中，SDA 线上的数据完全和最终取得总线控制权的主机发出的数据相同。在 8051 单片机应用系统的串行总线扩展中，经常遇到的是以 8051 单片机为主机，其他接口器件为从机的单主机情况。

2. I^2C 总线的数据传送

1）数据位的有效性规定。在 I^2C 总线上，每一位数据位的传送都与时钟脉冲相对应，逻辑“0”和逻辑“1”的信号电平取决于相应电源 V_{CC} 的电压（这是因为 I^2C 总线可适用于不同的半导体制造工艺，如 CMOS、NMOS 等各种类型的电路都可以进入总线）。

I^2C 总线进行数据传送时，时钟信号为高电平期间，数据线上的数据必须保持稳定。只有在时钟线上的信号为低电平期间，数据线上的高电平或低电平状态才允许变化，如图 13.39 所示。

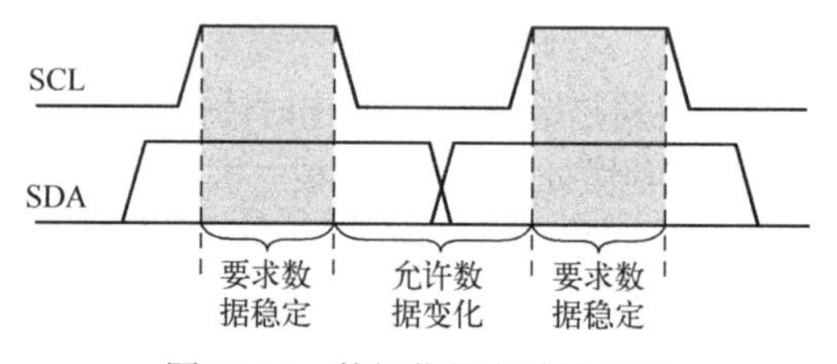

图 13.39　数据位的有效性规定

2）起始和终止信号。根据 I^2C 总线协议的规定，SCL 线为高电平期间，SDA 线由高电平向低电平的变化表示起始信号；SCL 线为高电平期间，SDA 线由低电平向高电平的变化表示终止信号。起始和终止信号如图 13.40 所示。

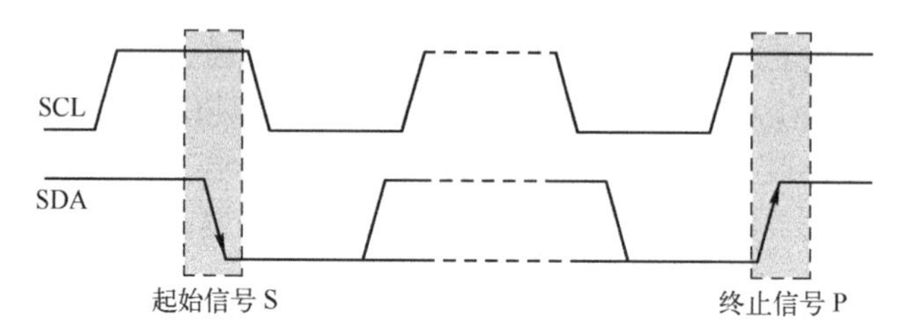

图 13.40　起始和终止信号

起始和终止信号都是由主机发出的，在起始信号产生后，总线就处于被占用的状态；在终止信号产生后，总线就处于空闲状态。

连接到 I^{2}C 总线上的器件，若具有 I^{2}C 总线的硬件接口，则很容易检测到起始和终止信号。对于不具备 I^{2}C 总线硬件接口的有些单片机来说，为了检测起始和终止信号，必须保证在每个时钟周期内对数据线 SDA 取样两次。

接收器件收到一个完整的数据字节后，有可能需要完成一些其他工作，如处理内部中断服务等，可能无法立刻接收下一个字节，这时接收器件可以将 SCL 线拉成低电平，从而使主机处于等待状态，直到接收器件准备好接收下一个字节时，再释放 SCL 线使之成为高电平，从而使数据传送可以继续进行。

3）数据传送格式。

① 字节传送与应答。利用 I^{2}C 总线进行数据传送时，传送的字节数是没有限制的，但是每一个字节必须保证是 8 位长度。数据传送时，先传送最高位（MSB），每一个被传送的字节后面都必须跟随一位应答位（即一帧共有 9 位），如图 13.41 所示。

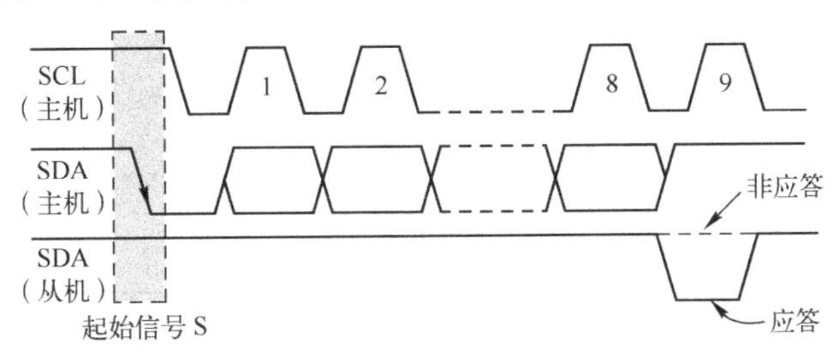

图 13.41　应答时序

由于某种原因从机不对主机寻址信号应答时（如从机正在进行实时性的处理工作而无法接收总线上的数据），它必须将数据线置于高电平，而由主机产生一个终止信号以结束总线的数据传送。

① 如果从机对主机进行了应答，但在数据传送一段时间后无法继续接收更多的数据，从机可以通过对无法接收的第一个数据字节的“非应答”通知主机，主机则应发出终止信号以结束数据的继续传送。

当主机接收数据时，它收到最后一个数据字节后，必须向从机发出一个结束传送的信号，这个信号是由对从机的“非应答”来实现的，然后从机释放 SDA 线，以允许主机产生终止信号。

② 数据帧格式。总线上传送的数据信号是广义的，既包括地址信号，又包括真正的数据信号。

I^{2}C 总线规定，在起始信号后必须传送一个从机的地址（7 位），第 8 位是数据的传送方向位（R/W），用“0”表示主机发送数据（W），“1”表示主机接收数据（R）。每次数据传送总是由主机产生的终止信号结束。但是若主机希望继续占用总线进行新的数据传送，则可以不产生终止信号，马上再次发出起始信号对另一从机进行寻址。因此在总线的一次数据传送过程中，可以有以下几种组合方式：

a．主机向无子地址从机发送数据。

S	从机地址	0	A	数据	A	P

注：有阴影部分表示数据由主机向从机传送，无阴影部分则表示数据由从机向主机传送。A 表示应答（低电平），$\overline{A}$ 表示非应答（高电平），S 表示起始信号，P 表示终止信号。

b．主机从无子地址从机读取数据。

S	从机地址	1	A	数据	$\overline{A}$	P

c．主机向有子地址从机发送多字节数据。

S	从机地址	0	A	子地址	A	数据	A	…	数据	A	P

d．主机向有子地址从机读取多字节数据。在传送过程中，当需要改变传送方向时，起始信号和从机地址都被重复产生一次，但两次读/写方向位正好反向。

S	从机地址	0	A	子地址	A	S	从机地址	1	A	数据	A	…	数据	$\overline{A}$	P

由以上格式可见，无论哪种方式，起始信号、终止信号和地址均由主机发送，数据字节的传送方向则由寻址字节中方向位规定，每个字节的传送都必须有应答位（A 或 $\overline{A}$）相随。

4）I^{2}C 总线的时序特性。为了保证数据传送的可靠性，标准 I^{2}C 总线的数据传送有严格的时序要求。I^{2}C 总线的起始信号、终止信号、发送“0”及发送“1”的模拟时序如图 13.42 所示。

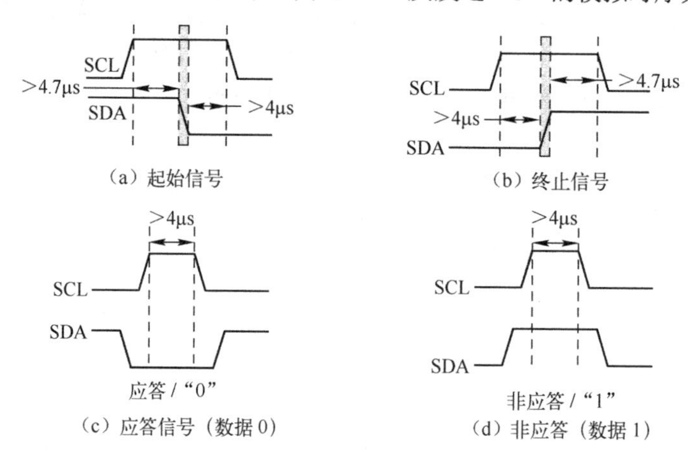

图 13.42　典型信号时序图

对于起始信号，在 SCL 为高电平期间，SDA 由高电平向低电平跳变，并要求在高电平时间>4.7μs，低电平时间 4μs，如图 13.42（a）所示。起始信号至第一个时钟脉冲的时间间隔应大于 4.0μs。

对于终止信号，在 SCL 为高电平期间，SDA 电低电平向高电平跳变，并要求跳高前的低电平时间大于 4μs，跳变后高电平时间大于 4.7μs。如图 13.42（b）所示。在单主机系统中，为防止非正常传送；终止信号后 SCL 可以设置在低电平。

对于发送应答位、非应答位来说，与发送数据“0”和“1”的信号定时要求完全相同。只要满足在时钟高电平大于 4.0μs 期间，SDA 线上有确定的电平状态即可，如图 13.42（c）和 13.42（d）所示。

5）I^{2}C 总线的寻址。I^{2}C 总线是多主机总线，总线上的各个主机都可以争用总线，在竞争中获胜者马上占有总线控制权。有权使用总线的主机如何对接收的从机寻址呢？I^{2}C 总线协议有明确的规定：采用 7 位的寻址字节（寻址字节是起始信号后的第一个字节）。

寻址字节的位定义。D7～D1 位组成从机的地址。D0 位是数据传送方向位：为“0”时表示主机向从机写数据，为“1”时表示主机由从机读数据。

主机发送地址时，总线上的每个从机都将这 7 位地址码与自己的地址进行比较，如果相同，则认为自己正被主机寻址，根据 R/W 位将自己确定为发送器或接收器。

从机的地址由固定部分和可编程部分组成。在一个系统中可能希望接入多个相同的从机，从机地址中可编程部分决定了可接入总线该类器件的最大数目。如一个从机的 7 位寻址位有 4 位是固定位，3 位是可编程位，这时仅能寻址 8 个同样的器件，即可以有 8 个同样的器件接入到该 I^{2}C

总线系统中。

6）I^2C 串行总线的接口设计——模拟 I^2C。I^2C 串行总线的接口设计分两种情况：一种是单片机自身带有 I^2C 总线硬件接口，另一种是早期单片机不含 I^2C 总线硬件接口。例如，深圳宏晶科技推出的 STC8 系列单片机内含 I^2C 总线逻辑，提供了符合 I^2C 总线规范的串行接口，具有性能稳定、速度快、使用方便等优点；而许多单片机不具有 I^2C 总线逻辑，在外接 I^2C 总线接口器件时，需要 MCU 模拟实现 I^2C 总线逻辑。

I^2C.h 源程序如下（此文件包含语句前面，应有特殊功能寄存器定义的头文件和 intrins.h 的包含语句）：

```
sbit scl=P1^0;                    //定义串行 I/O 口
sbit sda=P1^1;
bit flag，flag1;                  // flag 为返回应答标志，0 为应答，1 为非应答
                                  //flag1 为接收结束标志
/*————————————延时子程序 5μs，可从 STC-ISP 工具中获得——————————————*/
void delay（void）                //1T，18.432MHz
{
        unsigned char i;
        _nop_();
        _nop_();
        i=20;
        while （——i）;
}
/*——————————————————I2C 总线起始条件子程序————————————————*/
void I_start（void）
{
        sda=1;
        scl=1;
        delay();
        sda=0;
        delay();
        scl=0;
}
/*——————————————————I2C 总线停止条件子程序————————————————*/
void I_stop（void）
{
        sda=0;
        scl=1;
        delay();
        sda=1;
        delay();
}
/*————————————————————字节数据传送子程序——————————————————*/
bit I_send（uchar   I_data）  //返回应答标志（flag）
{
        uchar data   i;
        for（i=0; i<8; i++）
        {
                sda=（bit）（I_data&0x80）;
                I_data=I_data<<1;
                scl=1;
                delay();
                scl=0;
        }
```

```
        sda=1;                          //准备接收 ACK（应答）位
        scl=  1;
        flag=0;
        if（sda==0）
            flag=0;                     //开始接收 ACK（应答） 位
        else
            flag=1;                     //返回（I_clock()）;
        scl=0;
        return（flag）;                 //返回应答标志;
}
/*----------------字节数据接收子程序------------------*/
uchar I_receive（void）                //字节数据接收子程序
{
        uchar data  i;
        uchar  I_data=0;
        sda=1;
        for（i=0; i<8; i++）
        {
            I_data*=2;                  //乘 2，相当于左移一位。接收数据的顺序是由高到低
            scl=0;
            delay();
            scl=1;
            if（sda==1）
                I_data++;
        }
        scl=0;
        sda=0;
        if（flag1==0）
        {
          scl=1;
          delay();
          scl=0;
        }                                   //不是最后一个接收数据，发应答信号
        else
        {
          sda=1;
          scl=1;
          delay();
          scl=0;
          flag1=0;
        }                                   //是最后一个接收数据，发非应答信号
        return（I_data）;                   //返回接收数据
}
```

13.3.3 基于时钟芯片 PCF8563 电子时钟的设计

本例以 PHILIPS 的 PCF8563 为时钟芯片的电子时钟系统，要求能够用六位 LED 数码管实现电子时钟的功能，显示方式为时、分、秒，采用 24h（小时）计时方式。

1. PCF8563 实时时钟日历芯片简介

PCF8563 是一款由 PHILIPS 公司生产的低功耗带有 256 个字节的 CMOS 实时时钟/日历芯片，

它提供一个可编程时钟输出，一个中断输出和掉电检测器，所有的地址和数据通过 I^2C 总线接口串行传递。最大总线速度为 400Kbit/s，每次读写数据后，内嵌的地址寄存器会自动增加。

1）特性。

① 低工作电流：典型值为 0.25μA（V_{DD}=3.0V，T_{amb}=25 ℃时）。

② 世纪标志。

③ 大工作电压范围：1.0～5.5V。

④ 低休眠电流；典型值为 0.25μA （V_{DD}=3.0V, T_{amb}=25 ℃）。

⑤ 400kHz 的 I^2C 总线接口（V_{DD}=1.8～5.5V 时）。

⑥ 可编程时钟输出频率为：32.768kHz，1024Hz，32Hz，1Hz。

⑦ 报警和定时器。

⑧ 掉电检测器。

⑨ 内部集成的振荡器电容。

⑩ 片内电源复位功能。

⑪ I^2C 总线从地址：读：A3H；写：A2H。

⑫ 开漏中断引脚。

2）应用。

① 复费率电度表、IC 卡水表、IC 卡煤气表。

② 便携仪器。

③ 传真机、移动电话。

④ 电池供电产品。

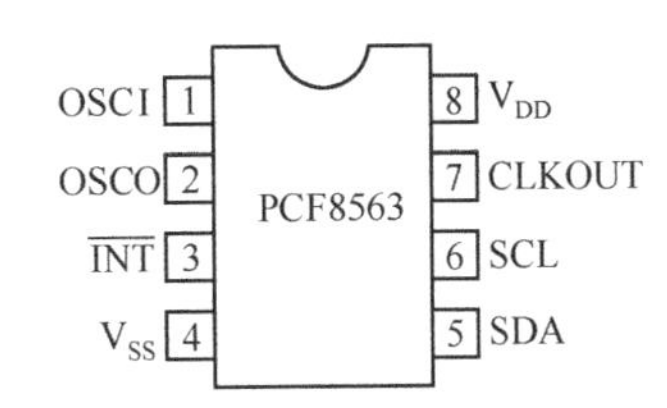

图 13.43　PCF8563 的引脚排列图

3）PCF8563 的引脚排列。PCF8563 的引脚排列如图 13.43 所示，各引脚功能说明如表 13.18 所列。

表 13.18　PCF8563 的管脚描述

符　号	管脚号	描　　述	符　号	管脚号	描　　述
OSCI	1	振荡器输入	SDA	5	串行数据 I/O
OSCO	2	振荡器输出	SCL	6	串行时钟输入
$\overline{INT}$	3	中断输出（开漏：低电平有效）	CLKOUT	7	时钟输出（开漏）
V_{SS}	4	地	V_{DD}	8	电源正极

4）功能描述。PCF8563 有 16 个 8 位寄存器，一个可自动增量的地址寄存器，一个内置 32.768kHz 的振荡器（带有一个内部集成的电容），一个分频器（用于给实时时钟 RTC 提供源时钟），一个可编程时钟输出，一个定时器，一个报警器，一个掉电检测器和一个 400kHz I^2C 总线接口。

所有 16 个寄存器设计成可寻址的 8 位并行寄存器，但不是所有位都有用。前两个寄存器（内存地址 00H，01H）用于控制寄存器和状态寄存器，内存地址 02H～08H 用于时钟计数器（秒～年计数器），地址 09H～0CH 用于报警寄存器（定义报警条件），地址 0DH 控制 CLKOUT 管脚的输出频率，地址 0EH 和 0FH 分别用于定时器控制寄存器和定时器寄存器。

秒、分钟、小时、日、月、年，分钟报警、小时报警、日报警寄存器的，编码格式均为 BCD 码，星期和星期报警寄存器不以 BCD 格式编码。

当一个 RTC 寄存器被读时，所有计数器的内容被锁存，因此在传送条件下，可以禁止对时钟/日历芯片的错读。

（1）报警功能模式。一个或多个报警寄存器 MSB（AE=Alarm Enable 报警使能位）清 0 时，相应的报警条件有效，这样一个报警将在每分钟至每星期范围内产生一次。设置报警标志位 AF（控制/状态寄存器 2 的位 3）用于产生中断，AF 只可以用软件清除。

（2）定时器。8 位的倒计数器（地址 0FH）由定时器控制寄存器（地址 0EH，参见表 13.19）控制，定时器控制寄存器用于设定定时器的频率（4096Hz，64Hz，1Hz，或 1/60Hz），以及设定定时器有效或无效。定时器从软件设置的 8 位二进制数倒计数，每次倒计数结束，定时器标志位 TF 只可以用软件清除，TF 用于产生一个中断（$\overline{\text{INT}}$），每个倒计数周期产生一个脉冲作为中断信号。当读定时器时，返回当前倒计数的数值。

（3）CLKOUT 输出。管脚 CLKOUT 可以输出可编程的方波。CLKOUT 频率寄存器（地址 0DH；参见表 13.19）决定方波的频率，CLKOUT 可以输出 32.768kHz（默认值）、1024Hz、32Hz、1Hz 的方波。CLKOUT 为开漏输出管脚，通电时有效，无效时为高阻抗。

（4）复位。PCF8563 包含一个片内复位电路，当振荡器停止工作时，复位电路开始工作。在复位状态下，I^2C 总线初始化，寄存器位 TF、VL、TD1、TD0、TESTC、AE 被置逻辑 1，其他的寄存器和地址指针被清 0。

（5）掉电检测器和时钟监控。PCF8563 内嵌掉电检测器，当 V_{DD} 低于 V_{low} 时，位 VL（Voltage Low，秒寄存器的位 7）被置 1，用于指明可能产生不准确的时钟/日历信息，VL 标志位只可以用软件清除。当 V_{DD} 慢速降低（例如以电池供电）达到 V_{low} 时，标志位 VL 被设置，这时可能会产生中断。

（6）寄存器结构。

① 管理寄存器概况。其中标明“－”的位无效，标明“0”的位应置逻辑 0，见表 13.19。

表 13.19　寄存器概况

地址	寄存器名称	Bit7	Bit6	Bit5	Bit4	Bit3	Bit2	Bit1	Bit0
00H	控制/状态寄存器 1	TEST	0	STOP	0	TESTC	0	0	0
01H	控制/状态寄存器 2	0	0	0	TI/TP	AF	TF	AIE	TIE
0DH	CLKOUT 频率寄存器	FE	—	—	—	—	—	FD1	FD0
0EH	定时器控制寄存器	TE	—	—	—	—	—	TD1	TD0
0FH	定时器倒计数数值寄存器	定时器倒计数数值							

② BCD 格式寄存器概况。其中标明“－”的位无效，见表 13.20。

表 13.20　BCD 格式寄存器概况

地址	寄存器名称	Bit7	Bit6	Bit5	Bit4	Bit3	Bit2	Bit1	Bit0
02h	秒	VL	00～59BCD 码格式数						
03h	分钟	-	00～59BCD 码格式数						
04h	小时	—	—	00～23BCD 码格式数					
05h	日	—	—	01～31BCD 码格式数					
06h	星期	—	—	—	—	—	0～6		
07h	月/世纪	C	—	—	01～12BCD 码格式数				
08h	年	00～99BCD 码格式数							
09h	分钟报警	AE	00～59BCD 码格式数						
0Ah	小时报警	AE	—	00～23BCD 码格式数					
0BH	日报警	AE	—	01～31BCD 码格式数					
0CH	星期报警	AE	—	—	—	—	0～6		

③ 控制/状态寄存器，见表 13.21、表 13.22。

表 13.21　控制/状态寄存器 1 位描述（地址 00H）

Bit	符号	描　述
7	TEST1	TEST1＝0：普通模式 TEST1＝1：EXT_CLK 测试模式
5	STOP	STOP＝0：芯片时钟运行 STOP＝1：所有芯片分频器异步置逻辑 0；芯片时钟停止运行（CLKOUT 在 32.768kHz 时可用）
3	TESTC	TESTC＝0：电源复位功能失效（普通模式时） TESTC＝1：电源复位功能有效
6，4，2，1，0	0	默认值置逻辑 0

表 13.22　控制/状态寄存器 2 位描述（地址 01H）

Bit	符号	描　述
7，6，5	0	默认值置逻辑 0
4	TI/TP	（TI/TP）＝0，当 TF 有效时 $\overline{\text{INT}}$ 有效（取决于 TIE 的状态）；（TI/TP）＝1，$\overline{\text{INT}}$ 脉冲输出有效，参见表 13.23（取决于 TIE 的状态）。注意：若 AF 和 AIE 都有效时，则中断一直有效
3	AF	当报警发生时，AF 被置逻辑 1；在定时器倒计数结束时，TF 被置逻辑 1，它们在被软件重写前一直保持原有值，若定时器和报警中断都请求时，中断源由 AF 和 TF 决定，若要清除一个标志位而防止另一标志位被重写，应运用逻辑指令 AND。标志位 AF 和 TF 值操作功能描述参见表 13.24
2	TF	
1	AIE	决定一个中断的请求有效或无效，当 AF 或 TF 中一个为 1 时中断是 AIE 和 TIE 都置 1 时的逻辑或。（AIE）＝0，报警中断无效；（AIE）＝1，报警中断有效。（TIE）＝0，定时器中断无效；（TIE）＝1，定时器中断有效
0	TIE	

表 13.23　$\overline{\text{INT}}$ 操作（TI/TP＝1）

源时钟（Hz）	$\overline{\text{INT}}$ 周期	
	n＝1	n>1
4096	1/8192	1/4096
64	1/128	1/64
1	1/64	1/64
1/60	1/64	1/64

注：TF 和 $\overline{\text{INT}}$ 同时有效。n 为倒计数定时器的数值，当 n=0 时定时器停止工作。

表 13.24　AF 和 TF 值描述

R/W	Bit：AF		Bit：TF	
	值	描述	值	描述
Read 读	0	报警标志无效	0	定时器标志无效
	1	报警标志有效	1	定时器标志有效
Write 写	0	报警标志被清除	0	定时器标志被清除
	1	报警标志保持不变	1	定时器标志保持不变

④ 秒、分钟和小时寄存器，分别见表 13.25、表 13.26、表 13.27。

表 13.25　秒/VL 寄存器位描述（地址 02H）

Bit	符号	描　　述
7	VL	低压标志：（VL）=0，保证提供准确的时钟/日历数据；（VL）=1，不能提供准确的时钟/日历数据
6～0	秒	代表 BCD 格式的当前秒数值，值为 00～59，例如，=1011001，代表 59 秒

表 13.26　寄存器位描述（地址 03H）

Bit	符号	描　　述
7	—	无效
6～0		代表 BCD 格式的当前分钟值，值为 00～59

表 13.27　小时寄存器位描述（地址 04H）

Bit	符号	描　　述
7～6	—	无效
5～0		代表 BCD 格式的当前小时数值，值为 00～23

⑤ 日、星期、月/世纪和年寄存器，分别见表 13.28～表 13.33。

表 13.28　日寄存器位描述（地址 05H）

Bit	符号	描　　述
7～6	—	无效
5～0	日	代表 BCD 格式的当前日数值，值为 01～31。当年计数器的值是闰年时，PCF8563 自动给二月增加一个值，使其成为 29 天

表 13.29　星期寄存器位描述（地址 06H）

Bit	符号	描　　述
7～3	—	无效
2～0	星期	代表当前星期数值 0～6，参见表 13.30，这些位也可由用户重新分配

表 13.30　星期分配表

日（Day）	Bit2	Bit1	Bit0
星期日	0	0	0
星期一	0	0	1
星期二	0	1	0
星期三	0	1	1
星期四	1	0	0
星期五	1	0	1
星期六	1	1	0

表 13.31　月/世纪寄存器位描述（地址 07H）

Bit	符号	描　　述
7	C	世纪位：C=0 指定世纪数为 20××，C=1 指定世纪数为 19××，“××”为年寄存器中的值，参见表 13.33。当年寄存器中的值由 99 变为 00 时，世纪位会改变
6～5	—	无用
4～0	〈月〉	代表 BCD 格式的当前月份，值为 01～12，参见表 13.32

表 13.32 月分配表

月份	Bit4	Bit3	Bit2	Bit1	Bit0
一月	0	0	0	0	1
二月	0	0	0	1	0
三月	0	0	0	1	1
四月	0	0	1	0	0
五月	0	0	1	0	1
六月	0	0	1	1	0
七月	0	0	1	1	1
八月	0	1	0	0	0
九月	0	1	0	0	1
十月	1	0	0	0	0
十一月	1	0	0	0	1
十二月	1	0	0	1	0

表 13.33 年寄存器位描述（地址 08H）

Bit	符号	描　述
7～0	〈年〉	代表 BCD 格式的当前年数值，值为 00～99

⑥ 报警寄存器。当一个或多个报警寄存器写入合法的分钟、小时、日或星期数值并且它们相应的 AE（Alarm Enable）位为逻辑 0，以及这些数值与当前的分钟、小时、日或星期数值相等，标志位 AF（Alarm Flag）被设置，AF 保存设置值直到被软件清除为止，AF 被清除后，只有在时间增量与报警条件再次相匹配时才可再被设置。报警寄存器在它们相应位 AE 置为逻辑 1 时将被忽略。分钟、小时、日、星期报警寄存器分别见表 13.34～表 13.37。

表 13.34 分钟报警寄存器位描述（地址 09H）

Bit	符号	描　述
7	AE	（AE）=0，分钟报警有效；（AE）=1，分钟报警无效
6～0	〈分钟报警〉	代表 BCD 格式的分钟报警数值，值为 00～59

表 13.35 小时报警寄存器位描述（地址 0AH）

Bit	符号	描　述
7	AE	（AE）=0，小时报警有效；（AE）=1，小时报警无效
6～0	〈小时报警〉	代表 BCD 格式的小时报警数值，值为 00～23

表 13.36 日报警寄存器位描述（地址 0BH）

Bit	符号	描　述
7	AE	（AE）=0，日报警有效；（AE）=1，日报警无效
6～0	〈日报警〉	代表 BCD 格式的日报警数值，值为 00～31

表 13.37 星期报警寄存器位描述（地址 0CH）

Bit	符号	描　述
7	AE	（AE）=0，星期报警有效；（AE）=1，星期报警无效
6～0	〈星期报警〉	代表 BCD 格式的星期报警数值，值为 0～6

⑦ CLKOUT 频率寄存器，有关频率输出的控制以及频率的选择见表 13.38、表 13.39 所示。

表 13.38　CLKOUT 频率寄存器位描述（地址 0DH）

Bit	符号	描　述
7	FE	（FE）=0，CLKOUT 输出被禁止并设成高阻抗 （FE）=1，CLKOUT 输出有效
6～2	—	无效
1 0	FD1 FD0	用于控制 CLKOUT 管脚的输出频率（f_{CLKOUT}），参见表 13.39

表 13.39　CLKOUT 频率选择表

FD1	FD0	f_{CLKOUT}
0	0	32.768kHz
0	1	1024Hz
1	0	32Hz
1	1	1Hz

⑧ 倒计数定时器寄存器。倒计数定时器寄存器是一个 8 位字节的倒计数定时器，它由定时器控制器中位 TE 决定有效或无效，定时器的时钟也可以由定时器控制器选择，其他定时器功能，如中断产生，由控制/状态寄存器 2 控制。为了能精确读回倒计数的数值，I^2C 总线时钟 SCL 的频率应至少为所选定定时器时钟频率的两倍。倒计数定时器控制寄存器的含义见表 13.40 所示，倒计数的频率选择以及倒计数时间的设定分别见表 13.41 和表 13.42。

表 13.40　倒计数定时控制寄存器位描述（地址 0EH）

Bit	符号	描　述
7	TE	TE=0；定时器无效；TE=1；定时器有效
6～2	—	无用
1	TD1	定时器时钟频率选择位，决定倒计数定时器的时钟频率，参见表 13.41，不用时 TD1 和 TD0 应设为“11”（1/60Hz），以降低电源损耗
0	TD0	

表 13.41　定时器时钟频率选择

TD1	TD0	定时器时钟频率（Hz）
0	0	4096
0	1	64
1	0	1
1	1	1/60

表 13.42　定时器倒计数数值寄存器位描述（地址 0FH）

Bit	符号	描　述
7～0	倒计数数值“n”，	倒计数周期=*n*/时钟频率

（7）EXT_CLK 测试模式。测试模式用于在线测试，建立测试模式和控制 RTC 的操作。测试模式由控制/状态寄存器 1 的位 TEST1 设定，这时 CLKOUT 管脚成为输入管脚。在测试模式状态下，通过 CLKOUT 管脚输入的频率信号代替片内的 64Hz 频率信号，每 64 个上升沿将产生 1 秒的时间增量。注意：进入 EXT_CLK 测试模式时时钟不与片内 64Hz 始终时钟同步，也确定不

出预分频的状态。

操作举例：

① 进入 EXT_CLK 测试模式；设置控制/状态寄存器 1 的位 7（TEST＝1）。

② 设置控制/状态寄存器 1 的位 5（STOP＝1）。

③ 清除控制/状态寄存器 1 的位 5（STOP＝0）。

④ 设置时间寄存器（秒、分钟、小时、日、星期、月/世纪和年）为期望值。

⑤ 提供 32 个时钟脉冲给 CLKOUT。

⑥ 读时间寄存器观察第一次变化。

⑦ 提供 64 个时钟脉冲给 CLKOUT。

⑧ 读时间寄存器观察第二次变化；需要读时间寄存器的附加增量时，重复步骤 7 和 8。

石英晶片频率调整。

方法 1：定值 OSCI 电容——计算所需的电容平均值。用此值的定值电容，通电后在 CLKOUT 管脚上测出的频率应为 32.768kHz，测出的频率值偏差取决于石英晶片，电容偏差和器件之间的偏差（平均为$\pm 5\times 10^{-6}$）。平均偏差可达 5 分钟/年。

方法 2：OSCI 微调电容——可通过调整 OSCI 管脚的微调电容使振荡器频率达到精确值，这时可测出通电时管脚 CLKOUT 上的 32.768kHz 信号。

方法 3：OSCI 输出——直接测量管脚 OSCI 的输出。

2. 电子时钟的硬件电路的设计

电子时钟的硬件主要由单片机最小系统、PCF8563 接口电路、数码管显示电路组成。具体电路如图 13.44 所示。

3. 电子时钟的源程序（CLOCK.C）

```
#include<stc15f2k60s2.h>
#include<intrins.h>
#define uchar unsigned char
#define uint unsigned int
#include<I2C.h>                      //包含 I²C 通信 IO 口模拟头文件
#define led_data   P0                //数码管段选
#define led_bit   P2                 //数码管位选
uchar idata rom_sed[9];              //当前发送值
uchar idata rom_rec[7];              //接收值
uchar code   table[]={0x3f，0x06，0x5b，0x4f，0x66，0x6d，0x7d，0x07，0x7f，0x6f}；
uchar   data   scan_con[6]={0x01，0x02，0x04，0x08，0x10，0x20}；
                                     //列扫描字
uchar data   dis[6]={0x00，0x00，0x00，0x00，0x00，0x00}；
                                     //显示单元数据，共 6 个
/*－－－－－－－－－－－－－－－－1ms 延时子程序－－－－－－－－－－－－－－－－－*/
delay1ms（ ）                        //1T，@18.432MHz1ms 延时子程序
{
      unsigned char i, j；
      i=18；
      j=235；
      do
      {
            while（--j）；
      } while（--i）；
}
```

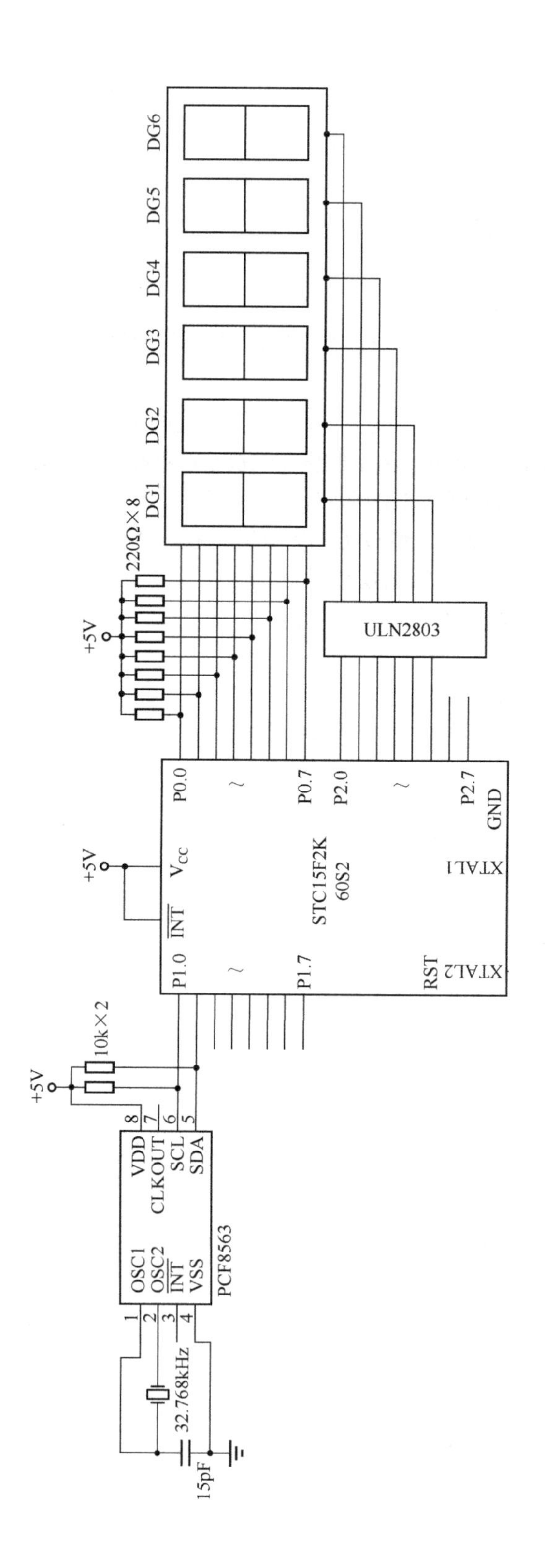

图 13.44　时钟硬件电路图

```
/*—————————————————数码管显示子程序—————————————————*/
display()
{
        uchar i;
        dis[0]=rom_rec[0]&0x0f;          //BCD 码转十进制，取低位
        dis[1]=rom_rec[0]>>4;            //BCD 码转十进制，高位右移 4 位
        dis[2]=rom_rec[1]&0x0f;
        dis[3]=rom_rec[1]>>4;
        dis[4]=rom_rec[2]&0x0f;
        dis[5]=rom_rec[2]>>4;
        for（i=0；i<6；i++）
        {
              led_data=table[dis[i]];
              led_bit=scan_con[i];
              delay1ms（1）;
              led_bit=0x00;
        }
}
/*————————————————pcf8563 初始化子程序——————————————————*/
initializa()
{
        data uchar i;
        rom_sed[0]=0x00;                 //秒：0
        rom_sed[1]=0x00;                 //分：0
        rom_sed[2]=0x12;                 //时：12
        rom_sed[3]=0x01;                 //日：1
        rom_sed[4]=0x01;                 //星期:
        rom_sed[5]=0x01;                 //月：1
        rom_sed[6]=0x06;                 //年：2006
        rom_sed[7]=0xb0;                 //报警分设定：30
        rom_sed[8]=0x99;                 //报警时设定：19
        for（i=0；i<255；i++）delay();
        I_start();
        if（~I_send（0xa2））            //pcf_write 地址
        {
             if（~I_send（0x02））       //pcf_status 寄存器地址
             {
                  for（i=0；i<9；i++）
                  {
                       if（~I_send（rom_sed[i]））;
                       else;
                  }
                  I_stop();
             }
             else;
        }
        else;
}
/*——————————读 pcf8563 子程序———————————————*/
```

```
pcf8563()
{
    uchar i;
    I_start();
    if (~I_send (0xa2))                 //pcf_write 地址
    {
        if (~I_send (0x02))             //pcf_status 寄存器地址
        {
            I_start();
            if (~I_send (0xa3))         //写状态寄存器
            {
                for (i=0; i<7; i++)
                {
                    if (i==6) flag1=1;
                    else flag1=0;
                    rom_rec[i]=I_receive();
                    switch (i)
                    {
                        case 1: rom_rec[i]=rom_rec[i]&0x7f; break;
                        case 2:
                        case 3: rom_rec[i]=rom_rec[i]&0x3f; break;
                        case 4: rom_rec[i]=rom_rec[i]&0x07; break;
                        case 5: rom_rec[i]=rom_rec[i]&0x9f; break;
                        default: break;
                    }
                }
                I_stop();
            }
        }
    }
}
/*----------------------主函数----------------------*/
main()
{
    initializa();
    while (1)
    {
        pcf8563();
        display();
    }
}
```

13.4 电机控制与应用设计

13.4.1 直流电机的控制

直流电机是一种常用的机电转换部件，常在自动控制系统中作为执行元件。在直流电机控制中，主要涉及的控制有正、反转控制与速度控制。正、反转控制是改变直流工作电压极性来实现的，而速度控制可使用 PWM 方式进行控制，即在单位周期时间内，调整通、断电时间来实现。直流电机的控制可选择成品的 PWM 模块来实现，但在很多情况下，使用单片机产生 PWM 脉冲可简化硬件电路，节约成本。本任务就是如何利用单片机实现对直流电机的控制，一是旋转方向的控制，二是旋转速度的控制。

1）改变直流电机电源的极性就可改变直流电机的旋转方向，具体来说是用功率元件构成直流电桥，用以实现直流电机的方向控制与功率驱动。

2）直流电机速度的控制可采用脉宽调制（PWM）的方法实现，所谓脉宽调制（PWM）就是改变单位周期时间内高电平脉冲的时间，具体来说，即改变单位周期时间内电机通电的时间。

1. 正、反转控制电路

如图 13.45 所示为某直流电机正、反转控制、功率驱动原理图。它是一个直流桥，既可以改变电机两端的电压极性，又可以实现功率放大。

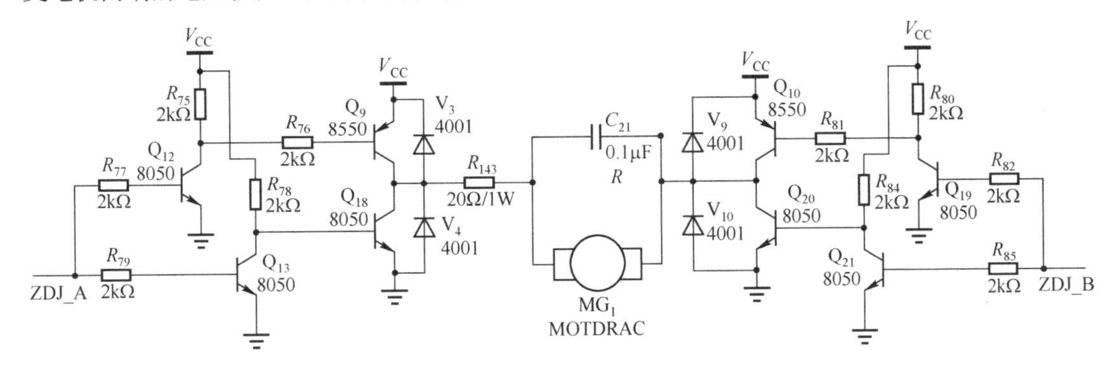

图 13.45　某直流电机驱动原理图

1）若 ZDJ_A 为高电平，ZDJ_B 为低电平时，电机正转。此时 Q_{12}、Q_{13} 导通，进而 Q_9 导通，Q_{18} 截止；而 Q_{19}、Q_{21} 截止，进而 Q_{10} 截止，Q_{20} 导通，电机两端的电压为左正右负，电机正转。

2）若 ZDJ_A 为低电平、ZDJ_B 为高电平时，电机反转。此时 Q_{12}、Q_{13} 截止，进而 Q_9 截止，Q_{18} 导通；而 Q_{19}，Q_{21} 导通，进而 Q_{10} 导通，Q_{20} 截止，电机两端的电压为左负右正，电机反转。

3）若 ZDJ_A、ZDJ_B 同时为高电平或低电平时，电机不转。

2. 利用单片机输出 PWM 脉冲控制直流电机的速度

1）程序功能。本程序可输出周期为 1/250Hz＝4000μs、占空比可变的 PWM 脉冲，P1.0 接按键 K_START，用于启、停控制，P1.1 接按键 K_DIRECTION，用于正、反转控制，P1.2 接按键 K_UP，用于增加占空比，P1.3 接按键 K_DOWN，用于减小占空比，P1.4、P1.5 分别接正、反转控制电路的驱动控制端（如图 13.45 中的 ZDJ_A、ZDJ_B 控制端）。

2）直流电机控制电路图（利用 Proteus 软件绘制）。如图 13.46 所示。

3）程序设计。设机器振荡频率为 12MHz，用定时器 T0 产生 200μs 定时时间作为定时脉冲，一个 PWM 周期为 20 个定时脉冲，通过控制高电平与低电平的脉冲数即可改变 PWM 输出的占空比。

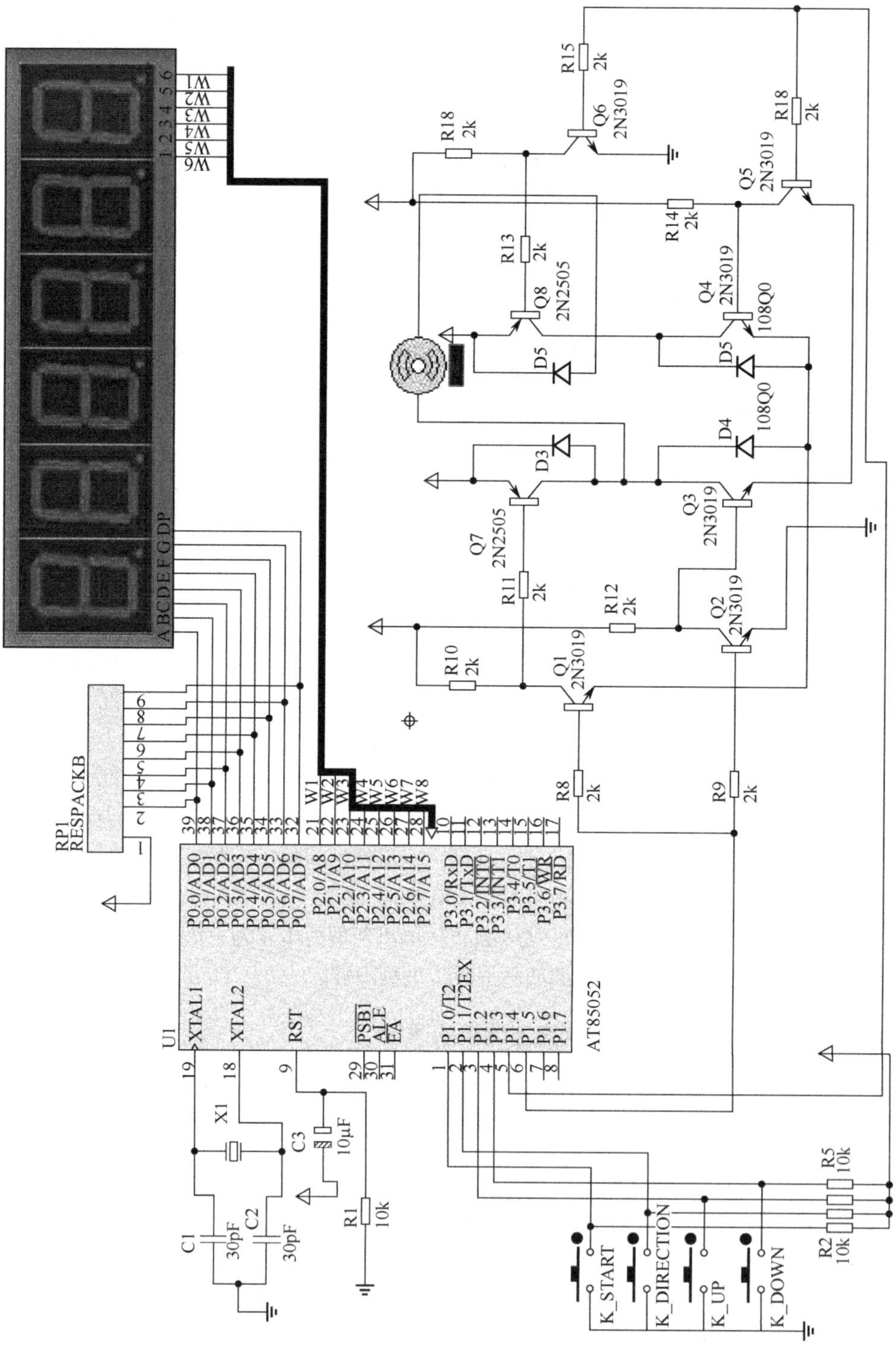

图 13.46　某直流电机控制电路

源程序（DC-motor.c）清单如下：

```
#include <stc15f2k60s2.h>
#include <intrins.h>
#define uchar unsigned char
#define uint unsigned int
#define Led_wx    P2
#define Led_dx    P0
/*——————————————————定义变量——————————————————————*/
uchar pwm=20;                                 //定义 PWM 周期数
uchar pwmH=1;                                 //定义高电平脉冲个数计数器
uchar counter=0;                              //定义脉冲个数计数器
uchar Ledplay[6];                             //定义数据存放缓存区
uchar bn=0;                                   //定义显示数据缓冲区的位置变量
bit    M=1;                                   //定义 PWM 输出的逻辑电平
bit    SW=1;                                  //定义启停控制变量
bit    LR=0;                                  //定义左、右转控制变量
/*——————————————————定义端口——————————————————————*/
sbit K_START=P1^0;                            //定义启、停控制引脚
sbit K_DIRECTION=P1^1;                        //定义左、右转控制引脚
sbit K_UP=P1^2;                               //定义加速控制引脚
sbit K_DOWN=P1^3;                             //定义减速控制引脚
sbit M1=P1^4;                                 //定义电机驱动控制引脚
sbit M2=P1^5;                                 //定义电机驱动控制引脚
/*———————————————定义数码管的字形码与字位码———————————————*/
uchar code no[]={0x3f, 0x06, 0x5b, 0x4f, 0x66, 0x6d, 0x7d, 0x07, 0x7f, 0x6f, 0x38, 0x77, 0x40};
//数字（0~9），字符（L、R、—）对应的显示码
uchar code wex[]={0xfe, 0xfd, 0xfb, 0xf7, 0xef, 0xdf};
//字位码
/*——————————————————短延时子程序（可变）——————————————————*/
void Delay（unsigned   int   i）
{
        while（i——）;
}
/*——————————————————长延时子程序（可变）——————————————————*/
void DelayM（unsigned   int   t）
{
        unsigned   char   i;
        while（——t ! =0）
        {
                for（i=0; i<120; i++）;
        }
}
/*——————————————————字符载入子程序——————————————————*/
void putin （int   u）                                  //将字符装入显示寄存器
{
        Ledplay[bn]=no[u];
        bn++;                                           //换下一个显示缓冲字节
}
/*——————————————————寄存器清空子程序——————————————————*/
void clearRAM （void）
{                                                       //6 个寄存器清空（0x00）
        Uchar   a;                                      //定义变量用于清空数据指针
        for（a=0; a<6; a++）
```

```
        {
            Ledplay[a]=0;                    //将指向的寄存器清空
        }
}
/*--------------------数码管显示子程序--------------------*/
void ledxs (void)
{
        uchar i;
        uchar Date=0;
        uchar wx=0;
        for (i=0; i<6; i++)                          //扫描数码管1~6位
        {
            Date=wex[i];
            Date=Date & 0x3f;                        //取低六位数据
            wx=Led_wx & 0xc0 | Date;                 //屏蔽高两位端口
            Led_wx=wx;   //送数据
            Led_dx=Ledplay[i];
            DelayM (2);
        }
}
/*--------------------定时器T0初始化子程序--------------------*/
void Time0_int (void)
{
        TMOD=0X02;
        TH0=56;
        TL0=56;
        ET0=1;
        EA=1;
        TR0=1;
}
/*--------------------T0中断服务子程序--------------------*/
void Time0 ( )   interrupt  1  using  1
{
        counter++;
        if (counter>=pwmH)
        {
            M=0;
        }
        if (counter==pwm)
        {
            counter=0;
            M=1;
        }
}
/*----------------------主函数----------------------*/
main()
{
      Time0_int();
      while (1)
      {
                                                     //按键处理
           if (K_START==0)                           //检测开始/停止按键
           {
```

```
            DelayM（20）;                          //延时去抖动
            if（K_START==0）
            {
                SW=~SW;
            }
            while（KSTART==0）;                    //等待键释放
        }
    if（KDIRECTION==0）                            //检测左转/右转按键
    {
        DelayM（20）;                              //延时去抖动
        if（KDIRECTION==0）
        {
                LR=~LR;
        }
        while（KDIRECTION==0）;                    //等待键释放
    }
    if（KUP==0）                                   //检测加速按键
    {
        DelayM（20）;                              //延时去抖动
        if（KUP==0）
        {
            pwmH++;
            if（pwmH==pwm）
            {
                pwmH=pwm-1;
            }
        }
        while（KUP==0）;
    }
    if（KDOWN==0）                                 //检测减速按键
    {
        DelayM（20）;                              //延时去抖动
        if（KDOWN==0）
        {
                pwmH--;
            if（pwmH==0）
            {
                    pwmH=1;
            }
        }
        while（KDOWN==0）;
    }
    if（SW==0）                                    //电机停止，关显示
    {
        M1=0;
        M2=0;
        bn=0;
        clearRAM();
    }
    if（SW==1）                                    //电机启动
    {
        bn=0;
        clearRAM();
```

```
            putin（pwm%10）;                    //显示 pwm 个位
            putin（pwm/10）;                    //显示 pwm 十位
            putin（12）;                        //显示一
            putin（pwmH%10）;                   //显示 pwmH 个位
            putin（pwmH/10）;                   //显示 pwmH 十位
            if（LR==0）
            {
                M1=0;
                M2=M;
                putin（11）;                    //显示右转 R
            }
            if（LR==1）
            {
                    M1=M;
                    M2=0;
                    putin（10）;                //显示左转 L
            }
        }
        ledxs();                                //数码管显示
    }
}
```

3．直流电机控制程序的调试

可采用 Proteus 仿真软件进行调试，调试电路如图 13.47 所示。

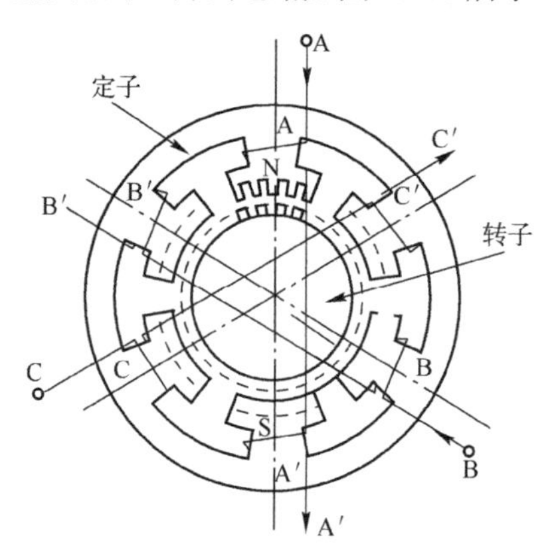

图 13.47　步进电机结构示意图

13.4.2　步进电机的控制

步进电机也是一种常用的机电转换部件，它是一种可将电脉冲信号转变成角位移或线位移的电磁机械装置，可以对其旋转角度和旋转速度进行高精度的控制，是工业过程控制和仪表中常用的执行部件之一。例如，在机电一体化产品中可以用丝杆把角度变成直线位移，也可以用步进电机带动螺旋电位器，调节电压或电流，从而实现对执行机构的控制。步进电机可以直接接收数字信号，不必进行数模转换，用起来非常方便。在步进电机负荷不超过它所能提供的动态转矩的情况下，它具有快速启停、精确步进和定位，步进的角距或电机的转速只受输入脉冲个数或脉冲频率控制，与电压的波动、负载变化、环境温度和振动等因素无关的特点，因而在数控机床、绘图仪、打印机以及光学仪器中得到了广泛应用。本任务应解决步进电机功率驱动电路的设计以及步进电机步进信号、方向控制与速度控制等问题。

1）功率驱动：采用大功率达林顿管提高电路的驱动电流，以满足步进电机运行的要求。

2）步进信号：要使步进电机转动起来，只需对其各相绕组顺序通以脉冲电流，即按节拍通以脉冲电流，单位周期的节拍数越多，控制精度越高。

3）方向控制：改变控制节拍的控制顺序，就可改变步进电机的旋转方向。

4）速度控制：控制每节拍的工作时间，就可改变步进电机的旋转速度，在编程中一般通过调用延时程序来控制节拍工作时间。

1. 步进电机的工作原理

目前常用的是反应式步进电机，根据绕组数的多少有二相、三相、四相和五相步进电机等。图 13.47 给出了三相步进电机结构示意图。

从图 13.47 中可以看出，电机的定子上有 6 个等间距的磁极 A、C′、B、A′、C、B′，相对两个磁极形成一相（A-A′、B-B′、C-C′），相邻的两个磁极之间夹角为 60°，每个磁极上有 5 个分布均匀的矩形小齿。电机的转子上共有 40 个矩形小齿均匀地分布在圆周上，相邻两个小齿之间的夹角为 9°。由于相邻的定子磁极之间的夹角为 60°，而定子和转子的齿宽和齿距都相同，所以定子磁极所对应的转子上的小齿数为 $6\frac{2}{3}$ 个，这样一来，定子和转子就存在错齿现象。当某一相绕组通电时，与之对应的两个磁极形成 N 极和 S 极，产生磁场，与转子形成磁路。当通电的一相对应的定子和转子的齿未对齐时，则在磁场的作用下转子将转动一定的角度，使转子和定子的齿相互对齐。同时该相的定子和转子的齿对齐后，相邻两相的齿又变成没有对齐，这时再对错磁相进行通电，又会转动一定的角度。依次对各相通电，就会使步进电机连续转动，可见错齿是使步进电机旋转的原因所在。

2. 步进电机的控制原理

1）三相三拍控制方式。若 A 相通电，B、C 相不通电，在磁场的作用下使转子的齿和 A 相的齿对齐，以此作为初始状态，此时 B 相和 C 相又与转子的齿错开 1/3 个齿距，即 3°；接着如果 B 相通电，磁场作用又使转子的齿与 B 相的齿对齐，则此时转子转过了 3°，即走了一步。同时又使 A 相和 C 相的齿与转子的齿错开了 1/3 个齿距；若再使 C 相通电，又会使转子转动 3°。这样依次按 A→B→C→A 的顺序轮流对各相磁极通以脉冲电流，则转子就会按每个脉冲转过 3°的角度进行转动。改变输入各相的脉冲电流的频率，可以控制步进电机的转速，但过高的脉冲频率可能导致步进电机的失步现象。

如果以 C→B→A→C 的顺序通以脉冲电流，则步进电机将反方向转动。从一相通电转到另一相通电称为一拍，故上述的通电方式称为三相三拍控制方式。

2）三相六拍控制方式。以 A→AB→B→BC→C→CA→A 的顺序对磁极通电，一个循环共有 6 拍，每拍的转动角度为 1.5°。可见步进电机的定位精度提高了 1 倍，同时也使步进电机的转动变得平稳柔和。若通电顺序为 A→AC→C→CB→B→BA→A 时，则步进电机按反方向转动。

3. 步进电机与单片机的接口技术

根据上述步进电机工作原理可知，要使步进电机转动起来，只需对其各相绕组顺序通以脉冲电流。一般脉冲形成方法有两种：一种方法是使用硬件的方法，即采用纯数字电路的环形脉冲分配器控制步进电机的步进，目前市场上已有众多标准化的环形脉冲分配器芯片可供选择，其特点是抗干扰性好，较适用于大功率的步进电机控制，但成本高，结构较复杂。另一种方法则是使用软件方式驱动步进电机，通过单片机编程输出脉冲电流来控制步进电机的步进，其特点是驱动电路简单，控制灵活，常用于驱动中低功率的步进电机。

三相步进电机与 8051 单片机的接口电路如图 13.48 所示，该接口采用软件方式控制步进电机的旋转。步进电机的驱动脉冲由 8051 单片机编程产生，并从 P1 口输出。由于步进电机所要求的驱动电流比较大，驱动步进电机各相电流导通的驱动器要使用具有一定功率的复合管。同时考虑到步进电机各相电机驱动电流通断时会造成电磁干扰的反串，影响单片机的正常运行，在输出通道中加入一级光电隔离器，以切断步进电机的电流驱动电路和 8051 单片机控制电路之间的电联系。步进电机的各相绕组上串接限流电阻，防止过大的电流流过线圈。电机绕组两端并联一个二极管的作用是在复合管从导通转入截止的瞬间，吸收绕组线圈中的反电动势能量，以避免产生电磁场干扰其他电路及击穿复合管。

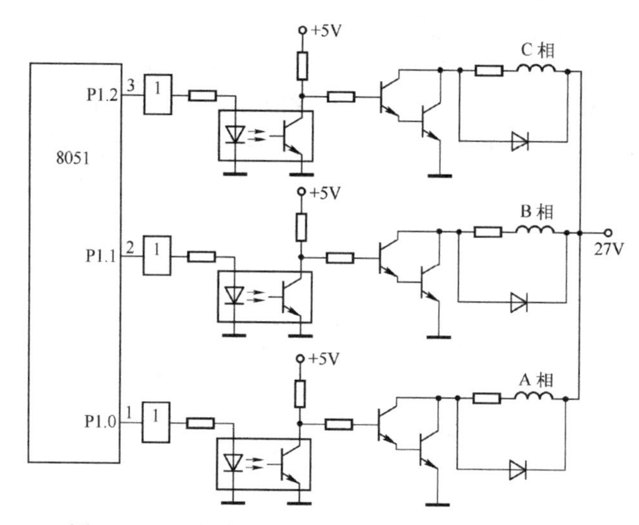

图 13.48　三相步进电机与 8031 单片机的接口电路

（1）步进电机的应用设计

1）ULN2003 与二相六线制步进电机。

① ULN2003 技术参数。ULN2003 是七路达林顿管反相驱动电路，管脚分布如图 13.49 所示。主要技术指标如下：

a. 工作电压：50V。

b. 连续工作电流：50mA。

② 二相六线制步进电机。二相六线制步进电机的引线如图 13.50 所示，分两相共 6 根线，黑、黄、橙色三线为一相，黑色线为中间抽头，接电源，另两根线接控制信号；白、红、蓝色三线为另一相，白色线为中间抽头，接电源，另两根线接控制信号。二相六线制步进电机共有 4“相”控制，则有单四拍、双四拍和单双八拍三种控制方式。

引脚	名称	名称	引脚
1	IN1	OUT1	16
2	IN2	OUT2	15
3	IN3	OUT3	14
4	IN4	OUT4	13
5	IN5	OUT5	12
6	IN6	OUT6	11
7	IN7	OUT7	10
8	COMMON	CLAMP	9

ULN2003A

图 13.49　ULN2003 管脚排列图

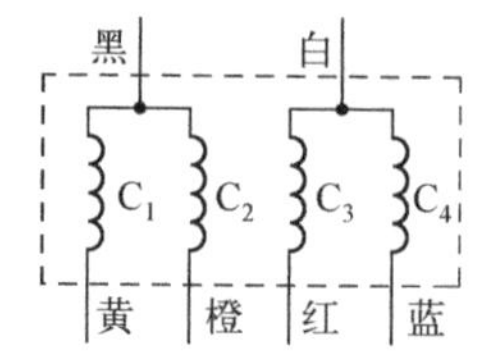

图 13.50　二相六线制步进电机的引线图

a. 单四拍：黄→橙→红→蓝→黄。

b. 双四拍：黄橙→橙红→红蓝→蓝黄→黄橙。

c. 单双八拍：黄→黄橙→橙→橙红→红→红蓝→蓝→蓝黄→黄。

2）应用 ULN2003 的步进电机控制电路。

① 电路功能。通过按键开关控制步进电机的启、停与旋转方向，用按键开关状态设置步进电机的旋转速度，分 16 挡。

② 控制电路。如图 13.51 所示，按键开关 SW_1 通过 P3.6 控制步进电机的启动与停止，按键开关 SW_2 通过 P3.7 控制步进电机的旋转方向，按钮 KEYUP 通过 P1.0 用于减速，按钮 KEYDOWN 通过 P1.1 用于加速；用 P3.0～P3.3 输出节拍控制信号；用 P0.0～P0.7 输出显示的段码信号，用 P2.0～P2.5 输出显示位码控制信号（注：图 13.51 中忽略了显示电路）。

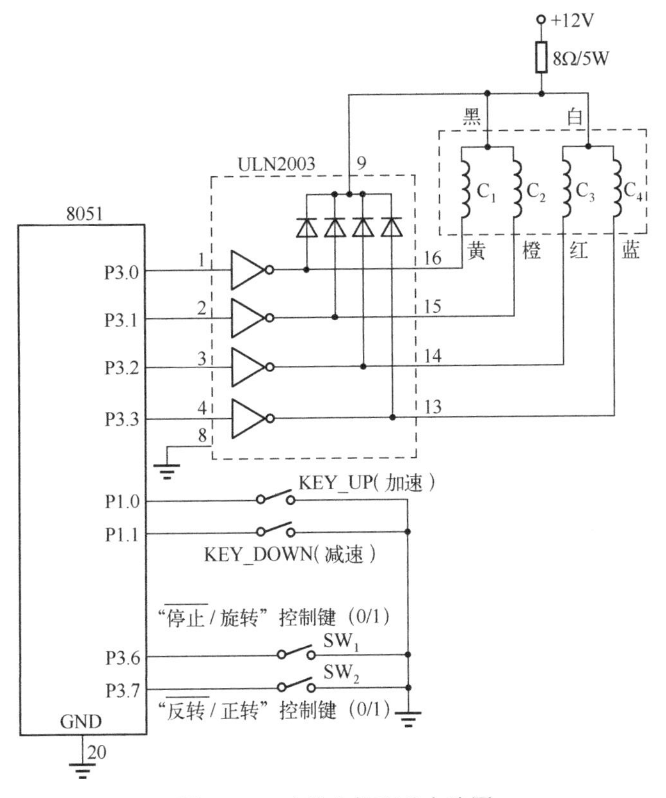

图 13.51　步进电机驱动电路图

③ 控制程序。

a. 程序说明。节拍控制采用单四拍控制，通过直接编程 P3.0～P3.3 输出节拍控制信号。速度控制是通过控制延时时间来实现的，延时时间长，即速度减小，反之，速度增加。

b. 程序 STEP-MOTOR.C 如下：

```
#include <stc15f2k60s2.h>
#include <intrins.h>
#define uchar unsigned char
#define uint unsigned int
#define   Ledwx   P2
#define   Leddx   P0
/*------------------- 定义控制端口--------------------- */
sbit   M0=P3^0;                              //定义驱动引脚
```

```
sbit   M1=P3^1;
sbit   M2=P3^2;
sbit   M3=P3^3;
sbit   SW1=P3^6;                          //定义启、停控制引脚
sbit   SW2=P3^7;                          //定义旋转方向控制引脚
sbit   KEYUP=P1^0;                        //定义加速控制引脚
sbit   KEYDOWN=P1^1;                      //定义减速控制引脚
/*————————————————————定义控制变量———————————————————— */
uchar   Speed=1;                          //转速变量
uchar   m;                                //正、反转变量
uchar   t=0;                              //定时计数值
uchar   n=0;                              //步进电机步数
uchar   Date=0;                           //存储步数单元
uchar   Ledplay[6];                       //数据存放缓存区
uchar   bn=0;                             //显示指针
/*——————————————————定义数码管的字形码与字位码————————————— */
uchar   code no[]={0x3f, 0x06, 0x5b, 0x4f, 0x66, 0x6d, 0x7d, 0x07, 0x7f, 0x6f, 0x38, 0x77, 0x40};
                                          //数字（0～9），字符（L、R、－）对应的显示码
uchar code wex[]={0xfe, 0xfd, 0xfb, 0xf7, 0xef, 0xdf};          //字位码
/*————————————————————延时子程序———————————————————— */
void DelayM（unsigned int t）              //延时单次 1ms
{
        unsigned char i;
        while（－－t ！ =0）
        {
             for（i=0; i<120; i＋＋）;
        }
}
/*————————————————————字符载入子程序———————————————————— */
void putin （uchar u）                     //将字符装入显示寄存器
{
        Ledplay[bn]=no[u];                //
        bn＋＋;                           //换下一个显示缓冲字节
}
/*——————————————————寄存器清空子程序—————————————————— */
void   clearRAM （void）                   //6 个寄存器清空（0x00）
{
        uchar a;                          //定义变量用于清空数据指针
        for（a=0; a<6; a＋＋）
        {
             Ledplay[a]=0;                //将指向的寄存器清空
        }
}
/*——————————————————数码管显示子程序—————————————————— */
void   ledxs（void）
{
        uchar   i;
        uchar   Date=0;
        uchar   wx=0;
```

```
        for（i=0；i<6；i++）          /      //扫描数码管 1～6 位
        {
              Date=wex[i]；
              Date=Date & 0x3f；                //取低六位数据
              wx=Ledwx & 0xc0 | Date；          //屏蔽高两位端口
              Ledwx=wx；  //送数据
              Leddx=Ledplay[i]；
                  DelayM（2）；
        }
}
/*-------------------定时器 T0 初始化子程序--------------- */
void Time0Int（void）                   //定时器 T0 初始化程序
{
        TMOD=0x51；
        TH0=（65535-50000）/256；
        TL0=（65535-50000）%256；
        EA=1；
        ET0=1；
        TR0=1；
}
/*-------------------定时器 T0 中断服务子程序-------------- */
void  Time0（void）  interrupt  1  using  1     //定时器 T0 中断 50ms
{
        t++；
        TH0=（65535-50000）/256；
        TL0=（65535-50000）%256；
        if（KEYUP==0）                          //按键检测
        {
              DelayM（20）；                    //延时去抖动
              if（KEYUP==0）
              {
                    Speed++；
                    if（Speed>20）
                    {
                    Speed=20；
                    }
              }
              while（KEYUP==0）；
        }
        if（KEYDOWN==0）                        //按键检测
        {
              DelayM（20）；                    //延时去抖动
              if（KEYDOWN==0）
              {
                    Speed--；
                    if（Speed==0）
                    {
                          Speed=1；
                    }
```

```
            }
            while（KEYDOWN==0）;
        }
        if（t==20）                        //计满 20，说明 1s 时间到
            {
                t=0;
                Date=n;                     //取 1s 内的步数
                n=0;
            }
}
/*—————————————————— 延时（内含显示扫描）子程序—————————————— */
void delay()                              //延时，用来控制转速
{
        uchar   i=5+Speed;
        while（——i！=0）
        {
                clearRAM();    //——————————显示程序
                bn=0;
                putin（m+10）;                        //显示正、反转
                putin（Date%10）;                     //显示 1s 内的步数个位
                putin（Date/10）;                     //十位
                putin（12）;                          //显示 —
                putin（Speed%10）;                    //显示延时基数个位
                putin（Speed/10）;                    //显示十位
                ledxs();
        }
}
/*—————————————————— 电机正转控制子程序—————————————————— */
void zz()                                         //正转
{
        M3=0;
        M0=1;
        delay();
        n++;
        M0=0;
        M1=1;
        delay();
        n++;
        M1=0;
        M2=1;
        delay();
        n++;
        M2=0;
        M3=1;
        delay();
        n++;
}
/*——————————————————电机反转控制子程序—————————————————— */
void fz()                                 //反转
```

```
{
        M0=0;
        M3=1;
        delay();
        n++;
        M3=0;
        M2=1;
        delay();
        n++;
        M2=0;
        M1=1;
        delay();
        n++;
        M1=0;
        M0=1;
        delay();
        n++;
}
/*--------------------主函数-------------------- */
void main()
{
        Time0Int();
        while (1)
        {
                while (SW1==1)
                {
                        if (SW2==1)
                        {
                            zz();                  //---------- 正转
                            m=1;
                        }
                        else
                        {
                            fz();                  //---------- 反转
                            m=0;
                        }
                }
        }
}
```

（2）步进电机控制程序的调试

采用 Proteus 仿真软件进行调试，调试电路如图 13.52 所示。

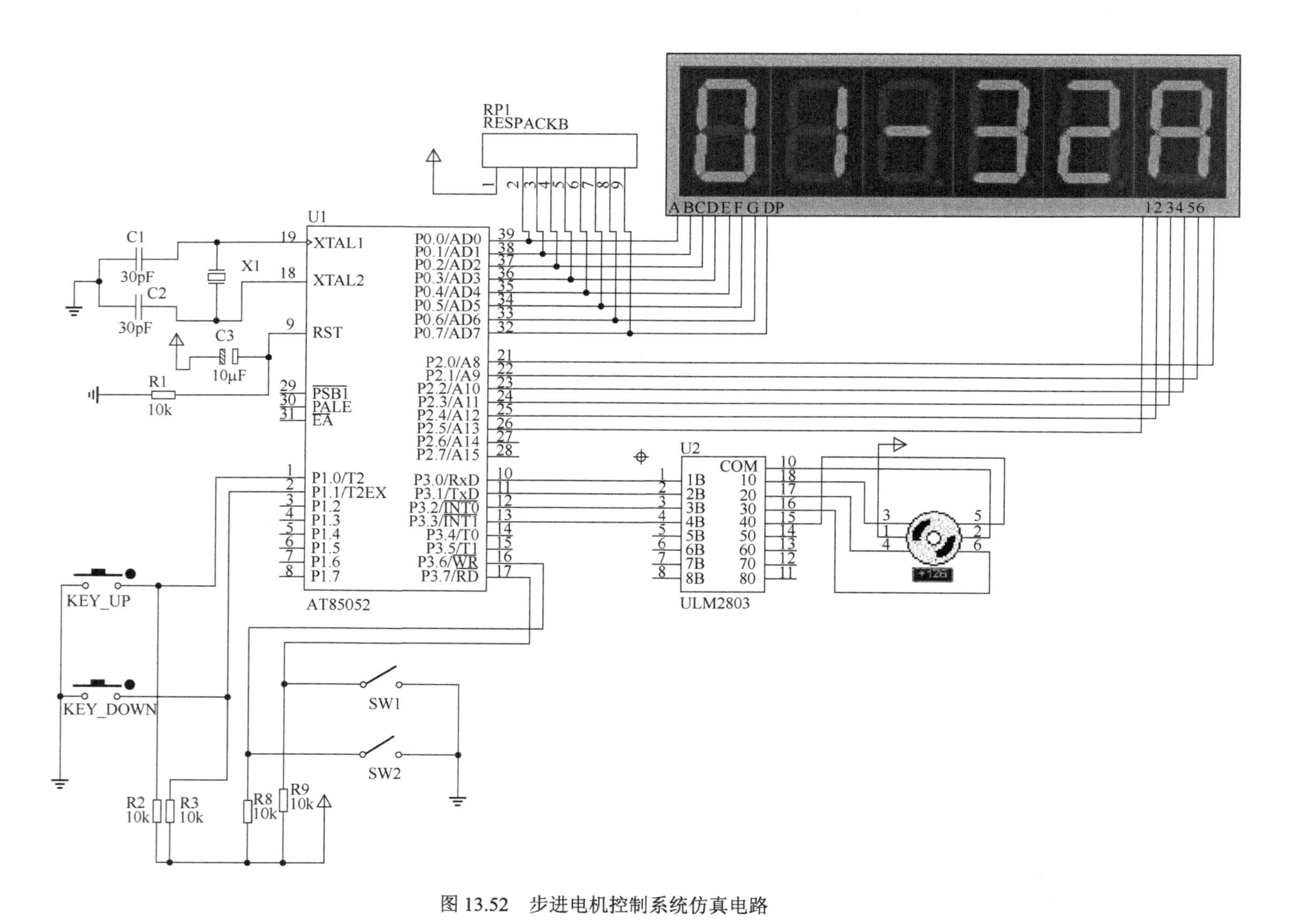

图 13.52　步进电机控制系统仿真电路

13.5 STC15F2K60S2 单片机的低功耗设计

电子产品的低功耗设计越来越受到人们的重视，STC15F2K60S2 单片机除在集成电路工艺上保证了低功耗特性，在使用上还可进一步降低单片机的功耗。STC15F2K60S2 单片机可根据应用项目的不同要求，将单片机工作在慢速模式、空闲模式或掉电模式，即可进一步降低功耗，节省能源。STC15F2K60S2 单片机的典型电流是 2.7～7mA，而掉电模式下则<0.1μA，空闲模式下的典型电流是 1.8mA。

13.5.1 慢速模式

当用户系统对速度要求不高时，可对系统时钟进行分频，让单片机工作在慢速模式。利用寄存器（CLK_DIV）可进行时钟分频，从而使 STC15F2K60S2 单片机在较低频率工作。

寄存器 CLK_DIV 各位的定义如下：

	地址	B7	B6	B5	B4	B3	B2	B1	B0	复位值
CLK_DIV	97H	MCKOS1	MCKOS0	ADRJ	TX_RX	—	CLKS2	CLKS1	CLKS0	0000x000

系统时钟的分频情况见表 13.43 所示。

表 13.43 CPU 系统时钟与分频系数

CLKS2	CLKS1	CLKS0	CPU 的系统时钟	CLKS2	CLKS1	CLKS0	CPU 的系统时钟
0	0	0	f_{osc}	1	0	0	$f_{osc}/16$
0	0	1	$f_{osc}/2$	1	0	1	$f_{osc}/32$
0	1	0	$f_{osc}/4$	1	1	0	$f_{osc}/64$
0	1	1	$f_{osc}/8$	1	1	1	$f_{osc}/128$

STC15F2K60S2 单片机可在正常工作时分频，也可在空闲模式下分频工作。

13.5.2 空闲（等待）模式与停机（掉电）模式

电源电压为 5V 时，STC15F2K60S2 单片机的正常工作电流为 2.7～7mA。为了尽可能降低系统的功耗，STC15F2K60S2 单片机可以运行在两种省电工作模式下：空闲模式和掉电模式。空闲模式下，STC15F2K60S2 单片机的工作电流典型值为 1.8mA；掉电模式下，STC15F2K60S2 单片机的工作电流<0.1μA。

1. 空闲模式与掉电模式的控制

省电工作模式的进入由电源控制寄存器 PCON 的相应位控制。PCON 寄存器的格式如下：

	地址	B7	B6	B5	B4	B3	B2	B1	B0	复位值
PCON	87H	SMOD	SMOD0	LVDF	POF	GF1	GF0	PD	IDL	0011 0000

1）PD：置位 PD（MOV PCON, #00000010B），单片机将进入停机（掉电）模式。进入停机（掉电）模式后，时钟停振，CPU、定时器、串行口全部停止工作，只有外部中断继续工作。进入停机（掉电）模式的单片机可由外部中断上升沿或下降沿触发唤醒，可将 CPU 从掉电模式唤

醒的外部管脚主要有：INT0、INT1、$\overline{\text{INT2}}$、$\overline{\text{INT3}}$、$\overline{\text{INT4}}$。

2）IDL：置位 IDL（MOV PCON, #00000001B），单片机将进入空闲模式。空闲模式时，除 CPU 不工作外，其余模块仍继续工作，可由外部中断、定时器中断、低压检测中断及 A/D 转换中断等的任何一个中断唤醒。

2. 空闲模式（IDLE）

1）空闲模式下，STC15F2K60S2 单片机的工作状态。STC15F2K60S2 单片机在空闲模式，除 CPU 不工作外，其余模块仍继续工作，但看门狗是否工作取决于 IDLE_WDT（WDT_CONTR.3）控制位，当 IDLE_WDT 为 1 时，看门狗正常工作；当 IDLE_WDT 为 0 时，看门狗停止工作。

在空闲模式下，RAM、堆栈指针（SP）、程序计数器（PC）、程序状态字（PSW）、累加器（A）等寄存器都保持原有数据，I/O 口保持着空闲模式被激活前那一刻的逻辑状态，所有的外围设备都能正常工作。

2）STC15F2K60S2 单片机空闲模式的唤醒。在空闲模式下，任何一个中断的产生都会引起 IDL（PCON.0）被硬件清 0，从而退出空闲模式。单片机被唤醒后，CPU 将继续执行进入空闲模式语句的下一条指令。

外部 RST 引脚复位，可退出空闲模式，复位后，单片机从用户程序 0000H 处开始正常工作。

3. 掉电模式（Power Down）

1）掉电模式下，STC15F2K60S2 单片机的工作状态。STC15F2K60S2 单片机在掉电模式下，单片机所使用的时钟停振，CPU、看门狗、定时器、串行口、A/D 转换等功能模块停止工作，外部中断、CCP 继续工作，低压检测中断被允许，低压检测电路正常工作。

在掉电模式下，所有 I/O 口、特殊功能寄存器维持进入掉电模式前那一刻的状态不变。

2）STC15F2K60S2 单片机掉电模式的唤醒。

▲ 在掉电模式下，外部中断（INT0、INT1、$\overline{\text{INT2}}$、$\overline{\text{INT3}}$、$\overline{\text{INT4}}$）、CCP 中断（CCP0、CCP1、CCP2）可唤醒 CPU。CPU 被唤醒后，首先执行设置单片机进入掉电模式的语句的下一条语句，然后执行相应的中断服务程序。为此，建议在设置单片机进入掉电模式的语句后多加几个 NOP 空指令。

▲ 如果定时器（T0、T1、T2）中断在进入掉电模式前被设置允许，则进入掉电模式后，定时器（T0、T1、T2）外部引脚如发生由高到低的电平变化可以将单片机从掉电模式中唤醒。单片机唤醒后，如果主时钟使用的是内部时钟，单片机在等待 64 个时钟信号后将时钟信号供给 CPU 工作，如果主时钟使用的是外部晶体时钟，单片机在等待 1024 个时钟后将时钟信号供给 CPU；CPU 获得时钟后，程序从设置单片机进入掉电模式的下一条语句开始往下执行，不进入相应定时器的中断程序。

▲ 如果串行口（串行口 1、串行口 2）中断在进入掉电模式前被设置允许，则进入掉电模式后，串行口 1、串行口 2 的数据接收端（RXD、RXD2）如发生由高到低的电平变化时可以将单片机从掉电模式中唤醒。单片机唤醒后，如果主时钟使用的是内部时钟，单片机在等待 64 个时钟后将时钟供给 CPU 工作，如果主时钟使用的是外部晶体时钟，单片机在等待 1024 个时钟后将时钟供给 CPU；CPU 获得时钟后，程序从设置单片机进入掉电模式的下一条语句开始往下执行，不进入相应串行口的中断程序。

▲ 如果 STC15F2K60S2 单片机内置掉电唤醒专用定时器被允许，当单片机进入掉电模式后，掉电唤醒专用定时器开始工作。

▲ 外部 RST 引脚复位，可退出掉电模式，复位后，单片机从用户程序 0000H 处开始正常工作。

例 13.1 设计程序（汇编语言格式），利用外部中断实现单片机从掉电模式唤醒。

解： 程序说明：程序启动后，程序进入正常工作状态，P1 口 LED 灯按加 1 递增的模式点亮，当递增到 18H 时，系统进入掉电模式。当外部中断 0 输入引脚有低电平时，CPU 退出掉电模式，且点亮 P1.5 和 P1.7LED 灯； 当外部中断 1 输入引脚有低电平时，CPU 退出掉电模式，且点亮 P1.5 和 P1.6LED 灯。

汇编语言参考程序如下：

```
        ORG     0000H
        LJMP    MAIN
        ORG     0003H
        LJMP    INT0ISR
        ORG     0013H
        LJMP    INT1ISR
        ORG     0100H
MAIN:
                MOV   R3，#0               ；LED 递增方式变化，表示程序开始运行
MAINLOOP:
        MOV     A，R3
        CPL     A
        MOV     P1，A
        LCALL   DELAY
        INC     R3
        MOV     A，R3
        SUBB    A，#18H
        JC      MAINLOOP
        MOV     P1，#0FFH               ；全部指示灯熄灭，表示进入掉电模式状态
        SETB    IT0                     ；设置下降沿触发外部中断 0
        SETB    EX0                     ；允许外部中断 0
        SETB    IT1                     ；设置下降沿触发外部中断 1
        SETB    EX1                     ；允许外部中断 1
        SETB    EA                      ；开总中断
        MOV     PCON，#00000010B        ；令 PD=1，进入掉电状态
        NOP
        NOP
        NOP
        MOV     P1，#0DFH               ；点亮 P1.5，表示已退出掉电状态
        SJMP $                          ；循环，原地踏步
INT0ISR:        ；外部中断 0 服务程序
        CLR     P1.7                    ；点亮 P1.7，表明是外部中断 1 唤醒
        LCALL   DELAY                   ；延时
        RETI
INT1ISR:                                ；外部中断 1 服务程序
        CLR     P1.6                    ；点亮 P1.6，表明是外部中断 0 唤醒
        LCALL   DELAY                   ；延时
        RETI
DELAY:
        CLR     A
        MOV     R0，A
```

```
        MOV     R1, A
        MOV     R2, #02
    DELAYLOOP:
        DJNZ    R0, DELAYLOOP
        DJNZ    R0, DELAYLOOP
        DJNZ    R0, DELAYLOOP
        RET
        END
```

例 13.2 设计程序（C51 格式），利用外部中断实现单片机从掉电模式唤醒。

解：程序说明：P1.2LED 灯为系统开始工作指示灯，启动程序后，P1.2LED 灯就点亮；P1.3LED 灯为系统正常工作指示灯（闪烁）；P1.7LED 灯为外部中断 0 唤醒的掉电唤醒指示灯；P1.6LED 灯为外部中断 0 正常工作的指示灯；P1.5LED 灯为外部中断 1 唤醒的掉电唤醒指示灯；P1.4LED 灯为外部中断 1 正常工作的指示灯；P2 口 LED 灯显示进入掉电、唤醒的次数；IsPowerDown 为进入掉电模式标志，进入前置 1，唤醒后置 0。

C51 参考程序如下：

```
#include <stc15f2k60s2.h>
#include <intrins.h>
#define uchar unsigned char
#define uint unsigned int
sbit  Beginled=P1^2;                        //系统开始工作指示灯
unsigned  char IsPowerDown=0;               //判断是否进入掉电模式标志
sbit  IsPowerDown LedINT0=P1^7;             //掉电唤醒指示灯，在 INT0 中
sbit  Not PowerDownLedINT0=P1^6;            //不是掉电唤醒指示灯，在 INT0 中
sbit  IsPowerDownLedINT1=P1^5;              //掉电唤醒指示灯，在 INT1 中
sbit  NotPowerDownLedINT1=P1^4;             //不是掉电唤醒指示灯，在 INT1 中
sbit  PowerDownWakeupPinINT0=P3^2;          //掉电唤醒管脚，INT0
sbit  PowerDownWakeupPinINT1=P3^3;          //掉电唤醒管脚，INT1
sbit  NormalWorkFlashingLed=P1^3;           //系统处于正常工作状态指示灯
void  NormaWorkFlashing (void);             //闪烁函数
void  INTSysteminit (void);                 //中断初始化函数
void  INT0Routine (void);                   //外部中断 0 函数
void  INT1Routine (void);                   //外部中断 1 函数
/*－－－－－－－－－－－－－－－ 主函数－－－－－－－－－－－－－－－－－－－－ */
void  main (void)
{
        unsigned char wakeupcounter=0;      //中断唤醒次数变量初始为 0
        BeginLed=0;                         //系统开始工作指示灯
        INTSysteminit();                    //中断系统初始化
        while (1)
        {
                P2=～wakeupcounter;         //中断唤醒次数显示
                NormalWorkFlashing();       //系统正常工作指示灯（闪烁）
                IsPowerDown=1;              //进入掉电模式之前，将其置为 1，以供判断
                PCON=0x02;                  //执行完此句，单片机进入掉电模式
                nop();      //外部中断唤醒后，首先执行此语句，然后才进入中断服务程序
                nop();      //建议多加几个空操作指令 NOP
                nop();
                wakeupcounter++;            //中断唤醒次数变量加 1
        }
}
/*－－－－－－－－－－－－－－－中断初始化子函数－－－－－－－－－－－－－－－－－－－ */
void  INTSysteminit (void)
```

```
{
        IT0=1;                          //外部中断0，下降沿触发中断
        EX0=1;                          //允许外部中断0中断
        IT1=1;                          //外部中断1，下降沿触发中断
        EX1=1;                          //允许外部中断1中断
        EA=1;                           //开总中断控制位
}
/*－－－－－－－－－－－－－－－外部中断0服务子函数－－－－－－－－－－－－－－－－ */
void  INT0Routine（void） interrupt  0
{
        if（IsPowerDown）                                   //判断掉电唤醒标志
        {
          IsPowerDown=0;
          IsPowerDownLedINT0=0;                             //点亮外部中断0掉电唤醒指示灯
          while（PowerDownWakeupPinINT0==0）; //等待变高
          IsPowerDownLedINT0=1;                             //关闭外部中断0掉电唤醒指示灯
        }
        else
        {
          NotPowerDownLedINT0=0;                            //点亮外部中断0正常工作中断指示灯
          while（PowerDownWakeupPinINT0==0）; //等待变高
          NotPowerDownLedINT0=1;                            //关闭外部中断0正常工作中断指示灯
        }
}
/*－－－－－－－－－－－－－－－－ 外部中断1服务子函数－－－－－－－－－－－－－－－－ */
void  INT1Routine（void）interrupt  2                      //外部中断1服务程序
{
        if（IsPowerDown）                                   //判断掉电唤醒标志
        {
            IsPowerDown=0;
            IsPowerDownLedINT1=0;                           //点亮外部中断1掉电唤醒指示灯
            while（PowerDownWakeupPinINT1==0）;//等待变高
            IsPowerDownLedINT1=1;                           //关闭外部中断1掉电唤醒指示灯
        }
        else
        {
            NotPowerDownLedINT1=0;                          //点亮外部中断1正常工作中断指示灯
            while（PowerDownWakeupPinINT1==0）;//等待变高
            NotPowerDownLedINT1=1;                          //关闭外部中断1正常工作中断指示灯
        }
}
/*－－－－－－－－－－－－－－－－－－－延时子函数－－－－－－－－－－－－－－－－－－ */
void  delay（void）
{
        unsigned  int  j;
        unsigned  int  k;
        for（k=0; k<2;  k++）
        {
            for（j=0; j<=30000; j++）
            {
                nop();
                nop();
                nop();
                nop();
                nop();
```

```
                nop();
                nop();
                nop();
            }
        }
}
/*———————————————— 正常闪烁子函数—————————————————— */
void  NormalWorkFlashing (void)
{
        NormalWorkFlashingLed=0;
        delay();
        NormalWork FlashingLed=1;
        delay();
}
```

4．内部掉电唤醒专用定时器的应用

STC15F2K60S2 单片机在单片机进入掉电模式后，除了可以通过外部中断进行唤醒外，还可以通过使能内部掉电唤醒专用定时器唤醒 CPU，使其恢复到正常工作状态。内部掉电唤醒定时器的唤醒功能适合单片机周期性工作的应用场合。

STC15F2K60S2 单片机由特殊功能寄存器 WKTCH 和 WKTCL 进行管理和控制，它们的定义如下所示：

	地址	B7	B6	B5	B4	B3	B2	B1	B0	复位值
WKTCL	AAH									11111111B
WKTCH	ABH	WKTEN								01111111B

内部掉电唤醒定时器是一个 15 位定时器，WKTCH 的低 7 位和 WKTCL 的 8 位构成一个 15 位的数据寄存器，用于设定定时的计数值。

WKTEN：内部掉电唤醒定时器的使能控制位，（WKTEN）=1，使能；（WKTEN）=0，禁止。

STC15F2K60S2 单片机除增加了特殊功能寄存器 WKTCL 和 WKTCH 外，还设计了两个隐藏的特殊功能寄存器 WKTCL_CNT 和 WKTCH_CNT 来控制内部掉电唤醒专用定时器。WKTCL_CNT 与 WKTCL 共用一个地址(AAH)，WKTCH_CNT 与 WKTCH 共用一个地址(ABH)，WKTCL_CNT 和 WKTCH_CNT 是隐藏的，对用户是不可见的。WKTCL_CNT 和 WKTCH_CNT 实际上作为计数器使用，而 WKTCH 和 WKTCL 作为比较器。当用户对 WKTCH 和 WKTCL 写入内容时，该内容只写入 WKTCH 和 WKTCL 中；当用户读 WKTCH 和 WKTCL 的内容时，实际上读的是 WKTCH_CNT 和 WKTCL_CNT 的内容，而不是 WKTCH 和 WKTCL 的内容。

置位 WKTEN，使能内部掉电唤醒定时器，当单片机一旦进入掉电模式，内部掉电唤醒专用定时器[WKTCH_CNT，WKTCL_CNT]就从 7FFFH 开始计数，直到计数到与{WKTCH[6：0]，WKTCL[7：0]}寄存器所设定的计数值相等后就启动系统振荡器，如果主时钟使用的是内部时钟，单片机在等待 64 个时钟后，就将时钟供给 CPU；如果主时钟使用的是外部时钟，单片机在等待 1024 个时钟后，就将时钟供给 CPU。CPU 获得时钟后，程序从设置单片机进入掉电模式的下一条语句开始往下执行。掉电唤醒后，WKTCH_CNT 和 WKTCL_CNT 的内容保持不变，因此可通过读 WKTCH 和 WKTCL 的内容（实际是 WKTCH_CNT 和 WKTCL_CNT 的内容）来读出单片机在掉电模式所等待的时间。

内部掉电唤醒定时器定时时间的计算：内部掉电唤醒定时器的计数脉冲周期大约为 488μs，定时时间为：

{WKTCH[6：0]，WKTCL[7：0]}寄存器的值加 1 再乘以 488μs。

内部掉电唤醒专用定时器最短定时时间约为 488μs。

内部掉电唤醒专用定时器最大定时时间约为 488μs×32768＝15.99s。

例 13.3 设定采用内部掉电唤醒定时器唤醒单片机的掉电状态，唤醒时间为 500ms，请编程。

解：首先，计算出唤醒时间为 500ms 所需的计数值，设为 X：

X＝500ms/488μs≈400H

WKTCH 和 WKTCL 的设定值为 400H 减 1，即为 3FFH。

（WKTCH）＝03H，（WKTCL）＝FFH

1）汇编语言参考程序如下：

```
        WKTCH    EQU   0ABH
        WKTCL    EQU   0AAH
        ORG      0000H
        LJMP     MAIN
        …
        ORG      0100H
MAIN:
    MOV   WKTCH, #83H          ；设定初值，并使能内部掉电唤醒定时器唤醒功能
    MOV   WKTCL, #0FFH
```

2）C51 参考程序如下：

```
void  main (void)
{
      WKTCH=0x83;
      WKTCL=0xff;
      …
}
```

13.6 看门狗定时器

13.6.1 概述

在工业控制、汽车电子、航空航天等需要高可靠性的电子系统中，由于电磁干扰的存在或者程序设计的问题，一般计算机系统都可能出现因程序跑飞或“死机”现象，导致系统长时间无法正常工作。为了及时发现并脱离瘫痪状态，在个人计算机中一般设置有复位按钮，当计算机死机时，可以按一下复位按钮，重新启动计算机。在自动控制系统中，要求系统非常可靠稳定地工作，一般不能通过手工方式复位，往往需要在系统中设计一个电路自动地看护，当出现程序跑飞或死机时，迫使系统复位重新进入正常的工作状态，这个电路就称为硬件看门狗（Watch Dog）或看门狗定时器，简称看门狗。看门狗的基本作用就是监视 CPU 的工作，如果 CPU 在规定的时间内没有按要求访问看门狗，就认为 CPU 处于异常状态，看门狗就会强迫 CPU 复位，使系统重新从头开始按规则执行用户程序。正常工作时，单片机可以通过一个 I/O 引脚定时向看门狗脉冲输入端输入脉冲（定时时间不一定固定，只要不超出硬件看门狗的溢出时间即可）。当系统出现死机时，单片机就会停止向看门狗脉冲输入端输入脉冲，超过一定时间后，硬件看门狗就会发出复位信号，将系统复位，

使系统恢复正常工作。传统8051单片机内部无硬件看门狗电路，需要在外部扩展，如图13.53所示，其中，看门狗集成电路MAX813L的溢出时间为1.6s，也就是说，在用户程序中，只要在1.6s内使用I/O引脚（如图中P0.0）向MAX813L的WDI端输出脉冲，硬件看门狗就不会输出RESET信号。

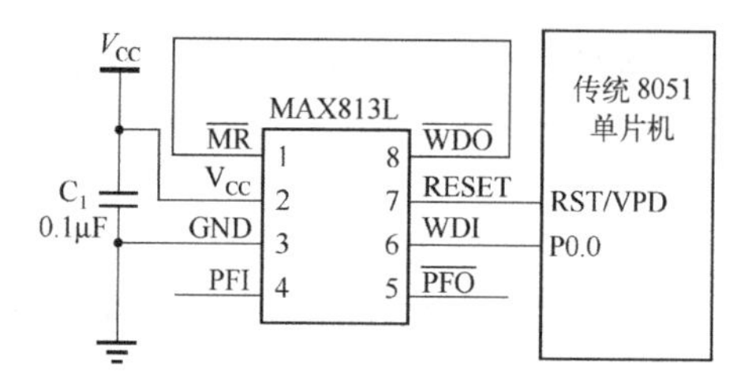

图13.53 传统8051单片机的外扩看门狗电路

13.6.2 看门狗定时器的特殊功能寄存器

STC15F2K60S2单片机内部集成了看门狗定时器（Watch Dog Timer，WDT），使单片机系统的可靠性设计变得更加方便、简洁。通过设置和控制WDT控制寄存器WDT_CONTR来使用看门狗功能。WDT控制寄存器的各位定义如下：

	地址	B7	B6	B5	B4	B3	B2	B1	B0	复位值
WDT_CONTR	C1H	WDT_FLAG	—	EN_WDT	CLR_WDT	IDLE_WDT	PS2	PS1	PS0	0x00 0000

1）WDT_FLAG：看门狗溢出标志位，溢出时，该位由硬件置1，可用软件将其清零。

2）EN_WDT：看门狗允许位，当设置为“1”时，看门狗启动。

3）CLR_WDT：看门狗清零位，当设为“1”时，看门狗将重新计数。启动后，硬件将自动清零此位。

4）IDLE_WDT：看门狗“IDLE”模式（即空闲模式）位，当设置为“1”时，WDT在“空闲模式”计数；当清零该位时，WDT在“空闲模式”时不计数。

5）PS2、PS1、PS0：WDT预分频系数控制位。预分频系数如表13.44所示。

WDT溢出时间的计算方法如下：

WDT的溢出时间=（12×预分频系数×32768）/时钟频率

例13.4 设振荡时钟为12MHz，PS2 PS1 PS0=010时，求WDT的溢出时间。

解： WDT的溢出时间=（12×8×32768）/12000000=262.1ms

时钟频率为11.0592MHz、12MHz和20MHz时，预分频系数设置与WDT溢出时间关系如表13.44所示。

表13.44 WDT的预分频系数与溢出时间

PS2	PS1	PS0	预分频系数	WDT溢出时间（ms）		
				11.0592MHz	12MHz	20MHz
0	0	0	2	71.1	65.5	39.3
0	0	1	4	142.2	131.0	78.6
0	1	0	8	284.4	262.1	157.3
0	1	1	16	568.8	524.2	314.6
1	0	0	32	1137.7	1048.5	629.1
1	0	1	64	2275.5	2097.1	1250
1	1	0	128	4551.1	4194.3	2500
1	1	1	256	9102.2	8388.6	5000

13.6.3 看门狗定时器的应用编程

当启用 WDT 后，用户程序必须周期性的复位 WDT，复位周期必须小于 WDT 的溢出时间。如果用户程序在一段时间之后不能复位 WDT，WDT 就会溢出，将强制 CPU 自动复位，从而确保程序不会进入死循环，或者执行到无程序代码区。复位 WDT 的方法是重写 WDT 控制寄存器的内容。

WDT 的使用主要涉及 WDT 控制寄存器的设置以及 WDT 的定期复位。

1）WDT 的汇编语言程序如下：

```
        ORG     0000H
        LJMP    INITIAL
        …                                       ；其他中断入口定义
        ORG     0060H
INITIAL:
        MOV     WDT_CONTR,  #00111100B          ；WDT 控制寄存器初始化
        …                                       ；其他初始化代码
MAINLOOP:
        LCALL       Display                     ；调用显示子程序
        LCALL       Keyboard                    ；调用键盘扫描子程序
            …                                   ；其他程序代码
        MOV         WDT_CONTR,  #00111100B      ；复位 WDT
        LJMP        MAINLOOP
```

2）WDT 的 C51 程序如下：

```
#include <stc15f2k60s2.h>
#include <intrins.h>
#define uchar unsigned char
#define uint unsigned int
sfr  WDT_CONTR=0xc1;
void  main()
{
        …                                   //其他初始化代码
        WDT_CONTR=0x3c;                     //WDT 初始化
        while（1）
        {
                display();                  //显示程序
                keyboard();                 //键盘程序
                …                           //其他工作
                WDT_CONTR=0x3c;             //复位 WDT
        }
}
```

本章小结

按照结构原理，按键可分为两类，一类是触点式开关按键（如机械式开关），另一类是无触点式开关按键（如电气式按键）。目前机械式开关较常用，其使用过程中要注意防抖。单片机控制系统中，如果只有少量功能键，可采用独立式按键结构，若使用按键较多时，通常采用矩阵式（也称行列式）键盘。键盘的工作方式分为编程扫描方式、定时扫描方式和中断扫描方式。本章

详细讲解了三种方式的区别和各自地实现方法。

单片机最常用的显示器系统有 LED 和 LCD 显示器。LED 显示器有 LED 状态显示器（俗称发光二极管）、LED 七段显示器（俗称数码管）和 LED 十六段显示器等。发光二极管可显示两种状态，用于系统状态显示；数码管用于数字显示；LED 十六段显示器用于字符显示。本节重点介绍数码管的工作原理，并通过实例讲解了数码管静态显示和动态显示的区别以及软、硬件设计过程。

LCD 通常可分为笔段型、字符型和点阵（图形）型。按 LCD 的显示驱动方式可分为静态驱动、动态驱动和双频驱动 LCD。按控制器的安装方式可分为含有控制器（内置式）和不含控制器两类。本章重点介绍了字符型 LCD1602 和带中文字库的 LCD12864 显示器的内部结构、接口说明、指令表及其使用方法。

串行总线接口芯片在计算机、电子领域应用非常广泛。Dallas 公司生产的单总线数字温度传感器 DS18B20 线路简单、体积小，用它组成的测温系统，线路简单，并且在 1 根通信线上可以挂很多这样的数字温度传感器，十分方便。本章对 DS18B20 传感器的结构、工作原理和实现方法做了详细讲解。

I^2C（Inter-Integrated Circuit）总线是一种由 PHILIPS 公司开发的两线式串行总线，用于连接微控制器及其外围设备。本章通过 I^2C 总线应用实例——基于时钟芯片 PCF8563 的电子时钟的实现，讲解了 I^2C 工作原理、操作过程，并详细说明了时钟芯片 PCF8563 工作原理，寄存器结构及其软件硬件的实现方法。

直流电机、步进电机是机电控制中一种常用的执行机构，本章介绍了直流电机与步进电机运行方向与速度的控制方法以及应用编程。

低功耗与可靠性是单片机应用系统设计中至关重要的，STC15F2K60S2 单片机提供了三种省电模式：低速模式、空闲模式与掉电模式。STC15F2K60S2 单片机内置了看门狗电路，只需简单地设置看门狗控制器（WDT_CONTR），就可方便地实现看门狗功能，防止程序“跑飞”，满足系统可靠性设计的要求。

习　题　13

一、填空题

1．按键的机械抖动时间一般为____________。消除机械抖动的方法有硬件去抖和软件驱动，硬件去抖主要有____________触发器和____________两种；软件去抖是通过调用的____________延时程序来实现的。

2．键盘按按键的结构原理分为____________和____________两种；按接口原理分为____________和____________两种；按按键的连接结构分为____________和____________两种。

3．独立键盘中各个按键是____________，与微处理器的接口关系是每个按键占用一个____________。

4．当单片机有 8 位 I/O 口线用于扩展键盘，若采用独立键盘，可扩展____________个按键；当采用矩阵键盘结构时，最多可扩展____________个按键。

5．为保证每次按键动作只完成一次功能，必须对按键做____________处理。

6．单片机应用系统的设计原则，包括____________、____________、操作维护方便与______________等四个方面。

7．LCD1602 显示模块型号中，16 代表____________，02 代表__________________。

8．LCD12864 显示模块型号中，128 代表____________，64 代表__________________。

9．LCD1602 显示模块型号引脚中，RS 引脚的功能是____________，R/W 引脚的功能是________________,E 引脚的功能是__________________。

10．LCD1602 显示模块型号引脚中，V0 引脚的功能是__________________。

11．LCD1602 显示模块型号引脚中，LEDA 引脚的功能是____________，LEDK 引脚的功能是__________________。

12．LCD12864 显示模块（含中文字库）可控制________行________字的中文字型显示。

13．LCD12864 显示模块（含中文字库）中，可显示 3 种字型，分别是_______、_______和________字型。

14．LCD12864 显示模块（含中文字库）中，PSB 引脚的功能是________________。

15．LCD1602 显示模块型号引脚中，第 1 行第 2 位对应的 DDRAM 地址是____________，若要显示某个字符，则把该字符的____________写入该位置的 DDRAM 地址中。

16. LCD12864 显示模块（含中文字库）中，半角英文、数字字型的编码值范围是________，中文字型的编码值范围是____________。

17．I^2C 串行总线有 2 根双向信号线，一根是________，另一根是________。

18．I^2C 串行总线是一个____________总线，总线上可以有一个或多个主机，总线运行由________控制。

19．I^2C 串行总线的 SDA 和 SCL 是双向的，连接时均通过________接正电源。

20. 根据 I^2C 串行总线协议的规定，SCL 为高电平期间，SDA 线由高电平向低电平的变化表示________信号；SCL 为高电平期间，SDA 线由低电平向高电平的变化表示________信号；

21．I^2C 串行总线进行数据传输时，时钟信号为高电平期间，数据线的数据必须保持________。

22. I^2C 串行总线协议规定，在起始信号后必须传送一个控制字节，高 7 位为________的地址，最低位表示数据的传送方向，用_______表示主机发送数据，用________表示主机接收数据。无论是主机，还是从机，接收完一个字节数据后，都需要向对方发送一个________信号，________表示应答。

23．PCF8563 芯片 03H 寄存器存储的数据是__________，数据格式是________。

24．PCF8563 芯片 02H 寄存器存储的数据是秒数据，其中最高位为 1 时表示________。

25．PCF8563 芯片 09H 寄存器存储的数据是________，其中最高位用于________。

26．单总线适用于________主机系统，能够控制一个或多个从机设备。

27．单总线只有一根数据线，通常要求外接一个约为 4.7K 的________。主机与从机的通信可以通过 3 个步骤完成，分别为________、________和________。主机访问但总线器件必须严格遵循单总线命令序列，即________、________和________。

28．单总线复位与应答信号中，复位信号是主机发出的，通过拉低单总线至少_______μs 来产生复位脉冲；应答信号是从机发出的，通过拉低单总线至少________μs 来产生应答脉冲。

29．在单总线中，所有的读、写时序至少需要________μs，且每两个独立的时序之间需要________μs 的恢复时间，读、写时序均始于主机________总线。

30．直流电机的正、反转控制是通过改变直流工作电压的________来实现的，而速度的控制一般采用________方式来实现。

31．PWM 方式的控制含义是指____。

32. 步进电机是一种可将电脉冲信号转变为________或________的电磁机械装置，是工业过程控制常用的执行部件之一。

33. 步进电机中定子与转子之间的________，是步进电机旋转的工作基础。

34. 步进电机的旋转方向是通过改变步进电机供电节拍的________来实现的，其速度是通过控制供电节拍的________来实现的。

35. IAP15W4K58S4 单片机工作的典型功耗是________________，空闲模式下典型功耗是________________，停机模式下典型功耗是________________。

36. IAP15W4K58S4 单片机的低功耗设计时指通过编程让单片机工作在____________、空闲模式和________________。

37. IAP15W4K58S4 单片机在空闲模式下，除_____________不工作外，其余模块仍继续工作。

38. IAP15W4K58S4 单片机在空闲模式下，任何中断的产生都会引起_____________被硬件清零，从而退出空闲模式。

39. IAP15W4K58S4 单片机在停机模式下，单片机所使用的时钟停振，CPU、看门狗、定时器、串行口、AD 转换等功能模块停止工作，但_____________继续工作。

40. IAP15W4K58S4 单片机进入停机模式后，除了可以通过外部中断以及其他中断的外部引脚进行唤醒外，还可以通过内部_____________唤醒 CPU。

41. IAP15W4K58S4 单片机的可靠性设计是指启动单片机中__________定时器。

42. IAP15W4K58S4 单片机是通过设置__________特殊功能寄存器实现看门狗功能的。

二、选择题

1. 按键的机械抖动时间一般为_____。

A. 1-5ms　　B. 5-10ms　　C. 10-15ms　　D. 15-20ms

2. 软件去抖是通过调用延时程序来避开按键的抖动时间，去抖延时程序的延时时间一般为_____。

A. 5ms　　B. 10ms　　C. 15ms　　D. 20ms

3. 人为按键的操作时间一般为_____。

A. 100ms　　B. 500ms　　C. 750ms　　D. 1000ms

4. 若 P1.0 连接一个独立按键，未按时是高电平，键释放处理正确的语句是____。

A. while(P10==0);　　B. if(P10==0);　　C. while(P10!=0);　　D. while(P10==1);

5. 若 P1.1 连接一个独立按键，未按时是高电平，键键识别处理正确的方法是____。

A. if(P11==0)　　B. if(P11==1)　　C. while(P11==0)　　D. while(P11==1)

6. 在画程序流程图时，代表疑问性操作的框图是____。

A. 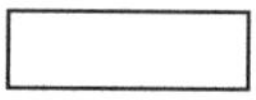　　B. 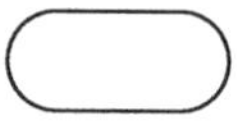　　C. 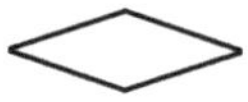　　D.

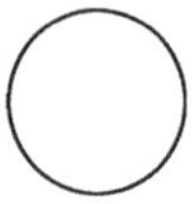

7. 在工程设计报告的参考文献中，代表期刊文章的标识是____。

A. M　　B. J　　C. S　　D. R

8. 在工程设计报告的参考文献中，D 代表的是____。

A. 专著　　B. 论文集　　C. 学位论文　　D. 报告

9. LCD 显示控制中，若 RS=1，R/W=0，E 使能，此时 LCD 的操作是_______。

A. 读数据　　B. 写指令　　C. 写数据　　D. 读忙标志

10. LCD 显示控制中，若 RS=1，R/W=1，E 使能，此时 LCD 的操作是________。

A. 读数据　　B. 写指令　　C. 写数据　　D. 读忙标志

11. LCD 显示控制中，若 RS=0，R/W=0，E 使能，此时 LCD 的操作是________。

A. 读数据　　B. 写指令　　C. 写数据　　D. 读忙标志

12. LCD 显示控制中，若 RS=0，R/W=1，E 使能，此时 LCD 的操作是________。

A. 读数据　　B. 写指令　　C. 写数据　　D. 读忙标志

13. LCD1602 指令中，01H 指令代码的功能是______。

A. 光标返回　　B. 清显示

C. 设置字符输入模式　　D. 显示开/关控制

14. LCD1602 指令中，88H 指令代码的功能是______。

A. 设置字符发生器的地址　　B. 设置 DDRAM 地址

C. 光标或字符移位　　D. 设置基本操作

15. 若要在 LCD1602 的第 2 行第 0 位显示字符“D”，则把______数据写入 LCD1602 对应的 DDRAM 中。

A. 0DH　　B. 44H　　C. 64H　　D. D0H

16. LCD12864 显示模块（含中文字库）指令中，扩充指令的 03H 指令代码的功能是______。

A. 扩充功能设定　　B. 卷动地址开关开启

C. 设置睡眠模式　　D. 反白选择

17. LCD12864 显示模块（含中文字库）指令中，指令控制位 RE 的作用是______。

A. 显示开/关选择　　B. 游标开/关选择

C. 4/8 位数据选择　　D. 扩充指令/基本指令选择

18. LCD12864 显示模块（含中文字库）基本指令中，81H 指令代码代表的功能是______。

A. 设置 CGRAM 地址　　B. 设置 DDRAM 地址

C. 地址归位　　D. 显示状态的开/关

19. PCF8563 芯片 02H 寄存器是秒信号单元，当读取 02H 单元内容为 95H 时，说明秒信号值为____。

A. 21 秒　　B. 15 秒　　C. 95 秒　　D. 149 秒

20. PCF8563 芯片 09H 寄存器是分报警信号存储单元，当写入 95H 时，代表的含义是____。

A. 允许报警，分报警时间是 15 分钟　　B. 禁止分报警

C. 允许报警，分报警时间是 21 分钟　　D. 允许报警，分报警时间是 14 分钟

21. PCF8563 芯片 07H 寄存器是月/世纪存储单元，08H 寄存器是年存储单元，当读取 07H、08H 单元内容分别为 86H、15H 时，代表的含义是____。

A. 2015 年 6 月　　B. 1915 年 6 月　　C. 2021 年 6 月　　D. 1921 年 6 月

22. 在 DS18B20 数字温度计中，读取的为温度数据为 07D0H 时，说明测量温度为____。

A. +125℃　　B. +85℃　　C. +120℃　　D. +65℃

23. 在 DS18B20 数字温度计中，读取的为温度数据为 F998H 时，说明测量温度为____。

A. +102.5℃　　B. +66.5℃　　C. -102.5℃　　D. -66.5℃

24. DS18B20 数字温度计配置寄存器设置为 7FH 时，测量分辨率为____位。

A. 9　　B. 10　　C. 11　　D. 12

25. CCH ROM 指令代表的含义是____。

A. 读 ROM　　B. 符合 ROM　　C. 搜索 ROM　　D. 跳过 ROM

26. BEH RAM 指令代表的含义是____。

A．启动温度转换　B．读暂存器　C．写暂存器　D．复制暂存器

27．步进电机中，采用三相三拍控制方式时，每节拍步进电机转动的角度是_____。

A．6°　B．9°　C．3°　D．1.5°

28．步进电机中，采用三相六拍控制方式时，每节拍步进电机转动的角度是_____。

A．6°　B．9°　C．3°　D．1.5°

29．若步进电机的转动半径为1cm，采用三相三拍控制方式，每拍转动的角位移是___cm。

A．6.28/120　B．6.28/240　C．3.14/120　D．3.14/240

30．PWM信号的高电平时间为200ms、周期为1000ms，则PWM信号的占空比是_____。

A．1/5　B．1/6　C．4/5　D．1/4

31．PWM信号的高电平时间为200ms、低电平时间为1000ms，则PWM信号的占空比是_____。

A．1/5　B．1/6　C．4/5　D．1/4

32．PCON=25H时，IAP15W4K58S4单片机进入______。

A．空闲模式　B．停机模式　C．低速模式

33．PCON=22H时，IAP15W4K58S4单片机进入______。

A．空闲模式　B．停机模式　C．低速模式

34．PCON=81H时，IAP15W4K58S4单片机进入______。

A．空闲模式　B．停机模式　C．低速模式

35．当fosc=12MHz、CLK_DIV=01H时，IAP15W4K58S4单片机的系统时钟频率为______。

A．12MHz　B．6MHz　C．3MHz　D．1.5MHz

36．当fosc=18MHz、CLK_DIV=02H时，IAP15W4K58S4单片机的系统时钟频率为______。

A．18MHz　B．9MHz　C．4.5MHz　D．3MHz

37．当WKTCH=81H、WKTCL=55H时，IAP15W4K58S4单片机内部停机专用唤醒定时器的定时时间为______。

A．341×488μs　B．85×488μs　C．129×488μs　D．339×488μs

38．当fosc=20MHz、WDT_CONTR=35H时，IAP15W4K58S4单片机看门狗定时器的溢出时间为______。

A．629.1ms　B．1250ms　C．1048.5ms　D．2097.1ms

39．若fosc=12MHz，用户程序中周期性最大循环时间为500ms，对看门狗定时器设置正确的是______。

A．WDT_CONTR=0x33;　B．WDT_CONTR=0x3C;

C．WDT_CONTR=0x32;　D．WDT_CONTR=0xB3;

三、判断题

1．机械开关与机械按键的工作特性是一致的，仅是称呼不同而已。（　）

2．PC机键盘属于非编码键盘。（　）

3．单片机用于扩展键盘的I/O口线为10根，可扩展的最大按键数为24个。（　）

4．键释放处理中，也必须进行去抖动处理。（　）

5．参考文献中文献题名后面的英文表识M代表的是专著。（　）

6．LCD是主动显示，而LED是被动显示。（　）

7．LCD1602可以显示32个ASCII码字符。（　）

8．LCD12864显示模块（含中文字库）可以显示32个中文字符。（　）

9. LCD12864 显示模块（含中文字库）可以显示 64 个 ASCII 码字符。（ ）

10. LCD12864 显示模块（含中文字库）不可以绘图。（ ）

11. 一个 16×16 点阵字符的字模数据需占用 32 字节地址空间。（ ）

12. 一个 32×32 点阵字符的字模数据需占用 128 字节地址空间。（ ）

13. LCD12864 显示模块（含中文字库）写入数据是按屏按页按列进行。（ ）

14. I^2C 串行总线适用于多主机系统，而单总线仅适用于单主机系统。（ ）

15. I^2C 串行总线与单总线都适用于多主机系统。（ ）

16. 每个 I^2C 串行总线器件都有一个唯一的地址。（ ）

17. 每个单总线器件都有一个唯一的地址。（ ）

18. PCF8563 器件 $\overline{INT}$ 引脚仅是时间报警的中断请求信号输出端。（ ）

19. 当 DS18B20 器件启动读命令后，读取的第 1 个字节数据是温度数据的低 8 位。（ ）

20. 当 DS18B20 器件启动写命令后，写入的第 1 个字节数据是写到暂存器的配置寄存器中。（ ）

21. IAP15W4K58S4 单片机 SPI 接口在主、从模式中传输速率都支持高达 3Mbps。（ ）

22. IAP15W4K58S4 单片机 SPI 接口在从模式时，建议传输速率在 $f_{SYS}/4$ 以下。（ ）

23. IAP15W4K58S4 单片机 SPI 接口的中断优先级是固定为低优先级。（ ）

24. 直流电机的旋转速度是通过改变直流工作电压的大小来实现的。（ ）

25. 在步进电机驱动中，节拍时间越长，步进电机的旋转速度越快。（ ）

26. 改变直流电机直流工作电压的极性即改变直流电机的旋转方向。（ ）

27. 若按 A→B→C→A 节拍供电，步进电机正转，则按 A→C→B→A 节拍供电，步进电机反转。（ ）

28. 三相六拍驱动步进电机的精度是三相三拍驱动步进电机时精度的一半。（ ）

29. IAP15W4K58S4 单片机 I/O 端口有较大的驱动能力，可直接驱动步进电机。（ ）

30. 若 CLKS2、CLKS1、CLKS0 为 0、1、0 时，则 $f_{SYS}=f_{osc}/2$。（ ）

31. 若 CLKS2、CLKS1、CLKS0 为 0、1、1 时，则 $f_{SYS}=f_{osc}/8$。（ ）

32. 当 IAP15W4K58S4 单片机处于空闲模式时，任何中断都可以唤醒 CPU，从而退出空闲模式。（ ）

33. 当 IAP15W4K58S4 单片机处于空闲模式时，若外部中断未被允许，其中断请求信号并不能唤醒 CPU。（ ）

34. 当 IAP15W4K58S4 单片机处于停机模式时，除外部中断外，其他允许中断的外部引脚信号也可唤醒 CPU，退出停机模式。（ ）

35. IAP15W4K58S4 单片机内部专用停机唤醒定时器的定时时间与系统时钟频率无关。（ ）

36. IAP15W4K58S4 单片机看门狗定时器溢出时间的大小与系统频率无关。（ ）

37. IAP15W4K58S4 单片机 WDT_CONTR 的 CLR_WDT 是看门狗定时器的清零位，当设置为“0”时，看门狗定时器将重新计数。（ ）

四、问答题

1. 简述编码键盘与非编码键盘的工作特性。在单片机应用系统中，一般是采用编码键盘还是非编码键盘？

2．画出 RS 触发器的硬件去抖电路，并分析其工作原理。

3．编程实现独立按键的键识别与键确认。

4．在矩阵键盘处理中，全扫描指的是什么？

5．简述矩阵键盘中巡回扫描识别键盘的工作过程。

6．简述矩阵键盘中翻转法识别键盘的工作过程。

7．在有键释放处理的程序中，当按键时间较长，会出现动态 LED 数码管显示变暗或闪烁，请分析原因并提出解决方法。

8．在 LED 数码管现实中，如何让选择位闪烁显示？

9．在很多单片机应用系统中，为了防止用户误操作，而设计有键盘锁定功能，请问应该如何实现键盘锁定功能？

10．简述单片机应用系统的开发流程。

11．在 LCD 显示模块操作中，如何实现写入数据？

12．在 LCD 显示模块操作中，如何实现写入指令？

13．在 LCD 显示模块操作中，如何读取忙指令标志？

14．向 LCD 显示模块写入数据或写入指令，应注意什么？

15．在 LCD1602 显示模块中，若要在第 2 行第 5 位显示字符“W”，应如何操作？

16．若要在 LCD12864 显示模块（含中文字库）中实现反白显示，简述操作步骤。

17．若要在 LCD12864 显示模块（含中文字库）中显示 ASCII 码字符，简述操作步骤。

18．若要在 LCD12864 显示模块（含中文字库）中显示中文字符，简述操作步骤。

19．若要在 LCD12864 显示模块（含中文字库）中绘图，简述操作步骤。

20．在 LCD12864 显示模块（含中文字库）中，如何实现基本指令与扩充指令的切换？

21．在字模提取软件的参数设置中，横向取模方式与纵向取模方式有何不同？

22．在字模提取软件的参数设置中，倒序设置的含义是什么？

23．描述 I^2C 串行总线主机向无子地址从机发送数据的工作流程。

24．描述 I^2C 串行总线主机从无子地址从机读取数据的工作流程。

25．描述 I^2C 串行总线主机向有子地址从机发送数据的工作流程。

26．描述 I^2C 串行总线主机从有子地址从机读取数据的工作流程。

27．描述 I^2C 串行总线起始信号、终止信号、有效传输数据信号的时序要求。

28．简述 PCF8563 器件 $\overline{INT}$ 引脚的功能。

29．简述 DS18B20 器件温度数据的格式。

30．简述 DS18B20 器件暂存器的存储结构。

31．简述 DS18B20 器件 ROM 与 RAM 指令的作用。

32．DS18B20 的测量范围是什么？有几种测量分辨率，其对应的转换时间为多少？

33．DS18B20 的温度数据存放在高速暂存器的什么位置？温度数据的存放格式是什么？

34．简述 IAP15W4K58S4 单片机 SPI 接口数据通信的工作模式。

35．简述直流电机旋转速度与旋转方向的控制原理，对驱动电路有什么要求？

36．简述步进电机的工作原理，其核心基础是什么？

37．简述 PWM 控制方式的实现方法。

38．在步进电机中，如何实现旋转方向与旋转速度的控制？

39．IAP15W4K58S4 单片机与步进电机的接口设计中，应注意什么？

40．在三相步进电机中，当采用三相三拍驱动时，步进电机每拍旋转的角度是多少？当需要提高一倍控制精度时，应如何操作？

41．步进电机可实现角位移的精确控制，也可实现线位移的精确控制。若有一三相步进电机构成的线位移控制系统，步进电机主轴直径为1mm，采用双六拍控制，当直线移动距离为20cm，请计算步进电机应走多少步？

42．在设计步进电机驱动电路，一般是如何解决功率驱动与电磁干扰问题的？

43．在电机驱动电路，一般在线圈绕组的两端反向并接一个二极管，请问加接这个二极管的目的是什么？

44．IAP15W4K58S4单片机的低功耗设计有哪几种工作模式？如何设置？

45．IAP15W4K58S4单片机如何进入空闲模式？在空闲模式下，IAP15W4K58S4单片机的工作状态是怎样的？

46．IAP15W4K58S4单片机如何进入停机模式？在停机模式下，IAP15W4K58S4单片机的工作状态是怎样的？

47．IAP15W4K58S4单片机在空闲模式下，如何唤醒CPU？退出空闲模式后，CPU是执行指令的情况是怎样的？

48．IAP15W4K58S4单片机在停机模式下，如何唤醒CPU？退出停机模式后，CPU是执行指令的情况是怎样的？

49．在IAP15W4K58S4单片机程序设计中，如何选择看门分频器的预分频系数？如何设置WDT_CONTR，实现看门狗功能？

五、程序设计题

1．设计一个电子时钟，采用24小时计时，具备闹铃功能。

（1）采用独立键盘实现校对时间与设置闹铃时间功能。

（2）采用矩阵键盘，实现校对时间与设置闹铃时间功能。

2．设计2个按键，1个用于数字加，1个用于数字减，采用LCD1602显示数字，初始值为100。画出硬件电路图，编写程序并上机运行。

3．设计一个图片显示器，采用LCD12864显示模块（含中文字库）显示。采用按键手工切换与定时自动切换。手工切换采用2各按键，1个按键用于往上翻，1个按键用于往下翻。定时自动切换时间为2秒，显示屏中同时显示图片与自动切换时间（倒计时形式）。画出硬件电路图，编写程序并上机运行。

4．将题1电子时钟的显示改为LCD1602显示。

5．将题1电子时钟的显示改为LCD12864（含中文字库）显示。

6．利用PCF8563器件，编程实现整点报时功能。

7．利用PCF8563器件，编程实现秒信号输出。

8．利用PCF8563器件，编程倒计时秒表，回零时声光报警。倒计时时间用LED数码管显示。

9．编程读取DS18B20器件的地址，并用LCD12864显示模块显示。

10．设计一直流控制电路，要求具有以下功能。

（1）具有正、反转控制；

（2）PWM周期可调：1～20ms，调节间隔为1ms，超限有报警声；

（3）占空比可调：1/100～99/100，调节间隔为1/100，超限有报警声；

（4）用16×2字符型LCD显示正/反转运行标志、PWM周期以及PWM占空比数据。

画出硬件电路图，绘制程序流程图，编写程序并上机调试。

11．设计一个步进电机控制系统。要求步进电机在0～90°范围内来回转动，设置一个启停控制键与一个速度控制键。画出硬件电路图，绘制程序流程图，编写程序并上机调试。

第 14 章　微型计算机总线扩展技术*

14.1　微型计算机的总线结构

1946 年 6 月，匈牙利籍数学家冯 • 诺依曼提出了“程序存储”和“二进制运算”的思想，构建了由运算器、控制器、存储器、输入设备和输出设备组成的这一经典的计算机结构，即冯 • 诺依曼计算机的经典结构框架（见图 1.1）；1971 年 1 月，Intel 公司的德 • 霍夫将运算器、控制以及一些寄存器集成在一块芯片上，即称为微处理器或中央处理单元（简称 CPU），形成了以微处理器为核心的总线结构框架（见图 1.2）。

微型计算机的核心就是应用了总线结构，以 CPU 为核心，可以将众多的存储器、I/O 接口以及设备并在公共的总线上，通过寻址的方式区分并在总线的装置，并保证在任何时刻只有一个装置与 CPU 进行数据交换。

地址总线（Address Bus，AB）：地址总线用于寻址，用于确定哪个装置在总线上处于有效状态，能够与 CPU 进行数据交换。

数据总线（Data Bus，DB）：数据交换通道，只有通过地址总线选中的装置的数据通道与 CPU 数据总线是相通的，其它所有装置的数据通道都处于高阻状态。

控制总线（Control Bus，CB）：用于选择数据交换的类型，一般为“读”和“写”两种。

单片机作为微型计算机的一个发展分支，首先通过内部总线将 CPU、一定数量的存储器以及 I/O 接口连接并集成在一块芯片上，构成一个片上微型计算机。MCS-51 系列单片机内部具备微型计算机的基本组成以外，同时具有较完善外部总线结构，具有较强外部存储器和外部 I/O 接口的扩展能力。虽然，MCS-51 系列单片机发展到今天，在片内可以集成足够的程序存储器、数据存储器，在应用中不推荐外部扩展程序存储器、数据存储器以及 I/O 接口，但作为用来学习微型计算机总线技术具有典型的代表意义。

14.2　MCS-51 单片机系统扩展

MCS-51 单片机的系统扩展包括外部程序存储器和外部数据存储器（含 I/O 接口）。MCS-51 单片机数据存储器和程序存储器的最大扩展空间都是 64KB，扩展后系统形成两个并行的 64KB 存储空间。

扩展外部存储器是以单片机为核心，通过系统总线进行的，通过总线把各扩展部件连接起来，并进行数据、地址和信号的传送，MCS-51 使用的是并行总线结构，总线包括地址总线、数据总线和控制总线，如图 14.1 所示。

（1）地址总线 AB（Address Bus）

地址总线由 P2 口提供高 8 位地址线，P2 口具有输出锁存功能，能保留地址信息。由 P0 口提供低 8 位地址线。由于 P0 口分时作为地址线、数据线使用，所以为保存地址信息，需外加地址锁存器锁存低 8 位的地址信号。一般采用 ALE 信号的下降沿控制锁存时刻。地址总线是单向的，地址信号只能由单片机向外送出。

地址总线的数目决定着可直接访问的存储单元的数目，MCS-51 单片机的地址总线是 16 位的，因此，可以产生 2^{16}(64K)个连续地址编码，即可访问 2^{16}(64K)个存储单元。

（2）数据总线 DB（Data Bus）

数据总线由 P0 口提供，数据总线的位数（宽度）与单片机处理数据的字长一致，MCS-51 单片机的字长是 8 位，所以数据总线的位数也是 8 位。数据总线是双向的，可以进行两个方向的数据传送。

（3）控制总线

MCS-51 单片机的控制总线有三根，其中 $\overline{PSEN}$ 是程序存储器的读允许信号，$\overline{RD}$（P3.7）、$\overline{WR}$（P3.6）为数据存储器的读、写控制信号。

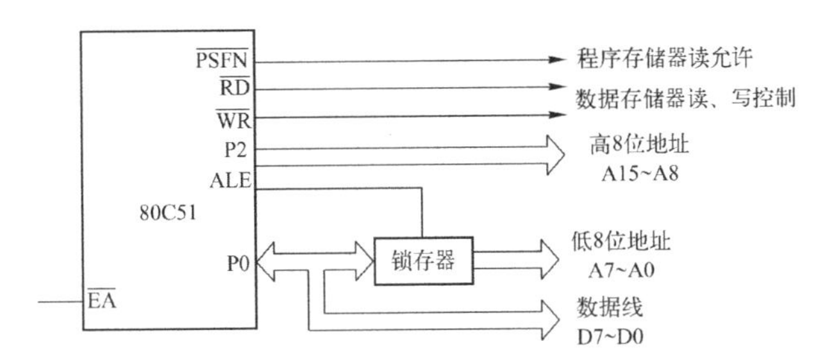

图 14.1　MCS-51 单片机系统总线结构

14.2.1　编址技术

所谓编址，就是如何使用系统提供的地址线，通过适当连接，最终达到系统中的各存储单元（或 I/O 接口）有不同地址的要求。

一个存储芯片具有一定的地址空间，如地址空间 2KB 的芯片就有 11 根地址线（A_{10}～A_0），首先芯片的 11 根地址线（A_{10}～A_0）就与单片机（或者说 CPU）的低 11 位地址总线（A_{10}～A_0）一一对应相接，单片机（或者说 CPU）剩余的地址线就称为剩余高位地址线，即 A_{15}～A_{11}。这 2KB 地址空间在 MCS-51 单片机的内存空间中被分配在什么位置，由剩余高位地址线 A_{15}～A_{11} 产生的该芯片的片选信号来决定。当存储器芯片多于一片时，为了避免误操作，必须选用片选信号来分别确定各芯片的地址分配。

产生片选信号的方式不同，存储器的地址分配也就不同。片选方式有线选、全译码和局部译码三种。

1. 线选方式

线选方式即线选择法，是指直接用地址总线的剩余高位地址线中的某一位或几位直接作为存储器芯片的片选信号，如图 14.2 所示，A_{11} 接芯片 I 的片选端，A_{12} 接芯片 II 的片选端，A_{13} 接芯片III的片选端。当 A_{11}、A_{12}、A_{13} 中某一根地址线输出低电平，则相应的芯片被选中。为保证各芯片有不同的地址，各芯片不发生地址冲突，A_{11}、A_{12}、A_{13} 在任何时候，只能其中的一根地址线输出低电平。

当电路连接完成后，必须要确定、计算出芯片的存储单元地址，确定方法是判断电路在什么样的剩余高位地址线状态下会选中该芯片，那么该剩余高位地址线状态对应的 CPU 地址或地址范围即为该芯片的地址或地址范围，如表 14.1 所示。

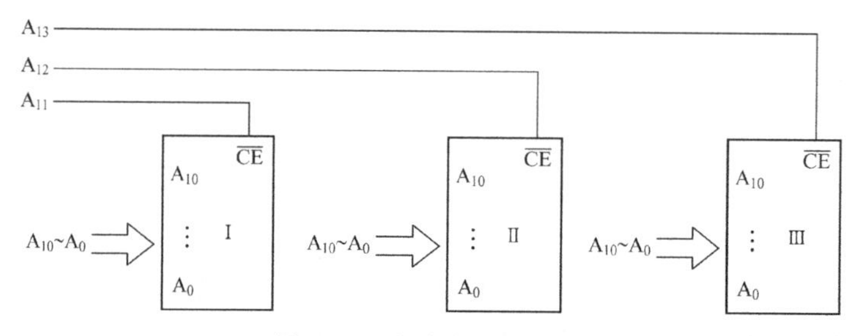

图 14.2　线选法实现片选

表 14.1　图 14.2 各存储芯片的分析、计算表

	剩余高位地址线	低位地址线	地址范围
	A_{15} A_{14} A_{13} A_{12} A_{11}	A_{10}……A_0	（当任意值 X 设定为 0 时）
芯片 I	X X 1 1 0	0……0 | 1……1	3000H | 37FFH
芯片 II	X X 1 0 1	0……0 | 1……1	2800H | 2FFFH
芯片 III	X X 0 1 1	0……0 | 1……1	1800H | 1FFFH

注：X 取“0”值参与计算。下同。

线选方式的优点是电路简单，选择芯片不需外加逻辑电路。但线选方式不能充分利用系统的存储器地址空间，每个芯片所占的地址空间把整个地址空间分成了相互隔离的区段，即地址空间不连续，这给编程带来一定困难，所以，线选方式只适用于容量较少的微机系统。

2. 译码方式

译码方式是指将系统地址总线中除片内地址以外的剩余高位地址线接到地址译码器的输入端参加译码，把译码器的输出信号作为各芯片的片选信号，将它们分别接到存储器芯片的片选端，以实现片选。

译码方式又分为全译码和部分译码两种方式：若剩余高位地址线，只有部分参与译码，存储单元地址也是连续的，但一个单元有多个地址，适用于扩展空间较少时使用，如图 14.3 所示；若剩余高位地址线全部参与译码，即为全译码，每个单元地址都是连续的，并对应一个唯一的地址，如图 14.4 所示。全译码方式不浪费可利用的存储空间，并且各芯片所占地址空间是相互邻接，任一单元都有唯一确定的地址，这便于编程和内存扩充，但全译码方式对译码电路的要求较高。通常当扩展存储器较大时，采用这种方式。

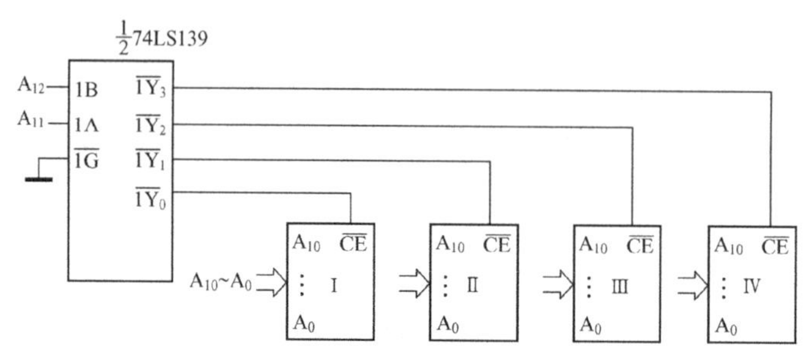

图 14.3　部分译码法实现片选

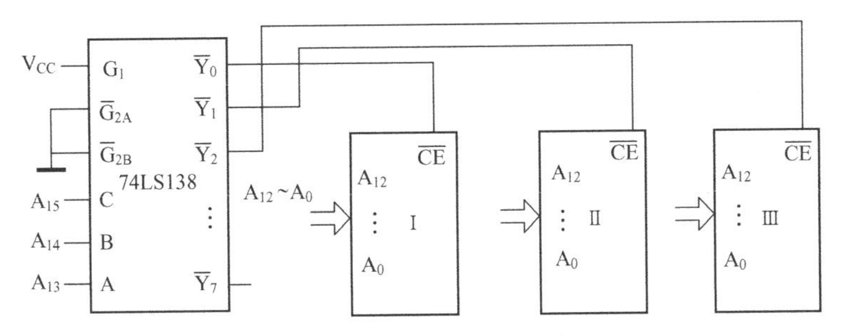

图 14.4 全译码法实现片选

译码法实现片选存储器芯片的地址的分析、计算见表 14.2 和表 14.3 所示。

表 14.2 图 14.3 各存储芯片地址的分析、计算表

	剩余高位地址线	低位地址线	地址范围
	A_{15} A_{14} A_{13} A_{12} A_{11}	A_{10}……A_0	（当任意值 X 设定为 0 时）
芯片 I	X X X 0 0 （$\overline{Y}_0$=0）	0……0 | 1……1	0000H | 07FFH
芯片 II	X X X 0 1 （$\overline{Y}_1$=0）	0……0 | 1……1	0800H | 0FFFH
芯片III	X X X 1 0 （$\overline{Y}_2$=0）	0……0 | 1……1	1000H | 17FFH
芯片IV	X X X 1 1 （$\overline{Y}_3$=0）	0……0 | 1……1	1800H | 1FFFH

表 14.3 图 14.4 各存储芯片地址的分析、计算表

	剩余高位地址线	低位地址线	地址范围
	A_{15} A_{14} A_{13}	A_{12}……A_0	（当任意值 X 设定为 0 时）
芯片 I	0 0 0 （$\overline{Y}_0$=0）	0……0 | 1……1	0000H | 1FFFH
芯片 II	0 0 1 （$\overline{Y}_1$=0）	0……0 | 1……1	2000H | 3FFFH
芯片III	0 1 0 （$\overline{Y}_2$=0）	0……0 | 1……1	4000H | 5FFFH

14.2.2 程序存储器的扩展

程序存储器采用只读存储器芯片，在满足容量要求时应尽可能选择大容量芯片，以减少芯片组合数量；采用单片机的 $\overline{\text{PSEN}}$ 控制线实现读允许控制，采用 MOVC 指令对程序存储器进行访问。下面以 2764EPROM 为例介绍程序存储器的扩展方法。

（1）2764EPROM 的数据输出线 O_0～O_7 与单片机的数据总线 D_0～D_7（P0.0～P0.7）对应相接；

（2）2764EPROM 的输出允许端 $\overline{OE}$ 与单片机的程序存储器输出允许控制端（$\overline{PSEN}$）相接；

（3）2764EPROM 的地址线 A_0～A_{12} 与单片机的地址总线 A_0～A_{12}（P0.0～P0.7 的锁存输出、P2.0～P2.4）对应相接；

（4）单片机剩余高位地址线可采用线选法或译码法对 2764EPROM 芯片实现片选。

如图 14.5 所示为线选法实现片选的程序存储器扩展连接图，2764（1）、2764（2）、2764（3）芯片的地址范围为：C000H～DFFFH、A000H～BFFFH、6000H～7FFFH。

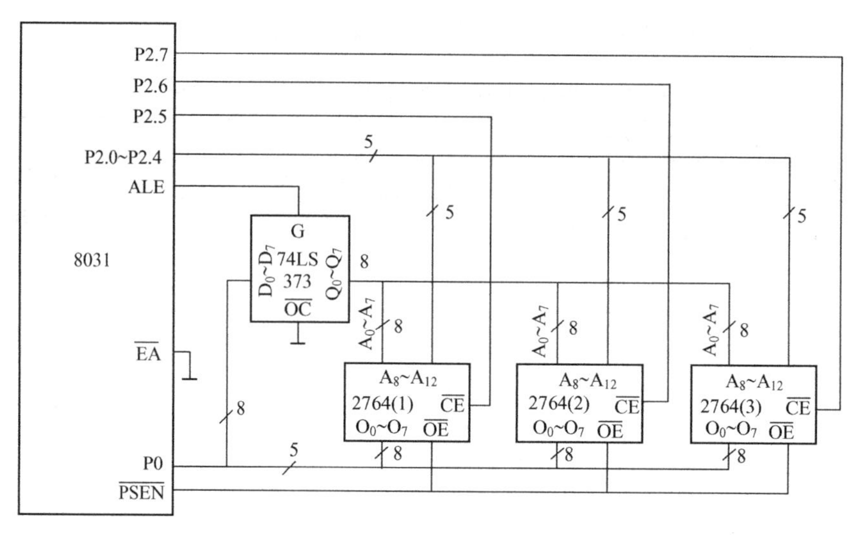

图 14.5　线选法扩展程序存储器连接图

如图 14.6 所示为译码法（部分译码）实现片选的程序存储器扩展连接图，2764（1）、2764（2）、2764（3）芯片的地址范围（当 A_{15} 设为 0 时）为：0000H～1FFFH、2000H～3FFFH、4000H～5FFFH。

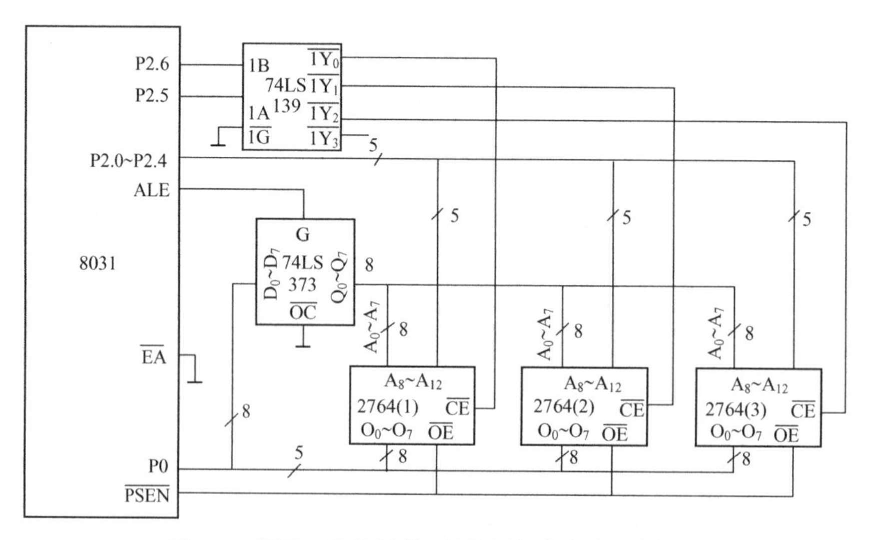

图 14.6　译码（部分译码）法扩展程序存储器连接图

14.2.3 数据存储器的扩展

数据存储器采用随机存取存储器芯片，在满足容量要求时应尽可能选择大容量芯片，以减少芯片组合数量；与程序存储器扩展不同的是：数据存储器芯片有读、写控制端，连接时与单片机的读 $\overline{RD}$（P3.7）、写 $\overline{WR}$（P3.6）控制端对应相接，地址总线、数据总线的连接方法与程序存储器的扩展是一致的。

如图 14.7 所示为采用线选法扩展 4KB 数据存储器的连接图，6116RAM(1)、6116RAM(2)的地址范围（当 A_{13}～A_{15} 设为 0 时）为：1000H～17FFH、0800H～0FFFH。

采用 MOVX 指令对片外数据存储器进行访问。

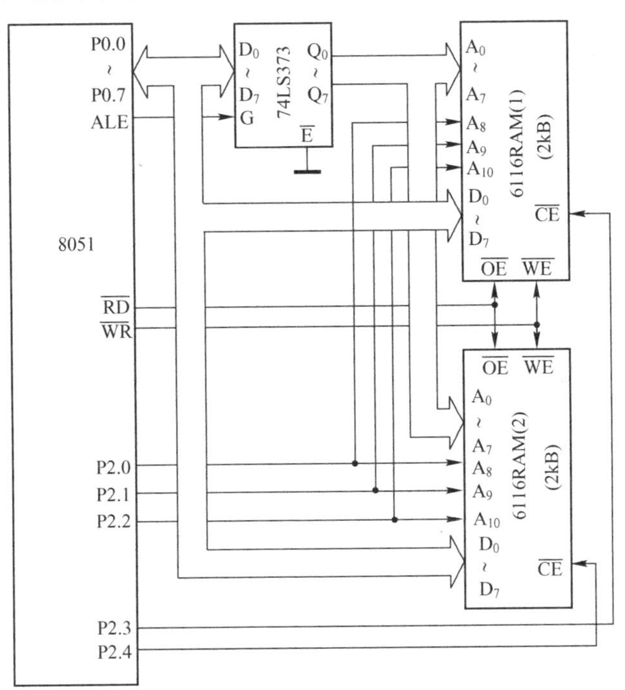

图 14.7 线选法扩展数据存储器连接图

14.2.4 I/O 接口的扩展

I/O 接口的地址空间是与数据存储器公用一个地址空间，其连接方法与数据存储器的扩展是基本一致的，但在扩展时要注意：数据存储器的地址与 I/O 接口的地址不能重叠。

一个 I/O 接口往往只有一个地址或几个地址，没有专门的地址线和读、写控制线，需要用单片机的地址线与读、写控制信号组合在一起形成 I/O 接口的的控制信号。

1. 微型打印机接口的连接

如图 14.8 所示为单片机与微型打印机的连接图，单片机的 P2.7 与 $\overline{WR}$ 相或形成打印机的选通控制信号 $\overline{STB}$，当 P2.7、$\overline{WR}$ 都输出低电平时，$\overline{STB}$ 有效，单片机数据总线上数据写入打印机中；单片机的 P2.7 与 $\overline{RD}$ 相或形成打印机 BUSY 输出三态门的选通控制信号，当 P2.7、$\overline{RD}$ 都输出低电平时，BUSY 信号连接到 P0.7，BUSY 信号就能读到累加器 A 中。打印机的选通控制和 BUSY 输出的选通都是由 P2.7 控制，因此它们的地址是一样的，P2.7 为 0 时对应的地址都是它们的地址，如 7FFFH。

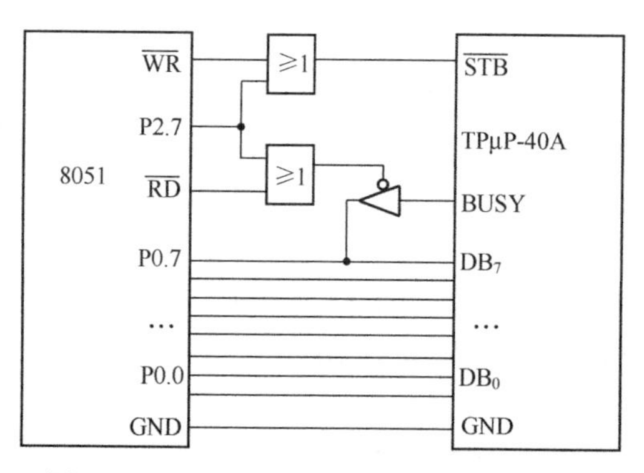

图 14.8　单片机与打印机的总线接口连接图

（1）向打印机输出数据：

```
MOV    DPTR, #7FFFH
MOVX   @DPTR, A
```

（2）读忙信号：

```
MOV    DPTR, #7FFFH
MOVX   A, @DPTR
```

2. A/D 转换接口的连接

如图 14.9 所示为单片机与 ADC0809 的连接图，单片机的 P2.7 与 $\overline{\text{WR}}$ 通过或非门形成 ADC0809 的启动与锁存控制信号（START、ALE），A_2～A_0 与 ADC0809 的 ADDC、ADDB、ADDA 对应相接，因此，ADC0809 的 8 个输入通道的地址为：7F00H～7F07H；单片机的 P2.7 与 $\overline{\text{RD}}$ 通过或非门形成 ADC0809 的数据输出允许控制信号（OE），当 P2.7、$\overline{\text{RD}}$ 都输出低电平时，ADC0809 的数据信号就能连接到单片机的数据总线上（P0.0～P0.7），通过读操作就能将 ADC0809 转换后的数据读到累加器 A 中，P2.7 为 0 时对应的地址都是它的地址，如 7FFFH。ADC0809 的 8 个输入通道的地址：7F00H～7F07H 也可以作为 ADC0809 数据输出通道的地址，表面上看起来出现了地址重叠，实际上是没有影响的，因为 ADC0809 的 8 个输入通道地址的操作是写操作，而 ADC0809 数据输出通道地址的操作是读操作。

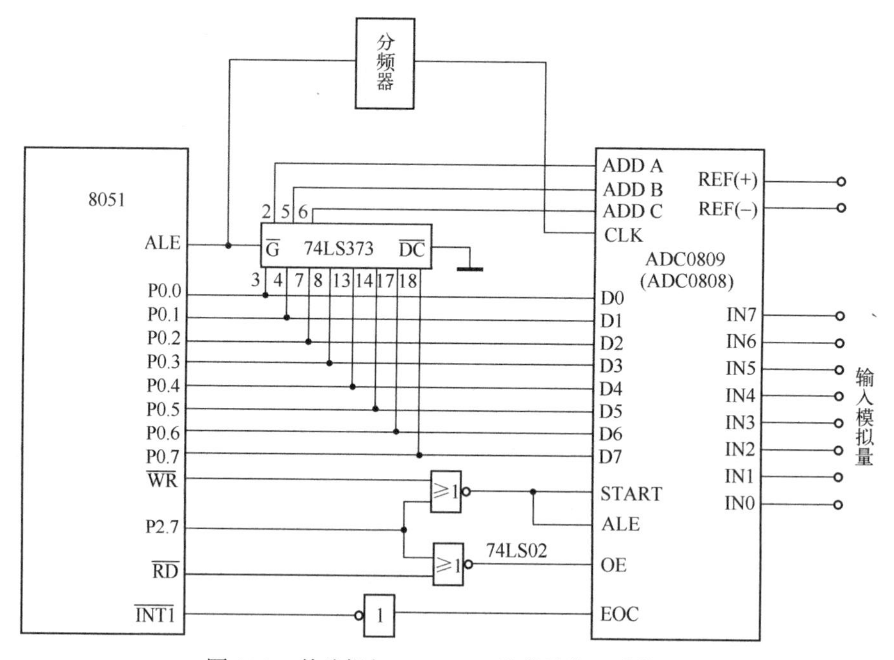

图 14.9　单片机与 ADC0809 的总线接口连接图

本 章 小 结

微型计算机总线扩展技术的核心技术是编址技术，编址技术的核心又是片选技术。片选的方法分为线选法与译码法，译码法又分为部分译码和全译码两种。线选法的优点是线路简单，不需要额外的硬件开销，但扩展芯片的地址不连续；译码法的优点是扩展芯片的地址连续，但要额外增加译码电路。

以 MCS-51 单片机为例分析了微型计算机程序存储器、数据存储器、I/O 接口的扩展方法以及扩展地址空间的分析、计算。

习 题 14

1．画出 MCS-51 单片机的片外总线结构，分析 P0 口分时复用低 8 位地址总线与数据总线的原理。

2．什么是编址技术与片选技术？片选技术中有哪几种方法，各有什么优缺点？

3．分析如图 14.10 所示的存储器系统，计算各芯片的地址范围以及程序存储器与数据存储器系统的地址范围。

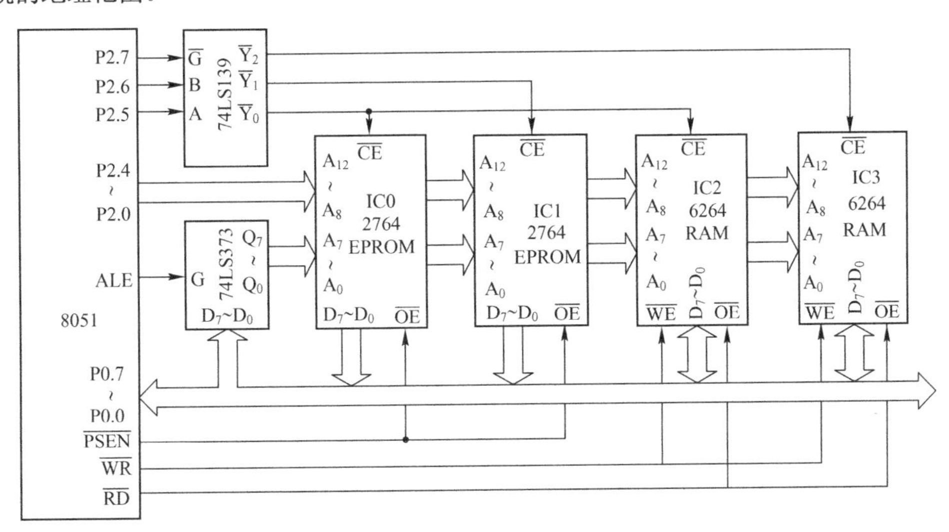

图 14.10　存储系统电路

4．试用 2764、6232 芯片设计一个 32KB 程序存储器、8KB 数据存储器的存储器系统。

第 15 章　STC 新型单片机简介

15.1　STC15W4K32S4 系列单片机

15.1.1　特性

1．内核

❖　快速 8051 内核（1T）。
❖　指令代码完全兼容传统 8051。
❖　21 个中断源，2 级中断优先级。
❖　支持在线仿真。

2．电源

❖　工作电压：2.4～5.5V。
❖　电源管理：空闲模式、掉电模式（停机模式）。

3．工作温度

❖　-40℃～85℃。

4．Flash 存储器

❖　最大 63.5K 字节 Flash 空间，用于存储用户代码。
❖　支持用户配置 EEPROM 大小，512 字节单页擦除，擦写字数可达 10 万次以上。
❖　支持在系统编程方式（ISP）更新用户应用程序，无需专用编程器。其中，STC15W4K 开头的以及 IAP15W4K58S4 单片机可直接采用 USB 进行在线编程。
❖　支持单芯片仿真，无需专用仿真器，理论断点个数无限制。

5．SRAM

❖　128 字节内部直接访问 RAM（DATA，低 128 字节）。
❖　128 字节内部间接访问 RAM（IDATA，高 128 字节）。
❖　3840 字节内部扩展 RAM（XDATA，内部）。
❖　外部最大可扩展 64K 字节 RAM（XDATA，外部）。

6．时钟控制

❖　内部高精度 R/C 时钟，±1%温漂（-40～85℃），常温下温漂为±0.6%，ISP 编程时内部时钟从 5MHz～35MHz 可选（16KB、32KB、40KB、48KB、60KB、61KB、63.5KB 可选等）。

❖ 外部时钟（5MHz～35MHz）。

7．复位

❖ 上电复位：内部高可靠复位，ISP 编程时 16 级复位门槛电压可选，可彻底省掉外围复位电路。

❖ 复位引脚复位。

❖ 看门狗溢出复位。

❖ 低压检测复位。

❖ 软件复位。

8．中断

❖ 提供 21 个中断源：INT0、INT1、$\overline{\text{INT2}}$、$\overline{\text{INT3}}$、$\overline{\text{INT4}}$、T0、T1、T2、T3、T4、串行口 1、串行口 2、串行口 3、串行口 4、ADC 模数转换、LVD 低压检测、PCA 模块、SPI 接口、比较器、增强型 PWM 模块、增强型 PWM 异常检测。

❖ 提供 2 级中断优先级。

9．数字接口

❖ 5 个 16 位可重装载初始值的定时器/计数器（T0、T1、T2、T3、T4）。

❖ 4 个全双工异步串行口（串行口 1、串行口 2、串口行 3、串口行 4）。

❖ 2 通道 16 位 PCA 模块：CCP0、CCP1，可用于捕获、高速脉冲输出，以及 6/7/8 位的 PWM 输出。

❖ 6 组 15 位增强型 PWM，可实现带死区的控制信号，并支持外部异常检测功能。

❖ 高速 SPI 串行通信接口：支持主机模式、从机模式，以及主机/从机自动切换模式。

10．模拟接口

❖ 8 通道高速 10 位 ADC，速度可达 30 万次/秒，8 路 PWM 可用作 8 路 D/A 使用。

❖ 比较器，可当 1 路 ADC 使用，可用作掉电检测。

11．GPIO

❖ 最多可达 62 个 GPIO：P0.0～P0.7、P1.0～P1.7、P2.0～P2.7、P3.0～P3.7、P4.0～P4.7、P5.0～P5.5、P6.0～P6.7、P7.0～P7.7。

❖ 所有 GPIO 均支持 4 种工作模式：准双向口、强推挽输出、开漏输出、高阻输入。

15.1.2 STC15W4K32S4 系列单片机机型一览表

STC15W4K32S4 系列单片机各机型的不同点主要在程序存储器与 EEPROM 容量的不同，具体情况如表 15.1 所示。

表 15.1　STC15W4K32S4 系列单片机机型一览表

型号	程序存储器	数据存储器SRAM	EEPROM	复位门槛电压	内部精准时钟	程序加密后传输（防拦截）	可设程序更新口令	支持RS485下载	封装类型
STC15W4K16S4	16K	4K	43K	16 级	可选	有	是	是	LQFP64L、LQFP64S QFN64、QFN48 LQFP48、LQFP44 LQFP32、SOP28 SKDIP28、PDIP40
STC15W4K32S4	32K	4K	27K	16 级	可选	有	是	是	
STC15W4K40S4	40K	4K	19K	16 级	可选	有	是	是	
STC15W4K48S4	48K	4K	11K	16 级	可选	有	是	是	
STC15W4K56S4	56K	4K	3K	16 级	可选	有	是	是	
IAP15W4K61S4	61K	4K	IAP	16 级	可选	有	是	是	
IAP15W4K58S4	58K	4K	IAP	16 级	可选	有	是	是	
IRC15W4K63S4	63.5K	4K	IAP	固定	24MHz	无	否	否	

15.2　STC8A8K64S4A12 系列单片机

15.2.1　特性

1. 内核

❖ 超快速 8051 内核（1T）。
❖ 指令代码完全兼容传统 8051。
❖ 22 个中断源，4 级中断优先级。
❖ 支持在线仿真。

2. 电源

❖ 工作电压：2.0-5.5V。
❖ 内建 LDO。
❖ 电源管理：空闲模式、掉电模式（停机模式）。

3. 工作温度

❖ -40℃～85℃。

4. Flash 存储器

❖ 最大 63.5K 字节 Flash 空间，用于存储用户代码。
❖ 支持用户配置 EEPROM 大小，512 字节单页擦除，擦写字数可达 10 万次以上。
❖ 支持在系统编程方式（ISP）更新用户应用程序，无需专用编程器。

❖ 支持单芯片仿真，无需专用仿真器，理论断点个数无限制。

5. SRAM

❖ 128 字节内部直接访问 RAM（DATA，低 128 字节）。
❖ 128 字节内部间接访问 RAM（IDATA，高 128 字节）。
❖ 8192 字节内部扩展 RAM（XDATA，内部）。
❖ 外部最大可扩展 64K 字节 RAM（XDATA，外部）。

6. 时钟控制

❖ 内部 24MHz 高精度 IRC：误差±0.3%，±1%温漂（-40～85℃），±0.6%温漂（常温下）。
❖ 内部 32KHz 低速 IRC，误差较大。
❖ 外部时钟（4MHz～333MHz）。

7. 复位

❖ 上电复位：内部高可靠复位，ISP 编程时 4 级复位门槛电压可选，可彻底省掉外围复位电路。
❖ 复位引脚复位。
❖ 看门狗溢出复位。
❖ 低压检测复位。
❖ 软件复位。

8. 中断

❖ 提供 22 个中断源：INT0、INT1、$\overline{\text{INT2}}$、$\overline{\text{INT3}}$、$\overline{\text{INT4}}$、T0、T1、T2、T3、T4、串行口 1、串行口 2、串行口 3、串行口 4、ADC 模数转换、LVD 低压检测、PCA 模块、SPI 接口、I^2C 接口、比较器、增强型 PWM 模块、增强型 PWM 异常检测。
❖ 提供 4 级中断优先级。

9. 数字接口

❖ 5 个 16 位可重装载初始值的定时器/计数器（T0、T1、T2、T3、T4），其中定时器 0 的模式 3 具有 NMI（不可屏蔽中断功能）。
❖ 4 个高速全双工异步串行口（串行口 1、串行口 2、串口行 3、串口行 4）。
❖ 4 通道 16 位 PCA 模块：CCP0、CCP1、CCP2、CCP3，可用于捕获、高速脉冲输出，以及 6/7/8 位的 PWM 输出。
❖ 8 组 15 位增强型 PWM，可实现带死区的控制信号，并支持外部异常检测功能。
❖ 高速 SPI 串行通信接口：支持主机模式、从机模式，以及主机/从机自动切换模式。
❖ I^2C：支持主机模式和从机模式。

10. 模拟接口

❖ ADC:支持 12 位 16 通道的模数转换。
❖ 比较器，可当 1 路 ADC 使用，可用作掉电检测。

11. GPIO

❖ 最多可达 59 个 GPIO：P0.0～P0.7、P1.0～P1.7、P2.0～P2.7、P3.0～P3.7、P4.0～P4.4、P5.0～P5.5、P6.0～P6.7、P7.0～P7.7。

❖ 所有 GPIO 均支持 4 种工作模式：准双向口、强推挽输出、开漏输出、高阻输入。

15.2.2 STC8A8K64S4A12 系列单片机机型一览表

STC8A8K64S4A12 系列单片机各机型的不同点主要在程序存储器与可配置 EEPROM 容量的不同，具体情况如表 15.2 所示。

表 15.2 STC8A8K64S4A12 系列单片机机型一览表

型号	程序存储器	数据存储器 SRAM	复位门槛电压	I/O 口数量（最大）	16 路 ADC	I²C 接口	程序加密后传输（防拦截）	可设程序更新口令	支持 RS485 下载	支持 USB 下载	封装类型
STC8A8K64S4A12	64K	8K	4 级	59	12 位	有	有	是	是	是	LQFP64S LQFP48 LQFP44
STC8A8K32S4A12	32K	8K	4 级	59	12 位	有	有	是	是	是	
STC8A8K16S4A12	16K	8K	4 级	59	12 位	有	有	是	是	是	

15.3 STC8F8K64S4A12 系列单片机

15.3.1 特性

1. 内核

❖ 超快速 8051 内核（1T）。
❖ 指令代码完全兼容传统 8051。
❖ 22 个中断源，4 级中断优先级。
❖ 支持在线仿真。

2. 电源

❖ 工作电压：2.0-5.5V。
❖ 内建 LDO。
❖ 电源管理：空闲模式、掉电模式（停机模式）。

3. 工作温度

❖ -40℃ ～85℃。

4. Flash 存储器

❖ 最大 63.5K 字节 Flash 空间，用于存储用户代码。
❖ 支持用户配置 EEPROM 大小，512 字节单页擦除，擦写字数可达 10 万次以上。
❖ 支持在系统编程方式（ISP）更新用户应用程序，无需专用编程器。
❖ 支持单芯片仿真，无需专用仿真器，理论断点个数无限制。

5. SRAM

❖ 128 字节内部直接访问 RAM（DATA，低 128 字节）。
❖ 128 字节内部间接访问 RAM（IDATA，高 128 字节）。
❖ 8192 字节内部扩展 RAM（XDATA，内部）。
❖ 外部最大可扩展 64K 字节 RAM（XDATA，外部）。

6. 时钟控制

❖ 内部 24MHz 高精度 IRC：误差±0.3%，±1%温漂（-40～85℃），±0.6%温漂（常温下）。
❖ 内部 32KHz 低速 IRC，误差较大。
❖ 外部时钟（4MHz～333MHz）。

7. 复位

❖ 上电复位：内部高可靠复位，ISP 编程时 4 级复位门槛电压可选，可彻底省掉外围复位电路。

❖ 复位引脚复位。
❖ 看门狗溢出复位。
❖ 低压检测复位。
❖ 软件复位。

8. 中断

❖ 提供 22 个中断源：INT0、INT1、$\overline{\text{INT2}}$、$\overline{\text{INT3}}$、$\overline{\text{INT4}}$、T0、T1、T2、T3、T4、串行口 1、串行口 2、串行口 3、串行口 4、ADC 模数转换、LVD 低压检测、PCA 模块、SPI 接口、I^2C 接口、比较器、增强型 PWM 模块、增强型 PWM 异常检测。

❖ 提供 4 级中断优先级。

9. 数字接口

❖ 5 个 16 位可重装载初始值的定时器/计数器（T0、T1、T2、T3、T4），其中定时器 0 的模式 3 具有 NMI（不可屏蔽中断功能）。

❖ 4 个高速全双工异步串行口（串行口 1、串行口 2、串口行 3、串口行 4）。

❖ 4 通道 16 位 PCA 模块：CCP0、CCP1、CCP2、CCP3，可用于捕获、高速脉冲输出，以及 6/7/8 位的 PWM 输出。

❖ 8 组 15 位增强型 PWM，可实现带死区的控制信号，并支持外部异常检测功能。

❖ 高速 SPI 串行通信接口：支持主机模式、从机模式，以及主机/从机自动切换模式。
❖ I^2C：支持主机模式和从机模式。

10. 模拟接口

❖ ADC:支持 12 位 16 通道的模数转换。
❖ 比较器，可当 1 路 ADC 使用，可用作掉电检测。

11. GPIO

❖ 最多可达 62 个 GPIO：P0.0～P0.7、P1.0～P1.7、P2.0～P2.7、P3.0～P3.7、P4.0～P4.7、P5.0～P5.5、P6.0～P6.7、P7.0～P7.7。
❖ 所有 GPIO 均支持 4 种工作模式：准双向口、强推挽输出、开漏输出、高阻输入。

15.3.2 STC8F8K64S4A12 系列单片机机型一览表

STC8F8K64S4A12 系列单片机各机型的不同点主要在程序存储器与可配置 EEPROM 容量的不同，具体情况如表 15.3 所示。

表 15.3 STC8F8K64S4A12 系列单片机机型一览表

型号	程序存储器	数据存储器 SRAM	复位门槛电压	I/O 口数量（最大）	16 路 ADC	I^2C 接口	程序加密后传输（防拦截）	可设程序更新口令	支持 RS485 下载	支持 USB 下载	封装类型
STC8F8K64S4A12	64K	8K	4 级	62	12 位	有	有	是	是	是	LQFP32
STC8F8K32S4A12	32K	8K	4 级	62	12 位	有	有	是	是	是	
STC8F8K16S4A12	16K	8K	4 级	62	12 位	有	有	是	是	是	

15.4 STC8F2K64S4 系列单片机

15.4.1 特性

1. 内核

❖ 超快速 8051 内核（1T）。
❖ 指令代码完全兼容传统 8051。
❖ 19 个中断源，4 级中断优先级。
❖ 支持在线仿真。

2. 电源

❖ 工作电压：2.0～5.5V。
❖ 内建 LDO。
❖ 电源管理：空闲模式、掉电模式（停机模式）。

3. 工作温度

❖ -40℃～85℃。

4. Flash 存储器

❖ 最大 63.5K 字节 Flash 空间，用于存储用户代码。
❖ 支持用户配置 EEPROM 大小，512 字节单页擦除，擦写字数可达 10 万次以上。
❖ 支持在系统编程方式（ISP）更新用户应用程序，无需专用编程器。
❖ 支持单芯片仿真，无需专用仿真器，理论断点个数无限制。

5. SRAM

❖ 128 字节内部直接访问 RAM（DATA，低 128 字节）。
❖ 128 字节内部间接访问 RAM（IDATA，高 128 字节）。
❖ 8192 字节内部扩展 RAM（XDATA，内部）。
❖ 外部最大可扩展 64K 字节 RAM（XDATA，外部）。

6. 时钟控制

❖ 内部 24MHz 高精度 IRC：误差±0.3%，±1%温漂（-40～85℃），±0.6%温漂（常温下）。
❖ 内部 32KHz 低速 IRC，误差较大。
❖ 外部时钟（4MHz～333MHz）。

7. 复位

❖ 上电复位：内部高可靠复位，ISP 编程时 4 级复位门槛电压可选，可彻底省掉外围复位电路。
❖ 复位引脚复位。
❖ 看门狗溢出复位。
❖ 低压检测复位。
❖ 软件复位。

8. 中断

❖ 提供 19 个中断源：INT0、INT1、$\overline{\text{INT2}}$、$\overline{\text{INT3}}$、$\overline{\text{INT4}}$、T0、T1、T2、T3、T4、串行口 1、串行口 2、串行口 3、串行口 4、LVD 低压检测、PCA 模块、SPI 接口、I^2C 接口、比较器。
❖ 提供 4 级中断优先级。

9. 数字接口

❖ 5 个 16 位可重装载初始值的定时器/计数器（T0、T1、T2、T3、T4），其中定时器 0 的模式 3 具有 NMI（不可屏蔽中断功能）。

❖ 4 个高速全双工异步串行口（串行口 1、串行口 2、串口行 3、串口行 4）。

❖ 4 通道 16 位 PCA 模块：CCP0、CCP1、CCP2、CCP3，可用于捕获、高速脉冲输出，以及 6/7/8 位的 PWM 输出。（A、B 版有此功能，C 版无此功能）。

❖ 高速 SPI 串行通信接口：支持主机模式、从机模式，以及主机/从机自动切换模式。

❖ I^2C：支持主机模式和从机模式。

10．模拟接口

❖ 比较器，可当 1 路 ADC 使用，可用作掉电检测。

11．GPIO

❖ 最多可达 42 个 GPIO：P0.0～P0.7、P1.0～P1.7、P2.0～P2.7、P3.0～P3.7、P4.0～P4.7、P5.4～P5.5。

❖ 所有 GPIO 均支持 4 种工作模式：准双向口、强推挽输出、开漏输出、高阻输入。

15.4.2 STC8F2K64S4 系列单片机机型一览表

STC8F2K64S4 系列单片机各机型的不同点主要在程序存储器与可配置 EEPROM 容量的不同，具体情况如表 15.4 所示。

表 15.4 STC8F2K64S4 系列单片机机型一览表

型号	程序存储器	数据存储器SRAM	复位门槛电压	I/O口数量（最大）	16路ADC	I^2C接口	程序加密后传输（防拦截）	可设程序更新口令	支持RS485下载	支持USB下载	封装类型
STC8F2K64S4	64K	2K	4 级	42	无	有	有	是	是	是	LQFP32 LQFP44
STC8F2K32S4	32K	2K	4 级	42	无	有	有	是	是	是	
STC8F2K16S4	16K	2K	4 级	42	无	有	有	是	是	是	

本章小结

STC15 系列中，除 STC15F2K60S2 系列单片机外，目前应用最广泛的是 STC15W4K58S4 系列单片机，相比 STC15F2K60S2 系列单片机，其主要特性有：宽电压工作、支持 USB 下载、增加了比较器模块和增强型 PWM 模块。

STC8 系列单片机是 STC 最近推出的新型系列，指令执行速度是目前最快的 8051 单片机，相比传统 8051 单片机，速度快 11.2～13.2 倍；相比 STC15 系列单片机，其主要工作特性有：电压工作范围更宽、指令执行速度更快、AD 转换精度更高，以及增加 I^2C 接口。

习 题 15

1．相比 STC15F2K60S2 系列单片机，STC15W4K58S4 系列单片机增加了什么与减少了什么？

2．STC8A8K64S4A12 系列单片机，相比 STC15W4K58S4 系列增加了什么特性？

3．STC8A8K64S4A12 中的“8K”、“64”、“S4”与“A12”各代表什么含义？

第 16 章　STC15F2K60S2 单片机的实验指导

16.1　实验须知

1. 本教材例题程序是基于 STC15F2K60S2 单片机设计的，但也同样适用于 STC15W4K32S4 等系列单片机，各系列单片机在内部资源的配置上有差异，但只要是相同类型资源，其使用方法是一样的。

2. 第 6～第 11 章的例题程序都有汇编、C 语言参考程序，实验时根据授课选用编程语言格式选择相应的例题程序。

3. 当使用传统 STC89 系列单片机实验箱时，因 STC15F2K60S2 单片机的引脚排列与 STXC89 系列单片机不一样，因此不能直接替换，但可使用 STC 官方推出的 STC15F2K60S2 单片机转换板进行替换。

16.2　用户程序的编辑、编译与仿真调试

1. 实验目的

（1）学会给 Keil C 集成开发环境添加 STC 系列单片机型号、头文件以及在线仿真驱动数据库。

（2）学会用 Keil C 集成开发环境编辑、编译用户程序，并生成用户程序的机器代码。

（3）学会用 Keil C 集成开发环境模拟仿真调试用户程序。

2. 实验前准备

复习 3.1 节内容，并根据实验内容制定好实验步骤。

3. 实验电路

本实验只需 PC 机和 Keil C 集成开发环境工具，无须其它硬件电路。

4. 实验内容与要求

（1）实验程序功能与参考程序

参见 3.1 节中的“流水灯.c”。

（2）用 Keil μVision4 开发工具输入、编辑与编译“流水灯.c”，并生成该程序的机器代码文件：流水灯.hex。

（3）用 Keil μVision4 开发工具的软件模拟仿真功能调试“流水灯.c”程序，记录移位间隔时间，并将左、右移调试界面截图保存到 WORD 文档中。

（4）将流水灯移位间隔时间改为 500ms（从 STC-ISP 在线编程工具中获得，8051 指令集选择“STC-Y5”），编译时自动生成的机器代码文件为：LED.hex，重新编译与调试程序，记录移位间隔时间，并将左、右移调试界面截图保存到 WORD 文档中。

（5）将流水灯移位间隔时间改为 500ms（从 STC-ISP 在线编程工具中获得，8051 指令集选择“STC-Y5”），编译时自动生成的机器代码文件为：LED.hex，重新编译与调试程序，记录移位间隔时间，并将左、右移调试界面截图保存到 WORD 文档中。

（6）单步调试流水灯程序，并记录调试过程。

（7）跟踪调试流水灯程序，并记录调试过程。

（8）断点调试流水灯程序，并记录调试过程。

（9）撰写实验报告。

包括：

① 实验任务、程序清单。

② 实验记录与实验记录分析。

③ 叙述程序调试过程中遇到的问题以及解决方法，写出本次实验的收获和心得体会。

16.3 用户程序的在线编程与在线仿真

1. 实验目的

（1）理解 STC 单片机与 PC 的 USB 接口的通信线路及学会加载 USB 转串口的驱动程序。

（2）学会用 STC-ISP 在线编程工具给单片机加载用户程序与在系统调试。

（3）学会应用 Keil μVision4 开发工具与 STC15 实验板进行用户程序的在线仿真调试。

2. 实验前准备

（1）复习 3.2 节内容，理解 STC 单片机与 PC 机 USB 接口的通信线路，以及加载 USB 转串口驱动程序的方法。

（2）复习 3.2 节内容，掌握用 STC_ISP 在线编程工具下载用户程序的方法。

（3）复习 3.2 节内容，掌握 STC 单片机在线仿真的方法，包括如何设置仿真芯片以及 Keil μVision4 开发工具在线硬件仿真的设置。

3. 实验电路

本实验包含 2 部分电路：

一是程序下载电路，参见 3.2 节图 3.35，在 STC15 实验箱中必备的，不需额外连接。

二是流水灯控制电路，如图 16.1 所示，需要根据不同实验箱的电路结构进行连接。

4. 实验内容

（1）参照图 16.1，在 STC15 实验箱上连接线路。

（2）用 USB 线连接 PC 机与 STC15 实验箱，安装 USB 转串口驱动程序（第一次使用时需要）。

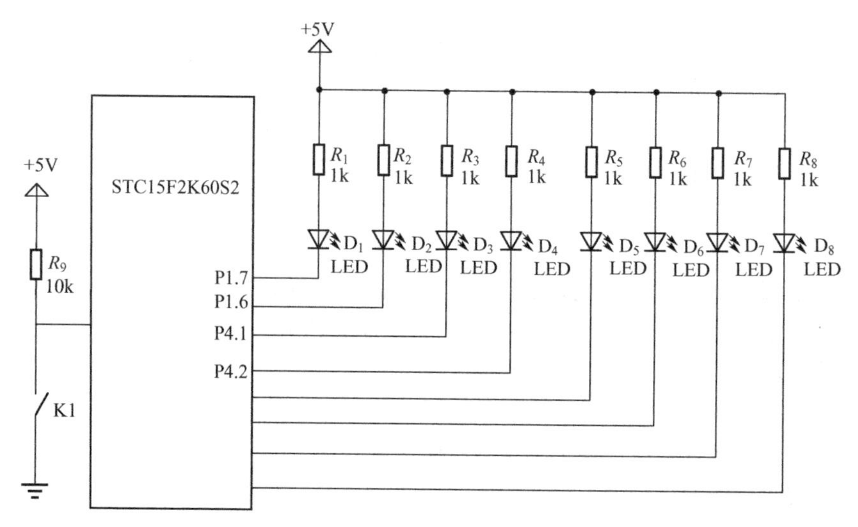

图 16.1　流水灯控制电路

（3）用 STC-ISP 在线编程工具给 STC15F2K60S2 单片机下载用户程序：流水灯.hex，下载完成后自动运行用户程序，调试与记录运行结果。

（4)）将流水灯移位间隔时间改为 500ms（从 STC-ISP 在线编程工具中获得，8051 指令集选择“STC-Y1”），编译时自动生成的机器代码文件为：LED.hex，编译与下载用户程序，调试与记录运行结果。

（5）将流水灯移位间隔时间改为 500ms（从 STC-ISP 在线编程工具中获得，8051 指令集选择“STC-Y5”），编译时自动生成的机器代码文件为：LED.hex，编译与下载用户程序，调试与记录运行结果。

（6）应用 Keil μVision4 开发工具与 STC15 实验板进行用户程序的在线仿真调试，调试与记录运行结果。

（7）撰写实验报告。

包括：

① 实验任务、实验硬件电路、程序流程图以及程序清单。

② 实验记录与实验记录分析。

③ 叙述程序调试过程中遇到的问题以及解决方法，写出本次实验的收获和心得体会。

16.4　应用 Proteus 仿真软件调试单片机应用系统

1. 实验目的

（1）掌握用 Proteus 仿真软件绘制单片机应用系统电路图。

（2）掌握用 Proteus 仿真软件调试单片机应用系统。

2. 实验前准备

（1）复习 3.3 节内容，学会查找电路元器件与绘制单片机应用系统电路。

（2）复习 3.3 节内容，学会将用户程序（机器代码文件）装载到单片机。

（3）复习 3.3 节内容，学会用 Proteus 仿真软件调试单片机应用系统。

3. 实验电路

本单片机应用系统的功能与电路同实验 16.3 的流水灯控制系统。

4. 实验内容

（1）参照 3.3 节图 3.45，用 Proteus 仿真软件绘制单片机应用系统电路图。

提示：因 Proteus 仿真软件中无 STC 系列单片机库，可选同为 8051 单片机框架的单片机库，如 AT89C51，此外，为了调试时，LED 灯的亮度足够，限流电阻可选 680Ω 或 470Ω。

（2）装载流水灯控制程序：流水灯.hex，运行用户程序，调试与记录运行结果。

（3）将流水灯移位间隔时间改为 500ms（从 STC-ISP 在线编程工具中获得，8051 指令集选择“STC-Y1”），编译时自动生成的机器代码文件为：LED.hex，编译用户程序，装载用户程序：LED.hex，调试与记录运行结果。

（4）将流水灯移位间隔时间改为 500ms（从 STC-ISP 在线编程工具中获得，8051 指令集选择“STC-Y5”），编译时自动生成的机器代码文件为：LED.hex，编译用户程序，装载用户程序：LED.hex，调试与记录运行结果。

（5）撰写实验报告。

包括：

① 实验任务、实验硬件电路、程序流程图以及程序清单。

② 实验记录与实验记录分析。

③ 叙述程序调试过程中遇到的问题以及解决方法，写出本次实验的收获和心得体会。

16.5 STC15F2K60S2 单片机存储器的应用编程与调试

1. 实验目的

（1）学会 STC15F2K60S2 单片机扩展 RAM 的应用编程。

（2）学会 STC15F2K60S2 单片机 EEPROM 的应用编程。

2. 实验前准备

（1）复习 6.3 节内容，分析例 6.4 参考程序 XRAM.ASM 的功能，制定调试方案。

（2）复习 6.3 节内容，分析例 6.6 参考程序 EEPROM.ASM 与 eeprom.c 的功能，制定调试方案。

3. 实验电路

（1）例 6.4 电路：P1.5、P1.7 各连接一只低电平驱动的 LED 灯。

（2）例 6.6 电路：P1.1、P1.2、P1.3、P1.7 各连接一只低电平驱动的 LED 灯。

4. 实验内容与要求

（1）按 6.4 电路要求，在 STC15 实验箱连接电路。

（2）完成 XRAM.ASM 程序的编辑、编译与生成机器代码文件：XRAM.hex，下载与运行用户程序，调试与记录运行结果。

（3）将例 6.4 参考程序改为用 C 语言程序编程，重新编辑、编译与调试用户程序，记录运行结果。

（4）按 6.6 电路要求，在 STC15 实验箱连接电路。

（5）完成 EEPROM.ASM 或 eeprom.c 程序的编辑与生成机器代码文件：EEPROM.hex，下载与运行用户程序，调试与记录运行结果。

（6）撰写实验报告。

包括：

① 实验任务、实验硬件电路、程序流程图以及程序清单。

② 实验记录与实验记录分析。

③ 叙述程序调试过程中遇到的问题以及解决方法，写出本次实验的收获和心得体会。

16.6 外部中断扩展的应用编程与调试

1. 实验目的

（1）巩固中断系统的基本理论与基本知识。

（2）掌握 STC15F2K60S2 单片机定时中断的应用编程。

2. 实验前准备

（1）复习 7.1 节内容，掌握中断系统的基本概念。

（2）复习 7.2 节内容，掌握 STC15F2K60S2 单片机的中断系统与应用编程。

（3）复习 7.3 节内容，分析例 7.2 图 7.4 电路与参考程序 XINT.ASM 或 xint.c。

3. 实验电路

7.3 节图 7.4。

4. 实验内容与要求

（1）参照 7.3 节图 7.4，在 STC15 实验箱上连接实验电路和用 Proteus 仿真软件绘制实验电路。

（2）完成 XINT.ASM 或 xint.c 的编辑、编译与生成机器代码：XINT.hex。

（3）在 STC15 实验箱上运行与调试用户程序，记录运行结果。

（4）用 Proteus 仿真软件运行与调试用户程序，记录运行结果。

（5）撰写实验报告。

包括：

① 实验任务、实验硬件电路、程序流程图以及程序清单。

② 实验记录与实验记录分析。

③ 叙述程序调试过程中遇到的问题以及解决方法，写出本次实验的收获和心得体会。

16.7 定时器/计数器定时功能的应用编程与调试

1. 实验目的

（1）进一步掌握 STC15F2K60S2 单片机定时器/计数器的电路结构与工作原理。

（2）掌握 STC15F2K60S2 单片机定时器/计数器定时功能的应用编程。

2. 实验前准备

（1）复习 8.1、8.2、8.3 节内容，掌握 STC15F2K60S2 单片机定时器/计数器 TMOD、TCON、AUXR 的设置与应用编程。

（2）复习 8.4 节内容，重点分析例 8.3 参考程序 T1-SHIFT.ASM 或 t1-shift.c、T1-SHIFT-INT.ASM 或 t1-shift-int.c。

3. 实验电路原理及硬件连线

8.4 节图 8.7。

4. 实验内容与要求

（1）参见 8.4 节图 8.7，在 STC15 实验箱上连接实验电路和用 Proteus 仿真软件绘制实验电路

（2）完成 T1-SHIFT.ASM 或 t1-shift.c 的编辑、编译与生成机器代码：T1-SHIFT.hex。

① 在 STC15 实验箱上运行与调试用户程序，记录运行结果。

② 用 Proteus 仿真软件运行与调试用户程序，记录运行结果。

（3）完成 T1-SHIFT-INT.ASM 或 t1-shift-int.c 的编辑、编译与生成机器代码：T1-SHIFT-INT.hex。

① 在 STC15 实验箱上运行与调试用户程序，记录运行结果。

② 用 Proteus 仿真软件运行与调试用户程序，记录运行结果。

（4）撰写实验报告。

包括：

① 实验任务、实验硬件电路、程序流程图以及程序清单。

② 实验记录与实验记录分析。

③ 叙述程序调试过程中遇到的问题以及解决方法，写出本次实验的收获和心得体会。

16.8 定时器/计数器计数功能的应用编程与调试

1. 实验目的

（1）掌握 STC15F2K60S2 单片机定时器/计数器计数功能的设置与应用编程。

（2）掌握 STC15F2K60S2 单片机定时器/计数器定时、计数的综合应用。

2. 实验前准备

复习 8.4 节内容，重点分析例 8.4 参考程序 T1-COUNT.ASM 或 t1-counter.c、T1-COUNT-

INT.ASM 或 t1-counter-int.c，根据程序制定了程序的调试方案。

3．实验电路

（1）参见 8.4 节图 8.8，在 STC15 实验箱上连接实验电路。
（2）参见 8.4 节图 8.8，用 Proteus 仿真软件绘制实验电路。

4．实验内容与要求

（1）参照 8.4 节图 8.8，在 STC15 实验箱上连接实验电路和用 Proteus 仿真软件绘制实验电路。
（2）完成 T1-COUNT.ASM 或 t1-counter.c 的编辑、编译与生成机器代码：T1-COUNT.hex。
① 在 STC15 实验箱上运行与调试用户程序，记录运行结果。
② 用 Proteus 仿真软件运行与调试用户程序，记录运行结果。
（3）完成 T1-COUNT-INT.ASM 或 t1-counter-int.c 的编辑、编译与生成机器代码：T1-COUNT-INT.hex。
① 在 STC15 实验箱上运行与调试用户程序，记录运行结果。
② 用 Proteus 仿真软件运行与调试用户程序，记录运行结果。
（4）撰写实验报告。
包括：
① 实验任务、实验硬件电路、程序流程图以及程序清单。
② 实验记录与实验记录分析。
③ 叙述程序调试过程中遇到的问题以及解决方法，写出本次实验的收获和心得体会。

16.9 串行口 1 方式 0 的应用编程与调试

1．实验目的

（1）巩固串行通信的基本概念与基本知识。
（2）掌握 STC15F2K60S2 单片机串行口 1 工作方式的设置与应用编程。

2．实验前准备

（1）复习 9.1 节内容，掌握串行通信的基本知识。
（2）复习 9.2 节内容，掌握 STC15F2K60S2 单片机串行口 1 的工作方式与应用编程。
（3）分析例 9.2 参考程序 XIO.ASM 或 xio.c，根据程序功能制定程序的调试方案。

3．实验电路原理及硬件连线

9.2 节图 9.21。

4．实验内容与要求

（1）参照 9.2 节图 9.21，在 STC15 实验箱上连接实验电路和用 Proteus 仿真软件绘制实验电路。
（2）完成 XIO.ASM 或 xio.c 的编辑、编译与生成机器代码：XIO.hex。

① 在 STC15 实验箱上运行与调试用户程序，记录运行结果。

② 用 Proteus 仿真软件运行与调试用户程序，记录运行结果。

(3) 撰写实验报告。

包括：

① 实验任务、实验硬件电路、程序流程图以及程序清单。

② 实验记录与实验记录分析。

③ 叙述程序调试过程中遇到的问题以及解决方法，写出本次实验的收获和心得体会。

16.10 单片机与 PC 机通信的应用编程与调试

1. 实验目的

(1) 掌握 PC 机串口通信的基本知识。

(2) 掌握 STC15F2K60S2 单片机与 PC 机的通信线路。

(3) 掌握 STC15F2K60S2 单片机与 PC 机通信的应用编程。

2. 实验前准备

(1) 复习 9.4 节，掌握 PC 机串行通信的基本知识。

(2) 分析例 9.6 参考程序 PC-MCU.ASM 或 PC-mcu.c，并根据程序功能制定调试方案。

3. 实验电路

单片机电路同 STC15 单片机开发板的下载程序电路，直接使用即可。PC 机采用 STC-ISP 在线编程软件内嵌的串口调试助手作为 PC 机的发送与接收工具。

4. 实验内容与要求

(1) 完成 PC-MCU.ASM 或 PC-mcu.c 的编辑、编译与生成机器代码：PC-MCU.hex。

(2) 给 STC15 实验箱上单片机加载用户程序。

(3) 打开 PC 机串口，设置 PC 机串口调试程序的串行通信参数，与单片机串口 1 的通信参数一致，包括字符帧格式与波特率。

(4) 通过 PC 机串口调试工具发送数据，观察与记录 PC 机串口接收的数据。

(5) 撰写实验报告。

包括：

① 实验任务、实验硬件电路、程序流程图以及程序清单。

② 实验记录与实验记录分析。

③ 叙述程序调试过程中遇到的问题以及解决方法，写出本次实验的收获和心得体会。

16.11 AD 转换模块的应用编程与调试

1．实验目的

（1）掌握 STC15F2K60S2 单片机 AD 转换模块的编程应用。

（2）通过实验理解 STC15F2K60S2 单片机 AD 转换模块如何进行数据采集，如何实现模拟量到数字量的转换。

（3）了解 STC15F2K60S2 单片机 AD 转换模块在各种领域的应用。

2．实验前准备

（1）复习 10.1，掌握 STC15F2K60S2 单片机 AD 转换模块的结构。

（2）复习 10.2，掌握 STC15F2K60S2 单片机 AD 转换模块的控制寄存器以及存储格式。

（3）复习 10.3，掌握 STC15F2K60S2 单片机 AD 转换模块的初始化编程，重点分析例 10.1 参考程序 ADC.ASM 或 adc.c，并根据程序功能制定调试方案。

3．实验电路

模拟输入信号从 P1.1 端口输入，模拟信号通过电位器对电源电压进行分压取得；P2 端口接 8 只 LED 灯，用于模拟采集转换后的数据，低电平驱动，灯亮表示为 1。

4．实验内容与要求

（1）按实验电路要求，在 STC15 实验箱上连接电路。

（2）完成 ADC.ASM 或 adc.c 的编辑、编译与生成机器代码：ADC.hex。

（3）给 STC15 实验箱上单片机加载用户程序。

（4）模拟输入电位器向左旋到底，观察与记录 P2 口控制 LED 灯的状态。

（5）模拟输入电位器向右旋到底，观察与记录 P2 口控制 LED 灯的状态。

（6）模拟输入电位器旋到中间位置，观察与记录 P2 口控制 LED 灯的状态。

（7）撰写实验报告。

包括：

① 实验任务、实验硬件电路、程序流程图以及程序清单。

② 实验记录与实验记录分析。

③ 叙述程序调试过程中遇到的问题以及解决方法，写出本次实验的收获和心得体会。

16.12 PWM 的应用编程与调试

1．实验目的

（1）掌握 STC15F2K60S2 单片机 PCA 模块的编程应用。

（2）通过实验理解 STC15F2K60S2 单片机 PCA 模块工作于 PWM 功能时如何进行占空比的改变，如何进行频率的设置，如何实现数字量到模拟量的转换。

（3）了解 STC15F2K60S2 单片机 PCA 模块工作于 PWM 功能时用作 DA 转换在实际中的应用。

2. 实验前准备

（1）复习 11.1，理解 STC15F2K60S2 单片机 PCA 模块可以工作于哪几种功能模式以及应用领域。

（2）复习 11.2，理解 STC15F2K60S2 单片机 PCA 模块工作于 PWM 功能的结构以及寄存器的控制使用。

（3）复习 11.3，STC15F2K60S2 单片机 PCA 模块工作于 PWM 功能如何改变输出信号的频率和占空比。

（4）分析例 11.5 程序：LED-PWM.ASM，画出相关程序流程图，转换为 C 语言编程，并命名为 led-pwm.c。

（5）制定程序调试方案。

3. 实验电路

P1.1 输出 PWM0 的信号，接一只 LED 灯；P2 口输出 PWM 的占空比，接 8 只 LED 灯。

4. 实验内容与要求

（1）按实验电路要求，在 STC15 实验箱上连接电路。

（2）完成 LED-PWM.ASM 的编辑、编译与生成机器代码：LED-PWM.hex。

（3）给 STC15 实验箱上单片机加载用户程序，运行、观察与记录程序的运行状况。

（4）修改程序 LED-PWM.ASM，设置系统分频系数为四分之一，重新编译、调试与记录程序的运行状况。

（5）完成 led-pwm.c 的编辑、编译与生成机器代码：led-pwm.hex。

（6）给 STC15 实验箱上单片机加载用户程序，运行、观察与记录程序的运行状况。

（7）撰写实验报告。

包括：

① 实验任务、实验硬件电路、程序流程图以及程序清单。

② 实验记录与实验记录分析。

③ 叙述程序调试过程中遇到的问题以及解决方法，写出本次实验的收获和心得体会。

16.13 矩阵键盘的应用编程与调试

1. 实验目的

（1）掌握独立按键的编程应用。

（2）掌握数码管的编程应用。

2. 实验前准备

（1）复习 13.2.1，理解独立按键与矩阵键盘工作原理及应用。

（2）重点分析矩阵键盘应用举例中的程序功能、硬件电路与参考程序：x-ykey.c，并制定程序的调试方案。

3. 实验电路

（1）参照 13.2.1 节图 13.10，在 STC15 实验箱上连接电路。
（2）参照 13.2.1 节图 13.10，用 Proteus 软件绘制电路。

4. 实验内容与要求

（1）参照 13.2.1 节图 13.10，在 STC15 实验箱上连接电路和用 Proteus 软件绘制电路。
（2）完成 x-ykey.c 的编辑、编译与生成机器代码：x-ykey.hex。
（3）在 STC15 实验箱上运行与调试用户程序，记录运行结果。
（4）用 Proteus 仿真软件运行与调试用户程序，记录运行结果。
（5）撰写实验报告。
包括：
① 实验任务、实验硬件电路、程序流程图以及程序清单。
② 实验记录与实验记录分析。
③ 叙述程序调试过程中遇到的问题以及解决方法，写出本次实验的收获和心得体会。

16.14 LED 数码管动态显示的应用编程与调试

1. 实验目的

（1）掌握 LED 数码管显示的工作原理。
（2）掌握 LED 数码管动态显示应用的编程方法。

2. 实验前准备

（1）复习 13.2.2，理解 LED 数码管显示的工作原理，以及段控制与位控制的概念。
（2）重点分析 LED 数码管动态显示应用的程序功能、硬件电路以及参考程序：m-display.c，并制定程序的调试方案。

3. 实验电路

参照 13.2.2 节图 13.14。

4. 实验内容与要求

（1）参照 13.2.2 节图 13.14，在 STC15 实验箱上连接电路和用 Proteus 软件绘制电路。
（2）完成 m-display.c 的编辑、编译与生成机器代码：m-display.hex。
（3）在 STC15 实验箱上运行与调试用户程序，记录运行结果。
（4）用 Proteus 仿真软件运行与调试用户程序，记录运行结果。
（5）修改 m-display.c，在 6 位 LED 数码管显示：APPLE6.，重新编辑、编译与调试程序，记录运行结果。
（6）撰写实验报告：
① 实验任务、实验硬件电路、程序流程图以及程序清单。
② 实验记录与实验记录分析。

③ 叙述程序调试过程中遇到的问题以及解决方法，写出本次实验的收获和心得体会。

16.15 字符型 LCD 显示接口的应用编程与调试

1. 实验目的

（1）掌握 LCD1602 的显示原理。
（2）掌握字符型 LCD1602 的编程应用。

2. 实验前准备

（1）复习 13.2.3.1，理解 LCD1602 的显示原理，掌握 LCD1602 显示接口的硬件连接与软件编程。
（2）重点分析图 13.17 硬件电路以及 LCD1602.c 应用程序。
（4）画出 LCD1602.c 的程序流程图。

3. 实验电路

参照 13.2.3.1 节图 13.17。

4. 实验内容与要求

（1）参照 13.2.3.1 节图 13.17，在 STC15 实验箱上连接电路和用 Proteus 软件绘制电路。
（2）完成 LCD1602.c 的编辑、编译与生成机器代码：LCD1602.hex。
（3）在 STC15 实验箱上运行与调试用户程序，记录运行结果。
（4）用 Proteus 仿真软件运行与调试用户程序，记录运行结果。
（5）修改 LCD1602.c，第 1 行显示 12:00:00，第 2 行显示 2016.12.23，居中显示，重新编辑、编译与调试程序，记录运行结果。
（6）将 LCD1602 显示相关函数独立出来，生成一个独立文件：LCD1602.h，采用包含 LCD1602.h 语句形式将 LCD1602 显示相关函数包含应用程序中，重新修改、编译与调试 LCD1602.c 程序。
（7）撰写实验报告：
① 实验任务、实验硬件电路、程序流程图以及程序清单。
② 实验记录与实验记录分析。
③ 叙述程序调试过程中遇到的问题以及解决方法，写出本次实验的收获和心得体会。

16.16 LCD12864（含中文字库）显示接口的应用编程与调试

1. 实验目的

（1）掌握 LCD12864（含中文字库）的显示特性。
（2）掌握 LCD12864（含中文字库）显示的应用编程。

2. 实验前准备

（1）复习 13.2.3.2，理解 LCD12864（含中文字库）的显示原理，掌握 LCD12864（含中文字库）显示接口的硬件连接与软件编程。

（2）重点分析图 13.25 硬件电路以及 LCD12864.c 应用程序。

（4）画出 LCD12864.c 的程序流程图。

3. 实验电路

13.2.3.2 节图 13.25。

4. 实验内容与要求

（1）参照 13.2.3.2 节图 13.25，在 STC15 实验箱上连接电路。

（2）完成 LCD12864.c 的编辑、编译与生成机器代码：LCD12864.hex。

（3）在 STC15 实验箱上运行与调试用户程序，记录运行结果。

（4）将 LCD12864 显示相关函数独立出来，生成一个独立文件：LCD12864.h，采用包含 LCD12864.h 语句形式将 LCD12864 显示相关函数包含应用程序中，重新修改、编译与调试 LCD12864.c 程序。

（5）撰写实验报告：

① 实验任务、实验硬件电路、程序流程图以及程序清单。

② 实验记录与实验记录分析。

③ 叙述程序调试过程中遇到的问题以及解决方法，写出本次实验的收获和心得体会。

16.17 DS18B20 数字温度计的应用编程与调试

1. 实验目的

（1）了解串行单总线技术。

（2）掌握具有串行单总线的 DS18B20 温度传感器的编程及其在实际中应用。

2. 实验前准备

（1）复习 13.3.1，理解串行单总线工作原理与时序。

（2）复习 13.3.1，理解 DS18B20 温度传感器实物及引脚功能，画出 DS18B20 应用电路原理图。

（3）重点分析数字温度计的硬件电路与应用程序：DS18B20.c，并制定程序的调试方案。

3. 实验电路

（1）参照 13.3.1 节图 13.36，在 STC15 实验箱上连接电路。

（2）参照 13.3.1 节图 13.36，用 Proteus 软件绘制电路。

4. 实验内容与要求

（1）参照 13.3.1 节图 13.36，在 STC15 实验箱上连接电路和用 Proteus 软件绘制电路。

（2）完成 DS18B20.c 的编辑、编译与生成机器代码：DS18B20.hex。

（3）在 STC15 实验箱上运行与调试用户程序，记录运行结果。

（4）用 Proteus 仿真软件运行与调试用户程序，记录运行结果。

（5）修改 DS18B20.c，实现 DS18B20 的全量程（-55℃～+125℃）显示，重新编辑、编译与调试程序，记录运行结果。

（6）将单总线相关函数独立出来，生成一个独立文件：ONEWIRE.h，采用包含 ONEWIRE.h 语句形式将单总线相关函数包含应用程序中，重新修改、编译与调试 DS18B20.c 程序。

（7）撰写实验报告：

① 实验任务、实验硬件电路、程序流程图以及程序清单。

② 实验记录与实验记录分析。

③ 叙述程序调试过程中遇到的问题以及解决方法，写出本次实验的收获和心得体会。

16.18 PCF8563 电子时钟芯片的应用编程与调试

1. 实验目的

（1）了解 I^2C 总线技术。

（2）掌握具有 I^2C 总线接口的 PCF8563 电子时钟芯片的编程及其在实际中应用。

2. 实验前准备

（1）复习 13.3.2，理解 I^2C 总线工作原理。

（2）复习 13.3.2，认识 PCF8563 电子时钟芯片实物及引脚功能。

（3）复习 13.3.2，理解 PCF8563 各寄存器的控制作用。

（4）重点 PCF8563 电子时钟的硬件电路图 13.44 与应用程序：CLOCK.c，并制定程序调试方案。

3. 实验电路

参照 13.3.1 节图 13.44。

4. 实验内容与要求

（1）参照 13.3.1 节图 13.44，在 STC15 实验箱上连接电路和用 Proteus 软件绘制电路。

（2）完成 CLOCK.c 的编辑、编译与生成机器代码：CLOCK.hex。

（3）在 STC15 实验箱上运行与调试用户程序，记录运行结果。

（4）用 Proteus 仿真软件运行与调试用户程序，记录运行结果。

（5）修改 CLOCK.c，轮流显示实时年、月、日和小时、分钟、秒、星期，重新编辑、编译与调试程序，记录运行结果。

（6）将 I^2C 总线相关函数独立出来，生成一个独立文件：EEPROM.h，采用包含 EEPROM.h 语句形式将单总线相关函数包含应用程序中，重新修改、编译与调试 CLOCK.c 程序。

（7）撰写实验报告：

① 实验任务、实验硬件电路、程序流程图以及程序清单。

② 实验记录与实验记录分析。
③ 叙述程序调试过程中遇到的问题以及解决方法，写出本次实验的收获和心得体会。

16.19 直流电机控制的应用编程与调试

1. 实验目的

（1）了解直流电机的工作原理。
（2）掌握直流电机旋转方向与旋转速度的控制方法。

2. 实验前准备

（1）复习 13.4.1，理解直流电机旋转方向的控制方法。
（2）复习 13.4.1，理解直流电机旋转速度的控制方法。
（3）重点分析直流电机应用的硬件电路图 13.46 与应用程序：DC-MOTOR.c，并制定程序调试方案。

3. 实验电路

13.4.1 节图 13.46。

4. 实验内容与要求

（1）参照 13.4.1 节图 13.46，用 Proteus 软件绘制电路。
（2）完成 DC-MOTOR.c 的编辑、编译与生成机器代码：DC-MOTOR.hex。
（3）用 Proteus 仿真软件运行与调试用户程序，记录运行结果。
① 旋转方向的测试。
② 旋转速度的调试。
（4）撰写实验报告：
① 实验任务、实验硬件电路、程序流程图以及程序清单。
② 实验记录与实验记录分析。
③ 叙述程序调试过程中遇到的问题以及解决方法，写出本次实验的收获和心得体会。

16.20 步进电机控制的应用编程与调试

1. 实验目的

（1）了解步进电机的工作原理。
（2）掌握步进电机旋转方向与旋转速度的控制方法。

2. 实验前准备

（1）复习 13.4.2，理解步进电机旋转方向的控制方法。

（2）复习 13.4.2，理解步进电机旋转速度的控制方法。

（3）重点分析步进电机应用的硬件电路图 13.51 和图 13.52，以及应用程序：STEP-MOTOR.c，并制定程序调试方案。

3. 实验电路

13.4.2 节图 13.52。

4. 实验内容与要求

（1）参照 13.4.2 节图 13.52，用 Proteus 软件绘制电路。

（2）完成 STEP-MOTOR.c 的编辑、编译与生成机器代码：STEP-MOTOR.hex。

（3）用 Proteus 仿真软件运行与调试用户程序，记录运行结果。

① 旋转方向的测试。

② 旋转速度的调试。

（4）撰写实验报告：

① 实验任务、实验硬件电路、程序流程图以及程序清单。

② 实验记录与实验记录分析。

③ 叙述程序调试过程中遇到的问题以及解决方法，写出本次实验的收获和心得体会。

附录A　ASCII 码表

$b_3b_2b_1b_0$ \ $b_6b_5b_4$	000	001	010	011	100	101	110	111
0000	NUL	DLE	SP	0	@	P	、	p
0001	SOH	DC1	!	1	A	Q	a	q
0010	STX	DC2	”	2	B	R	b	r
0011	ETX	DC3	#	3	C	S	c	s
0100	EOT	DC4	$	4	D	T	d	t
0101	ENQ	NAK	%	5	E	U	e	u
0110	ACK	SYN	&	6	F	V	f	v
0111	BEL	ETB	,	7	G	W	g	w
1000	BS	CAN	（	8	H	X	h	x
1001	HT	EM	）	9	I	Y	i	y
1010	LF	SUB	*	:	J	Z	j	z
1011	VT	ESC	+	;	K	[	k	{
1100	FF	FS	,	<	L	\[]l	|	
1101	CR	GS	—	=	M	]	m	}
1110	SO	RS	.	>	N	↑	n	～
1111	SI	US	/	?	O	←	o	DEL

说明：ASCII 码表中各控制字符的含义如下。

NUL	空字符	VT	垂直制表符	SYN	空转同步
SOH	标题开始	FF	换页	ETB	信息组传送结束
STX	正文开始	CR	回车	CAN	取消
ETX	正文结束	SO	移位输出	EM	介质中断
EOY	传输结束	SI	移位输入	SUB	置换
ENQ	请求	DLE	数据链路转义	ESC	溢出
ACK	确认	DC1	设备控制 1	FS	文件分隔符
BEL	响铃	DC2	设备控制 2	GS	组分隔符
BS	退格	DC3	设备控制 3	RS	记录分隔符
HT	水平制表符	DC4	设备控制 4	US	单元分隔符
LF	换行	NAK	拒绝接收	DEL	删除
SP	空格				

附录B STC15F2K60S2单片机指令系统表

指　　令	功 能 说 明	机　器　码	字节数	指令执行时间（系统时钟数）
数据传送类指令				
MOV A，Rn	寄存器送累加器	E8～EF	1	1
MOV A，direct	直接字节送累加器	E5（direct）	2	2
MOV A，@Ri	间接 RAM 送累加器	E6～E7	1	2
MOV A，#data	立即数送累加器	74（data）	2	2
MOV Rn，A	累加器送寄存器	F8～FF	1	1
MOV Rn，direct	直接字节送寄存器	A8～AF（direct）	2	3
MOV Rn，#data	立即数送寄存器	78～7F（data）	2	2
MOV direct，A	累加器送直接字节	F5（direct）	2	2
MOV direct，Rn	寄存器送直接字节	88～8F（direct）	2	2
MOV direct1，direct2	直接字节送直接字节	85（direct1）（direct2）	3	3
MOV direct，@Ri	间接 RAM 送直接字节	86～87（direct）	2	3
MOV direct，#data	立即数送直接字节	75（direct）（data）	3	3
MOV @Ri，A	累加器送间接 RAM	F6～F7	1	2
MOV @Ri，direct	直接字节送间接 RAM	A6～A7（direct）	2	3
MOV @Ri，#data	立即数送间接 RAM	76～77（data）	2	2
MOV DPTR，# data16	16 位立即数送数据指针	90（data15～8）（data7～0）	3	3
MOVC A，@A+DPTR	以 DPTR 为变址寻址的程序存储器读操作	93	1	5
MOVC A，@A+PC	以 PC 为变址寻址的程序存储器读操作	83	1	4
MOVX A，@Ri	外部 RAM（8 位地址）读操作	E2～E3	1	2*
MOVX A，@ DPTR	外部 RAM（16 位地址）读操作	E0	1	2*
MOVX @Ri，A	外部 RAM（8 位地址）写操作	F2～F3	1	4*
MOVX @ DPTR，A	外部 RAM（16 位地址）写操作	F0	1	3*
PUSH direct	直接字节进栈	C0（direct）	2	3
POP direct	直接字节出栈	D0（direct）	2	2
XCH A，Rn	交换累加器和寄存器	C8～CF	1	2
XCH A，direct	交换累加器和直接字节	C5（direct）	2	3
XCH A，@Ri	交换累加器和间接 RAM	C6～C7	1	3
XCHD A，@Ri	交换累加器和间接 RAM 的低 4 位	D6～D7	1	3
SWAP A	半字节交换	C4	1	1
算术运算指令				
ADD A，Rn	寄存器加到累加器	28～2F	1	1
ADD A，direct	直接字节加到累加器	25（direct）	2	2

续表

指　　令	功 能 说 明	机　器　码	字节数	指令执行时间（系统时钟数）
算术运算指令				
ADD A，@Ri	间接 RAM 加到累加器	26～27	1	2
ADD A，#data	立即数加到累加器	24（data）	2	2
ADDC A，Rn	寄存器带进位加到累加器	38～3F	1	1
ADDC A，direct	直接字节带进位加到累加器	35（direct）	2	2
ADDC A，@Ri	间接 RAM 带进位加到累加器	36～37	1	2
ADDC A，#data	立即数带进位加到累加器	34（data）	2	2
SUBB A，Rn	累加器带寄存器	98～9F	1	1
SUBB A，direct	累加器带借位减去直接字节	95（direct）	2	2
SUBB A，@Ri	累加器带借位减去间接 RAM	96～97	1	2
SUBB A，#data	累加器带借位减去立即数	94（data）	2	2
MUL AB	A 乘以 B	A4	1	2
DIV AB	A 除以 B	84	1	6
INC A	累加器加 1	04	1	1
INC Rn	寄存器加 1	08～0F	1	2
INC direct	直接字节加 1	05（direct）	2	3
INC @Ri	间接 RAM 加 1	06～07	1	3
INC DPTR	数据指针加 1	A3	1	1
DEC A	累加器减 1	14	1	1
DEC Rn	寄存器减 1	18～1F	1	2
DEC direct	直接字节减 1	15（direct）	2	3
DEC @Ri	间接 RAM 减 1	16～17	1	3
DA A	十进制调整	D4	1	3
逻 辑 运 算				
ANL A，Rn	寄存器“与”累加器	58～5F	1	1
ANL A，direct	直接字节“与”累加器	55（direct）	2	2
ANL A，@Ri	间接 RAM“与”累加器	56～57	1	2
ANL A，#data	立即数“与”累加器	54（data）	2	2
ANL direct，A	累加器“与” 直接字节	52（direct）	2	3
ANL direct，#data	立即数“与” 直接字节	53（direct）（data）	3	3
ORL A，Rn	寄存器“或”累加器	48～4F	1	1
ORL A，direct	直接字节“或”累加器	45（direct）	2	2
ORL A，@Ri	间接 RAM“或”累加器	46～47	1	2
ORL A，#data	立即数“或”累加器	44（data）	2	2
ORL direct，A	累加器“或” 直接字节	42（direct）	2	3
ORL direct，#data	立即数“或” 直接字节	43（direct）（data）	3	3
XRL A，Rn	寄存器“异或”累加器	68～6F	1	1
XRL A，direct	直接字节“异或”累加器	65（direct）	2	2
XRL A，@Ri	间接 RAM“异或”累加器	66～67	1	2
XRL A，#data	立即数“异或”累加器	64（data）	2	2
XRL direct，A	累加器“异或” 直接字节	62（direct）	2	3

指　令	功能说明	机器码	字节数	指令执行时间（系统时钟数）
逻辑运算				
XRL direct，#data	立即数“异或” 直接字节	63（direct）（data）	3	3
CLR A	累加器清零	E4	1	1
CPL A	累加器取反	F4	1	1
移位操作				
RL A	循环左移	23	1	1
RLC A	带进位循环左移	33	1	1
RR A	循环右移	03	1	1
RRC A	带进位循环右移	13	1	1
位操作指令				
MOV C，bit	直接位送进位位	A2（bit）	2	2
MOV bit，C	进位位送直接位	92（bit）	2	3
CLR C	进位位清零	C3	1	1
CLR bit	直接位清零	C2（bit）	2	3
SETB C	进位位置 1	D3	1	1
SETB bit	直接位置 1	D2（bit）	2	3
CPL C	进位位取反	B3	1	1
CPL bit	直接位取反	B2（bit）	2	3
ANL C，bit	直接位“与”进位位	82（bit）	2	2
ANL C，/bit	直接位取反“与”进位位	B0（bit）	2	2
ORL C，bit	直接位“与”进位位	72（bit）	2	2
ORL C，/bit	直接位取反“与”进位位	A0（bit）	2	2
控制转移指令				
LJMP addr16	长转移	02addr15～0	3	4
AJMP addr11	绝对转移	addr10～800001 addr7～0	2	3
SJMP rel	短转移	80（rel）	2	3
JMP @A＋DPTR	间接转移	73	1	5
JZ rel	累加器为零转移	60（rel）	2	4
JNZ rel	累加器不为零转移	70（rel）	2	4
CJNE A，direct，rel	直接字节与累加器比较，不相等则转移	B5（direct）（rel）	3	5
CJNE A，#data，rel	立即数与累加器比较，不相等则转移	B4（data）（rel）	3	4
CJNE Rn，#data，rel	立即数与寄存器比较，不相等则转移	B8～BF（data）（rel）	3	4
CJNE @Rn，#data，rel	立即数与间接 RAM 比较，不相等则转移	B6～B7（data）（rel）	3	5
DJNZ Rn，rel	寄存器减 1 不为零转移	D8～DF（rel）	2	4
DJNZ direct，rel	直接字节减 1 不为零转移	D5（direct）（rel）	3	5
JC rel	进位位为 1 转移	40（rel）	2	3
JNC rel	进位位为 0 转移	50（rel）	2	3
JB bit，rel	直接位为 1 转移	20（bit）（rel）	3	4
JNB bit，rel	直接位为 0 转移	30（bit）（rel）	3	4
JBC rel	直接位为 1 转移并清零该位	10（bit）（rel）	3	5
LCALL addr16	长子程序调用	12addr15～0	3	4

续表

指　　令	功能说明	机　器　码	字节数	指令执行时间（系统时钟数）
控制转移指令				
ACALL addr11	绝对子程序调用	addr10～810001 addr7～0	2	4
RET	子程序返回	22	1	4
RETI	中断返回	32	1	4
NOP	空操作	00	1	1

说明：

addr11：11 位地址 addr10～0

addr16：16 位地址 addr15～0

bit：位地址

rel：相对地址

direct：直接地址单元

#data：立即数

Rn：工作寄存器 R0～R7

A：累加器

Ri：i＝0 或 1，数据指针

DPTR：16 位数据指针

*：STC 系列单片机利用传统扩展片外 RAM 的方法，将扩展 RAM 集成在片内，采用传统片外 RAM 的访问指令访问，表中所列数字为访问片内扩展 RAM 时的指令执行时间；STC 系列单片机保留了片外扩展 RAM 或扩展 I/O 的功能，但片内扩展 RAM 与片外扩展 RAM 不能同时使用，虽然访问指令相同，但访问片外扩展 RAM 的时间比访问片内扩展 RAM 所需的时间长，访问片外扩展 RAM 的指令时间是：

MOVX A, @Ri　　　　　5×ALEBUSSPEED＋2

MOVX A, @DPTR　5×ALEBUSSPEED＋1

MOVX @Ri, A　5×ALEBUSSPEED＋3

MOVX @DPTR, A　5×ALEBUSSPEED＋2

其中，ALEBusSpeed 是由总线速度控制特殊功能寄存器 BUSSPEED 选择确定的。

附录 C　STC15F2K50S2 单片机特殊功能寄存器查询一览表

SFR名称	符号	复位值(B)	字节地址	位地址/位符号							
并行输入输出端口0	P0	1111 1111	80H	87H	86H	85H	84H	83H	82H	81H	80H
				P0.7	P0.6	P0.5	P0.4	P0.3	P0.2	P0.1	P0.0
堆栈指针	SP	0000 0111	81H	始终指向堆栈栈顶位置							
数据指针DPTR低8位	DPL	0000 0000	82H	数据指针 DPTR 的低 8 位							
数据指针DPTR高8位	DPH	0000 0000	83H	数据指针 DPTR 的高 8 位							
电源控制寄存器	PCON	0011 0000	87H	SMOD	SMOD0	LVDF	POF	GF1	GF0	PD	IDL
定时器控制寄存器	TCON	0000 0000	88H	8FH	8EH	8DH	8CH	8BH	8AH	89H	88H
				TF1	TR1	TF0	TR0	IE1	IT1	IE0	IT0
定时器方式寄存器	TMOD	0000 0000	89H	GATE	$C/\overline{T}$	M1	M0	GATE	$C/\overline{T}$	M1	M0
				T1 方式字				T0 方式字			
T0定时器低8位	TL0 (RL_TL0)	0000 0000	8AH	T0 计数状态低 8 位 (RL_TL0 对应 TL0 的隐含寄存器，存放 TL0 的初始值)							

续表

SFR名称	符号	复位值(B)	字节地址	位地址/位符号							
T0定时器高8位	TH0 (RL_TH0)	0000 0000	8CH	T0计数状态高8位 (RL_TL0对应TL0的隐含寄存器，存放TH0的初始值)							
T1定时器低8位	TL1 (RL_TL1)	0000 0000	8BH	T1计数状态低8位 (RL_TL1对应TL1的隐含寄存器，存放TL1的初始值)							
T1定时器高8位	TH1 (RL_TH1)	0000 0000	8DH	T1计数状态高8位 (RL_TH1对应TH1的隐含寄存器，存放TH1的初始值)							
辅助寄存器	AUXR	0000 0000	8EH	T0x12	T1x12	UART_M0x6	T2R	T2_$C/\overline{T}$	T2x12	EXTRAM	S1ST2
可编程时钟输出控制寄存器	INT_CLKO	x000 0000	8FH	-	EX4	EX3	EX2	LVD_WAKE	T2CLKO	T1CLKO	T0CLKO
并行输入输出端口1	P1	1111 1111	90H	97H P1.7	96H P1.6	95H P1.5	94H P1.4	93H P1.3	92H P1.2	91H P1.1	90H P1.0
P1口工作模式选择寄存器1	P1M1	0000 0000	91H	P1M1.7	P1M1.6	P1M1.5	P1M1.4	P1M1.3	P1M1.2	P1M1.1	P1M1.0
P1口工作模式选择寄存器0	P1M0	0000 0000	92H	P1M0.7	P1M0.6	P1M0.5	P1M0.4	P1M0.3	P1M0.2	P1M0.1	P1M0.0

续表

SFR名称	符号 复位值(B)	字节地址	位地址/位符号							
P0口工作模式选择寄存器1	P0M1 0000 0000	93H	P0M1.7	P0M1.6	P0M1.5	P0M1.4	P0M1.3	P0M1.2	P0M1.1	P0M1.0
P0口工作模式选择寄存器0	P0M0 0000 0000	94H	P0M0.7	P0M0.6	P0M0.5	P0M0.4	P0M0.3	P0M0.2	P0M0.1	P0M0.0
P2口工作模式选择寄存器1	P2M1 0000 0000	95H	P2M1.7	P2M1.6	P2M1.5	P2M1.4	P2M1.3	P2M1.2	P2M1.1	P2M1.0
P2口工作模式选择寄存器0	P2M0 0000 0000	96H	P2M0.7	P2M0.6	P2M0.5	P2M0.4	P2M0.3	P2M0.2	P2M0.1	P2M0.0
系统时钟分频寄存器	CLK_DIV 0000 x000	97H	MCKO_S1	MCKO_S0	ADRJ	Tx_Rx	-	CLKS2	CLKS1	CLKS0
串行口1控制寄存器	SCON 0000 0000	98H	9FH	9EH	9DH	9CH	9BH	9AH	99H	98H
			SM0/FE	SM1	SM2	REN	TB8	RB8	TI	RI
串行口1缓冲器	SBUF xxxx xxxx	99H	串行口1数据缓冲器 （含发送数据缓冲器与接收数据缓冲器）							

续表

SFR名称	符号 复位值(B)	字节地址	位地址/位符号							
串行口2控制寄存器	S2CON 0x00 0000	9AH	S2SM0	-	S2SM2	S2REN	S2TB8	S2RB8	S2TI	S2RI
串行口2数据缓冲器	S2BUF xxxx xxxx	9BH	串行口2数据缓冲器 （含发送数据缓冲器与接收数据缓冲器）							
P1模拟信号输入通道选择寄存器	P1ASF 0000 0000	9DH	P17ASF	P16ASF	P15ASF	P14ASF	P13ASF	P12ASF	P11ASF	P10ASF
并行输入输出端口2	P2 1111 1111	A0H	A7H P2.7	A6H P2.6	A5H P2.5	A4H P2.4	A3H P2.3	A2H P2.2	A1H P2.1	A0H P2.0
片外扩展RAM总线管理寄存器	BUS_SPEED xxxx xx10	A1H	-	-	-	-	-	-	EXRTS[1:0]	
外设端口切换寄存器1	P_SW1 0000 0000	A2H	S1_S1	S1_S0	CCP_S1	CCP_S0	SPI_S1	SPI_S0	0	DPS
中断允许控制寄存器	IE 0000 0000	A8H	AFH EA	AEH ELVD	ADH EADC	ACH ES	ABH ET1	AAH EX1	A9H ET0	A8H EX0

续表

SFR名称	符号	复位值(B)	字节地址	位地址/位符号							
内部掉电唤醒定时器低位	WKTCL (WKTCL_CNT)	1111 1111	AAH	内部掉电唤醒定时器状态的低 8 位（WKTCL_CNT 是对应的隐含寄存器）							
内部掉电唤醒定时器高位	WKTCH (WKTCH_CNT)	0111 1111	ABH	WKTEN	内部掉电唤醒定时器状态的高 7 位（WKTCH_CNT 是对应的隐含寄存器）						
中断允许寄存器 2	IE2	xxxx x000	AFH	-	-	-	-	-	ET2	ESPI	ES2
并行输入输出端口 3	P3	1111 1111	B0H	B7H	B6H	B5H	B4H	B3H	B2H	B1H	B0H
				P3.7	P3.6	P3.5	P3.4	P3.3	P3.2	P3.1	P3.0
P3 口工作模式选择寄存器 1	P3M1	0000 0000	B1H	P3M1.7	P3M1.6	P3M1.5	P3M1.4	P3M1.3	P3M1.2	P3M1.1	P3M1.0
P3 口工作模式选择寄存器 0	P3M0	0000 0000	B2H	P3M0.7	P3M0.6	P3M0.5	P3M0.4	P3M0.3	P3M0.2	P3M0.1	P3M0.0
P4 口工作模式选择寄存器 1	P4M1	0000 0000	B3H	P4M1.7	P4M1.6	P4M1.5	P4M1.4	P4M1.3	P4M1.2	P4M1.1	P4M1.0

续表

SFR名称	符号 / 复位值(B)	字节地址	位地址/位符号							
P4口工作模式选择寄存器0	P4M0	B4H	P4M0.7	P4M0.6	P4M0.5	P4M0.4	P4M0.3	P4M0.2	P4M0.1	P4M0.0
	0000 0000									
中断优先控制寄存器2	IP2	B5H	-	-	-	-	-	-	PSPI	PS2
	xxxx xx00									
中断优先控制寄存器	IP	B8H	BFH	BEH	BDH	BCH	BBH	BAH	B9H	B8H
	0000 0000		PPCA	PLVD	PADC	PS	PT1	PX1	PT0	PX0
外设端口切换寄存器2	P_SW2	BAH	-	-	-	-	-	-	-	S2_S
	xxxx xxx0									
ADC转换控制寄存器	ADC_CONTR	BCH	ADC_POWER	SPEED1	SPEED0	ADC_FLAG	ADC_START	CHS2	CHS1	CHS0
	0000 0000									
ADC转换结果高位	ADC_RES	BDH	ADC_RES9（0）	ADC_RES8（0）	ADC_RES7（0）	ADC_RES6（0）	ADC_RES5（0）	ADC_RES4（0）	ADC_RES3（0）	ADC_RES2（0）
	0000 0000		-	-	-	-	-	-	ADC_RES9（1）	ADC_RES8（1）
ADC转换结果低位	ADC_RESL	BEH	-	-	-	-	-	-	ADC_RES1（0）	ADC_RES0（0）
	0000 0000		ADC_RES7（1）	ADC_RES6（1）	ADC_RES5（1）	ADC_RES4（1）	ADC_RES3（1）	ADC_RES2（1）	ADC_RES1（1）	ADC_RES0（1）
并行输入输出端口4	P4	C0H	C7H	C6H	C5H	C4H	C3H	C2H	C1H	C0H
	1111 1111		P4.7	P4.6	P4.5	P4.4	P4.3	P4.2	P4.1	P4.0

续表

SFR名称	符号/复位值(B)	字节地址	位地址/位符号							
看门狗控制寄存器	WDT_CONTR	C1H	WDT_FLAG	-	EN_WDT	CLR_WDT	IDLE_WDT	PS2	PS1	PS0
	0x00 0000									
IAP数据寄存器	IAP_DATA	C2H	IAP 数据缓冲寄存器							
	1111 1111									
IAP操作地址高8位	IAP_ADDRH	C3H	IAP 操作 EEPROM 地址高 8 位							
	0000 0000									
IAP操作地址高8位	IAP_ADDRL	C4H	IAP 操作 EEPROM 地址低 8 位							
	0000 0000									
IAP命令寄存器	IAP_CMD	C5H	-	-	-	-	-	-	MS1	MS0
	xxxx xx00									
IAP触发寄存器	IAP_TRIG	C6H	用于接收触发控制字							
	xxxxxxxx									
IAP控制寄存器	IAP_CONTR	C7H	IAPEN	SWBS	SWRST	CMD_FAIL	-	WT2	WT1	WT0
	0000 x000									
并行输入输出端口5	P5	C8H	CFH	CEH	CDH	CCH	CBH	CAH	C9H	C8H
	xx11 xxxx		-	-	P5.5	P5.4	-	-	-	-
P5口工作模式选择寄存器1	P5M1	C9H	-	-	P5M1.5	P5M1.4	-	-	-	-
	xx00 xxxx									
P5口工作模式选择寄存器0	P5M0	CAH	-	-	P5M0.5	P5M0.4	-	-	-	-
	xx00 xxxx									

续表

SFR名称	符号 复位值(B)	字节地址	位地址/位符号							
SPI状态寄存器	SPSTAT 00xx xxxx	CDH	SPIF	WCOL	-	-	-	-	-	-
SPI控制寄存器	SPCTL 0000 0000	CEH	SSIG	SPEN	DORD	MSTR	CPOL	CPHA	SPR1	SPR0
SPI数据寄存器	SPDAT 0000 0000	CFH	SPI数据							
程序状态字	PSW 0000 0000	D0H	D7H CY	D6H AC	D5H F0	D4H RS1	D3H RS0	D2H OV	D1H F1	D0H P
T2计数器的高8位	T2H (RL_T2H) 0000 0000	D6H	T2计数状态的高8位 (RL_T2H是T2H对应的隐含寄存器，存放T2H的初始值)							
T2计数器的低8位	T2L (RL_T2L) 0000 0000	D7H	T2计数状态的低8位 (RL_T2L是T2L对应的隐含寄存器，存放T2L的初始值)							
PCA16位计数器控制寄存器	CCON 00xx x000	D8H	CF	CR	-	-	-	CCF2	CCF1	CCF0
PCA16位计数器工作模式寄存器	CMOD 0xxx 0000	D9H	CIDL	-	-	-	CPS2	CPS1	CPS0	ECF
PCA模块0功能控制寄存器	CCAPM0 x000 0000	DAH	-	ECOM0	CAPP0	CAPN0	MAT0	TOG0	PWM0	ECCF0

续表

SFR名称	符号 复位值(B)	字节地址	位地址/位符号							
PCA模块1功能控制寄存器	CCAPM1 x000 0000	DBH	-	ECOM1	CAPP1	CAPN1	MAT1	TOG1	PWM1	ECCF1
PCA模块2功能控制寄存器	CCAPM2 x000 0000	DCH	-	ECOM2	CAPP2	CAPN2	MAT2	TOG2	PWM2	ECCF2
累加器	ACC 00000000	E0H	E7H ACC.7	E6H ACC.6	E5H ACC.5	E4H ACC.4	E3H ACC.3	E2H ACC.2	E1H ACC.1	E0H ACC.0
PCA16位计数器的低8位	CL 0000 0000	E9H	PCA16 位计数状态的低 8 位							
PCA模块0比较/捕获寄存器低8位	CCAP0L 0000 0000	EAH	PCA 模块 0 比较/捕获寄存器状态的低 8 位							
PCA模块1比较/捕获寄存器低8位	CCAP1L 0000 0000	EBH	PCA 模块 1 比较/捕获寄存器状态的低 8 位							
PCA模块2比较/捕获寄存器低8位	CCAP2L 0000 0000	ECH	PCA 模块 2 比较/捕获寄存器状态的低 8 位							

续表

SFR名称	符号 复位值(B)	字节地址	位地址/位符号							
寄存器B	B 0000 0000	F0H	F7H B.7	F6H B.6	F5H B.5	F4H B.4	F3H B.3	F2H B.2	F1H B.1	F0H B.0
PCA模块0PWM工作寄存器	PCA_PWM0 00xx xx00	F2H	EBS0_1	EBS0_0	-	-	-	-	EPC0H	EPC0L
PCA模块1PWM工作寄存器	PCA_PWM1 00xx xx00	F3H	EBS1_1	EBS1_0	-	-	-	-	EPC1H	EPC1L
PCA模块2PWM工作寄存器	PCA_PWM2 00xx xx00	F4H	EBS2_1	EBS2_0	-	-	-	-	EPC2H	EPC2L
PCA16位计数器的高8位	CH 0000 0000	F9H	PCA16 位计数状态的高 8 位							
PCA模块0比较/捕获寄存器高8位	CCAP0H 0000 0000	FAH	PCA 模块 0 比较/捕获寄存器状态的高 8 位							
PCA模块1比较/捕获寄存器高8位	CCAP1H 0000 0000	FBH	PCA 模块 1 比较/捕获寄存器状态的高 8 位							
PCA模块2比较/捕获寄存器高8位	CCAP2H	FCH	PCA 模块 2 比较/捕获寄存器状态的高 8 位							

附录 D　C51 常用头文件与库函数

1. stdio.h（输入/输出函数）

函数名	函数原型	功能	返回值	说明
clearerr	void clearerr(FILE * fp);	使 fp 所指文件的错误，标志和文件结束标志置 0。	无返回值	
close	int close(int fp);	关闭文件	成功返回 0，不成功返回-1	非 ANSI 标准
creat	int creat(char * filename,int mode);	以 mode 所指顶的方向建立文件	成功返回正数，否则返回-1	非 ANSI 标准
eof	inteof(int fd);	检查文件是否结束	遇文件结束返回 1，否则返回 0	非 ANSI 标准
fclose	int fclose(FILE * fp);	关闭 fp 所指的文件，释放文件缓冲区	有错返回非 0，否则返回 0	
feof	int feof(FILE * fp);	检查文件是否结束	遇文件结束符返回非零值，否则返回 0	
fgetc	int fgetc(FILE * fp);	从 fp 所指定的文件中取得下一个字符	返回所得到的字符，若读入出错，返回 EOF	
fgets	char *fgets(char * buf,int n,FILE * fp);	从 fp 指向的文件读取一个长度为(n-1)的字符串，存入起始地址为 buf 的空间	返回地址 buf，若遇文件结束或出错，返回 NULL	
fopen	FILE * fopen(char * filename,char * mode);	以 mode 指定的方式打开名为 filename 的文件	成功返回一个文件指针(文件信息区的起始地址)，否则返回 0	
fprintf	int fprintf(FILE *fp,char * format,args,……);	把 args 的值以 format 指定的格式输出到 fp 所指定的文件中	返回实际输出的字符数	
fputc	int fputc(char ch,FILE * fp);	将字符 ch 输出到 fp 指向的文件中	成功则返回该字符，否则返回非 0	
fputs	int fputs(char * str,FILE * fp);	将 str 指向的字符串输出到 fp 所指定的文件	返回 0，若出错返回非 0	
fread	int fread(char * pt,unsigned size,unsigned n,FILE *fp);	从 fp 所指定的文件中读取长度为 size 的 n 个数据项，存到 pt 所指向的内存区	返回所度的数据想个数，如遇到文件结束或者出错返回 0	
fscanf	int fscanf(FILE * fp,char format,args,……);	从 fp 指定的文件中按 format 给定的格式将输入数据送到 args 所指向的内存单元(args 是指针)	返回已输入的个数	
fseek	int fseek(FILE * fp,long offset,int base);	将 fp 所指向的文件的位置指针移到以 base 所指出的位置为基准、以 offset 为位移量的位置	返回当前位置，否则，返回-1	

续表

函数名	函数原型	功能	返回值	说明
ftell	long ftell(FILE * fp);	返回 fp 所指向的文件中的读写位置	成功则返回 fp 所指向的文件中的读写位置	
fwrite	int fwrite(char * ptr,unsigned size,unsigned n,FILE * fp);	把 ptr 所指向的 n*size 个字节输出到 fp 所指向的文件中	成功则返回写到 fp 文件中的数据项的个数	
getc	int getc(FILE * fp);	从 fp 所指向的文件中读入一个字符	成功则返回所读的字符，若文件结束或出错，返回 EOF	
getchar	int getchar(void);	从标准输入设备读取下一个字符	成功则返回所读字符，若文件结束或出错，返回-1	
getw	int getw(FILE * fp);	从 fp 所指向的文件读取下一个字(整数)	成功则返回输入的整数，如文件结束或出错，返回-1	非 ANSI 标准函数
open	int open(char * filename,int mode);	以 mode 指出的方式打开已存在的名为 filename 的文件	成功则返回文件号(正数)，如打开失败，返回-1	非 ANSI 标准函数
printf	int printf(char * format,args,……);	按 format 指向的格式字符串所规定的格式，将输出表列 args 的值输出到标准输出设备	成功则返回输出字符的个数,若出错,返回负数。format 可以是一个字符串，或字符数组的起始地址	
putc	int putc(int ch,FILE *fp);	把一个字符 ch 输出到 fp 所指的文件中	成功则返回输出的字符 ch，若出错，返回 EOF	
putchar	int putchar(char ch);	把字符 ch 输出到标准输出设备	成功则返回输出的字符 ch，若出错，返回 EOF	
puts	int puts(char * str);	把 str 指向的字符串输出到标准输出设备	成功则返回换行符，若失败，返回 EOF	
putw	int putw(int w,FILE *fp);	将一个整数 w(即一个字)写到 fp 指向的文件中	返回输出的整数，若出错，返回 EOF	非 ANSI 标准函数
read	int read(int fd,char * buf,unsigned count);	从文件号 fd 所指示的文件中读 count 个字节到由 buf 指示的缓冲区中	返回真正读入的字节个数，如遇文件结束返回 0，出错返回-1	非 ANSI 标准函数
rename	int rename(char * oldname,char * newname);	把由 oldname 所指的文件改名为由 newname 所指的文件名	成功返回 0，出错返回-1	
rewind	void rewind(FILE * fp);	将 fp 指示的文件中的位置指针置于文件开头位置，并清除文件结束标志和错误标志	无返回值	
scanf	int scanf(char * format,args,……);	从标准输入设备按 format 指向的格式字符串所规定的格式，输入数据给 args 所指向的单元，读入并赋给 args 的数据个数。args 为指针。	遇文件结束返回 EOF，出错返回 0	
write	int write(int fd,char * buf,unsigned count);	从 buf 指示的缓冲区输出 count 个字符到 fd 所标志的文件中	返回实际输出的字节数，如出错返回-1	非 ANSI 标准函数

2. math.h（数学函数）

函数名	函数原型	功能	返回值
abs	int abs(int x);	求整型 x 的绝对值	返回计算结果
acos	double acos(double x);	计算 COS-1(x)的值，x 应在-1 到 1 范围内	返回计算结果
asin	double asin(double x);	计算 SIN-1(x)的值，x 应在-1 到 1 范围内	返回计算结果
atan	double atan(double x);	计算 TAN-1(x)的值	返回计算结果
atan2	double atan2(double x,double y);	计算 TAN-1/(x/y)的值	返回计算结果
cos	double cos(double x);	计算 COS(x)的值，x 的单位为弧度	返回计算结果
cosh	double cosh(double x);	计算 x 的双曲余弦 COSH(x)的值	返回计算结果
exp	double exp(double x);	求 Ex 的值	返回计算结果
fabs	duoble fabs(fouble x);	求 x 的绝对值	返回计算结果
floor	double floor(double x);	求出不大于 x 的最大整数	返回该整数的双精度实数
fmod	double fmod(double x,double y);	求整除 x/y 的余数	返回该余数的双精度
frexp	double frexp(double x, double *eptr);	把双精度数 val 分解为数字部分(尾数)x 和以 2 为底的指数 n，即 val=x*2n，n 存放在 eptr 指向的变量中，0.5<=x<1	返回数字部分 x
log	double log(double x);	求 log e x，In x	返回计算结果
log10	double log10(double x);	求 log10x	返回计算结果
modf	double modf(double val,double *iptr);	把双精度数 val 分解为整数部分和小数部分，把整数部分存到 iptr 指向的单元	返回 val 的小数部分
pow	double pow(double x,double *iprt);	计算 Xy 的值	返回计算结果
rand	int rand(void);	产生-90 到 32767 间的随机整数	返回随机整数
sin	double sin(double x);	计算 SINx 的值，x 单位为弧度	返回计算结果
sinh	double sinh(double x);	计算 x 的双曲正弦函数 SINH(x)的值	返回计算结果
sqrt	double sqrt(double x);	计算根号 x，x 应>=0	返回计算结果
tan	double tan(double x);	计算 TAN(x)的值，x 单位为弧度	返回计算结果
tanh	double tanh(double x);	计算 x 的双曲正切函数 tanh(x)的值	返回计算结果

3. ctype.h（字符函数）

函数名	函数原型	功能	返回值
isalnum	int isalnum(int c)	判断字符 c 是否为字母或数字	当c为数字0-9或字母a-z及A-Z时，返回非零值，否则返回零。
isalpha	int isalpha(int c)	判断字符 c 是否为英文字母	当 c 为英文字母 a-z 或 A-Z 时，返回非零值，否则返回零
iscntrl	int iscntrl(int c)	判断字符 c 是否为控制字符	当 c 在 0x00-0x1F 之间或等于 0x7F(DEL)时，返回非零值，否则返回零
isxdigit	int isxdigit(int c)	判断字符 c 是否为十六进制数字	当c为A-F,a-f或0-9之间的十六进制数字时，返回非零值，否则返回零
isgraph	int isgraph(int c)	判断字符 c 是否为除空格外的可打印字符	当c为可打印字符（0x21-0x7e）时，返回非零值，否则返回零
islower	int islower(int c)	检查 c 是否为小写字母	是，返回 1；不是，返回 0
isprint	int isprint(int c)	判断字符 c 是否为含空格的可打印字符	
ispunct	int ispunct(int c)	判断字符 c 是否为标点符号。标点符号指那些既不是字母数字，也不是空格的可打印字符	当 c 为标点符号时，返回非零值，否则返回零
isspace	int isspace(int c)：	判断字符 c 是否为空白符。空白符指空格、水平制表、垂直制表、换页、回车和换行符	当 c 为空白符时，返回非零值，否则返回零。
isupper	int isupper(int c)	判断字符 c 是否为大写英文字母	当 c 为大写英文字母(A-Z)时，返回非零值，否则返回零
isxdigit	int isxdigit(int c)	判断字符 c 是否为十六进制数字	当c为A-F,a-f或0-9之间的十六进制数字时，返回非零值，否则返回零
tolower	int tolower (int c)	将字符 c 转换为小写英文字母	如果 c 为大写英文字母，则返回对应的小写字母；否则返回原来的值
toupper	int toupper(int c)	将字符 c 转换为大写英文字母	如果 c 为小写英文字母，则返回对应的大写字母；否则返回原来的值
toascii	int toascii(int c)	将字符c转换为ascii码,toascii函数将字符 c 的高位清零，仅保留低七位	返回转换后的数值

4. string.h（字符串函数）

函数名	函数原型	功能	返回值
memset	void *memset(void *dest, int c, size_t count)	将 dest 前面 count 个字符置为字符 c	返回 dest 的值
memmove	void *memmove(void *dest, const void *src, size_t count)	从 src 复制 count 字节的字符到 dest. 如果 src 和 dest 出现重叠，函数会自动处理	返回 dest 的值
memcpy	void *memcpy(void *dest, const void *src, size_t count)	从 src 复制 count 字节的字符到 dest. 与 memmove 功能一样，只是不能处理 src 和 dest 出现重叠	返回 dest 的值
memchr	void *memchr(const void *buf, int c, size_t count)	在 buf 前面 count 字节中查找首次出现字符 c 的位置. 找到了字符 c 或者已经搜寻了 count 个字节，查找即停止	操作成功则返回 buf 中首次出现 c 的位置指针，否则返回 NULL
memccpy	void *_memccpy(void *dest, const void *src, int c, size_t count)	从 src 复制 0 个或多个字节的字符到 dest. 当字符 c 被复制或者 count 个字符被复制时，复制停止	如果字符 c 被复制，函数返回这个字符后面紧挨一个字符位置的指针. 否则返回 NULL
memcmp	int memcmp(const void *buf1, const void *buf2, size_t count)	比较 buf1 和 buf2 前面 count 个字节大小	返回值< 0，表示 buf1 小于 buf2; 返回值为 0，表示 buf1 等于 buf2; 返回值> 0，表示 buf1 大于 buf2
memicmp	int memicmp(const void *buf1, const void *buf2, size_t count)	比较 buf1 和 buf2 前面 count 个字节. 与 memcmp 不同的是，它不区分大小写	返回值< 0，表示 buf1 小于 buf2; 返回值为 0，表示 buf1 等于 buf2; 返回值> 0，表示 buf1 大于 buf2
strlen	size_t strlen(const char *string)	获取字符串长度，字符串结束符 NULL 不计算在内	没有返回值指示操作错误
strrev	char *strrev(char *string)	将字符串 string 中的字符顺序颠倒过来. NULL 结束符位置不变	返回调整后的字符串的指针
_strupr	char *_strupr(char *string)	将 string 中所有小写字母替换成相应的大写字母，其它字符保持不变	返回调整后的字符串的指针
_strlwr	char *_strlwr(char *string)	将 string 中所有大写字母替换成相应的小写字母，其它字符保持不变	返回调整后的字符串的指针
strchr	char *strchr(const char *string, int c)	查找字符 c 在字符串 string 中首次出现的位置，NULL 结束符也包含在查找中	返回一个指针，指向字符 c 在字符串 string 中首次出现的位置，如果没有找到，则返回 NULL
strrchr	char *strrchr(const char *string, int c)	查找字符 c 在字符串 string 中最后一次出现的位置，也就是对 string 进行反序搜索，包含 NULL 结束符	返回一个指针，指向字符 c 在字符串 string 中最后一次出现的位置，如果没有找到，则返回 NULL

续表

函数名	函数原型	功能	返回值
strstr	char *strstr(const char *string, const char *strSearch)	在字符串 string 中查找 strSearch 子串	返回子串 strSearch 在 string 中首次出现位置的指针．如果没有找到子串 strSearch，则返回 NULL．如果子串 strSearch 为空串，函数返回 string
strdup	char *strdup(const char *strSource)	函数运行中会自己调用 malloc 函数为复制 strSource 字符串分配存储空间，然后再将 strSource 复制到分配到的空间中．注意要及时释放这个分配的空间	返回一个指针，指向为复制字符串分配的空间；如果分配空间失败，则返回 NULL 值
strcat	char *strcat (char *strDestination, const char *strSource)	将源串 strSource 添加到目标串 strDestination 后面，并在得到的新串后面加上 NULL 结束符．源串 strSource 的字符会覆盖目标串 strDestination 后面的结束符 NULL．在字符串的复制或添加过程中没有溢出检查，所以要保证目标串空间足够大．不能处理源串与目标串重叠的情况	返回 strDestination 值
strncat	char *strncat (char *strDestination, const char *strSource, size_t count)	将源串 strSource 开始的 count 个字符添加到目标串 strDest 后．源串 strSource 的字符会覆盖目标串 strDestination 后面的结束符 NULL．如果 count 大于源串长度，则会用源串的长度值替换 count 值．得到的新串后面会自动加上 NULL 结束符．与 strcat 函数一样，本函数不能处理源串与目标串重叠的情况	返回 strDestination 值
strcpy	char *strcpy (char *strDestination, const char *strSource)	复制源串 strSource 到目标串 strDestination 所指定的位置，包含 NULL 结束符．不能处理源串与目标串重叠的情况	返回 strDestination 值
strncpy	char *strncpy (char *strDestination, const char *strSource, size_t count)	将源串 strSource 开始的 count 个字符复制到目标串 strDestination 所指定的位置．如果 count 值小于或等于 strSource 串的长度，不会自动添加 NULL 结束符目标串中，而 count 大于 strSource 串的长度时，则将 strSource 用 NULL 结束符填充补齐 count 个字符，复制到目标串中．不能处理源串与目标串重叠的情况	返回 strDestination 值

续表

函数名	函数原型	功能	返回值
strset	char *strset(char *string, int c)	将 string 串的所有字符设置为字符 c，遇到 NULL 结束符停止	返回内容调整后的 string 指针
strnset	char *strnset(char *string, int c, size_t count)	将 string 串开始 count 个字符设置为字符 c，如果 count 值大于 string 串的长度，将用 string 的长度替换 count 值	返回内容调整后的 string 指针
size_t strspn	size_t strspn(const char *string, const char *strCharSet)	查找任何一个不包含在 strCharSet 串中的字符（字符串结束符 NULL 除外）在 string 串中首次出现的位置序号	返回一个整数值，指定在 string 中全部由 characters 中的字符组成的子串的长度．如果 string 以一个不包含在 strCharSet 中的字符开头，函数将返回 0 值
size_t strcspn	size_t strcspn(const char *string, const char *strCharSet)	查找 strCharSet 串中任何一个字符在 string 串中首次出现的位置序号，包含字符串结束符 NULL	返回一个整数值，指定在 string 中全部由非 characters 中的字符组成的子串的长度．如果 string 以一个包含在 strCharSet 中的字符开头，函数将返回 0 值
strspnp	char *strspnp(const char *string, const char *strCharSet)	查找任何一个不包含在 strCharSet 串中的字符（字符串结束符 NULL 除外）在 string 串中首次出现的位置指针	返回一个指针，指向非 strCharSet 中的字符在 string 中首次出现的位置
strpbrk	char *strpbrk(const char *string, const char *strCharSet)	查找 strCharSet 串中任何一个字符在 string 串中首次出现的位置，不包含字符串结束符 NULL	返回一个指针，指向 strCharSet 中任一字符在 string 中首次出现的位置．如果两个字符串参数不含相同字符，则返回 NULL 值
strcmp	int strcmp(const char *string1, const char *string2)	比较字符串 string1 和 string2 大小	返回值< 0，表示 string1 小于 string2； 返回值为 0，表示 string1 等于 string2； 返回值> 0，表示 string1 大于 string2
stricmp	int stricmp(const char *string1, const char *string2)	比较字符串 string1 和 string2 大小，和 strcmp 不同，比较的是它们的小写字母版本	返回值< 0，表示 string1 小于 string2； 返回值为 0，表示 string1 等于 string2； 返回值> 0，表示 string1 大于 string2
strcmpi	int strcmpi(const char *string1, const char *string2)	等价于 stricmp 函数	
strncmp	int strncmp(const char *string1, const char *string2, size_t count)	比较字符串 string1 和 string2 大小，只比较前面 count 个字符．比较过程中，任何一个字符串的长度小于 count，则 count 将被较短的字符串的长度取代．此时如果两串前面的字符都相等，则较短的串要小	返回值< 0，表示 string1 的子串小于 string2 的子串； 返回值为 0，表示 string1 的子串等于 string2 的子串； 返回值> 0，表示 string1 的子串大于 string2 的子串

续表

函数名	函数原型	功能	返回值
strnicmp	int strnicmp(const char *string1, const char *string2, size_t count)	比较字符串 string1 和 string2 大小，只比较前面 count 个字符. 与 strncmp 不同的是，比较的是它们的小写字母版本	返回值与 strncmp 相同
strtok	char *strtok(char *strToken, const char *strDelimit)	在 strToken 串中查找下一个标记，strDelimit 字符集则指定了在当前查找调用中可能遇到的分界符	返回一个指针，指向在 strToken 中找到的下一个标记. 如果找不到标记，就返回 NULL 值. 每次调用都会修改 strToken 内容，用 NULL 字符替换遇到的每个分界符

5. malloc.h（或 stdlib.h，或 alloc.h，动态存储分配函数）

函数名	函数原型	功能	返回值
calloc	void *calloc(unsigned int num, unsigned int size);	按所给数据个数和每个数据所占字节数开辟存储空间	分配内存单元的起始地址，如不成功，返回 0
free	void free(void *ptr);	将以前开辟的某内存空间释放	无
malloc	void *malloc(unsigned int size);	开辟指定大小的存储空间	返回该存储区的起始地址，如内存不够返回 0
realloc	void *realloc(void *ptr, unsigned int size);	重新定义所开辟内存空间的大小	返回指向该内存区的指针

6. reg51.h（C51 函数）

该头文件对标准 8051 单片机的所有特殊功能寄存器以及可寻址的特殊功能寄存器位进行了地址定义，在 C51 编程中，必须包含该头文件，否则，8051 单片机的特殊功能寄存器符号以及可寻址位符号就不能直接使用了。

7.intrins.h（C51 函数）

函数名	函数原型	功能	返回值
crol	unsigned char _crol_(unsigned char val,unsigned char n)	将 char 字符循环左移 n 位	char 字符循环左移 n 位后的值
cror	unsigned char _cror_(unsigned char val,unsigned char n);	将 char 字符循环右移 n 位	char 字符循环右移 n 位后的值
irol	unsigned int _irol_(unsigned int val,unsigned char n);	将 val 整数循环左移 n 位	val 整数循环左移 n 位后的值
iror	unsigned int _iror_(unsigned int val,unsigned char n);	将 val 整数循环右移 n 位	val 整数循环右移 n 位后的值
lrol	unsigned int _lrol_(unsigned int val,unsigned char n);	将 val 长整数循环左移 n 位	Val 长整数循环左移 n 位后的值
lror	unsigned int _lror_(unsigned int val,unsigned char n);	将 val 长整数循环右移 n 位	Val 长整数循环右移 n 位后的值
nop	void _nop_(void);	产生一个 NOP 指令	无

续表

函数名	函数原型	功能	返回值
testbit	bit _testbit_(bit x);	产生一个 JBC 指令，该函数测试一个位，如果该位置为 1，则将该位复位为 0。_testbit_只能用于可直接寻址的位；在表达式中使用是不允许的。	当 x 为 1 时返回 1，否则返回 0。

附录E　C语言编译常见错误信息一览表

序号	错误信息	错误信息说明
1	Bad call of in-line function	内部函数非法调用，在使用一个宏定义的内部函数时，没能正确调用。
2	Irreducable expression tree	不可约表达式树，这种错误指的是文件行中的表达式太复杂，使得代码生成程序无法为它生成代码。
3	Register allocation failure	存储器分配失败，这种错误指的是文件行中的表达式太复杂，代码生成程序无法为它生成代码。
4	#operator not followed by maco argument name	#运算符后没跟宏变量名称，在宏定义中，#用于标识一宏变串。“#”号后必须跟一个宏变量名称。
5	’xxxxxx’ not anargument	“xxxxxx”不是函数参数，在源程序中将该标识符定义为一个函数参数，但此标识符没有在函数中出现。
6	Ambiguous symbol ’xxxxxx’	二义性符“xxxxxx”，两个或多个结构的某一域名相同，但具有的偏移、类型不同。
7	Argument # missing name	参数#名丢失，参数名已脱离用于定义函数的函数原型。如果函数以原型定义，该函数必须包含所有的参数名。
8	Argument list syntax error	参数表出现语法错误，函数调用的参数间必须以逗号隔开，并以一个右括号结束。若源文件中含有一个其后不是逗号也不是右括号的参数，则出错。
9	Array bounds missing	数组的界限符"]"丢失，在源文件中定义了一个数组，但此数组没有以下右方括号结束。
10	Array size too large	数组太大，定义的数组太大，超过了可用内存空间。
11	Assembler statement too long	汇编语句太长：内部汇编语句最长不能超过480字节。
12	Bad configuration file	配置文件不正确，TURBOC.CFG配置文件中包含的不是合适命令行选择项的非注解文字。配置文件命令选择项必须以一个短横线开始。
13	Bad file name format in include directive	包含指令中文件名格式不正确，包含文件名必须用引号("filename.h")或尖括号(<filename>)括起来，否则将产生本类错误。如果使用了宏，则产生的扩展文本也不正确，因为无引号没办法识别。
14	Bad ifdef directive syntax	ifdef指令语法错误，#ifdef必须以单个标识符(只此一个)作为该指令的体。
15	Bad ifndef directive syntax	ifndef指令语法错误，#ifndef必须以单个标识符(只此一个)作为该指令的体。
16	Bad undef directive syntax	undef指令语法错误，#undef指令必须以单个标识符(只此一个)作为该指令的体。
17	Bad file size syntax	位字段长语法错误，一个位字段长必须是1—16位的常量表达式。

续表

序号	错误信息	错误信息说明
18	Call of non-functin	调用未定义函数，正被调用的函数无定义，通常是由于不正确的函数声明或函数名拼错而造成。
19	Cannot modify a const object	不能修改一个长量对象，对定义为常量的对象进行不合法操作(如常量赋值)引起本错误。
20	Case outside of switch	Case 出现在 switch 外：编译程序发现 Case 语句出现在 switch 语句之外，这类故障通常是由于括号不匹配造成的。
21	Case statement missing	Case 语句漏掉，Case 语必须包含一个以冒号结束的常量表达式，如果漏了冒号或在冒号前多了其它符号，则会出现此类错误。
22	Character constant too long	字符常量太长，字符常量的长度通常只能是一个或两个字符长，超过此长度则会出现这种错误。
23	Compound statement missing	漏掉复合语句，编译程序扫描到源文件未时，未发现结束符号 (大括号)，此类故障通常是由于大括号不匹配所致。
24	Conflicting type modifiers	类型修饰符冲突：对同一指针，只能指定一种变址修饰符(如 near 或 far)；而对于同一函数，也只能给出一种语言修饰符(如 Cdecl、pascal 或 interrupt)。
25	Constant expression required	需要常量表达式，数组的大小必须是常量，本错误通常是由于#define 常量的拼写错误引起。
26	Could not find file 'xxxxxx.xxx'	找不到“xxxxxx.xx”文件，编译程序找不到命令行上给出的文件。
27	Declaration missing	漏掉了说明，当源文件中包含了一个 struct 或 union 域声明，而后面漏掉了分号，则会出现此类错误。
28	Declaration needs type or storage class	说明必须给出类型或存储类，正确的变量说明必须指出变量类型，否则会出现此类错误。
29	Declaration syntax error	说明出现语法错误，在源文件中，若某个说明丢失了某些符号或输入多余的符号，则会出现此类错误。
30	Default outside of switch	Default 语句在 switch 语句外出现，这类错误通常是由于括号不匹配引起的。
31	Define directive needs an identifier	Define 指令必须有一个标识符，#define 后面的第一个非空格符必须是一个标识符，若该位置出现其它字符，则会引起此类错误。
32	Division by zero	除数为零，当源文件的常量表达式出现除数为零的情况，则会造成此类错误。
33	Do statement must have while	do 语句中必须有 While 关键字，若源文件中包含了一个无 While 关键字的 do 语句，则出现本错误。
34	DO while statement missing(	Do while 语句中漏掉了符号“(”，在 do 语句中，若 while 关键字后无左括号，则出现本错误。
35	Do while statement missing;	Do while 语句中掉了分号：在 DO 语句的条件表达式中，若右括号后面无分号则出现此类错误。
36	Duplicate Case	Case 情况不唯一，Switch 语句的每个 case 必须有一个唯一的常量表达式值。否则导致此类错误发生。

续表

序号	错误信息	错误信息说明
37	Enum syntax error	Enum 语法错误，若 enum 说明的标识符表格式不对，将会引起此类错误发生。
38	Enumeration constant syntax error	枚举常量语法错误，若赋给 enum 类型变量的表达式值不为常量，则会导致此类错误发生。
39	Error Directive : xxxx	Error 指令：xxxx，源文件处理#error 指令时，显示该指令指出的信息。
40	Error Writing output file	写输出文件错误，这类错误通常是由于磁盘空间已满，无法进行写入操作而造成。
41	Expression syntax error	表达式语法错误，本错误通常是由于出现两个连续的操作符，括号不匹配或缺少括号、前一语句漏掉了分号引起的。
	Extra parameter in call	调用时出现多余参数，本错误是由于调用函数时，其实际参数个数多于函数定义中的参数个数所致。
42	Extra parameter in call to xxxxxx	调用 xxxxxxxx 函数时出现了多余参数
43	File name too long	文件名太长，#include 指令给出的文件名太长，致使编译程序无法处理，则会出现此类错误。
44	For statement missing)	For 语名缺少“)”，在 for 语句中，如果控制表达式后缺少右括号，则会出现此类错误。
45	For statement missing(	For 语句缺少“(”
46	For statement missing;	For 语句缺少“；”
47	Function call missing)	函数调用缺少“)”，如果函数调用的参数表漏掉了右手括号或括号不匹配，则会出现此类错误。
48	Function definition out ofplace	函数定义位置错误
49	Function doesn't take a variable number of argument	函数不接受可变的参数个数
50	Goto statement missing label	Goto 语句缺少标号
51	If statement missing	If 语句缺少“(”
52	If statement missing)	If 语句缺少“)”
53	Illegal initalization	非法初始化
54	Illegal octal digit	非法八进制数
55	Illegal pointer subtraction	非法指针相减
56	Illegal structure operation	非法结构操作
57	Illegal use of floating point	浮点运算非法
58	Illegal use of pointer	指针使用非法
59	Improper use of a typedef symbol	typedef 符号使用不当
60	Incompatible storage class	不相容的存储类型
61	Incompatible type conversion	不相容的类型转换
62	Incorrect commadn line argument:xxxxxx	不正确的命令行参数：xxxxxxx
63	Incorrect commadn file argument:xxxxxx	不正确的配置文件参数：xxxxxxx
64	Incorrect number format	不正确的数据格式
65	Incorrect use of default	deflult 不正确使用
66	Initializer syntax error	初始化语法错误

续表

序号	错误信息	错误信息说明
67	Invaild indrection	无效的间接运算
68	Invalid macro argument separator	无效的宏参数分隔符
69	Invalid pointer addition	无效的指针相加
70	Invalid use of dot	点使用错
71	Macro argument syntax error	宏参数语法错误
72	Macro expansion too long	宏扩展太长
73	Mismatch number of parameters in definition	定义中参数个数不匹配
74	Misplaced break	break 位置错误
75	Misplaced continue	位置错
76	Misplaced decimal point	十进制小数点位置错
77	Misplaced else	else 位置错
78	Misplaced else driective	clse 指令位置错
80	Misplaced endif directive	endif 指令位置错
81	Must be addressable	必须是可编址的
82	Must take address of memory location	必须是内存一地址
83	No file name ending	无文件终止符
84	No file names given	未给出文件名
85	Non-protable pointer assignment	对不可移植的指针赋值
86	Non-protable pointer comparison	不可移植的指针比较
87	Non-protable return type conversion	不可移植的返回类型转换
88	Not an allowed type	不允许的类型
89	Out of memory	内存不够
90	Pointer required on left side of	操作符左边须是一指针
91	Redeclaration of 'xxxxxx'	“xxxxxx”重定义
92	Size of structure or array not known	结构或数组大小不定
93	Statement missing;	语句缺少“；”
94	Structure or union syntax error	结构或联合语法错误
95	Structure size too large	结构太大
96	Subscription missing]	下标缺少“]”
97	Switch statement missing (	switch 语句缺少“(”
98	Switch statement missing)	switch 语句缺少“)”
99	Too few parameters in call	函数调用参数太少
	Too few parameter in call to'xxxxxx'	调用“xxxxxx”时参数太少
100	Too many cases	Cases 太多
101	Too many decimal points	十进制小数点太多
102	Too many default cases	defaut 太多
103	Too many exponents	阶码太多
104	Too many initializers	初始化太多
105	Too many storage classes in declaration	说明中存储类型太多
106	Too many types in decleration	说明中类型太多
107	Too much auto memory in function	函数中自动存储太多
108	Too much global define in file	文件中定义的全局数据太多

续表

序号	错误信息	错误信息说明
109	Type mismatch in parameter #	参数“#”类型不匹配
110	Type mismatch in parameter # in call to 'XXXXXXX	调用“XXXXXXX”时参数#类型不匹配
111	Type missmatch in parameter 'XXXXXXX'	参数“XXXXXXX”类型不匹配
112	Type mismatch in parameter 'XXXXXXXX' in call to 'YYYYYYYY'	调用“YYYYYYY”时参数“XXXXXXXX”数据类型不匹配
113	Type mismatch in redeclaration of 'XXX'	重定义类型不匹配
114	Unable to creat output file 'XXXXXXXX.XXX'	不能创建输出文件“XXXXXXXX.XXX”
115	Unable to create turboc.lnk	不能创建 turboc.lnk
116	Unable to execute command 'xxxxxxxx'	不能执行“xxxxxxxx”命令
117	Unable to open inputfile 'xxxxxxx.xxx'	不能打开输入文件“xxxxxxxx.xxx”
118	Undefined label 'xxxxxxx'	标号“xxxxxxx”未定义
119	Undefined structure 'xxxxxxxxx'	结构“xxxxxxxxxx”未定义
120	Undefined symbol 'xxxxxxx'	符号“xxxxxxxx”未定义
121	Unexpected end of file in comment started on line #	源文件在某个注释中意外结束
122	Unexpected end of file in conditional stated on line #	源文件在#行开始的条件语句中意外结束
123	Unknown preprocessor directive 'xxx'	不认识的预处理指令：“xxx”
124	Untermimated character constant	未终结的字符常量
125	Unterminated string	未终结的串
126	Unterminated string or character constant	未终结的串或字符常量
127	User break	用户中断
128	Value required	赋值请求
129	While statement missing (	While 语句漏掉 “(”
130	While statement missing)	While 语句漏掉 “)”
131	Wrong number of arguments in of 'xxxxxxxx'	调用“xxxxxxxx”时参数个数错误

参 考 文 献

[1] 丁向荣,陈崇辉. 单片微机原理与接口技术-基于 STC15W4K32S4 系列单片机[M]. 北京：电子工业出版社，2015.5

[2] 丁向荣. 单片机原理与应用项目教程[M]. 北京：清华大学出版社，2015.5

[3] 宏晶科技. STC15F2K60S2 单片机技术手册[Z]. 2011-2012

[4] 长沙太阳人电子有限公司. SMG12864ZK 技术说测与网络资源[Z].2009

[5] 丁向荣. STC 系列增强型 8051 单片机原理与应用. 北京：电子工业出版社，2010.1

[6] 陈桂友. 增强型 8051 单片机实用开发技术[M]. 北京：北京航空航天大学出版社，2010.1

[7] 丁向荣，贾萍. 单片机应用系统与开发技术[M]. 北京：清华大学出版社，2009.9

[8] 李全利，迟荣强. 单片机原理及接口技术[M]. 北京：高等教育出版社，2006.11

[9] 丁向荣，谢俊，王彩申. 单片机 C 语言编程与实践[M]. 北京：电子工业出版社，2009.9

[10] 陈桂友，蔡远斌. 单片机应用技术[M]. 北京：机械工业出版社，2008.9

[11] 杨振江，杜铁军，李群. 流行单片机实用子程序及应用实例[M]. 西安：西安电子科技大学出版社，2002.7

[12] 高锋. 单片微型计算机原理与接口技术[M]. 北京：科学出版社，2005.6

[13] 唐竟南，沈国琴. 51 单片机 C 语言开发与实例[M]. 北京：人民邮电出版社，2008.2

[14] 周兴华. 手把手教你学单片机 C 程序设计[M]. 北京：北京航空航天大学出版社，2007

[15] 范风强，兰婵丽. 单片机语言 C51 应用实战集锦[M]. 北京：电子工业出版社，2005.5

[16] 成友才. 单片机应用技术[M]. 北京：中国劳动社会保障出版社，2007

[17] 王淑珍. 单片机原理与接口技术[M]. 北京：科学出版社，2008

[18] 李珍. 单片机原理与应用技术[M]. 北京：清华大学出版社，2003

[19] 中文字库液晶显示模块使用手册[Z]. 北京嘉甬富达电子技术有限公司

举报电话：（010）88254396；（010）88258888

传　　真：（010）88254397

E-mail:　dbqq@phei.com.cn

通信地址：北京市万寿路 173 信箱

电子工业出版社总编办公室

邮　　编：100036